"十二五"普通高等教育本科国家级规划教材

数学物理方法

（第五版）

梁昆淼 编

刘 法 缪国庆 邵陆兵 修订

高等教育出版社·北京

内容简介

　　本书是在第四版的基础上，根据当前的教学实际情况修订而成的。全书由复变函数论、数学物理方程两部分组成，以常见物理问题中三类偏微分方程定解问题的建立和求解为中心内容。本书保持了前四版数学紧密联系物理、讲解流畅的特点，并对内容作了适度的调整、修改，以适应当前教学的要求。

　　本书可作为高等院校物理类、电子工程类各专业"数学物理方法"课程的教材，亦可供其他有关专业选用。

图书在版编目（CIP）数据

　　数学物理方法/梁昆淼编；刘法，缪国庆，邵陆兵修订.--5 版.--北京：高等教育出版社，2020.11（2024.12重印）
　　ISBN 978-7-04-051457-5

　　Ⅰ.①数…　Ⅱ.①梁…　②刘…③缪…④邵…　Ⅲ.①数学物理方法-高等学校-教材　Ⅳ.①O411.1

　　中国版本图书馆 CIP 数据核字（2019）第 037941 号

SHUXUE WULI FANGFA

策划编辑　忻 蓓	责任编辑　忻 蓓	封面设计　赵　阳	版式设计　杨　树
插图绘制　于 博	责任校对　李大鹏	责任印制　刘思涵	

出版发行	高等教育出版社	网　　址	http://www.hep.edu.cn
社　　址	北京市西城区德外大街 4 号		http://www.hep.com.cn
邮政编码	100120	网上订购	http://www.hepmall.com.cn
印　　刷	高教社（天津）印务有限公司		http://www.hepmall.com
开　　本	787mm×1092mm　1/16		http://www.hepmall.cn
印　　张	26.5	版　　次	1960 年 12 月第 1 版
字　　数	620 千字		2020 年 11 月第 5 版
购书热线	010-58581118	印　　次	2024 年 12 月第 6 次印刷
咨询电话	400-810-0598	定　　价	53.00 元

本书如有缺页、倒页、脱页等质量问题，请到所购图书销售部门联系调换
版权所有　侵权必究
物 料 号　51457-A0

第五版序言

本书第四版面世以来，随着学科的发展，物理类各专业"数学物理方法"课程的教学要求与学时发生了变化。为了适应物理类人才培养的需要，在第四版的基础上，根据多年的教学实践，对本书进行了修订。

此次修订保持本书第四版的基本结构，并力求延续本书一贯"紧密联系物理，讲解流畅，便于自学"的特色。全书理论阐述力求简洁严谨，联系实际讲述方法，着重培养和提高学生如何将物理问题转化成数学问题，如何应用各种方法求解问题，并阐述解的物理意义的能力。

本次修订仍分复变函数论、数学物理方程两部分。全书多处内容进行了调整、补充和修改，习题部分也做了较多的修改和补充。全书内容变得更为充实、严谨。附录中增加了"正交曲线坐标系中的拉普拉斯算符"与"辐角原理"两部分内容，以供引用。本版修正了以前版本中的文字和印刷错误。

对于作为选讲的内容，整节的在节号"§"前加上"*"号，不足一节的则以小字排印，以便任课老师选用。第九章中"二阶常微分方程级数解法"，从数学上讲应属复变函数论，也可提前到第一篇"复变函数论"中讲述。

修订工作的具体分工是，缪国庆负责第 1 章至第 6 章、第 12 章、第 13 章 §13.1、§13.2、第 14 章、第 15 章；刘法负责第 7 章至第 11 章、第 13 章 §13.3 及附录；邵陆兵负责习题。修订过程中我们多次进行了讨论。

本书第四版出版以来，使用本教材的一些教师、学生和读者指出书中存在的一些问题，并提出了宝贵的意见和建议，在此致以衷心的感谢。

本次修订得到了高等教育出版社高等教育理工出版事业部物理分社几位编辑的关心与支持，我们一并表示衷心的感谢。

书中的错误与不妥之处，切盼读者批评指正。

刘　法　缪国庆　邵陆兵
2018 年 10 月于南京大学

第四版序言

本书第三版 1998 年面世以来，物理类各专业"数学物理方法"课程的学时数普遍减少，但应用"数学物理方法"的能力的要求没有降低，甚至有所提高。随着学科的发展，对知识范围的要求也应拓宽。为了适应目前及今后培养物理类人才的需要，本书在第三版的基础上，根据近些年的教学实践进行了修订。

此次修订保持原书第三版的基本结构，并力求延续原有的"紧密联系物理，讲解流畅，便于自学"的特色。全书在数学理论的阐述上力求简洁严谨，联系物理实际讲述数学方法，着重培养和训练学生如何将物理问题化成数学问题，如何应用各种数学方法求解物理问题并阐述解的物理意义的能力。

本次修订仍分复变函数论、数学物理方程两部分，删除了第三版的 §6.1 "符号法"，原第十五章"近似方法简介"。为了更加确切、简明，将第三版 §8.5 改名为"分离变数法小结"，第十二章改名为"格林函数法"。为了拓宽知识范围，增加了 §13.3 "小波变换简介"和第十五章"非线性数学物理问题简介"，可作为讲座内容或学生自学。另外，全书多处进行了调整和修改，使之更为严谨。增加了少数习题，修正了若干文字和印刷错误。为了帮助使用本教材的读者更好地掌握有关理论和方法，另编有配套的《数学物理方法学习和解题指导》一书。

对于可选讲的内容，整节的则在节号"§"前加上"*"号，不足一节的仍以小字排印，以便任课老师自行选用。第九章中"二阶常微分方程级数解法"，从数学上讲应属复变函数论，也可提前到第一篇"复变函数论"中讲述。

本次修订分工如下：缪国庆负责第 1 章至第 6 章、第 12 章、第 13 章 §13.1、§13.2、第 14 章、第 15 章；刘法负责第 7 章至第 11 章、第 13 章 §13.3、附录及习题答案。修订过程中我们多次进行了讨论。

本书第三版出版以来，北京大学吴崇试教授等专家以及使用本教材的学生和读者指出书中存在的一些问题，并提出了宝贵的意见和建议，在此表示衷心的感谢。

本次修订得到了高等教育出版社高等理工出版中心物理分社，特别是胡凯飞分社长和马天魁编辑的关心和支持，我们表示深切的谢意。

本书的不妥之处和错误缺点，切盼批评指正。

刘　法　缪国庆

2009 年 8 月于南京大学

第三版序言

　　本书第二版面世业已十多年。在这十多年里，物理类各专业"数学物理方法"课程的教学要求和学时数发生了变化。针对这一情况，特约请刘法、缪国庆副教授对本书进行修订。他们两位多年来分别在南京大学物理系和电子系讲授数学物理方法。

　　前两版数学紧密联系物理、讲解流畅的特点，在这次修订中力求延续下来。

　　不少学校的"高等数学"课程已讲述了傅里叶级数。因此，在这一版中，"傅里叶级数和傅里叶积分"不再单独作为一篇，而在"复变函数论"篇下设"傅里叶变换"章，与"拉普拉斯变换"章并列。"傅里叶变换"章以傅里叶级数的概述作为起始的一步，未曾学过傅里叶级数的读者也可通过此概述掌握它。

　　格林函数方法原来分散在两处，此次修订将它集中到专门的一章之中。

　　为了适应不同的专业要求和不同的学时数，我们把某些可选讲的内容加上标记 * 或用小字排印。原来的想法是首先考虑精简小字排印的内容，进一步精简可考虑标有 * 的内容。不过，事实上很难区分得如此清楚，而且归根结底，只有任教的老师才能决定怎样的精简最适合他（她）的学生。

　　此次修订还修改了个别地方的提法、讲法，精简了某些过多的例题，删除了附录中关系不很密切的部分。

　　修订工作的具体分工是，缪国庆负责第 1 章至第 6 章和第 12 章至第 15 章，刘法负责第 7 章至第 10 章，我和刘法共同负责第 11 章。修订过程中三人多次进行了讨论。

　　修订稿承武汉大学梁家宝先生提出许多宝贵的意见，特此致谢。本书第一、二版也得到过许多先生的宝贵意见和帮助，我愿借此机会一并表示感谢。

　　本书的不妥当处以及错误缺点，切盼读者诸君批评指正。

梁昆淼谨识

1995 年 7 月

目　　录

第一篇　复变函数论

第二篇 数学物理方程

第一篇　复变函数论

第一章 复变函数

§1.1 复数与复数运算

（一）复数的基本概念

一个复数 z 可以表为某个实数 x 与某个纯虚数 iy 的和，即

$$z = x + iy,\tag{1.1.1}$$

这称为复数的**代数式**，x 和 y 分别为该复数的**实部**和**虚部**，并分别记作 Re z 和 Im z.

如果将 x 和 y 当作平面上点的坐标（图 1—1），复数 z 就跟平面上的点一一对应起来. 这个平面称为**复数平面**，两个坐标轴分别称为**实轴**和**虚轴**.

如果将 x 和 y 当作矢量的直角坐标分量（图 1—1），复数 z 还可以用复数平面上的矢量来表示.

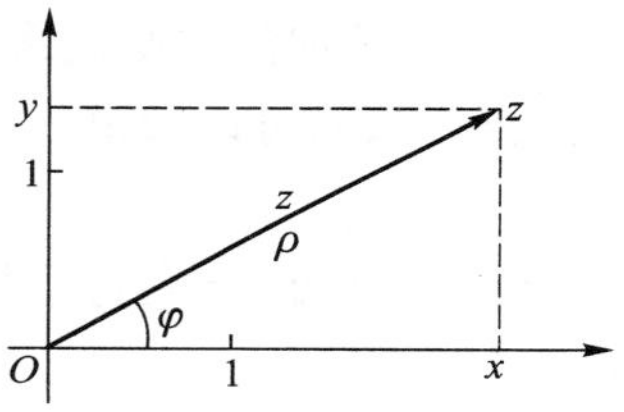

改用极坐标 ρ 和 φ（图 1—1）代替直角坐标 x 和 y，

图 1—1

$$\begin{cases} \rho = \sqrt{x^2 + y^2}, \\ \varphi = \arctan(y/x); \end{cases} \qquad \begin{cases} x = \rho\cos\varphi, \\ y = \rho\sin\varphi. \end{cases}\tag{1.1.2}$$

则复数 z 可表为**三角式**或**指数式**，即

$$z = \rho(\cos\varphi + i\sin\varphi),\tag{1.1.3}$$

或

$$z = \rho e^{i\varphi}.\tag{1.1.4}$$

ρ 称为该复数的**模**，记作 $|z|$. φ 称为该复数的**辐角**，记作 Arg z.

一个复数的辐角值不能唯一地确定，可以取无穷多个值，并且彼此相差 2π 的整数倍. 通常约定，以 arg z 表示其中满足条件

$$0 \leqslant \text{Arg } z < 2\pi$$

的一个特定值，并称 arg z 为 Arg z 的**主值**，或 z 的**主辐角**. 于是有

$$\varphi = \text{Arg } z = \arg z + 2k\pi \quad (k = 0, \pm 1, \pm 2, \cdots).$$

复数"**零**"（即实部 x 及虚部 y 都等于零的复数）的辐角没有明确意义.

一个复数 z 的共轭复数 z^*，指的是对应的点对实轴的反映，即

$$z^* = x - iy = \rho(\cos\varphi - i\sin\varphi) = \rho e^{-i\varphi}.\tag{1.1.5}$$

（二）无限远点

前面我们将模为有限的复数跟复数平面上的有限远点一一对应起来，在复变函数论中，通常还将模为无限大的复数也跟复数平面上的一点相对应，并且称这一点为**无限远点**. 关于无限

远点，可作如下理解. 把一个球放在复数平面上，球以南极 S 跟复数平面相切于原点，如图 1-2所示. 在复数平面上任取一点 A，它与球的北极 N 的连线跟球面相交于 A'点. 这样，复数平面上的有限远点跟球面上 N 以外的点一一对应了起来. 这种对应关系称为**测地投影**，这个球称为**复数球**，设想 A 点沿着一根通过原点的直线向无限远移动，对应的点 A'就沿着一根子午线（经线）向北极 N 逼近. 如果 A 沿着另一根通过原点的直线向无限远移动，则 A'沿着另一根子午线向北极 N 逼近. 事实上，不管 A 沿着什么样的曲线向无限远移动，A'总是相应地沿着某曲线逼近于 N. 因此，可以将平面上的无限远看作一点，通过测地投影而跟复数球上北极 N 相对应. 我们将无限远点记作 ∞，它的模为无限大，它的辐角没有明确意义.

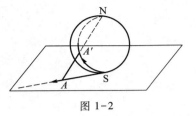

图 1-2

（三）复数的运算

复数的基本运算规则如下.

加法：复数 $z_1 = x_1 + iy_1$ 与 $z_2 = x_2 + iy_2$ 的和 $z_1 + z_2$ 的定义是

$$z_1 + z_2 = (x_1 + x_2) + i(y_1 + y_2). \tag{1.1.6}$$

由此可见加法的**交换律**和**结合律**成立. 从对应的矢量来看，两个复数的和对应于两个矢量的矢量和. 从而可以知道

$$|z_1 + z_2| \leqslant |z_1| + |z_2|. \tag{1.1.7}$$

减法：复数 $z_1 = x_1 + iy_1$ 与 $z_2 = x_2 + iy_2$ 的差 $z_1 - z_2$ 被定义为 z_1 与 $-z_2 = -x_2 - iy_2$ 的和，即

$$z_1 - z_2 = (x_1 - x_2) + i(y_1 - y_2). \tag{1.1.8}$$

从而可以知道

$$|z_1 - z_2| \geqslant |z_1| - |z_2|. \tag{1.1.9}$$

乘法：复数 $z_1 = x_1 + iy_1$ 与 $z_2 = x_2 + iy_2$ 的积 $z_1 z_2$ 的定义是

$$z_1 z_2 = (x_1 x_2 - y_1 y_2) + i(x_1 y_2 + x_2 y_1). \tag{1.1.10}$$

从这个定义出发，很容易验证，乘法的**交换律**、**结合律**与**分配律**都成立. 这样，定义（1.1.10）可以理解为

$$z_1 z_2 = (x_1 + iy_1)(x_2 + iy_2) = x_1 x_2 + iy_1 x_2 + ix_1 y_2 + i^2 y_1 y_2$$
$$= (x_1 x_2 - y_1 y_2) + i(x_1 y_2 + x_2 y_1).$$

除法：复数 $z_1 = x_1 + iy_1$ 与 $z_2 = x_2 + iy_2$ 的商 z_1/z_2 的定义是

$$\frac{z_1}{z_2} = \frac{x_1 x_2 + y_1 y_2}{x_2^2 + y_2^2} + i \frac{x_2 y_1 - x_1 y_2}{x_2^2 + y_2^2}. \tag{1.1.11}$$

从这个定义出发，很容易验证，除法确是乘法的逆运算.

定义（1.1.11）可以理解为

$$\frac{z_1}{z_2} = \frac{x_1 + iy_1}{x_2 + iy_2} = \frac{(x_1 + iy_1)(x_2 - iy_2)}{(x_2 + iy_2)(x_2 - iy_2)}$$

$$= \frac{x_1 x_2 + y_1 y_2}{x_2^2 + y_2^2} + i \frac{x_2 y_1 - x_1 y_2}{x_2^2 + y_2^2}.$$

复数的乘、除、乘方和开方等运算，采用三角式或指数式往往比代数式方便. 例如，乘积的定义(1.1.10)就化为

$$z_1 z_2 = \rho_1 \rho_2 \left[\cos(\varphi_1 + \varphi_2) + i\sin(\varphi_1 + \varphi_2) \right] \tag{1.1.12}$$

$$= \rho_1 \rho_2 e^{i(\varphi_1 + \varphi_2)}. \tag{1.1.13}$$

商的定义(1.1.11)就化为

$$\frac{z_1}{z_2} = \frac{\rho_1}{\rho_2} \left[\cos(\varphi_1 - \varphi_2) + i\sin(\varphi_1 - \varphi_2) \right] \tag{1.1.14}$$

$$= \frac{\rho_1}{\rho_2} e^{i(\varphi_1 - \varphi_2)}. \tag{1.1.15}$$

这样，z 的整数 n 次幂 z^n 应是

$$z^n = \rho^n (\cos n\varphi + i\sin n\varphi) \tag{1.1.16}$$

$$= \rho^n e^{in\varphi}, \tag{1.1.17}$$

而 z 的整数 n 次根式 $\sqrt[n]{z}$ 则应是

$$\sqrt[n]{z} = \sqrt[n]{\rho} \left(\cos \frac{\varphi}{n} + i\sin \frac{\varphi}{n} \right) \tag{1.1.18}$$

$$= \sqrt[n]{\rho}\, e^{i\frac{\varphi}{n}}. \tag{1.1.19}$$

我们知道，复数 z 的辐角 φ 不能唯一地确定，它可以加减 2π 的整倍数. 这样，根式 $\sqrt[n]{z}$ 的辐角 φ/n 也就可以加减 $2\pi/n$ 的整倍数，从而对于给定的 z，$\sqrt[n]{z}$ 可以取 n 个不同的值.

注意区分 $|z|^2$ 与 z^2. $|z|^2$ 是复数 z 的模 ρ 的平方，由(1.1.12)和(1.1.13)可知 $zz^* = |z|^2$；z^2 则是复数 z 的自乘，即 $zz = z^2$.

既然复数可以用其实部和虚部的和来表示，复数的研究往往就归结为一对实数(即该复数的实部和虚部)的研究.

例如，复变数 $z = x + iy$ 逼近复常数 $z_0 = x_0 + iy_0$，即 $z \to z_0$ 的问题，完全可以归结为一对实变数 x 和 y 分别逼近实常数 x_0 和 y_0，即

$$x \to x_0, \quad y \to y_0$$

的问题. 这样，关于实变数的和、差、积、商的极限的定理，关于实变数的极限是否存在的判据，显然全都适用于复变数.

习　题

1. 下列式子在复数平面上各具有怎样的意义？

(1) $|z| \leqslant 2$,　　　　(2) $|z - a| = |z - b|$　(a, b 为复常数)，

(3) $\mathrm{Re}\, z > \dfrac{1}{2}$,　　　　(4) $|z| + \mathrm{Re}\, z \leqslant 1$,

(5) $\alpha < \arg z < \beta$, $a < \mathrm{Re}\, z < b$　(α, β, a 和 b 为实常数)，

(6) $0 < \arg \dfrac{z - i}{z + i} < \dfrac{\pi}{4}$,　　　　(7) $\left| \dfrac{z - 1}{z + 1} \right| \leqslant 1$,

(8) $\mathrm{Re}\left(\dfrac{1}{z}\right)=2$,　　　　(9) $\mathrm{Re}\,z^2=a^2$　（a 是实常数），

(10) $|z_1+z_2|^2+|z_1-z_2|^2=2\,|z_1|^2+2\,|z_2|^2$.

2. 将下列复数用代数式、三角式和指数式几种形式表示出来.

(1) i,　　　　　　　　(2) -1,

(3) $1+\mathrm{i}\sqrt3$,　　　　　(4) $1-\cos\alpha+\mathrm{i}\sin\alpha$（$\alpha$ 是实常数），

(5) z^3,　　　　　　　(6) $\mathrm{e}^{1+\mathrm{i}}$,

(7) $\dfrac{1-\mathrm{i}}{1+\mathrm{i}}$.

3. 计算下列数值（a,b 和 φ 为实常数）.

(1) $\sqrt{a+\mathrm{i}b}$,　　　　(2) $\sqrt[3]{\mathrm{i}}$,　　　　(3) $(2\mathrm{i})^{\mathrm{i}}$,

(4) $\sqrt[\mathrm{i}]{2\mathrm{i}}$,　　　　(5) $\cos\,(1+4\mathrm{i})$,　　(6) $\sin5\varphi$,

(7) $\cos\varphi+\cos2\varphi+\cos3\varphi+\cdots+\cos n\varphi$,　　(8) $\sin\varphi+\sin2\varphi+\sin3\varphi+\cdots+\sin n\varphi$.

4. 下列极限是否存在？若存在，求该极限的值.

(1) $\displaystyle\lim_{z\to1}\dfrac{zz^*+3z-z^*-3}{z^2-1}$,　　(2) $\displaystyle\lim_{z\to1}\dfrac{zz^*-1}{z^2-1}$.

§1.2　复 变 函 数

（一）复变函数的定义

若在复数平面（或球面）上存在一个**点集** E（复数的集合），对于 E 的每一点（每一个 z 值），按照一定的规律，有一个或多个复数值 w 与之相对应，则称 w 为 z 的函数——**复变函数**. z 称为 w 的**宗量**，**定义域**为 E，记作

$$w=f(z),\ z\in E.$$

在复变函数论中，主要研究的是**解析函数**（§1.4）.

（二）区域的概念

在解析函数论中，函数的定义域不是一般的点集，而是满足一定条件的点集，称为**区域**，用 B 表示.

为了说明区域的概念，首先介绍**邻域**、**内点**、**外点**以及**边界点**的概念.

邻域　以复数 z_0 为圆心，以任意小正实数 ε 为半径作一圆，则圆内所有点的集合称为 z_0 的邻域.

内点　若 z_0 及其邻域均属于点集 E，则称 z_0 为该点集的内点.

外点　若 z_0 及其邻域均不属于点集 E，则称 z_0 为该点集的外点.

边界点　若在 z_0 的每个邻域内，既有属于 E 的点，也有不属于 E 的点，则称 z_0 为该点集的边界点，它既不是 E 的内点，也不是 E 的外点. 边界点的全体称为**边界线**.

现在介绍区域的概念. 直观地说，区域就是宗量 z 在复数平面上的取值范围. 确切地说，区域是指满足下列两个条件的点集：

（1）全由内点组成；

（2）**具有连通性**，即点集中的任意两点都可以用一条折线连接起来，且折线上的点全都属于该点集.

闭区域 区域 B 及其边界线所组成的点集称为闭区域，以 $\overline{B}$ 表示.

区域可以是各种各样的，例如圆形域及环形域. 圆形域可以用不等式 $|z-z_0|<r$ 来表示，式中 z_0 为圆心，r 为半径；环形域可以用 $a<|z-z_0|<b$ 来表示，式中 z_0 为环心，a 为内半径，b 为外半径. 若将其中的"<"换成"≤"，则这两个式子分别表示闭圆域和闭环域.

（三）复变函数例

这里举几个复变函数的例子：

多项式

$$a_0+a_1z+a_2z^2+\cdots+a_nz^n \quad （n \text{ 为正整数}），\tag{1.2.1}$$

有理分式

$$\frac{a_0+a_1z+a_2z^2+\cdots+a_nz^n}{b_0+b_1z+b_2z^2+\cdots+b_mz^m} \quad （m \text{ 和 } n \text{ 为正整数}），\tag{1.2.2}$$

根式

$$\sqrt{z-a}，\tag{1.2.3}$$

式中 $a_0,a_1,a_2,\cdots,a_n$，$b_0,b_1,b_2,\cdots,b_m$，a 是复常数. 下面列举几个初等函数的定义式：

$$e^z=e^{x+iy}=e^xe^{iy}=e^x(\cos y+i\sin y)，\tag{1.2.4}$$

$$\sin z=\frac{1}{2i}(e^{iz}-e^{-iz})，\tag{1.2.5}$$

$$\cos z=\frac{1}{2}(e^{iz}+e^{-iz})，\tag{1.2.6}$$

$$\text{sh } z=\frac{1}{2}(e^z-e^{-z})，\tag{1.2.7}$$

$$\text{ch } z=\frac{1}{2}(e^z+e^{-z})，\tag{1.2.8}$$

$$\ln z=\ln(|z|e^{i\text{Arg }z})=\ln|z|+i\text{Arg }z，\tag{1.2.9}$$

$$z^s=e^{s\ln z}（s \text{ 为复数}）.\tag{1.2.10}$$

由定义（1.2.5）和（1.2.6）不难看出，$\sin z$ 和 $\cos z$ 具有实周期 2π，即

$$\sin(z+2\pi)=\sin z，\quad \cos(z+2\pi)=\cos z.\tag{1.2.11}$$

大家知道，在实数领域中，$|\sin x|\leqslant 1$，$|\cos x|\leqslant 1$，将定义（1.2.5）和（1.2.6）按照（1.2.4）展开为实部和虚部之和，便可求得模为

$$|\sin z|=\frac{1}{2}\sqrt{(e^{2y}+e^{-2y})+2(\sin^2x-\cos^2x)}，\tag{1.2.12}$$

$$|\cos z|=\frac{1}{2}\sqrt{(e^{2y}+e^{-2y})+2(\cos^2x-\sin^2x)}.\tag{1.2.13}$$

这样，$|\sin z|$ 和 $|\cos z|$ 完全可以大于 1.

由定义 $(1.2.4)$、$(1.2.7)$ 和 $(1.2.8)$ 不难看出，e^z、$\mathrm{sh}\,z$ 和 $\mathrm{ch}\,z$ 具有纯虚数周期 $2\pi\mathrm{i}$，即

$$e^{z+2\pi\mathrm{i}} = e^z, \quad \mathrm{sh}(z+2\pi\mathrm{i}) = \mathrm{sh}\,z, \quad \mathrm{ch}(z+2\pi\mathrm{i}) = \mathrm{ch}\,z. \tag{1.2.14}$$

辐角 $\mathrm{Arg}\,z$ 不能唯一地确定，它可以加减 2π 的整倍数. 因此，按照定义 $(1.2.9)$，对于给定的 z，对数函数 $\ln z$ 有无限多个值.

在实数领域中，负数的对数没有意义. 但是，按照 $(1.2.9)$，当 z 为负实数时，复变函数 $\ln z$ 仍有意义，即

$$\ln z = \ln\left(|z|e^{\mathrm{i}\pi+\mathrm{i}2\pi n}\right) = \ln|z| + \mathrm{i}(2n+1)\pi.$$

将复变函数 $f(z)$ 的实部和虚部分别记作 $u(x,y)$ 和 $v(x,y)$，有

$$f(z) = u(x,y) + \mathrm{i}v(x,y). \tag{1.2.15}$$

这是说，复变函数可以归结为一对二元实变函数的组合. 因此，实变函数论的许多定义、公式、定理都可以直接地移植到复变函数论中.

例如，复变函数 $f(z)$ 在点 $z_0 = x_0 + \mathrm{i}y_0$ **连续**的定义是

$$\text{当 } z \to z_0 \text{ 时，} f(z) \to f(z_0). \tag{1.2.16}$$

这可以归结为一对二元实变函数 $u(x,y)$ 和 $v(x,y)$ 在点 (x_0,y_0) 连续，即

$$\text{当 } \begin{cases} x \to x_0 \\ y \to y_0 \end{cases} \text{时，} \quad \begin{cases} u(x,y) \to u(x_0,y_0), \\ v(x,y) \to v(x_0,y_0). \end{cases}$$

习　题

1. 试验证 $(1.2.11)$—$(1.2.14)$ 几个式子.

2. 计算下列数值. (a 和 b 为实常数，x 为实变数.)

(1) $\sin(a+\mathrm{i}b)$，　(2) $\cos(a+\mathrm{i}b)$，　(3) $\ln(-1)$，　(4) $\mathrm{ch}^2 z - \mathrm{sh}^2 z$，

(5) $\cos \mathrm{i}x$，　(6) $\sin \mathrm{i}x$，　(7) $\cosh \mathrm{i}x$，　(8) $\sinh \mathrm{i}x$，　(9) $\left|e^{\mathrm{i}az-\mathrm{i}b\sin z}\right|$.

3. 求解方程 $\cos z = 2$.

§1.3　导　数

设函数 $w = f(z)$ 是在区域 B 上定义的单值函数，即对于 B 上的每一个 z 值，有且只有一个 w 值与之相对应. 若在 B 上的某点 z，极限

$$\lim_{\Delta z \to 0} \frac{\Delta w}{\Delta z} = \lim_{\Delta z \to 0} \frac{f(z+\Delta z) - f(z)}{\Delta z}$$

存在，并且与 $\Delta z \to 0$ 的方式无关，则称函数 $w = f(z)$ 在 z 点**可导**（或**单演**），此（有限的）极限称为函数 $f(z)$ 在 z 点的**导数**（或**微商**），以 $f'(z)$ 或 $\mathrm{d}f/\mathrm{d}z$ 表示.

复变函数的导数定义，在形式上跟实变函数的导数定义相同，因而实变函数论中关于导数的规则和公式往往可应用于复变函数，例如：

$$\begin{cases} \dfrac{\mathrm{d}}{\mathrm{d}z}(w_1 \pm w_2) = \dfrac{\mathrm{d}w_1}{\mathrm{d}z} \pm \dfrac{\mathrm{d}w_2}{\mathrm{d}z}, \\[2mm] \dfrac{\mathrm{d}}{\mathrm{d}z}(w_1 w_2) = \dfrac{\mathrm{d}w_1}{\mathrm{d}z} w_2 + w_1 \dfrac{\mathrm{d}w_2}{\mathrm{d}z}, \\[2mm] \dfrac{\mathrm{d}}{\mathrm{d}z}\left(\dfrac{w_1}{w_2}\right) = \dfrac{w_1' w_2 - w_1 w_2'}{w_2^2}, \\[2mm] \dfrac{\mathrm{d}w}{\mathrm{d}z} = 1 \Big/ \dfrac{\mathrm{d}z}{\mathrm{d}w}, \\[2mm] \dfrac{\mathrm{d}}{\mathrm{d}z} F(w) = \dfrac{\mathrm{d}F}{\mathrm{d}w} \cdot \dfrac{\mathrm{d}w}{\mathrm{d}z}; \end{cases} \qquad \begin{cases} \dfrac{\mathrm{d}}{\mathrm{d}z} z^n = n z^{n-1}, \\[2mm] \dfrac{\mathrm{d}}{\mathrm{d}z} \mathrm{e}^z = \mathrm{e}^z, \\[2mm] \dfrac{\mathrm{d}}{\mathrm{d}z} \sin z = \cos z, \\[2mm] \dfrac{\mathrm{d}}{\mathrm{d}z} \cos z = -\sin z, \\[2mm] \dfrac{\mathrm{d}}{\mathrm{d}z} \ln z = \dfrac{1}{z}. \end{cases}$$

必须指出，复变函数和实变函数的导数定义，虽然形式上一样，实质上却有很大的不同. 这是因为实变数 Δx 只能沿着实轴逼近零，复变数 Δz 却可以沿复数平面上的任一曲线逼近零. 因此，跟实变函数的可导相比，复变函数可导的要求要严格得多.

现在让我们比较 Δz 沿平行于实轴方向逼近零和沿平行于虚轴方向逼近零的两种情形.

先看 Δz 沿平行于实轴方向逼近零的情形. 这时 $\Delta y \equiv 0$，而 $\Delta z = \Delta x \to 0$，于是

$$\begin{aligned} &\lim_{\Delta x \to 0} \frac{u(x+\Delta x, y) + \mathrm{i}v(x+\Delta x, y) - u(x, y) - \mathrm{i}v(x, y)}{\Delta x} \\ &= \lim_{\Delta x \to 0} \left\{ \frac{u(x+\Delta x, y) - u(x, y)}{\Delta x} + \mathrm{i}\frac{v(x+\Delta x, y) - v(x, y)}{\Delta x} \right\} \\ &= \frac{\partial u}{\partial x} + \mathrm{i}\frac{\partial v}{\partial x}. \end{aligned} \qquad (1.3.1)$$

再看 Δz 沿平行于虚轴方向逼近零的情形. 这时 $\Delta x \equiv 0$，而 $\Delta z = \mathrm{i}\Delta y \to 0$，于是

$$\begin{aligned} &\lim_{\Delta y \to 0} \frac{u(x, y+\Delta y) + \mathrm{i}v(x, y+\Delta y) - u(x, y) - \mathrm{i}v(x, y)}{\mathrm{i}\Delta y} \\ &= \lim_{\Delta y \to 0} \left\{ \frac{v(x, y+\Delta y) - v(x, y)}{\Delta y} - \mathrm{i}\frac{u(x, y+\Delta y) - u(x, y)}{\Delta y} \right\} \\ &= \frac{\partial v}{\partial y} - \mathrm{i}\frac{\partial u}{\partial y}. \end{aligned} \qquad (1.3.2)$$

如果函数 $f(z)$ 在点 z 可导，(1.3.1) 和 (1.3.2) 两个极限必须都存在而且彼此相等，即

$$\frac{\partial u}{\partial x} + \mathrm{i}\frac{\partial v}{\partial x} = \frac{\partial v}{\partial y} - \mathrm{i}\frac{\partial u}{\partial y}.$$

这个等式两边的实部和虚部必须分别相等，即

$$\begin{cases} \dfrac{\partial u}{\partial x} = \dfrac{\partial v}{\partial y}, \\[2mm] \dfrac{\partial v}{\partial x} = -\dfrac{\partial u}{\partial y}. \end{cases} \qquad (1.3.3)$$

这两个方程称为**柯西-黎曼方程**，或柯西-黎曼条件（简称 **C-R 条件**），是复变函数可导的必要条件.

例如处处连续的函数 $w = \mathrm{Re}\, z = x$ 的实部和虚部分别是 $u(x, y) = x$，$v(x, y) = 0$. 于是

$$\frac{\partial u}{\partial x} = 1, \quad \frac{\partial u}{\partial y} = 0, \quad \frac{\partial v}{\partial x} = 0, \quad \frac{\partial v}{\partial y} = 0$$

在任一点都存在，但在任一点都不满足柯西-黎曼方程，所以处处连续的函数 $w = \mathrm{Re}\, z$ 是处处不可导的. 事实上，当 $\Delta z = \Delta x \to 0$ 时，$\frac{\Delta w}{\Delta z} = \frac{\Delta x}{\Delta x} = 1 \to 1$，而当 $\Delta z = \mathrm{i}\Delta y \to 0$ 时，$\frac{\Delta w}{\Delta z} = \frac{0}{\mathrm{i}\Delta y} \to 0$. 两个极限并不相等.

柯西-黎曼方程只保证 Δz 沿实轴及虚轴逼近零时，$\Delta f/\Delta z$ 逼近同一极限，并不保证 Δz 沿任意曲线逼近零时，$\Delta f/\Delta z$ 总是逼近同一极限. 因此，柯西-黎曼方程不是复变函数可导的充分条件.

例如复变函数 $f(z) = \sqrt{\mathrm{Re}\, z \cdot \mathrm{Im}\, z}$，在第一、三象限，它的实部和虚部分别是 $u(x,y) = \sqrt{xy}$，$v(x,y) \equiv 0$，而在第二、四象限，$u(x,y) \equiv 0$，$v = \sqrt{|xy|}$. 因而，在点 $z = 0$，

$$\frac{\partial u}{\partial x}\bigg|_{z=0} = \lim_{\Delta x \to 0} \frac{u(\Delta x, 0) - u(0,0)}{\Delta x} = \lim_{\Delta x \to 0} \frac{0}{\Delta x} = 0,$$

$$\frac{\partial u}{\partial y}\bigg|_{z=0} = \lim_{\Delta y \to 0} \frac{u(0, \Delta y) - u(0,0)}{\Delta y} = \lim_{\Delta y \to 0} \frac{0}{\Delta y} = 0,$$

$$\frac{\partial v}{\partial x}\bigg|_{z=0} = \lim_{\Delta x \to 0} \frac{v(\Delta x, 0) - v(0,0)}{\Delta x} = \lim_{\Delta x \to 0} \frac{0}{\Delta x} = 0,$$

$$\frac{\partial v}{\partial y}\bigg|_{z=0} = \lim_{\Delta y \to 0} \frac{v(0, \Delta y) - v(0,0)}{\Delta y} = \lim_{\Delta y \to 0} \frac{0}{\Delta y} = 0,$$

这显然满足柯西-黎曼方程.

那么，复变函数 $f(z) = \sqrt{\mathrm{Re}\, z \cdot \mathrm{Im}\, z}$ 在点 $z = 0$ 是否可导呢？试令 Δz 的辐角 φ 保持一定，而模 $\Delta \rho \to 0$，即 $\Delta z = \mathrm{e}^{\mathrm{i}\varphi}\Delta \rho \to 0$，则在第一、三象限，$\Delta f/\Delta z$ 的极限是

$$\lim_{\Delta z \to 0} \frac{f(0 + \Delta z) - f(0)}{\Delta z} = \lim_{\Delta \rho \to 0} \frac{\sqrt{(\Delta \rho)\cos\varphi\,(\Delta\rho)\sin\varphi}}{\mathrm{e}^{\mathrm{i}\varphi}\Delta\rho} = \frac{\sqrt{\cos\varphi\sin\varphi}}{\mathrm{e}^{\mathrm{i}\varphi}}.$$

类似地，在第二、四象限，$\Delta f/\Delta z$ 的极限是 $\mathrm{i}\sqrt{|\cos\varphi\sin\varphi|}/\mathrm{e}^{\mathrm{i}\varphi}$. 可见，极限值随 φ 的不同而不同，从而，$f(z)$ 在点 $z = 0$ 不可导.

如果 Δz 沿实轴或虚轴逼近零，即 $\varphi = 0$ 或 $\pi/2$，在这两种情形下，$\Delta f/\Delta z$ 的极限相等（都是零），从而满足柯西-黎曼方程. 可见，柯西-黎曼方程不是复变函数可导的充分条件.

现在证明，函数 $f(z)$ 可导的充分必要条件是：函数 $f(z)$ 的偏导数 $\frac{\partial u}{\partial x}$，$\frac{\partial u}{\partial y}$，$\frac{\partial v}{\partial x}$，$\frac{\partial v}{\partial y}$ 存在，且连续，并且满足柯西-黎曼方程.

证 由于这些偏导数连续，二元函数 u 和 v 的增量可分别写为

$$\Delta u = \frac{\partial u}{\partial x}\Delta x + \frac{\partial u}{\partial y}\Delta y + \varepsilon_1 \Delta x + \varepsilon_2 \Delta y,$$

$$\Delta v = \frac{\partial v}{\partial x}\Delta x + \frac{\partial v}{\partial y}\Delta y + \varepsilon_3 \Delta x + \varepsilon_4 \Delta y,$$

其中各个 ε 值随 $\Delta z \to 0$（即 Δx，Δy 各自趋于零）而趋于零. 于是有

$$\lim_{\Delta z \to 0} \frac{\Delta f}{\Delta z} = \lim_{\Delta z \to 0} \frac{\Delta u + \mathrm{i} \Delta v}{\Delta z}$$

$$= \lim_{\Delta z \to 0} \frac{\dfrac{\partial u}{\partial x} \Delta x + \dfrac{\partial u}{\partial y} \Delta y + \mathrm{i} \left(\dfrac{\partial v}{\partial x} \Delta x + \dfrac{\partial v}{\partial y} \Delta y \right)}{\Delta z}.$$

最后一步已考虑到 $|\Delta x / \Delta z|$ 和 $|\Delta y / \Delta z|$ 为有限值, 从而所有含 ε 的项都随 $\Delta z \to 0$ 而趋于零. 根据柯西-黎曼条件, 上式即

$$\lim_{\substack{\Delta x \to 0 \\ \Delta y \to 0}} \frac{\dfrac{\partial u}{\partial x} (\Delta x + \mathrm{i} \Delta y) + \mathrm{i} \dfrac{\partial v}{\partial x} (\Delta x + \mathrm{i} \Delta y)}{\Delta x + \mathrm{i} \Delta y} = \frac{\partial u}{\partial x} + \mathrm{i} \frac{\partial v}{\partial x}.$$

这一极限是与 $\Delta z \to 0$ 的方式无关的有限值. 证毕.

我们说过, 复变函数可导的要求比实变函数可导的要求要严格得多. 其具体表现之一就是**函数的实部和虚部通过柯西-黎曼方程相联系**.

复变函数的导数可用(1.3.1)或(1.3.2)表示.

在极坐标系中, 比较 Δz 沿径向逼近零(即 $\Delta z = \mathrm{e}^{\mathrm{i}\varphi} \Delta \rho \to 0$) 和沿角向逼近零(即 $\Delta z = \rho \Delta (\mathrm{e}^{\mathrm{i}\varphi}) = \mathrm{i}\rho \mathrm{e}^{\mathrm{i}\varphi} \Delta \varphi \to 0$) 两种情形下 $\Delta f / \Delta z$ 的极限, 就得到极坐标系中的柯西-黎曼方程:

$$\begin{cases} \dfrac{\partial u}{\partial \rho} = \dfrac{1}{\rho} \dfrac{\partial v}{\partial \varphi}, \\[2mm] \dfrac{1}{\rho} \dfrac{\partial u}{\partial \varphi} = -\dfrac{\partial v}{\partial \rho}. \end{cases} \tag{1.3.4}$$

或者从直角坐标系中的柯西-黎曼方程(1.3.3)出发, 按照变换公式(1.1.2)变换到极坐标系, 也可得到极坐标系中的柯西-黎曼方程(1.3.4).

习　题

试推导极坐标系中的柯西-黎曼方程(1.3.4).

§1.4　解　析　函　数

若函数 $f(z)$ 在点 z_0 及其邻域上处处可导, 则称 $f(z)$ 在 z_0 点**解析**. 又若 $f(z)$ 在区域 B 上每一点都解析, 则称 $f(z)$ 是区域 B 上的**解析函数**. 可见, 函数若在某一点解析, 则必在该点可导. 反之却不一定成立. 例如, 函数 $f(z) = |z|^2$ 仅在 $z = 0$ 点可导, 而在其他点均不可导, 由解析的定义可知, 它在 $z = 0$ 点并且在整个复平面上处处不解析. 这表明函数在一点可导与解析是不等价的. 但是, 函数若在某一区域 B 上解析, 意味着函数在区域 B 上处处可导. 因此, 函数在某区域上可导与解析是等价的.

解析函数是一类具有特殊性质的复变函数, 在物理学中有着重要的用途. 下面介绍解析函数的几条主要的性质.

1. 若函数 $f(z)=u+\mathrm{i}v$ 在区域 B 上解析，则

$$u(x,y)=C_1,\quad v(x,y)=C_2$$

（C_1,C_2 为常数）是 B 上的两组正交曲线族.

事实上，将柯西-黎曼条件(1.3.3)两边分别相乘，得

$$\frac{\partial u}{\partial x}\frac{\partial v}{\partial x}=-\frac{\partial u}{\partial y}\frac{\partial v}{\partial y},$$

即

$$\frac{\partial u}{\partial x}\frac{\partial v}{\partial x}+\frac{\partial u}{\partial y}\frac{\partial v}{\partial y}=0. \tag{1.4.1}$$

这是说，梯度 $\nabla u\left(\text{其直角坐标分量为}\dfrac{\partial u}{\partial x}\text{和}\dfrac{\partial u}{\partial y}\right)$ 跟梯度 $\nabla v\left(\text{其直角坐标分量为}\dfrac{\partial v}{\partial x}\text{和}\dfrac{\partial v}{\partial y}\right)$ 正交. 我们知道，∇u 和 ∇v 分别是曲线族"$u=C_1$"和"$v=C_2$"的法向矢量，因而(1.4.1)表明"$u=C_1$"和"$v=C_2$"是互相正交的两曲线族.

2. 若函数 $f(z)=u+\mathrm{i}v$ 在区域 B 上解析，则 u、v 均为 B 上的**调和函数**.〔所谓"调和函数"，指的是,若某函数 $H(x,y)$ 在区域 B 上有二阶连续偏导数,且满足拉普拉斯方程 $\Delta H=0$,则称 $H(x,y)$ 为区域 B 上的调和函数.〕

§2.4 将证明，某个区域上的解析函数在该区域上存在任意阶的导数. 这样，二阶偏导数 $\dfrac{\partial^2 u}{\partial x^2}$,$\dfrac{\partial^2 u}{\partial x\,\partial y}$,$\dfrac{\partial^2 u}{\partial y^2}$,$\dfrac{\partial^2 v}{\partial x^2}$,$\dfrac{\partial^2 v}{\partial x\,\partial y}$, 及 $\dfrac{\partial^2 v}{\partial y^2}$ 都存在且连续. 现在将柯西-黎曼方程

$$\frac{\partial u}{\partial x}=\frac{\partial v}{\partial y},\quad \frac{\partial u}{\partial y}=-\frac{\partial v}{\partial x}$$

的前一式对 x 求导，后一式对 y 求导，然后相加，这就消去了 v 而得到

$$\frac{\partial^2 u}{\partial x^2}+\frac{\partial^2 u}{\partial y^2}=0. \tag{1.4.2}$$

同理消去 u 可得

$$\frac{\partial^2 v}{\partial x^2}+\frac{\partial^2 v}{\partial y^2}=0. \tag{1.4.3}$$

这样，$u(x,y)$ 和 $v(x,y)$ 都满足二维拉普拉斯方程，即它们都是调和函数. 由于它们是同一个复变函数的实部和虚部，所以又称为**共轭调和函数**.

这样，若给定一个二元的调和函数，我们可以将它看作某个解析函数的实部（或虚部），利用柯西-黎曼条件求出相应的虚部（或实部），这也就确定了这个解析函数.

为确定起见，设给定的二元调和函数 $u(x,y)$ 是解析函数的实部，试求相应的虚部 $v(x,y)$. 首先，二元函数 $v(x,y)$ 的微分式是

$$\mathrm{d}v=\frac{\partial v}{\partial x}\mathrm{d}x+\frac{\partial v}{\partial y}\mathrm{d}y.$$

根据柯西-黎曼条件，上式可以改写为

$$\mathrm{d}v=-\frac{\partial u}{\partial y}\mathrm{d}x+\frac{\partial u}{\partial x}\mathrm{d}y. \tag{1.4.4}$$

容易验证上式右端是全微分. 事实上，

$$\frac{\partial}{\partial y}\left(-\frac{\partial u}{\partial y}\right)=-\frac{\partial^2 u}{\partial y^2}=\frac{\partial^2 u}{\partial x^2}=\frac{\partial}{\partial x}\left(\frac{\partial u}{\partial x}\right).$$

于是，可用下列方法计算出 $v(x,y)=\int \mathrm{d}v.$

（1）**曲线积分法**　全微分的积分与路径无关，故可选取特殊积分路径，使积分容易算出.

（2）**凑全微分显式法**　将微分式（1.4.4）的右端凑成全微分显式，$v(x,y)$ 自然就求出了.

（3）**不定积分法**

这些方法同样适用于从虚部 v 求实部 u 的情形. 具体作法请见下面的例题.

例 1　已知某解析函数 $f(z)$ 的实部 $u(x,y)=x^2-y^2$，求虚部和这个解析函数.

解　首先验证 u 是调和函数，我们有

$$\frac{\partial^2 u}{\partial x^2}=2,\quad \frac{\partial^2 u}{\partial y^2}=-2.$$

因此，u 确是某个解析函数的实部.

（1）**曲线积分法**　先计算 u 的偏导数

$$\frac{\partial u}{\partial x}=2x,\quad \frac{\partial u}{\partial y}=-2y.$$

根据柯西-黎曼条件，我们有

$$\frac{\partial v}{\partial x}=2y,\quad \frac{\partial v}{\partial y}=2x.$$

于是

$$\mathrm{d}v=2y\mathrm{d}x+2x\mathrm{d}y.$$

右端应是全微分，积分值

$$v=\int^{(x,y)}2y\mathrm{d}x+2x\mathrm{d}y+C$$

与路径无关. 为便于算出积分，选取积分路径如图 1-3.

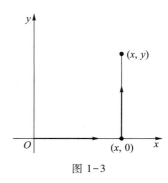

$$v=\int_{(0,0)}^{(x,0)}2y\mathrm{d}x+2x\mathrm{d}y+\int_{(x,0)}^{(x,y)}2y\mathrm{d}x+2x\mathrm{d}y+C$$

$$=\int_{(x,0)}^{(x,y)}2x\mathrm{d}y+C=2xy+C,$$

其中 C 为积分常数.

图 1-3

（2）**凑全微分显式法**　由上面已知

$$\mathrm{d}v=2y\mathrm{d}x+2x\mathrm{d}y.$$

右端很容易改写成全微分显式 $\mathrm{d}(2xy)$，这样

$$\mathrm{d}v=\mathrm{d}(2xy),$$

显然

$$v=2xy+C.$$

可见，这一方法与曲线积分法无本质差别，在容易将右端凑成全微分显式时，这一方法是很方便的.

（3）**不定积分法**　上面已算出

$$\frac{\partial v}{\partial y}=2x,\ \frac{\partial v}{\partial x}=2y.$$

将上面第一式对 y 积分，x 视作参数，有

$$v=\int 2x\mathrm{d}y+\varphi(x)=2xy+\varphi(x),$$

其中 $\varphi(x)$ 为 x 的任意函数. 将上式两边再对 x 求导，

$$\frac{\partial v}{\partial x}=2y+\varphi'(x).$$

由柯西-黎曼条件知，$\varphi'(x)=0$，从而 $\varphi(x)=C$（常数），因此
$$v=2xy+C.$$

最后，我们得到所求的解析函数为
$$f(z)=x^2-y^2+\mathrm{i}(2xy+C)=z^2+\mathrm{i}C.$$

例2　已知解析函数 $f(z)$ 的虚部 $v(x,y)=\sqrt{-x+\sqrt{x^2+y^2}}$，求实部 $u(x,y)$ 和这个解析函数 $f(z)$.

解　偏导数 $\dfrac{\partial v}{\partial x}$ 和 $\dfrac{\partial v}{\partial y}$ 的计算较繁，试改用极坐标系，

$$v=\sqrt{-\rho\cos\varphi+\rho}=\sqrt{\rho(1-\cos\varphi)}=\sqrt{2\rho}\sin\frac{\varphi}{2}.$$

下面先求 $u(x,y)$. 和例1一样，可用三种方法计算，只是柯西-黎曼条件需改用极坐标形式. 这里只介绍全微分显式法. 其他两种方法，请读者自行演算.

计算 v 的偏导数：

$$\frac{\partial v}{\partial\rho}=\sqrt{\frac{1}{2\rho}}\sin\frac{\varphi}{2},\ \frac{\partial v}{\partial\varphi}=\sqrt{\frac{\rho}{2}}\cos\frac{\varphi}{2}.$$

按照柯西-黎曼方程(1.3.4)，即

$$\frac{\partial u}{\partial\rho}=\sqrt{\frac{1}{2\rho}}\cos\frac{\varphi}{2},\ \frac{\partial u}{\partial\varphi}=-\sqrt{\frac{\rho}{2}}\sin\frac{\varphi}{2}.$$

于是

$$\begin{aligned}
\mathrm{d}u&=\frac{\partial u}{\partial\rho}\mathrm{d}\rho+\frac{\partial u}{\partial\varphi}\mathrm{d}\varphi=\sqrt{\frac{1}{2\rho}}\cos\frac{\varphi}{2}\mathrm{d}\rho-\sqrt{\frac{\rho}{2}}\sin\frac{\varphi}{2}\mathrm{d}\varphi\\
&=\sqrt{2}\cos\frac{\varphi}{2}\mathrm{d}\sqrt{\rho}+\sqrt{2\rho}\mathrm{d}\left(\cos\frac{\varphi}{2}\right)=\mathrm{d}\left(\sqrt{2\rho}\cos\frac{\varphi}{2}\right).
\end{aligned}$$

因此，

$$u=\sqrt{2\rho}\cos\frac{\varphi}{2}+C=\sqrt{x+\sqrt{x^2+y^2}}+C,$$

$$f(z)=\sqrt{2\rho}\cos\frac{\varphi}{2}+C+\mathrm{i}\sqrt{2\rho}\sin\frac{\varphi}{2}$$

$$=\sqrt{2\rho}\left(\cos\frac{\varphi}{2}+\mathrm{i}\sin\frac{\varphi}{2}\right)+C=\sqrt{2z}+C.$$

习　题

1. 某个区域上的解析函数如为实函数，试证它必为常数.

2. 已知解析函数 $f(z)$ 的实部 $u(x,y)$ 或虚部 $v(x,y)$，求该解析函数.

（1）$u = \mathrm{e}^x \sin y$，

（2）$u = \mathrm{e}^x(x\cos y - y\sin y)$，$f(0) = 0$，

（3）$u = \dfrac{2\sin 2x}{\mathrm{e}^{2y} + \mathrm{e}^{-2y} - 2\cos 2x}$，$f\left(\dfrac{\pi}{2}\right) = 0$，

（4）$v = \dfrac{y}{x^2 + y^2}$，$f(2) = 0$，

（5）$u = \dfrac{x^2 - y^2}{(x^2 + y^2)^2}$，$f(\infty) = 0$，

（6）$u = x^2 - y^2 + xy$，$f(0) = 0$，

（7）$u = x^3 - 3xy^2$，$f(0) = 0$，

（8）$u = x^3 + 6x^2 y - 3xy^2 - 2y^3$，$f(0) = 0$，

（9）$u = x^4 - 6x^2 y^2 + y^4$，$f(0) = 0$，

（10）$u = \ln \rho$，$f(1) = 0$，

（11）$u = \varphi$，$f(1) = 0$.

3. 下列复变函数何处可导？该处是否解析？

（1）$f(z) = x^2 - \mathrm{i}y$，

（2）$f(z) = 2x^3 + \mathrm{i}3y^3$，

（3）$f(z) = xy^2 + \mathrm{i}x^2 y$，

（4）$f(z) = x^2 - y^2 + \mathrm{i}2xy$.

4. 如果 $f(z)$ 是解析函数，证明 $\dfrac{\partial f}{\partial z^*} = 0$.

§1.5　平面标量场

　　物理上及工程技术上常常需要研究各种各样的**场**，例如电磁场、声场、温度场等. 通常，这些场均随时间、空间变化. 若场与时间无关，则称为**恒定场**，例如静电场、流体中的定常流速场等. 若所研究的场在空间某方向上是均匀的，从而只需要在垂直于该方向的任一平面上研究它，这样的场便称为**平面场**. 本节拟对解析函数在平面场研究中的应用作一介绍.

　　首先研究**平面静电场**. 在没有电荷的区域，静电场的电势满足二维拉普拉斯方程. 这样，电场所处区域上的某一解析函数 $f(z) = u(x,y) + \mathrm{i}v(x,y)$ 的实部或虚部就可以被用来表示该区域上静电场的电势. 我们称这一解析函数为该平面静电场的**复势**，因为它的实部或虚部就是电势.

　　为确定起见，设 $u(x,y)$ 为电势，曲线族"$u(x,y) =$ 常数"为等势线族. 从（1.4.1）知道，曲线族"$v(x,y) =$ 常数"垂直于等势线族"$u(x,y) =$ 常数"，因而"$v(x,y) =$ 常数"正是电场线族. 不仅如此，v 的值本身就具有物理意义. 取定两点 $A(x_1, y_1)$ 和 $B(x_2, y_2)$，任作一曲线连接 A 和 B（图 1-4）. 试计算穿过曲线 AB 的电场强度通量（这其实指的是通过一块柱面的电场强度通量，这块柱面跟我们所研究的平面相交于曲线 AB，柱面的母线垂直于所研究的平面，柱高为 1）

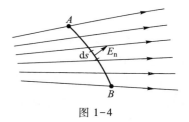

图 1-4

$$N = \int_A^B E_n \mathrm{d}s.$$

曲线 AB 切线的方向余弦是 $\dfrac{\mathrm{d}x}{\mathrm{d}s}$ 和 $\dfrac{\mathrm{d}y}{\mathrm{d}s}$，所以法线 $\boldsymbol{e}_n$ 的方向余弦是 $n_x = -\dfrac{\mathrm{d}y}{\mathrm{d}s}$ 和 $n_y = \dfrac{\mathrm{d}x}{\mathrm{d}s}$. 这样，

$$E_n = \boldsymbol{E} \cdot \boldsymbol{e}_n = \frac{\partial u}{\partial x}\frac{\mathrm{d}y}{\mathrm{d}s} - \frac{\partial u}{\partial y}\frac{\mathrm{d}x}{\mathrm{d}s}.$$

于是

$$N = \int_A^B \frac{\partial u}{\partial x}\mathrm{d}y - \frac{\partial u}{\partial y}\mathrm{d}x = \int_A^B \frac{\partial v}{\partial y}\mathrm{d}y + \frac{\partial v}{\partial x}\mathrm{d}x$$

$$= \int_A^B \mathrm{d}v = v(x_2, y_2) - v(x_1, y_1).$$

这样，$v(x,y)$ 在 A 和 B 两点所取的值之差就是 A 和 B 两点之间穿过的电场强度通量. $v(x,y)$ 函数称为**通量函数**. 由此可见，只要给出复势，就不仅给出了电势分布，而且还直接给出了电场线族的方程、电场强度通量密度并从而给出了电荷密度.

同理，在液体的无旋流动中，有所谓的**平面无旋液流**. 由于没有涡旋，速度矢量可以表为某个标量的梯度，这个标量称为**速度势**. 借助于速度势就将平面无旋液流问题表为平面标量场问题. 在没有源和汇的区域上，速度势满足拉普拉斯方程(参看流体力学书籍或本书 §7.1). 因此，某个区域上的解析函数

$$f(z) = u(x,y) + \mathrm{i}v(x,y)$$

的实部或虚部总可以表示该区域上某种平面无旋液流的速度势. 解析函数 $f(z)$ 就叫作该平面无旋液流的**复势**. 为确定起见，设 $v(x,y)$ 是速度势，则曲线族 "$u(x,y) =$ 常数" 就是流线族，$u(x,y)$ 是**流量函数**，它在 A 和 B 两点所取的值之差就是 A 和 B 两点之间穿过的流量.

还有，在物体的稳定温度分布中，有所谓**平面温度场**. 均匀物体中的稳定温度分布满足拉普拉斯方程(参看本书 §7.1). 因此，某个区域上的解析函数 $f(z) = u(x,y) + \mathrm{i}v(x,y)$ 的实部或虚部总可以表示该区域上某种平面温度场的温度分布. 为确定起见，设 $u(x,y)$ 是温度分布，则曲线族 "$v(x,y) =$ 常数" 就是热流线族，$v(x,y)$ 是**热流量函数**，它在 A 和 B 两点所取的值之差则正比于 A 和 B 两点之间穿过的热流量.

通常借用平面温度场的词汇将曲线族 "$u(x,y) =$ 常数" 和 "$v(x,y) =$ 常数" 称为**等温网**.

例 1   开平面上的解析函数

$$f(z) = z^2 = (x^2 - y^2) + \mathrm{i}2xy$$

的实部和虚部分别是

$$\begin{cases} u(x,y) = x^2 - y^2, \\ v(x,y) = 2xy. \end{cases}$$

图 1-5 用虚线描画曲线族 "$u(x,y) =$ 常数"，用实线描画曲线族 "$v(x,y) =$ 常数"，后者包括实轴和虚轴在内.

作为平面静电场看，这是两块互相垂直的很大的带电导体平面(实轴和虚轴是它们的截口)的静电场，实线是等势线，虚线是电场线.

作为平面无旋液流看，这是液体从虚轴的 $+\infty$ 方向流来，被 x 轴阻拦而分向两方流去的情形，实线是流线，虚线是等速度势线.

例 2   已知平面静电场的电场线为抛物线族

$$y^2 = c^2 + 2cx \quad (参数\ c > 0)$$

(见图 1-6 中的虚线)，求等势线.

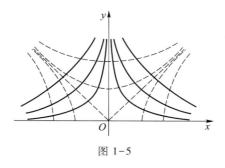

图 1-5

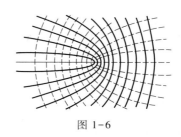

图 1-6

解 从电场线方程解出参数 c,

$$c = -x \pm \sqrt{x^2+y^2}.$$

题已注明 $c>0$,所以根号前应取+号,即

$$-x + \sqrt{x^2+y^2} = c.$$

我们知道,电场线的方程应该是"$v(x,y) = $常数",将这跟上式比较,似乎可以得到

$$v(x,y) = -x + \sqrt{x^2+y^2}.$$

但这是完全错误的!原因是,$v(x,y)$ 必须是调和函数(即满足拉普拉斯方程),而 $-x+\sqrt{x^2+y^2}$ 并不是调和函数. 这里只能说

$$v = F(t) \quad (t = -x+\sqrt{x^2+y^2}),$$

其中 F 是某个尚待确定的函数,这是因为将上式代入"$v=$常数"同样可得电场线方程 $-x+\sqrt{x^2+y^2} = c$.

现在根据 $v(x,y)$ 是调和函数这个条件来确定函数 $F(t)$.

$$\frac{\partial v}{\partial x} = F'(t)\left[\frac{x}{\sqrt{x^2+y^2}} - 1\right],$$

$$\frac{\partial^2 v}{\partial x^2} = F''(t)\left[\frac{x}{\sqrt{x^2+y^2}} - 1\right]^2 + F'(t)\left[\frac{1}{\sqrt{x^2+y^2}} - \frac{x^2}{(x^2+y^2)^{3/2}}\right]$$

$$= F''(t)\left[\frac{x}{\sqrt{x^2+y^2}} - 1\right]^2 + F'(t)\frac{y^2}{(x^2+y^2)^{3/2}}.$$

同理

$$\frac{\partial^2 v}{\partial y^2} = F''(t)\left[\frac{y}{\sqrt{x^2+y^2}}\right]^2 + F'(t)\frac{x^2}{(x^2+y^2)^{3/2}}.$$

代入拉普拉斯方程得

$$2\left[1 - \frac{x}{\sqrt{x^2+y^2}}\right]F''(t) + \frac{1}{\sqrt{x^2+y^2}}F'(t) = 0,$$

即

$$2\left[\sqrt{x^2+y^2} - x\right]F''(t) + F'(t) = 0,$$

亦即

$$\frac{F''(t)}{F'(t)} = -\frac{1}{2t}.$$

积分一次,

$$F'(t) = \frac{C}{\sqrt{t}},$$

再积分一次,

$$F(t) = C_1\sqrt{t} + C_2.$$

于是求得

$$v = F(t) = C_1\sqrt{t} + C_2 = C_1\sqrt{-x+\sqrt{x^2+y^2}} + C_2.$$

引用 §1.4 例 2 的结果就求出

$$u = C_1\sqrt{2\rho}\cos\frac{\varphi}{2} + C_3.$$

从而等势线方程为

$$C_1\sqrt{2\rho}\cos\frac{\varphi}{2} + C_3 = 常数.$$

变换到直角坐标, 得

$$y^2 = c^2 - 2cx \quad (c>0).$$

这也是抛物线族, 如图 1-6 的实线所描画. 这是一块很大的带电金属平板(负实轴是它的截口)的静电场.

读者可以注意到, 本节只是任取某个解析函数, 然后阐明它描写什么样的平面场, 最多也不过从等温网的两族曲线中的一族出发阐明所描写的是什么样的平面场, 因此具有很大的局限性. 实际上更重要的问题是针对具体的平面场找出适当的复势, 关于这个问题参看本书第十四章保角变换法.

习　　题

1. 已知复势 $f(z) = 1/(z-2+i)$, 试描画等温网.
2. 已知流线族的方程为 "$y/x =$ 常数", 求复势.
3. 已知等势线族的方程为 "$x^2+y^2 =$ 常数", 求复势.
4. 已知电场线为跟实轴相切于原点的圆族, 求复势.
5. 在圆柱 $|z|=R$ 的外部的平面静电场的复势为 $f(z) = i2\sigma\ln(R/z)$, 求柱面上的电荷面密度.
6. 有两个平行而均匀带电的线电荷, 每单位长度所带电荷量分别是 $+q$ 和 $-q$, 两线相距 $2a$. 求这个平面静电场的复势、电场线和等势线.

§1.6　多 值 函 数

前面介绍的初等函数中, 除了单值函数外, 还有根式函数、对数函数等多值函数. 本节以根式函数

$$w = \sqrt{z} \tag{1.6.1}$$

为例介绍多值函数的一些基本性质.

由(1.1.19)，$w=\sqrt{z}=\sqrt{|z|}\,\mathrm{e}^{\mathrm{i}(\mathrm{Arg}\,z)/2}$. 将 w 的模和辐角分别记作 r 和 θ，则除了 $z=0$ 以外，有

$$r=\sqrt{|z|},\quad \theta=\frac{1}{2}\mathrm{Arg}\,z=\frac{1}{2}\arg z+n\pi. \tag{1.6.2}$$

这样，w 的主辐角有两个值（对应于 $n=0$ 和 $n=1$）：

$$\theta_1=\frac{1}{2}\arg z,\quad \theta_2=\frac{1}{2}\arg z+\pi, \tag{1.6.3}$$

相应地给出两个不同的 w 值

$$\begin{cases} w_1=\sqrt{|z|}\,\mathrm{e}^{\mathrm{i}(\arg z)/2} \\ w_2=\sqrt{|z|}\,\mathrm{e}^{\mathrm{i}(\arg z)/2+\mathrm{i}\pi} \\ \quad=-\sqrt{|z|}\,\mathrm{e}^{\mathrm{i}(\arg z)/2} \end{cases} \tag{1.6.4}$$

这称为多值函数 $w=\sqrt{z}$ 的两个**单值分支**.

实变函数也有多值的. 例如，对于任意指定的非零实数 x，$y^2=x$ 有 $y_1=+\sqrt{x}$ 和 $y_2=-\sqrt{x}$ 两个单值分支. 这是两个独立的单值分支. 复变函数的单值分支则不然，它们并非互相独立. 例如，以(1.6.4)的单值分支之一 w_1 而论，设 z 从图 1-7 的某个点 z_0 出发，相应地，w 从 $w_1=\sqrt{|z_0|}\,\mathrm{e}^{\mathrm{i}(\arg z_0)/2}$ 出发. z 沿闭合路径 l（l 包围 $z=0$）绕行一周而回到 z_0，$\mathrm{Arg}\,z$ 增加了 2π. 按照(1.6.2)，w 的辐角增加 π，从而 $w=\sqrt{|z_0|}\,\mathrm{e}^{\mathrm{i}(\arg z_0)/2+\mathrm{i}\pi}$，这就进入了另一单值分支 w_2. 由此可见，(1.6.4)的 w_1 和 w_2 不能看作两个独立的单值函数. 然而，如果从 z_0 出发，沿另一闭合路径 l'（不包围 $z=0$）绕行一周而回到 z_0，$\mathrm{Arg}\,z$ 没有改变，w 仍然等于 $\sqrt{|z_0|}\,\mathrm{e}^{\mathrm{i}(\arg z_0)/2}$，仍然在单值分支 w_1，没有转入单值分支 w_2.

因此，$z=0$ 点具有这样的特征：当 z 绕该点一周回到原处时，对应的函数值不复原.

一般来说，对于多值函数 $w=f(z)$，若 z 绕某点一周，函数值 w 不复原，而在该点各单值分支函数值相同，则称该点为多值函数的**支点**. 若当 z 绕支点 n 周，函数值 w 复原，便称该点为多值函数的 $n-1$ **阶支点**. 例如，函数 $w=\sqrt{z}$，显然，z 沿 l 绕支点 $z=0$ 两周后，w 值还原，因此，$z=0$ 是 $w=\sqrt{z}$ 的一阶支点.

除了 $z=0$ 外，$z=\infty$ 亦是 $w=\sqrt{z}$ 的一阶支点. 要说明这一点，只需令 $z=\frac{1}{t}$，则有 $w=\sqrt{\dfrac{1}{t}}=\dfrac{1}{\sqrt{t}}$，当 t 绕 $t=0$ 一周回到原

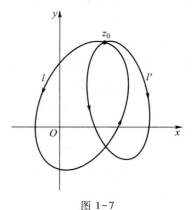

图 1-7

处时，w 值不还原，绕两周后 w 值还原，因此 $t=0$，即 $z=\infty$ 为 $w=\sqrt{z}$ 的一阶支点.

现在试用一种形象化的方式来描述多值函数 $w=\sqrt{z}$ 值的变化情况. 这里约定，对两个单值分支，宗量的变化范围分别是

对于单值分支 w_1，$0\le\mathrm{Arg}\,z<2\pi$；

对于单值分支 w_2，$2\pi \leqslant \mathrm{Arg}\, z < 4\pi$.

现在用几何图形来表示(图1-8)，在平面 T_1 上，从 $z=0$ 开始，沿正实轴方向至无限远点将其割开，并规定，割线上缘对应 $\mathrm{Arg}\, z=0$，下缘对应 $\mathrm{Arg}\, z=2\pi$，这样，z 在该平面上变化时，只要不跨越割线，其辐角便被限制在 $0 \leqslant \mathrm{Arg}\, z < 2\pi$ 范围内，相应的函数值位于 w 平面的上半平面，$0 \leqslant \mathrm{Arg}\, w < \pi$. 在平面 T_2 上也作类似的切割，但割线上缘对应于 $\mathrm{Arg}\, z = 2\pi$，下缘对应于 $\mathrm{Arg}\, z = 4\pi$，同样，z 在该平面上变化时亦不得跨越割线，与该平面上的 z 值对应的函数值位于 w 平面的下半平面.

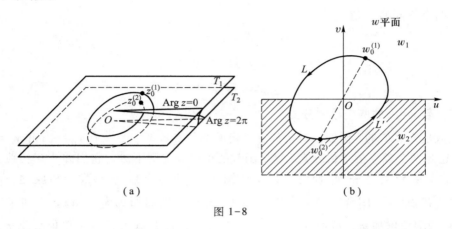

(a)　　　　　　　　　　　　　(b)

图 1-8

由于在割开的两个平面上，宗量变化时均不得跨越割线，因而任何闭曲线都不包含支点 $z=0$ 于其内，因此函数值也只能在一个单值分支上变化.

进而，我们将平面 T_1 和平面 T_2 作如下结合，将平面 T_1 的割线上缘与平面 T_2 的割线下缘连起来，而将平面 T_1 的割线下缘与平面 T_2 的割线上缘连起来，构成一个两叶的面，称为函数 $w = \sqrt{z}$ 的**黎曼面**.

现在让我们来观察一下当 z 在这双叶黎曼面上变化时，函数值 w 如何变化. 设 z 从平面 T_1 上某点 $z_0^{(1)}$ 出发而连续变化. 绕 $z=0$ 一圈，它的轨迹 l 将跨越割线 $\mathrm{Arg}\, z = 2\pi$ 而到达平面 T_2 上与 $z_0^{(1)}$ 复数值相同的 $z_0^{(2)}$ 点，相应的函数值从图1-8(b)中的 $w_0^{(1)}$ 沿与 l 相应的 L 路线到达 $w_0^{(2)}$，当 z 继续再绕 $z=0$ 一圈，它的轨迹 l' 将跨越连起来的割线 $\mathrm{Arg}\, z=0$ 和 $\mathrm{Arg}\, z = 4\pi$ 而回到平面 T_1 上的 $z_0^{(1)}$，相应的 w 值也从 $w_0^{(2)}$ 沿相应路径 L' 从 $w_0^{(2)}$ 回到 $w_0^{(1)}$. 这样，l 和 l' 相接而构成黎曼面上的一条闭合路径，相应地，曲线 L 和 L' 相接构成 w 平面上的一条闭合路径. 我们看到黎曼面上的点与 w 平面上的点是一一对应的，而且，从黎曼面的结构可以看出，两个单值分支相互衔接，并可连续过渡，从一支到达另一支.

习　题

1. 指出下列多值函数的支点及其阶，并作出黎曼面.

(1) $\sqrt{z-a}$，　　　　　　　　　　(2) $\sqrt{(z-a)(z-b)}$，

(3) $\ln z$，　　　　　　　　　　　　(4) $\ln(z-a)$.

第二章　复变函数的积分

§2.1　复变函数的积分

设在复数平面的某分段光滑曲线 l 上定义了连续函数 $f(z)$. 在 l 上取一系列分点 z_0(起点 A)，$z_1, z_2, \cdots, z_n$(终点 B)，将 l 分成 n 小段(图 2-1). 在每一小段 $[z_{k-1}, z_k]$ 上任取一点 ζ_k，作和

$$\sum_{k=1}^{n} f(\zeta_k)(z_k - z_{k-1}) = \sum_{k=1}^{n} f(\zeta_k) \Delta z_k.$$

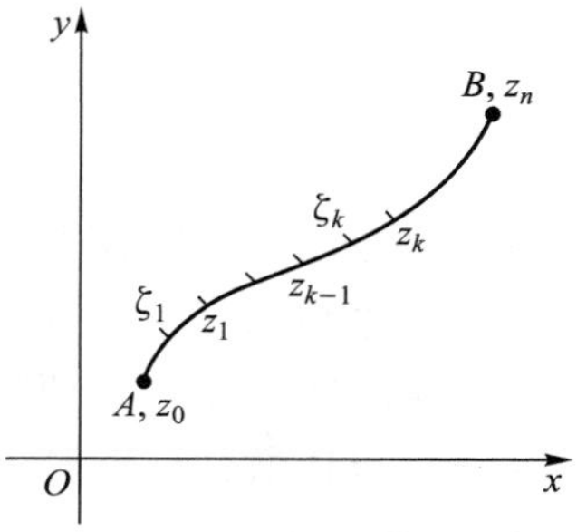

当 $n \to \infty$ 而且每一 Δz_k 都趋于零时，如果这个和的极限存在，而且其值与各个 ζ_k 的选取无关，则这个和的极限称为函数 $f(z)$ 沿曲线 l 从 A 到 B 的**路积分**，记作 $\int_l f(z)\,\mathrm{d}z$，即

$$\int_l f(z)\,\mathrm{d}z = \lim_{\max|\Delta z_k| \to 0} \sum_{k=1}^{n} f(\zeta_k) \Delta z_k \qquad (2.1.1)$$

将 z 和 $f(z)$ 都用实部和虚部表出，

$$z = x + \mathrm{i}y, \quad f(z) = u(x, y) + \mathrm{i}v(x, y),$$

则

$$
\begin{aligned}
\int_l f(z)\,\mathrm{d}z &= \int_l [u(x,y) + \mathrm{i}v(x,y)](\mathrm{d}x + \mathrm{i}\mathrm{d}y) \\
&= \int_l [u(x,y)\,\mathrm{d}x - v(x,y)\,\mathrm{d}y] + \mathrm{i}\int_l [v(x,y)\,\mathrm{d}x + u(x,y)\,\mathrm{d}y].
\end{aligned}
\qquad (2.1.2)
$$

这样，复变函数的路积分可以归结为两个实变函数的线积分，它们分别是路积分的实部和虚部. 因而实变函数线积分的许多性质也对路积分成立，例如：

1. 常数因子可以移到积分号之外；
2. 函数的和的积分等于各个函数的积分之和；
3. 反转积分路径，积分值变号；
4. 全路径上的积分等于各分段路径上积分之和；
5. 积分不等式 1：

$$\left| \int_l f(z)\,\mathrm{d}z \right| \leqslant \int_l |f(z)|\,|\mathrm{d}z|;$$

6. 积分不等式 2：

$$\left| \int_l f(z)\,\mathrm{d}z \right| \leqslant ML;$$

其中 M 是 $|f(z)|$ 在 l 上的最大值，L 是 l 的全长.

图 2-1

例　试计算积分

$$I_1 = \int_{l_1} \mathrm{Re}\ z \mathrm{d}z,\quad I_2 = \int_{l_2} \mathrm{Re}\ z \mathrm{d}z,$$

l_1、l_2 分别如图 2-2 所示. 两条路径的起点及终点相同, 均为 $z=0$ 及 $z=1+\mathrm{i}$.

解　先计算 I_1,

$$I_1 = \int_0^1 x \mathrm{d}x + \int_0^1 \mathrm{i} \mathrm{d}y = \frac{1}{2} + \mathrm{i}.$$

再计算 I_2,

$$I_2 = \int_0^1 0 \cdot \mathrm{i} \mathrm{d}y + \int_0^1 x \mathrm{d}x = \frac{1}{2}.$$

可见, 两个积分, 虽然被积函数相同, 起点、终点亦相同, 但由于积分路径不同, 其结果并不相同. 一般说来, 复变函数的积分值不仅依赖于起点和终点, 同时还与积分路径有关.

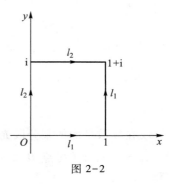

图 2-2

§2.2　柯 西 定 理

§2.1 指出, 一般说来, 复变函数的积分值不仅依赖于积分的起点和终点, 而且与积分路径有关. 本节就来讨论复变函数的积分值与积分路径的关系, 主要介绍复变函数积分的重要定理——柯西定理. 下面分两种情形来说明.

（一）单连通区域情形

所谓**单连通区域**是这样的区域, 在其中作任何简单的闭合围线, 围线内的点都是属于该区域内的点.

单连通区域柯西定理　如果函数 $f(z)$ 在闭单连通区域 $\overline{B}$ 上解析, 则沿 $\overline{B}$ 上任一分段光滑闭合曲线 l（也可以是 $\overline{B}$ 的边界）, 有

$$\oint_l f(z)\,\mathrm{d}z = 0. \tag{2.2.1}$$

证明　按 $(2.1.2)$,

$$\oint_l f(z)\,\mathrm{d}z = \oint_l u(x,y)\,\mathrm{d}x - v(x,y)\,\mathrm{d}y + \mathrm{i}\oint_l v(x,y)\,\mathrm{d}x + u(x,y)\,\mathrm{d}y.$$

由于 $f(z)$ 在 $\overline{B}$ 上解析, 因而 $\dfrac{\partial u}{\partial x}$, $\dfrac{\partial u}{\partial y}$, $\dfrac{\partial v}{\partial x}$, $\dfrac{\partial v}{\partial y}$ 在 $\overline{B}$ 上连续, 对上式右端实部及虚部分别应用格林公式

$$\oint_l P\mathrm{d}x + Q\mathrm{d}y = \iint_S \left(\frac{\partial Q}{\partial x} - \frac{\partial P}{\partial y}\right)\mathrm{d}x\mathrm{d}y, \tag{2.2.2}$$

将回路积分化成面积分, 有

$$\oint_l f(z)\,\mathrm{d}z = -\iint_S \left(\frac{\partial v}{\partial x} + \frac{\partial u}{\partial y}\right)\mathrm{d}x\mathrm{d}y + \mathrm{i}\iint_S \left(\frac{\partial u}{\partial x} - \frac{\partial v}{\partial y}\right)\mathrm{d}x\mathrm{d}y.$$

同样，由于 $f(z)$ 在 $\overline{B}$ 上解析，其实部 u 和虚部 v 在 $\overline{B}$ 上满足柯西-黎曼条件

$$\frac{\partial u}{\partial x}=\frac{\partial v}{\partial y},\ \frac{\partial v}{\partial x}=-\frac{\partial u}{\partial y}.$$

因而两个积分均为零，即得(2.2.1).

上述柯西定理还可以推广. 如果函数 $f(z)$ 在单连通区域 B 上**解析**，在闭单连通区域 $\overline{B}$ 上**连续**，则沿 $\overline{B}$ 上任一分段光滑闭合曲线 l（也可以是 $\overline{B}$ 的边界），有

$$\oint_l f(z)\,\mathrm{d}z=0.$$

此定理的证明可参看 И. И. 普里瓦洛夫的《复变函数引论》第四章 §2.

（二）复连通区域情形

有时，所研究的函数在区域上并非处处解析，而是在某些点或者某些子区域上不可导（甚至不连续或根本没有定义），即存在**奇点**. 为了将这些奇点排除在区域之外，需要作一些适当的闭合曲线将这些奇点分隔出去，或者形象地说将这些奇点挖掉而形成某种带"孔"的区域，即所谓**复连通区域**.

一般说来，在区域内，只要有一个简单的闭合曲线其内有不属于该区域的点，这样的区域便称为复连通区域.

对于区域（单连通区域及复连通区域）的边界线，通常这样来规定其（内、外）**正方向**：当观察者沿着这个方向前进时，区域总是在观察者的左侧.

复连通区域柯西定理 如果 $f(z)$ 是闭复连通区域上的单值解析函数，则

$$\oint_l f(z)\,\mathrm{d}z+\sum_{i=1}^n\oint_{l_i} f(z)\,\mathrm{d}z=0, \tag{2.2.3}$$

式中 l 为区域外边界线，诸 l_i 为区域内边界线，积分均沿边界线的正方向进行.

证明 考虑图 2-3 中以 l，$l_1,l_2,\cdots,l_n$ 为边界的复连通区域（图中只画出 l,l_1,l_2），作割线连接内外边界线，原来的复连通区域变成了以 $\overline{AB}$，l_1，$\overline{B'A'}$，l 的 $\overline{A'C}$ 段，$\overline{CD}$，l_2，$\overline{D'C'}$，及 l 的 $\overline{C'A}$ 段为边界线的单连通区域，而在这单连通区域上 $f(z)$ 是解析的，按单连通区域柯西定理

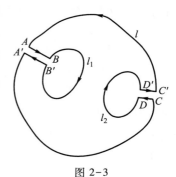

图 2-3

$$\oint_l f(z)\,\mathrm{d}z+\int_{AB} f(z)\,\mathrm{d}z+\oint_{l_1} f(z)\,\mathrm{d}z+\int_{B'A'} f(z)\,\mathrm{d}z$$
$$+\int_{CD} f(z)\,\mathrm{d}z+\oint_{l_2} f(z)\,\mathrm{d}z+\int_{D'C'} f(z)\,\mathrm{d}z+\cdots=0.$$

其中沿同一割线两边缘上的积分值相互抵消，于是有

$$\oint_l f(z)\,\mathrm{d}z+\oint_{l_1} f(z)\,\mathrm{d}z+\oint_{l_2} f(z)\,\mathrm{d}z+\cdots=0,$$

即得(2.2.3).

将(2.2.3)中求和项移到等号右边，改写成

$$\oint_l f(z)\,\mathrm{d}z=-\sum_{i=1}^n\oint_{l_i} f(z)\,\mathrm{d}z,$$

即
$$\oint_l f(z)\,\mathrm{d}z = \sum_{i=1}^{n} \oint_{l_i} f(z)\,\mathrm{d}z. \tag{2.2.4}$$

这是说，沿内外边界线逆时针方向积分相等．[注意(2.2.4)积分号上叠置的圆圈带有箭头！]

总结起来，柯西定理说的是：

1. 若$f(z)$在单连通域B上解析，在闭单连通域$\overline{B}$上连续，则沿$\overline{B}$上任一分段光滑闭合曲线(也可以是$\overline{B}$的边界)的积分为零；

2. 闭复连通区域上的解析函数沿所有内外边界线正方向积分和为零；

3. 闭复连通区域上的解析函数沿外边界线逆时针方向积分等于沿所有内边界线逆时针方向积分之和．

从柯西定理又知道，对于某个闭单连通或闭复连通区域上为解析的函数，只要起点和终点固定不变，当积分路径连续变形(就是说不跳过"孔")时，函数的积分值不变．

§2.3　不 定 积 分

根据柯西定理，我们知道，若函数$f(z)$在单连通区域B上解析，则沿B上任一路径l的积分$\int_l f(z)\,\mathrm{d}z$的值只与起点和终点有关，而与路径无关．因此当起点z_0固定时，这个不定积分就定义了一个单值函数，记作

$$F(z) = \int_{z_0}^{z} f(\zeta)\,\mathrm{d}\zeta. \tag{2.3.1}$$

可以证明，$F(z)$在B上是解析的，且$F'(z)=f(z)$，即$F(z)$是$f(z)$的一个**原函数**．

证明　我们只要对B上任一点z证明$F'(z)=f(z)$就行了．以z为圆心作一含于B的小圆．在小圆内取$z+\Delta z$点(图2-4)，试考虑

$$\frac{F(z+\Delta z)-F(z)}{\Delta z} = \frac{1}{\Delta z}\left[\int_{z_0}^{z+\Delta z} f(\zeta)\,\mathrm{d}\zeta - \int_{z_0}^{z} f(\zeta)\,\mathrm{d}\zeta\right]$$

在$\Delta z \to 0$时的极限．由于积分与路径无关，$\int_{z_0}^{z+\Delta z} f(\zeta)\,\mathrm{d}\zeta$的积分路径可以考虑为由$z_0$到$z$，再从$z$沿直线段到$z+\Delta z$，而由$z_0$到$z$的积分与括号内第二项相消，于是有

$$\frac{F(z+\Delta z)-F(z)}{\Delta z} = \frac{1}{\Delta z}\int_{z}^{z+\Delta z} f(\zeta)\,\mathrm{d}\zeta.$$

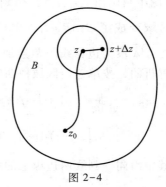

图 2-4

注意到$f(z)$是与积分变量ζ无关的定值，所以有

$$f(z) = \frac{1}{\Delta z}\int_{z}^{z+\Delta z} f(z)\,\mathrm{d}\zeta.$$

于是

$$\frac{F(z+\Delta z)-F(z)}{\Delta z} - f(z) = \frac{1}{\Delta z}\int_{z}^{z+\Delta z} \left[f(\zeta)-f(z)\right]\mathrm{d}\zeta.$$

由于 $f(z)$ 在 B 上连续, 对任意给定的正数 ε, 必存在正数 δ, 使得当 $|\zeta-z|<\delta$ 时, $|f(\zeta)-f(z)|<\varepsilon$, 即只要小圆取得足够小, 则小圆内的一切点均满足 $|f(\zeta)-f(z)|<\varepsilon$. 这样

$$\left| \frac{F(z+\Delta z)-F(z)}{\Delta z} - f(z) \right|$$

$$= \left| \frac{1}{\Delta z} \int_z^{z+\Delta z} [f(\zeta)-f(z)] \, d\zeta \right| < \frac{1}{|\Delta z|} \int_z^{z+\Delta z} \varepsilon \, |d\zeta| = \varepsilon \frac{|\Delta z|}{|\Delta z|} = \varepsilon,$$

即

$$\lim_{\Delta z \to 0} \frac{F(z+\Delta z)-F(z)}{\Delta z} = f(z).$$

还可以证明

$$\int_{z_1}^{z_2} f(\zeta) \, d\zeta = F(z_2) - F(z_1). \tag{2.3.2}$$

就是说, 路积分的值等于原函数的改变量.

下面给出一个重要的例题.

例 计算积分

$$I = \oint_l (z-\alpha)^n \, dz \quad (n \text{ 为整数}). \tag{2.3.3}$$

解 若回路 l 不包围点 α, 则被积函数在 l 所围区域上是解析的, 按照柯西定理, 积分值为零.

接着讨论 l 包围 α 的情形. 如 $n \geq 0$, 被积函数在 l 所围区域上是解析的; 积分值也为零. 如 $n<0$, 被积函数在 l 所围区域中有一个奇点 α. 我们可以将 l 变形为以点 α 为圆心, 半径为 R 的圆周 C, R 是相当任意的 (图 2-5). 在 C 上, $z-\alpha=Re^{i\varphi}$,

$$I = \oint_l (z-\alpha)^n \, dz$$

$$= \oint_C R^n e^{in\varphi} \, d(\alpha+Re^{i\varphi})$$

$$= \int_0^{2\pi} R^n e^{in\varphi} Re^{i\varphi} i \, d\varphi$$

$$= iR^{n+1} \int_0^{2\pi} e^{i(n+1)\varphi} \, d\varphi.$$

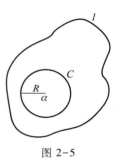

图 2-5

如 $n \neq -1$, 则

$$I = iR^{n+1} \frac{1}{i(n+1)} e^{i(n+1)\varphi} \Big|_0^{2\pi} = 0;$$

如 $n = -1$, 则

$$I = i \int_0^{2\pi} d\varphi = 2\pi i.$$

其实, 从原函数角度来看, 这个结果是很显然的. 如 $n \neq -1$, $(z-\alpha)^n$ 的原函数是单值函数 $(z-\alpha)^{n+1}/(n+1)$, 绕 α 一周, 原函数的改变量为零. 如 $n=-1$, $(z-\alpha)^{-1}$ 的原函数是多值函数 $\ln(z-\alpha)$, 逆时针绕 α 一周, $\ln(z-\alpha)$ 的改变量为 $2\pi i$.

总结起来,

$$\frac{1}{2\pi i} \oint_l \frac{dz}{z-\alpha} = \begin{cases} 0 & (l \text{ 不包围 } \alpha), \\ 1 & (l \text{ 包围 } \alpha). \end{cases} \tag{2.3.4}$$

$$\frac{1}{2\pi i}\oint_l (z-\alpha)^n dz = 0 \quad (n \neq -1). \tag{2.3.5}$$

（2.3.4）和（2.3.5）很有用，从它们可以引出一系列重要结果，例如下节的柯西公式以及§4.1的留数定理.

§2.4   柯 西 公 式

若 $f(z)$ 在闭单连通区域 $\overline{B}$ 上解析，l 为 $\overline{B}$ 的边界线，α 为 $\overline{B}$ 内的任一点，则有**柯西公式**

$$f(\alpha) = \frac{1}{2\pi i}\oint_l \frac{f(z)}{z-\alpha}dz. \tag{2.4.1}$$

现在来证明柯西公式. 首先注意到，由（2.3.4）显然有

$$f(\alpha) = \frac{f(\alpha)}{2\pi i}\oint_l \frac{1}{z-\alpha}dz = \frac{1}{2\pi i}\oint_l \frac{f(\alpha)}{z-\alpha}dz.$$

将此式与（2.4.1）比较，可以看出，为了证明（2.4.1），只需证明

$$\frac{1}{2\pi i}\oint_l \frac{f(z)-f(\alpha)}{z-\alpha}dz = 0.$$

由于 $z=\alpha$ 一般为被积函数 $[f(z)-f(\alpha)]/(z-\alpha)$ 的奇点，因此，以 α 为圆心，ε 为半径作小圆 C_ε，于是在 l 及 C_ε 所围复连通区域上 $[f(z)-f(\alpha)]/(z-\alpha)$ 单值解析. 按柯西定理，

$$\oint_l \frac{f(z)-f(\alpha)}{z-\alpha}dz = \oint_{C_\varepsilon} \frac{f(z)-f(\alpha)}{z-\alpha}dz. \tag{2.4.2}$$

现在对（2.4.2）右端的值作一估计，

$$\left|\oint_{C_\varepsilon} \frac{f(z)-f(\alpha)}{z-\alpha}dz\right| \leqslant \frac{\max|f(z)-f(\alpha)|}{\varepsilon}2\pi\varepsilon,$$

其中 $\max|f(z)-f(\alpha)|$ 是 $|f(z)-f(\alpha)|$ 在 C_ε 上的最大值. 令 $\varepsilon \to 0$，则 $C_\varepsilon \to \alpha$，由于 $f(z)$ 的连续性，因而有 $f(z) \to f(\alpha)$，即 $\max|f(z)-f(\alpha)| \to 0$，于是，

$$\lim_{\varepsilon \to 0}\left|\oint_{C_\varepsilon} \frac{f(z)-f(\alpha)}{z-\alpha}dz\right| \leqslant \lim_{\varepsilon \to 0}2\pi \cdot \max|f(z)-f(\alpha)| = 0.$$

由于（2.4.2）左端与 ε 无关，故必有

$$\oint_l \frac{f(z)-f(\alpha)}{z-\alpha}dz = 0.$$

从而柯西公式得证.

柯西公式将解析函数在任何一内点 α 的值 $f(\alpha)$ 用沿边界线 l 的回路积分表示了出来. 这是因为解析函数在各点的值通过柯西-黎曼方程相互联系着. 从物理上说，解析函数紧密联系于

平面标量场,而平面场的边界条件决定着区域内部的场.

因为 α 是任取的,所以通常将 α 改记作 z,积分变数改用 ζ 表示,于是柯西公式(2.4.1)改写为

$$f(z)=\frac{1}{2\pi i}\oint_{l}\frac{f(\zeta)}{\zeta-z}\mathrm{d}\zeta. \tag{2.4.3}$$

若 $f(z)$ 在 l 所围区域上存在奇点,这就需要考虑挖去奇点后的复连通区域. 在复连通区域上 $f(z)$ 解析,显然柯西公式仍然成立. 只要将 l 理解为所有边界线,并且其方向均取正向.

柯西公式(2.4.3)适用于 l 所围的内部区域. 它也可推广到 l 的外部包含无限远点的区域.

设 $f(z)$ 在闭回路 l 的外部解析,以 $z=0$ 为圆心,充分大的 R 为半径,作圆 C_R,使回路 l 包含于 C_R 内,于是 $f(z)$ 在 l 及 C_R 所围复连通区域上解析,应用复连通区域上的柯西公式,有

$$f(z)=\frac{1}{2\pi i}\oint_{l}\frac{f(\zeta)}{\zeta-z}\mathrm{d}\zeta+\frac{1}{2\pi i}\oint_{C_R}\frac{f(\zeta)}{\zeta-z}\mathrm{d}\zeta$$

由于 $f(z)$ 在无限远处连续,即任给 $\varepsilon>0$,总能相应找到 R_1,使得当 $|z|>R_1$ 时,有 $|f(z)-f(\infty)|<\varepsilon$,其中 $f(\infty)$ 有界,于是只要 $R>R_1$,则有

$$\left|\frac{1}{2\pi i}\oint_{C_R}\frac{f(\zeta)}{\zeta-z}\mathrm{d}\zeta-f(\infty)\right|$$

$$=\left|\frac{1}{2\pi i}\oint_{C_R}\frac{f(\zeta)}{\zeta-z}\mathrm{d}\zeta-\frac{1}{2\pi i}\oint_{C_R}\frac{f(\infty)}{\zeta-z}\mathrm{d}\zeta\right|$$

$$\leqslant\frac{1}{2\pi}\oint_{C_R}\frac{|f(\zeta)-f(\infty)|}{|\zeta-z|}|\mathrm{d}\zeta|<\frac{1}{2\pi}\frac{\varepsilon}{R-|z|}\cdot 2\pi R.$$

即

$$\lim_{R\to\infty}\frac{1}{2\pi i}\oint_{C_R}\frac{f(\zeta)}{\zeta-z}\mathrm{d}\zeta=f(\infty),$$

所以

$$f(z)=\frac{1}{2\pi i}\oint_{l}\frac{f(\zeta)}{\zeta-z}\mathrm{d}\zeta+f(\infty). \tag{2.4.4}$$

特别是当 $f(\infty)=0$ 时,有

$$f(z)=\frac{1}{2\pi i}\oint_{l}\frac{f(\zeta)}{\zeta-z}\mathrm{d}\zeta. \tag{2.4.5}$$

柯西公式的一个重要推论是解析函数可求导任意多次. 简单地说,由于 z 为区域的内点,积分变数在区域的边界线上,$\zeta-z\neq0$,积分号下的函数 $f(\zeta)/(\zeta-z)$ 在区域上处处可导. 因此,(2.4.5)可在积分号下对 z 求导,得

$$f'(z)=\frac{1!}{2\pi i}\oint_{l}\frac{f(\zeta)}{(\zeta-z)^{2}}\mathrm{d}\zeta. \tag{2.4.6}$$

反复在积分号下求导,得

$$f^{(n)}(z)=\frac{n!}{2\pi i}\oint_{l}\frac{f(\zeta)}{(\zeta-z)^{n+1}}\mathrm{d}\zeta. \tag{2.4.7}$$

以下是柯西公式的两个推论.

模数原理 设 $f(z)$ 在某个闭区域上为解析，则 $|f(z)|$ 只能在边界线 l 上取极大值.

证 对函数 $[f(z)]^n$ 应用柯西公式，得

$$[f(z)]^n = \frac{1}{2\pi i} \oint_l \frac{[f(\zeta)]^n}{\zeta - z} d\zeta. \tag{2.4.8}$$

如 $|f(\zeta)|$ 在 l 上的极大值为 M，$|\zeta - z|$ 的极小值为 δ，l 的长为 s，则从 (2.4.8) 可估计出

$$|f(z)|^n \leqslant \frac{1}{2\pi} \frac{M^n}{\delta} s,$$

即

$$|f(z)| \leqslant M \left(\frac{s}{2\pi\delta} \right)^{\frac{1}{n}}.$$

令 $n \to \infty$，即得

$$|f(z)| \leqslant M. \tag{2.4.9}$$

这就证明了模数原理. (2.4.9) 式只有当 $f(z)$ 为常数时才适用等号.

刘维尔定理 如 $f(z)$ 在全平面上为解析，并且是有界的，即 $|f(z)| \leqslant N$，则 $f(z)$ 必为常数.

证 对 $f'(z)$ 应用柯西公式，得

$$f'(z) = \frac{1}{2\pi i} \oint_l \frac{f(\zeta)}{(\zeta - z)^2} d\zeta. \tag{2.4.10}$$

取 l 为以 z 为圆心半径为 R 的圆周，可从 (2.4.10) 估计出

$$|f'(z)| \leqslant \frac{1}{2\pi} \frac{N}{R^2} 2\pi R = \frac{N}{R}. \tag{2.4.11}$$

R 是任意选定的，不妨令 $R \to \infty$，于是从 (2.4.11) 得知

$$f'(z) \equiv 0,$$

亦即 $f(z)$ 等于常数.

习　题

1. 已知函数 $\psi(t,x) = e^{2tx - t^2}$. 将 x 作为参数，t 为复变数，试应用柯西公式将 $\dfrac{\partial^n \psi}{\partial t^n} \bigg|_{t=0}$ 表示为回路积分.

对回路积分进行积分变量的代换 $\zeta = x - z$，并借以证明：

$$\frac{\partial^n \psi}{\partial t^n} \bigg|_{t=0} = (-1)^n e^{x^2} \frac{d^n}{dx^n} e^{-x^2}.$$

[本题的 $\psi(t,x)$ 是埃尔米特多项式的母函数，见附录十一.]

2. 已知函数 $\psi(t,x) = e^{-xt/(1-t)}/(1-t)$. 将 x 作为参数，t 为复变数，试应用柯西公式将 $\dfrac{\partial^n \psi}{\partial t^n} \bigg|_{t=0}$ 表为回路积分.

对回路积分进行积分变量的代换 $\zeta = (z-x)/z$，并借以证明：

$$\frac{\partial^n \psi}{\partial t^n} \bigg|_{t=0} = e^x \frac{d^n}{dx^n} (x^n e^{-x}).$$

[本题的 $\psi(t,x)$ 是拉盖尔多项式的母函数，见附录十二.]

第三章 幂级数展开

读者已经熟悉实变函数的幂级数展开，那是很有用的. 例如，截取幂级数的前面有限项的和可作为函数的近似表达式（项数取决于要达到的近似程度）. 又如，常微分方程可用级数方法求解. 本章研究复变函数的幂级数展开.

§3.1 复数项级数

设有复数项的无穷级数

$$\sum_{k=0}^{\infty} w_k = w_0 + w_1 + w_2 + \cdots + w_k + \cdots, \tag{3.1.1}$$

它的每一项都可分为实部和虚部，

$$w_k = u_k + iv_k.$$

那么，(3.1.1)的前 $n+1$ 项的和 $\sum_{k=0}^{n} w_k = \sum_{k=0}^{n} u_k + i \sum_{k=0}^{n} v_k$，从而

$$\lim_{n \to \infty} \sum_{k=0}^{n} w_k = \lim_{n \to \infty} \sum_{k=0}^{n} u_k + i \lim_{n \to \infty} \sum_{k=0}^{n} v_k.$$

这样，复数项无穷级数(3.1.1)的**收敛性问题**就归结为两个实数项级数

$$\sum_{k=0}^{\infty} u_k \quad \text{与} \quad \sum_{k=0}^{\infty} v_k \tag{3.1.2}$$

的收敛性问题. 于是，实数项级数的许多性质和规律常可移用于复数项级数，现在列举一些如下.

柯西收敛判据 级数(3.1.1)收敛的充分必要条件是，对于任一给定的小正数 ε，必有 N 存在，使得 $n>N$ 时，

$$\left| \sum_{k=n+1}^{n+p} w_k \right| < \varepsilon,$$

式中 p 为任意正整数.

若级数(3.1.1)各项的模（这是正的实数）组成的级数

$$\sum_{k=0}^{\infty} |w_k| = \sum_{k=0}^{\infty} \sqrt{u_k^2 + v_k^2} \tag{3.1.3}$$

收敛，则级数(3.1.1)**绝对收敛**. 绝对收敛的级数必是收敛的.

绝对收敛的级数各项先后次序可以任意改变，其和不变.

设有两个绝对收敛的级数

$$\sum_{k=0}^{\infty} p_k \ \text{及} \ \sum_{k=0}^{\infty} q_k, \tag{3.1.4}$$

其和分别为 A 及 B，将它们逐项相乘，得到的级数也是绝对收敛的，而且它的和就等于 AB. 即

$$\sum_{k=0}^{\infty} p_k \cdot \sum_{l=0}^{\infty} q_l = \sum_{k=0}^{\infty} \sum_{l=0}^{\infty} p_k q_l = \sum_{n=0}^{\infty} c_n = AB. \tag{3.1.5}$$

其中 $c_n = \sum_{k=0}^{n} p_k q_{n-k}$.

现在讨论函数项级数

$$\sum_{k=0}^{\infty} w_k(z) = w_0(z) + w_1(z) + w_2(z) + \cdots + w_k(z) + \cdots, \tag{3.1.6}$$

它的各项都是 z 的函数. 如果在某个区域 B（或某根曲线 l）上所有的点，级数（3.1.6）都收敛，则称级数（3.1.6）在 B（或 l）上收敛. 应用柯西判据，级数（3.1.6）在 B（或 l）上收敛的充分必要条件是，在 B（或 l）上各点 z，对于任一给定的小正数 ε，必有 $N(z)$ 存在，使得当 $n > N(z)$ 时，

$$\left| \sum_{k=n+1}^{n+p} w_k(z) \right| < \varepsilon,$$

式中 p 为任意正整数. 若 N 跟 z 无关，则称级数在 B（或 l）上**一致收敛**.

在 B 上一致收敛的级数的每一项 $w_k(z)$ 都是 B 上的连续函数，则级数的和 $w(z)$ 也是 B 上的连续函数.

在 l 上一致收敛的级数的每一项 $w_k(z)$ 都是 l 上的连续函数，则级数的和 $w(z)$ 也是 l 上的连续函数，而且级数可以沿 l 逐项积分. 即

$$\int_l w(z) \, \mathrm{d}z = \int_l \sum_{k=0}^{\infty} w_k(z) \, \mathrm{d}z = \sum_{k=0}^{\infty} \int_l w_k(z) \, \mathrm{d}z \tag{3.1.7}$$

若级数 $\sum_{k=0}^{\infty} w_k(z)$ 在 $\overline{B}$ 中一致收敛，$w_k(z)(k=0,1,2,\cdots)$ 在 $\overline{B}$ 中单值解析，则级数的和 $w(z)$ 也是 $\overline{B}$ 中的单值解析函数，$w(z)$ 的各阶导数可由 $\sum_{k=0}^{\infty} w_k(z)$ 逐项求导数得到，即

$$w^{(n)}(z) = \sum_{k=0}^{\infty} w_k^{(n)}(z) \tag{3.1.8}$$

且最后的级数 $\sum_{k=0}^{\infty} w_k^{(n)}(z)$ 在 $\overline{B}$ 内的任意一个闭区域中一致收敛.

如果对于某个区域 B（或曲线 l）上所有各点 z，级数（3.1.6）的各项的模 $|w_k(z)| \leqslant m_k$，而正的常数项级数

$$\sum_{k=0}^{\infty} m_k$$

收敛，则级数（3.1.6）在 B（或 l）上绝对且一致收敛.

§3.2 幂 级 数

本节研究这样的函数项级数, 它的各项都是幂函数,

$$\sum_{k=0}^{\infty} a_k(z-z_0)^k = a_0 + a_1(z-z_0) + a_2(z-z_0)^2 + \cdots, \tag{3.2.1}$$

其中 $z_0, a_0, a_1, a_2, \cdots$ 都是复常数. 这样的级数称为以 z_0 为中心的**幂级数**.

试考察由(3.2.1)各项的模所组成的正项级数

$$|a_0| + |a_1||z-z_0| + |a_2||z-z_0|^2 + \cdots + |a_k||z-z_0|^k + \cdots. \tag{3.2.2}$$

应用正项级数的**比值判别法(达朗贝尔判别法)**可知, 如果

$$\lim_{k \to \infty} \frac{|a_{k+1}||z-z_0|^{k+1}}{|a_k||z-z_0|^k} = \lim_{k \to \infty} \left|\frac{a_{k+1}}{a_k}\right||z-z_0| < 1,$$

则(3.2.2)收敛, 从而(3.2.1)绝对收敛. 若极限 $\lim_{k \to \infty} |a_k/a_{k+1}|$ 存在, 则可引入记号 R,

$$R = \lim_{k \to \infty} \left|\frac{a_k}{a_{k+1}}\right|, \tag{3.2.3}$$

于是, 若

$$|z-z_0| < R, \tag{3.2.4}$$

则(3.2.1)绝对收敛.

另一方面, 若 $|z-z_0| > R$, 则后项与前项的模之比的极限

$$\lim_{k \to \infty} \frac{|a_{k+1}||z-z_0|^{k+1}}{|a_k||z-z_0|^k} > \lim_{k \to \infty} \frac{|a_{k+1}|}{|a_k|}R = 1.$$

这是说, 级数(3.2.1)相当后面的项的模越来越大, 因而必然是发散级数, 即, 若

$$|z-z_0| > R, \tag{3.2.5}$$

则(3.2.1)发散.

以 z_0 为圆心作一个半径为 R 的圆 C_R. 从(3.2.4)和(3.2.5)知道, 幂级数(3.2.1)在**圆的内部**绝对收敛, 在圆外发散. 这个圆因而称为幂级数的**收敛圆**, 它的半径则称为**收敛半径**, 收敛半径由(3.2.3)式给出. 至于在收敛圆周上各点, 幂级数或收敛或发散, 需要具体分析.

对于正项级数(3.2.2), 除了比值判别法以外, 还可以应用**根值判别法**

若 $\lim_{k \to \infty} \sqrt[k]{|a_k||z-z_0|^k} < 1$, 则(3.2.2)收敛, (3.2.1)绝对收敛;

若 $\lim_{k \to \infty} \sqrt[k]{|a_k||z-z_0|^k} > 1$, 则(3.2.1)各项的模>1, 因而发散. 这样, 我们得到收敛半径 R 的另一公式,

$$R = \lim_{k \to \infty} \frac{1}{\sqrt[k]{|a_k|}}. \tag{3.2.6}$$

所谓 "圆的**内部**" 指的是比这个圆稍稍缩小一些的闭区域. 因此, 以 z_0 为圆心作一个半径为 R_1 稍稍小于 R 的圆周 C_{R_1}, 在 C_{R_1} 所围的闭圆域上, 幂级数(3.2.1)的各项的模

$|a_k(z-z_0)^k| \leqslant |a_k| R_1^k$. 对正的常数项级数

$$\sum_{k=0}^{\infty} |a_k| R_1^k$$

应用比值判别法,

$$\lim_{k \to \infty} \frac{|a_{k+1}| R_1^{k+1}}{|a_k| R_1^k} = \lim_{k \to \infty} \left| \frac{a_{k+1}}{a_k} \right| R_1 = \frac{1}{R} R_1 < 1.$$

这个正的常数项级数收敛. 按照上节最后一段, 这是说, 幂级数(3.2.1)在收敛圆的内部不仅绝对而且一致收敛.

例 1 求幂级数 $1+t+t^2+\cdots+t^k+\cdots$ 的收敛圆, t 为复变数.

解 本例所有系数 $a_k = 1$. 应用(3.2.3)求收敛半径

$$R = \lim_{k \to \infty} \left| \frac{a_k}{a_{k+1}} \right| = \lim_{k \to \infty} \left| \frac{1}{1} \right| = 1.$$

因此, 收敛圆以 $t=0$ 为圆心而半径为 1, 收敛圆的内部可以表为 $|t|<1$.

其实, 本例是几何级数, 公比为 t, 所以前 $n+1$ 项的和

$$\sum_{k=0}^{n} t^k = 1+t+t^2+\cdots+t^n = \frac{1-t^{n+1}}{1-t}.$$

如 $|t|<1$, 则

$$\lim_{n \to \infty} \sum_{k=0}^{n} t^k = \lim_{n \to \infty} \frac{1-t^{n+1}}{1-t} = \frac{1}{1-t}.$$

这是说, 在收敛圆内, 幂级数的和为 $1/(1-t)$,

$$1+t+t^2+\cdots+t^k+\cdots = \frac{1}{1-t} \quad (|t|<1). \tag{3.2.7}$$

例 2 求幂级数 $1-z^2+z^4-z^6+\cdots$ 的收敛圆, z 为复变数.

解 把 z^2 记作 t, 本例的级数即 $1-t+t^2-t^3+\cdots$. 系数交替为 $+1$ 和 -1. 应用(3.2.3)求 t 平面上的收敛半径

$$R = \lim_{k \to \infty} \left| \frac{a_k}{a_{k+1}} \right| = 1.$$

这样, z 平面上的收敛半径为 $\sqrt{R}$ 亦即 1. 收敛圆的内部可表为 $|z|<1$.

其实, 本例也是几何级数, 公比为 $-z^2$. 在 $|z|<1$ 的条件下, 容易求出这个几何级数的和为 $1/(1+z^2)$,

$$1-z^2+z^4-z^6+\cdots = \frac{1}{1+z^2} \quad (|z|<1). \tag{3.2.8}$$

幂级数(3.2.1)在收敛圆的内部绝对且一致收敛. 这是说, 它在一个稍稍缩小的圆周 C_{R_1} 上一致收敛. 因此, 它可以沿 C_{R_1} 逐项积分. 为了应用柯西公式(2.4.3), 将(3.2.1)的 z 改记作 ζ, 并将级数的和记作 $w(\zeta)$,

$$w(\zeta) = a_0 + a_1(\zeta-z_0) + a_2(\zeta-z_0)^2 + \cdots. \tag{3.2.9}$$

取任一内点 z, 用有界函数 $\dfrac{1}{2\pi i} \dfrac{1}{\zeta-z}$ 遍乘(3.2.9),

$$\frac{1}{2\pi i} \frac{w(\zeta)}{\zeta - z}$$

$$= \frac{1}{2\pi i} \frac{a_0}{\zeta - z} + \frac{1}{2\pi i} \frac{a_1(\zeta - z_0)}{\zeta - z} + \frac{1}{2\pi i} \frac{a_2(\zeta - z_0)^2}{\zeta - z} + \cdots,$$

这级数仍然在 C_{R_1} 上一致收敛，可以沿 C_{R_1} 逐项积分，

$$\frac{1}{2\pi i} \oint_{C_{R_1}} \frac{w(\zeta)}{\zeta - z} d\zeta$$

$$= \frac{1}{2\pi i} \oint_{C_{R_1}} \frac{a_0}{\zeta - z} d\zeta + \frac{1}{2\pi i} \oint_{C_{R_1}} \frac{a_1(\zeta - z_0)}{\zeta - z} d\zeta$$

$$+ \frac{1}{2\pi i} \oint_{C_{R_1}} \frac{a_2(\zeta - z_0)^2}{\zeta - z} d\zeta + \cdots,$$

幂函数在开平面上是解析的，上式右边各项可以分别应用柯西公式(2.4.3)得

$$\frac{1}{2\pi i} \oint_{C_{R_1}} \frac{w(\zeta)}{\zeta - z} d\zeta = a_0 + a_1(z - z_0) + a_2(z - z_0)^2 + \cdots.$$

这是说，幂级数(3.2.1)的和可以表为连续函数的回路积分，而连续函数的回路积分可在积分号下求导任意多次，亦即是解析函数. 这样，幂级数的和在收敛圆的内部是解析函数，在收敛圆内不可能出现奇点.

(3.2.8) 给出幂级数 $1 - z^2 + z^4 - z^6 + \cdots$ 的和是 $1/(1+z^2)$，这个和具有孤立奇点 $z = \pm i$，而 $\pm i$ 正好在收敛圆周 $|z| = 1$ 上. 这可以帮助我们理解收敛半径为 1 的道理.

如果限制在实数邻域里，(3.2.8)就成为

$$1 - x^2 + x^4 - x^6 + \cdots = \frac{1}{1+x^2} \quad (|x| < 1).$$

$|x| = 1$ 即 $x = \pm 1$ 并不是 $1/(1+x^2)$ 的奇点. 条件 $|x| < 1$ 就不那么容易理解了.

改用有界函数 $\dfrac{n!}{2\pi i} \dfrac{1}{(\zeta - z)^{n+1}}$ 遍乘(3.2.9)，

$$\frac{n!}{2\pi i} \frac{w(\zeta)}{(\zeta - z)^{n+1}}$$

$$= \frac{n!}{2\pi i} \frac{a_0}{(\zeta - z)^{n+1}} + \frac{n!}{2\pi i} \frac{a_1(\zeta - z_0)}{(\zeta - z)^{n+1}} + \frac{n!}{2\pi i} \frac{a_2(\zeta - z_0)^2}{(\zeta - z)^{n+1}} + \cdots.$$

沿回路 C_{R_1} 逐项积分并应用柯西公式(2.4.7)得

$$w^{(n)}(z) = [a_0]^{(n)} + [a_1(z - z_0)]^{(n)} + [a_2(z - z_0)^2]^{(n)} + \cdots.$$

这是说，幂级数在收敛圆内可以逐项求导任意多次.

因为收敛圆的内部是单连通区域，所以幂级数在收敛圆内又可以逐项积分.

请读者自己验证，逐项积分或逐项求导不改变收敛半径.

习　题

1. 将幂级数(3.2.1)逐项求导，求所得级数的收敛半径，以此验证逐项求导不改变收敛半径.

2. 将幂级数（3.2.1）逐项积分，求所得级数的收敛半径，以此验证逐项积分不改变收敛半径.

3. 求下列幂级数的收敛圆.

（1）$\displaystyle\sum_{k=1}^{\infty}\left(1+\frac{1}{k}\right)^{k^2}z^k$，

（2）$\displaystyle\sum_{k=1}^{\infty}k^{\ln k}(z-2)^k$，

（3）$\displaystyle\sum_{k=1}^{\infty}\left(\frac{z}{k}\right)^k$，

（4）$\displaystyle\sum_{k=1}^{\infty}k!\left(\frac{z}{k}\right)^k$，

（5）$\displaystyle\sum_{k=1}^{\infty}k^k(z-3)^k$，

（6）$\displaystyle\sum_{k=1}^{\infty}\frac{k!}{(2k+1)!!}z^{2k}$.

4. 已知幂级数 $\displaystyle\sum_{k=0}^{\infty}a_k z^k$ 及 $\displaystyle\sum_{k=0}^{\infty}b_k z^k$ 的收敛半径分别是 R_1 及 R_2. 求下列幂级数的收敛半径.

（1）$\displaystyle\sum_{k=0}^{\infty}(a_k+b_k)z^k$，

（2）$\displaystyle\sum_{k=0}^{\infty}(a_k-b_k)z^k$，

（3）$\displaystyle\sum_{k=0}^{\infty}a_k b_k z^k$，

（4）$\displaystyle\sum_{k=0}^{\infty}\frac{a_k}{b_k}z^k$ （$b_k\neq 0$）.

§3.3 泰勒级数展开

从 §3.2 知道，幂级数之和在收敛圆内部为解析函数. 本节研究解析函数的幂级数展开问题.

我们知道，任意阶导数都存在的实变函数可以展为泰勒级数. 既然解析函数的任意阶导数都存在，自然可以期望把解析函数展为复变项的**泰勒级数**.

定理 设 $f(z)$ 在以 z_0 为圆心的圆 C_R 内解析，则对圆内的任意 z 点，$f(z)$ 可展为幂级数，

$$f(z)=\sum_{k=0}^{\infty}a_k(z-z_0)^k,$$

其中

$$a_k=\frac{1}{2\pi i}\oint_{C_{R_1}}\frac{f(\zeta)}{(\zeta-z_0)^{k+1}}d\zeta=\frac{f^{(k)}(z_0)}{k!},$$

C_{R_1} 为圆 C_R 内包含 z 且与 C_R 同心的圆.

证明 如图 3-1，为了避免涉及级数在圆周 C_R 上的收敛或发散问题，作较 C_R 小，但包含 z 且与 C_R 同心的圆周 C_{R_1}. 应用柯西公式（2.4.1），

$$f(z)=\frac{1}{2\pi i}\oint_{C_{R_1}}\frac{f(\zeta)}{\zeta-z}d\zeta. \tag{3.3.1}$$

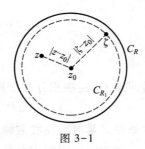

图 3-1

接下去的工作是将 $1/(\zeta-z)$ 展为幂级数. 考虑到展开式应以圆心 z_0 为中心，先将 $1/(\zeta-z)$ 改写为

$$\frac{1}{\zeta-z}=\frac{1}{(\zeta-z_0)-(z-z_0)}=\frac{1}{\zeta-z_0}\cdot\frac{1}{1-\dfrac{z-z_0}{\zeta-z_0}}. \tag{3.3.2}$$

将这式右边第二个因子跟（3.2.7）比较，可知

$$\frac{1}{1-\dfrac{z-z_0}{\zeta-z_0}} = 1 + \frac{z-z_0}{\zeta-z_0} + \left(\frac{z-z_0}{\zeta-z_0}\right)^2 + \cdots \quad \left(\left|\frac{z-z_0}{\zeta-z_0}\right|<1\right).$$

将这代入(3.3.2)得

$$\frac{1}{\zeta-z} = \frac{1}{\zeta-z_0} \cdot \sum_{k=0}^{\infty} \frac{(z-z_0)^k}{(\zeta-z_0)^k} = \sum_{k=0}^{\infty} \frac{(z-z_0)^k}{(\zeta-z_0)^{k+1}}. \tag{3.3.3}$$

又将(3.3.3)代入(3.3.1)并逐项积分,

$$f(z) = \sum_{k=0}^{\infty} (z-z_0)^k \cdot \frac{1}{2\pi i} \oint_{C_{R_1}} \frac{f(\zeta)}{(\zeta-z_0)^{k+1}} d\zeta.$$

根据柯西公式(2.4.7),上式即为

$$f(z) = \sum_{k=0}^{\infty} \frac{f^{(k)}(z_0)}{k!} (z-z_0)^k \quad (|z-z_0|<R). \tag{3.3.4}$$

(3.3.4)称为函数 $f(z)$ 的泰勒展开,右端级数称为以 z_0 为中心的**泰勒级数**.

泰勒展开(3.3.4)是**唯一**的.

事实上,假如另有一不同于(3.3.4)的泰勒展开

$$f(z) = \sum_{k=0}^{\infty} a_k (z-z_0)^k, \tag{3.3.5}$$

就应当有

$$a_0 + a_1(z-z_0) + a_2(z-z_0)^2 + \cdots$$
$$= f(z_0) + \frac{f'(z_0)}{1!}(z-z_0) + \frac{f''(z_0)}{2!}(z-z_0)^2 + \cdots. \tag{3.3.6}$$

在(3.3.6)中令 $z=z_0$,得

$$a_0 = f(z_0).$$

将(3.3.6)求导一次,然后令 $z=z_0$,得

$$a_1 = \frac{f'(z_0)}{1!}.$$

将(3.3.6)再求导一次,然后令 $z=z_0$,得

$$a_2 = \frac{f''(z_0)}{2!}.$$

照这样作下去,就看出展开式(3.3.5)跟展开式(3.3.4)完全相同.

上节已经证明幂级数的和是解析函数. 由此可见,泰勒级数跟解析函数有着不可分的联系.

例1 在 $z_0=0$ 的邻域上将 $f(z)=e^z$ 展开.

解 函数 $f(z)=e^z$ 的各阶导数 $f^{(k)}(z)=e^z$,而

$$f^{(k)}(z_0) = f^{(k)}(0) = 1.$$

按照(3.3.4)可写出 e^z 在 $z_0=0$ 的邻域上的泰勒展开

$$e^z = 1 + \frac{z}{1!} + \frac{z^2}{2!} + \frac{z^3}{3!} + \cdots + \frac{z^k}{k!} + \cdots = \sum_{k=0}^{\infty} \frac{z^k}{k!}. \tag{3.3.7}$$

应用(3.2.3)求得右端泰勒级数的收敛半径为无限大. 这是说,只要 z 是有限的,该级数

就收敛.

例 2 在 $z_0 = 0$ 的邻域上将 $f_1(z) = \sin z$ 及 $f_2(z) = \cos z$ 展开.

解 函数 $f_1(z) = \sin z$ 的前四阶导数是 $f_1'(z) = \cos z$, $f_1''(z) = -\sin z$, $f_1^{(3)}(z) = -\cos z$, $f_1^{(4)}(z) = \sin z$. 这里 $f_1^{(4)}(z)$ 正是 $f_1(z)$ 本身, 可见更高阶的导数只是前四阶导数的重复.

在 $z_0 = 0$, $f_1(z)$ 及前四阶导数的值是 $f_1(0) = 0$, $f_1'(0) = 1$, $f_1''(0) = 0$, $f_1^{(3)}(0) = -1$, $f_1^{(4)}(0) = 0$.

按照(3.3.4)可写出 $\sin z$ 在 $z_0 = 0$ 的邻域上的泰勒展开

$$\sin z = \frac{z}{1!} - \frac{z^3}{3!} + \frac{z^5}{5!} - \frac{z^7}{7!} + \cdots. \tag{3.3.8}$$

应用(3.2.3)求得右端泰勒级数的收敛半径为无限大.

同理可得 $\cos z$ 在 $z_0 = 0$ 的邻域上的泰勒展开

$$\cos z = 1 - \frac{z^2}{2!} + \frac{z^4}{4!} - \frac{z^6}{6!} + \cdots. \tag{3.3.9}$$

应用(3.2.3)求得右端泰勒级数的收敛半径为无限大.

例 3 在 $z_0 = 1$ 的邻域上将 $f(z) = \ln z$ 展开.

解 多值函数 $f(z) = \ln z$ 的支点为 $z = 0$, ∞. 现在的展开中心 $z_0 = 1$ 并非支点, 在它的邻域上, 各个单值分支互相独立, 各自是一个单值函数, 可按照单值函数的展开方法加以展开.

先计算展开系数:

$$f(z) = \ln z, \qquad\qquad f(1) = \ln 1 = n2\pi i \quad (n \text{ 为整数});$$

$$f'(z) = \frac{1}{z}, \qquad\qquad f'(1) = +1;$$

$$f''(z) = -\frac{1!}{z^2}, \qquad\qquad f''(1) = -1!;$$

$$f^{(3)}(z) = \frac{2!}{z^3}, \qquad\qquad f^{(3)}(1) = +2!;$$

$$f^{(4)}(z) = -\frac{3!}{z^4}, \qquad\qquad f^{(4)}(1) = -3!;$$

$$\cdots \qquad\qquad\qquad \cdots$$

于是按照(3.3.4)可写出 $\ln z$ 在 $z_0 = 1$ 的邻域上的泰勒展开

$$\begin{aligned}
\ln z &= \ln 1 + \frac{1}{1!}(z-1) + \frac{-1!}{2!}(z-1)^2 + \frac{2!}{3!}(z-1)^3 + \frac{-3!}{4!}(z-1)^4 + \cdots \\
&= n2\pi i + (z-1) - \frac{(z-1)^2}{2} + \frac{(z-1)^3}{3} - \frac{(z-1)^4}{4} + \cdots,
\end{aligned}$$

按照(3.2.3)可求得右端级数的收敛半径为 1, 因此

$$\ln z = n2\pi i + (z-1) - \frac{(z-1)^2}{2} + \frac{(z-1)^3}{3} - \frac{(z-1)^4}{4} + \cdots \quad (|z-1| < 1). \tag{3.3.10}$$

(3.3.10)的 $n = 0$ 的单值分支称为 $\ln z$ 的**主值**.

例 4 在 $z_0 = 0$ 的邻域上将 $f(z) = (1+z)^m$ 展开(m 不是整数).

解 先计算展开系数：

$$f(z) = (1+z)^m, \qquad\qquad f(0) = 1^m;$$

$$f'(z) = m(1+z)^{m-1} \qquad\qquad f'(0) = m1^m;$$

$$= \frac{m}{1+z}f(z),$$

$$f''(z) = m(m-1)(1+z)^{m-2} \qquad f''(0) = m(m-1)1^m;$$

$$= \frac{m(m-1)}{(1+z)^2}f(z),$$

$$f^{(3)}(z) \qquad\qquad\qquad f^{(3)}(0)$$

$$= \frac{m(m-1)(m-2)}{(1+z)^3}f(z), \qquad = m(m-1)(m-2)1^m;$$

$$\cdots \qquad\qquad\qquad\qquad \cdots$$

于是按照(3.3.4)可写出$(1+z)^m$在$z_0 = 0$的邻域上的泰勒展开

$$(1+z)^m = 1^m + \frac{m}{1!}1^m z + \frac{m(m-1)}{2!}1^m z^2 + \frac{m(m-1)(m-2)}{3!}1^m z^3 + \cdots$$

$$= 1^m \left\{ 1 + \frac{m}{1!}z + \frac{m(m-1)}{2!}z^2 + \frac{m(m-1)(m-2)}{3!}z^3 + \cdots \right\},$$

按照(3.2.3)可求得右端泰勒级数的收敛半径为1，因此

$$(1+z)^m = 1^m \left\{ 1 + \frac{m}{1!}z + \frac{m(m-1)}{2!}z^2 + \frac{m(m-1)(m-2)}{3!}z^3 + \cdots \right\} \quad (|z|<1). \tag{3.3.11}$$

式中的

$$1^m = (e^{in2\pi})^m = e^{imn2\pi} \quad (n\text{ 为整数}).$$

在(3.3.11)的许多单值分支中，$n=0$亦即$1^m = 1$的那一个称为$(1+z)^m$的**主值**. (3.3.11)也就是指数为非整数的**二项式定理**.

习　题

1. 在指定的点z_0的邻域上将下列函数展开为泰勒级数.

(1) $\arctan z$ 在 $z_0 = 0$，

(2) $\sqrt[3]{z}$ 在 $z_0 = i$，

(3) $\ln z$ 在 $z_0 = i$，

(4) $\sqrt[m]{z}$ 在 $z_0 = 1$，

(5) $e^{1/(1-z)}$ 在 $z_0 = 0$，

(6) $\ln(1+e^z)$ 在 $z_0 = 0$，

(7) $(1+z)^{1/z}$ 在 $z_0 = 0$，

(8) $\sin^2 z$ 和 $\cos^2 z$ 在 $z_0 = 0$.

2. 求下列级数的收敛半径，以及在该收敛域上的和函数.

(1) $f(z) = \sum_{k=1}^{\infty} k^2 z^k$，

(2) $f(z) = \sum_{k=1}^{\infty} \frac{kz^k}{2^k}$.

§3.4 解 析 延 拓

细看(3.2.7)、(3.2.8)、(3.3.10)和(3.3.11)几个式子. 这些式子后面的括号里注明了

成立条件. 假如取消所注的条件, 则等号两边并不完全是一回事. 例如, (3.2.8)的左边是幂级数 $1-z^2+z^4-z^6+\cdots$, 它在单位圆 $|z|=1$ 内部收敛, 其和是解析函数, 但如超出单位圆, 级数就发散而无意义; 右边是 $1/(1+z^2)$, 它在除去 $z=\pm\mathrm{i}$ 的全平面上是解析函数. 这样, 我们有两个函数, 一个是

$$f(z)=1-z^2+z^4-z^6+\cdots \quad (|z|<1) \tag{3.4.1}$$

在一个较小的区域上是解析函数, 另一个是

$$F(z)=\frac{1}{1+z^2} \quad (除 z=\pm\mathrm{i} 以外) \tag{3.4.2}$$

则在含有上述区域的一个较大的区域上是解析函数, 并且两者在那个较小的区域上相同.

于是就出现这样的问题: 已给某个区域 b 上的解析函数 $f(z)$, 是否能找出另一函数 $F(z)$, 它在含有区域 b, 或与 b 有重叠部分(可以是一条线)的另一区域 B 上是解析函数, 而且在区域 b 上, 或在与 b 有重叠的部分上, 等同于 $f(z)$? 这个问题叫作**解析延拓**. 简单地说, 解析延拓就是解析函数定义域的扩大.

原则上, 解析延拓可以利用泰勒级数进行. 选取区域 b 的任一内点 z_0, 在 z_0 的邻域上将解析函数 $f(z)$ 展开为泰勒级数. 如果这个泰勒级数的收敛圆有一部分超出 b 之外, 解析函数 $f(z)$ 的定义域就扩大了一步. 这样一步又一步, 定义域逐步扩大.

利用泰勒级数进行解析延拓虽然是个普遍方法, 但具体计算很繁, 所以通常总是尽量利用一些特殊方法, 例如(3.4.2)就是(3.4.1)的解析延拓. 不管用哪种方法进行解析延拓都可以, 因为解析延拓是唯一的. 关于解析延拓的唯一性, 下面给出简单的论证.

设 $f(z)$ 是区域 b 上的解析函数, 又设用两种方法将 $f(z)$ 解析延拓到含有区域 b 的一个较大的区域 B 上. 假定用两种方法得到的解析函数是不同的, 分别为 $F_1(z)$ 和 $F_2(z)$. 在区域 b 上, $F_1(z)$ 和 $F_2(z)$ 都等同于 $f(z)$, 因而 $F_1(z)-F_2(z)$ 在 b 上处处为零. 这样, 函数 $F_1(z)-F_2(z)$ 是区域 B 上的解析函数而且并非处处为零, 但在区域 B 的一个子区域 b 上却是处处为零(图3-2). 选取 b 的边界线上一点 z_0, 图中用虚线标明 z_0 的一个邻域, 这邻域的一部分 α 属于 b, 另一部分 β 则不属于 b. 于是, 按照上述假定, 函数 $F_1(z)-F_2(z)$ 在 α 上处处为零, 在 β 上并非处处为零(否则就把 β 并入 b), 以 z_0 为中心将解析函数 $F_1(z)-F_2(z)$ 展开为泰勒级数

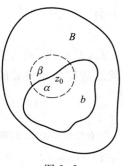

图 3-2

$$F_1(z)-F_2(z)=a_0+a_1(z-z_0)+a_2(z-z_0)^2+\cdots+a_k(z-z_0)^k+\cdots.$$

设这些系数中第一个不为零的是 a_m(m 是有限的), 即

$$F_1(z)-F_2(z)=(z-z_0)^m[a_m+a_{m+1}(z-z_0)+a_{m+2}(z-z_0)^2+\cdots].$$

$$\tag{3.4.3}$$

对于点 z_0 的紧邻 z 而言, $|z-z_0|$ 很小, 因而(3.4.3)的[ ]中以 a_m 为最重要, 即 $[a_m+a_{m+1}(z-z_0)+a_{m+2}(z-z_0)^2+\cdots]\approx a_m$, 从而

$$F_1(z)-F_2(z)\approx(z-z_0)^m a_m\neq 0.$$

这是说, $F_1(z)-F_2(z)$ 不可能在 α 上处处为零. 这样, 在 α 上处处为零要求所有的系数 a_0, $a_1,a_2,\cdots,a_k,\cdots$ 无一例外都是零. 但如果所有系数全为零, 势必使 $F_1(z)-F_2(z)$ 在 β 上也处处

为零, 这跟原来的假定是矛盾的. 因此, 区域 B 上的解析函数

$$F_1(z) - F_2(z)$$

在子区域 b 上处处为零, 必在整个区域 B 上处处为零. 即, 用两种方法进行解析延拓所得到的 $F_1(z)$ 和 $F_2(z)$ 是完全等同的, 从而解析延拓是唯一的.

§3.5　洛朗级数展开

当所研究的区域上存在函数的奇点时, 就不再能将函数展开成泰勒级数, 而需要考虑在除去奇点的环域上的展开. 这就是本节所要讨论的洛朗级数展开.

首先简单介绍含有正、负幂项的幂级数, 所谓双边幂级数.

$$\cdots + a_{-2}(z-z_0)^{-2} + a_{-1}(z-z_0)^{-1} + a_0 + a_1(z-z_0) + a_2(z-z_0)^2 + \cdots. \tag{3.5.1}$$

设 $(3.5.1)$ 的正幂部分有某个收敛半径, 记作 R_1. 如引用新的变量 $\zeta = \dfrac{1}{z-z_0}$, 则负幂部分成为

$$a_{-1}\zeta + a_{-2}\zeta^2 + a_{-3}\zeta^3 + \cdots. \tag{3.5.2}$$

设 $(3.5.2)$ 式幂级数有某个收敛圆, 其半径记作 $\dfrac{1}{R_2}$, 则它在圆 $|\zeta| = \dfrac{1}{R_2}$ 的内部收敛, 亦即在 $|z-z_0| = R_2$ 的外部收敛. 如果 $R_2 < R_1$, 那么级数 $(3.5.1)$ 就在环域 $R_2 < |z-z_0| < R_1$ 内绝对且一致收敛, 其和为一解析函数. 级数可逐项求导. 环域 $R_2 < |z-z_0| < R_1$ 称为级数 $(3.5.1)$ 的**收敛环**. 如果 $R_2 > R_1$, 则级数处处发散.

下面我们讨论环域上的解析函数的幂级数展开问题.

定理　设 $f(z)$ 在环形区域 $R_2 < |z-z_0| < R_1$ 的内部单值解析, 则对环域上任一点 z, $f(z)$ 可展为幂级数

$$f(z) = \sum_{k=-\infty}^{\infty} a_k (z-z_0)^k. \tag{3.5.3}$$

其中

$$a_k = \frac{1}{2\pi i} \oint_C \frac{f(\zeta)}{(\zeta-z_0)^{k+1}} d\zeta, \tag{3.5.4}$$

积分路径 C 为位于环域内按逆时针方向绕内圆一周的任一闭合曲线.

证明　为避免涉及在圆周上函数的解析性及级数的收敛性问题. 今将外圆稍稍缩小为 C'_{R_1}, 内圆稍稍扩大为 C'_{R_2} (图 3-3), 应用复连通区域上的柯西公式

$$f(z) = \frac{1}{2\pi i} \oint_{C'_{R_1}} \frac{f(\zeta)}{\zeta-z} d\zeta + \frac{1}{2\pi i} \oint_{C'_{R_2}} \frac{f(\zeta)}{\zeta-z} d\zeta. \tag{3.5.5}$$

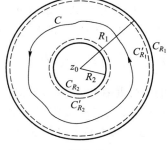

图 3-3

下面将 $\dfrac{1}{\zeta-z}$ 展为幂级数. 对于沿 C'_{R_1} 的积分, 可像(3.3.3)那样展开 $\dfrac{1}{\zeta-z}$,

$$\frac{1}{\zeta-z}=\sum_{k=0}^{\infty}\frac{(z-z_0)^k}{(\zeta-z_0)^{k+1}}. \tag{3.5.6}$$

对于沿 C'_{R_2} 的积分, 考虑到 $|z-z_0|>|\zeta-z_0|$, 改按以下方式将 $\dfrac{1}{\zeta-z}$ 展开,

$$\frac{1}{\zeta-z}=\frac{1}{(\zeta-z_0)-(z-z_0)}=-\frac{1}{z-z_0}\frac{1}{1-\dfrac{\zeta-z_0}{z-z_0}}$$

$$=-\frac{1}{z-z_0}\sum_{l=0}^{\infty}\frac{(\zeta-z_0)^l}{(z-z_0)^l}=-\sum_{l=0}^{\infty}\frac{(\zeta-z_0)^l}{(z-z_0)^{l+1}}. \tag{3.5.7}$$

将(3.5.6)及(3.5.7)分别代入(3.5.5)右边的两个积分, 并逐项积分,

$$f(z)=\sum_{k=0}^{\infty}(z-z_0)^k\cdot\frac{1}{2\pi i}\oint_{C'_{R_1}}\frac{f(\zeta)}{(\zeta-z_0)^{k+1}}\mathrm{d}\zeta$$

$$-\sum_{l=0}^{\infty}(z-z_0)^{-(l+1)}\cdot\frac{1}{2\pi i}\oint_{C'_{R_2}}(\zeta-z_0)^l f(\zeta)\mathrm{d}\zeta.$$

在上式右边第二项中, 改用 $k=-(l+1)$ 代替 l 作为求和指标, 并根据柯西定理(2.2.4)将积分回路改为 C'_{R_1}, 即得

$$f(z)=\sum_{k=-\infty}^{\infty}a_k(z-z_0)^k, \tag{3.5.8}$$

其中

$$a_k=\frac{1}{2\pi i}\oint_{C'_{R_1}}\frac{f(\zeta)}{(\zeta-z_0)^{k+1}}\mathrm{d}\zeta.$$

$$=\frac{1}{2\pi i}\oint_C\frac{f(\zeta)}{(\zeta-z_0)^{k+1}}\mathrm{d}\zeta. \tag{3.5.9}$$

C 为环域内沿逆时针方向绕内圆一周的任一闭回线. (3.5.3)称为 $f(z)$ 的**洛朗展开**, 其右端的级数称为**洛朗级数**.

关于洛朗展开, 有几点需要特别加以说明:

(1) 尽管(3.5.3)的级数中含有 $z-z_0$ 的负幂项, 而这些项在 $z=z_0$ 时都是奇异的, 但点 z_0 可能是也可能不是函数 $f(z)$ 的奇点(参看下面的例子).

(2) 尽管求展开系数 a_k 的公式(3.5.4)与泰勒展开系数 a_k 的公式形式相同, 但这里的 $a_k\neq f^{(k)}(z_0)/k!$, 不论 z_0 是否为 $f(z)$ 的奇点. 如果 z_0 是 $f(z)$ 的奇点, 则 $f^{(k)}(z_0)$ 根本不存在; 如果 z_0 不是奇点, 则 $f^{(k)}(z_0)$ 存在, 但 a_k 还是不等于 $f^{(k)}(z_0)/k!$. 因为 $f^{(k)}(z_0)=\dfrac{k!}{2\pi i}\oint_C\dfrac{f(\zeta)}{(\zeta-z_0)^{k+1}}\mathrm{d}\zeta$ 成立的条件是在以 C 为边界的区域上 $f(z)$ 解析, 而对于现在所讨论的情形, 该区域上有 $f(z)$ 的奇点(若无奇点就无需考虑洛朗展开了).

(3) 如果只有环心 z_0 是 $f(z)$ 的奇点, 则内圆半径可以任意小, 同时 z 可以无限地接近 z_0 点, 这时称(3.5.3)为 $f(z)$ 在它的孤立奇点 z_0 的邻域内的洛朗展开式. 这是特别重要的一种情

形，§3.6将用它研究函数在其孤立奇点附近的性质.

同泰勒展开一样，洛朗展开也是唯一的(证明从略). 展开的唯一性使得可用各种不同的办法求得环域上解析函数的洛朗展开式.

例1 在 $z_0 = 0$ 的邻域上将 $(\sin z)/z$ 展开.

解 函数 $(\sin z)/z$ 在原点没有定义，$z_0 = 0$ 是奇点.

引用 $\sin z$ 在原点的邻域上的展开式(3.3.8),

$$\sin z = \frac{z}{1!} - \frac{z^3}{3!} + \frac{z^5}{5!} - \frac{z^7}{7!} + \cdots \quad (|z| < \infty).$$

为了避开奇点，从复数平面挖去原点. 在挖去原点的复数平面上，用 z 遍除 $\sin z$ 的展开式，就得 $(\sin z)/z$ 的展开式

$$\frac{\sin z}{z} = 1 - \frac{z^2}{3!} + \frac{z^4}{5!} - \frac{z^6}{7!} + \cdots \quad (0 < |z| < \infty). \qquad (3.5.10)$$

其实，如果定义一个函数 $f(z)$.

$$f(z) = \begin{cases} \dfrac{\sin z}{z} & (z \neq 0), \\[2mm] \lim_{z \to 0} \dfrac{\sin z}{z} = 1 & (z = 0). \end{cases}$$

则 $f(z)$ 在整个开平面上是解析的. 从(3.5.10)直接得到 $f(z)$ 在 $z_0 = 0$ 的邻域上的展开式

$$f(z) = 1 - \frac{z^2}{3!} + \frac{z^4}{5!} - \frac{z^6}{7!} + \cdots \quad (|z| < \infty). \qquad (3.5.11)$$

(3.5.11)正是解析函数 $f(z)$ 的泰勒级数.

例2 在 $1 < |z| < \infty$ 的环域上将函数 $f(z) = 1/(z^2 - 1)$ 展为洛朗级数.

解 $\dfrac{1}{z^2 - 1} = \dfrac{1}{z^2} \dfrac{1}{1 - \dfrac{1}{z^2}} = \dfrac{1}{z^2} \sum_{k=0}^{\infty} \left(\dfrac{1}{z^2}\right)^k = \dfrac{1}{z^2} + \dfrac{1}{z^4} + \dfrac{1}{z^6} + \cdots.$

展开式中出现无限多个负幂次项，但展开中心 $z_0 = 0$ 本身却不是函数的奇点(奇点在 $z = \pm 1$).

例3 在 $z_0 = 1$ 的邻域上将函数 $f(z) = 1/(z^2 - 1)$ 展为洛朗级数.

解 先将 $f(z)$ 分解为分项分式

$$f(z) = \frac{1}{(z-1)(z+1)} = \frac{1}{2} \frac{1}{z-1} - \frac{1}{2} \frac{1}{z+1},$$

第二项只有一个奇点 $z = -1$，因此，在 $z_0 = 1$ 的邻域 $|z-1| < 2$ 上可以展为泰勒级数. 利用(3.2.7)即得

$$\frac{1}{2} \frac{1}{z+1} = \frac{1}{2} \frac{1}{(z-1)+2} = \frac{1}{4} \frac{1}{1 + (z-1)/2}$$
$$= \frac{1}{4} \sum_{k=0}^{\infty} (-1)^k \left(\frac{z-1}{2}\right)^k \quad (|z-1| < 2).$$

于是

$$\frac{1}{z^2 - 1} = \frac{1}{2} \frac{1}{z-1} - \sum_{k=0}^{\infty} (-1)^k \frac{1}{2^{k+2}} (z-1)^k \quad (0 < |z-1| < 2). \qquad (3.5.12)$$

这个展开式出现−1次幂项.

例 4　在 $z_0 = 0$ 的邻域上将 $\mathrm{e}^{1/z}$ 展开.

解　引用 e^z 在原点邻域上的展开式(3.3.7)

$$\mathrm{e}^z = \sum_{k=0}^{\infty} \frac{1}{k!} z^k = 1 + \frac{1}{1!}z + \frac{1}{2!}z^2 + \frac{1}{3!}z^3 + \cdots \quad (|z| < \infty),$$

将 z 全换成 $1/z$ 即得

$$\mathrm{e}^{\frac{1}{z}} = \sum_{k=0}^{\infty} \frac{1}{k!}\left(\frac{1}{z}\right)^k$$

$$= 1 + \frac{1}{1!}\frac{1}{z} + \frac{1}{2!}\frac{1}{z^2} + \frac{1}{3!}\frac{1}{z^3} + \cdots \quad \left(\left|\frac{1}{z}\right| < \infty\right),$$

即

$$\mathrm{e}^{\frac{1}{z}} = \sum_{k=-\infty}^{0} \frac{1}{(-k)!} z^k \quad (|z| > 0), \tag{3.5.13}$$

这个展开式出现无限多负幂项.

例 5　在 $z_0 = 0$ 的邻域上将 $\mathrm{e}^{\frac{1}{2}x\left(z-\frac{1}{z}\right)}$ 展开.

解　$\mathrm{e}^{\frac{1}{2}x\left(z-\frac{1}{z}\right)} = \mathrm{e}^{\frac{1}{2}xz} \cdot \mathrm{e}^{-\frac{1}{2}x\frac{1}{z}}$

由(3.3.7)和(3.5.13)有

$$\mathrm{e}^{\frac{1}{2}xz} = \sum_{l=0}^{\infty} \frac{1}{l!}\left(\frac{1}{2}xz\right)^l \quad (|z| < \infty), \tag{3.5.14}$$

$$\mathrm{e}^{-\frac{1}{2}x\frac{1}{z}} = \sum_{n=0}^{\infty} \frac{1}{n!}\left(-\frac{1}{2}x\frac{1}{z}\right)^n \quad (0 < |z|). \tag{3.5.15}$$

绝对收敛级数(3.5.14)和(3.5.15)可以逐项相乘,乘积中既有无限多正幂项,又有无限多负幂项. 为得到乘积中某个正幂 $z^m\,(m \geqslant 0)$ 项,应取(3.5.15)所有各项分别与(3.5.14)中 $l = n+m$ 的项相乘,再相加. 为得到乘积中某个负幂 $z^{-h}\,(h > 0)$ 项,应取(3.5.14)所有各项分别与(3.5.15)中 $n = l+h$ 的项相乘,再相加. 这样,

$$\mathrm{e}^{\frac{1}{2}x\left(z-\frac{1}{z}\right)} = \sum_{m=0}^{\infty}\left[\sum_{n=0}^{\infty} \frac{(-1)^n}{(m+n)!\,n!}\left(\frac{x}{2}\right)^{m+2n}\right]z^m$$

$$+ \sum_{h=1}^{\infty}\left[(-1)^h \sum_{l=0}^{\infty} \frac{(-1)^l}{l!\,(l+h)!}\left(\frac{x}{2}\right)^{h+2l}\right]z^{-h} \quad (0 < |z| < \infty).$$

将 $-h$ 改为 m,l 改为 n,则

$$\mathrm{e}^{\frac{1}{2}x\left(z-\frac{1}{z}\right)} = \sum_{m=0}^{\infty}\left[\sum_{n=0}^{\infty} \frac{(-1)^n}{(m+n)!\,n!}\left(\frac{x}{2}\right)^{m+2n}\right]z^m$$

$$+ \sum_{m=-1}^{-\infty}\left[(-1)^m \sum_{n=0}^{\infty} \frac{(-1)^n}{n!\,(n+|m|)!}\left(\frac{x}{2}\right)^{|m|+2n}\right]z^m \quad (0 < |z| < \infty). \tag{3.5.16}$$

(3.5.16)的[ ]里正是 m 阶贝塞尔函数 $\mathrm{J}_m(x)$(参见§11.2). 因此(3.5.16)也可写成

$$e^{\frac{1}{2}x\left(z-\frac{1}{z}\right)} = \sum_{m=-\infty}^{\infty} J_m(x) z^m.$$

习　　题

1. 在挖去奇点 z_0 的环域上或指定的环域上将下列函数展开为洛朗级数.

（1）$z^5 e^{1/z}$ 在 $z_0 = 0$,

（2）$1/z^2(z-1)$ 在 $z_0 = 1$,

（3）$1/z(z-1)$ 在 $z_0 = 0$, 在 $z_0 = 1$,

（4）$e^{1/(1-z)}$ 在 $|z|>1$,

（5）$1/(z-2)(z-3)$ 在 $|z|>3$,

（6）$(z-1)(z-2)/(z-3)(z-4)$ 在 $R<|z|<\infty$（R 很大）,

（7）$1/(z^2-3z+2)$ 在 $1<|z|<2$,

（8）$1/(z^2-3z+2)$ 在 $2<|z|<\infty$,

（9）e^z/z 在奇点,

（10）$(1-\cos z)/z$ 在奇点,

（11）$\sin(1/z)$ 在奇点,

（12）$\cot z$ 在奇点,

（13）$z/(z-1)(z-2)^2$ 在 $|z|<1$, 在 $1<|z|<2$, 在 $2<|z|$,

（14）$z/(z-1)(z-2)$ 在 $|z|<1$, 在 $1<|z|<2$, 在 $2<|z|$,

（15）$1/z^2(z^2-1)^2$ 在 $0<|z|<1$, 在 $1<|z|<\infty$.

§3.6　孤立奇点的分类

本节利用洛朗级数展开研究单值函数（或多值函数的单值分支）孤立奇点的分类及其性质.

在 §3.5 中已经提到过函数的孤立奇点的概念. 确切地讲, 若函数 $f(z)$ 在某点 z_0 不可导, 而在 z_0 的任意小邻域内除 z_0 外处处可导. 便称 z_0 为 $f(z)$ 的**孤立奇点**. 若在 z_0 的无论多么小的邻域内总可以找到除 z_0 以外的不可导的点, 便称 z_0 为 $f(z)$ 的**非孤立奇点**.

上节已经证明, 在挖去孤立奇点 z_0 而形成的环域上的解析函数 $f(z)$ 可展为洛朗级数:

$$f(z) = \sum_{k=-\infty}^{\infty} a_k (z-z_0)^k. \tag{3.6.1}$$

其中洛朗级数的正幂部分称为**解析部分**, 负幂部分称为**主要部分**或**无限部分**.

洛朗级数的主要部分负幂项的数目视具体情况各有不同. 例如 $(\sin z)/z$ 在 $0<|z|<\infty$ 上的洛朗级数（3.5.10）没有负幂项, $1/(z^2-1)$ 在 $0<|z-1|<2$ 上的洛朗级数（3.5.12）只有一个负幂项, $e^{1/z}$ 在 $0<|z|$ 上的洛朗级数（3.5.13）则有无限多负幂项.

在挖去孤立奇点 z_0 而形成的环域上的解析函数 $f(z)$ 的洛朗展开级数, 或没有负幂项, 或只有有限个负幂项, 或有无限个负幂项. 在这三种情形下, 我们分别将 z_0 称为函数 $f(z)$ 的**可去奇点**、**极点**及**本性奇点**.

如果 z_0 是 $f(z)$ 的**可去奇点**, 则在以 z_0 为圆心而内半径为零的圆环域 $0<|z-z_0|<R$（R 是某

个有限或无限的数值)上的洛朗展开为

$$f(z) = a_0 + a_1(z-z_0) + a_2(z-z_0)^2 + \cdots \quad (0 < |z-z_0| < R). \tag{3.6.2}$$

据此显然有

$$\lim_{z \to z_0} f(z) = a_0 \tag{3.6.3}$$

是有限的. 即函数在可去奇点的邻域上是有界的.

其实, 如果定义函数 $g(z)$ 以代替 $f(z)$,

$$g(z) = \begin{cases} f(z) & (z \neq z_0), \\ a_0 & (z = z_0), \end{cases}$$

则由(3.6.2)得

$$g(z) = a_0 + a_1(z-z_0) + a_2(z-z_0)^2 + \cdots \quad (|z-z_0| < R).$$

这就是 $g(z)$ 在 z_0 邻域上的泰勒展开, z_0 不再是函数 $g(z)$ 的奇点. 这正是"可去奇点"一词的来历. 可去奇点今后将不作为奇点看待.

如果 z_0 是 $f(z)$ 的极点, 则在圆环域 $0 < |z-z_0| < R$ 上的洛朗展开为

$$f(z) = a_{-m}(z-z_0)^{-m} + a_{-m+1}(z-z_0)^{-m+1} + \cdots + a_0 + a_1(z-z_0) + \cdots$$

$$= \sum_{k=-m}^{\infty} a_k(z-z_0)^k \quad (0 < |z-z_0| < R). \tag{3.6.4}$$

据此显然有

$$\lim_{z \to z_0} f(z) = \infty \tag{3.6.5}$$

m 称为极点 z_0 的**阶**. 一阶极点也简称为**单极点**.

如果 z_0 是 $f(z)$ 的**本性奇点**, 则在圆环域 $0 < |z-z_0| < R$ 上的洛朗展开为

$$f(z) = \sum_{k=-\infty}^{\infty} a_k(z-z_0)^k \quad (0 < |z-z_0| < R). \tag{3.6.6}$$

在(3.6.6)中, 令 $z \to$ 本性奇点 z_0, $f(z)$ 的极限随 z 趋于 z_0 的方式而定. 参看(3.5.13), $z_0 = 0$ 是函数 $e^{1/z}$ 的本性奇点. 当 z 沿正实轴趋于零, 则 $1/z \to +\infty$, 而 $e^{1/z} \to \infty$; 当 z 沿负实轴趋于零, 则 $1/z \to -\infty$, 而 $e^{1/z} \to 0$; 当 z 按 $i/2\pi n$ (n 为自然数 $1, 2, 3, \cdots$) 的序列趋于零, 则 $e^{1/z} = e^{-2\pi ni} = 1$.

以上所说孤立奇点 z_0 都是指的有限远点. 现在再讨论无限远点为孤立奇点的情形. 如果函数 $f(z)$ 在无限远点的邻域 $\infty > |z| > R$ 上是解析的, 则可在外半径为 ∞ 的圆环域 $R < |z| < \infty$ (R 是某个有限数值)上展为洛朗级数

$$f(z) = \sum_{k=-\infty}^{\infty} a_k z^k \quad (R < |z| < \infty), \tag{3.6.7}$$

洛朗级数(3.6.7)的负幂部分称为**解析部分**, 正幂部分称为**主要部分**或**无限部分**.

如果洛朗级数(3.6.7)没有正幂项, 无限远点称为 $f(z)$ 的**可去奇点**. 如果洛朗级数只有有限个正幂项, 无限远点称为 $f(z)$ 的**极点**, 最高幂指数称为极点的**阶**. 如果洛朗级数有无限个正幂项, 无限远点称为 $f(z)$ 的**本性奇点**.

其实, 只要作变换 $\zeta = 1/z$, 将 $z = \infty$ 变换为 $\zeta = 0$, 从 ζ 平面的原点来看, 这些定义就都是显然的了.

例如

$$e^z = \sum_{k=0}^{\infty} \frac{z^k}{k!},$$

$$\sin z = \sum_{k=0}^{\infty} (-1)^k \frac{z^{2k+1}}{(2k+1)!},$$

$$\cos z = \sum_{k=0}^{\infty} (-1)^k \frac{z^{2k}}{(2k)!}$$

以无限远点为本性奇点. 多项式 $a_0 + a_1 z + \cdots + a_n z^n$ 则以无限远点为 n 阶极点.

多值函数还有一种奇点, 称为**支点**. 这里只考虑有限阶的支点, 例如 $m-1$ 阶的支点, 以多值函数 $f(z)$ 的 $m-1$ 阶支点 z_0 为圆心而内半径为零的圆环域, 在黎曼面上是 m 叶交错相连的圆环, 函数在这交错相连的圆环上是解析的. 引入新的自变数

$$\zeta = \sqrt[m]{z-z_0} = \sqrt[m]{|z-z_0|}\, e^{i\frac{1}{m}\mathrm{Arg}(z-z_0)}$$

以代替原来的宗量 z. 由于 ζ 的辐角只是 $z-z_0$ 的辐角的 $1/m$, 所以相应的 ζ 区域是单叶圆环. 即 z 的多值函数 $f(z)$ 成为 ζ 的单值函数, 记为 $g(\zeta)$. 在 ζ 平面的单叶圆环上将 $g(\zeta)$ 展为洛朗级数

$$g(\zeta) = \sum_{k=-\infty}^{\infty} a_k \zeta^k. \tag{3.6.8}$$

洛朗级数 (3.6.8) 或者没有负幂项, 或者只有有限个负幂项, 或者有无限个负幂项. 在这三种情形下, 我们分别将支点 z_0 称为函数 $f(z)$ 的**解析型**、**极点型**、**本性奇点型**支点.

以原来的宗量 z 代回 (3.6.8), 得

$$f(z) = \sum_{k=-\infty}^{\infty} a_k (z-z_0)^{k/m}. \tag{3.6.9}$$

幂指数 k/m 是分数, 这是支点邻域上展开式的特征.

例如 $f(z) = 1/(4+\sqrt{z})$ 以 $z_0 = 0$ 为一阶支点. 支点的邻域是二叶圆环. 引入新的自变数 $\zeta = \sqrt{z}$, 则

$$\begin{aligned}
g(\zeta) &= \frac{1}{4+\zeta} = \frac{1}{4}\, \frac{1}{1+\dfrac{\zeta}{4}} = \frac{1}{4}\left(1+\frac{\zeta}{4}\right)^{-1} \\
&= \frac{1}{4} \sum_{k=0}^{\infty} (-1)^k \left(\frac{\zeta}{4}\right)^k \\
&= \sum_{k=0}^{\infty} (-1)^k \frac{\zeta^k}{4^{k+1}} \quad (|\zeta| < 4),
\end{aligned}$$

代回宗量 z, 得

$$f(z) = \sum_{k=0}^{\infty} \frac{(-1)^k}{4^{k+1}} z^{k/2} \quad (|z| < 16).$$

习　　题

1. 设函数 $f(z)$ 和 $g(z)$ 分别以点 z_0 为 m 阶和 n 阶极点. 问对于下列函数而言, z_0 是何种性质的点?
(1) $f(z)g(z)$,　　　(2) $f(z)/g(z)$,　　　(3) $f(z)+g(z)$.

第四章 留 数 定 理

§4.1 留 数 定 理

柯西定理(2.2.1)指出，如被积函数 $f(z)$ 在回路 l 所围闭区域上是解析的，则回路积分 $\oint_l f(z)\,\mathrm{d}z$ 等于零. 现在考虑回路 l 包围 $f(z)$ 的奇点的情形.

先设 l 只包围着 $f(z)$ 的一个孤立奇点 z_0. 在以 z_0 为圆心而内半径趋于零的圆环域上将 $f(z)$ 展为洛朗级数

$$f(z) = \sum_{k=-\infty}^{\infty} a_k (z-z_0)^k. \tag{4.1.1}$$

在洛朗级数(4.1.1)的收敛环中任取一个紧紧包围着 z_0 的小回路 l_0（图 4-1）. 按照柯西定理(2.2.3)，

$$\oint_l f(z)\,\mathrm{d}z = \oint_{l_0} f(z)\,\mathrm{d}z.$$

将洛朗展开(4.1.1)代入上式右边，逐项积分，

$$\oint_l f(z)\,\mathrm{d}z = \sum_{k=-\infty}^{\infty} a_k \oint_{l_0} (z-z_0)^k \mathrm{d}z.$$

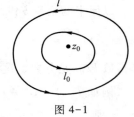

图 4-1

按公式(2.3.4)和(2.3.5)，上式右边除去 $k=-1$ 的一项之外全为零，而 $k=-1$ 的一项的积分等于 $2\pi\mathrm{i}$. 于是，

$$\oint_l f(z)\,\mathrm{d}z = 2\pi\mathrm{i}a_{-1}. \tag{4.1.2}$$

洛朗级数(4.1.1)的 $(z-z_0)^{-1}$ 项的系数 a_{-1} 因而具有特别重要的地位，专门起了名字，称为函数 $f(z)$ 在点 z_0 的**留数**（或**残数**），通常记作 $\mathrm{Res}\,f(z_0)$. 这样，

$$\oint_l f(z)\,\mathrm{d}z = 2\pi\mathrm{i}\,\mathrm{Res}\,f(z_0). \tag{4.1.3}$$

现在讨论 l 包围着 $f(z)$ 的 n 个孤立奇点 $b_1, b_2, \cdots, b_n$ 的情形（图 4-2）. 作回路 $l_1, l_2, \cdots, l_n$ 分别包围 $b_1, b_2, \cdots, b_n$. 并使每个回路只包围一个奇点，按照柯西定理，

$$\oint_{l_0} f(z)\,\mathrm{d}z = \oint_{l_1} f(z)\,\mathrm{d}z + \oint_{l_2} f(z)\,\mathrm{d}z + \cdots + \oint_{l_n} f(z)\,\mathrm{d}z.$$

以(4.1.2)代入上式右边，得

$$\oint_l f(z)\,\mathrm{d}z = 2\pi\mathrm{i}\left[\,\mathrm{Res}\,f(b_1) + \mathrm{Res}\,f(b_2) + \cdots + \mathrm{Res}\,f(b_n)\,\right]. \tag{4.1.4}$$

于是，我们得到

留数定理 设函数 $f(z)$ 在回路 l 所围区域 B 上除有限个孤立奇点 $b_1, b_2, \cdots, b_n$ 外解析，在闭区域 $\overline{B}$ 上除 $b_1, b_2, \cdots, b_n$ 外连续，则

$$\oint_l f(z)\,\mathrm{d}z = 2\pi\mathrm{i} \sum_{j=1}^{n} \operatorname{Res} f(b_j). \tag{4.1.5}$$

留数定理将回路积分归结为被积函数在回路所围区域上各奇点的留数之和.

以上讨论都限于有限远点，我们还可以将这种讨论推广到无限远点的情形.

设函数 $f(z)$ 在无限远点的邻域上解析. 我们来计算绕 ∞ 的正向回路积分 $\oint_l f(z)\,\mathrm{d}z$，在 l 以外的区域上没有 $f(z)$ 的有限远奇点. 将 $f(z)$ 在无限远的邻域上展为洛朗级数，并代入积分式，得

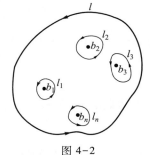

图 4-2

$$\oint_l f(z)\,\mathrm{d}z = \oint_l \left(\sum_{k=-\infty}^{\infty} a_k z^k \mathrm{d}z \right). $$

除 $k=-1$ 一项外，其余各项均为零，即

$$\oint_l f(z)\,\mathrm{d}z = -2\pi\mathrm{i}a_{-1} = 2\pi\mathrm{i}(-a_{-1}) = 2\pi\mathrm{i}\operatorname{Res} f(\infty). \tag{4.1.6}$$

$-a_{-1}$ 被定义为 $f(z)$ 在无限远点的留数 $\operatorname{Res} f(\infty)$. 这样，留数定理对于无限远点也成立. 注意，即使无限远点不是奇点，$\operatorname{Res} f(\infty)$ 也可能不为零.

有趣的是，如果 $f(z)$ 只有有限个奇点，所有有限远的奇点必在某个圆的内部 $|z|<R$，让我们在圆环域 $R<|z|<\infty$ 内任取一个回路 l，则由 (4.1.5)，

$$\oint_l f(z)\,\mathrm{d}z = 2\pi\mathrm{i} \quad \{f(z) \text{ 在所有有限远奇点的留数之和}\}.$$

将上式与 (4.1.6) 相加，得

$$0 = 2\pi\mathrm{i} \quad \{f(z) \text{ 在所有各点留数之和}\}. \tag{4.1.7}$$

即函数 $f(z)$ 在全平面上所有各点的留数之和为零. 这里说的所有各点包括无限远点和有限远的奇点.

既然留数定理给出回路积分等于被积函数在回路所围各奇点的留数之和，这样，问题便归结为留数的计算. 原则上说，只要在以奇点为圆心的圆环域上将函数展开为洛朗级数，取它的负一次幂项的系数就行了. 但是，如果能够不作洛朗展开而直接算出留数，计算工作量可能减轻不少. 事实上，对于极点，确实可以做到这一点.

先设 z_0 是 $f(z)$ 的单极点. 洛朗展开应是

$$f(z) = \frac{a_{-1}}{z-z_0} + a_0 + a_1(z-z_0) + a_2(z-z_0)^2 + \cdots.$$

用 $(z-z_0)$ 遍乘各项，

$$(z-z_0)f(z) = a_{-1} + a_0(z-z_0) + a_1(z-z_0)^2 + \cdots.$$

对上式取 $z \to z_0$ 的极限，右边为非零的有限值，即留数 a_{-1}. 这样，

$$\lim_{z \to z_0}[(z-z_0)f(z)] = \text{非零的有限值}，\text{即 } \operatorname{Res} f(z_0). \tag{4.1.8}$$

(4.1.8) 可用来判断 z_0 是否为函数 $f(z)$ 的单极点，同时它又是计算函数 $f(z)$ 在单极点 z_0 的留数的公式.

若 $f(z)$ 可以表示为 $P(z)/Q(z)$ 的特殊形式，其中 $P(z)$ 和 $Q(z)$ 都在 z_0 点解析，z_0 是 $Q(z)$ 的一阶零点. $P(z_0) \neq 0$，从而 z_0 是 $f(z)$ 的一阶极点，则

$$\operatorname{Res} f(z_0) = \lim_{z \to z_0} (z-z_0) \frac{P(z)}{Q(z)} = \frac{P(z_0)}{Q'(z_0)}. \tag{4.1.9}$$

上式最后一步应用了洛必达法则.

再设 z_0 是 $f(z)$ 的 m 阶极点. 洛朗展开应是

$$f(z) = \frac{a_{-m}}{(z-z_0)^m} + \frac{a_{-m+1}}{(z-z_0)^{m-1}} + \cdots + \frac{a_{-1}}{z-z_0} + a_0 + a_1(z-z_0) + a_2(z-z_0)^2 + \cdots. \tag{4.1.10}$$

以 $(z-z_0)^m$ 遍乘(4.1.10)各项,

$$(z-z_0)^m f(z) = a_{-m} + a_{-m+1}(z-z_0) + \cdots + a_{-1}(z-z_0)^{m-1}$$
$$+ a_0(z-z_0)^m + a_1(z-z_0)^{m+1} + \cdots. \tag{4.1.11}$$

对上式取 $z \to z_0$ 的极限, 右边为非零的有限值 a_{-m},

$$\lim_{z \to z_0} \left[(z-z_0)^m f(z) \right] = \text{非零有限值}. \tag{4.1.12}$$

运用(4.1.12)可以判断 z_0 是否为函数 $f(z)$ 的 m 阶极点. 但其非零有限值并非 $f(z)$ 在 z_0 的留数.

(4.1.11)可看成是函数 $\left[(z-z_0)^m f(z) \right]$ 的泰勒展开, 而函数 $f(z)$ 在 m 阶级点 z_0 的留数 $\operatorname{Res} f(z_0)$ 即 a_{-1} 是展开级数的 $(z-z_0)^{m-1}$ 项的系数. 参照(3.3.4), 这个系数可以表示为

$$\operatorname{Res} f(z_0) = \lim_{z \to z_0} \frac{1}{(m-1)!} \left\{ \frac{\mathrm{d}^{m-1}}{\mathrm{d}z^{m-1}} \left[(z-z_0)^m f(z) \right] \right\}. \tag{4.1.13}$$

利用(4.1.8)和(4.1.12), 不必将函数 $f(z)$ 展为洛朗级数就可以**判断极点的阶**. 利用它们及(4.1.9)、(4.1.13)还可算出函数 $f(z)$ 在**极点的留数**.

例 1　求 $f(z) = 1/(z^n-1)$ 在 $z_0 = 1$ 的留数.

解　$\lim\limits_{z \to 1} f(z) = \infty$. 因此, $z_0 = 1$ 是函数的极点. 事实上, 将分母作因式分解, 即得

$$f(z) = \frac{1}{z^n - 1} = \frac{1}{(z-1)(z^{n-1} + z^{n-2} + \cdots + z + 1)},$$

可见 $z_0 = 1$ 是单极点.

用(4.1.8)计算留数

$$\operatorname{Res} f(1) = \lim_{z \to 1} \left[(z-1) \frac{1}{(z-1)(z^{n-1} + z^{n-2} + \cdots + z + 1)} \right]$$
$$= \lim_{z \to 1} \frac{1}{z^{n-1} + z^{n-2} + \cdots + z + 1} = \frac{1}{n}.$$

另解　应用(4.1.9),

$$\lim_{z \to 1} \left[\frac{1}{(z^n-1)'} \right] = \lim_{z \to 1} \frac{1}{nz^{n-1}} = \frac{1}{n}.$$

因此, 在单极点 $z_0 = 1$ 留数是 $1/n$.

例 2　确定函数 $f(z) = 1/\sin z$ 的极点, 求出函数在这些极点的留数.

解　于 $z \to n\pi$ (n 为整数, 包括零), 有 $\sin z \to 0$, $f(z) \to \infty$. 因此, $z_0 = n\pi$ 是极点.

$$\lim_{z \to n\pi} \left[(z - n\pi) f(z) \right] = \lim_{z \to n\pi} \frac{z - n\pi}{\sin z}.$$

应用洛必达法则确定上式右边的极限,

$$\lim_{z \to n\pi}\left[(z-n\pi)f(z)\right] = \lim_{z \to n\pi}\frac{(z-n\pi)'}{(\sin z)'} = \lim_{z \to n\pi}\frac{1}{\cos z} = (-1)^n.$$

$(-1)^n$ 是非零有限值. 因此, $z_0 = n\pi$ 是 $f(z) = 1/\sin z$ 的单极点, $f(z)$ 在单极点 $z_0 = n\pi$ 的留数就是 $(-1)^n$.

例 3 确定函数 $f(z) = (z+2\mathrm{i})/(z^5+4z^3)$ 的极点, 并求出函数在这些极点的留数.

解 先析出分母的因式, 并与分子约去公因式, 得

$$f(z) = \frac{z+2\mathrm{i}}{z^3(z^2+4)} = \frac{z+2\mathrm{i}}{z^3(z+2\mathrm{i})(z-2\mathrm{i})} = \frac{1}{z^3(z-2\mathrm{i})}.$$

于 $z \to 2\mathrm{i}$, 有 $f(z) \to \infty$. 因此, $z_0 = 2\mathrm{i}$ 是极点.

$$\lim_{z \to 2\mathrm{i}}\left[(z-2\mathrm{i})f(z)\right] = \lim_{z \to 2\mathrm{i}}\frac{1}{z^3} = -\frac{1}{8\mathrm{i}} = \frac{\mathrm{i}}{8},$$

由此可见, $z_0 = 2\mathrm{i}$ 是单极点, 留数就是 $\mathrm{i}/8$.

于 $z \to 0$, 也有 $f(z) \to \infty$. 因此, $z_0 = 0$ 也是极点.

$$\lim_{z \to 0}\left[z^3 f(z)\right] = \lim_{z \to 0}\frac{1}{z-2\mathrm{i}} = -\frac{1}{2\mathrm{i}}.$$

由此可见, $z_0 = 0$ 是三阶极点. 应用 (4.1.13) 计算 $f(z)$ 在 $z_0 = 0$ 的留数,

$$\begin{aligned}
\operatorname{Res} f(0) &= \lim_{z \to 0}\frac{1}{2!}\left\{\frac{\mathrm{d}^2}{\mathrm{d}z^2}\left[z^3 f(z)\right]\right\} \\
&= \lim_{z \to 0}\frac{1}{2!}\left\{\frac{\mathrm{d}^2}{\mathrm{d}z^2}\frac{1}{z-2\mathrm{i}}\right\} \\
&= \lim_{z \to 0}\left\{\frac{1}{(z-2\mathrm{i})^3}\right\} = \frac{1}{8\mathrm{i}} = -\frac{\mathrm{i}}{8}.
\end{aligned}$$

例 4 计算沿单位圆 $|z| = 1$ 的回路积分

$$\oint_{|z|=1}\frac{\mathrm{d}z}{\varepsilon z^2 + 2z + \varepsilon} \quad (0 < \varepsilon < 1).$$

解 令被积函数 $f(z) = \dfrac{1}{\varepsilon z^2 + 2z + \varepsilon}$ 的分母为零, 得二次代数方程 $\varepsilon z^2 + 2z + \varepsilon = 0$, 它的两根是 $z = \dfrac{-1 \pm \sqrt{1-\varepsilon^2}}{\varepsilon}$, 这就是 $f(z)$ 的两个单极点.

单极点 $\dfrac{-1-\sqrt{1-\varepsilon^2}}{\varepsilon}$ 的模 $\left|\dfrac{-1-\sqrt{1-\varepsilon^2}}{\varepsilon}\right| = \dfrac{1+\sqrt{1-\varepsilon^2}}{\varepsilon} > \dfrac{1}{\varepsilon} > 1$, 所以这个单极点在单位圆外, 不为积分回路所包围, 从而在计算回路积分时不必考虑.

单极点 $z_0 = \dfrac{-1+\sqrt{1-\varepsilon^2}}{\varepsilon}$ 的模 $\left|\dfrac{-1+\sqrt{1-\varepsilon^2}}{\varepsilon}\right| = \dfrac{1-\sqrt{1-\varepsilon^2}}{\varepsilon} = \dfrac{1-\sqrt{(1+\varepsilon)(1-\varepsilon)}}{\varepsilon} < \dfrac{1-(1-\varepsilon)}{\varepsilon} = 1$ 在单位圆内. 计算回路积分必须考虑这个极点. 用 (4.1.9) 容易计算在这个极点的留数:

$$\operatorname{Res} f\left(\frac{-1+\sqrt{1-\varepsilon^2}}{\varepsilon}\right)=\lim_{z\to z_0}\frac{1}{(\varepsilon z^2+2z+\varepsilon)'}$$

$$=\lim_{z\to z_0}\frac{1}{2\varepsilon z+2}=\frac{1}{2\sqrt{1-\varepsilon^2}}.$$

应用留数定理,

$$\oint_{|z|=1}\frac{\mathrm{d}z}{\varepsilon z^2+2z+\varepsilon}=2\pi\mathrm{i}\operatorname{Res} f(z_0)=2\pi\mathrm{i}\frac{1}{2\sqrt{1-\varepsilon^2}}$$

$$=\frac{\pi\mathrm{i}}{\sqrt{1-\varepsilon^2}}.$$

习　题

1. 确定下列函数的奇点，求出函数在各奇点的留数.

(1) $\mathrm{e}^z/(1+z)$,　　　　　　　　(2) $z/(z-1)(z-2)^2$,

(3) $\mathrm{e}^z/(z^2+a^2)$,　　　　　　　(4) $\mathrm{e}^{iz}/(z^2+a^2)$,

(5) $z\mathrm{e}^z/(z-a)^3$,　　　　　　　(6) $1/(z^3-z^5)$,

(7) $z^2/(z^2+1)^2$,　　　　　　　(8) $z^{2n}/(z+1)^n$,

(9) $\mathrm{e}^{1/(1-z)}$,　　　　　　　　(10) $1/(1+z^{2n})$.

2. 计算下列回路积分.

(1) $\displaystyle\oint_l\frac{\mathrm{d}z}{(z^2+1)(z-1)^2}$ (l 的方程是 $x^2+y^2-2x-2y=0$),

(2) $\displaystyle\oint_{|z|=1}\frac{\cos z}{z^3}\mathrm{d}z$,

(3) $\displaystyle\oint_{|z|=2}\mathrm{e}^{1/z^2}\mathrm{d}z$,

(4) $\displaystyle\oint_{|z|=2}\frac{z\mathrm{d}z}{1/2-\sin^2 z}$.

3. 应用留数定理计算回路积分 $\dfrac{1}{2\pi\mathrm{i}}\displaystyle\oint_l\frac{f(z)}{z-\alpha}\mathrm{d}z$，函数 $f(z)$ 在 l 所围区域上是解析的，α 是这区域的一个内点.

§4.2　应用留数定理计算实变函数定积分

　　留数定理的一个重要应用是计算某些实变函数定积分. 为此，需要将实变函数定积分跟复变函数回路积分联系起来.

　　将实变定积分联系于复变回路积分的要点如下：定积分 $\displaystyle\int_a^b f(x)\mathrm{d}x$ 的积分区间 $[a,b]$ 可以看作是复数平面上实轴上的一段 l_1（图 4-3）. 于是，或者利用自变数的变换将 l_1 变换为某个新的复数平面上的回路，这样就可以应用留数定理了；或者另外补

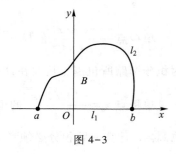

图 4-3

上一段曲线 l_2，使 l_1 和 l_2 合成回路 l，l 包围着区域 B（图 4-3）．将 $f(x)$ 解析延拓到闭区域 B ［这个延拓往往只是把 $f(x)$ 改为 $f(z)$ 而已］，并将它沿着 l 积分，

$$\oint_l f(z)\,dz = \int_{l_1} f(x)\,dx + \int_{l_2} f(z)\,dz.$$

上式左边可以应用留数定理，右边第一个积分就是所求的定积分．如果右边第二个积分较易算出（往往是证明为零）或可用第一个积分表出，问题就解决了．

下面具体介绍几种类型的实变定积分．

类型一　$\int_0^{2\pi} R(\cos x, \sin x)\,dx$．被积函数是三角函数的有理式；积分区间是 $[0, 2\pi]$．作自变数代换

$$z = e^{ix}. \tag{4.2.1}$$

当实变数 x 从 0 变到 2π 时，复变数 $z = e^{ix}$ 从 $z = 1$ 出发沿单位圆 $|z| = 1$ 逆时针走一圈又回到 $z = 1$，实变定积分化为复变回路积分，就可以应用留数定理了．至于实变定积分里的 $\cos x$，$\sin x$ 和 dx，则按（4.2.1）作如下变换：

$$\cos x = \frac{1}{2}(z + z^{-1}), \quad \sin x = \frac{1}{2i}(z - z^{-1}), \quad dx = \frac{1}{iz}dz. \tag{4.2.2}$$

于是，原积分化为

$$I = \oint_{|z|=1} R\left(\frac{z + z^{-1}}{2}, \frac{z - z^{-1}}{2i}\right) \frac{dz}{iz} \tag{4.2.3}$$

例 1　计算 $I = \int_0^{2\pi} \dfrac{dx}{1 + \varepsilon \cos x}$　$(0 < \varepsilon < 1)$．

解　按照（4.2.3），

$$I = \oint_{|z|=1} \frac{dz/iz}{1 + \varepsilon \dfrac{z + z^{-1}}{2}} = \frac{2}{i} \oint_{|z|=1} \frac{dz}{\varepsilon z^2 + 2z + \varepsilon}.$$

上式右边的回路积分在上节例 4 已用留数定理算出为 $\pi i/\sqrt{1-\varepsilon^2}$．于是

$$I = \frac{2}{i} \frac{\pi i}{\sqrt{1-\varepsilon^2}} = \frac{2\pi}{\sqrt{1-\varepsilon^2}}.$$

例 2　计算 $I = \int_0^{2\pi} \dfrac{dx}{1 - 2\varepsilon \cos x + \varepsilon^2}$　$(0 < \varepsilon < 1)$．

解　按照（4.2.3），

$$I = \oint_{|z|=1} \frac{dz/iz}{1 - \varepsilon(z + z^{-1}) + \varepsilon^2} = \oint_{|z|=1} \frac{i}{(\varepsilon z - 1)(z - \varepsilon)}dz.$$

这个回路积分的被积函数有两个单极点：$z_0 = 1/\varepsilon$ 和 $z_0 = \varepsilon$．前者 >1，在积分回路 $|z| = 1$ 之外，因而不必考虑．单极点 $z_0 = \varepsilon$ 在 $|z| = 1$ 之内，必须考虑．运用（4.1.8）计算在 $z_0 = \varepsilon$ 的留数

$$\lim_{z \to \varepsilon}\left[(z - \varepsilon)\frac{i}{(\varepsilon z - 1)(z - \varepsilon)}\right] = \lim_{z \to \varepsilon} \frac{i}{\varepsilon z - 1} = \frac{i}{\varepsilon^2 - 1}.$$

于是，由留数定理得

$$I = 2\pi i \frac{i}{\varepsilon^2 - 1} = \frac{2\pi}{1 - \varepsilon^2}.$$

类型二 $\int_{-\infty}^{\infty} f(x)\,\mathrm{d}x$. 积分区间是 $(-\infty, +\infty)$；复变函数 $f(z)$ 在实轴上没有奇点，在上半平面除有限个奇点外是解析的；当 z 在上半平面及实轴上 $\to\infty$ 时，$zf(z)$ 一致地 $\to 0$.

如果 $f(x)$ 是有理分式 $\varphi(x)/\psi(x)$，上述条件意味着 $\psi(x)$ 没有实的零点，$\psi(x)$ 的次数至少高于 $\varphi(x)$ 两次.

这一积分通常理解为下列极限：

$$I = \lim_{\substack{R_1 \to \infty \\ R_2 \to \infty}} \int_{-R_1}^{R_2} f(x)\,\mathrm{d}x \tag{4.2.4}$$

若极限存在的话，这一极限便称为反常积分 $\int_{-\infty}^{\infty} f(x)\,\mathrm{d}x$ 的值. 而当 $R_1 = R_2 \to \infty$ 时极限存在的话，该极限便称为积分 $\int_{-\infty}^{\infty} f(x)\,\mathrm{d}x$ 的**主值**，记作

$$\mathscr{P} \int_{-\infty}^{\infty} f(x)\,\mathrm{d}x = \lim_{R \to \infty} \int_{-R}^{R} f(x)\,\mathrm{d}x. \tag{4.2.5}$$

本类型积分要计算的是积分主值. 考虑图 4-4 的半圆形回路 l，

$$\oint_l f(z)\,\mathrm{d}z = \int_{-R}^{R} f(x)\,\mathrm{d}x + \int_{C_R} f(z)\,\mathrm{d}z.$$

根据留数定理，上式即

$2\pi i\{f(z)$ 在 l 所围半圆内各奇点的留数之和$\} = \int_{-R}^{R} f(x)\,\mathrm{d}x +$

$\int_{C_R} f(z)\,\mathrm{d}z.$

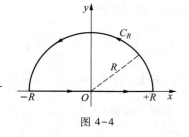

图 4-4

令 $R \to \infty$. 上式左边趋于 $2\pi i\{f(z)$ 在上半平面所有奇点的留数之和$\}$，右边第一个积分趋于所求的定积分 $\int_{-\infty}^{\infty} f(x)\,\mathrm{d}x$，第二个积分可证明是趋于零的：

$$\left| \int_{C_R} f(z)\,\mathrm{d}z \right| = \left| \int_{C_R} zf(z)\,\frac{\mathrm{d}z}{z} \right| \leqslant \int_{C_R} |zf(z)|\,\frac{|\mathrm{d}z|}{|z|}$$

$$\leqslant \max|zf(z)|\,\frac{\pi R}{R} = \pi \cdot \max|zf(z)| \to 0,$$

式中 $\max|zf(z)|$ 是 $|zf(z)|$ 在 C_R 上的最大值. 于是得到结果

$$\int_{-\infty}^{\infty} f(x)\,\mathrm{d}x = 2\pi i\{f(z)\text{ 在上半平面所有奇点的留数之和}\}. \tag{4.2.6}$$

例 3 计算 $\int_{-\infty}^{\infty} \frac{\mathrm{d}x}{1 + x^2}$.

解 本例 $f(z) = \frac{1}{1 + z^2} = \frac{1}{(z-i)(z+i)}$，它具有单极点 $\pm i$，其中 $+i$ 在上半平面，而

$$\operatorname{Res} f(+i) = \lim_{z \to i} [(z-i)f(z)] = \lim_{z \to i} \frac{1}{z+i} = \frac{1}{2i}.$$

应用(4.2.6),

$$\int_{-\infty}^{\infty}\frac{\mathrm{d}x}{1+x^2}=2\pi\mathrm{i}\left\{\frac{1}{2\mathrm{i}}\right\}=\pi.$$

例4 计算 $\displaystyle\int_{-\infty}^{\infty}\frac{\mathrm{d}x}{(1+x^2)^n}$ （n 为正整数）.

解 本例 $f(z)=\dfrac{1}{(1+z^2)^n}=\dfrac{1}{(z-\mathrm{i})^n(z+\mathrm{i})^n}$，它在上半平面的奇点是 n 阶极点 $+\mathrm{i}$.

$$\begin{aligned}
\operatorname{Res}f(+\mathrm{i})&=\lim_{z\to\mathrm{i}}\frac{1}{(n-1)!}\left\{\frac{\mathrm{d}^{n-1}}{\mathrm{d}z^{n-1}}\big[(z-\mathrm{i})^n f(z)\big]\right\}\\
&=\lim_{z\to\mathrm{i}}\frac{1}{(n-1)!}\frac{\mathrm{d}^{n-1}}{\mathrm{d}z^{n-1}}(z+\mathrm{i})^{-n}\\
&=\frac{(-n)(-n-1)\cdots(-2n+2)}{(n-1)!}(2\mathrm{i})^{-2n+1}\\
&=-\frac{n(n+1)\cdots(2n-2)}{(n-1)!\,2^{2n-1}}\mathrm{i}=-\frac{(2n-2)!}{[(n-1)!]^2 2^{2n-1}}\mathrm{i}.
\end{aligned}$$

应用(4.2.6),

$$\begin{aligned}
\int_{-\infty}^{\infty}\frac{\mathrm{d}x}{(1+x^2)^n}&=2\pi\mathrm{i}\left[-\frac{(2n-2)!}{[(n-1)!]^2 2^{2n-1}}\mathrm{i}\right]\\
&=\frac{\pi}{2^{2n-2}}\frac{(2n-2)!}{[(n-1)!]^2}.
\end{aligned}$$

例5 计算 $\displaystyle\int_0^{\infty}\frac{\mathrm{d}x}{(1+x^2)^n}$（$n$ 为正整数）.

解 积分区间是 $[0,+\infty]$，不符合类型二的条件. 不过，由于被积函数 $1/(1+x^2)^n$ 是偶函数，所以 $\displaystyle\int_0^{\infty}=\int_{-\infty}^0$，因而

$$\int_0^{\infty}\frac{\mathrm{d}x}{(1+x^2)^n}=\frac{1}{2}\int_{-\infty}^{\infty}\frac{\mathrm{d}x}{(1+x^2)^n}.$$

引用例4的结果即得

$$\int_0^{\infty}\frac{\mathrm{d}x}{(1+x^2)^n}=\frac{\pi}{2^{2n-1}}\frac{(2n-2)!}{[(n-1)!]^2}.$$

类型三 $\displaystyle\int_0^{\infty}F(x)\cos mx\,\mathrm{d}x,\ \int_0^{\infty}G(x)\sin mx\,\mathrm{d}x.$ 积分区间是 $[0,+\infty]$；偶函数 $F(z)$ 和奇函数 $G(z)$ 在实轴上没有奇点，在上半平面除有限个奇点外是解析的；当 z 在上半平面或实轴上 $\to\infty$ 时，$F(z)$ 及 $G(z)$ 一致地 $\to 0$.

首先，将所求积分的形式变换一下，

$$\begin{aligned}
\int_0^{\infty}F(x)\cos mx\,\mathrm{d}x&=\int_0^{\infty}F(x)\frac{1}{2}(\mathrm{e}^{\mathrm{i}mx}+\mathrm{e}^{-\mathrm{i}mx})\mathrm{d}x\\
&=\frac{1}{2}\int_0^{\infty}F(x)\mathrm{e}^{\mathrm{i}mx}\mathrm{d}x+\frac{1}{2}\int_0^{\infty}F(x)\mathrm{e}^{-\mathrm{i}mx}\mathrm{d}x.
\end{aligned}$$

在右边第二个积分中作代换 $x=-y$，并考虑到 $F(x)$ 是偶函数，得

$$\int_0^\infty F(x)\cos mx\mathrm{d}x=\frac{1}{2}\int_0^\infty F(x)\,\mathrm{e}^{imx}\mathrm{d}x-\frac{1}{2}\int_0^{-\infty}F(y)\,\mathrm{e}^{imy}\mathrm{d}y.$$

将右边第二项积分的积分变数再改为 x，则

$$\int_0^\infty F(x)\cos mx\mathrm{d}x=\frac{1}{2}\int_0^\infty F(x)\,\mathrm{e}^{imx}\mathrm{d}x+\frac{1}{2}\int_{-\infty}^0 F(x)\,\mathrm{e}^{imx}\mathrm{d}x$$

$$=\frac{1}{2}\int_{-\infty}^\infty F(x)\,\mathrm{e}^{imx}\mathrm{d}x. \tag{4.2.7}$$

同理，

$$\int_0^\infty G(x)\sin mx\mathrm{d}x=\frac{1}{2i}\int_{-\infty}^\infty G(x)\,\mathrm{e}^{imx}\mathrm{d}x. \tag{4.2.8}$$

(4.2.7) 及 (4.2.8) 右边积分的计算，需要用到约当引理，下面先介绍约当引理.

约当引理　若 m 为正数，C_R 是以原点为圆心而位于上半平面的半圆周（图 4-4），又设当 z 在上半平面及实轴上 $\to\infty$ 时，$F(z)$ 一致地 $\to0$，则

$$\lim_{R\to\infty}\int_{C_R}F(z)\,\mathrm{e}^{imz}\mathrm{d}z=0.$$

证

$$\left|\int_{C_R}F(z)\,\mathrm{e}^{imz}\mathrm{d}z\right|=\left|\int_{C_R}F(z)\,\mathrm{e}^{imx-my}\mathrm{d}z\right|$$

$$=\left|\int_0^\pi F(R\mathrm{e}^{i\varphi})\,\mathrm{e}^{-mR\sin\varphi}\,\mathrm{e}^{imR\cos\varphi}R\mathrm{e}^{i\varphi}\mathrm{i}\mathrm{d}\varphi\right|$$

$$\leqslant\max|F(z)|\cdot\int_0^\pi\mathrm{e}^{-mR\sin\varphi}R\mathrm{d}\varphi.$$

当 z 在上半平面或实轴上 $\to\infty$ 时，$F(z)$ 一致地 $\to0$，所以 $\max|F(z)|\to0$，从而只需证明

$$\lim_{R\to\infty}\int_0^\pi\mathrm{e}^{-mR\sin\varphi}R\mathrm{d}\varphi \quad 即 \quad 2\lim_{R\to\infty}\int_0^{\pi/2}\mathrm{e}^{-mR\sin\varphi}R\mathrm{d}\varphi$$

是有界的.

在 $0\leqslant\varphi\leqslant\dfrac{\pi}{2}$ 范围内，$0\leqslant2\varphi/\pi\leqslant\sin\varphi$，（参见图 4-5）

$$\int_0^{\pi/2}\mathrm{e}^{-mR\sin\varphi}R\mathrm{d}\varphi\leqslant\int_0^{\pi/2}\mathrm{e}^{-2mR\varphi/\pi}R\mathrm{d}\varphi=\frac{\pi}{2m}(1-\mathrm{e}^{-mR}).$$

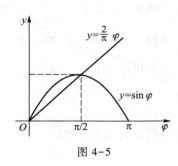

图 4-5

于 $R\to\infty$，上式 $\to$ 有限值. 这就证明了约当引理.

如果 m 是负数，则约当引理应为

$$\lim_{R\to\infty}\int_{C_R'}F(z)\,\mathrm{e}^{imz}\mathrm{d}z=0,$$

C_R' 是 C_R 对于实轴的映象.

类似于类型二，计算 (4.2.7) 及 (4.2.8) 右边积分的主值，利用留数定理及约当引理得到

$$\int_0^\infty F(x)\cos mx\mathrm{d}x=\pi\mathrm{i}\{F(z)\,\mathrm{e}^{imz}在上半平面所有奇点的留数之和\}, \tag{4.2.9}$$

$$\int_0^\infty G(x)\sin mx\mathrm{d}x=\pi\{G(z)\,\mathrm{e}^{imz}在上半平面所有奇点的留数之和\}, \tag{4.2.10}$$

注意(4.2.9)及(4.2.10)右边 里的函数是 $F(z)\mathrm{e}^{\mathrm{i}mz}$ 及 $G(z)\mathrm{e}^{\mathrm{i}mz}$,不要误为 $F(z)\cos mz$ 和 $G(z)\sin mz$.

例 6 计算 $\displaystyle\int_0^\infty \frac{\cos mx}{x^2+a^2}\mathrm{d}x$.

解 本例 $F(z)\mathrm{e}^{\mathrm{i}mz}=\dfrac{1}{z^2+a^2}\mathrm{e}^{\mathrm{i}mz}$ 有两个单极点 $\pm a\mathrm{i}$,其中 $+a\mathrm{i}$ 在上半平面. 而 $\mathrm{e}^{\mathrm{i}mz}/(z^2+a^2)$ 在单极点 $+a\mathrm{i}$ 的留数为

$$\lim_{z\to a\mathrm{i}}\left[(z-a\mathrm{i})\frac{\mathrm{e}^{\mathrm{i}mz}}{z^2+a^2}\right]=\lim_{z\to a\mathrm{i}}\left[\frac{\mathrm{e}^{\mathrm{i}mz}}{z+a\mathrm{i}}\right]=\frac{\mathrm{e}^{-ma}}{2a\mathrm{i}}$$

应用(4.2.9),

$$\int_0^\infty \frac{\cos mx}{x^2+a^2}\mathrm{d}x=\pi\mathrm{i}\frac{\mathrm{e}^{-ma}}{2a\mathrm{i}}=\frac{\pi}{2a}\mathrm{e}^{-ma}.$$

例 7 计算 $\displaystyle\int_0^\infty \frac{x\sin mx}{(x^2+a^2)^2}\mathrm{d}x$.

解 本例 $G(z)\mathrm{e}^{\mathrm{i}mz}=\dfrac{z}{(z^2+a^2)^2}\mathrm{e}^{\mathrm{i}mz}$ 有两个二阶极点 $\pm a\mathrm{i}$,其中 $+a\mathrm{i}$ 在上半平面. 而 $z\mathrm{e}^{\mathrm{i}mz}/(z^2+a^2)^2$ 在 $+a\mathrm{i}$ 的留数

$$=\lim_{z\to a\mathrm{i}}\frac{1}{1!}\frac{\mathrm{d}}{\mathrm{d}z}\left[(z-a\mathrm{i})^2\frac{z}{(z^2+a^2)^2}\mathrm{e}^{\mathrm{i}mz}\right]=\lim_{z\to a\mathrm{i}}\frac{\mathrm{d}}{\mathrm{d}z}\left[\frac{z}{(z+a\mathrm{i})^2}\mathrm{e}^{\mathrm{i}mz}\right]$$

$$=\lim_{z\to a\mathrm{i}}\left[\frac{1}{(z+a\mathrm{i})^2}\mathrm{e}^{\mathrm{i}mz}+\frac{z}{(z+a\mathrm{i})^2}\mathrm{i}m\mathrm{e}^{\mathrm{i}mz}-2\frac{z}{(z+a\mathrm{i})^3}\mathrm{e}^{\mathrm{i}mz}\right]$$

$$=-\frac{1}{4a^2}\mathrm{e}^{-ma}+\frac{ma}{4a^2}\mathrm{e}^{-ma}+\frac{1}{4a^2}\mathrm{e}^{-ma}=\frac{m}{4a}\mathrm{e}^{-ma}.$$

应用(4.2.10),

$$\int_0^\infty \frac{x\sin mx}{(x^2+a^2)^2}\mathrm{d}x=\pi\left(\frac{m}{4a}\mathrm{e}^{-ma}\right)=\frac{m\pi}{4a}\mathrm{e}^{-ma}.$$

实轴上有单极点的情形 考虑积分 $\displaystyle\int_{-\infty}^\infty f(x)\mathrm{d}x$,被积函数 $f(x)$ 在实轴上有单极点 $z=\alpha$,除此之外,$f(z)$ 满足类型二或类型三[$f(z)$ 应理解为 $F(z)\mathrm{e}^{\mathrm{i}mz}$ 或 $G(z)\mathrm{e}^{\mathrm{i}mz}$]的条件. 由于存在这个奇点,我们以 $z=\alpha$ 为圆心,以充分小的正数 ε 为半径作半圆弧绕过奇点 α 构成如图4-6所示积分回路. 于是

$$\oint_l f(z)\mathrm{d}z=\int_{-R}^{\alpha-\varepsilon}f(x)\mathrm{d}x+\int_{\alpha+\varepsilon}^R f(x)\mathrm{d}x$$

$$+\int_{C_R}f(z)\mathrm{d}z+\int_{C_\varepsilon}f(z)\mathrm{d}z. \qquad (4.2.11)$$

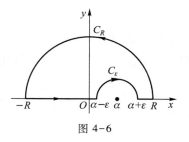

图 4-6

取极限 $R \to \infty$，$\varepsilon \to 0$，(4.2.11)左边积分值等于 $2\pi i \sum\limits_{\text{上半平面}} \operatorname{Res} f(z)$. 右边第一、第二项之和即为所求积分. 按类型二或类型三的条件，第三项为零. 对于第四项，计算如下：将 $f(z)$ 在 $z = \alpha$ 的邻域展为洛朗级数，由于 $z = \alpha$ 是 $f(z)$ 的单极点，于是，

$$f(z) = \frac{a_{-1}}{z - \alpha} + P(z - \alpha).$$

其中 $P(z-\alpha)$ 为级数的解析部分，它在 C_ε 上连续且有界，因此，

$$\left| \int_{C_\varepsilon} P(z - \alpha) \mathrm{d}z \right| \leqslant \max |P(z - \alpha)| \int_{C_\varepsilon} |\mathrm{d}z| = \pi\varepsilon \cdot \max |P(z - \alpha)|,$$

所以
$$\lim_{\varepsilon \to 0} \int_{C_\varepsilon} P(z - \alpha) \mathrm{d}z = 0.$$

而
$$\int_{C_\varepsilon} \frac{a_{-1}}{z - \alpha} \mathrm{d}z = \int_{C_\varepsilon} \frac{a_{-1}}{z - \alpha} \mathrm{d}(z - \alpha),$$

$$= \int_{\pi}^{0} \frac{a_{-1}}{\varepsilon \mathrm{e}^{\mathrm{i}\varphi}} \varepsilon \mathrm{e}^{\mathrm{i}\varphi} \mathrm{i}\mathrm{d}\varphi = -\pi \mathrm{i} a_{-1} = -\pi \mathrm{i} \operatorname{Res} f(\alpha),$$

于是，由(4.2.11)取极限 $R \to \infty$，$\varepsilon \to 0$，得

$$\int_{-\infty}^{\infty} f(x) \mathrm{d}x = 2\pi \mathrm{i} \sum_{\text{上半平面}} \operatorname{Res} f(z) + \pi \mathrm{i} \operatorname{Res} f(\alpha). \tag{4.2.12}$$

若实轴上有有限个单极点，则类似地可以得到

$$\int_{-\infty}^{\infty} f(x) \mathrm{d}x = 2\pi \mathrm{i} \sum_{\text{上半平面}} \operatorname{Res} f(z) + \pi \mathrm{i} \sum_{\text{实轴上}} \operatorname{Res} f(z). \tag{4.2.13}$$

从以上计算看到，实轴上有奇点时，仍归结为留数的计算，但需注意以下两点：

1. C_ε 不是闭合曲线，$f(z)$ 洛朗展开的解析部分的积分值只是由于 $\varepsilon \to 0$ 才趋于零.

2. 实轴上的奇点只能是单极点，不能是二阶或者二阶以上的极点，更不能是本性奇点，否则当 $\varepsilon \to 0$ 时，积分 $\int_{C_\varepsilon} f(z) \mathrm{d}z$ 之值将趋于 ∞（极点情形）或不存在（本性奇点情形）.

例 8 计算 $\int_{0}^{\infty} \dfrac{\sin x}{x} \mathrm{d}x$.

解 将原积分改写

$$\int_{0}^{\infty} \frac{\sin x}{x} \mathrm{d}x = \frac{1}{2\mathrm{i}} \int_{-\infty}^{\infty} \frac{\mathrm{e}^{\mathrm{i}x}}{x} \mathrm{d}x.$$

这个积分的被积函数 $\mathrm{e}^{\mathrm{i}x}/x$ 除了在实轴上有单极点 $x = 0$ 外，满足类型三的条件. 由于被积函数在上半平面无奇点，因此，利用公式(4.2.12)，应有

$$\frac{1}{2\mathrm{i}} \int_{-\infty}^{\infty} \frac{\mathrm{e}^{\mathrm{i}x}}{x} \mathrm{d}x = \frac{\pi}{2} \left\{ \begin{matrix} \text{被积函数} \dfrac{\mathrm{e}^{\mathrm{i}z}}{z} \text{在单极点} z=0 \\ \text{的留数} \end{matrix} \right\} = \frac{\pi}{2} \cdot 1 = \frac{\pi}{2}.$$

即
$$\int_{0}^{\infty} \frac{\sin x}{x} \mathrm{d}x = \frac{\pi}{2}. \tag{4.2.14}$$

由此还可以推论，对于正的 m，

$$\int_0^\infty \frac{\sin mx}{x} dx = \int_0^\infty \frac{\sin mx}{mx} d(mx) = \frac{\pi}{2} \quad (m>0).$$

对于负的 m,

$$\int_0^\infty \frac{\sin mx}{x} dx = -\int_0^\infty \frac{\sin |m| x}{x} dx = -\frac{\pi}{2} \quad (m<0).$$

这是重要的定积分公式.

下面简单介绍一下**色散关系**. 对于在上半平面处处解析的函数 $f(z)$,如果当 $z\to\infty$ 时,$f(z)$ 一致地 $\to 0(0\leqslant \mathrm{Arg}\, z\leqslant\pi)$,$\alpha$ 为一实数,则按照(4.2.12),

$$\mathscr{P}\int_{-\infty}^\infty \frac{f(x)}{x-\alpha} dx = \pi\mathrm{i} \cdot \left\{\frac{f(z)}{z-\alpha} \text{在 } \alpha \text{ 的留数}\right\} = \pi\mathrm{i} f(\alpha).$$

分别写出实部和虚部

$$\mathrm{Re}\, f(\alpha) = \frac{1}{\pi} \mathscr{P}\int_{-\infty}^\infty \frac{\mathrm{Im}\, f(x)}{x-\alpha} dx, \tag{4.2.15}$$

$$\mathrm{Im}\, f(\alpha) = -\frac{1}{\pi} \mathscr{P}\int_{-\infty}^\infty \frac{\mathrm{Re}\, f(x)}{x-\alpha} dx. \tag{4.2.16}$$

这一对关系式在数学上称为**希尔伯特**(Hilbert,1862—1943)**变换**,在物理上称为色散关系.

习　题

1. 计算下列实变函数定积分.

$(1) \displaystyle\int_0^{2\pi} \frac{dx}{2+\cos x},$　　　　　　　　$(2) \displaystyle\int_0^{2\pi} \frac{dx}{(1+\varepsilon\cos x)^2} \quad (0<\varepsilon<1),$

$(3) \displaystyle\int_0^{2\pi} \frac{\cos^2 2x\,dx}{1-2\varepsilon\cos x+\varepsilon^2} \quad (|\varepsilon|<1),$　　　$(4) \displaystyle\int_0^{2\pi} \frac{\sin^2 x\,dx}{a+b\cos x} \quad (a>b>0),$

$(5) \displaystyle\int_0^\pi \frac{a\,dx}{a^2+\sin^2 x} \quad (a>0),$　　　$(6) \displaystyle\int_0^{2\pi} \frac{\cos x\,dx}{1-2\varepsilon\cos x+\varepsilon^2} \quad (|\varepsilon|<1),$

$(7) \displaystyle\int_0^{\pi/2} \frac{dx}{1+\cos^2 x},$　　　　　　　　$(8) \displaystyle\int_0^{2\pi} \cos^{2n} x\,dx.$

2. 计算下列实变函数定积分.

$(1) \displaystyle\int_{-\infty}^\infty \frac{x^2+1}{x^4+1} dx,$　　　　　　　　$(2) \displaystyle\int_0^\infty \frac{x^2\,dx}{(x^2+9)(x^2+4)^2},$

$(3) \displaystyle\int_{-\infty}^\infty \frac{dx}{(x^2+a^2)^2(x^2+b^2)},$　　　$(4) \displaystyle\int_0^\infty \frac{dx}{x^4+a^4},$

$(5) \displaystyle\int_0^\infty \frac{x^2+1}{x^6+1} dx,$　　　　　　　　$(6) \displaystyle\int_0^\infty \frac{x^2}{(x^2+a^2)^2} dx,$

$(7) \displaystyle\int_{-\infty}^\infty \frac{x^{2m}}{1+x^{2n}} dx \quad (m<n).$

3. 计算下列实变函数定积分.

$(1) \displaystyle\int_0^\infty \frac{\cos mx}{1+x^4} dx \quad (m>0),$　　　$(2) \displaystyle\int_0^\infty \frac{\sin mx}{x(x^2+a^2)} dx \quad (m>0,a>0),$

$(3) \displaystyle\int_{-\infty}^\infty \frac{x\sin x}{1+x^2} dx,$　　　　　　　$(4) \displaystyle\int_{-\infty}^\infty \frac{x\sin mx}{2x^2+a^2} dx \quad (m>0,a>0),$

$$(5) \int_0^\infty \frac{\cos mx}{(x^2+a^2)^2}dx, \qquad\qquad (6) \int_0^\infty \frac{\cos x}{(x^2+a^2)(x^2+b^2)}dx,$$

$$(7) \int_0^\infty \frac{\sin^2 x}{x^2}dx, \qquad\qquad (8) \int_{-\infty}^\infty \frac{e^{imx}}{x-i\alpha}dx, \int_{-\infty}^\infty \frac{e^{imx}}{x+i\alpha}dx \quad (m>0, \operatorname{Re}\alpha>0).$$

*§4.3　计算定积分的补充例题

例1　计算定积分 $I = \int_0^\infty x^{\alpha-1}\dfrac{1}{1+x}dx \quad (0<\alpha<1)$.

解　将被积函数 $x^{\alpha-1}/(1+x)$ 从实轴延拓到复数 z 平面得到 $f(z) = z^{\alpha-1}/(1+z)$. 由于 $f(z)$ 含有 $z^{\alpha-1}$, 而 α 不是整数, 所以 $f(z)$ 是多值函数, 它有两个支点: 原点和无限远点. z 每绕原点或无限远点一圈, 辐角增加 2π, $z^{\alpha-1}$ 多出因子 $e^{i2\pi(\alpha-1)}$ 亦即 $e^{i2\pi\alpha}$, 从而 $f(z)$ 也多出这么一个因子.

图 4-7

从原点沿着正实轴直至无限远作切割.

考虑图 4-7 所示回路 l,

$$\oint_l f(z)\,dz = \int_\varepsilon^R \frac{x^{\alpha-1}}{1+x}dx + \int_{C_R} f(z)\,dz + \int_R^\varepsilon \frac{x^{\alpha-1}e^{i2\pi\alpha}}{1+x}dx + \int_{C_\varepsilon} f(z)\,dz.$$

令 $R\to\infty$, $\varepsilon\to0$. 上式左边按照留数定理应为 $2\pi i\{f(z)$ 在有限远各奇点留数之和$\}$. 右边第一个积分成为所求的 I, 第三个积分则成为 $-e^{i2\pi\alpha}I$. 可以证明第二个和第四个积分则成为零. 事实上,

$$\left|\int_{C_R}\frac{z^{\alpha-1}}{1+z}dz\right| = \left|\int_{C_R}\frac{z^\alpha}{1+z}\frac{dz}{z}\right| \leqslant \max_{(C_R上)}\left|\frac{z^\alpha}{1+z}\right|\left|\int\frac{|dz|}{|z|}\right|$$

$$= \max\frac{R^\alpha}{|1+z|}\cdot\frac{2\pi R}{R} = 2\pi\max\frac{R^\alpha}{|1+z|}$$

$$\sim 2\pi\frac{1}{R^{1-\alpha}}\to0 \quad (\text{于 } R\to\infty).$$

$$\left|\int_{C_\varepsilon}\frac{z^{\alpha-1}}{1+z}dz\right| = \left|\int_{C_\varepsilon}\frac{z^\alpha}{1+z}\frac{dz}{z}\right| \leqslant \max_{(C_\varepsilon上)}\left|\frac{z^\alpha}{1+z}\right|\left|\int\frac{|dz|}{|z|}\right|$$

$$= \max\frac{\varepsilon^\alpha}{|1+z|}\cdot\frac{2\pi\varepsilon}{\varepsilon} = 2\pi\max\frac{\varepsilon^\alpha}{|1+z|}$$

$$\sim 2\pi\frac{\varepsilon^\alpha}{1}\to0 \quad (\text{于 } \varepsilon\to0).$$

于是, $(1-e^{i2\pi\alpha})I = 2\pi i\{f(z)$ 在有限远各奇点留数之和$\}$.

$f(z) = z^{\alpha-1}(1+z)^{-1}$ 只有一个单极点 $z_0 = -1 = e^{i\pi}$, 而

$$\operatorname{Res} f(-1) = \lim_{z\to-1}[(z+1)f(z)] = \lim_{z\to-1}[z^{\alpha-1}] = e^{i(\alpha\pi-\pi)} = -e^{i\alpha\pi}.$$

因此

$$I = -\frac{2\pi i e^{i\pi\alpha}}{1-e^{i2\pi\alpha}} = -\frac{2\pi i e^{i\pi\alpha}}{e^{i\pi\alpha}(e^{-i\pi\alpha}-e^{i\pi\alpha})}$$

$$= \frac{2\pi i}{(e^{-i\pi\alpha}-e^{i\pi\alpha})} = \frac{2\pi i}{2i\sin \pi\alpha} = \frac{\pi}{\sin \pi\alpha}.$$

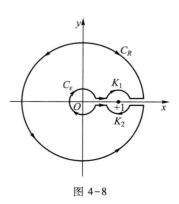

图 4-8

例 2 计算定积分 $I = \int_0^\infty \frac{x^{\alpha-1}}{1-x}dx \quad (0<\alpha<1)$.

解 本例 $f(z) = z^{\alpha-1}/(1-z)$，它不仅有两个支点：原点及无限远点，而且在实轴上有单极点 $z_0 = +1$. 这样，不能用图 4-7 的回路，应取如图4-8所示的绕开单极点的回路 l. 半圆 K_1 和 K_2 以 $+1$ 为圆心而半径为 δ.

令 $R\to\infty$，$\varepsilon\to 0$，$\delta\to 0$. 沿割线上岸直线段的积分成为所求的 I，沿割线下岸直线段的积分则成为 $-e^{i2\pi\alpha}I$. 跟例 1 一样，可以证明 $\lim\limits_{R\to\infty}\int_{C_R} f(z)dz = 0$，$\lim\limits_{\varepsilon\to 0}\int_{C_\varepsilon} f(z)dz = 0$. 于是，

$$(1-e^{i2\pi\alpha})I + \lim_{\delta\to 0}\left\{\int_{K_1} f(z)dz + \int_{K_2} f(z)dz\right\}$$

$$= 2\pi i\{f(z)在正实轴以外有限远奇点留数和\}.$$

但是 $f(z)$ 除了正实轴上的 $+1$ 以外并没有其他奇点，所以

$$(1-e^{i2\pi\alpha})I + \lim_{\delta\to 0}\left\{\int_{K_1} f(z)dz + \int_{K_2} f(z)dz\right\} = 0.$$

仿照上节例 8 关于 $\lim\limits_{\varepsilon\to 0}\int_{C_\varepsilon} \frac{1}{z}e^{iz}dz$ 的计算，可得

$$\lim_{\delta\to 0}\int_{K_1} f(z)dz = \pi i, \quad \lim_{\delta\to 0}\int_{K_2} f(z)dz = \pi i e^{i2\pi\alpha}.$$

于是

$$I = \frac{-\pi i(1+e^{i2\pi\alpha})}{1-e^{i2\pi\alpha}} = -\pi i\frac{e^{-i\pi\alpha}+e^{i\pi\alpha}}{e^{-i\pi\alpha}-e^{i\pi\alpha}} = \pi\frac{\cos \pi\alpha}{\sin \pi\alpha} = \pi\cot \pi\alpha.$$

例 3 计算 $I = \int_{-\infty}^\infty \frac{e^{\alpha x}}{1+e^x}dx \quad (0<\alpha<1)$.

解 本例有些像上节类型二的定积分，但本例的 $f(z) = \dfrac{e^{\alpha z}}{1+e^z}$ 在上半平面有无限多个单极点 $i(2k+1)\pi$（k 为正整数），所以不能用上节类型二的方法计算.

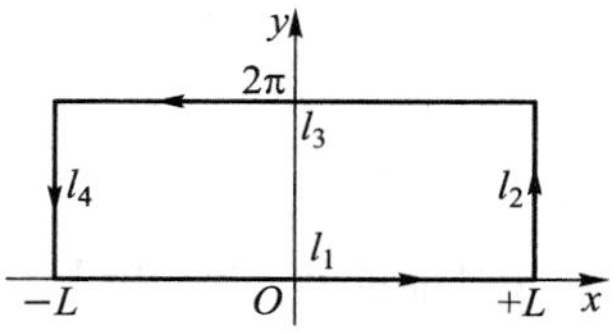

注意到 $f(z+2\pi i) = e^{i2\pi\alpha}f(z)$，选取图 4-9 的回路 l，

图 4-9

$$\oint_l f(z)dz = \int_{-L}^L \frac{e^{\alpha x}}{1+e^x}dx + \int_{l_2} f(z)dz + e^{i2\pi\alpha}\int_L^{-L} \frac{e^{\alpha x}}{1+e^x}dx + \int_{l_4} f(z)dz$$

令 $L\to\infty$. 上式左边按照留数定理应等于 $2\pi i\{f(z)$ 在 $0<\mathrm{Im}\,z<2\pi$ 范围内的各奇点的留数之和$\}$.

在这范围内，$f(z) = e^{\alpha z}/(1+e^z)$ 只有一个单极点 πi，而

$$\text{Res} f(\pi i) = \lim_{z \to \pi i}\left[\frac{e^{\alpha z}(z-\pi i)}{1+e^z}\right] = e^{i\pi\alpha}\lim_{z \to \pi i}\frac{z-\pi i}{1+e^z},$$

运用洛必达法则，得

$$\text{Res} f(\pi i) = e^{i\pi\alpha}\lim_{z \to \pi i}\frac{1}{e^z} = -e^{i\pi\alpha}.$$

至于右边第一和第三这两个积分则成为 I 和 $-e^{i2\pi\alpha}I$．不难验证第二个和第四个积分成为零：

$$\left|\int_{l_2}\frac{e^{\alpha z}}{1+e^z}\mathrm{d}z\right| = \left|\int_0^{2\pi}\frac{e^{\alpha(L+iy)}}{1+e^{L+iy}}\mathrm{d}y\right| \leqslant \frac{e^{\alpha L}}{e^L-1}\left|\int\mathrm{d}y\right| \sim \frac{e^{\alpha L}}{e^L}2\pi \to 0 \quad (\text{于 } L \to \infty),$$

$$\left|\int_{l_4}\frac{e^{\alpha z}}{1+e^z}\mathrm{d}z\right| = \left|\int_{2\pi}^0\frac{e^{\alpha(-L+iy)}}{1+e^{-L+iy}}\mathrm{d}y\right| \leqslant \frac{e^{-\alpha L}}{1-e^{-L}}2\pi \sim \frac{e^{-\alpha L}}{1}2\pi \to 0 \quad (\text{于 } L \to \infty).$$

于是，

$$(1-e^{i2\pi\alpha})I = 2\pi i(-e^{i\pi\alpha}),$$

$$I = \frac{2\pi i e^{i\pi\alpha}}{e^{i2\pi\alpha}-1} = \frac{2\pi i}{e^{i\pi\alpha}-e^{-i\pi\alpha}} = \frac{\pi}{\sin\pi\alpha}.$$

例 4 计算菲涅耳积分

$$I_1 = \int_0^\infty \sin(x^2)\mathrm{d}x \quad \text{及} \quad I_2 = \int_0^\infty \cos(x^2)\mathrm{d}x.$$

这两个积分出现于光在锋利刃边缘的衍射问题中．

解 由于 $\sin(x^2) = \text{Im } e^{ix^2}$，而 $\cos(x^2) = \text{Re } e^{ix^2}$，所以

$$I_2 + iI_1 = \int_0^\infty e^{ix^2}\mathrm{d}x.$$

取图 4-10 所示回路 l．由于 e^{iz^2} 没有有限远奇点，所以根据留数定理得

$$\oint_l e^{iz^2}\mathrm{d}z = 0,$$

即

$$\int_0^R e^{ix^2}\mathrm{d}x + \int_{C_R} e^{iz^2}\mathrm{d}z + \int_R^0 e^{i(\rho e^{i\pi/4})^2}\mathrm{d}(\rho e^{i\pi/4}) = 0,$$

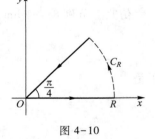

图 4-10

令 $R \to \infty$，第一个积分即所求的 $I_2 + iI_1$．第三个积分不难如下算出：

$$\lim_{R \to \infty}\int_R^0 e^{i(\rho^2 i)}e^{i\pi/4}\mathrm{d}\rho = \lim_{R \to \infty}(-e^{i\pi/4})\int_0^R e^{-\rho^2}\mathrm{d}\rho = -e^{i\pi/4}\int_0^\infty e^{-\rho^2}\mathrm{d}\rho$$

$$= -\frac{\sqrt{\pi}}{2}e^{i\pi/4} = -(1+i)\sqrt{\frac{\pi}{8}}.$$

可以证明第二个积分为零．为此，先作一次分部积分，

$$\int_{C_R}e^{iz^2}\mathrm{d}z = \frac{e^{iz^2}}{2iz}\bigg|_{z=R}^{Re^{i\pi/4}} + \int_{C_R}e^{iz^2}\frac{\mathrm{d}z}{2iz^2},$$

其中已积出部分的模

$$\left| \frac{e^{-R^2}}{2iRe^{i\pi/4}} - \frac{e^{iR^2}}{2iR} \right| \le \frac{e^{-R^2}}{2R} + \frac{1}{2R} \to 0 \quad （\text{于 } R \to \infty），$$

未积出部分的模

$$\left| \int_{C_R} \frac{e^{iz^2}}{2iz^2} dz \right| = \left| \int_{C_R} \frac{e^{-R^2\sin 2\varphi + iR^2\cos 2\varphi}}{2iR^2 e^{i2\varphi}} Re^{i\varphi} id\varphi \right|$$

$$\le \int_{C_R} \frac{e^{-R^2\sin 2\varphi}}{2R^2} Rd\varphi \le \max\left(\frac{e^{-R^2\sin 2\varphi}}{2R} \right) \frac{\pi}{4}$$

$$= \frac{1}{2R} \frac{\pi}{4} \to 0 \quad （\text{于 } R \to \infty）.$$

于是

$$I_2 + iI_1 - \sqrt{\frac{\pi}{8}}（1+i） = 0,$$

即

$$I_1 = \sqrt{\frac{\pi}{8}}, \qquad I_2 = \sqrt{\frac{\pi}{8}}.$$

第五章　傅里叶变换

§5.1　傅里叶级数

本节扼要回顾一下有关傅里叶级数的基本内容.

（一）　周期函数的傅里叶展开

若函数 $f(x)$ 以 $2l$ 为周期，即

$$f(x+2l)=f(x)，\tag{5.1.1}$$

则可取三角函数族

$$1,\cos\frac{\pi x}{l},\cos\frac{2\pi x}{l},\cdots,\cos\frac{k\pi x}{l},\cdots$$

$$\sin\frac{\pi x}{l},\sin\frac{2\pi x}{l},\cdots,\sin\frac{k\pi x}{l},\cdots\tag{5.1.2}$$

作为基本函数族，将 $f(x)$ 展开为级数

$$f(x)=a_0+\sum_{k=1}^{\infty}\left(a_k\cos\frac{k\pi x}{l}+b_k\sin\frac{k\pi x}{l}\right).\tag{5.1.3}$$

函数族 (5.1.2) 是**正交**的. 这是说，其中任意两个函数的乘积在一个周期上的积分等于零，即

$$\begin{cases}\displaystyle\int_{-l}^{l}1\cdot\cos\frac{k\pi x}{l}\mathrm{d}x=0\quad(k\neq0),\\[2mm]\displaystyle\int_{-l}^{l}1\cdot\sin\frac{k\pi x}{l}\mathrm{d}x=0,\\[2mm]\displaystyle\int_{-l}^{l}\cos\frac{k\pi x}{l}\cos\frac{n\pi x}{l}\mathrm{d}x=0\quad(k\neq n),\\[2mm]\displaystyle\int_{-l}^{l}\sin\frac{k\pi x}{l}\sin\frac{n\pi x}{l}\mathrm{d}x=0\quad(k\neq n),\\[2mm]\displaystyle\int_{-l}^{l}\cos\frac{k\pi x}{l}\sin\frac{n\pi x}{l}\mathrm{d}x=0.\end{cases}\tag{5.1.4}$$

利用三角函数族的正交性，可以求得 (5.1.3) 中的展开系数为

$$\begin{cases} a_k = \dfrac{1}{\delta_k l} \displaystyle\int_{-l}^{l} f(\xi) \cos \dfrac{k\pi\xi}{l} \mathrm{d}\xi, \\ b_k = \dfrac{1}{l} \displaystyle\int_{-l}^{l} f(\xi) \sin \dfrac{k\pi\xi}{l} \mathrm{d}\xi, \end{cases} \tag{5.1.5}$$

$$\text{其中} \quad \delta_k = \begin{cases} 2 & (k=0), \\ 1 & (k\neq 0). \end{cases}$$

(5.1.3)称为周期函数 $f(x)$ 的**傅里叶级数展开式**，其中的展开系数称为**傅里叶系数**.

函数族(5.1.2)又是**完备**的，简释如下. 设以

$$a_0 + \sum_{k=1}^{n} a_k \cos \frac{k\pi x}{l} + \sum_{k=1}^{n} b_k \sin \frac{k\pi x}{l}$$

作为函数 $f(x)$ 的近似表达式，其中 a_0，a_k，b_k 待定. 于是，平均平方误差

$$\overline{\varepsilon^2} = \frac{1}{2l} \int_{-l}^{l} \left[f(x) - a_0 - \sum_{k=1}^{n} a_k \cos \frac{k\pi x}{l} - \sum_{k=1}^{n} b_k \sin \frac{k\pi x}{l} \right]^2 \mathrm{d}x \geqslant 0.$$

将 $[\ ]^2$ 展开，逐项积分，计及正交性(5.1.4)，得

$$\overline{\varepsilon^2} = \frac{1}{2l} \left\{ \int_{-l}^{l} [f(x)]^2 \mathrm{d}x + 2la_0^2 + \sum_{k=1}^{n} la_k^2 + \sum_{k=1}^{n} lb_k^2 - 2a_0 \int_{-l}^{l} f(x) \mathrm{d}x \right.$$

$$\left. - 2\sum_{k=1}^{n} a_k \int_{-l}^{l} f(x) \cos \frac{k\pi x}{l} \mathrm{d}x - 2\sum_{k=1}^{n} b_k \int_{-l}^{l} f(x) \sin \frac{k\pi x}{l} \mathrm{d}x \right\} \geqslant 0.$$

系数 a_0，a_k，b_k，应该选得使 $\overline{\varepsilon^2}$ 最小，即 $\partial\overline{\varepsilon^2}/\partial a_0 = 0$，$\partial\overline{\varepsilon^2}/\partial a_k = 0$，$\partial\overline{\varepsilon^2}/\partial b_k = 0$. 由此求得

$$\begin{cases} a_k = \dfrac{1}{\delta_k l} \displaystyle\int_{-l}^{l} f(x) \cos \dfrac{k\pi x}{l} \mathrm{d}x, \\ b_k = \dfrac{1}{l} \displaystyle\int_{-l}^{l} f(x) \sin \dfrac{k\pi x}{l} \mathrm{d}x. \end{cases}$$

与(5.1.5)一致，将(5.1.5)代入 $\overline{\varepsilon^2}$ 的表达式，得

$$\int_{-l}^{l} [f(x)]^2 \mathrm{d}x \geqslant \sum_{k=0}^{n} a_k^2 \int_{-l}^{l} \left[\cos \frac{k\pi x}{l} \right]^2 \mathrm{d}x + \sum_{k=1}^{n} b_k^2 \int_{-l}^{l} \left[\sin \frac{k\pi x}{l} \right]^2 \mathrm{d}x.$$

可以证明：对任一连续函数 $f(x)$，当 $n \to \infty$，

$$\int_{-l}^{l} [f(x)]^2 \mathrm{d}x = \sum_{k=0}^{\infty} a_k^2 \int_{-l}^{l} \left[\cos \frac{k\pi x}{l} \right]^2 \mathrm{d}x + \sum_{k=1}^{\infty} b_k^2 \int_{-l}^{l} \left[\sin \frac{k\pi x}{l} \right]^2 \mathrm{d}x. \tag{5.1.6}$$

这样，我们称函数族(5.1.2)是完备的，(5.1.6)称为**完备性方程**，傅里叶级数(5.1.3)**平均收敛**于 $f(x)$. 注意，平均收敛于 $f(x)$ 并不意味收敛于 $f(x)$，甚至并不意味收敛.

关于傅里叶级数的收敛性问题，有如下定理：

狄里希利定理　若函数 $f(x)$ 满足条件：(1)处处连续，或在每个周期中只有有限个第一类间断点；(2)在每个周期中只有有限个极值点，则级数(5.1.3)收敛，且

$$\text{级数和} = \begin{cases} f(x) & \text{(在连续点 } x\text{)}, \\ \dfrac{1}{2}\{f(x+0) + f(x-0)\} & \text{(在间断点 } x\text{)}. \end{cases} \tag{5.1.7}$$

（二） 奇函数及偶函数的傅里叶展开

若周期函数 $f(x)$ 是奇函数，则由傅里叶系数的计算公式(5.1.5)可见，a_0 及诸 a_k 均等于零，展开式(5.1.3)成为

$$f(x) = \sum_{k=1}^{\infty} b_k \sin \frac{k\pi x}{l},　\qquad (5.1.8)$$

这称为**傅里叶正弦级数**. 由于对称性，其展开系数为

$$b_k = \frac{2}{l} \int_0^l f(\xi) \sin \frac{k\pi\xi}{l} d\xi. \qquad (5.1.9)$$

由于 $\sin \frac{k\pi x}{l}\Big|_{x=0} = 0$ 及 $\sin \frac{k\pi x}{l}\Big|_{x=l} = 0$，所以(5.1.8)中正弦级数的和在 $x=0$ 和 $x=l$ 处为零.

若周期函数 $f(x)$ 是偶函数，则(5.1.5)中所有 b_k 均为零，展开式(5.1.3)成为

$$f(x) = a_0 + \sum_{k=1}^{\infty} a_k \cos \frac{k\pi x}{l}, \qquad (5.1.10)$$

这称为**傅里叶余弦级数**. 同样，由于对称性，其展开系数为

$$a_k = \frac{2}{\delta_k l} \int_0^l f(\xi) \cos \frac{k\pi\xi}{l} d\xi. \qquad (5.1.11)$$

由于余弦级数的导数是正弦级数，所以余弦级数的和的导数在 $x=0$ 及 $x=l$ 为零.

（三） 定义在有限区间上的函数的傅里叶展开

对于只在有限区间，例如在 $(0,l)$ 上有定义的函数 $f(x)$，可以采取延拓的方法，使其成为某种周期函数 $g(x)$，而在 $(0,l)$ 上，$g(x) \equiv f(x)$. 然后再对 $g(x)$ 作傅里叶展开，其级数和在区间 $(0,l)$ 上代表 $f(x)$.

由于 $f(x)$ 在 $(0,l)$ 以外无定义，因此，可以有无数种延拓方式，从而有无数种展开式，但它们在 $(0,l)$ 上均代表 $f(x)$. 有时，对函数 $f(x)$ 在边界（区间的端点）上的行为提出限制，即满足一定的边界条件，这常常就决定了如何延拓. 例如要求 $f(0) = f(l) = 0$，这时应延拓成为奇的周期函数；又如要求 $f'(0) = f'(l) = 0$，这时则应延拓成偶的周期函数.

（四） 复数形式的傅里叶级数

取一系列复指数函数

$$\cdots, e^{-i\frac{k\pi x}{l}}, \cdots, e^{-i\frac{2\pi x}{l}}, e^{-i\frac{\pi x}{l}}, 1, e^{i\frac{\pi x}{l}}, e^{i\frac{2\pi x}{l}}, \cdots, e^{i\frac{k\pi x}{l}}, \cdots \qquad (5.1.12)$$

作为基本函数族，可以将周期函数 $f(x)$ 展开为复数形式的傅里叶级数：

$$f(x) = \sum_{k=-\infty}^{\infty} c_k e^{i\frac{k\pi x}{l}}. \qquad (5.1.13)$$

函数族(5.1.12)是**正交**的. 这是说，其中任意一个函数与另一个函数复共轭的乘积在一个周期上的积分等于零，即

$$\int_{-l}^{l} e^{i\frac{k\pi x}{l}} \left[e^{i\frac{n\pi x}{l}} \right]^* dx = 0 \quad (k \neq n). \qquad (5.1.14)$$

函数族(5.1.2)又是**完备**的，其完备性方程是

$$\int_{-l}^{l} \left[f(x) \right]^2 dx = 2l \sum_{k=-\infty}^{\infty} c_k^* c_k \qquad (5.1.15)$$

利用复指数函数族的正交性，可以求出其傅里叶系数

$$c_k = \frac{1}{2l} \int_{-l}^{l} f(\xi) \left[e^{\frac{k\pi\xi}{l}} \right]^* d\xi. \tag{5.1.16}$$

尽管 $f(x)$ 是实函数，但其傅里叶系数却可能是复的，由 (5.1.16) 还可看出，对于实函数，

$$c_{-k} = c_k^*. \tag{5.1.17}$$

习　题

1. 交流电压 $E_0 \sin \omega t$ 经过全波整流，成为 $E(t) = E_0 |\sin \omega t|$. 试将它展为傅里叶级数.

2. 周期为 π 的函数，在 $(0,\pi)$ 这个周期上表示为 $f(x) = x(\pi - x)$，求该函数的傅里叶级数.

3. 在 $(-\pi,\pi)$ 这个周期上，$f(x) = x + x^2$. 试将它展为傅里叶级数，又在本题所得展开式中置 $x = \pi$，由此验证 $1 + \frac{1}{2^2} + \frac{1}{3^2} + \frac{1}{4^2} + \cdots = \frac{\pi^2}{6}$.

4. 将下列函数展为傅里叶级数：

(1) $f(x) = \cos^3 x$；

(2) $f(x) = \dfrac{1-\alpha^2}{1-2\alpha\cos x + \alpha^2}$　$(|\alpha| < 1)$；

(3) 在 $(-\pi,\pi)$ 这个周期上，$f(x) = \cos \alpha x$　（α 非整数）；

(4) 在 $(-\pi,\pi)$ 这个周期上，$f(x) = \operatorname{ch} \alpha x$　（α 非整数）；

(5) 在 $(-\pi,\pi)$ 这个周期上，$f(x) = \begin{cases} \sin x & 0 \leqslant x < \pi, \\ 0 & -\pi < x < 0. \end{cases}$

5. 要求下列函数 $f(x)$ 的值在它的定义区间的边界上为零，试根据这一要求将 $f(x)$ 展为傅里叶级数.

(1) $f(x) = \cos \alpha x$，定义在 $(0,\pi)$ 上，

(2) $f(x) = x^3$，定义在 $(0,\pi)$ 上，

(3) $f(x) = 1$，定义在 $(0,\pi)$ 上.

6. 要求下列函数 $f(x)$ 的导数 $f'(x)$ 在函数定义区间的边界上为零. 试根据这个要求将 $f(x)$ 展为傅里叶级数.

(1) 在 $(0,l/2)$ 上，$f(x) = \cos(\pi x/l)$，而在 $(l/2,l)$ 上，$f(x) = 0$；

(2) $f(x) = a(1 - x/l)$，定义在 $(0,l)$ 上；

(3) 在 $(0,l/2)$ 上，$f(x) = x$；在 $(l/2,l)$ 上，$f(x) = l - x$.

7. 在区间 $(0,l)$ 上定义了函数 $f(x) = x$. 试根据条件 $f'(0) = 0$，$f(l) = 0$ 将 $f(x)$ 展开为傅里叶级数.

8. 矩形波 $f(x)$，在 $(-T/2,T/2)$ 这个周期上可表为

$$f(x) = \begin{cases} 0, & \text{在 } (-T/2,-\tau/2) \text{ 上,} \\ H, & \text{在 } (-\tau/2,\tau/2) \text{ 上,} \\ 0, & \text{在 } (\tau/2,T/2) \text{ 上.} \end{cases}$$

试将它展为复数形式的傅里叶级数.

§5.2　傅里叶积分与傅里叶变换

本节研究非周期函数的傅里叶展开、傅里叶变换及其有关性质.

（一）实数形式的傅里叶变换

设 $f(x)$ 为定义在区间 $-\infty < x < \infty$ 上的函数. 一般说来，它是非周期的，不能展为傅里叶级

数. 为了研究这样的函数的傅里叶展开问题, 我们采取如下办法: 试将非周期函数 $f(x)$ 看作是某个周期函数 $g(x)$ 于周期 $2l \to \infty$ 时的极限情形. 这样, $g(x)$ 的傅里叶级数展开式

$$g(x) = a_0 + \sum_{k=1}^{\infty} \left(a_k \cos \frac{k\pi x}{l} + b_k \sin \frac{k\pi x}{l} \right) \tag{5.2.1}$$

在 $l \to \infty$ 时的极限形式就是所要寻找的非周期函数 $f(x)$ 的傅里叶展开. 下面仔细研究一下这一极限过程.

为此, 引入不连续参量 $\omega_k = k\pi/l \, (k=0,1,2,\cdots)$, $\Delta \omega_k = \omega_k - \omega_{k-1} = \pi/l$. 这样, (5.2.1) 成为

$$g(x) = a_0 + \sum_{k=1}^{\infty} \left(a_k \cos \omega_k x + b_k \sin \omega_k x \right), \tag{5.2.2}$$

傅里叶系数为

$$\begin{cases} a_k = \dfrac{1}{\delta_k l} \displaystyle\int_{-l}^{l} f(\xi) \cos \omega_k \xi \, \mathrm{d}\xi, \\[3mm] b_k = \dfrac{1}{l} \displaystyle\int_{-l}^{l} f(\xi) \sin \omega_k \xi \, \mathrm{d}\xi. \end{cases} \tag{5.2.3}$$

将 (5.2.3) 代入 (5.2.2), 然后取 $l \to \infty$ 的极限.

对于系数 a_0, 若 $\lim\limits_{l \to \infty} \displaystyle\int_{-l}^{l} f(\xi) \, \mathrm{d}\xi$ 有限, 则

$$\lim_{l \to \infty} a_0 = \lim_{l \to \infty} \frac{1}{2l} \int_{-l}^{l} f(\xi) \, \mathrm{d}\xi = 0.$$

余弦部分为

$$\lim_{l \to \infty} \sum_{k=1}^{\infty} \left[\frac{1}{l} \int_{-l}^{l} f(\xi) \cos \omega_k \xi \, \mathrm{d}\xi \right] \cos \omega_k x$$

$$= \lim_{l \to \infty} \sum_{k=1}^{\infty} \left[\frac{1}{\pi} \int_{-l}^{l} f(\xi) \cos \omega_k \xi \, \mathrm{d}\xi \right] \cos \omega_k x \cdot \Delta \omega_k.$$

于 $l \to \infty$, $\Delta \omega_k = \dfrac{\pi}{l} \to 0$, 不连续参量 ω_k 变成连续参量, 记为 ω. 对 k 的求和变成对连续参量 ω 的积分, 上式成为

$$\int_0^{\infty} \left[\frac{1}{\pi} \int_{-\infty}^{\infty} f(\xi) \cos \omega \xi \, \mathrm{d}\xi \right] \cos \omega x \, \mathrm{d}\omega.$$

同理, 正弦部分的极限是

$$\lim_{l \to \infty} \sum_{k=1}^{\infty} \left[\frac{1}{l} \int_{-l}^{l} f(\xi) \sin \omega_k \xi \, \mathrm{d}\xi \right] \sin \omega_k x$$

$$= \int_0^{\infty} \left[\frac{1}{\pi} \int_{-\infty}^{\infty} f(\xi) \sin \omega \xi \, \mathrm{d}\xi \right] \sin \omega x \, \mathrm{d}\omega.$$

于是 (5.2.2) 在 $l \to \infty$ 时的极限形式是:

$$f(x) = \int_0^{\infty} A(\omega) \cos \omega x \, \mathrm{d}\omega + \int_0^{\infty} B(\omega) \sin \omega x \, \mathrm{d}\omega, \tag{5.2.4}$$

其中

$$\begin{cases} A(\omega) = \dfrac{1}{\pi} \displaystyle\int_{-\infty}^{\infty} f(\xi) \cos \omega\xi \, \mathrm{d}\xi, \\ B(\omega) = \dfrac{1}{\pi} \displaystyle\int_{-\infty}^{\infty} f(\xi) \sin \omega\xi \, \mathrm{d}\xi. \end{cases} \tag{5.2.5}$$

(5.2.4)右边的积分称为**傅里叶积分**,(5.2.4)称为非周期函数 $f(x)$ 的傅里叶积分表达式.(5.2.5)称为 $f(x)$ 的**傅里叶变换式**.

这里必须指出,(5.2.4)、(5.2.5)两式只是形式的结果. 关于这一结果的数学理论介绍如下.

傅里叶积分定理:若函数 $f(x)$ 在区间 $(-\infty, \infty)$ 上满足条件:(1) $f(x)$ 在任一有限区间上满足狄里希利条件;(2) $f(x)$ 在 $(-\infty, \infty)$ 上绝对可积(即 $\displaystyle\int_{-\infty}^{\infty} |f(x)| \, \mathrm{d}x$ 收敛),则 $f(x)$ 可表示成傅里叶积分,且

$$傅里叶积分值 = \frac{1}{2}[f(x+0) + f(x-0)].$$

(5.2.4)又可改写为

$$f(x) = \int_0^{\infty} C(\omega) \cos[\omega x - \varphi(\omega)] \, \mathrm{d}\omega,$$

其中
$$C(\omega) = \{[A(\omega)]^2 + [B(\omega)]^2\}^{\frac{1}{2}},$$
$$\varphi(\omega) = \arctan[B(\omega)/A(\omega)].$$

$C(\omega)$ 称为 $f(x)$ 的**振幅谱**,$\varphi(\omega)$ 称为 $f(x)$ 的**相位谱**.

跟傅里叶级数的情形类似,奇函数 $f(x)$ 的傅里叶积分是**傅里叶正弦积分**,

$$f(x) = \int_0^{\infty} B(\omega) \sin \omega x \, \mathrm{d}\omega, \tag{5.2.6}$$

$B(\omega)$ 是 $f(x)$ 的**傅里叶正弦变换**,

$$B(\omega) = \frac{2}{\pi} \int_0^{\infty} f(\xi) \sin \omega\xi \, \mathrm{d}\xi. \tag{5.2.7}$$

(5.2.6)满足条件 $f(0) = 0$.

同样,偶函数 $f(x)$ 的傅里叶积分是**傅里叶余弦积分**

$$f(x) = \int_0^{\infty} A(\omega) \cos \omega x \, \mathrm{d}\omega, \tag{5.2.8}$$

$A(\omega)$ 是 $f(x)$ 的**傅里叶余弦变换**,

$$A(\omega) = \frac{2}{\pi} \int_0^{\infty} f(\xi) \cos \omega\xi \, \mathrm{d}\xi. \tag{5.2.9}$$

(5.2.8)满足条件 $f'(0) = 0$.

(5.2.6)—(5.2.9)也可写成对称的形式:

傅里叶正弦变换对

$$\begin{cases} f(x) = \sqrt{\dfrac{2}{\pi}} \displaystyle\int_0^{\infty} B(\omega) \sin \omega x \, \mathrm{d}\omega, \tag{5.2.10} \\ B(\omega) = \sqrt{\dfrac{2}{\pi}} \displaystyle\int_0^{\infty} f(\xi) \sin \omega\xi \, \mathrm{d}\xi, \tag{5.2.11} \end{cases}$$

傅里叶余弦变换对

$$\begin{cases} f(x)=\sqrt{\dfrac{2}{\pi}}\displaystyle\int_0^\infty A(\omega)\cos\omega x\mathrm{d}\omega, & (5.2.12)\\[3mm] A(\omega)=\sqrt{\dfrac{2}{\pi}}\displaystyle\int_0^\infty f(\xi)\cos\omega\xi\mathrm{d}\xi. & (5.2.13)\end{cases}$$

例 1 矩形函数 rect x 指的是

$$\mathrm{rect}\,x=\begin{cases} 1 & \left(|x|<\dfrac{1}{2}\right),\\[3mm] 0 & \left(|x|>\dfrac{1}{2}\right).\end{cases}$$

试将矩形脉冲 $f(t)=h\,\mathrm{rect}\,(t/2T)$（图 5-1）展为傅里叶积分.

解 $f(t)$ 是偶函数，可按(5.2.8)展为傅里叶余弦积分

$$f(t)=\int_0^\infty A(\omega)\cos\omega t\mathrm{d}\omega,$$

其傅里叶变换

$$\begin{aligned} A(\omega)&=\frac{2}{\pi}\int_0^\infty f(\xi)\cos\omega\xi\mathrm{d}\xi\\[2mm] &=\frac{2}{\pi}\int_0^\infty h\,\mathrm{rect}(\xi/2T)\cos\omega\xi\mathrm{d}\xi\\[2mm] &=\frac{2}{\pi}\int_0^T h\cos\omega\xi\mathrm{d}\xi=\frac{2h}{\pi}\frac{\sin\omega T}{\omega}.\end{aligned}$$

$A(\omega)$ 的图像示于图 5-2. 这是连续谱. 若有形似图 5-1 的脉冲电波，它便含有一切频率（当然应该除去 π/T 的整数倍频率），它到达无线电接收机时，不管接收机调谐在哪个频率，都会引起噪音.

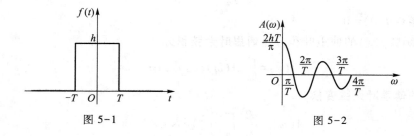

图 5-1　　　　　　　　　　　　图 5-2

例 2 由 $2N$ 个（N 是正整数）正弦波组成的有限正弦波列：

$$f(t)=\begin{cases} A\sin\omega_0 t & \left(|t|<\dfrac{2N\pi}{\omega_0}\right),\\[3mm] 0 & \left(|t|>\dfrac{2N\pi}{\omega_0}\right).\end{cases}$$

试将它展为傅里叶积分.

解 $f(t)$ 是奇函数（图 5-3），可按(5.2.6)及(5.2.7)展为傅里叶正弦积分

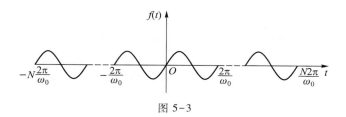

图 5-3

$$f(t) = \int_0^\infty B(\omega)\sin \omega t d\omega,$$

其傅里叶变换

$$B(\omega) = \frac{2}{\pi}\int_0^\infty f(t)\sin \omega t dt = \frac{2A}{\pi}\int_0^{N\frac{2\pi}{\omega_0}}\sin \omega_0 t\sin \omega t dt$$

$$= -\frac{A}{\pi}\int_0^{N\frac{2\pi}{\omega_0}}\left[\cos(\omega + \omega_0)t - \cos(\omega - \omega_0)t\right]dt$$

$$= -\frac{A}{\pi}\left[\frac{\sin(\omega + \omega_0)t}{\omega + \omega_0} - \frac{\sin(\omega - \omega_0)t}{\omega - \omega_0}\right]\Bigg|_0^{N\frac{2\pi}{\omega_0}}$$

$$= \frac{A}{\pi}\sin\left(\frac{\omega}{\omega_0}N2\pi\right)\left[-\frac{1}{\omega + \omega_0} + \frac{1}{\omega - \omega_0}\right]$$

$$= \frac{2A\omega_0}{\pi(\omega^2 - \omega_0^2)}\sin\left(\frac{\omega}{\omega_0}N2\pi\right).$$

这个频谱见图 5-4. 在 ω_0 有一尖峰，高度为 $(2N/\omega_0)A$，在其两侧相差为 $\omega_0/2N$ 处降为零. 所以，有限长的正弦波列并非单色波（"单色"指的是只有一个单一频率）. 其所包含的圆频率集中在 ω_0 左右 $\omega_0/2N$ 范围内，波列越长（N 越大），圆频率分散的范围 $\omega_0/2N$ 越小.

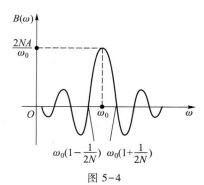

图 5-4

（二）复数形式的傅里叶积分

除了实数形式，还有复数形式的傅里叶积分，而且在很多情形下，复数形式的傅里叶积分比实数形式的傅里叶积分使用起来更为方便.

通过简单的代数运算，就可以从实数形式的傅里叶积分过渡到复数形式的傅里叶积分. 为此，以欧拉公式

$$\cos \omega x = \frac{1}{2}(e^{i\omega x} + e^{-i\omega x}), \quad \sin \omega x = \frac{1}{2i}(e^{i\omega x} - e^{-i\omega x})$$

代入 $(5.2.4)$，整理即得

$$f(x) = \int_0^\infty \frac{1}{2}\left[A(\omega) - iB(\omega)\right]e^{i\omega x}d\omega$$

$$+ \int_0^\infty \frac{1}{2}\left[A(\omega) + iB(\omega)\right]e^{-i\omega x}d\omega.$$

在右边的第二个积分中，将 ω 换成 $-\omega$，

$$f(x) = \int_0^\infty \frac{1}{2}[A(\omega) - iB(\omega)]e^{i\omega x}d\omega$$

$$+ \int_{-\infty}^0 \frac{1}{2}[A(|\omega|) + iB(|\omega|)]e^{i\omega x}d\omega.$$

两个积分可合并写为

$$f(x) = \int_{-\infty}^\infty F(\omega)e^{i\omega x}d\omega, \tag{5.2.14}$$

其中

$$F(\omega) = \begin{cases} \dfrac{1}{2}[A(\omega) - iB(\omega)] & (\omega \geq 0), \\ \dfrac{1}{2}[A(|\omega|) + iB(|\omega|)] & (\omega < 0). \end{cases}$$

以 (5.2.5) 代入上式. 对于 $\omega \geq 0$，

$$F(\omega) = \frac{1}{2\pi}\int_{-\infty}^\infty f(x)[\cos\omega x - i\sin\omega x]dx = \frac{1}{2\pi}\int_{-\infty}^\infty f(x)\left[e^{i\omega x}\right]^* dx;$$

对于 $\omega < 0$，

$$F(\omega) = \frac{1}{2\pi}\int_{-\infty}^\infty f(x)[\cos|\omega|x + i\sin|\omega|x]dx$$

$$= \frac{1}{2\pi}\int_{-\infty}^\infty f(x)e^{i|\omega|x}dx = \frac{1}{2\pi}\int_{-\infty}^\infty f(x)e^{-i\omega x}dx$$

$$= \frac{1}{2\pi}\int_{-\infty}^\infty f(x)\left[e^{i\omega x}\right]^* dx.$$

总之，不管 $\omega \geq 0$ 还是 $\omega < 0$，都有

$$F(\omega) = \frac{1}{2\pi}\int_{-\infty}^\infty f(x)\left[e^{i\omega x}\right]^* dx. \tag{5.2.15}$$

(5.2.14) 是 $f(x)$ 的复数形式的傅里叶积分表示式，(5.2.15) 则是 $f(x)$ 的傅里叶变换式. 这两个式子还可以写成对称的形式：

$$f(x) = \frac{1}{\sqrt{2\pi}}\int_{-\infty}^\infty F(\omega)e^{i\omega x}d\omega, \tag{5.2.16}$$

$$F(\omega) = \frac{1}{\sqrt{2\pi}}\int_{-\infty}^\infty f(x)\left[e^{i\omega x}\right]^* dx. \tag{5.2.17}$$

并常用符号简写为

$$F(\omega) = \mathscr{F}[f(x)], \quad f(x) = \mathscr{F}^{-1}[F(\omega)]. \tag{5.2.18}$$

$f(x)$ 和 $F(\omega)$ 分别称为傅里叶变换的**原函数**和**像函数**. 附录一列出了部分常用函数的傅里叶变换原函数与像函数.

例3 求矩形脉冲 $f(t) = h\,\mathrm{rect}(t/2T)$ 的复数形式的傅里叶变换.

解 按 (5.2.15)，

$$\mathscr{F}[h \text{ rect}(t/2T)] = \frac{1}{2\pi} \int_{-\infty}^{\infty} h \text{ rect}(t/2T) e^{-i\omega t} dt$$

$$= \frac{h}{2\pi} \int_{-T}^{T} e^{-i\omega t} dt = -\frac{h}{2\pi i\omega} e^{-i\omega t} \Big|_{-T}^{T}$$

$$= \frac{h}{\pi} \frac{\sin \omega T}{\omega}.$$

通常将 $(\sin \pi x)/\pi x$ 称为 x 的 sinc 函数，记为 sinc x，故本例答案也可写成

$$\mathscr{F}[h \text{ rect}(t/2T)] = \frac{hT}{\pi} \text{sinc}\left(\frac{T}{\pi}\omega\right).$$

（三）傅里叶变换的基本性质

现在介绍傅里叶变换的一些基本性质.

为了叙述方便，以下均假定 $f(x)$ 的傅里叶变换存在，且记 $\mathscr{F}[f(x)] = F(\omega)$.

（1）导数定理 $\qquad \mathscr{F}[f'(x)] = i\omega F(\omega).$ (5.2.19)

证 按(5.2.15)，

$$\mathscr{F}[f'(x)] = \frac{1}{2\pi} \int_{-\infty}^{\infty} f'(x) e^{-i\omega x} dx$$

$$= \frac{1}{2\pi} \Big[f(x) e^{-i\omega x} \Big]_{-\infty}^{\infty} - \frac{1}{2\pi} \int_{-\infty}^{\infty} f(x) \Big[e^{-i\omega x} \Big]' dx.$$

根据傅里叶积分定理，有 $\lim_{x \to \pm\infty} f(x) = 0$，所以

$$\mathscr{F}[f'(x)] = -\frac{1}{2\pi} \int_{-\infty}^{\infty} f(x) \Big[e^{-i\omega x} \Big]' dx = i\omega F(\omega).$$

（2）积分定理 $\qquad \mathscr{F}\left[\int^{(x)} f(\xi) d\xi\right] = \frac{1}{i\omega} F(\omega).$ (5.2.20)

证 记 $\int^{(x)} f(\xi) d\xi$ 为 $\varphi(x)$，则

$$\varphi'(x) = f(x).$$

对 $\varphi(x)$ 应用导数定理

$$\mathscr{F}[\varphi'(x)] = i\omega \mathscr{F}[\varphi(x)],$$

即 $\qquad \mathscr{F}\left[\int^{(x)} f(\xi) d\xi\right] = \frac{1}{i\omega} \mathscr{F}[f(x)] = \frac{1}{i\omega} F(\omega).$

以上两条定理是很重要的，它告诉我们，原函数的求导和求积分的运算，经傅里叶变换后，变成了像函数的代数运算.

（3）相似性定理 $\qquad \mathscr{F}[f(ax)] = \frac{1}{a} F\left(\frac{\omega}{a}\right).$ (5.2.21)

证 $\qquad \mathscr{F}[f(ax)] = \frac{1}{2\pi} \int_{-\infty}^{\infty} f(ax) e^{-i\omega x} dx.$

作代换 $y = ax$，则上式成为

$$\mathscr{F}[f(ax)] = \frac{1}{2\pi} \int_{-\infty}^{\infty} f(y) e^{-i\frac{\omega}{a}y} \frac{1}{a} dy = \frac{1}{a} \frac{1}{2\pi} \int_{-\infty}^{\infty} f(y) e^{-i\frac{\omega}{a}y} dy.$$

换回原变数

$$\mathscr{F}[f(ax)] = \frac{1}{a} \frac{1}{2\pi} \int_{-\infty}^{\infty} f(x) \mathrm{e}^{-\mathrm{i}\frac{\omega}{a}x} \mathrm{d}x.$$

将上式与(5.2.15)比较，即得

$$\mathscr{F}[f(ax)] = \frac{1}{a} F\left(\frac{\omega}{a}\right).$$

（4）延迟定理 $\qquad \mathscr{F}[f(x-x_0)] = \mathrm{e}^{-\mathrm{i}\omega x_0} F(\omega).$ （5.2.22）

证 $\qquad \mathscr{F}[f(x-x_0)] = \frac{1}{2\pi} \int_{-\infty}^{\infty} f(x - x_0) \mathrm{e}^{-\mathrm{i}\omega x} \mathrm{d}x.$

作代换 $y = x - x_0$，则

$$\mathscr{F}[f(x-x_0)] = \frac{1}{2\pi} \int_{-\infty}^{\infty} f(y) \mathrm{e}^{-\mathrm{i}\omega(y+x_0)} \mathrm{d}y$$

$$= \mathrm{e}^{-\mathrm{i}\omega x_0} \frac{1}{2\pi} \int_{-\infty}^{\infty} f(y) \mathrm{e}^{-\mathrm{i}\omega y} \mathrm{d}y = \mathrm{e}^{-\mathrm{i}\omega x_0} F(\omega).$$

（5）位移定理 $\qquad \mathscr{F}[\mathrm{e}^{\mathrm{i}\omega_0 x} f(x)] = f(\omega - \omega_0).$ （5.2.23）

证 $\qquad \mathscr{F}\left[\mathrm{e}^{\mathrm{i}\omega_0 x} f(x)\right] = \frac{1}{2\pi} \int_{-\infty}^{\infty} \mathrm{e}^{\mathrm{i}\omega_0 x} f(x) \mathrm{e}^{-\mathrm{i}\omega x} \mathrm{d}x$

$$= \frac{1}{2\pi} \int_{-\infty}^{\infty} f(x) \mathrm{e}^{-\mathrm{i}(\omega-\omega_0)x} \mathrm{d}x = F(\omega - \omega_0).$$

（6）卷积定理 若 $\mathscr{F}[f_1(x)] = F_1(\omega)$，$\mathscr{F}[f_2(x)] = F_2(\omega)$，则

$$\mathscr{F}[f_1(x) * f_2(x)] = 2\pi F_1(\omega) F_2(\omega).$$ （5.2.24）

其中 $f_1(x) * f_2(x) = \int_{-\infty}^{\infty} f_1(\xi) f_2(x - \xi) \mathrm{d}\xi$ 称为 $f_1(x)$ 与 $f_2(x)$ 的卷积.

证 $\qquad \mathscr{F}[f_1 * f_2] = \frac{1}{2\pi} \int_{-\infty}^{\infty} \left[\int_{-\infty}^{\infty} f_1(\xi) f_2(x - \xi) \mathrm{d}\xi\right] \mathrm{e}^{-\mathrm{i}\omega x} \mathrm{d}x.$

交换积分次序

$$\mathscr{F}[f_1 * f_2] = \frac{1}{2\pi} \int_{-\infty}^{\infty} f_1(\xi) \left[\int_{-\infty}^{\infty} f_2(x - \xi) \mathrm{e}^{-\mathrm{i}\omega x} \mathrm{d}x\right] \mathrm{d}\xi.$$

在对 x 的积分中，作代换 $y = x - \xi$，则，

$$\mathscr{F}[f_1 * f_2] = \frac{1}{2\pi} \int_{-\infty}^{\infty} f_1(\xi) \left[\int_{-\infty}^{\infty} f_2(y) \mathrm{e}^{-\mathrm{i}\omega y - \mathrm{i}\omega\xi} \mathrm{d}y\right] \mathrm{d}\xi$$

$$= \frac{1}{2\pi} \int_{-\infty}^{\infty} f_1(\xi) \mathrm{e}^{-\mathrm{i}\omega\xi} \left[\int_{-\infty}^{\infty} f_2(y) \mathrm{e}^{-\mathrm{i}\omega y} \mathrm{d}y\right] \mathrm{d}\xi$$

$$= 2\pi \cdot \frac{1}{2\pi} \int_{-\infty}^{\infty} f_1(\xi) \mathrm{e}^{-\mathrm{i}\omega\xi} \mathrm{d}\xi \cdot \frac{1}{2\pi} \int_{-\infty}^{\infty} f_2(y) \mathrm{e}^{-\mathrm{i}\omega y} \mathrm{d}y$$

$$= 2\pi F_1(\omega) F_2(\omega).$$

（四）多重傅里叶积分

二维或三维无界空间的非周期函数也可以展为傅里叶积分，只是这傅里叶积分是多重的.

下面就三维情形具体说明.

首先按自变数 x 将三维空间的非周期函数 $f(x,y,z)$ 展为傅里叶积分，其傅里叶变换为 $F_1(k_1;y,z)$，y、z 作为参数出现在其中. 再将 $F_1(k_1;y,z)$ 按 y 展为傅里叶积分，其傅里叶变换为 $F_2(k_1,k_2;z)$，其中 z 为参数；最后将 $F_2(k_1,k_2;z)$ 按 z 展为傅里叶积分，这样，综合三次展开，得到 $f(x,y,z)$ 的三重傅里叶积分

$$f(x,y,z)=\iiint_{-\infty}^{\infty} F(k_1,k_2,k_3)\,\mathrm{e}^{\mathrm{i}(k_1x+k_2y+k_3z)}\,\mathrm{d}k_1\mathrm{d}k_2\mathrm{d}k_3,$$

其中三重傅里叶变换

$$F(k_1,k_2,k_3)=\frac{1}{(2\pi)^3}\iiint_{-\infty}^{\infty} f(x,y,z)\,\mathrm{e}^{-\mathrm{i}(k_1x+k_2y+k_3z)}\,\mathrm{d}x\mathrm{d}y\mathrm{d}z.$$

引入矢量 $\boldsymbol{r}$ 及 $\boldsymbol{k}$，$\boldsymbol{r}=\boldsymbol{i}_1 x+\boldsymbol{i}_2 y+\boldsymbol{i}_3 z$，$\boldsymbol{k}=\boldsymbol{i}_1 k_1+\boldsymbol{i}_2 k_2+\boldsymbol{i}_3 k_3$，可将三重傅里叶积分及变换写成较简洁的形式

$$f(\boldsymbol{r})=\iiint_{-\infty}^{\infty} F(\boldsymbol{k})\,\mathrm{e}^{\mathrm{i}\boldsymbol{k}\cdot\boldsymbol{r}}\,\mathrm{d}\boldsymbol{k}, \tag{5.2.25}$$

$$F(\boldsymbol{k})=\frac{1}{(2\pi)^3}\iiint_{-\infty}^{\infty} f(\boldsymbol{r})\left[\mathrm{e}^{\mathrm{i}\boldsymbol{k}\cdot\boldsymbol{r}}\right]^*\,\mathrm{d}\boldsymbol{r}. \tag{5.2.26}$$

或采用对称的形式

$$f(\boldsymbol{r})=\frac{1}{(2\pi)^{3/2}}\iiint_{-\infty}^{\infty} F(\boldsymbol{k})\,\mathrm{e}^{\mathrm{i}\boldsymbol{k}\cdot\boldsymbol{r}}\,\mathrm{d}\boldsymbol{k}, \tag{5.2.27}$$

$$F(\boldsymbol{k})=\frac{1}{(2\pi)^{3/2}}\iiint_{-\infty}^{\infty} f(\boldsymbol{r})\left[\mathrm{e}^{\mathrm{i}\boldsymbol{k}\cdot\boldsymbol{r}}\right]^*\,\mathrm{d}\boldsymbol{r}. \tag{5.2.28}$$

其中，$\mathrm{d}\boldsymbol{r}=\mathrm{d}x\mathrm{d}y\mathrm{d}z$，$\mathrm{d}\boldsymbol{k}=\mathrm{d}k_1\mathrm{d}k_2\mathrm{d}k_3$.

习 题

1. 求单个锯齿脉冲 $f(t)=kt\,\mathrm{rect}\left(\dfrac{t}{T}-\dfrac{1}{2}\right)$，即

$$f(t)=\begin{cases} 0 & (t<0), \\ kt & (0<t<T), \\ 0 & (t>T), \end{cases}$$

的傅里叶变换.

2. 求 $\mathrm{sinc}\,t=\dfrac{\sin\pi t}{\pi t}$ 的傅里叶变换，试以本题的傅里叶变换函数跟图 5-1 比较，又以本题的 $\mathrm{sinc}\,t$ 跟图 5-2 比较，比较的结果说明什么问题？

3. 将下列脉冲 $f(t)$ 展开为傅里叶积分，

$$f(t)=\begin{cases} 0 & (t<-T), \\ -h & (-T<t<0), \\ h & (0<t<T), \\ 0 & (T<t). \end{cases}$$

注意在半无界区间 $(0,\infty)$ 上，本例的 $f(t)$ 跟例 1 的 $f(t)$ 相同.

4. $f(t)$ 是定义在半无界区间 $(0,\infty)$ 上的函数，

$$f(t)=\begin{cases}h & (0<t<T),\\ 0 & (T<t).\end{cases}$$

（1）在边界条件 $f'(0)=0$ 下，将 $f(t)$ 展为傅里叶积分；

（2）在边界条件 $f(0)=0$ 下，将 $f(t)$ 展为傅里叶积分.

5. 将定义在 $(-\infty,\infty)$ 上的函数 $f(t)=\mathrm{e}^{-\beta|t|}(\beta>0)$，展为傅里叶积分.

6. 已知某傅里叶变换像函数为 $F(\omega)=\dfrac{H}{\pi}\dfrac{\sin\omega}{\omega}$，求原函数 $f(t)$.

§5.3 δ 函 数

（一）δ 函数

物理学常常要研究一个物理量在空间或时间中分布的密度，例如质量密度（通常简称为密度）、电荷密度、每单位时间传递的动量（即力）等等. 但是物理学又常常运用质点、点电荷、瞬时力等抽象模型，它们不是连续分布于空间或时间中，而是集中在空间的某一点或时间的某一瞬时. 它们的密度又该如何描述呢？

我们知道，若质量 m 均匀分布在长为 l 的线段 $[-l/2,l/2]$ 上，则其线密度 $\rho_l(x)$ 可表为

$$\rho_l(x)=\begin{cases}0 & (|x|>l/2),\\ m/l & (|x|\le l/2),\end{cases}\quad \text{即}\ \rho_l(x)=\frac{m}{l}\mathrm{rect}\left(\frac{x}{l}\right). \tag{5.3.1}$$

将 $\rho_l(x)$ 对 x 积分，则得到总质量

$$\int_{-\infty}^{\infty}\rho_l(x)\,\mathrm{d}x=\int_{-\frac{l}{2}}^{\frac{l}{2}}\frac{m}{l}\mathrm{d}x=m.$$

如果让上述线段的长度 $l\to0$，我们将得到位于坐标原点质量为 m 的质点，而线密度函数就成为质点的线密度函数. 将它记为 $\rho(x)$，则

$$\lim_{l\to0}\int_{-\infty}^{\infty}\rho_l(x)\,\mathrm{d}x=\int_{-\infty}^{\infty}\rho(x)\,\mathrm{d}x=m.$$

若不求积分而先取极限，则有

$$\rho(x)=\lim_{l\to0}\rho_l(x)=\lim_{l\to0}\frac{m}{l}\mathrm{rect}\left(\frac{x}{l}\right)=\begin{cases}0 & (x\ne0),\\ \infty & (x=0).\end{cases} \tag{5.3.2}$$

由此可以看出质点线密度分布函数的直观图像，它在 $x=0$ 处为 ∞，在 $x\ne0$ 处为零. 它的积分为 m.

对于质点、点电荷、瞬时力这类集中于空间某一点或时间的某一瞬时的抽象模型，在物理学中引入 δ 函数以描述其密度：

$$\delta(x)=\begin{cases}0 & (x\ne0),\\ \infty & (x=0);\end{cases} \tag{5.3.3}$$

$$\int_a^b\delta(x)\,\mathrm{d}x=\begin{cases}0 & (a,b\ \text{都}<0,\text{或都}>0),\\ 1 & (a<0<b).\end{cases} \tag{5.3.4}$$

这函数未免有悖常规. 其后，在数学上引入了**广义函数**的概念，在严密的基础上证明了 δ 函数

的一些重要性质. 按照广义函数的理论, δ 函数的确切意义应是在积分运算下来理解：

对于任何一个定义在$(-\infty, \infty)$上的连续函数$f(x)$, 有

$$\int_{-\infty}^{\infty} f(x)\delta(x)\,\mathrm{d}x = f(0). \tag{5.3.5}$$

这也称为 δ 函数的**挑选性**, 因为它将函数$f(x)$在点$x=0$的值$f(0)$挑选了出来.

(5.3.5)式代表的是一种极限过程. 对于任何$\varepsilon > 0$,

$$\int_{-\infty}^{\infty} f(x)\delta(x)\,\mathrm{d}x = \int_{-\infty}^{-\varepsilon} f(x)\delta(x)\,\mathrm{d}x + \int_{-\varepsilon}^{+\varepsilon} f(x)\delta(x)\,\mathrm{d}x$$
$$+ \int_{+\varepsilon}^{\infty} f(x)\delta(x)\,\mathrm{d}x$$

根据(5.3.4), 上式右边第一、三项为零. 对第二项, 应用中值定理, 然后应用(5.3.4), 即得

$$\int_{-\infty}^{\infty} f(x)\delta(x)\,\mathrm{d}x = f(\xi)\int_{-\varepsilon}^{+\varepsilon} \delta(x)\,\mathrm{d}x = f(\xi),$$

其中ξ为区间$(-\varepsilon, +\varepsilon)$上的某个数值. 令$\varepsilon \to 0$, 上式就成为(5.3.5). (5.3.5)可代替(5.3.3)和(5.3.4)作为 δ 函数的定义.

从(5.3.4)可以看出$\delta(x)$具有**量纲**$[\delta(x)] = 1/[x]$. 将自变数x平移x_0得$\delta(x-x_0)$. 图 5-5 是$\delta(x-x_0)$的示意图, 曲线的"峰"无限高, 但"宽度"无限窄, 曲线下的面积是有限值 1.

有了 δ 函数, 位于x_0而质量为m的质点的线密度分布为$m\delta(x-x_0)$；位于x_0而电荷量为q的点电荷的线密度为$q\delta(x-x_0)$；作用于时刻t_0而冲量为K的瞬时力为$K\delta(t-t_0)$.

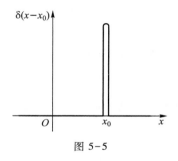

图 5-5

对于 δ 函数, 它的导数$\delta'(x)$的定义是：对于任何在$x=0$点其函数值与导数值均连续的函数$f(x)$, 有

$$\int_{-\infty}^{\infty} f(x)\delta'(x)\,\mathrm{d}x = -f'(0). \tag{5.3.6}$$

这个定义与将 δ 函数看作普通函数来运算的结果相同. 用分部积分法, 有

$$\int_{-\infty}^{\infty} f(x)\delta'(x)\,\mathrm{d}x = f(x)\delta(x)\Big|_{-\infty}^{\infty} - \int_{-\infty}^{\infty} f'(x)\delta(x)\,\mathrm{d}x = -f'(0).$$

仿此, δ 函数的n阶导数$\delta^{(n)}(x)$的定义是：对于任何在$x=0$点其函数值与n阶导数值均连续的函数$f(x)$, 有

$$\int_{-\infty}^{\infty} f(x)\delta^{(n)}(x)\,\mathrm{d}x = -f^{(n)}(0). \tag{5.3.7}$$

（二） δ 函数的一些性质

1. $\delta(x)$是偶函数, 它的导数是奇函数,

$$\delta(-x) = \delta(x),$$
$$\delta'(-x) = -\delta'(x). \tag{5.3.8}$$

2. 研究积分$H(x) = \int_{-\infty}^{x} \delta(t)\,\mathrm{d}t$. 从(5.3.3)及(5.3.4)容易看出, 当积分上限$x < 0$, 积分值为零；当$x > 0$, 积分值为 1.

$$H(x) = \int_{-\infty}^{x} \delta(t)\,dt = \begin{cases} 0 & (x < 0), \\ 1 & (x > 0). \end{cases} \tag{5.3.9}$$

$H(x)$ 称为**阶跃函数**或**赫维赛德单位函数**. 从而 $H(x)$ 是 $\delta(x)$ 的原函数，$\delta(x)$ 是 $H(x)$ 的导函数，

$$\delta(x) = \frac{dH(x)}{dx}. \tag{5.3.10}$$

3. 即使是连续分布的质量、电荷或持续作用的力也可用 δ 函数表出. 现在以从 $t=a$ 持续作用到 $t=b$ 的作用力 $f(t)$ 为例加以说明. 将时间区间 $[a,b]$ 划分为许许多多小段，在某个从 τ 到 $\tau+d\tau$ 的短时间段上，力 $f(t)$ 的冲量是 $f(\tau)d\tau$，既然 $d\tau$ 很短，不妨将这段短时间上的作用力看作瞬时力，记作 $f(\tau)\delta(t-\tau)d\tau$. 这许许多多前后相继的瞬时力的总和就是持续力 $f(t)$，即

$$f(t) = \sum_{\tau} f(\tau)\delta(t-\tau)d\tau = \int_{a}^{b} f(\tau)\delta(t-\tau)\,d\tau. \tag{5.3.11}$$

4. 如果 $\varphi(x)=0$ 的实根 $x_k(k=1,2,3,\cdots)$ 全是单根，则

$$\delta[\varphi(x)] = \sum_{k} \frac{\delta(x-x_k)}{|\varphi'(x_k)|}. \tag{5.3.12}$$

证   按照定义，

$$\delta[\varphi(x)] = \begin{cases} 0 & [\varphi(x) \neq 0], \\ \infty & [\varphi(x) = 0]. \end{cases}$$

既然 $\varphi(x)$ 的实根 x_k 全是单根，就有

$$\delta[\varphi(x)] = \sum_{k} c_k \delta(x-x_k).$$

现在要确定这些系数 c_k. 在第 n 个根 x_n 的附近取小区间 $(x_n-\varepsilon, x_n+\varepsilon)$，$\varepsilon$ 是如此小，在这区间上并无别的根. 在这区间上进行积分，

$$\int_{x_n-\varepsilon}^{x_n+\varepsilon} \delta[\varphi(x)]\,dx = \sum_{k} c_k \int_{x_n-\varepsilon}^{x_n+\varepsilon} \delta(x-x_k)\,dx.$$

上式左边为

$$\int_{\varphi(x_n-\varepsilon)}^{\varphi(x_n+\varepsilon)} \delta[\varphi(x)]\frac{1}{\varphi'(x)}\,d\varphi = \frac{1}{|\varphi'(x_n)|}.$$

因为 $\varphi(x)$ 的实根全是单根，所以 $\varphi'(x_n)$ 不会等于零. 式中的绝对值符号是考虑到 $\varphi'(x_n)<0$ 的可能性. 在 $\varphi'(x_n)<0$ 的情形下，$\varphi(x_n+\varepsilon)<\varphi(x_n-\varepsilon)$，应调换积分上下限，这就又引入一个负号，积分结果仍为正. 再看上式右边. 除 $k=n$ 的一项外均为零，故上式右边为

$$c_n \int_{x_n-\varepsilon}^{x_n+\varepsilon} \delta(x-x_n)\,dx = c_n,$$

两相比较，

$$c_n = \frac{1}{|\varphi'(x_n)|}.$$

证毕.

例如

$$\delta(ax) = \frac{\delta(x)}{|a|},$$

$$\delta(x^2 - a^2) = \frac{\delta(x+a) + \delta(x-a)}{2|a|} = \frac{\delta(x+a) + \delta(x-a)}{2|x|}.$$

（三）δ 函数是一种广义函数

由(5.3.3)和(5.3.4)定义的 δ 函数显然不是通常意义的函数. 它是一种广义函数. 可将它看成是某些通常函数序列的极限, 而这极限应在积分意义下理解. 例如

$$\delta(x) = \lim_{l \to 0} \frac{1}{l} \text{rect}\left(\frac{x}{l}\right), \tag{5.3.13}$$

$$\delta(x) = \lim_{K \to \infty} \frac{1}{\pi} \frac{\sin Kx}{x}, \tag{5.3.14}$$

$$\delta(x) = \lim_{\varepsilon \to 0} \frac{1}{\pi} \frac{\varepsilon}{\varepsilon^2 + x^2}. \tag{5.3.15}$$

首先验证(5.3.13).

$$\frac{1}{l} \text{rect}\left(\frac{x}{l}\right) = \begin{cases} 1/l & (|x| < l/2), \\ 0 & (|x| > l/2). \end{cases}$$

当 $l \to 0$,

$$\lim_{l \to 0} \frac{1}{l} \text{rect}\left(\frac{x}{l}\right) = \begin{cases} \infty & (x = 0), \\ 0 & (x \neq 0). \end{cases}$$

但是在积分的意义下看, 下式符号 δ 函数的定义:

$$\lim_{l \to 0} \int_{-\infty}^{\infty} \frac{1}{l} \text{rect}\left(\frac{x}{l}\right) \mathrm{d}x = \lim_{l \to 0} \int_{-\infty}^{\infty} \text{rect}(\xi) \mathrm{d}\xi = 1.$$

其次验证(5.3.14). 函数 $(1/\pi x) \sin Kx$ 的图像描绘在图 5–6 中. 当 $K \to \infty$ 时, 在 $x = 0$ 处"峰"的高度 K/π 无限增高, 而"峰"宽度无限变窄, 在 $x \neq 0$ 处, 曲线正负振荡的间距无限缩短. 因而当 $K \to \infty$ 时, 极限不存在. 不过, 若在积分的意义下看,

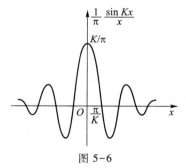

图 5–6

$$\lim_{K \to \infty} \int_{-\infty}^{\infty} \frac{1}{\pi} \frac{\sin Kx}{x} \mathrm{d}x = \lim_{K \to \infty} \int_{-\infty}^{\infty} \frac{1}{\pi} \frac{\sin Kx}{Kx} \mathrm{d}(Kx)$$

$$= \lim_{K \to \infty} \frac{1}{\pi} \int_{-\infty}^{\infty} \frac{\sin y}{y} \mathrm{d}y = \lim_{K \to \infty} \frac{2}{\pi} \int_{0}^{\infty} \frac{\sin y}{y} \mathrm{d}y.$$

引用 § 4.2 例 8, $\int_{0}^{\infty} \frac{\sin y}{y} \mathrm{d}y = \pi/2$, 即得

$$\lim_{K \to \infty} \int_{-\infty}^{\infty} \frac{1}{\pi} \frac{\sin Kx}{x} \mathrm{d}x = 1.$$

接着验证(5.3.15). 对于 $x \neq 0$,

$$\lim_{\varepsilon \to \infty} \frac{1}{\pi} \frac{\varepsilon}{\varepsilon^2 + x^2} = \lim_{\varepsilon \to 0} \frac{1}{\pi} \frac{\varepsilon}{x^2} = 0.$$

但是对于 $x = 0$,

$$\lim_{\varepsilon \to 0} \frac{1}{\pi} \frac{\varepsilon}{\varepsilon^2 + x^2} = \lim_{\varepsilon \to 0} \frac{1}{\pi} \frac{\varepsilon}{\varepsilon^2} = \lim_{\varepsilon \to 0} \frac{1}{\pi} \frac{1}{\varepsilon} = \infty ,$$

从积分的意义下看,

$$\lim_{\varepsilon \to 0} \int_{-\infty}^{\infty} \frac{1}{\pi} \frac{\varepsilon}{\varepsilon^2 + x^2} dx = \lim_{\varepsilon \to 0} \frac{2}{\pi} \int_{0}^{\infty} \frac{d(x/\varepsilon)}{1 + (x/\varepsilon)^2}$$

$$= \lim_{\varepsilon \to 0} \frac{2}{\pi} \arctan \frac{x}{\varepsilon} \bigg|_{0}^{\infty} = 1$$

同时,(5.3.13)(5.3.14)及(5.3.15)三式均满足(5.3.5)式. 因此它们均符合 δ 函数的定义.

(四) δ 函数的傅里叶变换

按照(5.2.14)及(5.2.15)将 δ 函数表为复数形式的傅里叶积分,

$$\delta(x) = \int_{-\infty}^{\infty} C(\omega) e^{i\omega x} d\omega ,$$

其中傅里叶变换

$$C(\omega) = \frac{1}{2\pi} \int_{-\infty}^{\infty} \delta(x) e^{-i\omega x} dx = \frac{1}{2\pi} e^{-i\omega \cdot 0} = \frac{1}{2\pi}. \tag{5.3.16}$$

这样, δ 函数的傅里叶积分是

$$\delta(x) = \frac{1}{2\pi} \int_{-\infty}^{\infty} e^{i\omega x} d\omega . \tag{5.3.17}$$

以(5.3.17)作为 δ 函数的表达式在应用中很重要. 当然, 在通常意义下, (5.3.17)中的积分是没有意义的. 应该在运算的意义下来理解才正确.

这里顺便说说(5.3.14)及(5.3.15)的来由. 在形式上, 用通常的方法计算(5.3.17)右边的积分,

$$\delta(x) = \lim_{K \to \infty} \frac{1}{2\pi} \int_{-K}^{K} e^{i\omega x} d\omega = \lim_{K \to \infty} \frac{1}{\pi} \frac{e^{iKx} - e^{-iKx}}{2ix}$$

$$= \lim_{K \to \infty} \frac{1}{\pi} \frac{\sin Kx}{x} = \begin{cases} \infty & (x = 0), \\ 不存在 & (x \neq 0). \end{cases}$$

这就是(5.3.14). 或者换个方式计算(5.3.17)的积分, 即以收敛因子 $e^{\varepsilon\omega}$ 或 $e^{-\varepsilon\omega}$ 乘被积函数, 算出积分后再令 $\varepsilon \to 0$. 这样,

$$\frac{1}{2\pi} \int_{-\infty}^{\infty} e^{i\omega x} d\omega = \lim_{\varepsilon \to 0} \frac{1}{2\pi} \left[\int_{-\infty}^{0} e^{(\varepsilon + ix)\omega} d\omega + \int_{0}^{\infty} e^{(-\varepsilon + ix)\omega} d\omega \right]$$

$$= \lim_{\varepsilon \to 0} \frac{1}{2\pi} \left(\frac{1}{\varepsilon + ix} + \frac{1}{\varepsilon - ix} \right) = \lim_{\varepsilon \to 0} \frac{1}{\pi} \frac{\varepsilon}{\varepsilon^2 + x^2} = \begin{cases} \infty & (x = 0), \\ 0 & (x \neq 0). \end{cases}$$

这就是(5.3.15).

上面关于 δ 函数的傅里叶变换(5.3.16)和傅里叶积分(5.3.17)的导出方法其实颇成问题. 事实上, δ 函数并非通常意义上的函数, 根本不满足傅里叶积分定理的条件, 不存在通常意义上的傅里叶变换. 我们知道, 在积分的意义下, δ 函数可看成是某种通常函数序列的极限, 如(5.3.13)—(5.3.15)所示, 而这些通常函数的傅里叶变换是存在的. 于是, 不妨将这些通常函

数的傅里叶变换序列的极限看成是 δ 函数的傅里叶变换，这里的极限自然也是从积分意义来理解的. 不过，这里傅里叶变换已非通常意义的傅里叶变换而是**广义傅里叶变换**.

从 (5.3.13) 出发，由 §5.2 例 3，

$$\mathscr{F}\left[\frac{1}{l}\mathrm{rect}\left(\frac{x}{l}\right)\right]=\frac{1}{2\pi}\frac{\sin(\omega l/2)}{\omega l/2},$$

因而得到 δ 函数的广义傅里叶变换

$$\mathscr{F}[\delta(x)]=\lim_{l\to0}\frac{1}{2\pi}\frac{\sin(\omega l/2)}{\omega l/2}=\frac{1}{2\pi},$$

这正是 (5.3.16).

例 1 计算 $\frac{1}{r}\delta(r-c)$ 的三重傅里叶变换，这里 r 是球坐标中的极径，而 c 是正的实数.

解 应用 (5.2.26)，$\frac{1}{r}\delta(r-c)$ 的三重傅里叶变换为

$$\mathscr{F}\left[\frac{1}{r}\delta(r-c)\right]=\frac{1}{(2\pi)^3}\iiint_{-\infty}^{\infty}\frac{1}{r}\delta(r-c)\mathrm{e}^{-i\boldsymbol{k}\cdot\boldsymbol{r}}\mathrm{d}x\mathrm{d}y\mathrm{d}z.$$

利用球坐标计算这一积分，以 $\boldsymbol{k}$ 的方向作为球坐标系的极轴方向

$$\begin{aligned}\mathscr{F}\left[\frac{1}{r}\delta(r-c)\right]&=\frac{1}{(2\pi)^3}\int_{r=0}^{\infty}\int_{\theta=0}^{\pi}\int_{\varphi=0}^{2\pi}\frac{1}{r}\delta(r-c)\mathrm{e}^{-ikr\cos\theta}\cdot r^2\sin\theta\mathrm{d}r\mathrm{d}\theta\mathrm{d}\varphi\\&=\frac{1}{(2\pi)^2}\int_{r=0}^{\infty}\int_{\theta=0}^{\pi}\delta(r-c)\mathrm{e}^{-ikr\cos\theta}r\mathrm{d}(-\cos\theta)\mathrm{d}r\\&=\frac{1}{(2\pi)^2}\int_0^{\infty}\delta(r-c)\frac{1}{ik}(\mathrm{e}^{ikr}-\mathrm{e}^{-ikr})\mathrm{d}r\\&=\frac{1}{(2\pi)^2}\frac{1}{ik}(\mathrm{e}^{ikc}-\mathrm{e}^{-ikc}).\end{aligned}$$

例 2 求阶跃函数

$$H(x)=\begin{cases}0&(x<0),\\1&(x>0).\end{cases}$$

的傅里叶变换.

解 由于 $\int_{-\infty}^{\infty}|H(x)|\mathrm{d}x=\int_0^{\infty}\mathrm{d}x$ 发散，所以 $H(x)$ 的通常意义上的傅里叶变换不存在. 现在将 $H(x)$ 看作函数系列

$$H(x;\beta)=\begin{cases}\mathrm{e}^{-\beta x}&(x>0),\\0&(x<0).\end{cases}$$

在 $\beta\to0^+$ 的极限. 即

$$H(x)=\lim_{\beta\to0^+}H(x;\beta)=\lim_{\beta\to0^+}\begin{cases}\mathrm{e}^{-\beta x}&(x>0),\\0&(x<0).\end{cases}$$

而 $H(x;\beta)$ 的傅里叶变换是存在的：

$$\mathscr{F}\left[H(x;\beta)\right] = \frac{1}{2\pi}\int_0^\infty e^{-\beta x}e^{-i\omega x}dx = \frac{1}{2\pi}\int_0^\infty e^{-(\beta+i\omega)x}dx$$

$$= -\frac{1}{2\pi}\frac{1}{\beta+i\omega}e^{-(\beta+i\omega)x}\Big|_0^\infty = \frac{1}{2\pi}\frac{1}{\beta+i\omega}.$$

下面就以 $\mathscr{F}\left[H(x;\beta)\right]$ 在 $\beta\to 0^+$ 时的极限作为 $H(x)$ 的傅里叶变换.

$$\mathscr{F}\left[H(x)\right] = \lim_{\beta\to 0}\frac{1}{2\pi(\beta+i\omega)}$$

$$= \frac{1}{2\pi}\lim_{\beta\to 0}\left(\frac{\beta}{\beta^2+\omega^2} - i\frac{\omega}{\beta^2+\omega^2}\right),$$

其中

$$\lim_{\beta\to 0}\frac{\beta}{\beta^2+\omega^2} = \begin{cases} 0 & (\omega\neq 0), \\ \infty & (\omega=0). \end{cases}$$

而

$$\lim_{\beta\to 0}\int_{-\infty}^\infty \frac{\beta}{\beta^2+\omega^2}d\omega = \lim_{\beta\to 0}\left[\arctan\frac{\omega}{\beta}\right]_{-\infty}^\infty = \frac{\pi}{2} - \left(-\frac{\pi}{2}\right) = \pi.$$

所以

$$\lim_{\beta\to 0}\frac{\beta}{\beta^2+\omega^2} = \pi\delta(\omega).$$

又

$$\lim_{\beta\to 0}\frac{\omega}{\beta^2+\omega^2} = \begin{cases} 0 & (\omega=0), \\ \dfrac{1}{\omega} & (\omega\neq 0). \end{cases}$$

我们将这记作

$$\lim_{\beta\to 0}\frac{\omega}{\beta^2+\omega^2} = \mathscr{P}\frac{1}{\omega} = \begin{cases} 0 & (\omega=0), \\ \dfrac{1}{\omega} & (\omega\neq 0). \end{cases}$$

这样,

$$\mathscr{F}\left[H(x)\right] = \frac{1}{2}\delta(\omega) - \frac{i}{2\pi}\mathscr{P}\frac{1}{\omega}.$$

（五）多维的 δ 函数

有时也会遇到多维的 δ 函数, 例如在三维空间位于坐标原点质量为 m 的质点, 其密度函数可表为 $m\delta(\boldsymbol{r})$, 其中 $\delta(\boldsymbol{r})$ 定义如下:

$$\delta(\boldsymbol{r}) = \begin{cases} 0 & (\boldsymbol{r}\neq 0), \\ \infty & (\boldsymbol{r}=0), \end{cases} \tag{5.3.18}$$

$$\iiint_{-\infty}^\infty \delta(\boldsymbol{r})d\boldsymbol{r} = 1. \tag{5.3.19}$$

在直角坐系中, 这样的二维 δ 函数用两个一维 δ 函数的乘积表示.

$$\delta(x,y) = \delta(x)\delta(y). \tag{5.3.20}$$

在平面极坐标中, δ 函数表示为

$$\delta(r,\varphi) = \frac{\delta(r)\delta(\varphi)}{r},\qquad(5.3.21)$$

类似地,在三维空间,δ函数用三个一维δ函数的乘积表示.

在直角坐标系中,

$$\delta(x,y,z) = \delta(x)\delta(y)\delta(z),\qquad(5.3.22)$$

在柱坐标系中,

$$\delta(\rho,\varphi,z) = \frac{1}{\rho}\delta(\rho)\delta(\varphi)\delta(z),\qquad(5.3.23)$$

在球坐标系中,

$$\delta(r,\theta,\varphi) = \frac{1}{r^2\sin\theta}\delta(r)\delta(\theta)\delta(\varphi)\qquad(5.3.24)$$

显然,表达式(5.3.20)—(5.3.24)均满足(5.3.18)—(5.3.19)式.

习　　题

1. 验证§5.2例2的频谱$B(\omega)$(图5-4)于$N\to\infty$时就成为$A\delta(\omega-\omega_0)-A\delta(\omega+\omega_0)$,并解释这结果的物理意义.

2. 将$\delta(x)$展为实数形式的傅里叶积分.

第六章　拉普拉斯变换

§6.1　拉普拉斯变换

（一）　拉普拉斯变换的定义

上一章指出，傅里叶积分与傅里叶变换存在的条件是原函数 $f(x)$ 在任一有限区间满足狄里希利条件，并且在 $(-\infty,\infty)$ 区间上绝对可积. 这是一个相当强的条件，以至于许多常见的函数（例如多项式、三角函数等）都不满足这一条件. 本章介绍另一种变换——**拉普拉斯变换**. 这种变换存在的条件比傅里叶变换存在的条件要宽.

拉普拉斯变换常用于初始值问题，即已知某个物理量在初始时刻 $t=0$ 的值 $f(0)$，而求解它在初始时刻之后的变化情况 $f(t)$. 至于它在初始时刻之前的值，我们置

$$f(t)=0 \quad (t<0). \tag{6.1.1}$$

为了获得较宽的变换条件，构造一个函数 $g(t)$，

$$g(t)=\mathrm{e}^{-\sigma t}f(t). \tag{6.1.2}$$

这里 $\mathrm{e}^{-\sigma t}$ 为收敛因子，正的实数 σ 的值选得如此之大，以保证 $g(t)$ 在区间 $(-\infty,\infty)$ 上绝对可积. 于是，可以对 $g(t)$ 施行傅里叶变换：

$$G(\omega)=\frac{1}{2\pi}\int_{-\infty}^{\infty}g(t)\mathrm{e}^{-\mathrm{i}\omega t}\mathrm{d}t=\frac{1}{2\pi}\int_{0}^{\infty}f(t)\mathrm{e}^{-(\sigma+\mathrm{i}\omega)t}\mathrm{d}t.$$

将 $\sigma+\mathrm{i}\omega$ 记作 p，并将 $G(\omega)$ 改记作 $\bar{f}(p)/2\pi$，则

$$\bar{f}(p)=\int_{0}^{\infty}f(t)\mathrm{e}^{-pt}\mathrm{d}t. \tag{6.1.3}$$

其中积分 $\int_{0}^{\infty}f(t)\mathrm{e}^{-pt}\mathrm{d}t$ 称为**拉普拉斯积分**，$\bar{f}(p)$ 称为 $f(t)$ 的**拉普拉斯变换函数**.（6.1.3）代表着从 $f(t)$ 到 $\bar{f}(p)$ 的一种积分变换，称为**拉普拉斯变换**（简称**拉氏变换**），e^{-pt} 称为拉普拉斯变换的**核**.

$G(\omega)$ 的傅里叶逆变换是

$$g(t)=\int_{-\infty}^{\infty}G(\omega)\mathrm{e}^{\mathrm{i}\omega t}\mathrm{d}\omega=\frac{1}{2\pi}\int_{-\infty}^{\infty}\bar{f}(\sigma+\mathrm{i}\omega)\mathrm{e}^{\mathrm{i}\omega t}\mathrm{d}\omega,$$

即

$$f(t)=\frac{1}{2\pi}\int_{-\infty}^{\infty}\bar{f}(\sigma+\mathrm{i}\omega)\mathrm{e}^{(\sigma+\mathrm{i}\omega)t}\mathrm{d}\omega.$$

由 $\sigma+\mathrm{i}\omega=p$，有 $\mathrm{d}\omega=\frac{1}{\mathrm{i}}\mathrm{d}p$. 所以

$$f(t) = \frac{1}{2\pi i} \int_{\sigma - i\infty}^{\sigma + i\infty} \bar{f}(p) e^{pt} dp. \tag{6.1.4}$$

$\bar{f}(p)$ 又称为**像函数**，而 $f(t)$ 称为**原函数**，它们之间的关系常用简单的符号写为

$$\bar{f}(p) = \mathscr{L}[f(t)], \tag{6.1.5}$$

$$f(t) = \mathscr{L}^{-1}[\bar{f}(p)]. \tag{6.1.6}$$

或

$$\bar{f}(p) \doteqdot f(t), \tag{6.1.7}$$

$$f(t) \doteqdot \bar{f}(p). \tag{6.1.8}$$

注意：由于(6.1.1)，原函数 $f(t)$ 应理解为 $f(t)H(t)$，虽然 $H(t)$ 通常都省略不写.

拉普拉斯变换，即(6.1.3)中的积分存在的条件是：(1)在 $0 \leqslant t < \infty$ 的任一有限区间上，除了有限个第一类间断点外，函数 $f(t)$ 及其导数是处处连续的，(2)存在常数 $M > 0$ 和 $\sigma \geqslant 0$，使对任何 t 值($0 \leqslant t < \infty$)，有

$$|f(t)| < Me^{\sigma t}. \tag{6.1.9}$$

σ 的下界称为**收敛横标**，用 σ_0 表示. 在实际应用中，大多数函数都满足这个充分条件.

例1　求 $\mathscr{L}[1]$.

解　在 $\mathrm{Re}\, p > 0$(即 $\sigma > 0$)的半平面上，

$$\int_0^\infty 1 \cdot e^{-pt} dt = \frac{1}{p},$$

所以

$$\mathscr{L}[1] = \frac{1}{p} \quad (\mathrm{Re}\, p > 0).$$

例2　求 $\mathscr{L}[t]$.

解　在 $\mathrm{Re}\, p > 0$ 的半平面上，

$$\int_0^\infty t e^{-pt} dt = -\frac{1}{p} \int_0^\infty t\, d(e^{-pt})$$

$$= -\frac{1}{p}[t e^{-pt}]\Big|_0^\infty + \frac{1}{p} \int_0^\infty e^{-pt} dt$$

$$= \frac{1}{p} \int_0^\infty e^{-pt} dt = \frac{1}{p^2},$$

所以

$$\mathscr{L}[t] = \frac{1}{p^2} \quad (\mathrm{Re}\, p > 0).$$

同理

$$\mathscr{L}[t^n] = \frac{n!}{p^{n+1}}.$$

例3　求 $\mathscr{L}[e^{st}]$，s 为常数.

解　在 $\mathrm{Re}\, p > \mathrm{Re}\, s$ 的半平面上，

$$\int_0^\infty e^{st} e^{-pt} dt = \int_0^\infty e^{-(p-s)t} dt = -\frac{1}{p-s}\left[e^{-(p-s)t}\right]\Big|_0^\infty$$

$$= \frac{1}{p-s}.$$

所以

$$\mathscr{L}\left[e^{st}\right] = \frac{1}{p-s} \quad (\text{Re } p > \text{Re } s).$$

例 4　求 $\mathscr{L}\left[te^{st}\right]$，$s$ 为常数.

解　在 $\text{Re } p > \text{Re } s$ 的半平面上，

$$\int_0^\infty te^{st}e^{-pt}dt = -\frac{1}{p-s}\int_0^\infty t\,d\left[e^{-(p-s)t}\right]$$

$$= -\frac{1}{p-s}\left\{\left[te^{-(p-s)t}\right]\Big|_0^\infty - \int_0^\infty e^{-(p-s)t}dt\right\}$$

$$= \frac{1}{(p-s)^2}.$$

所以

$$\mathscr{L}\left[te^{st}\right] = \frac{1}{(p-s)^2} \quad (\text{Re } p > \text{Re } s).$$

同理

$$\mathscr{L}\left[t^n e^{st}\right] = \frac{n!}{(p-s)^{n+1}}.$$

例 5　求 $\mathscr{L}\left[tf(t)\right]$，其中 $f(t)$ 是存在拉氏变换的任意函数.

解　将拉氏变换的定义式(6.1.3)两边分别对 p 求导，

$$\frac{d\bar{f}(p)}{dp} = \int_0^\infty e^{-pt}(-t)f(t)\,dt,$$

从而

$$tf(t) \fallingdotseq (-1)\frac{d}{dp}\bar{f}(p).$$

依此类推，有

$$t^n f(t) \fallingdotseq (-1)^n \frac{d^n}{dp^n}\bar{f}(p).$$

（二）拉普拉斯变换的基本性质

由(6.1.3)定义的拉普拉斯变换函数 $\bar{f}(p)$ 具有以下特性.

（1）$\bar{f}(p)$ 是在 $\text{Re } p = \sigma > \sigma_0$ 的半平面上的解析函数.

证　对于任意实常数 $\sigma > \sigma_0$，我们来考察积分 $\int_0^\infty \frac{d}{dp}[f(t)e^{-pt}]dt$. 利用(6.1.9)，

$$\int_0^\infty \left|\frac{d}{dp}[f(t)e^{-pt}]\right|dt \leqslant \int_0^\infty |f(t)|te^{-\sigma t}dt$$

$$< M\int_0^\infty te^{-(\sigma-\sigma_0)t}dt = \frac{M}{(\sigma-\sigma_0)^2}$$

因而 $\int_0^\infty \frac{d}{dp}[f(t)e^{-pt}]dt$ 是一致收敛的，于是可以交换求导和积分的次序，即

$$\frac{d}{dp}\bar{f}(p) = \frac{d}{dp}\int_0^\infty f(t)e^{-pt}dt = \int_0^\infty \frac{d}{dp}[f(t)e^{-pt}]dt,$$

由此可见，$\bar{f}(p)$ 在 Re $p>\sigma_0$ 的半平面上处处可导，即在 Re $p>\sigma_0$ 的半平面上 $\bar{f}(p)$ 是解析函数.

（2）当 $|p|\to\infty$，而 $|\text{Arg }p|\leqslant\dfrac{\pi}{2}-\varepsilon(\varepsilon>0)$ 时，$\bar{f}(p)$ 存在，且满足

$$\lim_{p\to\infty}\bar{f}(p)=0. \tag{6.1.10}$$

证 由（6.1.3）

$$|\bar{f}(p)|=\left|\int_0^\infty f(t)\mathrm{e}^{-pt}\mathrm{d}t\right|\leqslant\int_0^\infty|f(t)\mathrm{e}^{-pt}|\mathrm{d}t<M\int_0^\infty\mathrm{e}^{-(\sigma-\sigma_0)t}\mathrm{d}t$$

$$=\frac{M}{\sigma-\sigma_0}$$

因而，（6.1.3）中积分收敛，且 $\lim\limits_{p\to\infty}\dfrac{M}{\sigma-\sigma_0}=0$，从而（6.1.10）成立.

除了某些奇点，像函数 $\bar{f}(p)$ 常常可以解析延拓到全平面上去. 像函数的解析性质在拉普拉斯变换的理论中有着重要的意义.

下面介绍拉普拉斯变换的一些重要性质.

（1）线性定理 若 $f_1(t)\doteqdot\bar{f}_1(p)$，$f_2(t)\doteqdot\bar{f}_2(p)$，则

$$c_1f_1(t)+c_2f_2(t)\doteqdot c_1\bar{f}_1(p)+c_2\bar{f}_2(p). \tag{6.1.11}$$

证 由（6.1.3）

$$c_1f_1(t)+c_2f_2(t)\doteqdot\int_0^\infty[c_1f_1(t)+c_2f_2(t)]\mathrm{e}^{-pt}\mathrm{d}t$$

$$=\int_0^\infty c_1f_1(t)\mathrm{e}^{-pt}\mathrm{d}t+\int_0^\infty c_2f_2(t)\mathrm{e}^{-pt}\mathrm{d}t$$

$$=c_1\bar{f}_1(p)+c_2\bar{f}_2(p).$$

例 6 求 $\mathscr{L}[\sin\omega t]$，$\omega$ 为常数.

解 $\sin\omega t=\dfrac{1}{2\mathrm{i}}(\mathrm{e}^{\mathrm{i}\omega t}-\mathrm{e}^{-\mathrm{i}\omega t})$，所以

$$\mathscr{L}[\sin\omega t]=\mathscr{L}\left[\frac{1}{2\mathrm{i}}(\mathrm{e}^{\mathrm{i}\omega t}-\mathrm{e}^{-\mathrm{i}\omega t})\right]=\frac{1}{2\mathrm{i}}\mathscr{L}[\mathrm{e}^{\mathrm{i}\omega t}]-\frac{1}{2\mathrm{i}}\mathscr{L}[\mathrm{e}^{-\mathrm{i}\omega t}]$$

$$=\frac{1}{2\mathrm{i}}\left[\frac{1}{p-\mathrm{i}\omega}-\frac{1}{p+\mathrm{i}\omega}\right]$$

$$=\frac{\omega}{p^2+\omega^2}\quad(\text{Re }p>0).$$

同理，

$$\mathscr{L}[\cos\omega t]=\frac{p}{p^2+\omega^2}\quad(\text{Re }p>0).$$

（2）导数定理

$$f'(t)\doteqdot p\bar{f}(p)-f(0). \tag{6.1.12}$$

证

$$f'(t)\doteqdot\int_0^\infty f'(t)\mathrm{e}^{-pt}\mathrm{d}t=\int_0^\infty\mathrm{e}^{-pt}\mathrm{d}f$$

$$=[\mathrm{e}^{-pt}f(t)]\Big|_0^\infty-\int_0^\infty f(t)\mathrm{d}(\mathrm{e}^{-pt}).$$

取 Re $p>\sigma_0$，有 $\lim\limits_{t\to\infty}\mathrm{e}^{-pt}f(t)=0$，于是，

$$f'(t) \doteq -f(0) - \int_0^\infty f(t)\mathrm{d}(\mathrm{e}^{-pt}) = p\int_0^\infty f(t)\mathrm{e}^{-pt}\mathrm{d}t - f(0)$$

$$= p\bar{f}(p) - f(0) \quad (\mathrm{Re}\, p > \sigma_0).$$

推广到高阶导数，

$$f^{(n)}(t) \doteq p^n\bar{f}(p) - p^{n-1}f(0) - p^{n-2}f'(0) - \cdots - pf^{(n-2)}(0) - f^{(n-1)}(0). \tag{6.1.13}$$

（3）积分定理 $\qquad\qquad \int_0^t \psi(\tau)\mathrm{d}\tau \doteq \dfrac{1}{p}\mathscr{L}[\psi(t)].$ $\qquad\qquad$ (6.1.14)

证 考虑函数 $f(t) = \int_0^t \psi(\tau)\mathrm{d}\tau$，对 $f(t)$ 应用导数定理(6.1.12)，

$$f'(t) \doteq p\mathscr{L}[f(t)] - f(0) = p\mathscr{L}[f(t)],$$

其中 $f(0) = \int_0^0 \psi(\tau)\mathrm{d}\tau = 0.$ 所以

$$\frac{1}{p}\mathscr{L}[\psi(t)] = \mathscr{L}[f(t)] = \mathscr{L}\left[\int_0^t \psi(\tau)\mathrm{d}\tau\right],$$

即 $\qquad\qquad\qquad \int_0^t \psi(\tau)\mathrm{d}\tau \doteq \dfrac{1}{p}\mathscr{L}[\psi(t)].$

（4）相似性定理 $\qquad\qquad f(at) \doteq \dfrac{1}{a}\bar{f}\left(\dfrac{p}{a}\right).$ $\qquad\qquad$ (6.1.15)

（5）位移定理 $\qquad\qquad \mathrm{e}^{-\lambda t}f(t) \doteq \bar{f}(p+\lambda).$ $\qquad\qquad$ (6.1.16)

请读者仿照傅里叶变换的情形验证以上两条定理.

（6）延迟定理 $\qquad\qquad f(t-t_0) \doteq \mathrm{e}^{-pt_0}\bar{f}(p).$ $\qquad\qquad$ (6.1.17)

证 $f(t-t_0) \doteq \int_0^\infty f(t-t_0)\mathrm{e}^{-pt}\mathrm{d}t,$

我们知道，原函数 $f(t)$ 应理解为 $f(t)H(t)$，因而上式里的 $f(t-t_0)$ 应理解为 $f(t-t_0)H(t-t_0)$，如图 6-1 中的虚线所示. 因而积分下限 0 可改为 t_0，即

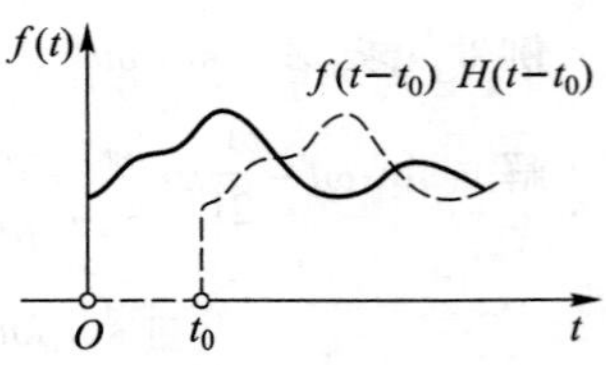

$$f(t-t_0) \doteq \int_{t_0}^\infty f(t-t_0)\mathrm{e}^{-pt}\mathrm{d}t.$$

图 6-1

改用 $\xi = t - t_0$ 代替 t 作为积分变量，则

$$f(t-t_0) \doteq \int_0^\infty f(\xi)\mathrm{e}^{-p(\xi+t_0)}\mathrm{d}\xi = \mathrm{e}^{-pt_0}\int_0^\infty f(\xi)\mathrm{e}^{-p\xi}\mathrm{d}\xi$$

$$= \mathrm{e}^{-pt_0}\bar{f}(p).$$

（7）卷积定理 若 $f_1(t) \doteq \bar{f}_1(p)$，$f_2(t) \doteq \bar{f}_2(p)$，则

$$f_1(t) * f_2(t) \doteq \bar{f}_1(p)\bar{f}_2(p), \tag{6.1.18}$$

其中 $f_1(t) * f_2(t) \equiv \int_0^t f_1(\tau)f_2(t-\tau)\mathrm{d}\tau$ 称为 $f_1(t)$ 与 $f_2(t)$ 的**卷积**.

证 $\quad \mathscr{L}[f_1(t) * f_2(t)]$

$$= \int_0^\infty f_1(t) * f_2(t)\mathrm{e}^{-pt}\mathrm{d}t$$

$$= \int_0^\infty \left[\int_0^t f_1(\tau) f_2(t-\tau) \mathrm{d}\tau \right] \mathrm{e}^{-pt} \mathrm{d}t.$$

这是二重积分，先对 τ 积分，再对 t 积分，积分区域为图6-2中的画线区域. 现在改变积分次序，先对 t 积分，再对 τ 积分，积分限可参照图6-2确定.

$$\mathscr{L}\left[f_1(t) * f_2(t) \right]$$
$$= \int_0^\infty \left[\int_\tau^\infty f_2(t-\tau) \mathrm{e}^{-pt} \mathrm{d}t \right] f_1(\tau) \mathrm{d}\tau.$$

改用 $\xi = t - \tau$ 代替 t 作为积分变数，

$$\mathscr{L}\left[f_1(t) * f_2(t) \right] = \int_0^\infty \left[\int_0^\infty f_2(\xi) \mathrm{e}^{-p\xi} \mathrm{d}\xi \right] f_1(\tau) \mathrm{e}^{-p\tau} \mathrm{d}\tau$$
$$= \int_0^\infty f_1(\tau) \mathrm{e}^{-p\tau} \mathrm{d}\tau \int_0^\infty f_2(\xi) \mathrm{e}^{-p\xi} \mathrm{d}\xi$$
$$= \bar{f}_1(p) \bar{f}_2(p).$$

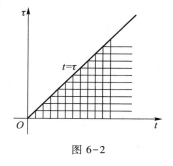

图 6-2

习　　题

求下列函数的拉普拉斯变换函数.

(1) $\mathrm{sh}\,\omega t$, $\mathrm{ch}\,\omega t$,

(2) $\mathrm{e}^{-\lambda t}\sin \omega t$, $\mathrm{e}^{-\lambda t}\cos \omega t$,

(3) $\dfrac{1}{\sqrt{\pi t}}$,

(4) $\delta(t-\tau)$.

§6.2　拉普拉斯变换的反演

拉普拉斯变换主要用于求解线性微分方程(或积分方程). 经过变换，原函数所遵从的微分(或积分)方程变成了像函数所遵从的代数方程，代数方程比较容易求解. 但是解出像函数后还必须回到原函数，这才是所求的解. 由像函数求原函数的手续称为**拉普拉斯变换的反演**. 那么，怎样进行反演呢?

(一) 有理分式反演法

如果像函数是有理分式，只要将有理分式分解成分项分式，然后利用拉普拉斯变换的基本公式(例如§6.1 例1—例4 及习题1(2)的结果)，就能得到相应的原函数.

例1　求 $\bar{f}(p) = \dfrac{p^3+2p^2-9p+36}{p^4-81}$ 的原函数.

解　先将这个有理分式分解成分项分式，

$$\bar{f}(p) = \frac{p^3+2p^2-9p+36}{(p-3)(p+3)(p^2+9)}$$
$$= \frac{1}{2} \cdot \frac{1}{p-3} - \frac{1}{2} \cdot \frac{1}{p+3} + \frac{p-1}{p^2+9}$$
$$= \frac{1}{2} \cdot \frac{1}{p-3} - \frac{1}{2} \cdot \frac{1}{p+3} + \frac{p}{p^2+9} - \frac{1}{3} \cdot \frac{3}{p^2+9}.$$

应用 §6.1 例 3 及例 6 的结果，即得

$$f(t) = \frac{1}{2}e^{3t} - \frac{1}{2}e^{-3t} + \cos 3t - \frac{1}{3}\sin 3t.$$

（二）查表法

许多函数的拉普拉斯变换都制成了表格. 附录二便是一个比较简单的拉普拉斯变换函数表. 从表上直接查找很方便. 特别是在比较完备的拉普拉斯变换函数手册中，对于一般常见的函数，都能查出其原函数. 有些像函数，虽然不能直接从表中查出其原函数，但可以利用上节的延迟定理、位移定理和卷积定理，再配合查表而解决其反演问题.

例 2　求 $\dfrac{e^{-\tau p}}{\sqrt{p}}$ 的原函数.

解　先抛开因子 $e^{-\tau p}$，从本书附录二的第 12 式查得 $\dfrac{1}{\sqrt{p}} \rightleftharpoons \dfrac{1}{\sqrt{\pi t}}$. 再利用延迟定理，将原函数中的 t 换为 $t-\tau$，即得

$$\frac{e^{-\tau p}}{\sqrt{p}} \rightleftharpoons \frac{1}{\sqrt{\pi(t-\tau)}}.$$

例 3　求 $\dfrac{\omega}{(p+\lambda)^2+\omega^2}$ 和 $\dfrac{p+\lambda}{(p+\lambda)^2+\omega^2}$ 的原函数.

解　先将两函数里的 $p+\lambda$ 位移为 p，从附录二第 5、6 两式查得

$$\frac{\omega}{p^2+\omega^2} \rightleftharpoons \sin \omega t, \quad \frac{p}{p^2+\omega^2} \rightleftharpoons \cos \omega t.$$

再应用位移定理，即得

$$\frac{\omega}{(p+\lambda)^2+\omega^2} \rightleftharpoons e^{-\lambda t}\sin \omega t, \qquad \frac{p+\lambda}{(p+\lambda)^2+\omega^2} \rightleftharpoons e^{-\lambda t}\cos \omega t.$$

例 4　求 $\dfrac{e^{-\alpha p}}{p(p+b)}$ 的原函数.

解　从 §6.1 例题知，$1/p \rightleftharpoons H(t)$，应用延迟定理，$e^{-\alpha p}/p \rightleftharpoons H(t-\alpha)$. 又 $1/(p+b) \rightleftharpoons e^{-bt}$. 这样，本题给的像函数可以看作 $e^{-\alpha p}/p$ 与 $1/(p+b)$ 的乘积，应用卷积定理，即得

$$\frac{e^{-\alpha p}}{p(p+b)} \rightleftharpoons \int_\alpha^t H(\tau-\alpha)e^{-b(t-\tau)}d\tau$$

$$= H(t-\alpha)\int_\alpha^t e^{-b(t-\tau)}d\tau$$

$$= H(t-\alpha)\left[\frac{1}{b}e^{-b(t-\tau)}\right]\Bigg|_\alpha^t$$

$$= \frac{1}{b}\left[1 - e^{-b(t-\tau)}\right]H(t-\alpha).$$

*（三）黎曼-梅林反演公式

在不能用以上两种方法求反演时，原则上可利用 (6.1.4) 求原函数. (6.1.4) 正是著名的**黎曼-梅林反演公式**. 这是从像函数求原函数的一般公式. 根据拉普拉斯变换存在的条件及其特性，我们进一步知道，在 (6.1.4) 中，σ 应是大于收敛横标 σ_0 的任意正数. 而积分路径是 p 平

面上平行于虚轴的一条直线，像函数在这条直线的右半平面上没有奇点.

由于像函数 $\bar{f}(p)$ 是 p 的解析函数，(6.1.4)中的积分可以借助于留数定理而求得. 为了应用留数定理，需要将§4.2中的约当引理加以推广.

推广的约当引理 设 C_R 是以 $p=0$ 为圆心，以 R 为半径的圆周在直线 Re $p=a(>0)$ 左侧的圆弧. 若当 $|p|\to\infty$ 时，$\bar{f}(p)$ 在 $\dfrac{\pi}{2}-\delta\leqslant \text{Arg } p\leqslant\dfrac{3}{2}\pi+\delta$ 中一致趋于零（δ 是小于 $\dfrac{\pi}{2}$ 的任意正数），则

$$\lim_{R\to\infty}\int_{C_R}\bar{f}(p)\,\mathrm{e}^{pt}\mathrm{d}p=0 \quad (t>0).\tag{6.2.1}$$

证 如图 6-3 所示，

$$\int_{C_R}\bar{f}(p)\,\mathrm{e}^{pt}\mathrm{d}p=\int_{\widehat{AB}}\bar{f}(p)\,\mathrm{e}^{pt}\mathrm{d}p+\int_{\widehat{BCD}}\bar{f}(p)\,\mathrm{e}^{pt}\mathrm{d}p$$
$$+\int_{\widehat{DE}}\bar{f}(p)\,\mathrm{e}^{pt}\mathrm{d}p.$$

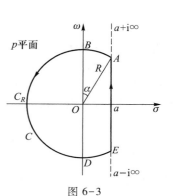

图 6-3

对右端第二个积分，作变数代换，$p=\mathrm{i}z$，这相当于将 p 平面上的左半圆周 $\widehat{BCD}$ 变成 z 平面上的上半圆周 C_R'，则由§4.2的约当引理，有

$$\lim_{R\to\infty}\int_{\widehat{BCD}}\bar{f}(p)\,\mathrm{e}^{pt}\mathrm{d}p=\lim_{R\to\infty}\mathrm{i}\int_{C_R'}\bar{f}(\mathrm{i}z)\,\mathrm{e}^{\mathrm{i}tz}\mathrm{d}z=0.$$

现在再来估计 $\widehat{AB}$ 上的积分值. 任给 $\varepsilon>0$，取 R 足够大，使 $|\bar{f}(p)|<\varepsilon$，则

$$\left|\int_{\widehat{AB}}\bar{f}(p)\,\mathrm{e}^{pt}\mathrm{d}p\right|\leqslant\int_{\widehat{AB}}\left|\bar{f}(p)\right|\left|\mathrm{e}^{tR(\cos\theta+\mathrm{i}\sin\theta)}\right|\left|R\mathrm{e}^{\mathrm{i}\theta}\mathrm{i}\mathrm{d}\theta\right|$$
$$=\int_{\widehat{AB}}\left|\bar{f}(p)\right|\mathrm{e}^{tR\cos\theta}R\mathrm{d}\theta<\varepsilon\,\mathrm{e}^{at}R\alpha,$$

其中 a 为常数. 在 $\widehat{AB}$ 上，$R\cos\theta\leqslant a$，当 $R\to\infty$ 时，$\alpha\to 0$，但 $R\alpha\sim R\sin\alpha=a$，因此上式右边可任意小，而有

$$\lim_{R\to\infty}\int_{\widehat{AB}}\bar{f}(p)\,\mathrm{e}^{pt}\mathrm{d}p=0.$$

同理

$$\lim_{R\to\infty}\int_{\widehat{DE}}\bar{f}(p)\,\mathrm{e}^{pt}\mathrm{d}p=0.$$

于是证明了(6.2.1).

现在考虑回路积分（仍如图 6-3）

$$\oint_l\bar{f}(p)\,\mathrm{e}^{pt}\mathrm{d}p=\int_E^A\bar{f}(p)\,\mathrm{e}^{pt}\mathrm{d}p+\int_{C_R}\bar{f}(p)\,\mathrm{e}^{pt}\mathrm{d}p,$$

于 $R\to\infty$ 时，左端积分值为 $\bar{f}(p)\mathrm{e}^{pt}$ 在直线 Re $p=a$ 左半平面上所有奇点留数和的 $2\pi\mathrm{i}$ 倍，右端第一项即为(6.1.4)中的积分，第二项据推广的约当引理而等于零，从而

$$\frac{1}{2\pi\mathrm{i}}\int_{a-\mathrm{i}\infty}^{a+\mathrm{i}\infty}\bar{f}(p)\,\mathrm{e}^{pt}\mathrm{d}p=\sum\text{Res}\left[\bar{f}(p)\,\mathrm{e}^{pt}\right]$$

即
$$f(t)=\sum \mathrm{Res}[\bar{f}(p)\mathrm{e}^{pt}] \tag{6.2.2}$$

式中求和为对$\bar{f}(p)$在直线 Re $p=a$ 的左半平面上的所有奇点进行．由于在直线 Re $p=a$ 的右半平面上无奇点，因而求和亦是对$\bar{f}(p)$在整个 p 平面上的所有奇点进行．

当$\bar{f}(p)$是多值函数时，为了应用留数定理，积分路径需作些修改，以保证积分只在某单值分支上进行，请看下面的例题．

例 5　利用黎曼-梅林反演公式求 $1/\sqrt{p}$的原函数．

解　按黎曼-梅林反演公式．

$$\frac{1}{\sqrt{p}}\doteq\frac{1}{2\pi\mathrm{i}}\int_{a-\mathrm{i}\infty}^{a+\mathrm{i}\infty}\frac{\mathrm{e}^{pt}}{\sqrt{p}}\mathrm{d}p.$$

被积函数有唯一的奇点 $p=0$，这是极点型支点，在考虑回路积分时，不能像图 6-3 中那样简单地加上圆弧 C_R，因为在函数的多值区域不能作积分运算及应用留数定理．为此，先自 $p=0$ 沿负实轴至∞将 p 平面切割开，再作如图 6-4 所示的回路，然后在被积函数的一个单值分支上作积分运算，并应用留数定理．被积函数在回路所围区域上无奇点，按柯西定理

$$\int_{a-\mathrm{i}b}^{a+\mathrm{i}b}+\int_{C_R}+\int_{l_1}+\int_{l_2}+\int_{C_\varepsilon}=0.$$

其中 l_1 和 l_2 分别沿着割线的下沿和上沿，圆弧 C_R 和圆 C_ε 均以原点为圆心，半径分别为 R 和 ε．令 $R\to\infty$，由推广的约当引理知，$\lim\limits_{R\to\infty}\int_{C_R}=0$，同时不难验证$\lim\limits_{\varepsilon\to 0}\int_{C_\varepsilon}=0$．于是，

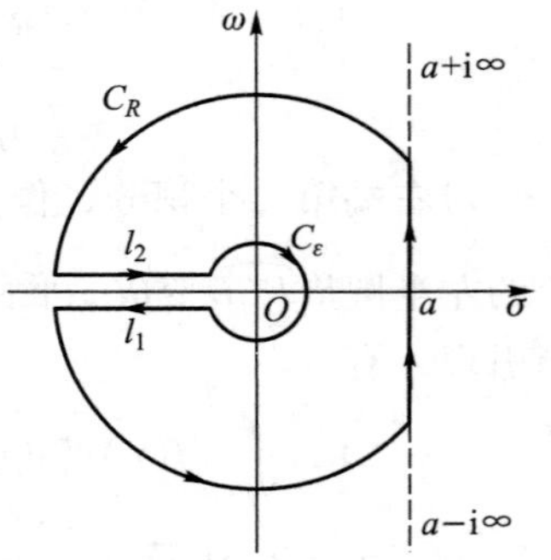

图 6-4

$$f(t)=\int_{a-\mathrm{i}\infty}^{a+\mathrm{i}\infty}\frac{\mathrm{e}^{pt}}{\sqrt{p}}\mathrm{d}p=-\frac{1}{2\pi\mathrm{i}}\lim_{R\to\infty}\left(\int_{l_1}+\int_{l_2}\right)\frac{\mathrm{e}^{pt}}{\sqrt{p}}\mathrm{d}p.$$

p 在割线下沿 l_1 和上沿 l_2 上的辐角分别为$-\pi$ 和 π．这样，在 l_1 上，$\sqrt{\sigma}=\sqrt{|\sigma|}\,\mathrm{e}^{-\mathrm{i}\pi/2}=-\mathrm{i}\sqrt{|\sigma|}$；在 l_2 上$\sqrt{\sigma}=\sqrt{|\sigma|}\,\mathrm{e}^{\mathrm{i}\pi/2}=\mathrm{i}\sqrt{|\sigma|}$．于是，

$$\begin{aligned}f(t)&=-\frac{1}{2\pi\mathrm{i}}\int_0^{-\infty}\mathrm{e}^{\sigma t}\frac{1}{-\mathrm{i}\sqrt{|\sigma|}}\mathrm{d}\sigma-\frac{1}{2\pi\mathrm{i}}\int_{-\infty}^{0}\mathrm{e}^{\sigma t}\frac{1}{\mathrm{i}\sqrt{|\sigma|}}\mathrm{d}\sigma\\&=\frac{1}{\pi}\int_{-\infty}^{0}\mathrm{e}^{\sigma t}\frac{1}{\sqrt{|\sigma|}}\mathrm{d}\sigma.\end{aligned}$$

改用 $y=\sqrt{|\sigma|t}$作为积分变数，

$$\begin{aligned}f(t)&=\frac{1}{\pi}\int_\infty^0\mathrm{e}^{-y^2}\frac{\sqrt{t}}{y}\left(-\frac{2y}{t}\mathrm{d}y\right)\\&=\frac{2}{\pi\sqrt{t}}\int_0^\infty\mathrm{e}^{-y^2}\mathrm{d}y=\frac{2}{\pi\sqrt{t}}\cdot\frac{\sqrt{\pi}}{2}=\frac{1}{\sqrt{\pi t}}.\end{aligned}$$

习　　题

1. 将下列像函数反演．

(1) $\bar{y}(p)=\dfrac{6}{(p+1)^4}$，　　(2) $\bar{y}(p)=\dfrac{3p}{p^2-1}$，

（3）$\bar{y}(p) = \dfrac{1}{p-2}$，$\bar{z}(p) = \dfrac{3}{p-2}$，   （4）$\bar{y}(p) = \dfrac{2}{(p-1)^5}$.

2. 求 $\bar{j}(p) = \dfrac{E}{Lp^2 + Rp + \dfrac{1}{c}}$ 的原函数.

3. 求 $\bar{N}_4(p) = \dfrac{N_0 C_1 C_2 C_3}{p(p+C_1)(p+C_2)(p+C_3)}$ 的原函数.

4. 求 $\bar{y}(p) = \lambda\mu \dfrac{p}{(p+C)^4}$ 的原函数.

5. 求 $\bar{j}(p) = \dfrac{E_0 \omega}{(R+1/pc)(p^2+\omega^2)}$ 的原函数.

6. 求 $\bar{T}(p) = A \dfrac{\omega}{p^2+\omega^2} \dfrac{1}{p^2+\pi^2 a^2/l^2}$ 的原函数.

7. 求 $\bar{T}(p) = \dfrac{1}{p^2+\omega^2 a^2}\bar{g}(p)$ 的原函数，$\bar{g}(p)$ 是某个已知的 $g(t)$ 的像函数.

8. 求 $\bar{T}(p) = \dfrac{1}{p+\omega^2 a^2}\bar{g}(p)$ 的原函数，$\bar{g}(p)$ 是某个已知的 $g(t)$ 的像函数.

9. 已知像函数 $\bar{y}(p) = e^{-p^2/4} p^{-(\lambda/2+1)} \displaystyle\int e^{p^2/4} p^{(\lambda/2+1)} \left(C_1 + \dfrac{C_2}{p}\right) \mathrm{d}p$，其中 C_1 和 C_2 是两个任意常数. 问 λ 应取怎样的数值才有可能选定 C_1 和 C_2 使原函数 $y(t)$ 为多项式？

10. 已知 $\bar{y}(p) = \dfrac{(p-1)^\lambda}{p^{\lambda+1}}$. 问 λ 应取怎样的数值，原函数才是多项式？

11. 已知 $\bar{X}(p) = F_0 \dfrac{\omega}{p^2+\omega^2} \dfrac{mp^2+k}{D(p)}$，其中 $D(p) = (Mp^2+Rp+K+k)(mp^2+k)-k^2$，而 F_0，ω，m，k，K，M，R 都是正的常数. 试论证 $D(p)$ 没有正的根，也没有纯虚数根. 在什么条件下，原函数 $X(t)$ 不含有稳定振荡的部分而只含有指数式衰减的部分或衰减振荡的部分？

12. 求下列像函数的原函数.

（1）$\bar{I}(p) = \dfrac{\pi}{2a} \dfrac{1}{p+a}$，   （2）$\bar{I}(p) = \dfrac{\pi}{2p}$，

（3）$\bar{I}(p) = \dfrac{\pi}{2} \dfrac{1}{p(p+1)}$，   （4）$\bar{I}(p) = \dfrac{\pi}{2p^2}$.

§6.3 应 用 例

综合以上两节，用拉普拉斯变换求解微分方程、积分方程的步骤可归纳为：（1）对方程施行拉普拉斯变换，这变换将初始条件也一并考虑了.（2）从变换后的方程解出像函数.（3）对解出的像函数进行反演，原函数就是原来方程的解.

例 1 求解交流 RL 电路的方程

$$\begin{cases} L \dfrac{\mathrm{d}}{\mathrm{d}t} j + Rj = E_0 \sin \omega t, \\ j(0) = 0. \end{cases}$$

解 对方程施行拉普拉斯变换，

$$Lp\bar{j}+R\bar{j}=E_0\frac{\omega}{p^2+\omega^2}.$$

从变换后的方程容易解出

$$\bar{j}=\frac{E_0}{Lp+R}\frac{\omega}{p^2+\omega^2}=\frac{E_0}{L}\frac{1}{p+R/L}\frac{\omega}{p^2+\omega^2},$$

最后进行反演，由于

$$\frac{\omega}{p^2+\omega^2}\rightleftharpoons\sin\omega t,\qquad\frac{1}{p+R/L}\rightleftharpoons\mathrm{e}^{-(R/L)t},$$

引用卷积定理完成反演，

$$j(t)=\frac{E_0}{L}\int_0^t\mathrm{e}^{-(R/L)(t-\tau)}\sin\omega\tau\,\mathrm{d}\tau$$

$$=\frac{E_0}{L}\left\{\mathrm{e}^{-(R/L)t}\left[\mathrm{e}^{(R/L)\tau}\frac{(R/L)\sin\omega\tau-\omega\cos\omega\tau}{R^2/L^2+\omega^2}\right]_0^t\right\}$$

$$=\frac{E_0}{L}\frac{(R/L)\sin\omega t-\omega\cos\omega t}{R^2/L^2+\omega^2}+\frac{E_0}{L}\frac{\omega\mathrm{e}^{-(R/L)t}}{R^2/L^2+\omega^2}$$

$$=\frac{E_0}{R^2+L^2\omega^2}(R\sin\omega t-\omega L\cos\omega t)+\frac{E_0\omega L}{R^2+L^2\omega^2}\mathrm{e}^{-(R/L)t}.$$

所得结果的第一部分代表一个稳定的（幅度不变的）振荡，第二部分则是随时间而衰减的. 稳定振荡部分还可以如下改写：

$$\frac{E_0}{R^2+\omega^2L^2}(R\sin\omega t-\omega L\cos\omega t)$$

$$=\frac{E_0}{\sqrt{R^2+\omega^2L^2}}\left(\frac{R}{\sqrt{R^2+\omega^2L^2}}\sin\omega t-\frac{\omega L}{\sqrt{R^2+\omega^2L^2}}\cos\omega t\right)$$

$$=\frac{E_0}{\sqrt{R^2+\omega^2L^2}}(\cos\theta\sin\omega t-\sin\theta\cos\omega t)$$

$$=\frac{E_0}{\sqrt{R^2+\omega^2L^2}}\sin(\omega t-\theta),$$

其中

$$\theta=\arccos\frac{R}{\sqrt{R^2+\omega^2L^2}}=\arcsin\frac{\omega L}{\sqrt{R^2+\omega^2L^2}}.$$

电工学里常用的复数阻抗法或矢量法只给出这个问题的稳定振荡，没有考虑随时间衰减的部分.

例 2 两个线圈（图 6-5）具有相同的 R、L 和 C. 两线圈之间互感系数为 M. 在初级线路有直流电源，其电压为 E_0. 今接通初级线路中的开关 S，问次级电路中的电流 j_2 的变化情况如何？

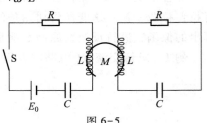

图 6-5

解 先写出电路方程,

$$
\begin{cases}
L\dfrac{\mathrm{d}}{\mathrm{d}t}j_1 + Rj_1 + \dfrac{1}{C}\displaystyle\int_0^t j_1\,\mathrm{d}t + M\dfrac{\mathrm{d}}{\mathrm{d}t}j_2 = E_0, \\[3mm]
L\dfrac{\mathrm{d}}{\mathrm{d}t}j_2 + Rj_2 + \dfrac{1}{C}\displaystyle\int_0^t j_2\,\mathrm{d}t + M\dfrac{\mathrm{d}}{\mathrm{d}t}j_1 = 0.
\end{cases}
$$

还有初始条件 $j_1(0)=0$,$j_2(0)=0$.

对方程施行拉普拉斯变换,

$$
\begin{cases}
\left(Lp+R+\dfrac{1}{Cp}\right)\bar{j}_1+Mp\,\bar{j}_2=\dfrac{E_0}{p}, \\[3mm]
\left(Lp+R+\dfrac{1}{Cp}\right)\bar{j}_2+Mp\,\bar{j}_1=0.
\end{cases}
$$

从变换后的方程解出 $\bar{j}_2$,

$$
\bar{j}_2=\frac{E_0Mp^2}{M^2p^4-\left(Lp^2+Rp+\dfrac{1}{C}\right)^2}.
$$

将它分解为分项分式,

$$
\bar{j}_2=\frac{E_0}{2}\left[\frac{1}{(L+M)p^2+Rp+\dfrac{1}{C}}-\frac{1}{(L-M)p^2+Rp+\dfrac{1}{C}}\right]
$$

应用 §6.2 例 3 进行反演,

$$
j_2(t)=C_1\mathrm{e}^{-\lambda_1 t}\sin\omega_1 t+C_2\mathrm{e}^{-\lambda_2 t}\sin\omega_2 t,
$$

其中

$$
\lambda_1=\frac{R}{2(L+M)},\qquad \lambda_2=\frac{R}{2(L-M)},
$$

$$
\omega_1=\sqrt{\frac{1}{C(L+M)}-\frac{R^2}{4(L+M)^2}},
$$

$$
\omega_2=\sqrt{\frac{1}{C(L-M)}-\frac{R^2}{4(L-M)^2}},
$$

$$
C_1=\frac{E_0}{2(L+M)\omega_1},\qquad C_2=\frac{-E_0}{2(L-M)\omega_2}.
$$

习　　题

1. 求解下列常微分方程.

（1）$\dfrac{\mathrm{d}^3y}{\mathrm{d}t^3}+3\dfrac{\mathrm{d}^2y}{\mathrm{d}t^2}+3\dfrac{\mathrm{d}y}{\mathrm{d}t}+y=6\mathrm{e}^{-t}$,$y(0)=\dfrac{\mathrm{d}y}{\mathrm{d}t}\Big|_{t=0}=\dfrac{\mathrm{d}^2y}{\mathrm{d}t^2}\Big|_{t=0}=0.$

（2）$\dfrac{\mathrm{d}^2y}{\mathrm{d}t^2}+9y=30\mathrm{ch}\,t$,$y(0)=3$,$\dfrac{\mathrm{d}y}{\mathrm{d}t}\Big|_{t=0}=0.$

(3) $\begin{cases} \dfrac{\mathrm{d}y}{\mathrm{d}t}+2y+2z=10\mathrm{e}^{2t}, \\[3mm] \dfrac{\mathrm{d}z}{\mathrm{d}t}-2y+z=7\mathrm{e}^{2t}. \end{cases}$ $\begin{cases} y(0)=1, \\ z(0)=3. \end{cases}$

(4) $\dfrac{\mathrm{d}^2 y}{\mathrm{d}t^2}-2\dfrac{\mathrm{d}y}{\mathrm{d}t}+y=t^2 \mathrm{e}^t,\quad y(0)=\dfrac{\mathrm{d}y}{\mathrm{d}t}\Big|_{t=0}=0.$

2. 电压为 E 的直流电源通过电感 L 和电阻 R 对电容 C 充电，求解充电电流 j 的变化情况.

3. 放射性元素 E_1 衰变为 E_2，元素 E_1 的原子数 N_1 变化规律为 $\dfrac{\mathrm{d}N_1}{\mathrm{d}t}=-C_1 N_1$. 元素 E_2 又衰变为 E_3，元素 E_2 的原子数 N_2 变化规律为 $\dfrac{\mathrm{d}N_2}{\mathrm{d}t}=C_1 N_1-C_2 N_2$. 元素 E_3 又衰变为 E_4，元素 E_3 的原子数 N_3 的变化规律为 $\dfrac{\mathrm{d}N_3}{\mathrm{d}t}=C_2 N_2-C_3 N_3$. 元素 E_4 是稳定的，不再衰变，它的原子数 N_4 的变化规律为 $\dfrac{\mathrm{d}N_4}{\mathrm{d}t}=C_3 N_3$. 以上 C_1、C_2、C_3 和 C_4 都是常数. 设开始时只有元素 E_1 的 N_0 个原子，求解 N_4 的变化情况 $N_4(t)$.

4. 设地面有一震动，其速度 $v=H(t)$，地震仪中的感生电流 j 遵守规律

$$\frac{\mathrm{d}j}{\mathrm{d}t}+2cj+c^2\int_0^t j\,\mathrm{d}t=\lambda\frac{\mathrm{d}v}{\mathrm{d}t}.$$

这电流通过检流计，使检流计发生偏转. 偏转 y 遵守规律

$$\frac{\mathrm{d}^2 y}{\mathrm{d}t^2}+2c\frac{\mathrm{d}y}{\mathrm{d}t}+c^2 y=\mu j.$$

求解偏转 y 的变化情况 $y(t)$.

5. 求解交流 RC 电路的方程

$$\begin{cases} Rj+\dfrac{1}{C}\displaystyle\int_0^t j\,\mathrm{d}t=E_0\sin\omega t, \\[3mm] j(0)=0. \end{cases}$$

6. 求解 $\dfrac{\mathrm{d}^2 T}{\mathrm{d}t^2}+\dfrac{\pi^2 a^2}{l^2}T=A\sin\omega t,\quad T(0)=0,\quad T'(0)=0.$

7. 求解 $\dfrac{\mathrm{d}^2 T}{\mathrm{d}t^2}+\omega^2 a^2 T=g(t),\quad T(0)=0,\quad T'(0)=0$，$g(t)$ 是某个已知函数.

8. 求解 $\dfrac{\mathrm{d}T}{\mathrm{d}t}+\omega^2 a^2 T=g(t),\quad T(0)=0$，$g(t)$ 是某个已知函数.

9. 埃尔米特方程 $\dfrac{\mathrm{d}^2 y}{\mathrm{d}t^2}-2t\dfrac{\mathrm{d}y}{\mathrm{d}t}+\lambda y=0$ 里的 λ 应取怎样的数值才有可能使方程的解为多项式?

10. 拉盖尔方程 $t\dfrac{\mathrm{d}^2 y}{\mathrm{d}t^2}+(1-t)\dfrac{\mathrm{d}y}{\mathrm{d}t}+\lambda y=0$ 的 λ 应取怎样的数值才有可能使方程的解为多项式?

11. 有一种船舶减震器利用的是耦合振动原理. 在水面上颠簸的船体不妨看作是一个阻尼振子，其质量为 m'，劲度系数为 k'，阻尼系数为 R. 减震器则是附着在船体上的振子，其质量为 m，劲度系数为 k. 因此，船体的位移 $x'(t)$ 和减震器的位移 $x(t)$ 的运动方程是

$$\begin{cases} m'\dfrac{\mathrm{d}^2 x'}{\mathrm{d}t^2}=F_0\sin\omega t-k'X-R\dfrac{\mathrm{d}x'}{\mathrm{d}t}-k(X-x), \\[3mm] m\dfrac{\mathrm{d}^2 x}{\mathrm{d}t^2}=-k(x-x'), \end{cases}$$

其中 $F_0\sin\omega t$ 是使船体颠簸的外力. 在什么条件下，船体的运动不含有稳定振荡而只含有指数式衰减或衰减

振荡?

12. 用拉普拉斯变换方法求出下列积分.

（1）$I(t) = \int_0^\infty \dfrac{\cos tx}{x^2 + a^2}\mathrm{d}x$,

（2）$I(t) = \int_0^\infty \dfrac{\sin tx}{x}\mathrm{d}x$,

（3）$I(t) = \int_0^\infty \dfrac{\sin tx}{x(x^2 + 1)}\mathrm{d}x$,

（4）$I(t) = \int_0^\infty \dfrac{\sin^2 tx}{x^2}\mathrm{d}x$.

第二篇　数学物理方程

数学物理方程主要是指物理学的一个分支——数学物理所涉及的偏微分方程，有时也包括相关的积分方程、微分积分方程. 本篇介绍物理学中常见的三类偏微分方程及有关的定解问题和这些问题的几种常用解法.

第七章　数学物理定解问题

质点力学研究质点的位移怎样随着时间而变化，电路问题研究电流或电压怎样随着时间而变化. 总之，是研究某个物理量(位移、电流或电压)怎样随着时间而变化. 这往往导致以时间为自变量的常微分方程(质点的运动方程、电路微分方程).

但是，在科学技术和生产实际中还常常要求研究空间连续分布的各种物理场的状态和物理过程，例如研究静电场的电场强度或电势在空间中的分布，研究电磁波的电场强度和磁感应强度在空间和时间中的变化情况，研究声场中的声压在空间和时间中的变化情况，研究半导体扩散工艺中杂质浓度(单位体积里的杂质的量)在硅片中怎样分布并怎样随着时间而变化，等等. 总之，是研究某个物理量(电场强度、电势、磁感应强度、声压、杂质浓度)在空间的某个区域中的分布情况，以及它怎样随着时间而变化. 这些问题中的自变数就不仅仅是时间，而且还有空间坐标.

解决这些问题，当然首先必须掌握所研究的物理量在空间中的分布规律和在时间中的变化规律，这就是物理课程中所研究并加以论述的**物理规律**，它是解决问题的依据. 物理规律反映同一类物理现象的共同规律，即**普遍性**，亦即**共性**.

可是，同一类物理现象中，各个具体问题又各有其**特殊性**，即**个性**. 物理规律并不反映这种个性.

例如，在半导体扩散工艺中，有"恒定表面浓度扩散"和"限定源扩散". 前者是用携带着充足杂质的氮气包围硅片，使杂质源源不绝地通过硅片表面向硅片内部扩散，而硅片表面的杂质浓度保持一定. 后者是只让硅片表层已有的杂质向硅片深部扩散，但不让新的杂质通过硅片表面进入硅片. 在这两种情况下，虽然杂质按照同样的规律在硅片中扩散，硅片表面状况的不同使得扩散结果也不同.

这样，为了解算具体问题，还必须考虑到所研究的区域的边界处在怎样的状况下，或者，换个说法，必须考虑到研究对象处在怎样的特定"环境"中. 我们知道，"超距作用"是不存在的，物理的联系总是要通过中介的(这在物理学中引起各种场的概念)，周围"环境"的影响总是通过边界才传给研究对象，所以周围"环境"的影响体现于边界所处的物理状况，即**边界条件**.

还有，研究问题不能割断历史.

例如，弦乐器的弦的振动有它的"历史". 两根同样的弦，一根在薄刀背敲击下发出的声音比较刺耳，另一根在宽锤敲击下或手指的弹拨下发出的声音比较和谐. 虽然这两根弦的振动是按照同样的规律进行的，但由于"历史"不同，即在敲击的那个所谓"初始"时刻的振动情况不一样，后来的振动情况也就不一样.

硅片里的杂质扩散也有它的"历史". 两块硅片，原来的杂质浓度分布不同，在同一工艺条件下进行扩散，扩散的结果也不一样.

这样,为了解和计算随着时间而发展变化的问题,还必须考虑到研究对象的特定"历史",即它在早先某个所谓"初始"时刻的状态,即**初始条件**.

边界条件和初始条件反映了具体问题的特定环境和历史,即问题的特殊性,亦即个性. 在数学上,边界条件和初始条件合称为**定解条件**.

现在,说一说物理规律的数学表示. 物理规律,用数学的语言"翻译"出来,不过是物理量 u 在空间和时间中的变化规律,换句话说,它是物理量 u 在各个地点和各个时刻所取的值之间的联系. 正是这种联系使我们有可能从边界条件和初始条件去推算 u 在任意地点(x,y,z)和任意时刻 t 的值 $u(x,y,z,t)$. 而物理的联系总是要通过中介的,它的直接表现只能是 u 在邻近地点和邻近时刻所取的值之间的关系式. 这种邻近地点、邻近时刻之间的关系式往往是偏微分方程(参看下节). 物理规律用偏微分方程表达出来,叫作**数学物理方程**. 数学物理方程,作为同一类物理现象的**共性**,跟具体条件无关. 在数学上,数学物理方程本身(不连带定解条件)叫作**泛定方程**.

这样,问题在数学上的完整提法是:在给定的定解条件下,求解数学物理方程. 这叫作**数学物理定解问题**,或简称为**定解问题**.

§7.1   数学物理方程的导出

本节要导出一些典型的数学物理方程. 这里说的"导出"其实不过是用数学语言把物理规律"翻译"出来罢了. 通过这些典型方程的导出,希望读者学会"翻译"技巧.

数学物理方程是物理规律的数学表述,与定解条件无关,所以在导出过程中用不着考虑定解条件.

物理规律反映的是某个物理量在邻近地点和邻近时刻之间的联系,因此数学物理方程的**导出步骤**如下:首先当然要确定研究哪一个物理量 u. 从所研究的系统中划出一个小部分,根据物理规律分析邻近部分和这个小部分的相互作用(抓住主要的作用,略去不那么重要的因素),这种相互作用在一个短时间段里怎样影响物理量 u. 把这种影响用算式表达出来,经简化整理就是数学物理方程.

下面导出常见的一些数学物理方程. 它们分别属于**三种类型**,即波动方程(一)—(六)、(十四),输运方程(七)、(八)和稳定场方程(九)—(十三). 这大致对应于数学上的分类,即双曲型、抛物型和椭圆型偏微分方程. 我们还将直接给出一些方程而不作推导.

(一) 均匀弦的微小横振动

演奏弦乐器(例如二胡,提琴)的人用弓在弦上来回拉动. 弓所接触的只是弦的很小一段,似乎应该只引起这个小段的振动,实际上振动总是传播到整根弦,弦的各处都振动起来.

振动是怎样传播的呢?不妨认为弦是**柔软**的,就是说在放松的条件下,把弦弯成任意的形状,它都保持静止. 可是在绷紧以后,相邻小段之间有拉力,这种拉力叫作弦中**张力**. 张力沿着弦的切线方向. 由于张力作用,一个小段的振动必定带动它的邻段,而邻段又带动它自己的邻段,……. 这样,一个小段的振动必然传播到整根弦. 这种振动传播现象叫作**波**.

弦乐器所用的弦往往是很轻的,它的重量只有张力的几万分之一. 跟张力相比,弦的重量完全可以略去. 这样, 真实的弦就抽象为"没有重量的"弦.

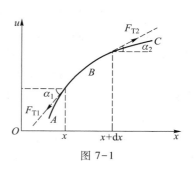

图 7-1

把没有重量的弦绷紧, 它在不振动时是一根直线, 就取这直线作为 x 轴(图 7-1). 把弦上各点的横向位移记作 u. 这样, 横向位移 u 是 x 和 t 的函数, 记作 $u(x,t)$. 要推导的就是 u 所遵从的方程.

弦的振动是一种机械运动. 机械运动的基本定律是质点力学的 $\boldsymbol{F}=m\boldsymbol{a}$. 然而弦并不是质点, 所以 $\boldsymbol{F}=m\boldsymbol{a}$ 对整根弦并不适用. 但整根弦可以细分为许多极小的小段, 每个小段可以抽象为质点, 就是说, 整根弦由许多互相牵连的质点组成, 对每个质点即每个小段可以应用 $\boldsymbol{F}=m\boldsymbol{a}$.

把弦细分为许多极小的小段. 拿区间$(x,x+\mathrm{d}x)$上的小段 B 为代表加以研究. B 既然没有重量而且是柔软的, 它就只受到邻段 A 和 C 的拉力 F_{T1} 和 F_{T2}.

弦的每小段都没有纵向(即 x 方向)的运动, 所以作用于 B 的纵向合力应为零.

弦的横向加速度记作 u_{tt}(这是记号$\partial^2 u/\partial t^2$ 的缩写). 按照 $\boldsymbol{F}=m\boldsymbol{a}$, 小段 B 的纵向和横向运动方程分别为

$$\begin{cases} F_{\mathrm{T2}}\cos\alpha_2 - F_{\mathrm{T1}}\cos\alpha_1 = 0, & (7.1.1) \\ F_{\mathrm{T2}}\sin\alpha_2 - F_{\mathrm{T1}}\sin\alpha_1 = (\rho\mathrm{d}s)u_{tt}. & (7.1.2) \end{cases}$$

式中 ρ 是弦的线密度, 即单位长度的质量. $\mathrm{d}s$ 为小段 B 的弧长.

我们将限于考虑小的振动. 这时 α_1、α_2 为小量, 如果忽略 α_1^2、α_2^2 以上的高阶小量, 则

$$\cos\alpha_1 \approx 1-\alpha_1^2/2!+\cdots \approx 1, \quad \cos\alpha_2 \approx 1,$$

$$\sin\alpha_1 \approx \alpha_1-\alpha_1^3/3!+\cdots \approx \alpha_1 \approx \tan\alpha_1,$$

$$\sin\alpha_2 \approx \alpha_2 \approx \tan\alpha_2,$$

$$\mathrm{d}s = \sqrt{(\mathrm{d}x)^2+(\mathrm{d}u)^2} = \sqrt{1+(u_x)^2}\,\mathrm{d}x \approx \mathrm{d}x$$

(其中 $u_x=\partial u/\partial x=\tan\alpha \approx \alpha$), 又 $\tan\alpha_1=u_x|_x$, $\tan\alpha_2=u_x|_{x+\mathrm{d}x}$. 这样, (7.1.1)和(7.1.2)简化为

$$\begin{cases} F_{\mathrm{T2}} - F_{\mathrm{T1}} = 0, & (7.1.3) \\ F_{\mathrm{T2}}u_x|_{x+\mathrm{d}x} - F_{\mathrm{T1}}u_x|_x = u_{tt}\rho\mathrm{d}x. & (7.1.4) \end{cases}$$

因此 $F_{\mathrm{T2}}=F_{\mathrm{T1}}$, 弦中张力不随 x 而变, 它在整根弦中取同一数值. 另一方面, 在振动过程中的每个时刻都有长度 $\mathrm{d}s \approx \mathrm{d}x$, 即长度 $\mathrm{d}s$ 不随时间而变, 所以作用于 B 段的张力也不随时间而变. 弦中张力既跟 x 无关, 又跟 t 无关, 只能是常量, 记为 F_{T}. (7.1.4)成为

$$F_{\mathrm{T}}(u_x|_{x+\mathrm{d}x}-u_x|_x) = \rho u_{tt}\mathrm{d}x.$$

由于 $\mathrm{d}x$ 取得很小, $u_x|_{x+\mathrm{d}x}-u_x|_x = (\partial u_x/\partial x)\mathrm{d}x = u_{xx}\mathrm{d}x$(其中 u_{xx} 是$\partial u_x/\partial x=\partial^2 u/\partial x^2$ 的缩写). 这样, B 段的运动方程就成为

$$\rho u_{tt} - F_{\mathrm{T}}u_{xx} = 0. \qquad (7.1.5)$$

其实, 作为代表的 B 段是任选的, 所以方程(7.1.5)适用于弦上各处, 是弦作微小横振动的运动方程, 简称为**弦振动方程**.

对于均匀弦, ρ 是常量, (7.1.5)通常改写为

$$u_{tt} - a^2 u_{xx} = 0, \qquad (7.1.6)$$

其中 $a^2 = F_T/\rho$. 以后会看到 a 就是振动在弦上传播的速度.

质点的位移仅是时间 t 的函数, 质点的运动方程也就是以时间 t 为自变数的常微分方程. 而弦的位移 u 是时间 t 和坐标 x 两个自变数的函数, 弦的运动方程则是以 x 和 t 为自变数的偏微分方程. 它是弦上许多彼此相牵连的质点的运动方程, 质点之间的牵连反映在 u_{xx} 项.

如果弦在振动过程中还受到外加横向力的作用, 每单位长度弦所受横向力为 $F(x,t)$, 则应将 (7.1.2) 修改为 $F_{T2}\sin\alpha_2 - F_{T1}\sin\alpha_1 + F(x,t)\mathrm{d}x = (\rho\mathrm{d}s)u_{tt}$. 与此相应, (7.1.6) 修改为

$$u_{tt} - a^2 u_{xx} = f(x,t). \tag{7.1.7}$$

式中 $f(x,t) = F(x,t)/\rho$ 称为力密度, 为 t 时刻作用于 x 处单位质量上的横向外力. (7.1.7) 称为弦的**受迫振动方程**, 而 (7.1.6) 称为弦的**自由振动方程**.

（二）　均匀杆的纵振动

这里要推导的是杆上各点沿杆长方向的纵向位移 $u(x,t)$ 所遵从的方程.

一根杆, 只要其中任一小段有纵向移动, 必然使它的邻段压缩或伸长, 这邻段的压缩或伸长又使其自己的邻段压缩或伸长, ……. 这样, 任一小段的纵振动必然传播到整根杆. 这种振动的传播就是**波**.

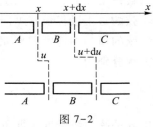

图 7-2

把杆细分为许多极小的小段. 拿区间 $(x, x+\mathrm{d}x)$ 上的小段 B (图 7-2) 为代表加以研究. 在振动过程中, B 两端的位移分别记作 $u(x,t)$ 和 $u(x+\mathrm{d}x,t) = u + \mathrm{d}u\,|_t$. 显然, B 段的伸长即是 $u(x+\mathrm{d}x,t) - u(x,t) = \mathrm{d}u\,|_t$, 而相对伸长则是

$$[u(x+\mathrm{d}x,t) - u(x,t)]/\mathrm{d}x = \mathrm{d}u\,|_t/\mathrm{d}x = u_x\mathrm{d}x/\mathrm{d}x = u_x.$$

确切些说, 在杆作纵振动时, 相对伸长 u_x 还随地点而异. 在 B 的两端, 相对伸长就不一样, 分别是 $u_x|_x$ 和 $u_x|_{x+\mathrm{d}x}$. 如果杆的材料的弹性模量是 E, 根据胡克定律, B 两端的张应力 (即单位横截面两端的相互作用力) 分别是 $Eu_x|_x$ 和 $Eu_x|_{x+\mathrm{d}x}$. 于是, 写出 B 段的运动方程

$$\rho(S\mathrm{d}x)u_{tt} = ESu_x|_{x+\mathrm{d}x} - ESu_x|_x$$
$$= ES(\partial u_x/\partial x)\mathrm{d}x,$$

式中 ρ 为杆的体密度, S 为杆的横截面积. 用 $S\mathrm{d}x$ 遍除上式各项, 得

$$\rho u_{tt} - Eu_{xx} = 0. \tag{7.1.8}$$

这就是**杆的纵振动方程**.

对于均匀杆, E 和 ρ 是常量, (7.1.8) 可以改写成

$$u_{tt} - a^2 u_{xx} = 0, \tag{7.1.9}$$

其中 $a^2 = E/\rho$. 这跟弦振动方程 (7.1.6) 形式上完全相同. a 也就是纵振动在杆中传播的速度.

如果杆在纵振动过程中还受到纵向外力的作用, 每单位长度杆上每单位横截面积所受纵向外力为 $F(x,t)$, 则 B 段的运动方程应修改为

$$\rho(S\mathrm{d}x)u_{tt} = ES\frac{\partial u_x}{\partial x}\mathrm{d}x + F(x,t)S\mathrm{d}x.$$

相应地, (7.1.8) 修改为

$$\rho u_{tt} - Eu_{xx} = F(x,t)$$

对于均匀杆，E 和 ρ 是常量，有

$$u_{tt} - a^2 u_{xx} = f(x,t)$$

其中 $f(x,t) = F(x,t)/\rho$ 也为力密度，这是**杆的受迫纵振动方程**，形式上跟弦的受迫振动方程(7.1.7)完全一样.

（三）传输线方程（电报方程）

对于直流电路和低频交流电路，线与线之间的电容与电感可以忽略不计，电路的基尔霍夫定律指出，同一支路中的电流相等. 但对于较高频率的交变电流（不过，这里也不考虑频率很高以致显著地向外发射电磁波的情况），电路中导线的自感和电容的效应不能忽略，因而同一支路中的电流未必相等.

考虑双线或同轴传输线（图7-3a）. 电容和电感是沿着传输线连续分布的，为了运用熟知的分立元件的电路定律，把传输线划分为许多小段，取 x 与 $x+dx$ 之间的一段作为代表加以研究. 把每单位长度的传输线所具有的导线电阻、电感分别记作 R 和 L. 把单位电压下，单位长度传输线的线间电导、线间电容分别记作 G 和 C. 我们所研究的小段可以看作是分立的电阻 Rdx 和自感 Ldx 串接在线路中，分立的电容 Cdx 和漏电阻 $(1/G)dx$ 跨接在两线之间. 画出等效电路如图7-3b. 这个小段两端的电流并不相等，这是由于两线之间的漏电流 $(Gdx)v$，还有两线之间的电容 Cdx 上的充放电. 这个小段两端的电压也不相等，这是由于导线电阻 Rdx 上的电压降 $(Rdx)j$ 和两线之间的电感 Ldx 上的感生电动势 $(Ldx)\partial j/\partial t$，这样，

$$\begin{cases} dj = -Gvdx - \dfrac{\partial}{\partial t}(Cvdx), \\ dv = -Rjdx - Lj_t dx. \end{cases}$$

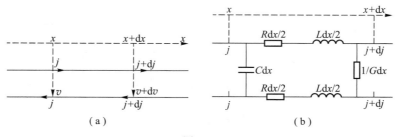

图 7-3

即

$$\begin{cases} j_x = -Gv - Cv_t, \\ v_x = -Rj - Lj_t. \end{cases} \tag{7.1.10}$$

亦即

$$\begin{cases} \dfrac{\partial}{\partial x}j + \left(G + C\dfrac{\partial}{\partial t}\right)v = 0, \\ \left(R + L\dfrac{\partial}{\partial t}\right)j + \dfrac{\partial}{\partial x}v = 0. \end{cases} \tag{7.1.11}$$

以 $\partial/\partial x$ 作用于(7.1.11)的第一式，以 $(G + C \partial/\partial t)$ 作用于第二式，两者相减就消去 v，得 $j(x,t)$ 的方程

$$LCj_{tt}-j_{xx}+(LG+RC)j_t+RGj=0. \tag{7.1.12}$$

以 $(R+L\partial/\partial t)$ 作用于 (7.1.11) 的第一式，以 $\partial/\partial x$ 作用于其第二式，两者相减就消去 j，得 $v(x,t)$ 的方程

$$LCv_{tt}-v_{xx}+(LG+RC)v_t+RGv=0. \tag{7.1.13}$$

导线电阻 R 和线间电导 G 很小以至可以忽略的传输线叫作**理想传输线**. 对于理想传输线，(7.1.12) 和 (7.1.13) 可以简化为

$$j_{tt}-a^2j_{xx}=0 \text{ 和 } v_{tt}-a^2v_{xx}=0, \tag{7.1.14}$$

其中 $a^2=1/LC$（参看 §14.2 例 3, $1/LC$ = 光速平方）.

方程 (7.1.12) 和 (7.1.13) 以及它们的特例 (7.1.14) 叫作**传输线方程（电报方程）**. 传输线方程 (7.1.14) 跟弦振动方程 (7.1.6)、杆纵振动方程 (7.1.9) 形式上又是完全一样，尽管它们的物理本质根本不同.

（四）均匀薄膜的微小横振动

把柔软的均匀薄膜张紧，静止薄膜的平面记作 xy 平面. 研究膜在垂直于 xy 平面方向的微小横振动，膜上各点的横向位移记为 $u(x,y,t)$. "膜是柔软的"，这是说，在膜的切平面的法线方向不存在剪应力. 如果在膜上划一直线（参看图 7-4a，图面垂直于所划直线），直线两端的膜必互相牵引. 每单位长直线两端的牵引力叫作张力. 与弦的微小横振动相类似，膜上张力也是常量，记为 F_T. 直线上任一点的张力 F_T 在该点的切平面内，其方向垂直于直线. 记张力 F_T 的"仰角"（张力方向与 xy 平面的夹角）为 α（见图 7-4a），对于小振动，$\alpha\approx0$，所以，张力 F_T 的横向分量 $=F_T\sin\alpha\approx F_T\tan\alpha=F_T\,\partial u/\partial n$，$\boldsymbol{n}$ 指的是张力 F_T 在 xy 平面上的投影方向，即直线在 xy 平面的投影的法线方向.

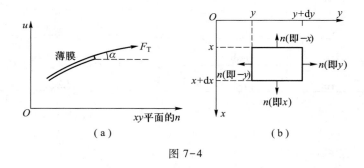

图 7-4

把薄膜细分为许多极小的小块. 拿 x 与 $x+\mathrm{d}x$ 之间，y 与 $y+\mathrm{d}y$ 之间的小块（图 7-4b）为代表加以研究.

先看 x 和 $x+\mathrm{d}x$ 这两边. 作为代表的小块膜受邻近部分的张力作用，张力的横向分力分别是 $-F_T\,\partial u/\partial x\big|_x$ 和 $F_T\,\partial u/\partial x\big|_{x+\mathrm{d}x}$. 这样，这小块膜在 x 和 $x+\mathrm{d}x$ 两边所受横向作用力是

$$\left[F_T u_x\big|_{x+\mathrm{d}x}-F_T u_x\big|_x\right]\mathrm{d}y=F_T u_{xx}\mathrm{d}x\mathrm{d}y.$$

同理，在 y 和 $y+\mathrm{d}y$ 两边所受横向作用力是

$$F_T u_{yy}\mathrm{d}x\mathrm{d}y.$$

用 ρ 表示单位面积的薄膜的质量，可以写出这小块膜的横向运动方程

$$\rho u_{tt}\mathrm{d}x\mathrm{d}y=F_T u_{xx}\mathrm{d}x\mathrm{d}y+F_T u_{yy}\mathrm{d}x\mathrm{d}y,$$

即

$$\rho u_{tt} - F_T(u_{xx} + u_{yy}) = 0. \tag{7.1.15}$$

这就是**薄膜微小振动方程**. $\partial^2/\partial x^2 + \partial^2/\partial y^2$ 叫作**二维拉普拉斯算符**，通常记作 Δ，或者为了强调二维而记作 Δ_2. 这样，（7.1.15）可以记作

$$\rho u_{tt} - F_T \Delta_2 u = 0.$$

对于均匀薄膜，面密度 ρ 是常量. （7.1.15）可以改写成

$$u_{tt} - a^2 \Delta_2 u = 0. \tag{7.1.16}$$

式中常量 $a^2 = F_T/\rho$，a 为膜上振动的传播速度.

如果薄膜上有横向外力作用，记单位面积上的横向外力为 $F(x,y,t)$，重复上述步骤，则得**薄膜的受迫振动方程**

$$u_{tt} - a^2 \Delta_2 u = f(x,y,t). \tag{7.1.17}$$

其中 $f(x,y,t) = F(x,y,t)/\rho$ 为作用于单位质量上的横向外力.

（五）流体力学与声学方程

流体力学中研究的物理量是流体的流动速度 $\boldsymbol{v}$、压强 p 和密度 ρ. 对于声波在空气中的传播，相应地要研究空气质点在平衡位置附近的振动速度 $\boldsymbol{v}$、空气的压强 p 和密度 ρ. 物体的振动引起周围空气压强和密度的变化，使空气中形成疏密相间的状态，这种疏密相间状态向周围的传播形成声波.

记空气处于平衡状态时的压强和密度分别为 p_0、ρ_0，并把声波中的空气密度相对变化量 $(\rho - \rho_0)/\rho_0$ 记为 s，

$$s = \frac{\rho - \rho_0}{\rho_0}, \quad \rho = \rho_0(1+s).$$

由于空气的振动速度 $|\boldsymbol{v}| \ll$ 声速，$\boldsymbol{v}$ 是很小的量，且假定：声振动不过分剧烈，s 也是很小的量. 声振动时空气可以看作没有黏性的理想流体，声波的传播过程可当作绝热过程，借助于理想流体的欧拉型运动方程、连续性方程和绝热过程的物态方程，在不受外力的情况下，略去 $\boldsymbol{v}$ 和 s 的二次以上的小量，可以导出声波方程（其推导本书从略）

$$s_{tt} - a^2 \Delta_3 s = 0 \quad \left(a^2 = \frac{\gamma p_0}{\rho_0} \right). \tag{7.1.18}$$

其中 γ 为空气定压比热容与定容比热容的比值，Δ_3 为三维拉普拉斯算符.

假设在声波传播过程中，空气是无旋的，即 $\nabla \times \boldsymbol{v} = 0$. 由于对任何存在二阶偏导数的标量函数 $\varphi(x,y,z)$，有 $\nabla \times \nabla \varphi \equiv 0$. 总可以找到一个标量函数 $u(x,y,z,t)$ 满足 $\boldsymbol{v}(x,y,z,t) = -\nabla u(x,y,z,t)$，$u$ 称为速度势. 进而可得 u 遵从的声波方程为

$$u_{tt} - a^2 \Delta_3 u = 0 \quad \left(a^2 = \frac{\gamma p_0}{\rho_0} \right), \tag{7.1.19}$$

跟方程（7.1.18）形式相同，其中在直角坐标系中 $\Delta_3 = \partial^2/\partial x^2 + \partial^2/\partial y^2 + \partial^2/\partial z^2$.

（六）电磁波方程

利用电磁场的麦克斯韦方程组的微分形式，可导出真空中的**电磁波方程**，在国际单位制下，方程为

$$\boldsymbol{E}_{tt} - a^2 \Delta_3 \boldsymbol{E} = 0, \tag{7.1.20}$$

和
$$H_{tt} - a^2 \Delta_3 H = 0. \tag{7.1.21}$$

其中 $a^2 = 1/\mu_0 \varepsilon_0 = $ 光速平方，ε_0、μ_0 分别为真空中介电常量和磁导率，E、H 为真空中电场强度和磁场强度，均为矢量方程.

（七）扩散方程

由于浓度（单位体积中的分子数或质量）的不均匀，物质从浓度大的地方向浓度小的地方转移，这种现象叫作**扩散**. 扩散现象广泛存在于气体、液体和固体中.

制做半导体器件就常用扩散法. 把含有所需杂质的物质涂敷在硅片表面，或者用携带杂质的气体包围着硅片，把硅片放在扩散炉里，杂质就向硅片里面扩散，扩散运动的方向基本上是垂直于硅片表面而指向硅片深处. 这种只沿某一方向进行的扩散叫作**一维的扩散**.

在扩散问题中研究的是浓度 u 在空间中的分布和在时间中的变化 $u(x,y,z,t)$.

扩散运动的起源是浓度的不均匀. 浓度不均匀的程度可用**浓度梯度 ∇u** 表示. 扩散运动的强弱可用**扩散流强度 q**，即单位时间里通过单位横截面积的原子数或分子数或质量表示.

根据实验结果，扩散现象遵循的**扩散定律**即**斐克定律**是
$$q = -D\nabla u. \tag{7.1.22}$$

或写成分量形式
$$q_x = -D\frac{\partial u}{\partial x}, \quad q_y = -D\frac{\partial u}{\partial y}, \quad q_z = -D\frac{\partial u}{\partial z}. \tag{7.1.23}$$

负号表示扩散转移的方向（浓度减小的方向）跟浓度梯度（浓度增大的方向）相反. 比例系数 D 叫作**扩散系数**. 不同物质的扩散系数各不一样. 同一物质在不同温度的扩散系数也不同，一般来说，温度越高，扩散系数越大.

现在应用扩散定律和粒子数守恒定律（或质量守恒定律）导出三维扩散方程. 为此，把空间加以细分，取 x 与 $x+dx$ 之间，y 与 $y+dy$ 之间，z 与 $z+dz$ 之间的小平行六面体（图 7-5）为代表加以研究. 这个平行六面体里的浓度变化取决于穿过它的表面的扩散流.

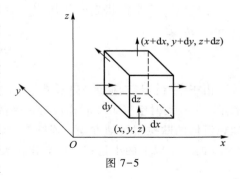

图 7-5

先考察单位时间内 x 方向的扩散流. 在左表面，流量 $q_x|_x dydz$ 是流入平行六面体的；在右表面，流量 $q_x|_{x+dx} dydz$ 则是流出的，由于 dx 取得很小，$q_x|_{x+dx} - q_x|_x = \frac{\partial q_x}{\partial x}dx$. 出入相抵，

$$单位时间内\ x\ 方向净流入流量 = -(q_x|_{x+dx} - q_x|_x)dydz$$
$$= -\frac{\partial q_x}{\partial x}dxdydz$$
$$= \frac{\partial}{\partial x}\left(D\frac{\partial u}{\partial x}\right)dxdydz.$$

考察 y 方向、z 方向的扩散流，同理可得

$$单位时间内\ y\ 方向净流入流量 = \frac{\partial}{\partial y}\left(D\frac{\partial u}{\partial y}\right)dxdydz,$$

单位时间内 z 方向净流入流量 $= \dfrac{\partial}{\partial z}\left(D\,\dfrac{\partial u}{\partial z} \right) \mathrm{d}x\mathrm{d}y\mathrm{d}z.$

根据粒子数(或质量)守恒定律,如果平行六面体中没有源和汇(其他物质能转化成这种物质的粒子称为**源**,这种物质的粒子转化成其他物质称为**汇**),则平行六面体中单位时间内增加的粒子数等于单位时间内净流入的粒子数,即

$$\frac{\partial u}{\partial t}\mathrm{d}x\mathrm{d}y\mathrm{d}z = \left[\frac{\partial}{\partial x}\left(D\,\frac{\partial u}{\partial x} \right) + \frac{\partial}{\partial y}\left(D\,\frac{\partial u}{\partial y} \right) + \frac{\partial}{\partial z}\left(D\,\frac{\partial u}{\partial z} \right) \right]\mathrm{d}x\mathrm{d}y\mathrm{d}z.$$

其中 $\partial u/\partial t$ 为浓度的时间增长率,即单位时间内平行六面体中单位体积内增加的粒子数,于是得**三维扩散方程**

$$u_t - \left[\frac{\partial}{\partial x}\left(D\,\frac{\partial u}{\partial x} \right) + \frac{\partial}{\partial y}\left(D\,\frac{\partial u}{\partial y} \right) + \frac{\partial}{\partial z}\left(D\,\frac{\partial u}{\partial z} \right) \right] = 0. \qquad (7.1.24)$$

如果扩散系数在空间中是均匀的,则(7.1.24)简化为

$$u_t - a^2(u_{xx} + u_{yy} + u_{zz}) = 0, \quad 即 \quad u_t - a^2\Delta_3 u = 0 \quad (a^2 = D). \qquad (7.1.25)$$

如果仅在 x 方向有扩散,则一维扩散方程为

$$u_t - a^2 u_{xx} = 0 \quad (a^2 = D). \qquad (7.1.26)$$

现在说一说有源或汇的扩散问题. 考察两种情况:

(1) 扩散源的强度(单位时间内单位体积中产生的粒子数)为 $F(x,y,z,t)$,与浓度 u 无关. 这时,扩散方程(7.1.24)、(7.1.25)应修改为

$$u_t - \left[\frac{\partial}{\partial x}\left(D\,\frac{\partial u}{\partial x} \right) + \frac{\partial}{\partial y}\left(D\,\frac{\partial u}{\partial y} \right) + \frac{\partial}{\partial z}\left(D\,\frac{\partial u}{\partial z} \right) \right] = F(x,y,z,t), \qquad (7.1.27)$$

$$u_t - a^2\Delta_3 u = F(x,y,z,t) \quad (a^2 = D). \qquad (7.1.28)$$

(2) 扩散源的强度与浓度 u 成正比.

例如 $^{235}\mathrm{U}$ 原子核的链式反应使中子数增殖,中子浓度增殖的时间变化率为 $b^2 u$,比例系数 $b^2 > 0$,即与中子浓度 u 成正比,这是有源的情况. 一维和三维扩散方程应分别修改为

$$\begin{cases} u_t - a^2 u_{xx} - b^2 u = 0, \\ u_t - a^2\Delta_3 u - b^2 u = 0. \end{cases} \qquad (7.1.29)$$

再如放射性衰变现象中,原有粒子的浓度按指数律减少,$u = u_0 \mathrm{e}^{-\lambda t}$,$\lambda$ 为衰变常数($\lambda > 0$). 经过 τ(半衰期)时间后,浓度减为原来的一半,即 $u_0/2 = u_0 \mathrm{e}^{-\lambda\tau}$,所以 $\lambda = (\ln 2)/\tau$,于是 $u = u_0 \mathrm{e}^{-(\ln 2)t/\tau}$. 对 t 求导数,则得单纯由衰变所导致的浓度减少的时间变化率为 $-\lambda u = -u(\ln 2)/\tau$,也跟原有粒子浓度成正比,但比例系数 $-\lambda = -(\ln 2)/\tau < 0$. 相应地,一维和三维扩散方程应分别修改为

$$\begin{cases} u_t - a^2 u_{xx} + \dfrac{\ln 2}{\tau} u = 0, \\[2mm] u_t - a^2\Delta_3 u + \dfrac{\ln 2}{\tau} u = 0. \end{cases} \qquad (7.1.30)$$

(八)　热传导方程

由于温度不均匀,热量从温度高的地方向温度低的地方转移,这种现象叫作**热传导**.

在热传导问题中研究的是温度在空间中的分布和在时间中的变化 $u(x,y,z,t)$.

热传导的起源是温度的不均匀. 温度不均匀的程度可用**温度梯度** ∇u 表示. 热传导的强弱可用**热流强度** q，即单位时间通过单位横截面积的热量表示.

根据实验结果，热传导现象所遵循的**热传导定律**，即傅里叶定律是

$$q = -k\,\nabla u,$$

比例系数 k 叫作**热传导系数**. 不同物质的热传导系数各不一样.

仿照扩散问题，应用热传导定律和能量守恒定律，可导出没有热源和热汇的一维和三维热传导方程

$$c\rho u_t - \frac{\partial}{\partial x}(ku_x) = 0, \tag{7.1.31}$$

$$c\rho u_t - \left[\frac{\partial}{\partial x}(ku_x) + \frac{\partial}{\partial y}(ku_y) + \frac{\partial}{\partial z}(ku_z)\right] = 0, \tag{7.1.32}$$

其中 c 是比热容, ρ 是密度, 对于均匀物体, k、c、ρ 是常量, 上式成为

$$u_t - a^2 u_{xx} = 0, \tag{7.1.33}$$

$$u_t - a^2 \Delta_3 u = 0, \qquad \left(a^2 = \frac{k}{c\rho}\right) \tag{7.1.34}$$

跟扩散方程(7.1.26)、(7.1.25)形式上完全一样.

如果在物体中存在热源，热源强度(单位时间在单位体积中产生的热量)为 $F(x,y,z,t)$，热传导方程(7.1.31)、(7.1.32)应修改为

$$c\rho u_t - \frac{\partial}{\partial x}(ku_x) = F(x,t), \tag{7.1.35}$$

$$c\rho u_t - \left[\frac{\partial}{\partial x}(ku_x) + \frac{\partial}{\partial y}(ku_y) + \frac{\partial}{\partial z}(ku_z)\right] = F(x,y,z,t). \tag{7.1.36}$$

对于均匀物体, (7.1.35)和(7.1.36)可化为

$$u_t - a^2 u_{xx} = f(x,t), \qquad \left(a^2 = \frac{k}{c\rho}\right) \tag{7.1.37}$$

$$u_t - a^2 \Delta_3 u = f(x,y,z,t), \tag{7.1.38}$$

其中 $f(x,t) = F(x,t)/c\rho$, $f(x,y,z,t) = F(x,y,z,t)/c\rho$, 分别为一维和三维情况下, 按单位质量单位热容量计算的热源强度.

（九）稳定浓度分布

如果扩散源强度 $F(x,y,z)$ 不随时间变化，扩散运动持续进行下去，最终到达稳定状态，空间中各点的浓度不再随时间变化，即 $u_t = 0$，于是，(7.1.27)成为 $\nabla \cdot (D\nabla u) = -F(x,y,z)$，如 D 是常数, 由于 $\nabla \cdot \nabla = \Delta$, 有

$$D\Delta u = -F(x,y,z), \tag{7.1.39}$$

这是**泊松方程**. 其中 Δ 是三维拉普拉斯算符 Δ_3, 角标 3 常常省去不写. 如没有源, 则是**拉普拉斯方程**

$$\Delta u = 0. \tag{7.1.40}$$

(7.1.39)和(7.1.40)是浓度的稳定分布方程.

（十）稳定温度分布

如果热源强度 $F(x,y,z)$ 不随时间变化，热传导持续进行下去，最终将达到稳定状态，空间中各点的温度不再随时间变化，即 $u_t = 0$，于是，(7.1.36)成为 $\nabla \cdot (k\nabla u) = -F(x,y,z)$，如 k 是常数，

$$k\Delta u = -F(x,y,z) \tag{7.1.41}$$

也是**泊松方程**,如没有热源,也简化为**拉普拉斯方程**

$$\Delta u = 0. \tag{7.1.42}$$

(7.1.41)和(7.1.42)是温度的稳定分布方程.

(十一) 静电场

从电磁学知道,静电场是有源无旋场,电场线不闭合,始于正电荷,终于负电荷,反映静电场基本性质的是高斯定理和电场强度的无旋性.据此,我们来导出描述静电场的数学物理方程.

用国际单位制,高斯定理可以表述为:穿过闭合曲面 Σ 向外的电场强度通量等于闭合曲面 Σ 所围空间 T 中电荷量的 $1/\varepsilon_0$ 倍(ε_0 为真空介电常量),即

$$\oint_\Sigma \boldsymbol{E} \cdot \mathrm{d}\boldsymbol{S} = \frac{1}{\varepsilon_0} \int_T \rho \mathrm{d}V.$$

其中 ρ 为电荷体密度.把左边的曲面积分改为体积积分,

$$\int_T \nabla \cdot \boldsymbol{E} \mathrm{d}V = \frac{1}{\varepsilon_0} \int_T \rho \mathrm{d}V.$$

上式对任意的空间 T 都成立,这只能是由于两边的被积函数相等,

$$\nabla \cdot \boldsymbol{E} = \frac{1}{\varepsilon_0} \rho. \tag{7.1.43}$$

此外,静电场的电场强度 $\boldsymbol{E}$ 是无旋的,即

$$\nabla \times \boldsymbol{E} = 0 \tag{7.1.44}$$

(7.1.43)和(7.1.44)是静电场的基本微分方程.它们也可从微分形式的麦克斯韦方程组得到.事实上,对真空中的静电场,$\boldsymbol{D} = \varepsilon_0 \boldsymbol{E}$,$\boldsymbol{B} = 0$,代入麦克斯韦方程 $\nabla \cdot \boldsymbol{D} = \rho$ 和 $\nabla \times \boldsymbol{E} = -\boldsymbol{B}_t$ 即得.

由(7.1.44),存在电势函数 $V(x,y,z)$,使

$$\boldsymbol{E} = -\nabla V. \tag{7.1.45}$$

将(7.1.45)代入(7.1.43)得

$$\Delta V = -\frac{1}{\varepsilon_0} \rho. \tag{7.1.46}$$

这就是静电场的电势函数 V 应当满足的**静电场方程**,它是**泊松方程**.$\boldsymbol{E}$ 是矢量,而 V 是标量,求解方程(7.1.46)比较方便.

如果在静电场的某一区域里没有电荷,即 $\rho = 0$,则电势函数 V 的静电场方程(7.1.46)在该区域上简化为**拉普拉斯方程**

$$\Delta V = 0 \tag{7.1.47}$$

*(十二) 恒定电流场

这里研究的是具有恒定电流的导电介质中的电场.根据电荷守恒定律,导电介质中电荷满足连续性方程

$$\frac{\partial \rho}{\partial t} + \nabla \cdot \boldsymbol{j} = 0 \tag{7.1.48}$$

其中 $\rho(x,y,z,t)$ 为自由电荷体密度，$\boldsymbol{j}(x,y,z,t)$ 为传导电流密度．(7.1.48) 对任意变化的电流场均成立．在恒定电流情况下，$\boldsymbol{j}(x,y,z)$ 不随时间 t 变化，电荷密度 $\rho(x,y,z)$ 也不随时间变化，因而 $\partial\rho/\partial t = 0$，于是

$$\nabla \cdot \boldsymbol{j} = 0, \tag{7.1.49}$$

称为恒定电流的连续性方程．对于恒定电流场，从任一闭合面流出的电流总是等于流入的电流，因此可用闭合的电流线描述导电介质的恒定电流场．电流的散度 $\nabla \cdot \boldsymbol{j}$ 代表电流源的强度．对恒定电流场，$\nabla \cdot \boldsymbol{j} = 0$，即表示没有电流源．

由于电流是恒定的，产生的磁场也是恒定的．据麦克斯韦方程组中的第二方程，有

$$\nabla \times \boldsymbol{E} = -\boldsymbol{B}_t = 0, \tag{7.1.50}$$

可知恒定电流场的电场强度 $\boldsymbol{E}$ 是无旋的．而 $\boldsymbol{E}$ 和恒定电流也遵从欧姆定律

$$\boldsymbol{j} = \sigma \boldsymbol{E}. \tag{7.1.51}$$

因为 $\boldsymbol{E}$ 是无旋的，一定存在一个标量函数 $\varphi(x,y,z)$，满足

$$\boldsymbol{E} = -\nabla \varphi, \tag{7.1.52}$$

$\varphi(x,y,z)$ 是恒定电流场的电势函数．将 (7.1.51)、(7.1.52) 代入 (7.1.49)，有

$$\nabla \cdot (\sigma \boldsymbol{E}) = -\nabla \cdot (\sigma \nabla \varphi) = 0. \tag{7.1.53}$$

对于均匀导电介质，$\sigma = $ 常量．(7.1.53) 可简化成

$$\Delta \varphi = 0. \tag{7.1.54}$$

这是**拉普拉斯方程**，它是在电源外部的均匀导电介质中，恒定电流势 $\varphi(x,y,z)$ 所满足的方程．

但是，在一些问题中，人们的注意力集中在某个局部空间．例如，在大地电测中，关心的是大地中的恒定电流分布和恒定电流势的分布，对大地外面的电源和线路并不关心．这时，往往把电极 A 看作恒定电流的源，把电极 B 看作恒定电流的汇（见图 7-6）．于是 (7.1.49) 应代之以

$$\nabla \cdot \boldsymbol{j} = f(x,y,z), \tag{7.1.55}$$

其中 $f(x,y,z)$ 是电流源强度的分布．而式 (7.1.54) 也应代之以泊松方程

$$\Delta \varphi = -f(x,y,z). \tag{7.1.56}$$

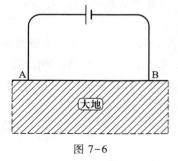

图 7-6

*（十三）不可压缩流体的无旋定常流动

流体有源或汇时的连续性方程是

$$\frac{\partial \rho}{\partial t} + \nabla \cdot (\rho \boldsymbol{v}) = F(x,y,z,t), \tag{7.1.57}$$

其中 $F(x,y,z,t)$ 为源或汇的强度，即单位时间内单位体积中产生的流体的质量，$F>0$ 为源，$F<0$ 为汇．对于不可压缩的流体，密度 $\rho = $ 常量，因此 $\partial\rho/\partial t = 0$，又 $\nabla \cdot (\rho \boldsymbol{v}) = \rho \nabla \cdot \boldsymbol{v} + \boldsymbol{v} \cdot \nabla \rho = \rho \nabla \cdot \boldsymbol{v}$，从而连续性方程简化成

$$\nabla \cdot \boldsymbol{v} = f(x,y,z,t), \tag{7.1.58}$$

其中 $f(x,y,z,t)=F(x,y,z,t)/\rho$，为按流体的单位质量计算的源或汇的强度.

若流体流动是无旋的，$\nabla\times v=0$，则一定存在标量函数 $\varphi(x,y,z,t)$，使得

$$v=-\nabla\varphi,\qquad(7.1.59)$$

φ 称为速度势. 将(7.1.59)代入(7.1.58)，得

$$\Delta\varphi=-f(x,y,z,t),\qquad(7.1.60)$$

这就是不可压缩流体无旋流动时速度势满足的泊松方程.

如果流动是定常的，密度 $\rho(x,y,z)$ 和源或汇的强度 $F(x,y,z)$ 都与时间 t 无关，从而 $f(x,y,z)$，$v(x,y,z)$，$\varphi(x,y,z)$ 也与 t 无关. 方程(7.1.60)简化成

$$\Delta\varphi(x,y,z)=-f(x,y,z).\qquad(7.1.61)$$

如果在某一区域里没有流体的源或汇，则(7.1.61)在该区域上进一步简化为拉普拉斯方程

$$\Delta\varphi(x,y,z)=0.\qquad(7.1.62)$$

（十四）杆的微小横振动

杆在横向变形时，存在切应力. 在切应力的作用下，杆作横向振动. 对于微小的横振动，杆的横振动方程是(本书不推导)

$$u_{tt}+a^2u_{xxxx}=0\quad(a^2=EI/\rho),\qquad(7.1.63)$$

其中 E 是弹性模量，I 是转动惯量，ρ 是密度. 方程中出现关于空间坐标 x 的四阶偏导数，而前面导出的各种方程对空间坐标的偏导数都是二阶的.

对于杆的受迫横振动，如果单位长度杆上外加横向力是 $F(x,t)$，则相应的方程为

$$u_{tt}+a^2u_{xxxx}=F(x,t)/\rho=f(x,t),\qquad(7.1.64)$$

其中 $f(x,t)$ 为作用于杆的单位质量上的力密度.

（十五）量子力学的薛定谔方程

以上各例引自古典物理学. 作为另一类例子，这里提一下量子力学的薛定谔方程. 微观粒子在势场 $V(x,y,z,t)$ 中，波函数 u（为符号前后一贯起见,这里用 u 表示波函数,而在量子力学中通常是用 ψ）满足**薛定谔方程**

$$i\hbar u_t=-\frac{\hbar^2}{2m}\Delta u+Vu.\qquad(7.1.65)$$

这里系数中出现虚数单位 i，而前面所讲方程的系数全是实数. 势能 V 不显含时间 t 的情况叫作定态. 对于定态，方程(7.1.65)简化为**定态薛定谔方程**

$$-\frac{\hbar^2}{2m}\Delta u+Vu=Eu.\qquad(7.1.66)$$

习　题

1. 拿图 7-7 的 B 段弦作为代表，推导弦振动方程.

2. 用均质材料制做细圆锥杆，试推导它的纵振动方程.

3. 弦在阻尼介质中振动，单位长度的弦所受阻力 $F=-Ru_t$（比例常数 R 叫作阻力系数），试推导弦在这阻尼介质中的振动方程.

4. 试推导一维和三维的热传导方程(7.1.41)和(7.1.42).

5. 混凝土浇灌后逐渐放出"水化热"，放热速率正比于当时尚储存着的水化热密度 Q，即 $\dfrac{dQ}{dt}=-\beta Q$. 试推导浇灌后的混凝土内的热传导方程.

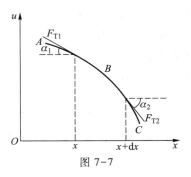

图 7-7

6. 均质导线电阻率为 r，通有均匀分布的直流电，电流密度为 j. 试推导导线内的热传导方程.

7. 长为 l 柔软匀质轻绳，一端固定在以匀速 ω 转动的竖直轴上. 由于惯性离心力的作用，这弦的平衡位置应是水平线. 试推导此弦相对于水平线的横振动方程.

8. 长为 l 的柔软匀质重绳，上端固定在以匀速 ω 转动的竖直轴上，由于重力作用，绳的平衡位置应是竖直线. 试推导此绳相对于竖直线的横振动方程.

9. 推导均匀圆杆的扭转振动方程. 杆半径为 R，切变模量为 N.

10. 推导水槽中的重力波方程. 水槽长 l，截面为矩形，两端由刚性平面封闭. 槽中的水在平衡时深度为 h.

§7.2 定 解 条 件

数学物理方程是同一类现象的共同规律. 反映的是该类现象的普遍性的一面. 但是就物理现象而言，各个具体问题还有其特殊性的一面，这就是研究对象所处的特定"环境"和"历史"，即边界条件和初始条件.

（一） 初始条件

对于随着时间而发展变化的问题，必须考虑到研究对象的特定"历史"，就是说，追溯到早先某个所谓"初始"时刻的状态，即初始条件.

对于输运过程（扩散、热传导），初始状态指的是所研究的物理量 u 的初始分布（初始浓度分布、初始温度分布）. 因此，初始条件是

$$u(x,y,z,t)\big|_{t=0}=\varphi(x,y,z) \tag{7.2.1}$$

其中 $\varphi(x,y,z)$ 是已知函数.

对于振动过程（弦、杆、膜的振动，较高频率交变电流沿传输线传播，声振动和声波、电磁波），只给出初始"位移"

$$u(x,y,z,t)\big|_{t=0}=\varphi(x,y,z) \tag{7.2.2}$$

是不够的，还需要给出初始"速度"

$$u_t(x,y,z,t)\big|_{t=0}=\psi(x,y,z) \tag{7.2.3}$$

从数学的角度看，就时间 t 这个自变数而言，输运过程的泛定方程只出现一阶的导数 u_t，是一阶微分方程，所以只需一个初始条件(7.2.1)；振动过程的泛定方程则出现二阶的导数 u_{tt}，是二阶微分方程，需要两个初始条件(7.2.2)和(7.2.3).

注意：初始条件应当给出**整个系统**的初始状态，而不仅是系统中**个别地点**的初始状态. 例如，一根长为 l 而两端固定的弦，用手把它的中点朝横向拨开距离 h(图 7-8)，然后放手任其振动. 所谓初始时刻就是放手的那个瞬间，初始条件就是放手那个瞬间的弦的位移和速度. 初始速度显然为零，即 $u_t(x,t)\big|_{t=0}=0$；至于初始位移如写成

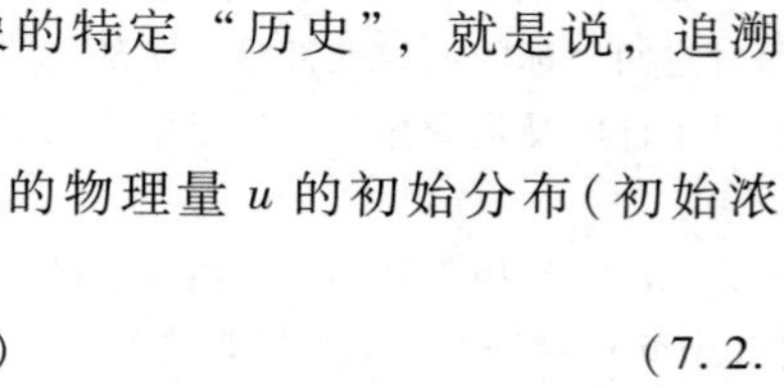

$$u(x,t)\big|_{t=0}=h,$$

图 7-8

那就错了，因为 h 只是弦的中点的初始位移，其他各点的位移并不是 h. 考虑到弦的初始形状是由两段直线衔接而成，初始位移应是 x 的分段函数

$$u(x,t)\mid_{t=0}=\begin{cases}(2h/l)\,x & （在\,[\,0,l/2\,]\,上）,\\(2h/l)(l-x) & （在\,[\,l/2,l\,]\,上）.\end{cases}$$

最后谈一谈"没有初始条件的问题". 没有外加源或汇, 仅仅由于初始时刻的不均匀分布引起的输运叫作**自由输运**. 在自由输运过程中, 不均匀的分布逐渐均匀化. 随着分布的逐渐均匀化, 输运过程也逐步衰减. 因此, 一定时间以后, 自由输运就衰减到可以认为已消失. 没有外加力, 只是由于初始偏离或初始速度引起的振动叫作**自由振动**. 上节推导自由振动方程时没有计及**阻尼作用**（该节习题 3 要求计及阻尼作用）, 而实际上阻尼是不可避免的, 自由振动不可避免逐渐衰减, 因此, 一定时间以后, 自由振动就衰减到可以认为已消失. 这样, 在周期性外源引起的输运问题或周期性外力作用下的振动问题中, 经过很多周期之后, 初始条件引起的自由输运或自由振动衰减到可以认为已消失, 这时的输运或振动完全是周期性外源或外力所引起. 处理这类问题时, 我们完全可以忽略初始条件的影响, 这类问题也就叫作**没有初始条件的问题**.

稳定场问题（静电场, 稳定浓度分布, 稳定温度分布, 无旋恒定电流场, 流体的无旋定常流动）根本就不存在初始条件问题, 这是无需多说的.

（二）边界条件

研究具体的物理系统, 还必须考虑研究对象所处的特定"环境", 而周围环境的影响常体现为边界上的物理状况, 即边界条件.

常见的线性边界条件, 数学上分为三类: 第一类边界条件, 直接规定了所研究的物理量在边界上的数值; 第二类边界条件, 规定了所研究的物理量在边界外法线方向上方向导数的数值; 第三类边界条件, 规定了所研究的物理量及其外法向导数的线性组合在边界上的数值. 用 Σ 表示边界, 即

第一类

$$u(\boldsymbol{r},t)\mid_{\Sigma}=f(M,t), \tag{7.2.4}$$

第二类

$$\frac{\partial u}{\partial n}\Big|_{\Sigma}=f(M,t), \tag{7.2.5}$$

第三类

$$\left(u+H\frac{\partial u}{\partial n}\right)\Big|_{\Sigma}=f(M,t), \tag{7.2.6}$$

其中 M 代表区域边界 Σ 上的变点, f 是已知函数, H 为常数系数. 例如 Σ 为长方体区域的表面, 长方体的长、宽、高分别为 a、b、c, 各自沿 x、y、z 轴, 如果 M 点位于垂直于 x 轴的表面 $x=0$ 或 $x=a$ 上, M 点的 x 坐标已确定, 于是已知函数 $f(M,t)$ 仅是 y、z、t 的函数, 比待解函数 $u(\boldsymbol{r},t)$ 少一个自变数, 在其他形状区域的边界条件中也有类似情况.

（1）第一类边界条件

例如弦的两端 $x=0$ 和 $x=l$ 固定而振动, 则边界条件是 $u\mid_{x=0}=0$, $u\mid_{x=l}=0$. 又如细杆导热问题, 若杆的一个端点 $x=a$ 的温度 u 按已知的规律 $f(t)$ 变化, 则该端点的边界条件是

$$u(x,t)\mid_{x=a}=f(t). \tag{7.2.7}$$

特别是如果该端点处于恒温 u_0, 则边界条件成为

$$u(x,t)\mid_{x=a}=u_0.$$

再如半导体扩散工艺的"恒定表面浓度扩散"中, 硅片周围环境是携带着充足杂质的氮气, 杂质源源不断通过硅片表面向内部扩散, 而硅片表面的杂质浓度保持一定. 硅片的边界就

是它的表面 $x=0$ 和 $x=l$，边界上的物理状况则是杂质浓度 u 保持为常量 N_0：

$$u(x,t)\big|_{x=0}=N_0,\ u(x,t)\big|_{x=l}=N_0.$$

（2）第二类边界条件

例如作纵振动的杆的某个端点 $x=a$ 受有沿端点外法线方向的外力 $f(t)$，根据胡克定律，该端点的张应力 $Eu_n\big|_{x=a}$ 与外力的关系为

$$(Eu_n)\big|_{x=a}S=f(t) \tag{7.2.8}$$

其中 S 为杆的横截面积. 如该端点是自由的，$f(t)=0$，则 $u_n\big|_{x=a}=0$. 当 $f(t)\neq0$ 时，对 $x=l$ 端点，$\partial u/\partial x\big|_{x=l}=f(t)/ES$，对 $x=0$ 端点，$\partial u/\partial x\big|_{x=0}=-f(t)/ES$.

又如细杆导热问题，若杆的某个端点 $x=a$ 有热流 $f(t)$ 沿该端点外法线方向流出，则根据热传导定律，边界条件为 $-ku_n\big|_{x=a}=f(t)$；如热流 $f(t)$ 是流入，则边界条件为 $-ku_n\big|_{x=a}=-f(t)$. 如果端点绝热，则 $u_n\big|_{x=a}=0$.

（3）第三类边界条件

例如，细杆导热问题，如果杆的某一端点 $x=a$ 自由冷却，即杆端和周围介质（温度 θ）按照牛顿冷却定律交换热量，从"自由冷却"这个条件既不能推断在该端点的温度 u 的值，也不能推断在该端点的温度梯度 u_x 的值. 但是，自由冷却规定了从杆端流出的热流强度（$-ku_n$）与温度差（$u\big|_{x=a}-\theta$）之间的关系：

$$-ku_n\big|_{x=a}=h(u\big|_{x=a}-\theta),h\text{ 为热交换系数}.$$

即

$$(u+Hu_n)\big|_{x=a}=\theta\quad(H=k/h).$$

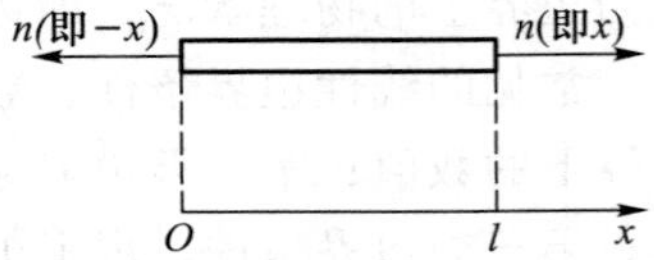

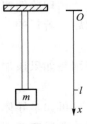

图 7-9

对于两端 $x=0$ 和 $x=l$ 都是自由冷却的杆（图7-9），在 $x=l$ 的一端，外法向 $\boldsymbol{n}$ 就是 x 方向，所以自由冷却条件可表为

$$(u+Hu_x)\big|_{x=l}=\theta;$$

在 $x=0$ 的一端，外法向 $\boldsymbol{n}$ 是 $-x$ 方向，所以自由冷却条件可表为

$$(u-Hu_x)\big|_{x=0}=\theta,$$

值得**注意**的是，如果杆端跟周围介质的热交换系数 h 远远大于杆的热传导系数 k，则 $H=k/h\approx0$，上述边界条件就退化为第一类边界条件 $u\big|_{x=0}=\theta$ 和 $u\big|_{u=l}=\theta$.

又如，作纵振动的杆，如果某一端点 $x=a$ 既非固定也非自由，而是通过弹性体连接到固定物上，从"弹性连接"既不能推断在该端点的位移 u 的值，也不能推断在该端点的相对伸长 u_x 的值. 但是，弹性连接规定了杆中弹性力（ESu_n）等于弹性连接物中的弹性恢复力（$-ku$，k 是劲度系数），于是有

$$\left(u+\frac{ES}{k}u_n\right)\bigg|_{x=a}=0$$

边界条件（7.2.4）—（7.2.8）都是**线性的**. 其中 $f\equiv0$ 的边界条件又叫作**齐次的**.

线性的边界条件并不限于以上三类. 例如，长为 l 的均匀杆，一端挂有重物而作纵振动（图7-10）. 杆端所受的力有重力（mg）和惯性力（$-mu_{tt}$），所以

$$ESu_x\big|_{x=l}=mg-mu_{tt}\big|_{x=l}$$

在这个边界条件中不仅出现对 x 的偏导数 u_x，还出现了对 t 的偏导数 u_{tt}.

图 7-10

有的边界条件甚至是**非线性的**. 例如, 在热传导问题中, 如果物体表面按斯蒂芬定律(温度四次方定律)向周围辐射热量, 那就出现非线性边界条件了.

上节导出的泛定方程, 除杆的横振动方程以外, 每处边界上只要一个边界条件. 以弦振动为例, 就 x 这个自变数而言, 弦振动方程中出现二阶导数 u_{xx}, 是二阶微分方程, 总共要求两个边界条件, 即两端点各一个边界条件. 杆的横振动方程中出现四阶偏导数 u_{xxxx}, 所以每个端点就要两个边界条件. 例如, 端点 $x=a$ 被固定(图 7-11a), 那么这端点的位移始终为零, 而且杆在该处的斜率亦为零, 即

$$u\big|_{x=a}=0, \quad u_x\big|_{x=a}=0. \quad (\text{固定端})$$

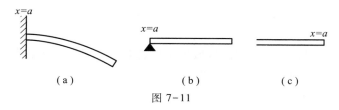

（a） （b） （c）

图 7-11

又如端点 $x=a$ 是被支撑的(图 7-11b), 那么这端点的位移始终为零, 而该处截面上挠矩为零. 即

$$u\big|_{x=a}=0, \quad u_{xx}\big|_{x=a}=0. \quad (\text{支撑端})$$

再如端点 $x=a$ 是自由的(图 7-11c), 那么该处截面上不仅挠矩为零, 而且切力也为零, 即

$$u_{xx}\big|_{x=a}=0, \quad u_{xxx}\big|_{x=a}=0. \quad (\text{自由端})$$

边界条件只要**确切说明**边界上的物理状况就行. 例如, 长为 l 的均匀杆, 一端固定于车壁上, 另一端自由, 车子以速度 v_0 行进而忽然停止(图 7-12). 边界条件应当怎样写呢? 这个问题本来很简单, $x=0$ 端固定而 $x=l$ 端自由可用 "$u\big|_{x=0}=0$" 和 "$u_x\big|_{x=l}=0$" 确切地表示. 但有些初学者却 "不满足" 于这个简单的说明, 而想到什么 $x=0$ 端在突然停止时有某个冲力, 在振动过程中还不断受到车壁的作用力, $x=l$ 端在突然停止时有向前冲出去的惯性, 但又苦于不知道固定端所受的作用力和自由端的运动情况, 因而觉得很难写出边界条件. 其实这是对边界条件要求过高了, 因为只有解出定解问题之后才好计算固定端所受作用力和自由端的运动情况. 既然 "$u\big|_{x=0}=0$" 和 "$u_x\big|_{x=l}=0$" 能够确

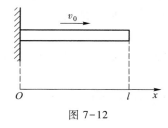

图 7-12

切说明 $x=0$ 端固定而 $x=l$ 端自由, 这两个简单的式子就是所要的边界条件.

注意**区分**边界条件与泛定方程中的外力或外源. 例如, 一维扩散问题, 如果在某一端点 $x=a$ 有粒子流注入, 流的强度 q 是已知的, 这注入的粒子流是一种边界条件, 即 $Du_n\big|_{x=a}=q$. 可是, 有些初学者认为既然注入的粒子流是外源, 应在泛定方程中列入外源:

$$u_t-a^2u_{xx}=q/c\rho.$$

这就错了, 因为这个方程意味着处处有粒子流注入, 其强度处处是 q.

最后, 谈一谈 "没有边界条件的问题". 物理系统总是有限的, 必然有边界, 要求边界条件. 拿弦振动问题为例, 弦总是有限长的, 有两个端点. 但如果着重研究靠近一端的那段弦, 那么, 在不太长的时间里, 另一端的影响还没来得及传到, 不妨认为另一端并不存在, 或者说另一端在无限远, 当然就无需提出另一端的边界条件了. 这样, 有限长的真实的弦抽象成**半无界**的弦. 如果着重研究不靠近两端的那段弦, 那么, 在不太长的时间里, 两端的影响都没来得及传到, 不妨认为两端都不存在, 或者说两端都在无限远, 当然就无需提出边界条件了. 这

样，有限长的真实的弦抽象成**无界**的弦.

又如，半导体工艺的金扩散比较快，在 1 100 ℃ 左右，金原子用了几分钟时间就扩散到整个硅片. 硼和磷的扩散则慢得多，在差不多同样的温度，硼或磷原子用几十分钟以至两三个小时只能进入硅片几微米. 用扩散法制做超导材料 Nb_3Sn 线，锡原子进入铌芯也只有几微米. 硅片或铌芯的厚度 l 很小，不到一毫米，可是，硼、磷、锡原子的扩散深度更小. 如果着重研究边界 $x=0$ 附近的慢扩散，在不太长的时间（其实是几小时甚至几十小时）里，硼、磷、锡原子来不及达到另一边界 $x=l$，根本不受另一边界 $x=l$ 的影响，我们不妨认为不存在另一边界 $x=l$，认为硅片或铌芯从 $x=0$ 延伸到无限远（其实还不到 1 mm），构成**半无界**的问题.

（三）衔接条件

有时，由于一些原因，在所研究的区域里出现**跃变**点，泛定方程在跃变点失去意义. 例如弦振动问题，如果有横向力 $F(t)$ 集中地作用于 $x=x_0$ 点，这点就成为弦的折点（图 7-13）. 在折点 x_0，斜率 u_x 的左极限值 $u_x(x_0-0,t)$ 跟右极限值 $u_x(x_0+0,t)$ 不同，即 u_x 有跃变，因而 u_{xx} 不存在，弦振动方程 $u_{tt}-a^2u_{xx}=0$ 在这一点没有意义. 这样，我们只能把 $x<x_0$ 和 $x>x_0$ 两段分别考虑，在各段上，弦振动方程是有意义的. 但是，既然这不过是同一根弦的两段，它们并不是各自独立振动的. 反映在数学上，不可能在两段上分别列出适定的

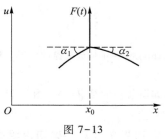

图 7-13

定解问题. 事实上，对于 $x<x_0$ 的一段，无法列出 $x=x_0$ 处的边界条件；对于 $x>x_0$ 的一段同样无法列出 $x=x_0$ 处的边界条件. 两段应该作为一个整体来研究，因为两段的振动是互相关联的. 首先，$x=x_0$ 虽是折点，但仍是连续的，即

$$u(x_0-0,t)=u(x_0+0,t). \tag{7.2.9}$$

其次，在折点，力 $F(t)$ 应同张力 F_T 平衡，即

$$F(t)-F_T\sin\alpha_1-F_T\sin\alpha_2=0.$$

由于 $\sin\alpha_1\approx\tan\alpha_1=u_x(x_0-0,t)$，$\sin\alpha_2\approx\tan\alpha_2=-u_x(x_0+0,t)$，上式即

$$F_Tu_x(x_0+0,t)-F_Tu_x(x_0-0,t)=-F(t). \tag{7.2.10}$$

条件 (7.2.9) 和 (7.2.10) 合称为**衔接条件**. 考虑到衔接条件，两段弦作为一个整体，其振动问题是适定的，其含义见 §7.4（四）.

严格说来，跃变点也是科学的抽象. 实际上存在的是一个小的过渡区，在过渡区上，某些物理量的空间变化率很大，但毕竟还是连续变动的. 只要过渡区很小，不妨认为过渡集中于一个点即跃变点，这就简化了问题，不必详细考察过渡区上的变化情况.

还有的物理问题涉及两种物质的界面，如一根细杆由横截面相同的两段构成，两段材料不同，其弹性模量、热传导系数、密度等均不同，要研究其纵振动或热传导问题，只能作为两个定解问题，分别列出泛定方程、初始条件和两端的边界条件，在交界处无法列出各自的边界条件，但可以列出两者的衔接条件，从而，可以同时求解这两个问题，并最终解出.

习　题

1. 长为 l 的均匀弦，两端 $x=0$ 和 $x=l$ 固定，弦中张力为 F_{T0}，在 $x=h$ 点，以横向力 F_0 拉弦，达到稳定后放手任其自由振动. 写出初始条件.

2. 长为 l 的均匀杆两端受拉力 F_0 作用而作纵振动. 写出边界条件.

3. 长为 l 的均匀杆, 两端有恒定热流进入, 其强度为 q_0, 写出这个热传导问题的边界条件.

4. 半径为 ρ_0 而表面熏黑的金属长圆柱, 受到阳光照射. 阳光方向垂直于柱轴, 热流强度为 q_0. 周围介质温度为 θ, 写出这个圆柱的热传导问题的边界条件.

5. 习题 1 是否需要衔接条件?

6. 一根杆由横截面相同的两段连接而成. 两段的材料不同, 弹性模量分别是 E^{I} 和 E^{II}, 密度分别是 ρ^{I} 和 ρ^{II}. 试写出衔接条件.

7. 写出静电场中电介质表面的衔接条件.

8. 一根导热杆由两段构成, 两段热传导系数、比热容、密度分别是 k^{I}, c^{I}, ρ^{I} 和 k^{II}, c^{II}, ρ^{II}. 初始温度是 u_0, 然后保持两端温度为零. 试把这个热传导问题表为定解问题.

§7.3 数学物理方程的分类

（一） 线性二阶偏微分方程

§7.1 的泛定方程, 除杆的横振动方程以外, 都是二阶的. 本书将着重讨论二阶偏微分方程.

把所有自变数(包括空间坐标和时间坐标)依次记作 $x_1, x_2, \cdots, x_n$. 二阶偏微分方程如果可以表为

$$\sum_{j=1}^{n} \sum_{i=1}^{n} a_{ij} u_{x_i x_j} + \sum_{i=1}^{n} b_i u_{x_i} + cu + f = 0, \tag{7.3.1}$$

其中 a_{ij}、b_i、c、f 只是 $x_1, x_2, \cdots, x_n$ 的函数, 就叫作**线性**的方程. §7.1 导出的泛定方程以及许多常见的偏微分方程都是线性的.

如 $f \equiv 0$, 则方程称为**齐次**的, 否则叫**非齐次**的. 从 §7.1 导出的各方程来看, 大凡有源(外力、热源、电荷等)的方程为非齐次, 没有源的方程为齐次. 不过, 这也不是绝对的. 例如, 扩散方程(7.1.29)、(7.1.30)分别是有源和有汇的, 但仍然是齐次方程.

如果泛定方程和定解条件都是线性的, 可以把定解问题的解看作几个部分的线性叠加, 只要这些部分各自所满足的泛定方程和定解条件的相应的线性叠加正好是原来的泛定方程和定解条件就行. 这叫作**叠加原理**. 本书将经常引用叠加原理.

以下研究方程分类, 并把各类方程分别化为标准形式. 这样, 今后就只需讨论标准形式的方程的解法.

（二） 两个自变数的方程分类

先研究两个自变数 x 和 y 的二阶线性偏微分方程

$$a_{11} u_{xx} + 2a_{12} u_{xy} + a_{22} u_{yy} + b_1 u_x + b_2 u_y + cu + f = 0, \tag{7.3.2}$$

其中 a_{11}, a_{12}, a_{22}, b_1, b_2, c, f 只是 x 和 y 的函数. 在以下的讨论中, 我们假定 a_{11}, a_{12}, a_{22}, b_1, b_2, c, f 都是实的.

试作自变数的代换

$$\begin{cases} x = x(\xi, \eta), \\ y = y(\xi, \eta), \end{cases} \quad \text{即} \quad \begin{cases} \xi = \xi(x, y), \\ \eta = \eta(x, y), \end{cases} \tag{7.3.3}$$

代换的雅可比式 $\dfrac{\partial(\xi,\eta)}{\partial(x,y)}\neq 0$. 通过代换(7.3.3)，$u(x,y)$ 成为 ξ 和 η 的函数. 这里，还应把方程(7.3.2)改用新的自变数 ξ 和 η 表出. 为此，作如下计算：

$$\begin{cases} u_x = u_\xi \xi_x + u_\eta \eta_x, \\ u_y = u_\xi \xi_y + u_\eta \eta_y, \end{cases} \tag{7.3.4}$$

$$\begin{cases} u_{xx} = (u_{\xi\xi}\xi_x^2 + u_{\xi\eta}\xi_x\eta_x + u_\xi\xi_{xx}) + (u_{\eta\xi}\eta_x\xi_x + u_{\eta\eta}\eta_x^2 + u_\eta\eta_{xx}) \\ \qquad = u_{\xi\xi}\xi_x^2 + 2u_{\xi\eta}\xi_x\eta_x + u_{\eta\eta}\eta_x^2 + u_\xi\xi_{xx} + u_\eta\eta_{xx}, \\ u_{xy} = (u_{\xi\xi}\xi_x\xi_y + u_{\xi\eta}\xi_x\eta_y + u_\xi\xi_{xy}) + (u_{\eta\xi}\eta_x\xi_y + u_{\eta\eta}\eta_x\eta_y + u_\eta\eta_{xy}) \\ \qquad = u_{\xi\xi}\xi_x\xi_y + u_{\xi\eta}(\xi_x\eta_y + \xi_y\eta_x) + u_{\eta\eta}\eta_x\eta_y + u_\xi\xi_{xy} + u_\eta\eta_{xy}, \\ u_{yy} = (u_{\xi\xi}\xi_y^2 + u_{\xi\eta}\xi_y\eta_y + u_\xi\xi_{yy}) + (u_{\eta\xi}\eta_y\xi_y + u_{\eta\eta}\eta_y^2 + u_\eta\eta_{yy}) \\ \qquad = u_{\xi\xi}\xi_y^2 + 2u_{\xi\eta}\xi_y\eta_y + u_{\eta\eta}\eta_y^2 + u_\xi\xi_{yy} + u_\eta\eta_{yy}. \end{cases} \tag{7.3.5}$$

把(7.3.4)和(7.3.5)代入(7.3.2)得到采用新自变数 ξ 和 η 后的方程

$$A_{11}u_{\xi\xi} + 2A_{12}u_{\xi\eta} + A_{22}u_{\eta\eta} + B_1 u_\xi + B_2 u_\eta + Cu + F = 0, \tag{7.3.6}$$

其中系数

$$\begin{cases} A_{11} = a_{11}\xi_x^2 + 2a_{12}\xi_x\xi_y + a_{22}\xi_y^2, \\ A_{12} = a_{11}\xi_x\eta_x + a_{12}(\xi_x\eta_y + \xi_y\eta_x) + a_{22}\xi_y\eta_y, \\ A_{22} = a_{11}\eta_x^2 + 2a_{12}\eta_x\eta_y + a_{22}\eta_y^2, \\ B_1 = a_{11}\xi_{xx} + 2a_{12}\xi_{xy} + a_{22}\xi_{yy} + b_1\xi_x + b_2\xi_y, \\ B_2 = a_{11}\eta_{xx} + 2a_{12}\eta_{xy} + a_{22}\eta_{yy} + b_1\eta_x + b_2\eta_y, \\ C = c, \\ F = f. \end{cases} \tag{7.3.7}$$

方程(7.3.6)仍然是线性的.

从(7.3.7)可以看到，如果取一阶偏微分方程

$$a_{11}z_x^2 + 2a_{12}z_x z_y + a_{22}z_y^2 = 0 \tag{7.3.8}$$

它的一个特解作为新自变数 ξ，则 $a_{11}\xi_x^2 + 2a_{12}\xi_x\xi_y + a_{22}\xi_y^2 = 0$，从而 $A_{11} = 0$. 同理，如果(7.3.8)的另一特解作为新自变数 η，则 $A_{22} = 0$. 这样，方程(7.3.6)就得以化简.

一阶偏微分方程(7.3.8)的求解可转化为常微分方程的求解. 事实上，(7.3.8)可改写为

$$a_{11}\left(-\frac{z_x}{z_y}\right)^2 - 2a_{12}\left(-\frac{z_x}{z_y}\right) + a_{22} = 0. \tag{7.3.9}$$

如果把

$$z(x,y) = 常数 \tag{7.3.10}$$

当作定义隐函数 $y(x)$ 的方程，则 $\mathrm{d}y/\mathrm{d}x = -z_x/z_y$，从而(7.3.9)正是

$$a_{11}\left(\frac{\mathrm{d}y}{\mathrm{d}x}\right)^2 - 2a_{12}\frac{\mathrm{d}y}{\mathrm{d}x} + a_{22} = 0. \tag{7.3.11}$$

常微分方程(7.3.11)叫作二阶线性偏微分方程(7.3.2)的**特征方程**，特征方程的一般积分 "$\xi(x,y)=$ 常数" 和 "$\eta(x,y)=$ 常数" 叫做**特征线**.

特征方程(7.3.11)可分为两个方程

$$\frac{\mathrm{d}y}{\mathrm{d}x} = \frac{a_{12} + \sqrt{a_{12}^2 - a_{11}a_{22}}}{a_{11}}, \tag{7.3.12}$$

$$\frac{\mathrm{d}y}{\mathrm{d}x} = \frac{a_{12} - \sqrt{a_{12}^2 - a_{11}a_{22}}}{a_{11}}, \tag{7.3.13}$$

通常根据(7.3.12)和(7.3.13)的根号下的符号划分偏微分方程(7.3.2)的类型:

$$\begin{cases} a_{12}^2 - a_{11}a_{22} > 0, & \textbf{双曲型}; \\ a_{12}^2 - a_{11}a_{22} = 0, & \textbf{抛物型}; \\ a_{12}^2 - a_{11}a_{22} < 0, & \textbf{椭圆型}. \end{cases}$$

方程(7.3.2)的系数 a_{11}、a_{12} 和 a_{22} 可以是 x 和 y 的函数,所以,一个方程在自变数的某一区域上属于某一类型,在另一区域上可能属于另一类型. 用(7.3.7)容易验证

$$A_{12}^2 - A_{11}A_{22} = (a_{12}^2 - a_{11}a_{22})(\xi_x\eta_y - \xi_y\eta_x)^2,$$

这是说,作自变数的代换时,**方程的类型不变**.

(1) 双曲型方程

(7.3.12)和(7.3.13)各给出一族实的特征线

$$\xi(x,y) = 常数, \quad \eta(x,y) = 常数.$$

取 $\xi = \xi(x,y)$ 和 $\eta = \eta(x,y)$ 作为新的自变数,则 $A_{11} = 0$,$A_{22} = 0$. 从而自变数代换后的方程(7.3.6)成为

$$u_{\xi\eta} = -\frac{1}{2A_{12}}\left[B_1 u_\xi + B_2 u_\eta + Cu + F \right]. \tag{7.3.14}$$

或者,再作自变数代换

$$\begin{cases} \xi = \alpha + \beta, \\ \eta = \alpha - \beta, \end{cases} \quad 即 \quad \begin{cases} \alpha = \frac{1}{2}(\xi + \eta), \\ \beta = \frac{1}{2}(\xi - \eta), \end{cases}$$

则方程(7.3.14)化为

$$u_{\alpha\alpha} - u_{\beta\beta} = -\frac{1}{A_{12}}\left[(B_1 + B_2)u_\alpha + (B_1 - B_2)u_\beta + 2Cu + 2F \right]. \tag{7.3.15}$$

(7.3.14)或(7.3.15)是**双曲型**方程的**标准形式**. 一维波动方程,如弦振动方程(7.1.6)和(7.1.7),杆的纵振动方程(7.1.9),电报方程(7.1.13)和(7.1.14)等,都是标准形式的双曲型方程.

(2) 抛物型方程

由于 $a_{12}^2 - a_{11}a_{22} = 0$,特征方程(7.3.12)和(7.3.13)变成同一个方程:

$$\frac{\mathrm{d}y}{\mathrm{d}x} = \frac{a_{12}}{a_{11}}, \tag{7.3.16}$$

它们只能给出一族实的特征线

$$\xi(x,y) = 常数,$$

则 $\xi=\xi(x,y)$ 是(7.3.9)的解. 取 ξ 作为新的自变数, 取与 $\xi(x,y)$ 无关的函数 $\eta=\eta(x,y)$ 作为另一新的自变数. 采用新自变数后, 将 $\xi_x/\xi_y=-\mathrm{d}y/\mathrm{d}x=-a_{12}/a_{11}$ 和 $a_{12}=\pm\sqrt{a_{11}\cdot a_{22}}$ 代入(7.3.7), 得方程的前三个系数为

$$A_{11}=\xi_y^2\left[a_{11}\left(\frac{\xi_x}{\xi_y}\right)^2+2a_{12}\frac{\xi_x}{\xi_y}+a_{22}\right]=-\frac{\xi_y^2}{a_{11}}[a_{12}^2-a_{11}\cdot a_{22}]=0,$$

$$A_{12}=\xi_y\left[a_{11}\left(\frac{\xi_x}{\xi_y}\right)\eta_x+a_{12}\left(\frac{\xi_x}{\xi_y}\eta_y+\eta_x\right)+a_{22}\eta_y\right]$$

$$=-\frac{\xi_y\eta_y}{a_{11}}[a_{12}^2-a_{11}\cdot a_{22}]=0,$$

$$A_{22}=\eta_y^2\left[a_{11}\left(\frac{\eta_x}{\eta_y}\right)^2+2a_{12}\frac{\eta_x}{\eta_y}+a_{22}\right]=\eta_y^2\left[\sqrt{a_{11}}\left(\frac{\eta_x}{\eta_y}\right)\pm\sqrt{a_{22}}\right]^2.$$

可见, 只要取 $\eta(x,y)$ 使 $\eta_x/\eta_y\neq\sqrt{a_{22}}/\sqrt{a_{11}}$, 即 η 不满足特征方程(7.3.16), 则 $A_{22}\neq0$, 从而自变数代换后的方程(7.3.6)成为

$$u_{\eta\eta}=-\frac{1}{A_{22}}[B_1u_\xi+B_2u_\eta+Cu+F].\tag{7.3.17}$$

这是**抛物型**方程的**标准形式**. 一维输运方程, 如扩散方程(7.1.26), 热传导方程(7.1.33)等, 都是标准形式的抛物型方程.

（3）椭圆型方程

(7.3.12)和(7.3.13)各给出一族复数的特征线

$$\xi(x,y)=常数,\quad\eta(x,y)=常数,$$

而且 $\eta=\xi^*$. 取 $\xi=\xi(x,y)$ 和 $\eta=\eta(x,y)=\xi^*(x,y)$ 作为新的自变数, 则 $A_{11}=0$, $A_{22}=0$, 从而自变数代换后的方程(7.3.6)成为

$$u_{\xi\eta}=-\frac{1}{2A_{12}}[B_1u_\xi+B_2u_\eta+Cu+F].\tag{7.3.18}$$

这方程不同于(7.3.14), 因为这里的 ξ 和 η 是复变数. 一般说来, 这是不方便的. 通常又作代换

$$\begin{cases}\xi=\alpha+\mathrm{i}\beta,\\\eta=\alpha-\mathrm{i}\beta,\end{cases}\quad\text{即}\quad\begin{cases}\alpha=\mathrm{Re}\ \xi=\dfrac{1}{2}(\xi+\eta),\\[2mm]\beta=\mathrm{Im}\ \xi=\dfrac{1}{2\mathrm{i}}(\xi-\eta).\end{cases}$$

则方程(7.3.18)化为

$$u_{\alpha\alpha}+u_{\beta\beta}=-\frac{1}{A_{12}}[(B_1+B_2)u_\alpha+\mathrm{i}(B_2-B_1)u_\beta+2Cu+2F].\tag{7.3.19}$$

(7.3.18)或(7.3.19)是**椭圆型**方程的**标准形式**. 平面稳定场方程, 如稳定浓度分布(7.1.39), 稳定温度分布(7.1.41), 静电场方程(7.1.46)和(7.1.47), 无旋恒定电流场方程(7.1.54)和(7.1.56), 无旋定常流动方程(7.1.61)和(7.1.62)等, 在二维情况下, 都是(7.3.19)形式的

椭圆型方程.

（三）多自变数的方程分类

考察线性方程(7.3.1)

$$\sum_{j=1}^{n} \sum_{i=1}^{n} a_{ij}u_{x_ix_j} + \sum_{i=1}^{n} b_i u_{x_i} + cu + f = 0. \tag{7.3.1}$$

试作自变数的代换

$$\xi_k = \xi_k(x_1, x_2, \cdots, x_n), \quad k = 1, 2, \cdots, n. \tag{7.3.20}$$

代换的雅可比式 $\dfrac{\partial(\xi_1, \xi_2, \cdots, \xi_n)}{\partial(x_1, x_2, \cdots, x_n)} \neq 0$. 通过代换(7.3.20)，$u(x_1, x_2, \cdots, x_n)$ 成为 $\xi_1, \xi_2, \cdots, \xi_n$ 的函数. 这里，还应把方程(7.3.1)改用新的自变数 ξ_k 表出. 为此，作如下计算：

$$\begin{cases} u_{x_i} = \sum_{k=1}^{n} u_{\xi_k}(\xi_k)_{x_i}, \\ u_{x_ix_j} = \sum_{k=1}^{n} \sum_{l=1}^{n} u_{\xi_k\xi_l}(\xi_k)_{x_i}(\xi_l)_{x_j} + \sum_{k=1}^{n} u_{\xi_k}(\xi_k)_{x_ix_j}. \end{cases} \tag{7.3.21}$$

把(7.3.21)代入(7.3.1)得到采用新自变数 $\xi_1, \xi_2, \cdots, \xi_n$ 后的方程

$$\sum_{k=1}^{n} \sum_{l=1}^{n} A_{kl}u_{\xi_k\xi_l} + \sum_{k=1}^{n} B_k u_{\xi_k} + Cu + F = 0, \tag{7.3.22}$$

其中系数

$$\begin{cases} A_{kl} = \sum_{j=1}^{n} \sum_{i=1}^{n} a_{ij}(\xi_k)_{x_i}(\xi_l)_{x_j}, \\ B_k = \sum_{i=1}^{n} b_i(\xi_k)_{x_i} + \sum_{j=1}^{n} \sum_{i=1}^{n} a_{ij}(\xi_k)_{x_ix_j}. \end{cases} \tag{7.3.23}$$

方程(7.3.22)仍然是线性的.

值得注意的是，二阶偏导数的系数变换公式恰恰是二次齐次式

$$\sum_{j=1}^{n} \sum_{i=1}^{n} a_{ij}y_iy_j \tag{7.3.24}$$

的系数在自变数代换 $(y_1, y_2, \cdots, y_n \to \eta_1, \eta_2, \cdots, \eta_n)$

$$y_i = \sum_{k=1}^{n} (\xi_k)_{x_i}\eta_k \tag{7.3.25}$$

下的变换公式. 二次齐次式(7.3.24)可以用适当的代换而对角化，在相应的代换下，方程(7.3.22)也就"对角化"，即

$$\begin{cases} A_{ij} = 0 \quad (i \neq j), \\ A_{ii} = +1, \ -1 \ \text{或} \ 0. \end{cases} \tag{7.3.26}$$

二次齐次式对角化时有一条**惯性定律**，从而 A_{ii} 之为正或为负或为零的个数亦各为一定. 据此，划分偏微分方程的类型：

$$\begin{cases} \text{所有 } n \text{ 个 } A_{ii} \neq 0, \text{且全为同号,} & \textbf{椭圆型;} \\ \text{有某些 } A_{ii} = 0, & \textbf{抛物型;} \\ \text{所有 } n \text{ 个 } A_{ii} \neq 0, \text{其中 } n-1 \text{ 个同号，另一反号,} & \textbf{双曲型;} \\ \text{所有 } n \text{ 个 } A_{ii} \neq 0, \text{两种符号都不止一个,} & \textbf{超双曲型.} \end{cases}$$

相应的**标准形式**是

$$\begin{cases} \displaystyle\sum_{i=1}^{n} u_{x_i x_i} + \sum_{i=1}^{n} B_i u_{x_i} + Cu + F = 0, & \text{椭圆型;} \\[2mm] \displaystyle\sum_{i=1}^{n-m} u_{x_i x_i} + \sum_{i=1}^{n} B_i u_{x_i} + Cu + F = 0, & \text{抛物型;} \\[2mm] \displaystyle u_{x_1 x_1} - \sum_{i=2}^{n} u_{x_i x_i} + \sum_{i=1}^{n} B_i u_{x_i} + Cu + F = 0, & \text{双曲型;} \\[2mm] \displaystyle\sum_{i=1}^{m} u_{x_i x_i} - \sum_{i=m+1}^{n} u_{x_i x_i} + \sum_{i=1}^{n} B_i u_{x_i} + Cu + F = 0, & \text{超双曲型.} \end{cases}$$

§7.1 导出的泛定方程之中，波动方程(弦、杆、膜的振动方程,电报方程,声振动和声波方程,电磁波方程)是双曲型的，输运方程(扩散方程,热传导方程)是抛物型的，稳定场方程(静电场,稳定浓度分布,无旋恒定电流场,流体的无旋定常流动)是椭圆型的．量子力学的薛定谔方程(7.1.65)虽是抛物型的，但由于系数中有 $i = \sqrt{-1}$，所以并不代表输运过程，而是代表波动(量子力学的波函数)．

应当指出，除非自变数的个数 $n \leqslant 2$，二阶线性偏微分方程(7.3.1)只能逐点 $(x_1, x_2, \cdots, x_n)$ 化为上述标准形式，一般不能在某个区域上各点同时化为标准形式．即使方程在某个区域上各点属于同一类型，一般还是不能在该区域上各点同时化为标准形式．道理是这样的：非"对角的"系数 $A_{ij}(i \neq j)$ 有

$$\frac{n(n-1)}{2} \tag{7.3.27}$$

个，要求它们为零意味着满足 $n(n-1)/2$ 个条件，可供选择的代换 $\xi_k(k=1,2,\cdots,n)$ 只有

$$n \tag{7.3.28}$$

个．如 $n>3$，则(7.3.28)总是小于(7.3.27)，因而不可能选择一种代换使所有非"对角的"系数全为零．如 $n=3$，则(7.3.28)等于(7.3.27)，可选一代换使所有非"对角的"系数为零，但"对角的"系数一般未必全相同．因此，必须 $n \leqslant 2$，才有可能在某一区域上各点同时化为标准形式．

（四）　常系数线性方程

如果线性方程的系数都是常数，则按上述方法化成标准形式之后还可以进一步简化．

以传输线方程(7.1.12)或(7.1.13)为例

$$LCu_{tt} - u_{xx} + (LG+RC)u_t + RGu = 0 \tag{7.3.29}$$

试作函数变换 $u(x,t) \to v(x,t)$，

$$u(x,t) = e^{\lambda x + \mu t} v(x,t), \tag{7.3.30}$$

其中 λ 和 μ 是尚待确定的常数．于是，

$$\begin{cases} u_x = e^{\lambda x + \mu t}(v_x + \lambda v), \\ u_t = e^{\lambda x + \mu t}(v_t + \mu v), \\ u_{xx} = e^{\lambda x + \mu t}(v_{xx} + 2\lambda v_x + \lambda^2 v), \\ u_{xt} = e^{\lambda x + \mu t}(v_{xt} + \lambda v_t + \mu v_x + \lambda\mu v), \\ u_{tt} = e^{\lambda x + \mu t}(v_{tt} + 2\mu v_t + \mu^2 v). \end{cases} \tag{7.3.31}$$

把(7.3.30)和(7.3.31)代入(7.3.29)，约去公共因子 $e^{\lambda x + \mu t}$，得

$$LCv_{tt} - v_{xx} - 2\lambda v_x + [2\mu LC + (LG+RC)]v_t$$
$$+ [LC\mu^2 - \lambda^2 + \mu(LG+RC) + RG]v = 0.$$

如果选取 $\lambda = 0$，$\mu = -(LG+RC)/2LC$，即 $u(x,t) = e^{-\frac{LG+RC}{2LC}t} v(x,t)$，则一阶偏导数 v_t 和 v_x 的项

消失，方程简化为

$$LCv_{tt} - v_{xx} - \frac{(LG-RC)^2}{4LC} v = 0.$$ (7.3.32)

习 题

1. 把下列方程化为标准形式.

（1）$au_{xx} + 2au_{xy} + au_{yy} + bu_x + cu_y + u = 0$,

（2）$u_{xx} - 2u_{xy} - 3u_{yy} + 2u_x + 6u_y = 0$,

（3）$u_{xx} + 4u_{xy} + 5u_{yy} + u_x + 2u_y = 0$,

（4）$u_{xx} + yu_{yy} = 0$,

（5）$u_{xx} + xu_{yy} = 0$,

（6）$y^2 u_{xx} + x^2 u_{yy} = 0$,

（7）$4y^2 u_{xx} - e^{2x} u_{yy} - 4y^2 u_x = 0$.

2. 简化下列常系数方程.

（1）$u_{xx} + u_{yy} + \alpha u_x + \beta u_y + \gamma u = 0$,

（2）$u_{xx} = \frac{1}{a^2} u_y + \alpha u + \beta u_x$,

（3）$u_{yy} + \frac{c-b}{a} u_x + \frac{b}{a} u_y + u = 0$,

（4）$u_{xy} + 3u_x + 4u_y + 2u = 0$,

（5）$2au_{xx} + 2au_{xy} + au_{yy} + 2bu_x + 2cu_y + u = 0$.

§7.4 达朗贝尔公式 定解问题

读者已经熟悉常微分方程的常规解法：先不考虑任何附加条件，从方程本身求出通解，通解中含有任意常数（积分常数），然后利用附加条件确定这些常数. 偏微分方程能否仿照这种办法求解呢？

（一）达朗贝尔公式

试研究均匀弦的横振动方程(7.1.6)、均匀杆的纵振动方程(7.1.9)、理想传输线方程(7.1.14)，它们具有同一形式

$$\left(\frac{\partial^2}{\partial t^2} - a^2 \frac{\partial^2}{\partial x^2} \right) u = 0,$$

即

$$\left(\frac{\partial}{\partial t} + a \frac{\partial}{\partial x} \right) \left(\frac{\partial}{\partial t} - a \frac{\partial}{\partial x} \right) u = 0.$$ (7.4.1)

（1）通解

方程(7.4.1)的形式提示我们作代换

$$x=a(\xi+\eta)\,,\quad t=\xi-\eta,\qquad\qquad (7.4.2)$$

因为在这个代换下,

$$\frac{\partial}{\partial\xi}=\frac{\partial t}{\partial\xi}\frac{\partial}{\partial t}+\frac{\partial x}{\partial\xi}\frac{\partial}{\partial x}=\frac{\partial}{\partial t}+a\frac{\partial}{\partial x},$$

$$\frac{\partial}{\partial\eta}=\frac{\partial t}{\partial\eta}\frac{\partial}{\partial t}+\frac{\partial x}{\partial\eta}\frac{\partial}{\partial x}=-\left(\frac{\partial}{\partial t}-a\frac{\partial}{\partial x}\right),$$

方程(7.4.1)就成为$(\partial^2/\partial\xi\,\partial\eta)u=0$. 但为了以后的书写便利,把代换(7.4.2)修改为

$$\begin{cases}x=\dfrac{1}{2}(\xi+\eta),\\[2mm] t=\dfrac{1}{2a}(\xi-\eta),\end{cases}\qquad 即\qquad \begin{cases}\xi=x+at,\\[1mm]\eta=x-at.\end{cases}$$

在此代换下,方程(7.4.1)化为

$$\frac{\partial^2 u}{\partial\xi\,\partial\eta}=0,\qquad\qquad (7.4.3)$$

就很容易求解了.

先对 η 积分,得

$$\frac{\partial u}{\partial\xi}=f(\xi)\,,\qquad\qquad (7.4.4)$$

其中 f 是任意函数. 再对 ξ 积分,就得到通解

$$\begin{aligned}u&=\int f(\xi)\,\mathrm{d}\xi+f_2(\eta)=f_1(\xi)+f_2(\eta)\\ &=f_1(x+at)+f_2(x-at)\,,\end{aligned}\qquad (7.4.5)$$

其中 f_1 和 f_2 都是任意函数.

式(7.4.5)就是偏微分方程(7.4.1)的通解. 不同于常微分方程的情况,式中出现任意函数而不是任意常数.

通解(7.4.5)具有鲜明物理意义. 以 $f_2(x-at)$ 而论,改用以速度 a 沿 x 正方向移动的坐标轴 X,则新旧坐标和时间之间的关系为

$$\begin{cases}X=x-at,\\ T=t,\end{cases}$$

而

$$f_2(x-at)=f_2(X)\,,$$

与时间 T 无关. 这是说,函数的图像在动坐标系中保持不变,亦即是随着动坐标系以速度 a 沿 x 正方向移动的行波. 同理,$f_1(x+at)$ 是以速度 a 沿 x 负方向移动的行波.

这样,偏微分方程 (7.4.1) 描写以速度 a 向 x 正负两个方向传播的行波.

(2) 函数 f_1 与 f_2 的确定

通解(7.4.5)中函数 f_1 与 f_2 可用定解条件确定.

我们假定所研究的弦、杆、传输线是"无限长的"(此词的真正含义见§7.2(二)末),这

就不存在边界条件, 设初始条件是

$$u\big|_{t=0}=\varphi(x),\quad u_t\big|_{t=0}=\psi(x)\ (-\infty<x<\infty). \tag{7.4.6}$$

以一般解(7.4.5)代入初始条件, 得

$$\begin{cases} f_1(x)+f_2(x)=\varphi(x),\\ af_1'(x)-af_2'(x)=\psi(x); \end{cases}$$

即

$$\begin{cases} f_1(x)+f_2(x)=\varphi(x),\\ f_1(x)-f_2(x)=\dfrac{1}{a}\displaystyle\int_{x_0}^{x}\psi(\xi)\,\mathrm{d}\xi+f_1(x_0)-f_2(x_0). \end{cases}$$

由此解得

$$\begin{cases} f_1(x)=\dfrac{1}{2}\varphi(x)+\dfrac{1}{2a}\displaystyle\int_{x_0}^{x}\psi(\xi)\,\mathrm{d}\xi+\dfrac{1}{2}\big[f_1(x_0)-f_2(x_0)\big],\\ f_2(x)=\dfrac{1}{2}\varphi(x)-\dfrac{1}{2a}\displaystyle\int_{x_0}^{x}\psi(\xi)\,\mathrm{d}\xi-\dfrac{1}{2}\big[f_1(x_0)-f_2(x_0)\big]. \end{cases}$$

以此代回(7.4.5)即得满足初始条件(7.4.6)的特解

$$u(x,t)=\frac{1}{2}\big[\varphi(x+at)+\varphi(x-at)\big]+\frac{1}{2a}\int_{x-at}^{x+at}\psi(\xi)\,\mathrm{d}\xi. \tag{7.4.7}$$

这叫作**达朗贝尔公式**

作为第一个例子, 设初速为零, 即 $\psi(x)=0$, 而初始位移 $\varphi(x)$ 只在区间 (x_1,x_2) 上不为零, 于 $x=(x_1+x_2)/2$ 处达到最大值 u_0, 如图 7-14a 所示.

$$\varphi(x)=\begin{cases} 2u_0\dfrac{x-x_1}{x_2-x_1} & \left(x_1\leqslant x\leqslant\dfrac{x_1+x_2}{2}\right),\\[2mm] 2u_0\dfrac{x_2-x}{x_2-x_1} & \left(\dfrac{x_1+x_2}{2}\leqslant x\leqslant x_2\right),\\[2mm] 0 & (x<x_1\ \text{或}\ x>x_2). \end{cases}$$

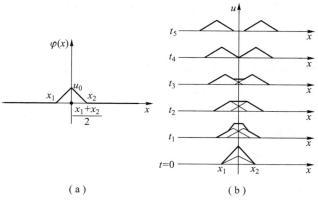

(a)　　　　　　　　(b)

图 7-14

达朗贝尔公式(7.4.7)给出 $u(x,t) = \frac{1}{2}\varphi(x+at) + \frac{1}{2}\varphi(x-at)$,即初始位移(图 7-14b 最下一图的粗线所描画)分为两半(该图细线),分别向左右两个方向以速度 a 移动(图 7-14b 由下而上各图的细线所描画),这两个行波的和(图 7-14b 由下而上各图的粗线所描画)给出各个时刻的波形.

作为第二个例子,设初始位移为零,即 $\varphi(x) = 0$,而且初始速度 $\psi(x)$ 也只在区间 (x_1, x_2) 上不为零,

$$\psi(x) = \begin{cases} \text{常数 } \psi_0 & [x \text{ 在}(x_1, x_2)\text{上}], \\ 0 & [x \text{ 不在}(x_1, x_2)\text{上}]. \end{cases}$$

达朗贝尔公式(7.4.7)给出

$$u(x,t) = \frac{1}{2a}\int_{-\infty}^{x+at}\psi(\xi)\,\mathrm{d}\xi - \frac{1}{2a}\int_{-\infty}^{x-at}\psi(\xi)\,\mathrm{d}\xi$$
$$= \Psi(x+at) - \Psi(x-at),$$

这里 $\Psi(x)$ 指的是(见图 7-15)

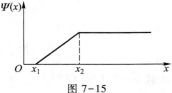

图 7-15

$$\Psi(x) = \frac{1}{2a}\int_{-\infty}^{x}\psi(\xi)\,\mathrm{d}\xi$$
$$= \begin{cases} 0 & (x \leqslant x_1), \\ \dfrac{1}{2a}(x-x_1)\psi_0 & (x_1 \leqslant x \leqslant x_2), \\ \dfrac{1}{2a}(x_2-x_1)\psi_0 & (x_2 \leqslant x). \end{cases}$$

于是,作出 $+\Psi(x)$ 和 $-\Psi(x)$ 两个图形,让它们以速度 a 分别向左右两方移动(图 7-16 由下而上各图的细线所描画),两者的和(图 7-16 由下而上各图的粗线所描画)就描画出各个时刻的波形.

在图 7-14b 中,波已"通过"的区域,振动消失而弦静止在原平衡位置;在图 7-16 中,波已"通过"的区域,虽然振动也消失,但弦偏离了原平衡位置.

(二) 端点的反射

研究半无限长弦的自由振动,半无限长的弦具有一个端点.

先考察端点固定的情况,即定解问题.

$$u_{tt} - a^2 u_{xx} = 0, \quad 0 < x < \infty, \tag{7.4.8}$$

$$\begin{cases} u\big|_{t=0} = \varphi(x), \\ u_t\big|_{t=0} = \psi(x), \end{cases} \quad 0 \leqslant x < \infty, \tag{7.4.9}$$

$$u\big|_{x=0} = 0. \tag{7.4.10}$$

注意初始条件(7.4.9)里的 $\varphi(x)$ 和 $\psi(x)$ 必须宗量 $x \geqslant 0$ 才有意义,这是因为在 $x < 0$ 的区域上弦并不存在,也就谈不上初始条件. 这样,对于较迟的时间($t > x/a$),达朗贝尔公式里的 $\varphi(x-$

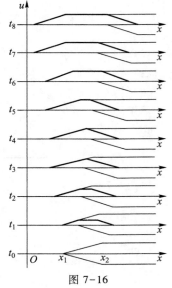

图 7-16

at)和 $\int_{x-at}\psi(\xi)\mathrm{d}\xi$ 失去意义，公式也就不能应用.

参照 §5.2 习题 4，不妨把这根半无限长弦当作某根无限长弦的 $x\geqslant0$ 的部分. 按照 (7.4.10)，这无限长弦的振动过程中，点 $x=0$ 必须保持不动. 这是说，无限长弦的位移 $u(x,t)$ 应当是奇函数，因而无限长弦的初始位移 $\Phi(x)$ 和初始速度 $\Psi(x)$ 都应当是奇函数，即

$$\Phi(x)=\begin{cases}\varphi(x) & (x\geqslant0),\\ -\varphi(-x) & (x<0);\end{cases}\qquad \Psi(x)=\begin{cases}\psi(x) & (x\geqslant0),\\ -\psi(-x) & (x<0).\end{cases}\qquad(7.4.11)$$

通常采用"延拓"一词把(7.4.11)说成"把 $\varphi(x)$ 和 $\psi(x)$ 从半无界区间 $x\geqslant0$ 奇延拓到整个无界区间，分别成为 $\Phi(x)$ 和 $\Psi(x)$". 现在完全可以应用达朗贝尔公式(7.4.7)求解无限长弦的自由振动，它的 $x\geqslant0$ 的部分正是我们所考虑的半无限长弦. 根据(7.4.7)，

$$u(x,t)=\frac{1}{2}\big[\Phi(x+at)+\Phi(x-at)\big]+\frac{1}{2a}\int_{x-at}^{x+at}\Psi(\xi)\mathrm{d}\xi,$$

把(7.4.11)代入上式，

$$u(x,t)=\begin{cases}\dfrac{1}{2}\big[\varphi(x+at)+\varphi(x-at)\big]\\ \quad+\dfrac{1}{2a}\displaystyle\int_{x-at}^{x+at}\psi(\xi)\mathrm{d}\xi & \left(t\leqslant\dfrac{x}{a}\right),\\[4mm] \dfrac{1}{2}\big[\varphi(x+at)-\varphi(at-x)\big]\\ \quad+\dfrac{1}{2a}\displaystyle\int_{at-x}^{x+at}\psi(\xi)\mathrm{d}\xi & \left(t\geqslant\dfrac{x}{a}\right).\end{cases}\qquad(7.4.12)$$

为了阐明(7.4.12)的物理意义，图 7-17 描画了只有初始位移而没有初始速度的情况. 最下一图右半边用实线描画出分别向左右两方移动的波，左半边用细线描画出其奇延拓，奇延拓的波也分别向左右两方移动. 在这图中，端点还没有引起什么影响. 由下而上各图按着时间顺序描画了波的传播情况，粗线为合成的波形，端点 $x=0$ 确实保持不动. 由图可见，端点的影响表现为**反射波**. 这反射波的相位跟入射波相反，这就是所谓**半波损失**.

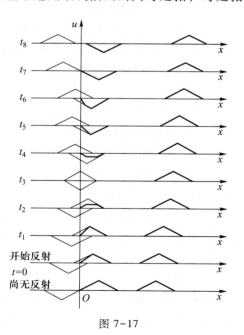

图 7-17

再考察半无限长杆的自由振动. 杆的端点自由，这个定解问题是

$$u_{tt}-a^2u_{xx}=0,\qquad 0<x<\infty,\qquad(7.4.13)$$

$$\begin{cases}u\big|_{t=0}=\varphi(x),\\ u_t\big|_{t=0}=\psi(x),\end{cases}\qquad 0\leqslant x<\infty,\qquad(7.4.14)$$

$$u_x\big|_{x=0}=0.\qquad(7.4.15)$$

同样，不妨把这根半无限长杆当作某根无限长杆的 $x\geqslant0$ 的部分. 按照(7.4.15)，这无限长杆的振动过程中，在点 $x=0$ 的相对伸长 u_x 必须保持为零. 这是说，无限长杆的位移 $u(x,t)$ 应当是偶函数，因而无限长杆的初始位移 $\Phi(x)$ 和初始速度 $\Psi(x)$ 都应当是偶函

数，即

$$\Phi(x)=\begin{cases}\varphi(x) & (x\geqslant 0), \\ \varphi(-x) & (x<0);\end{cases}\qquad \Psi(x)=\begin{cases}\psi(x) & (x\geqslant 0), \\ \psi(-x) & (x<0).\end{cases} \qquad (7.4.16)$$

这就是"把 $\varphi(x)$ 和 $\psi(x)$ 从半无界区间 $x\geqslant 0$ 偶延拓到整个无界区间分别成为 $\Phi(x)$ 和 $\Psi(x)$". 现在，应用达朗贝尔公式(7.4.7)求解无限长杆的自由振动，

$$u(x,t)=\frac{1}{2}\left[\Phi(x+at)+\Phi(x-at)\right]+\frac{1}{2a}\int_{x-at}^{x+at}\Psi(\xi)\,\mathrm{d}\xi.$$

把(7.4.16)代入上式，

$$u(x,t)=\begin{cases}\dfrac{1}{2}\left[\varphi(x+at)+\varphi(x-at)\right] \\[2mm] \quad +\dfrac{1}{2a}\displaystyle\int_{x-at}^{x+at}\psi(\xi)\,\mathrm{d}\xi \quad \left(t\leqslant \dfrac{x}{a}\right), \\[4mm] \dfrac{1}{2}\left[\varphi(x+at)+\varphi(at-x)\right] \\[2mm] \quad +\dfrac{1}{2a}\displaystyle\int_{0}^{x+at}\psi(\xi)\,\mathrm{d}\xi+\dfrac{1}{2a}\displaystyle\int_{0}^{at-x}\psi(\xi)\,\mathrm{d}\xi \quad \left(t>\dfrac{x}{a}\right).\end{cases} \qquad (7.4.17)$$

自由端点的影响可以仿照图 7-17 加以阐明，这也是一种反射波. 不同的是反射波的相位跟入射波相同，没有半波损失.

（三）定解问题是一个整体

从偏微分方程(7.4.1)解出达朗贝尔公式(7.4.7)的过程，与读者所熟悉的常微分方程的求解过程是完全类似的.

但是，很可惜，绝大多数偏微分方程很难求出通解；即使已求得通解，用定解条件确定其中待定函数往往更加困难.

在本章的开头已指出，从物理的角度来说，问题的完整提法是在给定的定解条件下求解数学物理方程. 现在我们要指出. 除了达朗贝尔公式一类极少的例外，从数学的角度来说，不可能先求偏微分方程的通解然后再考虑定解条件，必须同时考虑偏微分方程和定解条件以进行求解.

这样，不管从物理上说还是从数学上说，定解问题是一个整体.

（四）定解问题的适定性

定解问题来自实际，它的解答也应回到实际中去. 为此，应当要求定解问题：（1）有解，（2）其解是唯一的，（3）解是稳定的. 解的存在性和唯一性这两个要求明白易懂. 至于第三个要求即稳定性说的是：如果定解条件的数值有细微的改变，解的数值也只作细微的改变.

为什么要求稳定呢？由于测量不可能绝对精密，来自实际的定解条件不免带有细微的误差，如果解不是稳定的，那么它就很可能与实际情况相去甚远，没有价值.

定解问题如果满足以上三个条件，就称为**适定的**. 非适定的定解问题应当修改其提法，使其成为适定的.

以达朗贝尔解(7.4.7)为例. 如果 $\varphi(x)\in C^2$（这些记号的意思是 $\varphi(x)$ 属于具有二阶连续导数的函数类），$\psi(x)\in C^1$，不难直接验证它确实满足方程(7.4.1)和条件(7.4.6). 这就是说，

解是存在的.

在推得达朗贝尔公式(7.4.7)的过程中,没有对所求解的 u 作过任何假定和限制,凡满足方程(7.4.1)和条件(7.4.6)的解必可表为(7.4.7).这是说,解是唯一的.

最后,证明达朗贝尔解(7.4.7)的稳定性.设有相差很细微的两组初始条件

$$\begin{cases} u \big|_{t=0} = \varphi_1(x), \\ u_t \big|_{t=0} = \psi_1(x); \end{cases} \quad \begin{cases} u \big|_{t=0} = \varphi_2(x), \\ u_t \big|_{t=0} = \psi_2(x); \end{cases} \tag{7.4.18}$$

$$|\varphi_1 - \varphi_2| < \delta, \quad |\psi_1 - \psi_2| < \delta. \tag{7.4.19}$$

则相应的两解 u_1 和 u_2 相差

$$|u_1 - u_2| \leqslant \frac{1}{2}|\varphi_1(x+at) - \varphi_2(x+at)| + \frac{1}{2}|\varphi_1(x-at) - \varphi_2(x-at)|$$

$$+ \frac{1}{2a}\int_{x-at}^{x+at}|\psi_1(\xi) - \psi_2(\xi)|\,\mathrm{d}\xi$$

$$< \frac{1}{2}\delta + \frac{1}{2}\delta + \frac{1}{2a}2at\delta = (1+t)\delta$$

两解的差确是细微的.

本书所研究的定解问题多是适定的,我们将不再一一加以论述.

从下章开始,我们将不再先求泛定方程的通解,而是把泛定方程和定解条件作为整体来处理.

习 题

1. 求解无限长弦的自由振动,设弦的初始位移为 $\varphi(x)$,初始速度为 $-a\varphi'(x)$.

2. 求解无限长理想传输线上电压和电流的传播情况,设初始电压分布为 $A\cos kx$,初始电流分布为 $\sqrt{C/L}\,A\cos kx$.

3. 在 $G/C = R/L$ 条件下求无限长传输线上的电报方程的通解.

4. 无限长弦在点 $x = x_0$ 受到初始冲击,冲量为 I,试求解弦的振动.〔提示: $u_t\big|_{t=0} = (I/\rho)\delta(x-x_0)$〕

5. 求解细圆锥形匀质杆的纵振动.〔提示:泛定方程见 §7.1 习题 2,作变换 $u = v/x$.〕

6. 半无限长杆的端点受到纵向力 $F(t) = A\sin \omega t$ 作用,求解杆的纵振动.

7. 求解半无限长理想传输线上电报方程的解,端点通过电阻 R 而相接.初始电压分布 $A\cos kx$,初始电流分布 $\sqrt{C/L}\,A\cos kx$.在什么条件下端点没有反射(这种情况叫作**匹配**)?

8. 半无限长弦的初始位移和初始速度都是零,端点作微小振动 $u\big|_{x=0} = A\sin \omega t$.求解弦的振动.

第八章 分离变数法

§7.4 先求泛定方程通解的办法只适用于很少数的某些定解问题. 本章介绍的分离变数法是定解问题的一种基本解法，适用于大量的各种各样的定解问题，其基本思想是把偏微分方程分解为几个常微分方程，其中有的常微分方程带有附加条件而构成本征值问题. 本章将限于本征函数为三角函数的情况. 至于本征函数不限于三角函数的情况请见第九至第十一章.

§8.1 齐次方程的分离变数法

（一）分离变数法介绍

研究两端固定的均匀弦的自由振动，即定解问题

泛定方程
$$u_{tt} - a^2 u_{xx} = 0, \tag{8.1.1}$$

边界条件
$$\begin{cases} u \big|_{x=0} = 0, \\ u \big|_{x=l} = 0, \end{cases} \tag{8.1.2}$$

初始条件
$$\begin{cases} u \big|_{t=0} = \varphi(x), \\ u_t \big|_{t=0} = \psi(x), \end{cases} \quad (0 < x < l). \tag{8.1.3}$$

§7.4 已指出端点引起波的反射. 这里研究的弦是有限长的，它有两个端点，波就在这两端点之间往复反射. 我们知道，两列反向行进的同频率的波形成**驻波**. 这就启发我们尝试从驻波出发解决问题.

在驻波中，有些点振幅最大，叫作**波腹**（图8-1）；还有些点振幅最小（在图8-1中这个最小振幅是零），叫作**波节**. 驻波没有波形传播现象，就是说，各点振动相位（周相）并不依次滞后，它们按同一方式随时间 t 振动，可以统一表示为时间 t 的函数 $T(t)$. 但是各点的振幅 X 却随地点 x 而异，即振幅 X 是 x 的函数 $X(x)$. 这样，驻波的一般表示式为

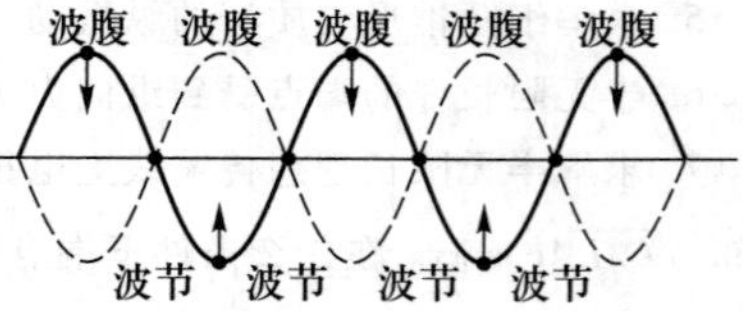

图 8-1

$$u(x,t) = X(x) T(t). \tag{8.1.4}$$

在（8.1.4）里，自变数 x 只出现于函数 X 之中，自变数 t 只出现于函数 T 之中，驻波的一般表示式具有分离变数的形式.

那么，在两端固定的弦上究竟有哪些驻波呢？把驻波的一般表示式（8.1.4）代入弦振动方程（8.1.1）和边界条件（8.1.2），得

$$XT'' - a^2 X'' T = 0, \tag{8.1.5}$$

$$\begin{cases} X(0)T(t)=0, \\ X(l)T(t)=0. \end{cases} \tag{8.1.6}$$

条件(8.1.6)的意义很清楚：不论在什么时刻 t，$X(0)T(t)$ 和 $X(l)T(t)$ 总是零. 这只能是

$$X(0)=0, \quad X(l)=0. \tag{8.1.7}$$

注意：由于边界条件是齐次的，才得出(8.1.7)这样简单的结论，关于非齐次边界条件的处理请看§8.3. 现在再看方程(8.1.5)，用 a^2XT 遍除各项即得

$$\frac{T''}{a^2T}=\frac{X''}{X}.$$

左边是时间 t 的函数，跟坐标 x 无关；右边则是坐标 x 的函数，跟时间 t 无关. 而 x 和 t 是两个独立变量. 仅当两边都等于同一个常数时，等式才成立. 把这个常数记作 $-\lambda$，

$$\frac{T''}{a^2T}=\frac{X''}{X}=-\lambda.$$

这可以分离为关于 X 的常微分方程和关于 T 的常微分方程，前者还附带有条件(8.1.7)，

$$\begin{cases} X''+\lambda X=0, & \tag{8.1.8} \\ X(0)=0, \quad X(l)=0. & \tag{8.1.7} \end{cases}$$

$$T''+\lambda a^2T=0. \tag{8.1.9}$$

先求解 X，以后知道，满足齐次条件(8.1.7)，方程(8.1.8)中的常数 λ 只能取实数而且 $\lambda \geqslant 0$［参看§9.4(二)］. 这里就认为 λ 是实数，为不失一般性，分为 $\lambda<0$，$\lambda=0$ 和 $\lambda>0$ 三种情况逐一考察.

（1）$\lambda<0$，方程(8.1.8)的解是

$$X(x)=C_1\mathrm{e}^{\sqrt{-\lambda}\,x}+C_2\mathrm{e}^{-\sqrt{-\lambda}\,x},$$

积分常数 C_1 和 C_2 由条件(8.1.7)确定，即

$$\begin{cases} C_1+C_2=0, \\ C_1\mathrm{e}^{\sqrt{-\lambda}\,l}+C_2\mathrm{e}^{-\sqrt{-\lambda}\,l}=0. \end{cases}$$

由此解出 $C_1=0$，$C_2=0$，从而 $X(x)\equiv0$，所求驻波 $u(x,t)=X(x)T(t)\equiv0$，这是没有意义的. 于是，$\lambda<0$ 的可能性就排除了.

（2）$\lambda=0$. 方程(8.1.8)的解是

$$X(x)=C_1x+C_2.$$

积分常数 C_1 和 C_2 由条件(8.1.7)确定，即

$$\begin{cases} C_2=0, \\ C_1l+C_2=0. \end{cases}$$

由此解出 $C_1=0$，$C_2=0$，从而 $X(x)\equiv0$，所求驻波 $u=XT\equiv0$，没有意义. 于是，$\lambda=0$ 的可能性也排除了.

（3）$\lambda>0$. 方程(8.1.8)的解是

$$X(x)=C_1\cos\sqrt{\lambda}\,x+C_2\sin\sqrt{\lambda}\,x.$$

积分常数 C_1 和 C_2 由条件(8.1.7)确定，即

$$\begin{cases} C_1=0, \\ C_2\sin\sqrt{\lambda}\,l=0. \end{cases}$$

如 $\sin\sqrt{\lambda}\,l \neq 0$，则仍然解出 $C_1 = 0$，$C_2 = 0$，从而 $u(x,t) \equiv 0$，同样没有意义，应予排除. 现只剩下一种可能性：$C_1 = 0$，$\sin\sqrt{\lambda}\,l = 0$，于是，$\sqrt{\lambda}\,l = n\pi$（$n$ 为正整数），亦即

$$\lambda = \frac{n^2\pi^2}{l^2}. \quad (n = 1,2,3,\cdots) \tag{8.1.10}$$

当 λ 取这样的数值时，

$$X(x) = C_2 \sin\frac{n\pi x}{l}, \tag{8.1.11}$$

C_2 为任意常数. 请注意，(8.1.11)正是傅里叶正弦级数的基本函数族.

这样，分离变数过程中所引入的常数 λ 不能为负数或零，甚至也不能是任意的正数，它必须取(8.1.10)所给出的特定数值，才可能从方程(8.1.8)和条件(8.1.7)求出有意义的解. 常数 λ 的这种特定数值叫作**本征值**，相应的解叫作**本征函数**. 方程(8.1.8)和条件(8.1.7)则构成所谓**本征值问题**. 更一般的本征值问题见 §9.4.

再看 T 的方程(8.1.9)，按照(8.1.10)，这应改写为

$$T'' + \frac{n^2\pi^2}{l^2}a^2 T = 0.$$

这个方程的解是

$$T(t) = A\cos\frac{n\pi at}{l} + B\sin\frac{n\pi at}{l}, \tag{8.1.12}$$

其中 A 和 B 是积分常数.

把(8.1.11)和(8.1.12)代入(8.1.4)，得到分离变数形式的解

$$u_n(x,t) = \left(A_n\cos\frac{n\pi at}{l} + B_n\sin\frac{n\pi at}{l}\right)\sin\frac{n\pi x}{l} \quad (n = 1,2,3,\cdots), \tag{8.1.13}$$

n 为正整数. 这就是两端固定弦上的可能的驻波. 每一个 n 对应于一种驻波. 这些驻波也叫作两端固定弦的**本征振动**.

在 $x = kl/n$（$k = 0,1,2,\cdots,n$）共计 $n+1$ 个点上，$\sin(n\pi x/l) = \sin k\pi = 0$，从而 $u_n(x,t) = 0$. 这些点就是驻波的节点. 相邻节点间隔 l/n 应为半波长，所以波长等于 $2l/n$.

本征振动(8.1.13)的角频率（又叫圆频率）是 $\omega = n\pi a/l$，从而频率 $f = \omega/2\pi = na/2l$.

$n = 1$ 的驻波除两端 $x = 0$ 和 $x = l$ 外没有其他节点，它的波长 $2l$ 在所有本征振动中是最长的；相应地，它的频率 $a/2l$ 在所有本征振动中是最低的. 这个驻波叫作**基波**. $n > 1$ 的各个驻波分别叫做 n 次**谐波**. n 次谐波的波长 $2l/n$ 是基波的 $1/n$，频率 $na/2l$ 则是基波的 n 倍.

以上本征振动是满足弦振动方程(8.1.1)和边界条件(8.1.2)的线性独立的特解. 由于方程(8.1.1)和边界条件(8.1.2)都是线性而且齐次的，本征振动的线性叠加

$$u(x,t) = \sum_{n=1}^{\infty}\left(A_n\cos\frac{n\pi at}{l} + B_n\sin\frac{n\pi at}{l}\right)\sin\frac{n\pi x}{l}, \tag{8.1.14}$$

仍然满足方程(8.1.1)和边界条件(8.1.2)，这就是满足方程(8.1.1)和边界条件(8.1.2)的一般解，其中 A_n 和 B_n 为任意常数. 这里尚未考虑初始条件.

下面的任务便是求定解问题(8.1.1)—(8.1.3)的确定解，在数学上，就是要选取适当的叠加系数 A_n 和 B_n 使(8.1.14)满足初始条件(8.1.3). 为此，以(8.1.14)代入(8.1.3)，

$$\begin{cases} \displaystyle\sum_{n=1}^{\infty} A_n \sin\frac{n\pi x}{l} = \varphi(x), \\ \displaystyle\sum_{n=1}^{\infty} B_n \frac{n\pi a}{l}\sin\frac{n\pi x}{l} = \psi(x). \end{cases} \quad (0<x<l). \qquad (8.1.15)$$

（8.1.15）的左边是傅里叶正弦级数，这就提示我们把右边的 $\varphi(x)$ 和 $\psi(x)$ 展开为傅里叶正弦级数，其傅里叶系数分别为 φ_n 和 ψ_n，然后比较两边的系数就可确定 A_n 和 B_n，

$$\begin{cases} A_n = \varphi_n = \dfrac{2}{l}\displaystyle\int_0^l \varphi(\xi)\sin\frac{n\pi\xi}{l}\mathrm{d}\xi, \\ B_n = \dfrac{l}{n\pi a}\cdot\psi_n = \dfrac{2}{n\pi a}\displaystyle\int_0^l \psi(\xi)\sin\frac{n\pi\xi}{l}\mathrm{d}\xi. \end{cases} \qquad (8.1.16)$$

至此，定解问题（8.1.1）—（8.1.3）已经解出，答案是（8.1.14），其中系数 A_n 和 B_n 取决于弦的初始状态，具体计算公式是（8.1.16）．解（8.1.14）正好是傅里叶正弦级数，这是在 $x=0$ 和 $x=l$ 处的第一类齐次边界条件（8.1.2）所决定的．

回顾整个求解过程，可以作出**图解**如下：

关键在于把分离变数形式的试探解代入偏微分方程，从而把它分解为几个常微分方程，自变数各自分离开来了，问题转化为求解常微分方程．另一方面，代入齐次边界条件把它转化为常微分方程的附加条件，这些条件与相应的常微分方程构成本征值问题．虽然我们是从驻波引出解题的线索，其实整个求解过程跟驻波并没有特殊的联系，从数学上讲，完全可以推广应用于线性齐次方程和线性齐次边界条件的多种定解问题．这个方法，按照它的特点，叫作**分离变数法**．

用分离变数法得到的定解问题的解一般是无穷级数．不过，在具体问题中，级数里常常只有前若干项较为重要，后面的项则迅速减小，从而可以一概略去．

（二）例题

前面已研究了区间两端均为第一类齐次边界条件的定解问题．下面例 1 是区间两端均为第二类齐次边界条件的例题．

例 1　磁致伸缩换能器、鱼群探测换能器等器件的核心是两端自由的均匀杆，它作纵振动．研究两端自由棒的自由纵振动，即定解问题

$$u_{tt}-a^2 u_{xx}=0, \qquad (8.1.17)$$

$$\begin{cases} u_x\big|_{x=0}=0, \\ u_x\big|_{x=l}=0, \end{cases} \qquad (8.1.18)$$

$$\begin{cases} u\mid_{t=0}=\varphi(x), \\ u_t\mid_{t=0}=\psi(x), \end{cases} \quad (0<x<l). \tag{8.1.19}$$

解 按照分离变数法的步骤，先以分离变数形式的试探解

$$u(x,t)=X(x)T(t) \tag{8.1.20}$$

代入泛定方程(8.1.17)和边界条件(8.1.18)，得

$$XT''-a^2X''T=0, \tag{8.1.21}$$

$$X'(0)T(t)=0, \quad X'(l)T(t)=0, \tag{8.1.22}$$

条件(8.1.22)也就是

$$X'(0)=0, \quad X'(l)=0. \tag{8.1.23}$$

再看方程(8.1.21)，用 a^2XT 遍除各项即得

$$\frac{T''}{a^2T}=\frac{X''}{X},$$

两边分别是时间 t 和坐标 x 的函数，而 x 和 t 是两个独立变量. 仅当两边都等于同一个常数时，等式才成立. 把这个常数记作 $-\lambda$，

$$\frac{T''}{a^2T}=\frac{X''}{X}=-\lambda.$$

这可分离为关于 X 的常微分方程和关于 T 的常微分方程，前者附带条件(8.1.23)，

$$\begin{cases} X''+\lambda X=0, \tag{8.1.24} \\ X'(0)=0, \quad X'(l)=0; \tag{8.1.23} \end{cases}$$

$$T''+\lambda a^2T=0. \tag{8.1.25}$$

求解本征值问题(8.1.24)、(8.1.23). 这是后面§9.4中施图姆-刘维尔本征值问题的一种，本征值为非负实数. 这里不妨认为 λ 是实数. 分别考察 $\lambda<0$，$\lambda=0$，$\lambda>0$ 三种情况. 如果 $\lambda<0$，只能得到无意义的解 $X(x)\equiv0$，如果 $\lambda=0$，则方程(8.1.24)的解是 $X(x)=C_0+D_0x$，代入(8.1.23)，得 $D_0=0$，于是 $X(x)=C_0$，C_0 为任意常数，这是对应于本征值 $\lambda=0$ 的本征函数. 如果 $\lambda>0$，方程(8.1.24)的解是

$$X(x)=C_1\cos\sqrt{\lambda}\,x+C_2\sin\sqrt{\lambda}\,x,$$

积分常数 C_1 和 C_2 由条件(8.1.23)确定，即

$$\begin{cases} \sqrt{\lambda}\,C_2=0, \\ \sqrt{\lambda}\,(-C_1\sin\sqrt{\lambda}\,l+C_2\cos\sqrt{\lambda}\,l)=0. \end{cases}$$

由于 $\sqrt{\lambda}\neq0$，所以 $C_2=0$，$C_1\sin\sqrt{\lambda}\,l=0$. 如果 $C_1=0$，则得无意义的解 $X(x)\equiv0$；因此 $C_1\neq0$，$\sin\sqrt{\lambda}\,l=0$. 于是 $\sqrt{\lambda}\,l=n\pi(n=1,2,\cdots)$，即 $\lambda=n^2\pi^2/l^2(n=1,2,\cdots)$，这是 $\lambda>0$ 情况下的本征值. 相应的本征函数是

$$X(x)=C_1\cos(n\pi x/l)\,(n=1,2,\cdots).$$

现在把 $\lambda=0$ 与 $\lambda>0$ 情况的本征值和本征函数合在一起，

$$\lambda=\frac{n^2\pi^2}{l^2}\quad(n=0,1,2,\cdots), \tag{8.1.26}$$

$$X(x) = C_1 \cos \frac{n\pi}{l} x \quad (n = 0, 1, 2, \cdots), \tag{8.1.27}$$

C_1 为任意常数. (8.1.27)即傅里叶余弦级数的基本函数族.

当 $\lambda \geqslant 0$ 时, 将本征值(8.1.26)代入 T 的方程(8.1.25), 有

$$T'' = 0 \text{ 及 } T'' + \frac{n^2 \pi^2 a^2}{l^2} T = 0 \quad (n = 1, 2, \cdots).$$

其解分别是

$$T_0(t) = A_0 + B_0 t, \tag{8.1.28}$$

$$T_n(t) = A_n \cos \frac{n\pi a}{l} t + B_n \sin \frac{n\pi a}{l} t \quad (n = 1, 2, \cdots). \tag{8.1.29}$$

其中 A_0、B_0、A_n、B_n 均为独立的任意常数.

把(8.1.27)、(8.1.28)和(8.1.29)代回(8.1.20), 得到本征振动

$$\begin{cases} u_0(x, t) = A_0 + B_0 t, \\ u_n(x, t) = \left(A_n \cos \frac{n\pi a}{l} t + B_n \sin \frac{n\pi a}{l} t \right) \cos \frac{n\pi}{l} x \quad (n = 1, 2, \cdots). \end{cases} \tag{8.1.30}$$

请注意, (8.1.30)中变数 x 的函数正是傅里叶余弦级数的基本函数族.

所有本征振动的叠加应是一般解 $u(x, t)$, 即

$$u(x, t) = A_0 + B_0 t + \sum_{n=1}^{\infty} \left(A_n \cos \frac{n\pi a}{l} t + B_n \sin \frac{n\pi a}{l} t \right) \cos \frac{n\pi}{l} x. \tag{8.1.31}$$

系数 A_0、B_0、A_n、B_n 应由初始条件(8.1.19)确定. 以(8.1.31)代入(8.1.19), 有

$$\begin{cases} A_0 + \sum_{n=1}^{\infty} A_n \cos \frac{n\pi}{l} x = \varphi(x), \\ B_0 + \sum_{n=1}^{\infty} \frac{n\pi a}{l} B_n \cos \frac{n\pi}{l} x = \psi(x). \end{cases} \quad (0 \leqslant x \leqslant l).$$

把右边的 $\varphi(x)$ 和 $\psi(x)$ 展开为傅里叶余弦级数, 然后比较两边的系数, 得

$$\begin{cases} A_0 = \frac{1}{l} \int_0^l \varphi(\xi) \, d\xi, & A_n = \frac{2}{l} \int_0^l \varphi(\xi) \cos \frac{n\pi}{l} \xi \, d\xi, \\ B_0 = \frac{1}{l} \int_0^l \psi(\xi) \, d\xi; & B_n = \frac{2}{n\pi a} \int_0^l \psi(\xi) \cos \frac{n\pi}{l} \xi \, d\xi. \end{cases} \tag{8.1.32}$$

答案(8.1.31)中的 $A_0 + B_0 t$ 描写杆的整体移动, 其余部分才真正描写杆的纵振动. 从(8.1.32)知道 A_0 与 B_0 分别等于平均初始位移和平均初始速度. 由于不受外力作用, 杆以不变的速度 B_0 移动. 解(8.1.31)正是傅里叶余弦级数. 这是由在 $x = 0$ 和 $x = l$ 处的第二类齐次边界条件(8.1.18)决定的.

下一个例子是一端为第一类齐次边界条件, 另一端为第二类齐次边界条件.

例 2 研究细杆导热问题. 初始时刻杆的一端温度为零度, 另一端温度为 u_0, 杆上温度梯度均匀, 零度的一端保持温度不变, 另一端跟外界绝热. 试求细杆上温度的变化.

解 杆上温度 $u(x, t)$ 满足下列泛定方程和定解条件:

$$u_t - a^2 u_{xx} = 0 \quad (a^2 = k/c\rho), \tag{8.1.33}$$

$$\begin{cases} u\mid_{x=0}=0, \\ u_x\mid_{x=l}=0, \end{cases} \tag{8.1.34}$$

$$u\mid_{t=0}=u_0 x/l \quad (0<x<l). \tag{8.1.35}$$

泛定方程和边界条件都是齐次的,可以应用分离变数法,首先以分离变数形式的试探解

$$u(x,t)=X(x)T(t) \tag{8.1.36}$$

代入方程(8.1.33)和边界条件(8.1.34),可得关于 $X(x)$ 的常微分方程和条件以及关于 $T(t)$ 的常微分方程:

$$\begin{cases} X''+\lambda X=0, \tag{8.1.37} \\ X(0)=0, \ X'(l)=0; \tag{8.1.38} \end{cases}$$

$$T'+\lambda a^2 T=0. \tag{8.1.39}$$

$X(x)$ 的方程(8.1.37)和条件(8.1.38)构成本征值问题,跟前面例题一样,只需考虑 λ 为实数的情况. 如果 $\lambda<0$ 或 $\lambda=0$,只能得到无意义的解 $X(x)\equiv 0$. 如果 $\lambda>0$,则方程(8.1.37)的解是

$$X(x)=C_1\cos\sqrt{\lambda}\,x+C_2\sin\sqrt{\lambda}\,x.$$

积分常数 C_1 和 C_2 由条件(8.1.38)确定,即

$$\begin{cases} C_1=0, \\ C_2\sqrt{\lambda}\cos\sqrt{\lambda}\,l=0. \end{cases}$$

由于 $\sqrt{\lambda}\neq 0$,因此仍然得出没有意义的解 $C_1=0$,$C_2=0$,从而 $X(x)\equiv 0$,除非是 $\cos\sqrt{\lambda}\,l=0$. 在 $\cos\sqrt{\lambda}\,l=0$ 的条件下,C_2 是任意常数. 条件 $\cos\sqrt{\lambda}\,l=0$,即 $\sqrt{\lambda}\,l=\left(p+\dfrac{1}{2}\right)\pi(p=0,1,2,\cdots)$,亦即

$$\lambda=\frac{\left(p+\dfrac{1}{2}\right)^2\pi^2}{l^2}=\frac{(2p+1)^2\pi^2}{4l^2} \quad (p=0,1,2,\cdots). \tag{8.1.40}$$

(8.1.40)给出本征值,相应的本征函数是

$$X(x)=C_2\sin\frac{(2p+1)\pi}{2l}x \quad (p=0,1,2,\cdots). \tag{8.1.41}$$

再看关于 T 的方程(8.1.39). 根据(8.1.40),这应改写成

$$T'+\frac{\left(p+\dfrac{1}{2}\right)^2\pi^2}{l^2}a^2 T=0.$$

这个方程的解是

$$T_p(t)=Ce^{-\frac{\left(p+\frac{1}{2}\right)^2\pi^2 a^2}{l^2}t} \quad (p=0,1,2,\cdots). \tag{8.1.42}$$

本例的本征函数(8.1.41)即 $\sin\dfrac{(2p+1)\pi x}{2l}$ 既不同于第一类齐次边界条件的 $\sin\dfrac{n\pi x}{l}$,又不同于第二类齐次边界条件的 $\cos\dfrac{n\pi x}{l}$. 其实,边界条件 $u_x\mid_{x=l}=0$ 表明,应当把导热细杆从区间

$(0,l)$ 偶延拓到区间 $(l,2l)$ 上. 延拓后, 条件是 $u\big|_{x=0}=0$, $u_x\big|_{x=l}=0$, $u\big|_{x=2l}=0$. 第一个和第三个条件决定了本征函数是 $\sin\dfrac{n\pi x}{2l}$, 其中 n 是正整数. 第二个条件则限制了正整数 n 只能是奇数, 这是因为 $\left(\sin\dfrac{n\pi x}{2l}\right)'\Big|_{x=l}=\dfrac{n\pi}{2l}\cos\dfrac{n\pi}{2}$, 而如果 n 是偶数, 则 $\cos\dfrac{n\pi}{2}$ 并不等于零. 这样, 本征函数应是 $\sin\dfrac{(2p+1)\pi x}{2l}$, 即 $(8.1.41)$.

这样, $u(x,t)$ 的解一般应是

$$u(x,t)=\sum_{p=0}^{\infty}C_p e^{-\frac{\left(p+\frac{1}{2}\right)^2\pi^2 a^2 t}{l^2}}\sin\frac{\left(p+\frac{1}{2}\right)\pi x}{l}. \tag{8.1.43}$$

系数 C_p 应由初始条件 $(8.1.35)$ 确定. 因此, 以 $(8.1.43)$ 代入 $(8.1.35)$,

$$\sum_{p=0}^{\infty}C_p\sin\frac{\left(p+\frac{1}{2}\right)\pi x}{l}=\frac{u_0}{l}x\quad(0<x<l), \tag{8.1.44}$$

$(8.1.44)$ 左边是以 $\sin\dfrac{\left(p+\frac{1}{2}\right)\pi x}{l}$ 为基本函数族的级数, 这提示我们应把右边的 $(u_0 x/l)$ 也以 $\sin\dfrac{\left(p+\frac{1}{2}\right)\pi x}{l}$ 为基本函数族展开为级数 [这其实就是在区间 $(0,2l)$ 上展开为傅里叶正弦级数], 然后比较两边的系数, 得

$$\begin{aligned}
C_p&=\frac{2}{l}\int_0^l\frac{u_0}{l}\xi\sin\frac{\left(p+\frac{1}{2}\right)\pi\xi}{l}\mathrm{d}\xi\\
&=\frac{2u_0}{\left(p+\frac{1}{2}\right)^2\pi^2}\left[\sin\frac{\left(p+\frac{1}{2}\right)\pi\xi}{l}-\frac{\left(p+\frac{1}{2}\right)\pi\xi}{l}\cos\frac{\left(p+\frac{1}{2}\right)\pi\xi}{l}\right]_0^l\\
&=(-1)^p\frac{2u_0}{\left(p+\frac{1}{2}\right)^2\pi^2}.
\end{aligned}$$

于是, 得到答案

$$u(x,t)=\frac{2u_0}{\pi^2}\sum_{p=0}^{\infty}(-1)^p\frac{1}{\left(p+\frac{1}{2}\right)^2}e^{-\frac{\left(p+\frac{1}{2}\right)^2\pi^2 a^2}{l^2}t}\sin\frac{\left(p+\frac{1}{2}\right)\pi x}{l}. \tag{8.1.45}$$

应当着重指出: 如果考虑早先的时刻, 即考虑 $t<0$, 则时间函数

$$T_p(t)=e^{-\frac{\left(p+\frac{1}{2}\right)^2\pi^2 a^2}{l^2}t}$$

随 p 的增大而逐项急剧增大，从而级数解(8.1.45)发散，成为无意义. 这是可以理解的. 因为杆上温度分布总是趋于某种平衡状态，而且只要边界条件相同，不管初始温度分布是怎样的，总是趋于同一平衡状态，所以从某个时刻的温度分布可以推算以后时刻的温度分布，却**不能反推**早先时刻的温度分布. 其实，其他输运过程，例如扩散，也是如此. 这是输运过程不同于振动过程的地方.

另一方面，对于以后的时刻，$t>0$，不难检验级数(8.1.45)是绝对收敛的，相应正项级数的收敛半径 $R=\infty$，则时间函数

$$T_p(t)=\mathrm{e}^{-\frac{\left(p+\frac{1}{2}\right)^2\pi^2a^2}{l^2}t}.$$

随 k 的增大而逐项急剧减小，从而级数解(8.1.45)收敛得很快. t 越大，级数收敛越快. 假设在某个时刻 $t_n=n\,l^2/a^2$ 以后，即 $t>t_n$ 时，可以只保留 $p=0$ 的项而略去 $p=1$ 及其以后的项，要求其误差不超过 1%，现在估计 n 的数值. 由于级数解(8.1.45)中 $|C_p|T_p(t)$ 随着 p 的增大急剧减小，对足够大的 $t>t_n$，不妨用 $|C_1|T_1(t_n)$ 与 $|C_0|T_0(t_n)$ 的比值来估算 n，而不至于带来大的误差，于是有

$$\frac{|C_1|T_1(t)}{|C_0|T_0(t)}=\frac{(2/3)^2\mathrm{e}^{-9\pi^2a^2t_n/4l^2}}{2^2\mathrm{e}^{-\pi^2a^2t_n/4l^2}}=\frac{1}{9}\mathrm{e}^{-2\pi^2a^2t_n/l^2}=\frac{1}{9}\mathrm{e}^{-2\pi^2n}<\frac{1}{100},$$

从而，$n>|\ln 0.09|/2\pi^2\approx0.12$，即 $t>t_n=0.12l^2/a^2$ 时，可以只保留 $p=0$ 的项，解为

$$u(x,t)=\frac{8u_0}{\pi^2}\mathrm{e}^{-\frac{\pi^2a^2}{4l^2}t}\sin\frac{\pi x}{2l}.$$

下一个例子是关于稳定场的.

例3　散热片的横截面为矩形(图 8-2).

它的一边 $y=b$ 处于较高温度 U，其他三边 $y=0$，$x=0$ 和 $x=a$ 则处于冷却介质中，保持较低的温度 u_0. 求解这横截面上的稳定温度分布 $u(x,y)$，即定解问题

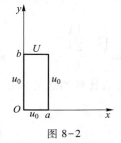

图 8-2

$$u_{xx}+u_{yy}=0;\tag{8.1.46}$$

$$u\big|_{x=0}=u_0,\quad u\big|_{x=a}=u_0\quad(0<y<b);\tag{8.1.47}$$

$$u\big|_{y=0}=u_0,\quad u\big|_{y=b}=U\quad(0<x<a).\tag{8.1.48}$$

解　这是二维拉普拉斯方程的第一类边界值问题. 由于不含初始条件，拉普拉斯方程的边界条件不可能全是齐次的，因为这种条件下的解只能是零解. 但是，仍需对边界条件作齐次化处理. 原则是：仅保留一个坐标变数方向为非齐次条件，而将其他坐标变数方向的条件全部齐次化. 常用的办法是把 $u(x,y)$ 分解为 $v(x,y)$ 和 $w(x,y)$ 的线性叠加，

$$u(x,y)=v(x,y)+w(x,y),$$

v 和 w 分别满足拉普拉斯方程，并各有一组齐次边界条件，即

$$
\begin{aligned}
&v_{xx}+v_{yy}=0,\\
&v\big|_{x=0}=u_0,\ v\big|_{x=a}=u_0,\\
&v\big|_{y=0}=0,\ v\big|_{y=b}=0;
\end{aligned}
\qquad
\begin{aligned}
&w_{xx}+w_{yy}=0,\\
&w\big|_{x=0}=0,\ w\big|_{x=a}=0,\\
&w\big|_{y=0}=u_0,\ w\big|_{y=b}=U.
\end{aligned}
$$

很容易验证，把 v 和 w 的泛定方程叠加起来确是 u 的泛定方程，把 v 和 w 的边界条件叠加起来确是 u 的边界条件. 于是，问题转化为求解 v 和 w，而 v 和 w 各有两个齐次边界条件足以构成本征值问题，不难分别解出.

其实，本例还有一个特殊的简便方法，就是令

$$u(x,y) = u_0 + v(x,y). \tag{8.1.49}$$

这只不过是把温标移动一下，把原来的 u_0 作为新温标 $v(x,y)$ 的零点. 以 (8.1.49) 代入 (8.1.46)—(8.1.48)，得

$$v_{xx} + v_{yy} = 0; \tag{8.1.50}$$

$$v\big|_{x=0} = 0, \quad v\big|_{x=a} = 0; \tag{8.1.51}$$

$$v\big|_{y=0} = 0, \quad v\big|_{y=b} = U - u_0. \tag{8.1.52}$$

以分离变数形式的试探解

$$v(x,y) = X(x)Y(y)$$

代入泛定方程 (8.1.50) 和齐次边界条件 (8.1.51)，可得 X 和 Y 的常微分方程以及 X 的边界条件：

$$\begin{cases} X'' + \lambda X = 0, \\ X(0) = 0, \quad X(a) = 0; \end{cases} \tag{8.1.53}$$

$$Y'' - \lambda Y = 0. \tag{8.1.54}$$

(8.1.53) 构成本征值问题. 同样取 λ 为实数，不难解得本征值

$$\lambda = \frac{n^2\pi^2}{a^2} \quad (n = 1, 2, 3, \cdots), \tag{8.1.55}$$

本征函数

$$X(x) = C \sin \frac{n\pi x}{a} \quad (n = 1, 2, 3, \cdots). \tag{8.1.56}$$

将本征值 (8.1.55) 代入方程 (8.1.54)，解得

$$Y(y) = A e^{\frac{n\pi}{a}y} + B e^{-\frac{n\pi}{a}y}.$$

这样，分离变数形式的解已求出为

$$v_n(x,y) = \left(A_n e^{\frac{n\pi}{a}y} + B_n e^{-\frac{n\pi}{a}y} \right) \sin \frac{n\pi}{a}x,$$

称为本征解. 一般解 $v(x,y)$ 应是所有这些本征解的叠加，

$$v(x,y) = \sum_{n=1}^{\infty} \left(A_n e^{\frac{n\pi y}{a}} + B_n e^{-\frac{n\pi y}{a}} \right) \sin \frac{n\pi}{a}x. \tag{8.1.57}$$

为确定系数 A_n 和 B_n，以 (8.1.57) 代入非齐次边界条件 (8.1.52)，

$$\begin{cases} \displaystyle\sum_{n=1}^{\infty} (A_n + B_n) \sin \frac{n\pi}{a}x = 0, \\ \displaystyle\sum_{n=1}^{\infty} \left(A_n e^{\frac{n\pi b}{a}} + B_n e^{-\frac{n\pi b}{a}} \right) \sin \frac{n\pi}{a}x = U - u_0. \end{cases}$$

等式左边为傅里叶正弦级数，把等式右边展开为傅里叶正弦级数，然后比较两边系数，即得

$$
\begin{cases}
A_n + B_n = 0, \\
A_n e^{\frac{n\pi b}{a}} + B_n e^{-\frac{n\pi b}{a}} = \begin{cases} 0 & (n = 2k, k = 1, 2, \cdots), \\ \dfrac{a}{n\pi}(U - u_0) & (n = 2k+1, k = 0, 1, 2, \cdots). \end{cases}
\end{cases}
$$

由此解出

$$
A_n = -B_n = \begin{cases} 0 & (n = 2k, k = 1, 2, \cdots), \\ a(U - u_0)/n\pi(e^{n\pi b/a} - e^{-n\pi b/a}) & (n = 2k+1, k = 0, 1, 2, \cdots). \end{cases}
$$

于是，得到答案

$$
u(x, y) = u_0 + \frac{a(U - u_0)}{\pi} \sum_{k=0}^{\infty} \frac{1}{(2k+1)} \frac{\mathrm{sh}\,\dfrac{(2k+1)\pi y}{a}}{\mathrm{sh}\,\dfrac{(2k+1)\pi b}{a}} \sin\frac{(2k+1)\pi x}{a}.
$$

下一个例题是平面极坐标系的分离变数法.

例 4 带电的云跟大地之间的静电场近似是匀强静电场，其电场强度 E_0 是竖直的. 水平架设的输电线处在这个静电场之中（图 8-3a）. 输电线是导体圆柱. 柱面由于静电感应出现感应电荷，圆柱邻近的静电场也就不再是匀强的了. 不过，离圆柱"无限远"处的静电场仍保持为匀强的. 现在研究导体圆柱怎样改变了匀强静电场.

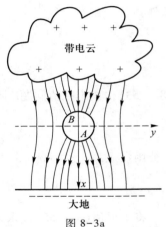

图 8-3a

首先需要把这个物理问题表为定解问题. 取圆柱的轴为 z 轴. 如果圆柱"无限长"，那么，这个静电场的电场强度、电势显然跟 z 无关，我们只需在 xy 平面上加以研究就够了. 图 8-3a 画的正是 xy 平面上的静电场，圆柱面在 xy 平面的剖口是圆 $x^2 + y^2 = a^2$，其中 a 是圆柱的半径.

柱外的空间中没有电荷，所以电势 u 满足二维的拉普拉斯方程

$$
u_{xx} + u_{yy} = 0 \quad （在柱外）.
$$

导体中的电荷既然不再移动，这说明导体中各处电势相同. 又因为电势只具有相对的意义，不妨把电势的零点取在导体上，从而写出边界条件

$$
u\big|_{x^2 + y^2 = a^2} = 0.
$$

按照分离变数法，以 $u(x, y) = X(x)Y(y)$ 代入拉普拉斯方程固然不难把它分解为两个常微分方程，但代入上述边界条件却只能得到

$$
X(x)Y(\sqrt{a^2 - x^2}) = 0,
$$

不能分解为 $X(x)$ 或 $Y(y)$ 的边界条件. 事实上，既然边界是圆，直角坐标系显然是不适当的，必须采用平面极坐标系.

拉普拉斯方程在极坐标系中的表达式见附录四，或从柱坐标系拉普拉斯方程的表达式（9.1.13），去掉坐标 z 的部分得到. "柱外空间中的电势 u 满足拉普拉斯方程"就表为

$$\frac{1}{\rho}\frac{\partial}{\partial\rho}\left(\rho\frac{\partial u}{\partial\rho}\right)+\frac{1}{\rho^2}\frac{\partial^2 u}{\partial\varphi^2}=\frac{\partial^2 u}{\partial\rho^2}+\frac{1}{\rho}\frac{\partial u}{\partial\rho}+\frac{1}{\rho^2}\frac{\partial^2 u}{\partial\varphi^2}=0 \quad (\rho>a) \tag{8.1.58}$$

式中 ρ 是极径，φ 是极角. "导体电势为零" 就表为齐次的边界条件

$$u\,|_{\rho=a}=0. \tag{8.1.59}$$

在 "无限远" 处的静电场仍然保持为匀强的 $\boldsymbol{E}_0$. 由于选取了 x 轴平行于 $\boldsymbol{E}_0$，所以在无限远处，$E_y=0$，$E_x=E_0$，即 $-\partial u/\partial x=E_0$，亦即 $u=-E_0 x+u_0=-E_0\rho\cos\varphi+u_0$. 另外，导体圆柱还可能带电，若单位长度导体带的电荷量为 q_0，它在圆柱外产生的电势为 $(q_0/2\pi\varepsilon_0)\ln(1/\rho)$，因而还有一个非齐次的边界条件

$$u\,|_{\rho\to\infty}\sim u_0+\frac{q_0}{2\pi\varepsilon_0}\ln\frac{1}{\rho}-E_0\rho\cos\varphi. \tag{8.1.60}$$

其中 u_0 为常数，其数值跟电势的零点选取有关. 这里要求其满足在圆柱导体侧面上电势为零. 问题归结为求解平面极坐标系定解问题(8.1.58)—(8.1.60).

解 以分离变数形式的试探解

$$u(\rho,\varphi)=R(\rho)\Phi(\varphi)$$

代入拉普拉斯方程(8.1.58)，得

$$\frac{\rho}{R}\cdot\frac{\mathrm{d}}{\mathrm{d}\rho}\left(\rho\frac{\mathrm{d}R}{\mathrm{d}\rho}\right)=-\frac{\Phi''}{\Phi}.$$

上式左边是 ρ 的函数，与 φ 无关；右边是 φ 的函数，与 ρ 无关. 而 ρ 和 φ 是两个独立变量. 仅当两边都等于同一个常数时，等式才成立. 把这常数记作 λ，

$$-\frac{\Phi''}{\Phi}=\lambda=\frac{\rho}{R}\cdot\frac{\mathrm{d}}{\mathrm{d}\rho}\left(\rho\frac{\mathrm{d}R}{\mathrm{d}\rho}\right).$$

这就分解为两个常微分方程

$$\Phi''+\lambda\Phi=0, \tag{8.1.61}$$

$$\rho^2 R''+\rho R'-\lambda R=0. \tag{8.1.62}$$

常微分方程(8.1.61)隐含着一个附加条件. 事实上，一个确定地点的极角可以加减 2π 的整倍数，而电势 u 在确定的地点应具确定数值，所以 $u(\rho,\varphi+2\pi)=u(\rho,\varphi)$，即 $R(\rho)\Phi(\varphi+2\pi)=R(\rho)\Phi(\varphi)$，亦即

$$\Phi(\varphi+2\pi)=\Phi(\varphi). \tag{8.1.63}$$

这叫做**自然的周期条件**. 常微分方程(8.1.61)与条件(8.1.63)构成本征值问题. 同样取 λ 为实数，不难求得方程(8.1.61)的解为

$$\Phi(\varphi)=\begin{cases}A\cos\sqrt{\lambda}\,\varphi+B\sin\sqrt{\lambda}\,\varphi & (\lambda>0),\\ A+B\varphi & (\lambda=0),\\ A\mathrm{e}^{\sqrt{-\lambda}\,\varphi}+B\mathrm{e}^{-\sqrt{-\lambda}\,\varphi} & (\lambda<0).\end{cases} \tag{8.1.64}$$

从而，求得本征值和本征函数

$$\lambda=m^2 \quad (m=0,1,2,\cdots); \tag{8.1.65}$$

$$\Phi(\varphi)=\begin{cases}A\cos m\varphi+B\sin m\varphi & (m\neq0),\\ A & (m=0).\end{cases} \tag{8.1.66}$$

以本征值(8.1.65)代入常微分方程(8.1.62)，

$$\rho^2 \frac{\mathrm{d}^2 R}{\mathrm{d}\rho^2} + \rho \frac{\mathrm{d}R}{\mathrm{d}\rho} - m^2 R = 0, \tag{8.1.67}$$

这是欧拉型常微分方程, 作代换 $\rho = \mathrm{e}^t$, 即 $t = \ln \rho$, 方程化为

$$\frac{\mathrm{d}^2 R}{\mathrm{d}t^2} - m^2 R = 0.$$

其解为

$$R(\rho) = \begin{cases} C\mathrm{e}^{mt} + D\mathrm{e}^{-mt} = C\rho^m + D\dfrac{1}{\rho^m} & (m \neq 0), \\ C + Dt = C + D\ln \rho & (m = 0). \end{cases}$$

这样, 分离变数形式的本征解是

$$u_0(\rho, \varphi) = C_0 + D_0 \ln \rho,$$

$$u_m(\rho, \varphi) = \rho^m (A_m \cos m\varphi + B_m \sin m\varphi) + \rho^{-m}(C_m \cos m\varphi + D_m \sin m\varphi).$$

拉普拉斯方程是线性的, 它的一般解应是所有本征解的叠加, 即

$$u(\rho, \varphi) = C_0 + D_0 \ln \rho + \sum_{m=1}^{\infty} \rho^m (A_m \cos m\varphi + B_m \sin m\varphi) +$$

$$\sum_{m=1}^{\infty} \rho^{-m}(C_m \cos m\varphi + D_m \sin m\varphi) \tag{8.1.68}$$

为确定 (8.1.68) 中的系数, 把 (8.1.68) 代入边界条件. 先代入齐次边界条件 (8.1.59),

$$C_0 + D_0 \ln a + \sum_{m=1}^{\infty} a^m (A_m \cos m\varphi + B_m \sin m\varphi) +$$

$$\sum_{m=1}^{\infty} a^{-m}(C_m \cos m\varphi + D_m \sin m\varphi) = 0.$$

一个傅里叶级数等于零, 意味着所有傅里叶系数为零, 即

$$C_0 + D_0 \ln a = 0, \qquad a^m A_m + a^{-m} C_m = 0, \qquad a^m B_m + a^{-m} D_m = 0.$$

由此,

$$C_0 = -D_0 \ln a, \qquad C_m = -A_m a^{2m}, \qquad D_m = -B_m a^{2m},$$

以此代入 (8.1.68), 得

$$u(\rho, \varphi) = D_0 \ln \frac{\rho}{a} + \sum_{m=1}^{\infty} \rho^m (A_m \cos m\varphi + B_m \sin m\varphi)$$

$$+ \sum_{m=1}^{\infty} \rho^{-m}(-a^{2m} A_m \cos m\varphi - a^{2m} B_m \sin m\varphi). \tag{8.1.69}$$

将 (8.1.69) 代入非齐次的边界条件 (8.1.60), 在 ρ 很大的地方, 有

$$u(\rho, \varphi) = D_0 \ln \frac{\rho}{a} + \sum_{m=1}^{\infty} \rho^m (A_m \cos m\varphi + B_m \sin m\varphi)$$

$$\sim u_0 + \frac{q_0}{2\pi\varepsilon_0} \ln \frac{1}{\rho} - E_0 \rho \cos \varphi. \tag{8.1.70}$$

从 (8.1.70) 比较系数, 可知

$$A_1 = -E_0, \quad A_m = 0 \ (m \neq 1), \quad B_m = 0 \ (m = 0, 1, 2, \cdots), \quad D_0 = -\frac{q_0}{2\pi\varepsilon_0}, \quad u_0 = -D_0 \ln a = \frac{q_0}{2\pi\varepsilon_0} \ln a.$$

最后得柱外的静电势为

$$u(\rho,\varphi)=\frac{q_0}{2\pi\varepsilon_0}\ln\frac{a}{\rho}-E_0\rho\cos\varphi+E_0\frac{a^2}{\rho}\cos\varphi. \tag{8.1.71}$$

简单谈谈所得解答(8.1.71)的物理含义. 第一项是圆柱导体原来所带电荷在导体周围产生的电势. 由于 $\rho>a$, 就好像是位于轴线 $\rho=0$ 上的带电导线产生的电势. 常数 u_0 的数值保证在圆柱导体的侧面上电势为零. 当中一项, 正是原来的匀强静电场中的电势分布. 最后一项, 即 E_0 $(a^2/\rho)\cos\varphi$ 对于大的 ρ 可以忽略, 它代表在圆柱邻近对匀强电场的修正, 这是柱面在电场作用下产生的感应电荷形成的电势. 圆柱导体外的电场线分布见图 8-3a.

讨论 设圆柱体原来并不带电, 从而 $D_0=0$, (8.1.71)右边这时只含两项

$$u(\rho,\varphi)=-E_0\rho\cos\varphi+E_0\frac{a^2}{\rho}\cos\varphi. \tag{8.1.72}$$

在图 8-3a 的 A 点和 B 点的电场强度是

$$E=-\frac{\partial u}{\partial\rho}\bigg|_{\substack{\rho=a\\ \varphi=0,\pi}}=\left(E_0\cos\varphi+E_0\frac{a^2}{\rho^2}\cos\varphi\right)\bigg|_{\substack{\rho=a\\ \varphi=0,\pi}}=\pm 2E_0,$$

是原来的匀强电场的两倍! 所以在这两处特别容易击穿. 而且不管圆柱的半径多么小, 这个结论总是对的!

在图 8-3a 的 y 轴上的电势是

$$u\big|_{\varphi=\pm\pi/2}=\left(-E_0\rho\cos\varphi+E_0\frac{a^2}{\rho}\cos\varphi\right)\bigg|_{\varphi=\pm\pi/2}=0.$$

跟导体圆柱的电势相同. 图 8-3a 的 y 轴实际上代表三维空间里的 yz 平面, 因此 yz 平面的电势跟导体圆柱的电势相同. 既然导体圆柱跟 yz 平面电势相同, 如果让导体圆柱的两侧沿 yz 平面伸出两翼(图 8-3b), 静电场并不改变, 电势分布仍然是(8.1.72).

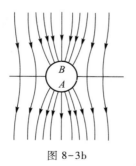

图 8-3b

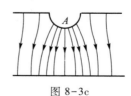

图 8-3c

要是只看带翼圆柱体的下方(图 8-3b 的下半幅, 亦即图 8-3c), 那么这可以说是平行板电容器两极板之间的静电场, 只是上极板带有半圆柱形突起. 如果远离突起的电场强度是 E_0, 则突起最高处的电场强度总是 E_0 的两倍. 对于高压电容器来说, 这容易导致击穿, 因此高压电容器的极板必须刨得非常平滑.

下一个例子是所谓"没有初始条件的问题".

例 5   长为 l 的理想传输线，一端 $x=0$ 接于交流电源，其电动势为 $v_0 \sin \omega t$，另一端 $x=l$ 是开路. 求解线上的恒定电振荡.

解   这里，不考虑初始条件的影响，仅考虑在恒定外源驱动下在电路中产生的恒定电振荡. 因此，这里求解的是没有初始条件的问题.

$$\begin{cases} v_{tt} - a^2 v_{xx} = 0 \quad (a^2 = 1/LC), & (8.1.73) \\ v\big|_{x=0} = v_0 e^{i\omega t}, & (8.1.74) \\ j\big|_{x=l} = 0. & (8.1.75) \end{cases}$$

为了计算的简便，在边界条件(8.1.74)中，$v_0 \sin \omega t$ 即 $\operatorname{Im}(v_0 e^{i\omega t})$ 改写成了 $v_0 e^{i\omega t}$. 这样做是可以的，由于方程和边界条件都是线性的，我们只要取最后结果的虚部就行了.

恒定电振荡完全由交流电源引起，所以周期必与交流电源相同，故

$$v(x,t) = X(x) e^{i\omega t}. \tag{8.1.76}$$

以(8.1.76)代入偏微分方程(8.1.73)可得 X 的常微分方程

$$X'' + (\omega^2 LC) X = 0.$$

其解是

$$X(x) = A e^{i\omega \sqrt{LC} x} + B e^{-i\omega \sqrt{LC} x},$$

因而

$$v(x,t) = A e^{i\omega(t + \sqrt{LC} x)} + B e^{i\omega(t - \sqrt{LC} x)}. \tag{8.1.77}$$

(8.1.77)的第二项是从电源端发出的波，第一项则是反射波.

系数 A 和 B 由边界条件确定. 但边界条件中出现电流 j，所以我们还需要 j 的表达式. 在(7.1.10)中，置 $R=0$，$G=0$，即得 $j_x = -Cv_t$，$j_t = -(1/L)v_x$. 利用这两个关系式求得与(8.1.77)相应的电流

$$j(x,t) = -\sqrt{\frac{C}{L}} A e^{i\omega(t + \sqrt{LC} x)} + \sqrt{\frac{C}{L}} B e^{i\omega(t - \sqrt{LC} x)}. \tag{8.1.78}$$

现在，把(8.1.77)和(8.1.78)分别代入边界条件(8.1.74)和(8.1.75)，得

$$\begin{cases} A + B = v_0, \\ A e^{i\omega \sqrt{LC} l} - B e^{-i\omega \sqrt{LC} l} = 0. \end{cases}$$

由此解出

$$A = \frac{v_0}{1 + e^{i2\omega \sqrt{LC} l}}, \quad B = \frac{v_0}{1 + e^{-i2\omega \sqrt{LC} l}}. \tag{8.1.79}$$

这样，传输线上的恒定电振荡为(8.1.77)和(8.1.78)，其中系数 A 和 B 则由(8.1.79)给出.

在输入端(交流电源端)的电压 $v\big|_{x=0}$ 同电流 $j\big|_{x=0}$ 之比叫作传输线的**输入阻抗** $Z_{输入}$. 按照(8.1.77)和(8.1.78)，

$$Z_{输入} = v\big|_{x=0} : j\big|_{x=0} = -\sqrt{\frac{L}{C}}\,\frac{A+B}{A-B} = -\sqrt{\frac{L}{C}}\,\mathrm{icot}\big(\omega\sqrt{LC}\,l\big). \qquad (8.1.80)$$

一个有趣的情况是

$$l = \frac{1}{4}\lambda = \frac{1}{4}\frac{a}{f} = \frac{1}{4}\frac{a}{\omega/2\pi} = \frac{\pi}{2\omega\sqrt{LC}}$$

式中，λ 为波长，a 为波速，f 为频率. 在这种情况下，（8.1.80）给出

$$Z_{输入} = -\sqrt{\frac{L}{C}}\,\mathrm{icot}\,\frac{\pi}{2} = 0.$$

这样，长度为 $\lambda/4$ 的传输线接在交流电源上，另一端开路，从交流电源一方看过来，这段传输线竟然相当于一个短路元件.

习　题

1. 长为 l 的弦，两端固定，弦中张力为 F_{T}. 在距一端为 x_0 的一点以力 F_0 把弦拉开，然后突然撤除这力. 求解弦的振动.

2. 求解细杆导热问题，杆长 l，b 为常数，两端保持为零度，初始温度分布
$$u\big|_{t=0} = bx(l-x)/l^2.$$

3. 两端固定弦，长为 l. ①用宽为 2δ 的平面锤敲击弦 $x=x_0$ 点；②用宽为 2δ 的余弦式凸面锤敲击弦的 $x=x_0$ 点. 求解弦的振动.

4. 长为 l 的均匀杆，两端受压从而长度缩为 $l(1-2\varepsilon)$. 放手后自由振动，求解杆的纵振动.

5. 长为 l 的杆，一端固定，另一端受力 F_0 而伸长. 求解杆在放手后的振动.

6. 长为 l 的理想传输线，远端开路. 先把传输线充电到电压 v_0，然后把近端短路. 求解线上电压 $v(x,t)$.

7. 长为 l 的杆，上端固定在电梯天花板，杆身竖直，下端自由. 电梯下降，当速度为 v_0 时突然停止. 求解杆的振动.

8. 在铀块中，除了中子的扩散运动以外，还进行着中子的增殖过程，单位时间内在单位体积中产生的中子数正比于该处的中子浓度 u，从而可表为 βu（β 是表示增殖快慢的常量）. 研究厚度为 l 的层状铀块. 求临界厚度.（铀块厚度超过临界厚度，则中子浓度将随着时间而急剧增长以致铀块爆炸，原子弹爆炸就是这个原理.）

9. 求解薄膜的恒定表面浓度扩散问题. 薄膜厚度为 l，杂质从两面进入薄膜. 由于薄膜周围气氛中含有充分的杂质，薄膜表面上的杂质浓度得以保持为恒定的 N_0，对于较大的 t，把所得答案简化.

10. 把上题改为限定源扩散. 这是说，薄膜两面的表层已含有一定的杂质，比方说，每单位表面积下杂质总量 Φ_0，但此外不再有杂质进入薄膜.

11. 在矩形区域 $0<x<a$，$0<y<b$ 上求解拉普拉斯方程 $\Delta u=0$，使满足如下边界条件，其中 A、B 为常数.
$$u\big|_{x=0} = Ay(b-y), \qquad u\big|_{x=a} = 0, \qquad u\big|_{y=0} = B\sin\frac{\pi x}{a}, \qquad u\big|_{y=b} = 0.$$

12. 均匀的薄板占据区域 $0<x<a$，$0<y<\infty$. 边界上的温度
$$u\big|_{x=0} = 0, \qquad u\big|_{x=a} = 0, \qquad u\big|_{y=0} = u_0, \qquad \lim_{y\to\infty}u = 0.$$
求解板的稳定温度分布.

13. A 为常数，在带状区域 $0<x<a$，$0<y<\infty$ 上求解 $\Delta u=0$，并满足边界条件：
$$u\big|_{x=0} = 0, \qquad u\big|_{x=a} = 0, \qquad u\big|_{y=0} = A\left(1-\frac{x}{a}\right), \qquad \lim_{y\to\infty}u = 0.$$

14. 矩形膜，边长为 l_1 和 l_2，边缘固定. 求它的本征振动模式.

15. 细圆环，半径为 ρ_0，初始温度分布已知为 $f(\varphi)$，φ 是以环心为极点的极角. 环的表面是绝热的. 求解环内温度变化的情况.

16. A、B 为常数，在半径为 ρ_0 的圆形域内求解 $\Delta u = 0$，并分别满足边界条件:

(1) $u\big|_{\rho=\rho_0} = A\,|\sin\varphi|$;

(2) $u\big|_{\rho=\rho_0} = A + B\sin\varphi$.

17. 半圆形薄板，半径为 ρ_0，板面绝热，边界直径上温度保持零度，圆周上保持 u_0. 求稳定状态下的板上温度分布.

18. 把例 4 的导体圆柱换为介质圆柱，介质的介电常量为 ε. 求解柱内外的电场. （提示:柱内电势必须有限.在柱面上电势连续,电位移的法向分量连续.）

19. 半径为 ρ_0，表面熏黑了的均匀长圆柱，在温度为零度的空气中受着阳光照射. 阳光垂直于柱轴，热流强度为 q_0. 试求柱内稳定温度分布. ［提示:泛定方程为 $\Delta u = 0$,边界条件为 $(ku_\rho + hu)\big|_{\rho=\rho_0} = f(\varphi)$, $f(\varphi)$ 是热流强度的法向分量. 如取极轴垂直于阳光，则

$$f(\varphi) = \begin{cases} q_0\sin\varphi & (0<\varphi<\pi), \\ 0 & (\pi<\varphi<2\pi). \end{cases}$$

20. 在以原点为心，以 ρ_1 和 ρ_2 为半径的两个同心圆围成的环域上求解 $\Delta u = 0$，使满足边界条件

$$u\big|_{\rho=\rho_1} = f_1(\varphi), \qquad u\big|_{\rho=\rho_2} = f_2(\varphi).$$

21. 求解绕圆柱的水流问题. 在远离圆柱因而未受圆柱干扰处的水流是均匀的，流速为 v_0. 圆柱半径为 a.

22. 长为 l 的理想传输线，一端接于电动势为 $v_0\sin\omega t$ 的交流电源，另一端短路. 求解线上的恒定电振荡并计算输入阻抗.

23. 长为 l 的非理想传输线，一端接于交流电源 $v_0\sin\omega t$，另一端通过阻抗元件 R_0，L_0 和 C_0 而相接. 求解线上的恒定电振荡. 在怎样的条件下不存在反射波（这叫作**匹配**）?

24. 长为 l 的均匀杆，一端固定，另一端在纵向力 $F(t) = F_0\sin\omega t$ 长期作用下. 求解杆的恒定纵振动.

25. 长为 l 的均匀弦两端固定，在 x_0 点有一集中的横向力 $F(t) = A\cos\omega t$ 一直作用着，求解弦的恒定横振动.

26. 一长为 l 的均匀导热细杆，杆上有热源，单位长度杆上的热源强度为 $c\rho\beta u.$ $(\beta>0)$，$x = 0$ 端绝热，$x = l$ 端保持 0 ℃，初始温度分布为 $u_0x(x-l)$，试求杆上各处温度如何随时间变化? 其中 c 为杆的比热容，ρ 为杆的线密度，u_0 为常数，侧面绝热.

27. 一圆环形区域，内外环半径分别为 ρ_1 和 ρ_2，内环上保持温度为 $u_1\cos^2\varphi$，外环上保持温度为 $u_2\sin\varphi$. 求此圆环区域内的稳定温度分布.

28. 一长为 l，截面积相同的均匀细杆，今将 $x = 0$ 端保持为 0 ℃，$x = l$ 端按牛顿冷却定律向温度为 0 ℃ 的介质散热，侧面绝热，原先杆的温度为 u_0，求在冷却过程中杆上各处温度的变化.

§8.2 非齐次振动方程和输运方程

上一节研究了齐次方程的定解问题. 本节要研究非齐次振动方程和输运方程的定解问题.

我们仍然限于齐次的边界条件，关于非齐次边界条件的处理请看 §8.3.

本节先介绍傅里叶级数法，它直接求解非齐次方程的定解问题. 接着是冲量定理法，它把

非齐次方程的定解问题转化为齐次方程的定解问题然后求解.

（一） 傅里叶级数法

§8.1 中求解两端固定的弦的齐次振动方程定解问题，得到的解(8.1.14)具有傅里叶正弦级数的形式，而且其系数 A_n 和 B_n 决定于初始条件 $\varphi(x)$ 和 $\psi(x)$ 的傅里叶正弦级数(8.1.15). 至于采取正弦级数而不是一般的傅里叶级数的形式，则完全是由于两端都是第一类齐次边界条件 $u\big|_{x=0}=0$ 和 $u\big|_{x=l}=0$ 的原因.

分离变数法得出的这些结果给出提示：不妨把所求的解本身展开为傅里叶级数，即

$$u(x,t) = \sum_n T_n(t) X_n(x). \tag{8.2.1}$$

傅里叶级数(8.2.1)的基本函数族 $X_n(x)$ 为该定解问题齐次方程在所给齐次边界条件下的本征函数.

由于解是自变数 x 和 t 的函数，因而 $u(x,t)$ 的傅里叶系数不是常数，而是时间 t 的函数，把它记作 $T_n(t)$. 将待定解(8.2.1)代入泛定方程，尝试分离出 $T_n(t)$ 的常微分方程，然后求解.

例1 求解定解问题

$$u_{tt} - a^2 u_{xx} = A\cos\frac{\pi x}{l}\sin\omega t; \tag{8.2.2}$$

$$u_x\big|_{x=0} = 0, \quad u_x\big|_{x=l} = 0; \tag{8.2.3}$$

$$u\big|_{t=0} = \varphi(x), \quad u_t\big|_{t=0} = \psi(x), \quad (0<x<l). \tag{8.2.4}$$

解 级数展开的基本函数应是相应的齐次泛定方程 $u_{tt}-a^2 u_{xx}=0$ 在所给齐次边界条件 $u_x\big|_{x=0}=0$ 和 $u_x\big|_{x=l}=0$ 下的本征函数. 我们已经熟悉这些本征函数，它们是 $\cos\dfrac{n\pi x}{l}$ $(n=0,1,2,\cdots)$. 这样，试把所求的解展开为傅里叶余弦级数

$$u(x,t) = \sum_{n=0}^{\infty} T_n(t)\cos\frac{n\pi x}{l}.$$

为了求解 $T_n(t)$，尝试把这个级数代入非齐次泛定方程(8.2.2),

$$\sum_{n=0}^{\infty}\left[T_n'' + \frac{n^2\pi^2 a^2}{l^2}T_n\right]\cos\frac{n\pi x}{l} = A\cos\frac{\pi x}{l}\sin\omega t.$$

等式左边是傅里叶余弦级数，这提示我们把等式右边也展开为傅里叶余弦级数. 其实，右边已经是傅里叶余弦级数，它只有一个单项即 $n=1$ 的项. 于是，比较两边的系数，分离出 $T_n(t)$ 的常微分方程

$$T_1'' + \frac{\pi^2 a^2}{l^2}T_1 = A\sin\omega t, \quad T_n'' + \frac{n^2\pi^2 a^2}{l^2}T_n = 0, \qquad n\neq 1.$$

又把 $u(x,t)$ 的傅里叶余弦级数代入初始条件，得

$$\sum_{n=0}^{\infty} T_n(0)\cos\frac{n\pi}{l}x = \varphi(x) = \sum_{n=0}^{\infty}\varphi_n\cos\frac{n\pi}{l}x, \tag{8.2.5}$$

$$\sum_{n=0}^{\infty} T_n'(0)\cos\frac{n\pi}{l}x = \psi(x) = \sum_{n=0}^{\infty}\psi_n\cos\frac{n\pi}{l}x. \tag{8.2.6}$$

其中 φ_n、ψ_n 分别为 $\varphi(x)$ 和 $\psi(x)$ 的傅里叶余弦级数 [以 $\cos(n\pi x/l)$ 为基本函数族] 的第 n

个傅里叶系数. 等式(8.2.5)、(8.2.6)两边都是傅里叶余弦级数. 由于基本函数族 $\cos(n\pi x/l)$ 的正交性, 等式两边对应同一基本函数的傅里叶系数必然相等, 于是得 $T_n(t)$ 的非零值初始条件

$$\begin{cases} T_0(0) = \varphi_0 = \dfrac{1}{l} \int_0^l \varphi(\xi)\,\mathrm{d}\xi, \\[3mm] T'_0(0) = \psi_0 = \dfrac{1}{l} \int_0^l \psi(\xi)\,\mathrm{d}\xi; \end{cases}$$

$$\begin{cases} T_n(0) = \varphi_n = \dfrac{2}{l} \int_0^l \varphi(\xi) \cos \dfrac{n\pi\xi}{l}\,\mathrm{d}\xi, \\[3mm] T'_n(0) = \psi_n = \dfrac{2}{l} \int_0^l \psi(\xi) \cos \dfrac{n\pi\xi}{l}\,\mathrm{d}\xi, \end{cases} \quad n \neq 0. \tag{8.2.7}$$

$T_n(t)$ 的常微分方程在初始条件(8.2.7)下的解是

$$T_0(t) = \varphi_0 + \psi_0 t, \tag{8.2.8}$$

$$T_1(t) = \frac{Al}{\pi a} \frac{1}{\omega^2 - \pi^2 a^2/l^2} \left(\omega \sin \frac{\pi at}{l} - \frac{\pi a}{l} \sin \omega t \right)$$

$$+ \varphi_1 \cos \frac{\pi at}{l} + \frac{l}{\pi a} \psi_1 \sin \frac{\pi at}{l}, \tag{8.2.9}$$

$$T_n(t) = \varphi_n \cos \frac{n\pi at}{l} + \frac{l}{n\pi a} \psi_n \sin \frac{n\pi at}{l} \quad (n \neq 0, 1). \tag{8.2.10}$$

(8.2.9)的第一项为 $T_1(t)$ 的非齐次常微分方程的特解, 满足零值初始条件. (8.2.9)的后两项之和及(8.2.10)分别为 $T_1(t)$ 和 $T_n(t)$ $(n \neq 0, 1)$ 的齐次常微分方程的解, 满足非零值初始条件(8.2.7).

这样, 所求的解是

$$u(x,t) = \frac{Al}{\pi a} \cdot \frac{1}{\omega^2 - \pi^2 a^2/l^2} \left(\omega \sin \frac{\pi at}{l} - \frac{\pi a}{l} \sin \omega t \right) \cos \frac{\pi x}{l} + \varphi_0$$

$$+ \psi_0 t + \sum_{n=1}^{\infty} \left(\varphi_n \cos \frac{n\pi at}{l} + \frac{l}{n\pi a} \psi_n \sin \frac{n\pi at}{l} \right) \cos \frac{n\pi x}{l}. \tag{8.2.11}$$

尝试成功了, 这个方法叫做傅里叶级数法. 很明显, 这个方法的**关键**在于分离出 $T_n(t)$ 的常微分方程, 其中不可混杂着另一自变数 x, 这是怎样做到的呢? 原来, 这个级数展开的基本函数 $\cos(n\pi x/l)$ 正是相应齐次方程、齐次边界条件下用分离变数法求得的本征函数, 这才得以分离出 $T_n(t)$ 的常微分方程. 因此, 傅里叶级数法一定要与分离变数法相结合才能应用.

齐次振动方程和齐次输运方程问题当然也可以用傅里叶级数法(结合分离变数法)求解, 这时得到的 $T_n(t)$ 的常微分方程为齐次方程, 求解更容易. 建议读者用这样的方法重新求解上节的定解问题(8.1.1)—(8.1.3)以及例1和例2, 这里就不赘述了.

综上所述, 可以看出, 对于振动和输运问题, 不论齐次还是非齐次方程定解问题, 傅里叶级数法结合分离变数法均可应用. 如仅用分离变数法, 则只能用于齐次方程齐次边界条件定解问题.

(二) 冲量定理法

求解非齐次振动方程和输运方程定解问题还可用**冲量定理法**. 这里仍然考虑边界条件是齐次的. 应用冲量定理法有一个前提, 即初始条件均取零值. 这其实无损于一般性. 现以两端固

定弦的受迫振动为例，如果初始条件是非零值，则定解问题为

$$u_{tt} - a^2 u_{xx} = f(x,t),$$

$$u\big|_{x=0} = 0, \quad u\big|_{x=l} = 0,$$

$$u\big|_{t=0} = \varphi(x), \quad u_t\big|_{t=0} = \psi(x).$$

由于泛定方程和定解条件都是线性的，可以利用叠加原理，把 u 分解为 u^{I} 与 u^{II} 之和，即

$$u(x,t) = u^{\mathrm{I}}(x,t) + u^{\mathrm{II}}(x,t).$$

并令 u^{I}、u^{II} 分别满足

$$u_{tt}^{\mathrm{I}} - a^2 u_{xx}^{\mathrm{I}} = 0, \qquad\qquad\qquad u_{tt}^{\mathrm{II}} - a^2 u_{xx}^{\mathrm{II}} = f(x,t),$$

$$u^{\mathrm{I}}\big|_{x=0} = 0, \quad u^{\mathrm{I}}\big|_{x=l} = 0, \qquad\qquad u^{\mathrm{II}}\big|_{x=0} = 0, \quad u^{\mathrm{II}}\big|_{x=l} = 0,$$

$$u^{\mathrm{I}}\big|_{t=0} = \varphi(x), \quad u_t^{\mathrm{I}}\big|_{t=0} = \psi(x). \qquad u^{\mathrm{II}}\big|_{t=0} = 0, \quad u_t^{\mathrm{II}}\big|_{t=0} = 0.$$

把竖线两边对应的式子相叠加，正好是原来的定解问题. 这样，问题转化为求解 u^{I} 和 u^{II}. u^{I} 的初始条件是非零值，但方程是齐次的，可用上节方法求解；u^{II} 的方程是非齐次的，但初始条件已化为零值，符合冲量定理法所提出的要求.

现在用冲量定理法来研究弦的非齐次振动方程定解问题

$$u_{tt} - a^2 u_{xx} = f(x,t), \tag{8.2.12}$$

$$u\big|_{x=0} = 0, \quad u\big|_{x=l} = 0, \tag{8.2.13}$$

$$u\big|_{t=0} = 0, \quad u_t\big|_{t=0} = 0. \tag{8.2.14}$$

（1）冲量定量法的物理思想

首先，在物理上，非齐次泛定方程(8.2.12)表明，作用在每单位长弦上的外力 $F(x,t) = \rho f(x,t)$. 它从时刻零持续作用到时刻 t，我们求解的是 $F(x,t)$ 作用下，在时刻 t 的各处位移 $u(x,t)$.

冲量定理法的基本物理思想是把持续作用力看成许许多多前后相继的"瞬时"力，把持续作用力引起的振动看作所有"瞬时"力引起的振动的叠加. 根据(5.3.9)，持续作用的力 $F(x,t)$ 可以表示成

$$F(x,t) = \int_0^t F(x,\tau)\delta(t-\tau)\,\mathrm{d}\tau = \rho f(x,t)$$

$$= \int_0^t \rho f(x,\tau)\delta(t-\tau)\,\mathrm{d}\tau, \tag{8.2.15}$$

其中 $F(x,\tau)\delta(t-\tau)\,\mathrm{d}\tau$ 为作用在很短的时间区间 $(\tau,\tau+\mathrm{d}\tau)$ 上而冲量为 $F(x,\tau)\,\mathrm{d}\tau$ 的"瞬时"力. 把该瞬时力引起的振动记为 $u^{(\tau)}(x,t)$，则 $u^{(\tau)}(x,t)$ 的定解问题为

$$u_{tt}^{(\tau)} - a^2 u_{xx}^{(\tau)} = \frac{F(x,\tau)}{\rho}\delta(t-\tau)\,\mathrm{d}\tau = f(x,\tau)\delta(t-\tau)\,\mathrm{d}\tau, \tag{8.2.16}$$

$$u^{(\tau)}\big|_{x=0} = 0, \quad u^{(\tau)}\big|_{x=l} = 0, \tag{8.2.17}$$

$$u^{(\tau)}\big|_{t=0} = 0, \quad u_t^{(\tau)}\big|_{t=0} = 0. \tag{8.2.18}$$

由于瞬时力 $F(x,\tau)\delta(t-\tau)\,\mathrm{d}\tau$ 作用在时间区间 $(\tau,\tau+\mathrm{d}\tau)$ 上，从时刻零直到时刻 $\tau-0$，它尚未起作用，弦仍然是静止的，$u^{(\tau)}\big|_{t=\tau-0} = 0$，$u_t^{(\tau)}\big|_{t=\tau-0} = 0$. 时刻 τ，该瞬时力开始作用，至时刻 $\tau+\mathrm{d}\tau$ 结束. 由于 $\mathrm{d}\tau$ 很短，弦上各质点"来不及"位移，故在时刻 $\tau+\mathrm{d}\tau$，位移 $u^{(\tau)}\big|_{t=\tau+\mathrm{d}\tau} = 0$. 再看时刻 $\tau+\mathrm{d}\tau$ 的速度 $u_t^{(\tau)}$，根据冲量定理，从 $\tau-0$ 时刻到 $\tau+\mathrm{d}\tau$ 时刻，单位长度弦的动量

变化等于瞬时力 $F(x,\tau)\delta(t-\tau)\mathrm{d}\tau$ 的冲量，故有

$$\rho u_t^{(\tau)}\big|_{t=\tau+\mathrm{d}\tau}-\rho u_t^{(\tau)}\big|_{t=\tau-0}=F(x,\tau)\mathrm{d}\tau=\rho f(x,\tau)\mathrm{d}\tau,$$

从而得到

$$u_t^{(\tau)}\big|_{t=\tau+\mathrm{d}\tau}=f(x,\tau)\mathrm{d}\tau.$$

如果改取 $\tau+\mathrm{d}\tau$ 时刻作为初始时刻，考察瞬时力 $F(x,\tau)\delta(t-\tau)\mathrm{d}\tau$ 在 $\tau+\mathrm{d}\tau$ 时刻以后引起的振动 $u^{(\tau)}(x,t)$，由于该瞬时力已经作用过了，弦上不受外力，$u^{(\tau)}(x,t)$ 满足齐次方程，其定解问题为

$$u_{tt}^{(\tau)}-a^2u_{xx}^{(\tau)}=0, \tag{8.2.19}$$

$$u^{(\tau)}\big|_{x=0}=0,\ u^{(\tau)}\big|_{x=l}=0, \tag{8.2.17}$$

$$u^{(\tau)}\big|_{t=\tau+\mathrm{d}\tau}=0,\ u_t^{(\tau)}\big|_{t=\tau+\mathrm{d}\tau}=f(x,\tau)\mathrm{d}\tau. \tag{8.2.20}$$

定解问题 $(8.2.19)$—$(8.2.20)$ 与定解问题 $(8.2.16)$—$(8.2.18)$ 是等价的。从 $(8.2.20)$ 可以看出 $u^{(\tau)}$ 必含有因子 $\mathrm{d}\tau$，若记 $u^{(\tau)}(x,t)=v(x,t;\tau)\mathrm{d}\tau$，则 $v(x,t;\tau)$ 满足定解问题

$$v_{tt}-a^2v_{xx}=f(x,\tau)\delta(t-\tau), \tag{8.2.21}$$

$$v\big|_{x=0}=0,\ v\big|_{x=l}=0, \tag{8.2.22}$$

$$v\big|_{t=0}=0,\ v_t\big|_{t=0}=0. \tag{8.2.23}$$

即

$$v_{tt}-a^2v_{xx}=0, \tag{8.2.24}$$

$$v\big|_{x=0}=0,\ v\big|_{x=l}=0, \tag{8.2.22}$$

$$v\big|_{t=\tau}=0,\ v_t\big|_{t=\tau}=f(x,\tau). \tag{8.2.25}$$

由于 $\mathrm{d}\tau$ 很短，在 $(8.2.25)$ 中已将 $\tau+\mathrm{d}\tau$ 时刻记为 τ 时刻，定解问题 $(8.2.24)$—$(8.2.25)$ 为齐次方程问题，可用前面的分离变数法或傅里叶级数法求解。只是要注意，前面两种方法中初始时刻为零时刻，这里初始时刻为 τ 时刻，因此前两种方法解中的 t（表示距初始时刻零时刻的时间间隔），在这里应换成 $t-\tau$。

定解问题 $(8.2.12)$—$(8.2.14)$ 是线性的，适用叠加原理，既然外加力是一系列瞬时力的叠加，则定解问题 $(8.2.12)$—$(8.2.14)$ 的解也应是瞬时力所引起的振动的叠加。计及所有瞬时力的影响，就有

$$u(x,t)=\sum_{\tau=0}^{t}u^{(\tau)}(x,t)=\int_0^t v(x,t;\tau)\mathrm{d}\tau \tag{8.2.26}$$

$u(x,t)$ 就是定解问题 $(8.2.12)$—$(8.2.14)$ 的解。这就从物理上给出了求解非齐次振动方程定解问题 $(8.2.12)$—$(8.2.14)$ 的方法，因为利用了冲量定理，故称为冲量定理法。

回顾一下求解步骤，为了求解非齐次振动方程定解问题 $(8.2.12)$—$(8.2.14)$，把持续作用的力 $\rho f(x,t)$ 看作一系列前后相继的脉冲力 $\rho f(x,\tau)\delta(t-\tau)\mathrm{d}\tau$ 的叠加；求解脉冲力 $\rho f(x,\tau)\delta(t-\tau)\mathrm{d}\tau$ 从 τ 时刻起所引起的振动 $v(x,t;\tau)\mathrm{d}\tau$，$v(x,t;\tau)$ 满足齐次振动方程定解问题 $(8.2.24)$—$(8.2.25)$，解出 $v(x,t;\tau)$ 后，代入 $(8.2.26)$，对 τ 积分，就能得到所求的解。

$u(x,t)$ 和 $u^{(\tau)}(x,t)$ 的量纲为 $[x]$，$v(x,t;\tau)$ 的量纲为 $[x]/[t]$。只要注意 $\delta(t-\tau)$ 的量纲为 $1/[t]$，不难检验，方程 $(8.2.12)$ 和 $(8.2.16)$ 中每一项的量纲均为 $[x]/[t]^2$，而方程 $(8.2.21)$ 中每一项的量纲同是 $[x]/[t]^3$。因此，从量纲来分析，方程 $(8.2.12)$、$(8.2.16)$、$(8.2.19)$、$(8.2.21)$ 和 $(8.2.24)$ 在物理上都是正确的，这从另一个侧面，证明冲量定理法在物理上是行

得通的.

（2） 冲量定理法的数学验证

这里要验证，由满足齐次振动方程定解问题(8.2.24)、(8.2.22)、(8.2.25)的解 $v(x,t;\tau)$ 通过积分(8.2.26)得到的 $u(x,t)$ 是非齐次振动方程定解问题(8.2.12)—(8.2.14)的解.

首先验证边界条件. 由于 $v\big|_{x=0}=0$, $v\big|_{x=l}=0$, 因此,

$$u\big|_{x=0}=\int_0^t v\big|_{x=0}\mathrm{d}\tau=0, \quad u\big|_{x=l}=\int_0^t v\big|_{x=l}\mathrm{d}\tau=0.$$

$u(x,t)$ 满足齐次边界条件(8.2.13).

其次验证初始条件. 由(8.2.26)知初始位移

$$u\big|_{t=0}=\int_0^0 v\big|_{t=0}\mathrm{d}\tau=0.$$

为验证初始速度，需利用积分号下求导的公式

$$\frac{\mathrm{d}}{\mathrm{d}t}\int_{\alpha(t)}^{\beta(t)}g(t;\tau)\mathrm{d}\tau=\int_{\alpha(t)}^{\beta(t)}\frac{\partial g(t;\tau)}{\partial t}\mathrm{d}\tau+g[t;\beta(t)]\frac{\mathrm{d}\beta(t)}{\mathrm{d}t}$$
$$-g[t;\alpha(t)]\frac{\mathrm{d}\alpha(t)}{\mathrm{d}t}, \tag{8.2.27}$$

这个公式在微积分教本中可以找到. 把这个公式应用于(8.2.26)，有

$$u_t(x,t)=\int_0^t v_t(x,t;\tau)\mathrm{d}\tau+v(x,t;t).$$

按(8.2.25)，$v(x,\tau;\tau)=0$ $(0\leqslant\tau\leqslant t)$. 所以，

$$u_t(x,t)=\int_0^t v_t(x,t;\tau)\mathrm{d}\tau, \tag{8.2.28}$$

$$u_t\big|_{t=0}=\int_0^0 v_t\big|_{t=0}\mathrm{d}\tau=0.$$

(8.2.14)中的两个零值初始条件均成立.

最后验证非齐次方程. 对(8.2.28)应用求导公式(8.2.27)，

$$u_{tt}=\int_0^t v_{tt}(x,t;\tau)\mathrm{d}\tau+v_t(x,t;t).$$

按(8.2.25)，$v_t(x,\tau;\tau)=f(x,\tau)(0\leqslant\tau\leqslant t)$. 所以，

$$u_{tt}=\int_0^t v_{tt}(x,t;\tau)\mathrm{d}\tau+f(x,t). \tag{8.2.29}$$

以(8.2.26)和(8.2.29)代入非齐次方程(8.2.12)的左边，则

$$u_{tt}-a^2u_{xx}=\int_0^t(v_{tt}-a^2v_{xx})\mathrm{d}\tau+f(x,t)=\int_0^t 0\mathrm{d}\tau+f(x,t)$$
$$=f(x,t),$$

非齐次方程(8.2.12)得以满足，其中利用了 v 的齐次方程(8.2.24).

数学验证全部完成，冲量定理法在数学上成立. 这里还应指出一点：边界条件(8.2.13)不必限于第一类齐次边界条件，也可以是第二类或第三类齐次边界条件，甚至 $x=0$ 端与 $x=l$ 端的边界条件还可以是不同类的，只要边界条件(8.2.22)的类型与(8.2.13)相同就行.

例 2 将例 1 中的初始条件改为零值，用冲量定理法求解，即求解定解问题

$$u_{tt}-a^2 u_{xx}=A\cos\frac{\pi x}{l}\sin\omega t;$$

$$u_x\big|_{x=0}=0, \qquad u_x\big|_{x=l}=0;$$

$$u\big|_{t=0}=0, \qquad u_t\big|_{t=0}=0.$$

解　应用冲量定理法，先求解

$$v_{tt}-a^2 v_{xx}=0;$$

$$v_x\big|_{x=0}=0, \qquad v_x\big|_{x=l}=0;$$

$$v\big|_{t=\tau+0}=0, \qquad v_t\big|_{t=\tau+0}=A\cos\frac{\pi x}{l}\sin\omega\tau.$$

参照边界条件，试把解 v 展开为傅里叶余弦级数

$$v(x,t;\tau)=\sum_{n=0}^{\infty}T_n(t,\tau)\cos\frac{n\pi x}{l}.$$

把这余弦级数代入泛定方程

$$\sum_{n=0}^{\infty}\left[T_n''+\frac{n^2\pi^2 a^2}{l^2}T_n\right]\cos\frac{n\pi x}{l}=0.$$

由此分离出 T_n 的常微分方程

$$T_n''+\frac{n^2\pi^2 a^2}{l^2}T_n=0.$$

这个常微分方程的解是

$$T_0(t;\tau)=A_0(\tau)+B_0(\tau)(t-\tau),$$

$$T_n(t;\tau)=A_n(\tau)\cos\frac{n\pi a(t-\tau)}{l}+B_n(\tau)\sin\frac{n\pi a(t-\tau)}{l} \quad (n=1,2,\cdots).$$

这样，解 v 具有傅里叶余弦级数形式，为

$$v(x,t;\tau)=A_0(\tau)+B_0(\tau)(t-\tau)+\sum_{n=1}^{\infty}\left[A_n(\tau)\cos\frac{n\pi a(t-\tau)}{l}+B_n(\tau)\sin\frac{n\pi a(t-\tau)}{l}\right]\cos\frac{n\pi x}{l}.$$

至于系数 $A_n(\tau)$ 和 $B_n(\tau)$ 则由初始条件确定. 为此，把上式代入初始条件，

$$A_0(\tau)+\sum_{n=1}^{\infty}A_n(\tau)\cos\frac{n\pi x}{l}=0,$$

$$B_0(\tau)+\sum_{n=1}^{\infty}B_n(\tau)\frac{n\pi a}{l}\cos\frac{n\pi x}{l}=A\cos\frac{\pi x}{l}\sin\omega\tau.$$

右边的 $A\cos\dfrac{\pi x}{l}\sin\omega\tau$ 也是傅里叶余弦级数，它只有一个单项，即 $n=1$ 的项. 比较两边系数，得

$$A_n(\tau)=0, \ B_1(\tau)=A\frac{l}{\pi a}\sin\omega\tau, \ B_n(\tau)=0, \ (n=2,3,\cdots).$$

到此，已求出 $v(x,t;\tau)$，

$$v(x,t;\tau)=A\frac{l}{\pi a}\sin\omega\tau\sin\frac{\pi a(t-\tau)}{l}\cos\frac{\pi x}{l}.$$

按照(8.2.26)，得出答案

$$u(x,t)=\int_0^t v(x,t;\tau)\mathrm{d}\tau$$

$$=\frac{Al}{\pi a}\cos\frac{\pi x}{l}\int_0^t \sin\omega\tau\sin\frac{\pi a(t-\tau)}{l}\mathrm{d}\tau$$

$$=\frac{Al}{\pi a}\frac{1}{\omega^2-\pi^2 a^2/l^2}\left(\omega\sin\frac{\pi a}{l}t-\frac{\pi a}{l}\sin\omega t\right)\cos\frac{\pi x}{l}.$$

输运问题，如泛定方程是非齐次的，完全可以仿照冲量定理法加以处理. 比如，研究定解问题

$$u_t-a^2 u_{xx}=f(x,t), \tag{8.2.30}$$

$$u_x\big|_{x=0}=0, \ u_x\big|_{x=l}=0, \tag{8.2.31}$$

$$u\big|_{t=0}=0. \tag{8.2.32}$$

非齐次泛定方程(8.2.30)表明，每单位长度上的热源强度为 $c\rho f(x,t)$. 这热源从时刻零一直延续到时刻 t，现在求解的是在热源强度 $c\rho f(x,t)$ 的影响下，时刻 t 的温度分布.

仿照冲量定理法对非齐次振动方程定解问题的处理，这里按照(5.3.9)，将持续作用的热源看作许许多多前后相继的"瞬时"热源 $c\rho f(x,\tau)\delta(t-\tau)\mathrm{d}\tau$ 的叠加，"瞬时"热源 $c\rho f(x,\tau)\delta(t-\tau)\mathrm{d}\tau$ 作用于时间区间 $(\tau,\tau+\mathrm{d}\tau)$，提供的热量为 $c\rho f(x,\tau)\mathrm{d}\tau$，记它所产生的温度分布为 $v(x,t;\tau)\mathrm{d}\tau$，类似地可导出 $v(x,t;\tau)$ 的定解问题为

$$v_t-a^2 v_{xx}=f(x,\tau)\delta(t-\tau), \tag{8.2.33}$$

$$v_x\big|_{x=0}=0, \ v_x\big|_{x=l}=0, \tag{8.2.34}$$

$$v\big|_{t=0}=0. \tag{8.2.35}$$

直到 $\tau-0$ 时刻，瞬时热源尚未起作用，从初始条件 $v\big|_{t=0}=0$ 得 $v\big|_{t=\tau-0}=0$. τ 时刻，瞬时热源 $c\rho f(x,\tau)\delta(t-\tau)\mathrm{d}\tau$ 开始起作用，至 $\tau+\mathrm{d}\tau$ 时刻，作用结束，瞬时热源放出的热量，使 $\tau+\mathrm{d}\tau$ 时刻的温度增加到 $v\big|_{t=\tau+\mathrm{d}\tau}$，于是

$$c\rho(v\big|_{t=\tau+\mathrm{d}\tau}-v\big|_{t=\tau-0})\mathrm{d}\tau=c\rho f(x,\tau)\mathrm{d}\tau,$$

从而

$$v\big|_{t=\tau+\mathrm{d}\tau}=f(x,\tau).$$

这是 $\tau+\mathrm{d}\tau$ 时刻的温度分布，如果把 $\tau+\mathrm{d}\tau$ 时刻作为初始时刻，研究瞬时热源在 $\tau+\mathrm{d}\tau$ 时刻以后产生的温度分布 $v(x,t;\tau)\mathrm{d}\tau$，则 $v(x,t;\tau)$ 的定解问题为

$$v_t-a^2 v_{xx}=0, \tag{8.2.36}$$

$$v_x\big|_{x=0}=0, \ v_x\big|_{x=l}=0, \tag{8.2.34}$$

$$v\big|_{t=\tau}=f(x,\tau). \tag{8.2.37}$$

因为瞬时热源已经作用过了，故(8.2.36)为齐次方程. 由于 $\mathrm{d}\tau$ 很短，(8.2.37)中将初始时刻 $\tau+\mathrm{d}\tau$ 记为 τ 时刻. 定解问题(8.2.36)、(8.2.34)、(8.2.37)与定解问题(8.2.33)—(8.2.35)等价，已是齐次泛定方程、齐次边界条件，可用分离变数法或傅里叶级数法求解，不过要注意，原来求解公式中的 t 这里应换为 $t-\tau$.

定解问题(8.2.30)—(8.2.32)是线性的，叠加原理也适用. 考虑所有瞬时热源产生的影响，把这些影响叠加起来，就得到此定解问题的解 $u(x,t)$，于是有

$$u(x,t) = \int_0^t v(x,t;\tau)\,\mathrm{d}\tau \tag{8.2.38}$$

同样，可从数学上验证这样得到的 $u(x,t)$ 确实满足定解问题（8.2.30）—（8.2.32），请读者去完成，这里不赘述了.

例 3　求解定解问题

$$u_t - a^2 u_{xx} = A\sin \omega t,$$
$$u\big|_{x=0} = 0,\ \ u_x\big|_{x=l} = 0,$$
$$u\big|_{t=0} = 0.$$

解　首先应用（8.2.38），

$$u(x,t) = \int_0^t v(x,t;\tau)\,\mathrm{d}\tau,$$

而 $v(x,t;\tau)$ 则需从下述定解问题

$$v_t - a^2 v_{xx} = 0,$$
$$v\big|_{x=0} = 0,\ \ v_x\big|_{x=l} = 0,$$
$$v\big|_{t=\tau} = A\sin \omega\tau$$

求解，这可仿照上节例 2，用分离变数法解出

$$v(x,t;\tau) = \sum_{n=0}^{\infty} C_n \exp\left[-\frac{\left(n+\dfrac{1}{2}\right)^2 \pi^2 a^2}{l^2}(t-\tau) \right] \sin\frac{\left(n+\dfrac{1}{2}\right)\pi}{l}x.$$

其中系数

$$C_n = \frac{2}{l}\int_0^l A\sin \omega\tau \sin\frac{\left(n+\dfrac{1}{2}\right)\pi}{l}\xi\,\mathrm{d}\xi$$

$$= \frac{2A\sin \omega\tau}{l}\cdot\frac{l}{\left(n+\dfrac{1}{2}\right)\pi}\left[-\cos\frac{\left(n+\dfrac{1}{2}\right)\pi}{l}\xi \right]_0^l$$

$$= \frac{2A\sin \omega\tau}{\left(n+\dfrac{1}{2}\right)\pi}.$$

这样，

$$v(x,t;\tau) = \frac{2A\sin \omega\tau}{\pi}\sum_{n=0}^{\infty}\frac{1}{\left(n+\dfrac{1}{2}\right)}\exp\left[-\frac{\left(n+\dfrac{1}{2}\right)^2\pi^2 a^2}{l^2}(t-\tau) \right]\sin\frac{\left(n+\dfrac{1}{2}\right)\pi}{l}x.$$

从而

$$u(x,t) = \int_0^t v(x,t;\tau)\,\mathrm{d}\tau$$

$$= \frac{2A}{\pi} \sum_{n=0}^{\infty} \frac{1}{\left(n + \frac{1}{2}\right)} \sin \frac{\left(n + \frac{1}{2}\right) \pi x}{l}.$$

$$e^{-\frac{\left(n+\frac{1}{2}\right)^2 \pi^2 a^2 t}{l^2}} \int_0^t \exp\left[\frac{\left(n + \frac{1}{2}\right)^2 \pi^2 a^2 \tau}{l^2}\right] \sin \omega \tau \, \mathrm{d}\tau$$

$$= \frac{2A}{\pi} \sum_{n=0}^{\infty} \frac{1}{\left(n + \frac{1}{2}\right)} \sin \frac{\left(n + \frac{1}{2}\right) \pi x}{l} \cdot \frac{1}{\left(n + \frac{1}{2}\right)^4 \pi^4 a^4 / l^4 + \omega^2} \cdot$$

$$\left\{\frac{\left(n + \frac{1}{2}\right)^2 \pi^2 a^2}{l^2} \sin \omega t - \omega \cos \omega t + \omega \exp\left[-\frac{\left(n + \frac{1}{2}\right)^2 \pi^2 a^2 t}{l^2}\right]\right\}.$$

习 题

1. 长为 l 的均匀细杆两端固定,杆上单位长度受有纵向外力 $f_0 \sin(2\pi x/l) \cos \omega t$,初始位移为 $[\sin(\pi x/l)]^2$,初始速度为零,求解杆的纵振动.

2. 长为 l 的均匀细杆受有纵向外力,求解如下纵振动问题:

$$\begin{cases} u_{tt} - a^2 u_{xx} = A\sin\frac{3\pi}{2l}x\cos \omega t, \\ u\big|_{x=0} = 0, \ u_x\big|_{x=l} = 0, \\ u\big|_{t=0} = u_0 x, \ u_t\big|_{t=0} = 0 \quad (0 < x < l), \ A \text{ 和 } u_0 \text{ 为常数.} \end{cases}$$

3. 两端固定的弦,原先静止不动,单位长度所受横向外力为 $\rho f(x,t) = \rho \Phi(x) \sin \omega t$,求解弦的振动,研究共振的可能性,并求共振时的解.

4. 两端固定弦在点 x_0 受谐变力 $\rho f(t) = \rho f_0 \sin \omega t$ 作用而振动,求解振动情况. [提示:外加力的线密度可表为 $\rho f(x,t) = \rho f_0 \sin \omega t \delta(x - x_0)$.]

5. 求解振动问题

$$\begin{cases} u_{tt} - a^2 u_{xx} = Ax, \\ u\big|_{x=0} = 0, \ u_x\big|_{x=l} = 0; \\ u\big|_{t=0} = 0, \ u_t\big|_{t=0} = Bx \quad (0 < x < l), \ A \text{ 和 } B \text{ 为常数.} \end{cases}$$

6. 求解输运问题

$$\begin{cases} u_t - a^2 u_{xx} = -bu_x & (b \text{ 为常数}), \\ u\big|_{x=0} = 0, \ u\big|_{x=l} = 0, \\ u\big|_{t=0} = \varphi(x) & (0 < x < l). \end{cases}$$

能否用傅里叶级数法求解?如果不能,要说明原因;如果能,将 $u(x,t)$ 解出来.

7. 均匀细导线,每单位长的电阻为 R,通以恒定电流 I,导线表面跟周围温度为 0 ℃的介质进行热量交换,试求线上温度变化,设初始温度和两端温度都是 0 ℃.

8. 求解输运问题:

$$\begin{cases} u_t - a^2 u_{xx} = A\sin \omega t, \\ u\big|_{x=0} = 0, \qquad u_x\big|_{x=l} = 0, \\ u\big|_{t=0} = B\cos \dfrac{\pi}{l} x \quad (0 < x < l), \ A、B \ 为常数. \end{cases}$$

§8.3　非齐次边界条件的处理

在 §8.1 和 §8.2 两节中，不管是齐次还是非齐次振动方程和输运方程，它们的定解问题的解法都有一个前提：边界条件是齐次的.

但是，在实际问题中，常有非齐次边界条件出现，那么，这样的定解问题又如何求解呢？由于定解问题是线性的，处理的原则是利用叠加原理，把非齐次边界条件问题转化为另一未知函数的齐次边界条件问题. 请看例题.

（一）　一般处理方法

例 1　自由振动问题

$$u_{tt} - a^2 u_{xx} = 0, \tag{8.3.1}$$

$$u\big|_{x=0} = \mu(t), \ u\big|_{x=l} = \nu(t), \tag{8.3.2}$$

$$u\big|_{t=0} = \varphi(x), \ u_t\big|_{t=0} = \psi(x). \tag{8.3.3}$$

边界条件(8.3.2)是非齐次的.

选取一个函数 $v(x,t)$，使其满足非齐次边界条件(8.3.2)，为了简单起见，不妨取 $v(x,t)$ 为 x 的线性函数，即

$$v(x,t) = A(t)x + B(t). \tag{8.3.4}$$

将(8.3.4)代入(8.3.2)，解得

$$v(x,t) = \frac{[\nu(t) - \mu(t)]}{l} x + \mu(t). \tag{8.3.5}$$

利用叠加原理，令

$$u(x,t) = v(x,t) + w(x,t). \tag{8.3.6}$$

将(8.3.5)(8.3.6)代入定解问题(8.3.1)—(8.3.3)，得 $w(x,t)$ 的定解问题

$$w_{tt} - a^2 w_{xx} = -v_{tt} + a^2 v_{xx} = \frac{x}{l}[\mu''(t) - \nu''(t)] - \mu''(t), \tag{8.3.7}$$

$$w\big|_{x=0} = 0, \ w\big|_{x=l} = 0, \tag{8.3.8}$$

$$w\big|_{t=0} = \varphi(x) - v\big|_{t=0} = \varphi(x) + \frac{1}{l}[\mu(0) - \nu(0)]x - \mu(0),$$
$$\tag{8.3.9}$$

$$w_t\big|_{t=0} = \psi(x) - v_t\big|_{t=0} = \psi(x) + \frac{1}{l}[\mu'(0) - \nu'(0)]x - \mu'(0).$$

虽然 $w(x,t)$ 的方程(8.3.7)一般是非齐次的，但是，定解问题(8.3.7)—(8.3.9)具有齐次边界条件，可按 §8.2 求解.

这里还要特别说一下，$x = 0$ 和 $x = l$ 两端都是第二类非齐次边界条件 $u_x\big|_{x=0} = \mu(t)$，$u_x\big|_{x=l} = \nu(t)$ 的情况. 如果仍按(8.3.4)取 x 的线性函数作为 v，则代入非齐次边界条件得

$$v_x\big|_{x=0}=A(t)=\mu(t), \qquad v_x\big|_{x=l}=A(t)=\nu(t).$$

除非 $\mu(t)=\nu(t)$，否则这两式互相矛盾. 这时不妨改试

$$v(x,t)=A(t)x^2+B(t)x. \tag{8.3.10}$$

（二）　特殊处理方法

例 **2**　弦的 $x=0$ 端固定，$x=l$ 端受迫作谐振动 $A\sin\omega t$，弦的初始位移和初始速度都是零，求弦的振动. 这个定解问题是

$$u_{tt}-a^2u_{xx}=0 \quad (x<0<l), \tag{8.3.11}$$

$$u\big|_{x=0}=0, \ u\big|_{x=l}=A\sin\omega t, \tag{8.3.12}$$

$$u\big|_{t=0}=0, \qquad u_t\big|_{t=0}=0. \tag{8.3.13}$$

$x=l$ 端为非齐次边界条件.

如果按上述一般处理方法，应取 $v(x,t)=(A\sin\omega t/l)x$，但是，相应的 $w(x,t)$ 的定解问题中泛定方程为 $w_{tt}-a^2w_{xx}=-(v_{tt}-a^2v_{xx})=(A\omega^2x/l)\sin\omega t$，是非齐次方程，求解麻烦. 能否有较为简便的方法呢？

由于求解的是弦在 $x=l$ 端受迫作谐振动 $A\sin\omega t$ 情况下的振动，它一定有一个特解 $v(x,t)$，满足齐次方程(8.3.11)，非齐次边界条件(8.3.12)，且跟 $x=l$ 端同步振动，即其时间部分的函数亦为 $\sin\omega t$，就是说，特解具有分离变数的形式：

$$v(x,t)=X(x)\sin\omega t \tag{8.3.14}$$

将(8.3.14)代入(8.3.11)、(8.3.12)，得

$$\begin{cases} X''+\left(\dfrac{\omega}{a}\right)^2X=0, & \text{(8.3.15)} \\[2mm] X(0)=0, \ X(l)=A. & \text{(8.3.16)} \end{cases}$$

将常微分方程(8.3.15)的解 $X(x)=C\cos(\omega x/a)+D\sin(\omega x/a)$ 代入(8.3.16)，由此确定 $X(x)=[A/\sin(\omega l/a)]\sin(\omega x/a)$，从而

$$v(x,t)=\frac{A}{\sin\dfrac{\omega l}{a}}\sin\frac{\omega x}{a}\sin\omega t, \tag{8.3.17}$$

于是令

$$u(x,t)=v(x,t)+w(x,t), \tag{8.3.18}$$

将(8.3.17)、(8.3.18)代入(8.3.11)—(8.3.13)，得 $w(x,t)$ 的定解问题

$$w_{tt}-a^2w_{xx}=-(v_{tt}-a^2v_{xx})=0, \tag{8.3.19}$$

$$w\big|_{x=0}=0, \qquad w\big|_{x=l}=0, \tag{8.3.20}$$

$$w\big|_{t=0}=0, \qquad w_t\big|_{t=0}=-A\omega\frac{\sin(\omega x/a)}{\sin(\omega l/a)}. \tag{8.3.21}$$

定解问题(8.3.19)—(8.3.21)为齐次方程、齐次边界条件，可用分离变数法求解，其一般解由(8.1.14)给出，即

$$w(x,t)=\sum_{n=1}^{\infty}\left(A_n\cos\frac{n\pi a}{l}t+B_n\sin\frac{n\pi a}{l}t\right)\sin\frac{n\pi}{l}x,$$

其中系数 A_n 和 B_n 可由(8.1.16)确定，得

$$A_n = 0,$$

$$B_n = \frac{2}{n\pi a} \int_0^l (-A\omega) \frac{\sin(\omega\xi/a)}{\sin(\omega l/a)} \sin\frac{n\pi\xi}{l} d\xi$$

$$= \frac{-2A\omega}{n\pi a\sin(\omega l/a)} \left[-\frac{\sin(\omega/a+n\pi/l)\xi}{2(\omega/a+n\pi/l)} + \frac{\sin(\omega/a-n\pi/l)\xi}{2(\omega/a-n\pi/l)} \right]_0^l$$

$$= \frac{A\omega}{n\pi a\sin(\omega l/a)} \left[\frac{\sin(\omega l/a+n\pi)}{\omega/a+n\pi/l} - \frac{\sin(\omega l/a-n\pi)}{\omega/a-n\pi/l} \right]$$

$$= (-1)^n \frac{A\omega}{n\pi a} \left[\frac{1}{\omega/a+n\pi/l} - \frac{1}{\omega/a-n\pi/l} \right]$$

$$= (-1)^{n+1} \frac{2A\omega}{al} \cdot \frac{1}{\omega^2/a^2 - n^2\pi^2/l^2}.$$

这样

$$w(x,t) = \frac{2A\omega}{al} \sum_{n=1}^{\infty} \frac{(-1)^{n+1}}{\omega^2/a^2 - n^2\pi^2/l^2} \sin\frac{n\pi at}{l} \sin\frac{n\pi x}{l},$$

$$u(x,t) = A\frac{\sin(\omega x/a)}{\sin(\omega l/a)} \sin\omega t$$

$$+ \frac{2A\omega}{al} \sum_{n=1}^{\infty} \frac{(-1)^{n+1}}{\omega^2/a^2 - n^2\pi^2/l^2} \sin\frac{n\pi at}{l} \sin\frac{n\pi x}{l}.$$

习　　题

1. 求解细杆导热问题. 杆长 l，初始温度均匀为 u_0，两端分别保持温度 u_1 和 u_2.

2. 求解细杆导热问题，初始温度为零，一端 $x=l$ 保持零度，另一端 $x=0$ 的温度为 At（A 是常数，t 代表时间）.

3. 求解均匀杆的纵振动定解问题：

$$\begin{cases} u_{tt} - a^2 u_{xx} = 0, \\ u\big|_{x=0} = 0, \quad u_x\big|_{x=l} = A\sin\omega t; \\ u\big|_{t=0} = 0, \quad u_t\big|_{t=0} = 0 \quad (0<x<l), \ A \text{ 为常数}. \end{cases}$$

4. 求解均匀杆的纵振动问题：

$$\begin{cases} u_{tt} - a^2 u_{xx} = 0, \\ u\big|_{x=0} = \cos\frac{\pi a}{l}t, \quad u_x\big|_{x=l} = 0, \\ u\big|_{t=0} = \cos\frac{\pi}{l}x, \quad u_t\big|_{t=0} = Ax \quad (0<x<l), \ A \text{ 为常数}. \end{cases}$$

5. 长为 l 的柱形管，一端封闭，另一端开放. 管外空气中含有某种气体，其浓度为 u_0，向管内扩散. 求解该气体在管内的浓度 $u(x,t)$.

6. 把弹簧上端 $x=0$ 加以固定，在静止弹簧的下端 $x=l$ 轻轻地挂上质量为 m 的物体，求解弹簧的纵振动. 弹簧本身的重量可忽略不计.

§8.4 泊 松 方 程

泊松方程

$$\Delta u = f(x, y, z)$$

可说是非齐次的拉普拉斯方程. 它与时间无关, 显然不适用冲量定理法.

我们可以采用**特解法**. 先不管边界条件, 任取这泊松方程的一个特解 v, 然后令 $u = v + w$. 这就把问题转化为求解 w, 而 $\Delta w = \Delta u - \Delta v = \Delta u - f = 0$, 这不再是泊松方程而是拉普拉斯方程. 在一定边界条件下求解拉普拉斯方程是 §8.1 研究过的问题.

例 1 在圆域 $\rho < \rho_0$ 上求解泊松方程的边值问题

$$\begin{cases} \dfrac{\partial^2 u}{\partial \rho^2} + \dfrac{1}{\rho} \dfrac{\partial u}{\partial \rho} + \dfrac{1}{\rho^2} \dfrac{\partial^2 u}{\partial \varphi^2} = \dfrac{\partial^2 u}{\partial x^2} + \dfrac{\partial^2 u}{\partial y^2} = a + b(x^2 - y^2), \\ u \big|_{\rho = \rho_0} = c. \end{cases}$$

解 先设法找泊松方程的一个特解. 显然 $\Delta(ax^2/2) = a$, $\Delta(ay^2/2) = a$, 为对称起见, 取 $a(x^2 + y^2)/4$. 又, $\Delta(bx^4/12) = bx^2$, $\Delta(by^4/12) = by^2$. 这样, 找到一个特解

$$v = \frac{a}{4}(x^2 + y^2) + \frac{b}{12}(x^4 - y^4) = \frac{a}{4}\rho^2 + \frac{b}{12}(x^2 + y^2)(x^2 - y^2)$$

$$= \frac{a}{4}\rho^2 + \frac{b}{12}\rho^4 \cos 2\varphi.$$

令

$$u = v + w = \frac{a}{4}\rho^2 + \frac{b}{12}\rho^4 \cos 2\varphi + w,$$

就把问题转化为 w 的定解问题

$$\begin{cases} \Delta w = 0, \\ w \big|_{\rho = \rho_0} = c - \dfrac{a}{4}\rho_0^2 - \dfrac{b}{12}\rho_0^4 \cos 2\varphi. \end{cases}$$

在极坐标系中用分离变数法求解拉普拉斯方程的一般结果见(8.1.68), 即

$$w(\rho, \varphi) = C_0 + D_0 \ln \rho + \sum_{m=1}^{\infty} \rho^m (A_m \cos m\varphi + B_m \sin m\varphi)$$

$$+ \sum_{m=1}^{\infty} \rho^{-m} (C_m \cos m\varphi + D_m \sin m\varphi).$$

w 在圆内应当处处有限. 但上式的 $\ln \rho$ 和 ρ^{-m} 在圆心为无限大, 所以应当排除, 就是说, $D_0 = 0$, 对 $m = 1, 2, \cdots$, $C_m = 0$, $D_m = 0$. 于是,

$$w(\rho, \varphi) = C_0 + \sum_{m=1}^{\infty} \rho^m (A_m \cos m\varphi + B_m \sin m\varphi).$$

把上式代入边界条件,

$$C_0 + \sum_{m=1}^{\infty} \rho_0^m (A_m \cos m\varphi + B_m \sin m\varphi) = c - \frac{a}{4}\rho_0^2 - \frac{b}{12}\rho_0^4 \cos 2\varphi.$$

比较两边系数，得

$$C_0 = c - \frac{a}{4}\rho_0^2, \quad A_2 = -\frac{b}{12}\rho_0^2, \quad A_m = 0 (m \neq 0, 2); \quad B_m = 0.$$

这样，所求解是

$$u = v + w = c + \frac{a}{4}(\rho^2 - \rho_0^2) + \frac{b}{12}\rho^2(\rho^2 - \rho_0^2)\cos 2\varphi.$$

例 2　在矩形域 $0 \leq x \leq a$，$0 \leq y \leq b$ 上求解泊松方程的边值问题

$$\Delta_2 u = -2,$$

$$u\big|_{x=0} = 0, \quad u\big|_{x=a} = 0, \tag{8.4.1}$$

$$u\big|_{y=0} = 0, \quad u\big|_{y=b} = 0. \tag{8.4.2}$$

解　先找泊松方程的一个特解 v，显然，$v = -x^2$ 满足 $\Delta v = -2$. 其实，$v = -x^2 + c_1 x + c_2$（c_1 和 c_2 是两个积分常数）也满足 $\Delta v = -2$. 我们打算选择适当的 c_1 和 c_2，使 v 满足齐次边界条件 $(8.4.1)$. 容易看出，$c_1 = a$，$c_2 = 0$. 这样，

$$v(x, y) = x(a - x).$$

令

$$u(x, y) = v + w = x(a - x) + w(x, y),$$

把上式代入 u 的定解问题，就把它转化为 w 的定解问题

$$\Delta w = 0, \tag{8.4.3}$$

$$w\big|_{x=0} = 0, \quad w\big|_{x=a} = 0, \tag{8.4.4}$$

$$w\big|_{y=0} = x(x - a), \quad w\big|_{y=b} = x(x - a). \tag{8.4.5}$$

仿照 §8.1 例 3，满足 $(8.4.3)$ 和 $(8.4.4)$ 的解可表为

$$w(x, y) = \sum_{n=1}^{\infty} \left(A_n e^{\frac{n\pi y}{a}} + B_n e^{-\frac{n\pi y}{a}} \right) \sin \frac{n\pi x}{a}. \tag{8.4.6}$$

为确定系数 A_n 和 B_n，以 $(8.4.6)$ 代入边界条件 $(8.4.5)$，

$$\sum_{n=1}^{\infty} (A_n + B_n) \sin \frac{n\pi x}{a} = x(x - a),$$

$$\tag{8.4.7}$$

$$\sum_{n=1}^{\infty} \left(A_n e^{\frac{n\pi b}{a}} + B_n e^{-\frac{n\pi b}{a}} \right) \sin \frac{n\pi x}{a} = x(x - a).$$

将 $(8.4.7)$ 的右边也展为傅里叶正弦级数：

$$x(x - a) = \sum_{n=1}^{\infty} C_n \sin \frac{n\pi x}{a}, \tag{8.4.8}$$

其中

$$C_n = \frac{2}{a} \int_0^a (x^2 - ax) \sin \frac{n\pi x}{a} dx = \frac{4a^2}{n^3 \pi^3} [(-1)^n - 1].$$

以 $(8.4.8)$ 代入 $(8.4.7)$ 的右边，比较左右两边的傅里叶系数，

$$A_n + B_n = C_n,$$

$$A_n e^{\frac{n\pi b}{a}} + B_n e^{-\frac{n\pi b}{a}} = C_n.$$

由此解得

$$A_n = \frac{1 - e^{-n\pi b/a}}{e^{n\pi b/a} - e^{-n\pi b/a}} C_n = \frac{e^{-n\pi b/2a}(e^{n\pi b/2a} - e^{-n\pi b/2a})}{e^{n\pi b/a} - e^{-n\pi b/a}} C_n$$

$$= \frac{e^{-n\pi b/2a}}{e^{n\pi b/2a} + e^{-n\pi b/2a}} C_n = \frac{e^{-n\pi b/2a}}{\cosh(n\pi b/2a)} C_n,$$

$$B_n = \frac{e^{n\pi b/a} - 1}{e^{n\pi b/a} - e^{-n\pi b/a}} C_n = \frac{e^{n\pi b/2a}(e^{n\pi b/2a} - e^{-n\pi b/2a})}{e^{n\pi b/a} - e^{-n\pi b/a}} C_n$$

$$= \frac{e^{n\pi b/2a}}{e^{n\pi b/2a} + e^{-n\pi b/2a}} C_n = \frac{e^{n\pi b/2a}}{\cosh(n\pi b/2a)} C_n.$$

于是代回(8.4.6)成为

$$w(x,y) = \sum_{n=1}^{\infty} \frac{\cosh[n\pi(y - b/2)/a]}{\cosh(n\pi b/2a)} C_n \sin\frac{n\pi x}{a}.$$

我们又知道,对于 $n = 2k(k = 1,2,\cdots)$, $C_n = 0$;对于 $n = 2k-1(k = 1,2,\cdots)$, $C_n = -8a^2/(2k-1)^3\pi^3$. 这样,

$$w(x,y) = -\frac{8a^2}{\pi^3} \sum_{k=1}^{\infty} \frac{\cosh[(2k-1)\pi(y-b/2)/a]}{(2k-1)^3\cosh[(2k-1)\pi b/2a]} \sin\frac{(2k-1)\pi x}{a}.$$

把 $w(x,y)$ 加上 $x(x-a)$ 就是所求的 $u(x,y)$.

习 题

1. 在圆域 $\rho < \rho_0$ 上求解 $\Delta u = -4$,边界条件是 $u\big|_{\rho=\rho_0} = 0$.

2. 在圆域 $\rho < \rho_0$ 上求解泊松方程问题:$\Delta u = 32x^2 y$,边界条件是 $u\big|_{\rho=\rho_0} = 0$.

3. 在矩形域 $0 < x < a$, $-b/2 < y < +b/2$ 上求解 $\Delta u = -2$,且 u 在边界上的值为零.

4. 在矩形区域 $0 < x < a$, $0 < y < b$ 上求解 $\Delta u = -6xy$,且 u 在边界上的值为零.

§8.5 分离变数法小结

在掌握了分离变数法、傅里叶级数法、冲量定理法和非齐次边界条件的处理方法以后,就能求解最一般的有界问题:泛定方程和边界条件全是非齐次的,同时,初始条件是非零值. 作为本章的小结,下面以一般的一维有界振动问题和二维有界稳定温度分布问题为例,说明含时问题(波动和输运问题)和不含时问题(稳定场问题)不同的求解步骤和最有效的解法.

(一) 一般的有界波动和输运问题

以有界弦的一般振动问题为例,其定解问题是

$$u_{tt} - a^2 u_{xx} = f(x,t), \tag{8.5.1}$$

$$u\big|_{x=0} = \mu(t), \quad u\big|_{x=l} = \nu(t), \tag{8.5.2}$$

$$u\big|_{t=0} = \varphi(x), \quad u_t\big|_{t=0} = \psi(x). \tag{8.5.3}$$

弦既受外力作用,又有一定的初始位移和初始速度,而且弦的两个端点位置还按已知规律随时间变化,因此,振动方程和边界条件都是非齐次的,初始条件是非零值. 不过,方程、边界条件都是线性的,叠加原理适用,前述解法和非齐次边界条件的处理方法均可应用. 为了方

便、有效，可采用如下求解步骤：

（1）边界条件化为齐次

取 $v(x,t)$ 满足非齐次边界条件（8.5.2），例如

$$v(x,t) = \frac{1}{l}[\nu(t) - \mu(t)]x + \mu(t).$$

令

$$u(x,t) = v(x,t) + w(x,t),$$

代入问题（8.5.1）—（8.5.3），得 $w(x,t)$ 的定解问题

$$w_{tt} - a^2 w_{xx} = f(x,t) - v_{tt} \equiv g(x,t),$$

$$w\big|_{x=0} = 0, \quad w\big|_{x=l} = 0,$$

$$w\big|_{t=0} = \varphi(x) - v\big|_{t=0} = \Phi(x), \quad w_t\big|_{t=0} = \psi(x) - v_t\big|_{t=0} \equiv \Psi(x).$$

其中把函数 $f(x,t) - v_{tt}$，$\varphi(x) - v\big|_{t=0}$，$\psi(x) - v_t\big|_{t=0}$ 分别记为 $g(x,t)$，$\Phi(x)$，$\Psi(x)$。边界条件已是齐次，这定解问题可用傅里叶级数法直接求解（见 §8.2 例1）。但是，这将导致求解时间函数 $T_n(t)$ 的二阶非齐次常系数常微分方程，且初值条件 $T_n(0)$，$T'_n(0)$ 不为零。不如利用叠加原理，化成两个定解问题，分别用分离变数法和冲量定理法直接求解，见下面（2）。

（2）利用叠加原理化成两个简单的定解问题

令

$$w(x,t) = w^{\mathrm{I}}(x,t) + w^{\mathrm{II}}(x,t),$$

w^{I} 和 w^{II} 分别满足定解问题

$$
\begin{aligned}
w_{tt}^{\mathrm{I}} - a^2 w_{xx}^{\mathrm{I}} &= 0, & \qquad & w_{tt}^{\mathrm{II}} - a^2 w_{xx}^{\mathrm{II}} = g(x,t), \\
w^{\mathrm{I}}\big|_{x=0} = 0, \quad w^{\mathrm{I}}\big|_{x=l} &= 0, & \qquad & w^{\mathrm{II}}\big|_{x=0} = 0, \quad w^{\mathrm{II}}\big|_{x=l} = 0, \\
w^{\mathrm{I}}\big|_{t=0} = \Phi(x), \quad w_t^{\mathrm{I}}\big|_{t=0} &= \Psi(x); & \qquad & w^{\mathrm{II}}\big|_{t=0} = 0, \quad w_t^{\mathrm{II}}\big|_{t=0} = 0.
\end{aligned}
$$

w^{I} 的定解问题为齐次方程、齐次边界条件，可用分离变数法求解；而 w^{II} 的定解问题仅方程是非齐次的，可用冲量定理法求解。

对于一般的一维有界输运问题，例如定解问题

$$u_t - a^2 u_{xx} = f(x,t),$$

$$u\big|_{x=0} = \mu(t), \quad u\big|_{x=l} = \nu(t),$$

$$u\big|_{t=0} = \varphi(x).$$

其求解步骤跟上述振动问题完全相同，首先利用叠加原理将边界条件化成齐次。

对于二维、三维的有界波动和输运问题的求解也可仿此进行。

（二）一般的有界稳定场问题

今以二维矩形域稳定温度分布问题为例，其定解问题是

$$u_{xx} + u_{yy} = f(x,y), \tag{8.5.4}$$

$$u\big|_{x=0} = \mu(y), \quad u\big|_{x=a} = \nu(y),$$

$$u\big|_{y=0} = \varphi(x), \quad u\big|_{y=b} = \psi(x).$$

稳定分布问题与时间 t 无关，求解步骤跟含时的波动和输运问题不同，首先处理的不是非齐次边界条件，而是非齐次方程。虽然这里两组边界条件都是非齐次的，但上节的特解法在这里仍然适用。其求解步骤如下：

（1）用特解法，将非齐次方程问题化成齐次方程问题

取非齐次方程（8.5.4）的一个特解 $v(x,y)$，有 $v_{xx}+v_{yy}=f(x,y)$．令

$$u(x,y)=v(x,y)+w(x,y),$$

于是 $w(x,y)$ 满足定解问题

$$w_{xx}+w_{yy}=0,\tag{8.5.5}$$

$$w\big|_{x=0}=\mu(y)-v(0,y),\ \ w\big|_{x=a}=\nu(y)-v(a,y),$$

$$w\big|_{y=0}=\varphi(x)-v(x,0),\ \ w\big|_{y=b}=\psi(x)-v(x,b).$$

（8.5.5）已是齐次方程

（2）用叠加原理，化成两个可直接求解的定解问题

令

$$w(x,y)=w^{\mathrm{I}}(x,y)+w^{\mathrm{II}}(x,y),$$

w^{I}、w^{II} 的定解问题分别是

$$\begin{cases}w_{xx}^{\mathrm{I}}+w_{yy}^{\mathrm{I}}=0,\\ w^{\mathrm{I}}\big|_{x=0}=0,\ \ w^{\mathrm{I}}\big|_{x=a}=0,\\ w^{\mathrm{I}}\big|_{y=0}=\varphi(x)-v(x,0),\ \ w^{\mathrm{I}}\big|_{y=b}=\psi(x)-v(x,b);\end{cases}$$

$$\begin{cases}w_{xx}^{\mathrm{II}}+w_{yy}^{\mathrm{II}}=0\\ w^{\mathrm{II}}\big|_{x=0}=\mu(y)-v(0,y),\ \ w^{\mathrm{II}}\big|_{y=b}=\nu(x)-v(a,y),\\ w^{\mathrm{II}}\big|_{y=0}=0,\ \ w^{\mathrm{II}}\big|_{y=b}=0.\end{cases}$$

这两个定解问题都是齐次方程和一组非齐次边界条件，可用分离变数法或傅里叶级数法直接求解.

以上与分离变数法相关的求解原则，不仅仅适用于一维、二维直角坐标系有界区域定解问题，也可用于三维和其他坐标系的有界区域定解问题，部分求解原则甚至可用于无界区域定解问题. 详细情况见第十、第十一、第十二、第十三、第十四章.

本章研究的全是定义在有界区域的定解问题，且可用分离变数法求解，容易使人产生误解，似乎任何有界的线性的定解问题都能用分离变数法求解. 其实不是这样，例如，下列并不很复杂的变系数的线性偏微分方程：

$$u_{tt}-a^2xu_{xx}=0,\tag{8.5.6}$$

$$u_{tt}-a^2tu_{xx}=0,\tag{8.5.7}$$

$$u_{tt}-a^2(x+t)u_{xx}=0.\tag{8.5.8}$$

（8.5.6）、（8.5.7）是可以分离变数的，而（8.5.8）就不能分离变数. 这其实不难理解，因为方程（8.5.8）根本不存在分离变数形式的解 $u(x,t)=X(x)T(t)$，自然，分离变数法对它不适用.

第九章　二阶常微分方程级数解法　本征值问题

上一章讨论了分离变数法在求解直角坐标系的各种定解问题和平面极坐标系稳定场问题中的应用，出现的本征函数都是三角函数. 但实际问题中的边界是多种多样的，坐标系必须参照问题中的边界形状来选择，不可能总是直角坐标系或平面极坐标系.

圆球形和圆柱形就是两种常见的边界，相应地用球坐标系和柱坐标系比较方便. 本章要考察球坐标系和柱坐标系中的分离变数法所导致的常微分方程以及相应的本征值问题.

§9.1　特殊函数常微分方程

（一）拉普拉斯方程 $\Delta u = 0$

（1）球坐标系

球坐标系拉普拉斯算符 Δ 的表达式可参见附录四，从而有拉普拉斯方程在球坐标系中的表达式

$$\frac{1}{r^2}\frac{\partial}{\partial r}\left(r^2\frac{\partial u}{\partial r}\right) + \frac{1}{r^2\sin\theta}\frac{\partial}{\partial\theta}\left(\sin\theta\frac{\partial u}{\partial\theta}\right) + \frac{1}{r^2\sin^2\theta}\frac{\partial^2 u}{\partial\varphi^2} = 0. \tag{9.1.1}$$

首先，试把表示距离的变数 r 跟表示方向的变数 θ 和 φ 分离，以

$$u(r,\theta,\varphi) = R(r)Y(\theta,\varphi)$$

代入 (9.1.1)，其中 $Y(\theta,\varphi)$ 为球函数，具体可见第十章，得

$$\frac{Y}{r^2}\frac{d}{dr}\left(r^2\frac{dR}{dr}\right) + \frac{R}{r^2\sin\theta}\frac{\partial}{\partial\theta}\left(\sin\theta\frac{\partial Y}{\partial\theta}\right) + \frac{R}{r^2\sin^2\theta}\frac{\partial^2 Y}{\partial\varphi^2} = 0.$$

用 r^2/RY 遍乘各项并适当移项，即得

$$\frac{1}{R}\frac{d}{dr}\left(r^2\frac{dR}{dr}\right) = \frac{-1}{\sin\theta Y}\frac{\partial}{\partial\theta}\left(\sin\theta\frac{\partial Y}{\partial\theta}\right) - \frac{1}{Y}\frac{1}{\sin^2\theta}\frac{\partial^2 Y}{\partial\varphi^2}.$$

左边是 r 的函数，跟 θ 和 φ 无关；右边是 θ 和 φ 的函数，跟 r 无关. 而 r、θ 和 φ 是三个独立变量. 仅当两边都等于同一个常数时，等式才成立. 通常把这个常数记作 $l(l+1)$，

$$\frac{1}{R}\frac{d}{dr}\left(r^2\frac{dR}{dr}\right) = -\frac{1}{Y\sin\theta}\frac{\partial}{\partial\theta}\left(\sin\theta\frac{\partial Y}{\partial\theta}\right) - \frac{1}{Y\sin^2\theta}\frac{\partial^2 Y}{\partial\varphi^2} = l(l+1).$$

这就分解为两个方程：

$$\frac{d}{dr}\left(r^2\frac{dR}{dr}\right) - l(l+1)R = 0, \tag{9.1.2}$$

$$\frac{1}{\sin\theta}\frac{\partial}{\partial\theta}\left(\sin\theta\frac{\partial Y}{\partial\theta}\right) + \frac{1}{\sin^2\theta}\frac{\partial^2 Y}{\partial\varphi^2} + l(l+1)Y = 0. \tag{9.1.3}$$

常微分方程(9.1.2)即 $r^2 \dfrac{\mathrm{d}^2 R}{\mathrm{d} r^2} + 2r \dfrac{\mathrm{d} R}{\mathrm{d} r} - l(l+1)R = 0$ 是欧拉型常微分方程，它的解是

$$R(r) = Cr^l + D \frac{1}{r^{l+1}}. \tag{9.1.4}$$

偏微分方程(9.1.3)叫作**球函数方程**.

进一步分离变数，以

$$\mathrm{Y}(\theta, \varphi) = \Theta(\theta)\Phi(\varphi)$$

代入球函数方程(9.1.3)，得

$$\frac{\Phi}{\sin\theta} \frac{\mathrm{d}}{\mathrm{d}\theta}\left(\sin\theta \frac{\mathrm{d}\Theta}{\mathrm{d}\theta}\right) + \frac{\Theta}{\sin^2\theta} \frac{\mathrm{d}^2\Phi}{\mathrm{d}\varphi^2} + l(l+1)\Theta\Phi = 0.$$

用 $\sin^2\theta / \Theta\Phi$ 遍乘各项并适当移项，即得

$$\frac{\sin\theta}{\Theta} \frac{\mathrm{d}}{\mathrm{d}\theta}\left(\sin\theta \frac{\mathrm{d}\Theta}{\mathrm{d}\theta}\right) + l(l+1)\sin^2\theta = -\frac{1}{\Phi} \frac{\mathrm{d}^2\Phi}{\mathrm{d}\varphi^2}.$$

左边是 θ 的函数，跟 φ 无关；右边是 φ 的函数，跟 θ 无关. 而 θ 和 φ 是两个独立变量. 仅当两边都等于同一个常数时，等式才成立. 把这个常数记作 λ，

$$\frac{\sin\theta}{\Theta} \frac{\mathrm{d}}{\mathrm{d}\theta}\left(\sin\theta \frac{\mathrm{d}\Theta}{\mathrm{d}\theta}\right) + l(l+1)\sin^2\theta = -\frac{1}{\Phi} \frac{\mathrm{d}^2\Phi}{\mathrm{d}\varphi^2} = \lambda.$$

这就分解为两个常微分方程：

$$\Phi'' + \lambda\Phi = 0, \tag{9.1.5}$$

$$\sin\theta \frac{\mathrm{d}}{\mathrm{d}\theta}\left(\sin\theta \frac{\mathrm{d}\Theta}{\mathrm{d}\theta}\right) + [l(l+1)\sin^2\theta - \lambda]\Theta = 0. \tag{9.1.6}$$

常微分方程(9.1.5)往往还附带有一个"自然的周期条件" $\Phi(\varphi + 2\pi) = \Phi(\varphi)$（参看 § 8.1 例 4）. 常微分方程(9.1.5)和自然的周期条件构成本征值问题. 本征值是

$$\lambda = m^2 \quad (m = 0, 1, 2, 3, \cdots), \tag{9.1.7}$$

本征函数是

$$\Phi(\varphi) = A\cos m\varphi + B\sin m\varphi. \tag{9.1.8}$$

再看常微分方程(9.1.6). 根据(9.1.7)，把(9.1.6)改写为

$$\frac{1}{\sin\theta} \frac{\mathrm{d}}{\mathrm{d}\theta}\left(\sin\theta \frac{\mathrm{d}\Theta}{\mathrm{d}\theta}\right) + \left[l(l+1) - \frac{m^2}{\sin^2\theta}\right]\Theta = 0. \tag{9.1.9}$$

通常用

$$\theta = \arccos x, \quad \text{即 } x = \cos\theta,$$

把自变数从 θ 换为 x（x 只是代表 $\cos\theta$，并不是直角坐标），则

$$\frac{\mathrm{d}\Theta}{\mathrm{d}\theta} = \frac{\mathrm{d}\Theta}{\mathrm{d}x} \frac{\mathrm{d}x}{\mathrm{d}\theta} = -\sin\theta \frac{\mathrm{d}\Theta}{\mathrm{d}x},$$

$$\frac{1}{\sin\theta} \frac{\mathrm{d}}{\mathrm{d}\theta}\left(\sin\theta \frac{\mathrm{d}\Theta}{\mathrm{d}\theta}\right) = \frac{1}{\sin\theta} \frac{\mathrm{d}x}{\mathrm{d}\theta} \frac{\mathrm{d}}{\mathrm{d}x}\left(-\sin^2\theta \frac{\mathrm{d}\Theta}{\mathrm{d}x}\right)$$

$$= \frac{\mathrm{d}}{\mathrm{d}x}\left[(1-x^2) \frac{\mathrm{d}\Theta}{\mathrm{d}x}\right].$$

方程(9.1.9)化为

$$\frac{d}{dx}\left[(1-x^2)\frac{d\Theta}{dx}\right]+\left[l(l+1)-\frac{m^2}{1-x^2}\right]\Theta=0, \tag{9.1.10}$$

亦即

$$(1-x^2)\frac{d^2\Theta}{dx^2}-2x\frac{d\Theta}{dx}+\left[l(l+1)-\frac{m^2}{1-x^2}\right]\Theta=0. \tag{9.1.11}$$

这叫作 l 阶**连带勒让德方程**. 其 $m=0$ 的特例, 即

$$(1-x^2)\frac{d^2\Theta}{dx^2}-2x\frac{d\Theta}{dx}+l(l+1)\Theta=0. \tag{9.1.12}$$

则叫作 l 阶**勒让德方程**.

关于勒让德方程和连带勒让德方程的求解见 §9.2 和 §10.2. 在那里将要看到, 勒让德方程和连带勒让德方程往往与 $x=\pm1$(即 $\theta=0,\pi$)的"自然边界条件"构成本征值问题, 决定了 l 只能取整数值.

(2) 柱坐标系

柱坐标系拉普拉斯算符 Δ 的表达式同样可参见附录四, 从而得拉普拉斯方程在柱坐标系中的表达式:

$$\frac{1}{\rho}\frac{\partial}{\partial\rho}\left(\rho\frac{\partial u}{\partial\rho}\right)+\frac{1}{\rho^2}\frac{\partial^2 u}{\partial\varphi^2}+\frac{\partial^2 u}{\partial z^2}=0. \tag{9.1.13}$$

试以分离变数形式的

$$u(\rho,\varphi,z)=R(\rho)\Phi(\varphi)Z(z)$$

代入(9.1.13), 得

$$\Phi Z\frac{d^2 R}{d\rho^2}+\frac{Z\Phi}{\rho}\frac{dR}{d\rho}+\frac{RZ}{\rho^2}\Phi''+R\Phi Z''=0.$$

用 $\rho^2/R\Phi Z$ 遍乘各项并适当移项, 即得

$$\frac{\rho^2}{R}\frac{d^2 R}{d\rho^2}+\frac{\rho}{R}\frac{dR}{d\rho}+\rho^2\frac{Z''}{Z}=-\frac{\Phi''}{\Phi}.$$

左边是 ρ 和 z 的函数, 跟 φ 无关; 右边是 φ 的函数, 跟 ρ 和 z 无关. 而 ρ、φ 和 z 是三个独立变量. 仅当两边都等于同一个常数时, 等式才成立. 把这个常数记作 λ,

$$\frac{\rho^2}{R}\frac{d^2 R}{d\rho^2}+\frac{\rho}{R}\frac{dR}{d\rho}+\rho^2\frac{Z''}{Z}=-\frac{\Phi''}{\Phi}=\lambda.$$

这就分解为两个方程:

$$\Phi''+\lambda\Phi=0, \tag{9.1.14}$$

$$\frac{\rho^2}{R}\frac{d^2 R}{d\rho^2}+\frac{\rho}{R}\frac{dR}{d\rho}+\rho^2\frac{Z''}{Z}=\lambda. \tag{9.1.15}$$

常微分方程(9.1.14)和自然周期条件构成本征值问题. 本征值和本征函数是

$$\lambda=m^2\quad(m=0,1,2,3,\cdots), \tag{9.1.16}$$

$$\Phi(\varphi)=A\cos m\varphi+B\sin m\varphi. \tag{9.1.17}$$

至于方程(9.1.15), 以(9.1.16)代入, 用 $1/\rho^2$ 遍乘各项, 并适当移项, 即得

$$\frac{1}{R}\frac{\mathrm{d}^2 R}{\mathrm{d}\rho^2}+\frac{1}{\rho R}\frac{\mathrm{d}R}{\mathrm{d}\rho}-\frac{m^2}{\rho^2}=-\frac{Z''}{Z}.$$

左边是 ρ 的函数，跟 z 无关；右边是 z 的函数，跟 ρ 无关. 而 ρ 和 z 是两个独立变量. 仅当两边都等于同一个常数时，等式才成立. 把这个常数记作 $-\mu$，

$$\frac{1}{R}\frac{\mathrm{d}^2 R}{\mathrm{d}\rho^2}+\frac{1}{\rho R}\frac{\mathrm{d}R}{\mathrm{d}\rho}-\frac{m^2}{\rho^2}=-\frac{Z''}{Z}=-\mu.$$

这就分解为两个常微分方程：

$$Z''-\mu Z=0, \tag{9.1.18}$$

$$\frac{\mathrm{d}^2 R}{\mathrm{d}\rho^2}+\frac{1}{\rho}\frac{\mathrm{d}R}{\mathrm{d}\rho}+\left(\mu-\frac{m^2}{\rho^2}\right)R=0. \tag{9.1.19}$$

下面会看到由于圆柱区域上下底面齐次边界条件或圆柱侧面齐次边界条件，分别跟 (9.1.18) 和 (9.1.19) 构成本征值问题，只需考虑常数 μ 为实数. 下面就 $\mu=0$，$\mu>0$ 和 $\mu<0$ 三种情况来讨论.

（1）$\mu=0$. 方程 (9.1.19) 是欧拉方程，方程 (9.1.18) 和 (9.1.19) 的解是

$$Z(z)=C+Dz; \tag{9.1.20}$$

$$R(\rho)=\begin{cases}E+F\ln\rho & (m=0),\\ E\rho^m+F/\rho^m & (m=1,2,3,\cdots).\end{cases} \tag{9.1.21}$$

（2）$\mu>0$. 对于方程 (9.1.19)，通常作代换

$$x=\sqrt{\mu}\rho,$$

把自变量从 ρ 换为 x（注意 x 只是代表 $\sqrt{\mu}\rho$，并非直角坐标），则

$$\frac{\mathrm{d}R}{\mathrm{d}\rho}=\frac{\mathrm{d}R}{\mathrm{d}x}\frac{\mathrm{d}x}{\mathrm{d}\rho}=\sqrt{\mu}\frac{\mathrm{d}R}{\mathrm{d}x},$$

$$\frac{\mathrm{d}^2 R}{\mathrm{d}\rho^2}=\frac{\mathrm{d}}{\mathrm{d}\rho}\left(\sqrt{\mu}\frac{\mathrm{d}R}{\mathrm{d}x}\right)=\frac{\mathrm{d}}{\mathrm{d}x}\left(\sqrt{\mu}\frac{\mathrm{d}R}{\mathrm{d}x}\right)\frac{\mathrm{d}x}{\mathrm{d}\rho}=\mu\frac{\mathrm{d}^2 R}{\mathrm{d}x^2},$$

方程化为

$$\frac{\mathrm{d}^2 R}{\mathrm{d}x^2}+\frac{1}{x}\frac{\mathrm{d}R}{\mathrm{d}x}+\left(1-\frac{m^2}{x^2}\right)R=0, \tag{9.1.22}$$

即

$$x^2\frac{\mathrm{d}^2 R}{\mathrm{d}x^2}+x\frac{\mathrm{d}R}{\mathrm{d}x}+(x^2-m^2)R=0.$$

这叫作 m 阶**贝塞尔方程**.

以后（§11.2）将要看到，贝塞尔方程附加上 $\rho=\rho_0$ 处（即半径为 ρ_0 的圆柱的侧面）的齐次边界条件构成本征值问题，决定 μ 的可能数值（本征值）.

这时方程 (9.1.18) 的解是

$$Z(z)=Ce^{\sqrt{\mu}z}+De^{-\sqrt{\mu}z}. \tag{9.1.23}$$

（3）$\mu<0$. 记 $h^2=-\mu>0$，则方程 (9.1.18) 成为 $Z''+h^2 Z=0$，其解为

$$Z(z)=C\cos hz+D\sin hz. \tag{9.1.24}$$

读者已经熟知，若对此附加上 $z=z_1$ 和 $z=z_2$ 处（即圆柱体的上下底面）的齐次边界条件，便构成本征值问题，决定 h 的可能数值，从而决定本征值 h^2 的数值，至于方程 (9.1.19)，以 $\mu=$

$-h^2$ 代入，并作代换

$$x = h\rho,$$

则方程化为

$$\frac{\mathrm{d}^2 R}{\mathrm{d}x^2} + \frac{1}{x}\frac{\mathrm{d}R}{\mathrm{d}x} - \left(1 + \frac{m^2}{x^2}\right)R = 0, \tag{9.1.25}$$

即

$$x^2\frac{\mathrm{d}^2 R}{\mathrm{d}x^2} + x\frac{\mathrm{d}R}{\mathrm{d}x} - (x^2 + m^2)R = 0.$$

这叫作**虚宗量贝塞尔方程**. 事实上，如把贝塞尔方程(9.1.22)的宗量 x 改成虚数 $\mathrm{i}x$，就成了 (9.1.25). 虚宗量贝塞尔方程的求解见 §9.3.

（二）波动方程

考察三维波动方程

$$u_{tt} - a^2\Delta u = 0. \tag{9.1.26}$$

分离时间变数 t 和空间变数 $\boldsymbol{r}$，以

$$u(\boldsymbol{r}, t) = T(t)v(\boldsymbol{r}) \tag{9.1.27}$$

代入(9.1.26)，得

$$\frac{T''}{a^2 T} = \frac{\Delta v}{v}.$$

左边是时间 t 的函数，右边是 $\boldsymbol{r}$ 的函数，而 $\boldsymbol{r}$ 和 t 是两个独立变量. 仅当两边都等于同一个常数时，等式才成立. 把这个常数记作 $-k^2$，下面知道 k^2 为本征值或为两个本征值之和，并且为大于等于零的实数.

$$\frac{T''}{a^2 T} = \frac{\Delta v}{v} = -k^2.$$

这就分解为两个方程：

$$T'' + k^2 a^2 T = 0, \tag{9.1.28}$$

$$\Delta v + k^2 v = 0. \tag{9.1.29}$$

常微分方程(9.1.28)的解是读者熟悉的

$$\begin{cases} T(t) = C\cos kat + D\sin kat \text{ 或 } Ce^{\mathrm{i}kat} + De^{-\mathrm{i}kat} & (k \neq 0), \\ T(t) = C + Dt & (k = 0). \end{cases} \tag{9.1.30}$$

偏微分方程(9.1.29)叫作**亥姆霍兹方程**，或仍叫作"波动方程". 亥姆霍兹方程下面还要继续讨论.

（三）输运方程

考察三维输运方程

$$u_t - a^2\Delta u = 0, \tag{9.1.31}$$

分离时间变数 t 和空间变数 $\boldsymbol{r}$，以

$$u(\boldsymbol{r}, t) = T(t)v(\boldsymbol{r}), \tag{9.1.32}$$

代入(9.1.31)，得

$$\frac{T'}{a^2 T} = \frac{\Delta v}{v}.$$

左边是时间 t 的函数，右边是 r 的函数，而 r 和 t 是两个独立变量．仅当两边都等于同一个常数时，等式才成立．把这个常数记作 $-k^2$，

$$\frac{T'}{a^2T} = \frac{\Delta v}{v} = -k^2.$$

这就分解为两个方程：

$$T' + k^2 a^2 T = 0, \tag{9.1.33}$$

$$\Delta v + k^2 v = 0. \tag{9.1.34}$$

常微分方程(9.1.33)的解是读者熟悉的

$$T(t) = C e^{-k^2 a^2 t}. \tag{9.1.35}$$

偏微分方程(9.1.34)也是**亥姆霍兹方程**，下面就讨论亥姆霍兹方程．

（四）亥姆霍兹方程

（1）球坐标系

利用球坐标系拉普拉斯算符 Δ 的表达式，可得球坐标系亥姆霍兹方程的表达式

$$\frac{1}{r^2}\frac{\partial}{\partial r}\left(r^2\frac{\partial v}{\partial r}\right) + \frac{1}{r^2\sin\theta}\frac{\partial}{\partial\theta}\left(\sin\theta\frac{\partial v}{\partial\theta}\right) + \frac{1}{r^2\sin^2\theta}\frac{\partial^2 v}{\partial\varphi^2} + k^2 v = 0. \tag{9.1.36}$$

首先，把变数 r 跟变数 θ、φ 分离开来．以

$$v(r,\theta,\varphi) = R(r)Y(\theta,\varphi)$$

代入(9.1.36)，用 r^2/RY 遍乘各项并适当移项，得

$$\frac{1}{R}\frac{\mathrm{d}}{\mathrm{d}r}\left(r^2\frac{\mathrm{d}R}{\mathrm{d}r}\right) + k^2 r^2 = \frac{-1}{\sin\theta Y}\frac{\partial}{\partial\theta}\left(\sin\theta\frac{\partial Y}{\partial\theta}\right) - \frac{1}{Y\sin^2\theta}\frac{\partial^2 Y}{\partial\varphi^2}.$$

左边是 r 的函数，右边是 θ 和 φ 的函数，而 r、θ 和 φ 是三个独立变量．仅当两边都等于同一个常数时，等式才成立．通常把这个常数记作 $l(l+1)$，

$$\frac{1}{R}\frac{\mathrm{d}}{\mathrm{d}r}\left(r^2\frac{\mathrm{d}R}{\mathrm{d}r}\right) + k^2 r^2 = -\frac{1}{Y\sin\theta}\frac{\partial}{\partial\theta}\left(\sin\theta\frac{\partial Y}{\partial\theta}\right) - \frac{1}{Y\sin^2\theta}\frac{\partial^2 Y}{\partial\varphi^2}$$

$$= l(l+1).$$

这就分解为两个方程

$$\frac{1}{\sin\theta}\frac{\partial}{\partial\theta}\left(\sin\theta\frac{\partial Y}{\partial\theta}\right) + \frac{1}{\sin^2\theta}\frac{\partial^2 Y}{\partial\varphi^2} + l(l+1)Y = 0, \tag{9.1.37}$$

$$\frac{\mathrm{d}}{\mathrm{d}r}\left(r^2\frac{\mathrm{d}R}{\mathrm{d}r}\right) + \left[k^2 r^2 - l(l+1)\right]R = 0. \tag{9.1.38}$$

方程(9.1.37)就是球函数方程(9.1.3)，把它进一步分离变数将得到(9.1.8)和连带勒让德方程(9.1.11)．前面已提到，方程(9.1.11)和在 $x = \pm 1$ 的"自然边界条件"构成本征值问题，决定 l 只能取整数值．

常微分方程(9.1.38)亦即

$$r^2\frac{\mathrm{d}^2 R}{\mathrm{d}r^2} + 2r\frac{\mathrm{d}R}{\mathrm{d}r} + \left[k^2 r^2 - l(l+1)\right]R = 0, \tag{9.1.39}$$

叫作 l 阶**球贝塞尔方程**．这是因为对于 $k>0$，可以把自变量 r 和函数 $R(r)$ 分别换作 x 和 $y(x)$，

$$x = kr, \quad R(r) = \sqrt{\frac{\pi}{2x}}y(x),$$

则方程(9.1.39)成为

$$x^2 \frac{d^2 y}{dx^2} + x \frac{dy}{dx} + \left[x^2 - \left(l + \frac{1}{2} \right)^2 \right] y = 0, \tag{9.1.40}$$

而(9.1.40)是 $l+1/2$ 阶的贝塞尔方程, 其解见 §9.3.

对于 $k=0$, 方程(9.1.38)退化成欧拉型方程(9.1.2), 相应的解为(9.1.4), 即 $R(r) = Cr^l + D/r^{l+1}$.

亥姆霍兹方程来自波动方程和输运方程. 上一章已着重指出用分离变数法求解波动方程和输运方程的前提是边界条件为齐次的, 如有非齐次边界条件必须先"齐次化". 方程(9.1.38)附加球面 $(r=r_0)$ 处的齐次边界条件, 构成本征值问题, 决定 k 的可能数值. 在 §9.4 将会看到, 对这样的本征值问题, 必然有本征值 $k^2 \geqslant 0$. 此本征值问题的求解见 §11.5.

(2) 柱坐标系

利用柱坐标系拉普拉斯算符 Δ 的表达式, 可得柱坐标系亥姆霍兹方程的表达式为

$$\frac{1}{\rho} \frac{\partial}{\partial \rho} \left(\rho \frac{\partial v}{\partial \rho} \right) + \frac{1}{\rho^2} \frac{\partial^2 v}{\partial \varphi^2} + \frac{\partial^2 v}{\partial z^2} + k^2 v = 0. \tag{9.1.41}$$

以分离变数形式的

$$v(\rho, \varphi, z) = R(\rho) \Phi(\varphi) Z(z)$$

代入(9.1.41), 一步一步分离变数, 得到类似于拉普拉斯方程的结果:

$$\Phi'' + \lambda \Phi = 0, \tag{9.1.42}$$

$$Z'' - \mu Z = 0, \tag{9.1.43}$$

$$\frac{d^2 R}{d\rho^2} + \frac{1}{\rho} \frac{dR}{d\rho} + \left(k^2 + \mu - \frac{\lambda}{\rho^2} \right) R = 0. \tag{9.1.44}$$

方程(9.1.42)与周期条件 $\Phi(\varphi + 2\pi) = \Phi(\varphi)$ 构成本征值问题, 这是读者已往熟知的. 本征值和本征函数是

$$\lambda = m^2 \quad (m = 0, 1, 2, \cdots), \tag{9.1.45}$$

$$\Phi(\varphi) = A\cos m\varphi + B\sin m\varphi. \tag{9.1.46}$$

方程(9.1.43)与(9.1.18)相同. 它的解前面已经给出. 如果问题的边界条件全是齐次的, 这就排除了 $\mu > 0$ 的情形. 记 $-\mu \equiv h^2 (\geqslant 0)$. 这样, (9.1.43)的解为

$$\begin{cases} Z(z) = C + Dz & (h = 0), \\ Z(z) = C\cos hz + D\sin hz & (h > 0), \end{cases} \tag{9.1.47}$$

于是, 方程(9.1.44)可改写为

$$\frac{d^2 R}{d\rho^2} + \frac{1}{\rho} \frac{dR}{d\rho} + \left(k^2 - h^2 - \frac{m^2}{\rho^2} \right) R = 0. \tag{9.1.48}$$

方程(9.1.43)附加 $z=z_1$ 和 $z=z_2$ 处的齐次边界条件, 构成本征值问题, 决定 h 的可能数值. 而方程(9.1.48)附加圆柱侧面上的齐次边界条件, 也构成本征值问题, 决定 k 的可能数值(本征值). 在 §9.4 中将会看到, 对这里的两个本征值问题, 有本征值 $h^2 \geqslant 0$ 和本征值 $k \geqslant 0$.

方程(9.1.48)在自变数的代换

$$x = \sqrt{k^2 - h^2} \, \rho$$

下，化为

$$\frac{\mathrm{d}^2 R}{\mathrm{d}x^2} + \frac{1}{x}\frac{\mathrm{d}R}{\mathrm{d}x} + \left(1 - \frac{m^2}{x^2}\right)R = 0, \tag{9.1.49}$$

这是 m 阶贝塞尔方程.

从上可知，不管是球坐标系，还是柱坐标系，亥姆霍兹方程在齐次边界条件下分离变数后，都有常数 $k^2 \geq 0$，即 k^2 为非负实数，从而 k 为实数. 于是，波动方程和输运方程分离变数后解得的时间函数（9.1.30）和（9.1.35）中，k 也为实数. 由于（9.1.30）中 C、D 为任意常数，（9.1.35）中 k 以 k^2 形式出现，只需分别取 $k \geq 0$ 和 $k^2 \geq 0$ 即可.

通常，$k > 0$. 当 $k = h = 0$ 时，$R(\rho)$ 所遵从的方程（9.1.48）退化为欧拉型方程，其解为（9.1.21）；$Z(z)$ 的方程（9.1.43）退化为 $Z'' = 0$，其解为（9.1.20）、（9.1.47）第一式.

现将以上分离变数结果和后面的 l 阶勒让德方程、l 阶连带勒让德方程、整数 m 阶贝塞尔方程、整数 m 阶虚宗量贝塞尔方程、整数 l 阶球贝塞尔方程的求解结果列表如下：

方程	球坐标系	柱坐标系
拉普拉斯方程 $\Delta_3 u = 0$	$\Phi(\varphi) = \begin{Bmatrix} \cos m\varphi \\ \sin m\varphi \end{Bmatrix}$ $R(r) = \begin{Bmatrix} r^l \\ 1/r^{l+1} \end{Bmatrix}$ $\Theta(x)$ 满足 l 阶连带勒让德方程（9.1.11）. $x = \cos\theta.\ \Theta(x) = P_l^m(x)$. 见（10.1.7）、（10.2.7）、（10.2.13）	$\Phi(\varphi) = \begin{Bmatrix} \cos m\varphi \\ \sin m\varphi \end{Bmatrix}$ ($\mu > 0$) $Z(z) = \begin{Bmatrix} e^{\sqrt{\mu}z} \\ e^{\sqrt{\mu}z} \end{Bmatrix}$ $R(\rho)$ 满足 m 阶贝塞尔 方程（9.1.22）$R(\rho) = \begin{Bmatrix} J_m(\sqrt{\mu}\rho) \\ N_m(\sqrt{\mu}\rho) \end{Bmatrix}$ 见（9.3.35）、（9.3.43）、（9.3.44）, §11.1(一)、(二)、(三) $\quad$ ($-\mu \equiv h^2 > 0$) $Z(z) = \begin{Bmatrix} \cos hz \\ \sin hz \end{Bmatrix}$ $R(\rho)$ 满足 m 阶虚宗量贝塞尔方程（9.1.25）$R(\rho) = \begin{Bmatrix} I_m(h\rho) \\ K_m(h\rho) \end{Bmatrix}$ 见（9.3.53）、（11.4.7） ($\mu \equiv -h^2 = 0$) $Z(z) = \begin{Bmatrix} 1 \\ z \end{Bmatrix}$ $R_0(\rho) = \begin{Bmatrix} 1 \\ \ln\rho \end{Bmatrix};\ R_m(\rho) = \begin{Bmatrix} \rho^m \\ \rho^{-m} \end{Bmatrix}\quad (m \neq 0)$
波动方程 $u_{tt} - a^2\Delta_3 u = 0$	$T_0(t) = \begin{Bmatrix} 1 \\ t \end{Bmatrix};\ T_k(t) = \begin{Bmatrix} \cos kat \\ \sin kat \end{Bmatrix}$ 或 $\begin{Bmatrix} e^{ikat} \\ e^{-ikat} \end{Bmatrix} (k \neq 0)$ $\Delta v(\boldsymbol{r}) + k^2 v(\boldsymbol{r}) = 0$	
输运方程 $u_t - a^2\Delta_3 u = 0$	$T(t) = e^{-k^2 a^2 t},\quad \Delta v(\boldsymbol{r}) + k^2 v(\boldsymbol{r}) = 0$	

方程	球坐标系	柱坐标系
亥姆霍兹方程 $\Delta_3 v + k^2 v = 0$	$\Phi(\varphi) = \begin{Bmatrix} \cos m\varphi \\ \sin m\varphi \end{Bmatrix}$ $\Theta(x)$ 满足 l 阶连带勒让德方程(9.1.11) $x = \cos\theta. \Theta(x) = P_l^m(x).$ 见(10.1.7)、(10.2.7)、(10.2.13) $R(r)$ 满足 l 阶球贝塞尔方程(9.1.39)($k \neq 0$) $R(r) = \begin{Bmatrix} j_l(kr) \\ n_l(kr) \end{Bmatrix}$ 或 $\begin{Bmatrix} h_l^{(1)}(kr) \\ h_l^{(2)}(kr) \end{Bmatrix};$ 见 §11.5(一)、(二)、(三)、(四)但 $k=0$，则 $R(r) = \begin{Bmatrix} r^l \\ 1/r^{l+1} \end{Bmatrix}$	$\Phi(\varphi) = \begin{Bmatrix} \cos m\varphi \\ \sin m\varphi \end{Bmatrix}$ $Z(z) = \begin{Bmatrix} \cos hz \\ \sin hz \end{Bmatrix};$ 但 $h=0$ 则 $Z(z) = \begin{Bmatrix} 1 \\ z \end{Bmatrix}$ $R(\rho)$ 满足 m 阶贝塞尔方程(9.1.49)， $R(\rho) = \begin{Bmatrix} J_m(\sqrt{k^2-h^2}\,\rho) \\ N_m(\sqrt{k^2-h^2}\,\rho) \end{Bmatrix}$ 或 $\begin{Bmatrix} H_m^{(1)}(\sqrt{k^2-h^2}\,\rho) \\ H_m^{(2)}(\sqrt{k^2-h^2}\,\rho) \end{Bmatrix};$ 见 (9.3.35)、(9.3.43)、(9.3.44) §11.1(一)、(二)、(三) 但 $k=h=0$，则 $R_0(\rho) = \begin{Bmatrix} 1 \\ \ln\rho \end{Bmatrix};\ R_m(\rho) = \begin{Bmatrix} \rho^m \\ \rho^{-m} \end{Bmatrix}\quad (m \neq 0)$

习　题

1. 试用平面极坐标系把二维波动方程分离变数.

2. 试用平面极坐标系把二维输运方程分离变数.

3. 氢原子定态问题的量子力学薛定谔方程是

$$-\frac{h^2}{8\pi^2\mu}\Delta u - \frac{Ze^2}{r}u = Eu,$$

其中，h、μ、Z、e、E 都是常量. 试用球坐标系把这个方程分离变数.

§9.2　常点邻域上的级数解法

用球坐标系和柱坐标系对拉普拉斯方程、波动方程、输运方程进行分离变数，就出现连带勒让德方程、勒让德方程、贝塞尔方程、球贝塞尔方程等特殊函数方程. 用其他坐标系对其他数学物理偏微分方程进行分离变量，还会出现各种各样的特殊函数方程. 它们大多是线性二阶常微分方程. 这就向我们提出求解带初始条件的线性二阶常微分方程

$$y'' + p(x)y' + q(x)y = 0, \tag{9.2.1}$$

$$y(x_0) = C_0, \quad y'(x_0) = C_1$$

的任务，其中 x_0 为任意指定点，C_0、C_1 为常数.

这些线性二阶常微分方程常常不能用通常的方法解出，但可用级数解法解出. 所谓级数解法，就是在某个任选点 x_0 的邻域上，把待求的解表为系数待定的级数，代入方程以逐个确定系数.

级数解法是一个比较普遍的方法，适用范围较广，可借助于解析函数的理论进行讨论. 这里仅介绍有关的结论，不作证明. 读者如需要了解有关证明，可以参看例如斯米尔诺夫著《高等数学教程》第三卷第三分册等书.

求得的解既然是级数，就有是否收敛以及收敛范围的问题. 级数解法的计算较为烦琐，要求耐心和细心.

不失一般性，我们讨论复变函数 $w(z)$ 的线性二阶常微分方程

$$\frac{\mathrm{d}^2 w}{\mathrm{d}z^2} + p(z)\frac{\mathrm{d}w}{\mathrm{d}z} + q(z)w = 0, \tag{9.2.2}$$

$$w(z_0) = C_0, \quad w'(z_0) = C_1.$$

其中 z 为复变数，z_0 为选定的点，C_0、C_1 为复常数.

（一） 方程的常点和奇点

如果方程(9.2.2)的系数函数 $p(z)$ 和 $q(z)$ 在选定的点 z_0 及其邻域中都是解析的，则点 z_0 叫作**方程(9.2.2)的常点**. $p(z)$ 和 $q(z)$ 两者只要有一个（或两者都）在点 z_0 不解析，则点 z_0 叫作**方程(9.2.2)的奇点**.

本节介绍常点邻域上的级数解法.

（二） 常点邻域上的级数解

关于线性二阶常微分方程(9.2.2)在常点邻域上的级数解，有下面的定理(本书不证明).

若方程(9.2.2)的系数 $p(z)$ 和 $q(z)$ 为点 z_0 的邻域 $|z-z_0| < R$ 中的解析函数，则方程(9.2.2)在这圆中存在唯一的单值解析的解 $w(z)$ 满足初值条件 $w(z_0) = C_0$，$w'(z_0) = C_1$，其中 C_0、C_1 是任意复常数.

既然线性二阶常微分方程(9.2.2)在常点 z_0 的邻域 $|z-z_0| < R$ 上存在唯一的解析解，就把它表成此邻域上泰勒级数的形式：

$$w(z) = \sum_{k=0}^{\infty} a_k (z - z_0)^k \tag{9.2.3}$$

其中系数 $a_1, a_2, \cdots, a_k, \cdots$ 有待确定.

为了确定级数解(9.2.3)中的系数，具体做法是以(9.2.3)代入方程(9.2.2)，合并同幂项，令合并后的各系数分别为零，找出系数 $a_0, a_1, a_2, \cdots, a_k, \cdots$ 之间的递推关系，并用已给的初值 C_0、C_1 来确定其中的待定常数，从而求得确定的级数解. 下面以 l 阶勒让德方程为例，具体说明级数解法的步骤.

（三） 勒让德方程 自然边界条件

（1） 勒让德方程的级数解

在 $x_0 = 0$ 的邻域上求解 l 阶勒让德方程

$$(1-x^2)y'' - 2xy' + l(l+1)y = 0, \tag{9.2.4}$$

即

$$y''-[2x/(1-x^2)]y'+[l(l+1)/(1-x^2)]y=0.$$

方程的系数 $p(x)=-2x/(1-x^2)$，$q(x)=l(l+1)/(1-x^2)$．在 $x_0=0$，单值函数 $p(x_0)=0$，$q(x_0)=l(l+1)$，均为有限值，它们必然在 $x_0=0$ 处为解析的．因此，$x_0=0$ 是方程的常点．根据常点邻域上解的定理，解具有(9.2.3)的泰勒级数形式，在这里就是

$$y(x)=a_0+a_1x+a_2x^2+a_3x^3+\cdots+a_kx^k+\cdots.$$

于是

$$y'(x)=a_1+2a_2x+3a_3x^2+4a_4x^3+\cdots+(k+1)a_{k+1}x^k+\cdots,$$

$$y''(x)=2a_2+3\cdot2a_3x+4\cdot3a_4x^2+\cdots+(k+2)(k+1)a_{k+2}x^k+\cdots.$$

将它们代入 l 阶勒让德方程(9.2.4)．方程里的 $(1-x^2)$ 是只含 x^0 和 x^2 项的泰勒级数，$-2x$ 是只含 x^1 项的泰勒级数，$l(l+1)$ 是只含 x^0 项的泰勒级数，无需再作展开．

合并同幂次的项列表如下．

	常数项	x 项	x^2 项	$\cdots$	x^k 项	$\cdots$
$y''=$	$2\cdot1a_2$	$3\cdot2a_3$	$4\cdot3a_4$	$\cdots$	$(k+2)(k+1)a_{k+2}$	$\cdots$
$-x^2y''=$			$-2\cdot1a_2$	$\cdots$	$-k(k-1)a_k$	$\cdots$
$-2xy'=$		$-2\cdot1a_1$	$-2\cdot2a_2$	$\cdots$	$-2ka_k$	$\cdots$
$l(l+1)y=$	$l(l+1)a_0$	$l(l+1)a_1$	$l(l+1)a_2$	$\cdots$	$l(l+1)a_k$	$\cdots$

上表各幂次合并后的系数应分别为零，从而得一系列方程：

$$2\cdot1a_2+l(l+1)a_0=0, \qquad 3\cdot2a_3+(l^2+l-2)a_1=0,$$

$$4\cdot3a_4+(l^2+l-6)a_2=0, \qquad 5\cdot4a_5+(l^2+l-12)a_3=0,$$

$$\cdots\cdots\cdots\cdots \qquad\qquad \cdots\cdots\cdots\cdots$$

$$(k+2)(k+1)a_{k+2}+(l^2+l-k^2-k)a_k=0.$$

一般的系数**递推公式**是

$$a_{k+2}=\frac{k^2+k-l(l+1)}{(k+2)(k+1)}a_k=\frac{(k-l)(k+l+1)}{(k+2)(k+1)}a_k. \tag{9.2.5}$$

按照递推公式具体进行系数的递推，

$$a_2=\frac{(-l)(l+1)}{2!}a_0, \qquad\qquad a_3=\frac{(1-l)(l+2)}{3!}a_1,$$

$$a_4=\frac{(2-l)(l+3)}{4\cdot3}a_2 \qquad\qquad a_5=\frac{(3-l)(l+4)}{5\cdot4}a_3$$

$$=\frac{(2-l)(-l)\cdot(l+1)(l+3)}{4!}a_0, \qquad =\frac{(3-l)(1-l)\cdot(l+2)(l+4)}{5!}a_1,$$

$$\cdots\cdots\cdots\cdots \qquad\qquad\qquad \cdots\cdots\cdots\cdots$$

$$a_{2k}=\frac{(2k-2-l)(2k-4-l)\cdots(2-l)(-l)\cdot(l+1)(l+3)\cdots(l+2k-1)}{(2k)!}a_0,$$

$$a_{2k+1}=\frac{(2k-1-l)(2k-3-l)\cdots(1-l)\cdot(l+2)(l+4)\cdots(l+2k)}{(2k+1)!}a_1.$$

这样，我们得到 l 阶勒让德方程的解：

$$y(x) = a_0 y_0(x) + a_1 y_1(x),\qquad (9.2.6)$$

$$y_0(x) = 1 + \frac{(-l)(l+1)}{2!}x^2 + \frac{(2-l)(-l)(l+1)(l+3)}{4!}x^4 + \cdots$$

$$+ \frac{(2k-2-l)(2k-4-l)\cdots(-l)(l+1)(l+3)\cdots(l+2k-1)}{(2k)!}x^{2k} + \cdots, \qquad (9.2.7)$$

$$y_1(x) = x + \frac{(1-l)(l+2)}{3!}x^3 + \frac{(3-l)(1-l)(l+2)(l+4)}{5!}x^5 + \cdots$$

$$+ \frac{(2k-1-l)(2k-3-l)\cdots(1-l)(l+2)(l+4)\cdots(l+2k)}{(2k+1)!}x^{2k+1} + \cdots. \qquad (9.2.8)$$

需要确定级数 $y_0(x)$ 和 $y_1(x)$ 的收敛半径. 把幂级数收敛半径的公式（3.2.3）应用于 $y_0(x)$ 和 $y_1(x)$，在这里，级数前后两项比值模的极限为 $\lim\limits_{n\to\infty} |a_n/a_{n+2}| = \lim\limits_{n\to\infty}|a_n/a_{n+1}| \cdot \lim\limits_{n\to\infty}|a_{n+1}/a_{n+2}| = R^2$，即收敛半径 R 的平方. 利用递推公式（9.2.5），

$$R^2 = \lim_{n\to\infty}\left|\frac{(n+2)(n+1)}{(n-l)(n+l+1)}\right| = \left|\frac{\left(1+\dfrac{2}{n}\right)\left(1+\dfrac{1}{n}\right)}{\left(1-\dfrac{l}{n}\right)\left(1+\dfrac{l+1}{n}\right)}\right| = 1.$$

从而，收敛半径 $R=1$. 这样，级数解 $y_0(x)$ 和 $y_1(x)$ 收敛于 $|x|<1$ 而发散于 $|x|>1$. $y_0(x)$ 仅含 x 的偶次幂，为偶函数. $y_1(x)$ 仅含 x 的奇次幂，为奇函数.

（2）级数解在 $x=\pm1$ 是否收敛

从 §9.1 可以知道，l 阶勒让德方程中的 $x=\cos\theta$，其绝对值 $|x|=|\cos\theta|\leqslant1$. 因此，尽管级数解 $y_0(x)$ 和 $y_1(x)$ 发散于 $|x|>1$，这根本不成为问题.

不过，$x=\pm1$ 对应于 $\theta=0$，π（即球坐标的极轴方向及其反方向），级数解 $y_0(x)$ 和 $y_1(x)$ 在 $x=\pm1$ 是否收敛，倒是要认真考虑的.

本书附录五利用高斯判别法证明，级数解 $y_0(x)$ 和 $y_1(x)$ 都在 $x=\pm1$ 发散. 那么，是否可能存在某个在 $x=\pm1$ 为有限的级数解呢？事实上，§9.3 习题 5 就是求 l 阶勒让德方程在 $x=+1$ 为有限的级数解，不过，这个解在 $x=-1$ 是发散的. 下面用反证法证明 l 阶勒让德方程在 $x=\pm1$ 均为有限的级数解不存在.

假定有一个级数解 $y(x)$ 在 $x=+1$ 和 $x=-1$ 是有限的. $y(x)$ 总可表为 $y_0(x)$ 和 $y_1(x)$ 的线性组合.

$$y(x) = D_0 y_0(x) + D_1 y_1(x). \qquad (9.2.9)$$

注意，如果把 x 一律换为 $-x$，l 阶勒让德方程并不改变. 这是说，（9.2.9）右边的 x 如换为 $-x$.

$$y(-x) = D_0 y_0(-x) + D_1 y_1(-x), \qquad (9.2.10)$$

仍然是 l 阶勒让德方程的解，并且也在 $x=+1$ 和 $x=-1$ 有限. 由于 $y_0(x)$ 是偶函数，$y_1(x)$ 是奇函数，（9.2.10）可以改写为

$$y(-x) = D_0 y_0(x) - D_1 y_1(x). \qquad (9.2.11)$$

既然（9.2.9）和（9.2.11）都是 l 阶勒让德方程在 $x=+1$ 和 $x=-1$ 为有限的解，它们的和 $2D_0 y_0(x)$，以及它们的差 $2D_1 y_1(x)$，应当也是 l 阶勒让德方程在 $x=+1$ 和 $x=-1$ 为有限的解.

但是，上面已证明 $y_0(x)$ 和 $y_1(x)$ 在 $x=\pm 1$ 发散，由此可见，"有一个级数解 $y(x)$ 在 $x=+1$ 和 $x=-1$ 为有限"的假定不能成立. 结论是 l 阶勒让德方程没有形如 $y(x)=D_0y_0(x)+D_1y_1(x)$ 而在 $x=\pm 1$ 均有限的无穷级数解.

有不少定解问题要求 u 在一切方向保持有限，相应地就要求勒让德方程的解在一切方向 $0\leqslant\theta\leqslant\pi$ 即在 x 的闭区间 $[-1,+1]$ 上保持有限. 而无穷级数解包括 $y_0(x)$ 和 $y_1(x)$ 均不满足这个要求.

出路何在？无穷级数解在 $x=\pm 1$ 存在发散问题，如若能退化为多项式，只有有限多项，在 $x=\pm 1$ 必然取有限数值，那么，发散问题就根本不存在了.

（3）退化为多项式的可能性

仔细观察级数解 $y_0(x)$ 和 $y_1(x)$，它们确实有退化为多项式的可能.

如参数 l 是某个偶数，$l=2n$（n 是正整数），则 $y_0(x)$ 只到 x^{2n} 项为止，因为从 x^{2n+2} 项起，系数都含有因子 $(2n-l)$ 从而都是零. $y_0(x)$ 不再是无穷级数而是 $2n$ 次多项式，并且只含偶次幂项. 至于 $y_1(x)$，因其系数不含因子 $(2n-l)$，仍是无穷级数且在 $x=\pm 1$ 发散. 在一般解（9.2.6）中只要取任意常数 $a_1=0$ 即得一个只含偶次幂的 l 次多项式 $a_0y_0(x)$. 以后将选取适当的 a_0 得到一个特解，称作 l 阶**勒让德多项式**.

如参数 l 是某个奇数，$l=2n+1$（n 是零或正整数），则 $y_1(x)$ 只到 x^{2n+1} 项为止，因为从 x^{2n+3} 项起，系数都含有因子 $(2n+1-l)$ 从而都是零. $y_1(x)$ 不再是无穷级数而是 $(2n+1)$ 次多项式，并且只含奇次幂项. 至于 $y_0(x)$，因其系数不含因子 $(2n+1-l)$，仍是无穷级数且在 $x=\pm 1$ 发散. 在一般解（9.2.6）中只要取任意常数 $a_0=0$ 即得一个只含奇次幂的 l 次多项式 $a_1y_1(x)$. 以后将选取适当的 a_1 得到一个特解，称作 l 阶**勒让德多项式**.

（4）自然边界条件

由此看来，对于勒让德方程，"解在区间 $[-1,+1]$ 的两端 $x=\pm 1$ 保持有限"竟然是一个严重的限制，在分离变数过程中所引入的常数 $l(l+1)$ 中的 l 被限制于零和正整数，通常把"解在 $x=\pm 1$ 保持有限"说成是勒让德方程的**自然边界条件**.

勒让德方程与自然边界条件构成**本征值问题**. 本征值是

$$l(l+1) \quad （l \text{ 为零或正整数}） \tag{9.2.12}$$

本征函数则是 l 阶勒让德多项式.

习　题

1. 在 $x_0=0$ 的邻域上求解常微分方程 $y''+\omega^2 y=0$（ω 是常数）.

2. 在 $x_0=0$ 的邻域上求解 $y''-xy=0$.

3. 在 $x_0=0$ 的邻域上求解埃尔米特方程

$$y''-2xy'+(\lambda-1)y=0.$$

λ 取什么数值可使级数解退化为多项式？这些多项式乘以适当常数使最高幂项成为 $(2x)^n$ 形式，就叫作**埃尔米特多项式**，记作 $H_n(x)$. 写出前几个 $H_n(x)$.

4. 在 $x_0=0$ 的邻域上求解 $(1-x^2)y''-6xy'+6y=0$ 即

$$(1-x^2)y''-2(2+1)xy'+[3(3+1)-2(2+1)]y=0.$$

在勒让德方程的级数解（9.2.7）和（9.2.8）之中以 $l=3$ 代入，并求它的二阶导数，然后跟本题的答案比较一下.

5. 在 $x_0=0$ 的邻域上求解雅可比方程

$$(1-x^2)y''+[\beta-\alpha-(\alpha+\beta+2)x]y'+\lambda(\alpha+\beta+\lambda+1)y=0.$$

§9.3 正则奇点邻域上的级数解法

（一）奇点邻域上的级数解

求解线性二阶常微分方程

$$w''+p(z)w'+q(z)w=0. \tag{9.3.1}$$

如果选定的点 z_0 是方程（9.3.1）的奇点，则一般说来，解也以 z_0 为奇点，在点 z_0 邻域上的展开式不是泰勒级数而含有负幂项.

关于奇点邻域上的级数解，有下面的定理（本书不证）.

若点 z_0 为方程（9.2.2）的奇点，则在点 z_0 的邻域 $0<|z-z_0|<R$ 上，方程（9.2.2）存在两个线性独立解，其形式为

$$w_1(z)=\sum_{k=-\infty}^{\infty}a_k(z-z_0)^{s_1+k}, \tag{9.3.2}$$

和

$$w_2(z)=\sum_{k=-\infty}^{\infty}b_k(z-z_0)^{s_2+k}, \tag{9.3.3}$$

或

$$w_2(z)=Aw_1(z)\ln(z-z_0)+\sum_{k=-\infty}^{\infty}b_k(z-z_0)^{s_2+k}, \tag{9.3.4}$$

其中 s_1，s_2，A，a_k，$b_k(k=0,\pm1,\pm2,\cdots)$ 为常数.

以上仅仅是一般性的论断，并未提供具体求出级数解的方法，即如何确定常数 s_1,s_2,A,a_k，b_k. 事实上，这些常数的确定在一般情况下很困难，本书从略.

（二）正则奇点邻域上的级数解

如果在方程（9.3.1）的奇点 z_0 的邻域 $0<|z-z_0|<R$ 上，方程的两个线性独立解全都只有有限个负幂项，则奇点 z_0 称为方程的**正则奇点**. 这里只讨论这种相对容易的情况. 这也是常见的情况.

如系数 $p(z)$ 以 z_0 为不高于一阶的极点，且系数 $q(z)$ 以 z_0 为不高于二阶的极点，即

$$p(z)=\sum_{k=-1}^{\infty}p_k(z-z_0)^k,\quad q(z)=\sum_{k=-2}^{\infty}q_k(z-z_0)^k, \tag{9.3.5}$$

可以证明奇点 z_0 就是方程的**正则奇点**. 这就是说，在 z_0 的邻域 $0<|z-z_0|<R$ 上，方程（9.3.1）的两个线性独立解的级数表达式只有有限个负幂项：

$$w_1(z)=\sum_{k=0}^{\infty}a_k(z-z_0)^{s_1+k}, \tag{9.3.6}$$

$$w_2(z)=\sum_{k=0}^{\infty}b_k(z-z_0)^{s_2+k}, \tag{9.3.7}$$

或

$$w_2(z)=Aw_1(z)\ln(z-z_0)+\sum_{k=0}^{\infty}b_k(z-z_0)^{s_2+k}, \tag{9.3.8}$$

其中 s_1 和 s_2 是所谓**判定方程**

$$s(s-1)+sp_{-1}+q_{-2}=0 \tag{9.3.9}$$

的两个根，而 s_2 为较小的那一个根，至于 A，a_k 和 b_k 均为常数系数.

(9.3.7)适用于 $s_1-s_2\neq$ 整数的情况,(9.3.8)则适用于 $s_1-s_2=$ 整数的情况,不过,(9.3.8)中的 A 也有可能等于零,这时(9.3.8)又归结为(9.3.7).

这些结论不难验证:

把(9.3.5)和

$$w(z)=\sum_{k=0}^{\infty}a_k(z-z_0)^{s+k} \tag{9.3.10}$$

代入方程(9.3.1),合并同幂项,令合并后的各系数分别为零.其中最低幂项合并后的系数是 $s(s-1)+sp_{-1}+q_{-2}$,令它等于零,得到的正是判定方程(9.3.9).这是二次代数方程,它有两个根 s_1 和 s_2,分别作为线性独立解(9.3.6)和(9.3.7)的最低幂次.

对于不符合条件(9.3.5)的情况,(9.3.5)应代之以

$$p(z)=\sum_{k=-m}^{\infty}p_k(z-z_0)^k,\quad q(z)=\sum_{k=-n}^{\infty}q_k(z-z_0)^k.$$

其中 $m>1$ 和 $n>2$.把它们和(9.3.10)代入方程(9.3.1),合并同幂项,令最低幂项合并后的系数为零,却得不到 s 的二次代数方程,只得到 s 的一次代数方程或零次代数方程(请读者自行验算).这是说,只能求出一个 s 或根本求不出 s.换句话说,不存在两个线性独立的各自含有有限个负幂项的级数解.

回到正则奇点的情况.从判定方程(9.3.9)求得两个根 s 之后,以(9.3.5)和(9.3.6)代入方程(9.3.1),合并同幂项,按升幂顺序,依次令各幂项的系数等于零,就得到系数递推公式,从 a_0 依次求出各个 a_k.这就具体求出级数解(9.3.6).同理,以(9.3.5)和(9.3.7)代入方程(9.3.1),如果顺利,也可从 b_0 依次求出各个 b_k,具体求出线性独立的另一级数解(9.3.7).a_0 和 b_0 则正是二阶常微分方程的解的两个积分常数.

但是,如果 $s_1-s_2=h$,而 h 为零或正整数,递推 b_k 的过程就不那么顺利了."h 为零",显然不会顺利,因为这时 $s_2=s_1$,(9.3.6)与(9.3.7)简直就是一回事,它们并不是线性独立的两个解."h 为正整数"也会不顺利,原因是,对于正则奇点,系数递推公式是

$$b_k[(s+k)(s+k-1)+p_{-1}(s+k)+q_{-2}]+b_{k-1}[(s+k-1)p_0+q_{-1}]$$
$$+b_{k-2}[(s+k-2)p_1+q_0]+\cdots+b_0[sp_{k-1}+q_{k-2}]=0\quad(k=0,1,2,\cdots), \tag{9.3.11}$$

对于判定方程较大的根 $s=s_1$,按此递推公式可以顺利地进行系数递推,求得一个特解.对于判定方程较小的根 $s=s_2$,开头几个系数 b_1,b_2,b_3,$\cdots$,b_{h-1} 还可以顺利地推出,到 b_h 就发生了困难,因为这时递推公式是

$$b_h[(s_2+h)(s_2+h-1)+p_{-1}(s_2+h)+q_{-2}]+b_{h-1}[(s_2+h-1)p_0+q_{-1}]+$$
$$b_{h-2}[(s_2+h-2)p_1+q_0]+\cdots+b_0[s_2p_{h-1}+q_{h-2}]=0,$$

即

$$b_h[s_1(s_1-1)+p_{-1}s_1+q_{-2}]+b_{h-1}[(s_1-1)p_0+q_{-1}]+\cdots+b_0[s_2p_{h-1}+q_{h-2}]=0. \tag{9.3.12}$$

按照判定方程,$s_1(s_1-1)+p_{-1}s_1+q_{-2}=0$,递推公式(9.3.12)成为

$$b_h\cdot0+b_{h-1}[(s_1-1)p_0+q_{-1}]+\cdots+b_0[s_2p_{h-1}+q_{h-2}]=0. \tag{9.3.13}$$

我们要推算的 b_h 从上面的递推公式中消失了,又怎么能推算出 b_h 呢?系数的递推失败.不过,在某种特殊情况下,递推公式(9.3.13)成为恒等式

$$b_h\cdot0+b_{h-1}\cdot0+b_{h-2}\cdot0+\cdots+b_0\cdot0=0,$$

则 b_h 为任意常数，系数的递推仍可顺利进行.

对于 $s_1-s_2\neq$ 正整数及零的情形，由于递推公式(9.3.11)中 $[(s_2+k)(s_2+k-1)+p_{-1}(s_2+k)+q_{-2}]\neq 0$ $(k=1,2,\cdots)$，可以利用递推公式确定所有 b_k，从而求得第二个线性独立的解.

(9.3.7)的系数递推不顺利，这意思是说，方程(9.3.1)的第二个解并不是(9.3.7)的形式. 那么，它的形式应该是怎样的呢? 这个问题可利用朗斯基行列式的性质来解决.

记方程(9.3.1)的两个线性独立解为 $w_1(z)$ 和 $w_2(z)$

$$w_1''+p(z)w_1'+q(z)w_1=0,\tag{9.3.14}$$
$$w_2''+p(z)w_2'+q(z)w_2=0,\tag{9.3.15}$$

则行列式

$$\Delta(z)=\begin{vmatrix} w_1(z) & w_2(z) \\ w_1'(z) & w_2'(z) \end{vmatrix}=w_1w_2'-w_1'w_2$$

称为方程(9.3.1)的**朗斯基行列式**.

其实，不必求解微分方程就可以写出它的朗斯基行列式. 事实上，以 w_1 遍乘(9.3.15)的每一项，以 w_2 遍乘(9.3.14)的每一项，两者相减即得

$$(w_1w_2''-w_1''w_2)+p(w_1w_2'-w_1'w_2)=0,$$

即

$$\frac{d\Delta(z)}{dz}+p\Delta(z)=0,$$

从而

$$\Delta(z)=\Delta_0 e^{-\int p(x)dx},\tag{9.3.16}$$

式中 Δ_0 是常数.

有了朗斯基行列式，就可以从二阶微分方程的一个解 $w_1(z)$ 求得线性独立的第二个解 $w_2(z)$. 事实上，易证

$$\frac{d}{dz}\left(\frac{w_2}{w_1}\right)=\frac{w_1w_2'-w_1'w_2}{w_1^2}=\frac{\Delta(z)}{w_1^2},$$

从而

$$w_2=w_1\int\frac{\Delta(z)}{[w_1(z)]^2}dz.\tag{9.3.17}$$

对于方程(9.3.1)，已知其一个解的形式是(9.3.6)，以此代入(9.3.17)，就可求得线性独立的第二个解的形式，其结果就是(9.3.8). 有兴趣的读者不妨自行验算.

下面以贝塞尔方程为例，说明在方程的正则奇点邻域上如何用级数解法求解线性二阶常微分方程.

(三) 贝塞尔方程

在点 $x_0=0$ 的邻域上求解 ν 阶贝塞尔方程

$$x^2y''+xy'+(x^2-\nu^2)y=0.\tag{9.3.18}$$

方程即 $y''+(1/x)y'+(1-\nu^2/x^2)y=0$. 点 $x_0=0$ 是 $p(x)=1/x$ 的一阶极点，同时又是 $q(x)=1-\nu^2/x^2$ 的二阶极点. 因此，点 $x_0=0$ 是贝塞尔方程的正则奇点. 判定方程为

$$s(s-1)+s-\nu^2=0, \quad 即\ s^2-\nu^2=0.$$

它的两个根为 $s_1=\nu$，$s_2=-\nu$. 下面分三种情形进行讨论.

（1）$s_1 - s_2 = 2\nu \neq$ 正整数和零. 此时，方程（9.3.18）线性独立的两个解为（9.3.6）和（9.3.7）的形式.

先不分 s_1 和 s_2，记为 s，以实变数 x 的级数解（最低次幂为 s）

$$y(x) = a_0 x^s + a_1 x^{s+1} + a_2 x^{s+2} + \cdots + a_k x^{s+k} + \cdots, \quad (a_0 \neq 0)$$

代入方程（9.3.18）. 合并同幂次的项，列表如下.

	x^s 项	x^{s+1} 项	x^{s+2} 项	$\cdots$	x^{s+k} 项	$\cdots$
$x^2 y'' =$	$s(s-1)a_0$	$(s+1)s a_1$	$(s+2)(s+1)a_2$	$\cdots$	$(s+k)(s+k-1)a_k$	$\cdots$
$xy' =$	$s a_0$	$(s+1)a_1$	$(s+2)a_2$	$\cdots$	$(s+k)a_k$	$\cdots$
$x^2 y =$			a_0		a_{k-2}	$\cdots$
$-\nu^2 y =$	$-\nu^2 a_0$	$-\nu^2 a_1$	$-\nu^2 a_2$	$\cdots$	$-\nu^2 a_k$	$\cdots$

上表各个幂次合并后的系数应为零. 由此得

$$\begin{cases} [s^2 - \nu^2] a_0 = 0, \\ [(s+1)^2 - \nu^2] a_1 = 0, \\ [(s+2)^2 - \nu^2] a_2 + a_0 = 0, \\ \quad\cdots\cdots\cdots\cdots \\ [(s+k)^2 - \nu^2] a_k + a_{k-2} = 0, \\ \quad\cdots\cdots\cdots\cdots \end{cases} \tag{9.3.19}$$

根据约定 $a_0 \neq 0$，（9.3.19）中第一个方程即是判定方程：$s^2 - \nu^2 = 0$，两个根前面已经解出. 将这两个根代入（9.3.19）中第二个方程，有 $[(\pm\nu+1)^2 - \nu^2] a_1 = 0$，得

$$a_1 = 0.$$

利用以后各式进行系数的递推，**递推公式**是

$$[(s+k)^2 - \nu^2] a_k + a_{k-2} = 0,$$

即

$$\begin{aligned} a_k &= \frac{-1}{(s+k)^2 - \nu^2} a_{k-2} \\ &= \frac{-1}{(s+k+\nu)(s+k-\nu)} a_{k-2}. \end{aligned}$$

先取 $s_1 = +\nu$，递推公式成为 $a_k = -a_{k-2}/k(2\nu+k)$. 于是，

$$a_2 = \frac{-1}{2(2\nu+2)} a_0 = -\frac{1}{1!(\nu+1)} \cdot \frac{1}{2^2} a_0,$$

$$a_3 = \frac{-1}{3(2\nu+3)} a_1 = 0,$$

$$a_4 = \frac{-1}{4(2\nu+4)} a_2 = -\frac{1}{2(\nu+2)} \frac{1}{2^2} a_2$$

$$= \frac{1}{2!(\nu+1)(\nu+2)} \frac{1}{2^4} a_0,$$

$$\cdots\cdots\cdots\cdots$$

$$a_{2k} = (-1)^k \frac{1}{k!(\nu+1)(\nu+2)\cdots(\nu+k)} \cdot \frac{1}{2^{2k}} a_0,$$

$$a_{2k+1} = 0.$$

$$\cdots\cdots\cdots\cdots$$

这样，得到 ν 阶贝塞尔方程的一个特解

$$y_1(x) = a_0 x^\nu \left[1 - \frac{1}{1!(\nu+1)} \left(\frac{x}{2}\right)^2 \right.$$

$$+ \frac{1}{2!(\nu+1)(\nu+2)} \left(\frac{x}{2}\right)^4 - \cdots$$

$$\left. + (-1)^k \frac{1}{k!(\nu+1)(\nu+2)\cdots(\nu+k)} \left(\frac{x}{2}\right)^{2k} + \cdots \right] \tag{9.3.20}$$

由于这个级数相邻两项 x 的幂次相差 x^2，因此，在 z 平面上它的收敛半径 R，按 (3.2.3) 为

$$R^2 = \lim_{k\to\infty} |a_{k-2}/a_k| = \lim_{k\to\infty} k(2\nu+k) = \infty.$$

这是说，$R = \infty$，只要 x 有限，级数解 (9.3.20) 就收敛. 通常取

$$a_0 = 1/2^\nu \Gamma(\nu+1)$$

[关于实变数 x 的 $\Gamma(x)$ 通常在微积分教科书中都有，关于复变数 z 的 Γ 函数，读者可参阅附录十四]，并把这个解叫作 ν 阶**贝塞尔函数**，记作 $\mathrm{J}_\nu(x)$，

$$\mathrm{J}_\nu(x) = \sum_{k=0}^{\infty} (-1)^k \frac{1}{k!\Gamma(\nu+k+1)} \left(\frac{x}{2}\right)^{\nu+2k}. \tag{9.3.21}$$

再取 $s_2 = -\nu$，递推公式成为 $b_k = -b_{k-2}/k(k-2\nu)$. 于是，

$$b_2 = \frac{-1}{2(2-2\nu)} b_0 = -\frac{1}{1!(-\nu+1)} \cdot \frac{1}{2^2} b_0,$$

$$b_3 = \frac{-1}{3(3-2\nu)} b_1 = 0,$$

$$b_4 = \frac{-1}{4(4-2\nu)} b_2 = -\frac{1}{2(-\nu+2)} \frac{1}{2^2} b_2$$

$$= \frac{1}{2!(-\nu+1)(-\nu+2)} \frac{1}{2^4} b_0,$$

$$\cdots\cdots\cdots\cdots$$

$$b_{2k} = (-1)^k \frac{1}{k!(-\nu+1)(-\nu+2)\cdots(-\nu+k)} \cdot \frac{1}{2^{2k}} b_0,$$

$$b_{2k+1} = 0.$$

$$\cdots\cdots\cdots\cdots$$

这样，得贝塞尔方程的另一个特解

$$y_2(x) = b_0 x^{-\nu} \left[1 - \frac{1}{1!(-\nu+1)} \left(\frac{x}{2}\right)^2 \right.$$

$$+ \frac{1}{2!(-\nu+1)(-\nu+2)} \left(\frac{x}{2}\right)^4 - \cdots$$

$$+(-1)^k \frac{1}{k!(-\nu+1)(-\nu+2)\cdots(-\nu+k)}\left(\frac{x}{2}\right)^{2k}+\cdots\Bigg].$$

跟级数(9.3.20)相类似, 这个级数的收敛半径 R 的平方

$$R^2 = \lim_{k\to\infty}|b_{k-2}/b_k| = \lim_{k\to\infty}k(-2\nu+k) = \infty.$$

这是说, $R=\infty$, 由于级数存在负幂项, 只要 $0<x<\infty$, 这个级数解就收敛. 通常取

$$b_0 = 1/2^{-\nu}\Gamma(-\nu+1),$$

并把这个解叫作 $-\nu$ 阶**贝塞尔函数**, 记作 $J_{-\nu}(x)$,

$$J_{-\nu}(x) = \sum_{k=0}^{\infty}(-1)^k \frac{1}{k!\Gamma(-\nu+k+1)}\left(\frac{x}{2}\right)^{-\nu+2k}. \tag{9.3.22}$$

ν 阶贝塞尔方程的通解是

$$y(x) = C_1 J_\nu(x) + C_2 J_{-\nu}(x), \tag{9.3.23}$$

C_1、C_2 为任意常数, 与 x 无关.

有时取 $C_1 = \cot\nu\pi$, $C_2 = -\csc\nu\pi$ 代入(9.3.23)得到一个特解, 以此作为 ν 阶贝塞尔方程的第二个线性独立的解. 叫作 ν 阶**诺伊曼函数**, 即

$$N_\nu(x) = \frac{J_\nu(x)\cos\nu\pi - J_{-\nu}(x)}{\sin\nu\pi}. \tag{9.3.24}$$

因此, ν 阶贝塞尔方程的通解也可取为

$$y(x) = C_1 J_\nu(x) + C_2 N_\nu(x). \tag{9.3.25}$$

(2) $s_1 - s_2 = 2\nu = 2l+1$ ($l = 0,1,2,\cdots$). 即 $\nu = l+1/2$ 为半奇数. 此时, 方程(9.3.18)成为

$$x^2 y'' + xy' + \left[x^2 - \left(l+\frac{1}{2}\right)^2\right]y = 0. \tag{9.3.26}$$

点 $x_0 = 0$ 为方程的正则奇点.

首先考虑 $l=0$ 的 $1/2$ 阶贝塞尔方程

$$x^2 y'' + xy' + \left[x^2 - \left(\frac{1}{2}\right)^2\right]y = 0. \tag{9.3.27}$$

上例已解出判定方程两根为 $s_1 = \nu$, $s_2 = -\nu$. 在这里就是 $s_1 = 1/2$, $s_2 = -1/2$. 对应于大根 $s_1 = 1/2$ 的特解即贝塞尔函数(9.3.21), 其中 $\nu = 1/2$. 这就是 $1/2$ 阶贝塞尔函数

$$J_{\frac{1}{2}}(x) = \sum_{k=0}^{\infty}(-1)^k \frac{1}{k!\Gamma\left(k+\frac{3}{2}\right)}\left(\frac{x}{2}\right)^{\frac{1}{2}+2k}$$

$$= \sum_{k=0}^{\infty}\frac{(-1)^k}{k!\left(k+\frac{1}{2}\right)\left(k+\frac{1}{2}-1\right)\cdots\frac{1}{2}\cdot\Gamma\left(\frac{1}{2}\right)}\left(\frac{x}{2}\right)^{\frac{1}{2}+2k}$$

$$= \sum_{k=0}^{\infty}\frac{(-1)^k}{k!(2k+1)(2k-1)\cdots5\cdot3\cdot1\sqrt{\pi}}\left(\frac{1}{2}\right)^{k-\frac{1}{2}}x^{\frac{1}{2}+2k}$$

$$= \sqrt{\frac{2x}{\pi}}\sum_{k=0}^{\infty}\frac{(-1)^k}{2k(2k-2)\cdots4\cdot2\cdot(2k+1)(2k-1)\cdots5\cdot3\cdot1}x^{2k}$$

$$= \sqrt{\frac{2x}{\pi}} \sum_{k=0}^{\infty} (-1)^k \frac{1}{(2k+1)!} x^{2k}$$

$$= \sqrt{\frac{2}{\pi x}} \sum_{k=0}^{\infty} (-1)^k \frac{1}{(2k+1)!} x^{2k+1} = \sqrt{\frac{2}{\pi x}} \sin x. \qquad (9.3.28)$$

判定方程两根之差 $s_1 - s_2 = 1$ 是整数，第二个特解的形式是 (9.3.8)，即

$$y_2(x) = A J_{\frac{1}{2}}(x) \ln x + \sum_{k=-1/2}^{\infty} b_k x^k.$$

这里稍微改变了 b 的下标，这是无所谓的. 把上式代入 1/2 阶贝塞尔方程，得

$$A \left[x^2 J''_{\frac{1}{2}} + x J'_{\frac{1}{2}} + \left(x^2 - \frac{1}{4} \right) J_{\frac{1}{2}} \right] \ln x + 2Ax J'_{\frac{1}{2}} +$$

$$\sum_{k=-1/2}^{\infty} k(k-1) b_k x^k + \sum_{k=-1/2}^{\infty} k b_k x^k +$$

$$\sum_{k=-1/2}^{\infty} b_k x^{k+2} - \sum_{k=-1/2}^{\infty} \frac{1}{4} b_k x^k = 0.$$

1/2 阶贝塞尔函数是 1/2 阶贝塞尔方程的解，所以上式的 [ ] = 0，加以适当归并，上式成为

$$2Ax J'_{\frac{1}{2}} + \sum_{k=-1/2}^{\infty} \left(k^2 - \frac{1}{4} \right) b_k x^k + \sum_{k=-1/2}^{\infty} b_k x^{k+2} = 0.$$

把各个幂次的项分别集合列表如下.

	$x^{-\frac{1}{2}}$ 项	$x^{\frac{1}{2}}$ 项	$x^{\frac{3}{2}}$ 项	$x^{\frac{5}{2}}$ 项	$\cdots$	x^{k+2} 项	$\cdots$
$2Ax J'_{\frac{1}{2}} =$		$A\sqrt{\frac{2}{\pi}}$		$-A\sqrt{\frac{2}{\pi}} \frac{5}{3!}$	$\cdots$	$(-1)^{\frac{2k+3}{4}} \cdot \sqrt{\frac{2}{\pi}} \cdot$ $\frac{2(k+2)}{(k+5/2)!} A$ （限于 $k=$ 偶数 $+1/2$）	$\cdots$
$\sum \left(k^2 - \frac{1}{4} \right)$ $\times b_k x^k =$	$0 b_{-\frac{1}{2}}$	$0 b_{\frac{1}{2}}$	$\left[\left(\frac{3}{2} \right)^2 - \frac{1}{4} \right] b_{\frac{3}{2}}$	$\left[\left(\frac{5}{2} \right)^2 - \frac{1}{4} \right] b_{\frac{5}{2}}$	$\cdots$	$\left[(k+2)^2 - \frac{1}{4} \right] b_{k+2}$	$\cdots$
$\sum b_k x^{k+2} =$			$b_{-\frac{1}{2}}$	$b_{\frac{1}{2}}$	$\cdots$	b_k	$\cdots$

从 $x^{-1/2}$ 项系数为零，知

$$b_{-\frac{1}{2}} \text{任意}.$$

从 $x^{1/2}$ 项系数为零，知

$$A = 0, \quad b_{\frac{1}{2}} \text{任意}.$$

不难验证，从任意常数 $b_{\frac{1}{2}}$ 递推下去，所得各项正好组成 $\sqrt{\pi/2} \, b_{\frac{1}{2}} J_{\frac{1}{2}}(x)$，这是我们已经求出的第一解，可以弃置不论. 这是说，不妨认为 $b_{\frac{1}{2}} = 0$. 于是递推出

$$b_{\frac{5}{2}}, b_{\frac{9}{2}}, b_{\frac{13}{2}}, \cdots, \text{全为零.}$$

从 $x^{3/2}, x^{7/2}, x^{11/2}, \cdots$ 等项的系数为零，得

$$b_{\frac{3}{2}} = -\frac{1}{2} b_{-\frac{1}{2}}, \quad b_{\frac{7}{2}} = -\frac{1}{4 \cdot 3} b_{\frac{3}{2}} = \frac{1}{4!} b_{-\frac{1}{2}},$$

$$b_{\frac{11}{2}} = -\frac{1}{6 \cdot 5} b_{\frac{7}{2}} = -\frac{1}{6!} b_{-\frac{1}{2}}, \cdots.$$

于是，求得第二个特解

$$y_2(x) = b_{-\frac{1}{2}} x^{-\frac{1}{2}} \left(1 - \frac{x^2}{2!} + \frac{x^4}{4!} - \frac{x^6}{6!} + \cdots \right)$$

$$= b_{-\frac{1}{2}} \frac{1}{\sqrt{x}} \cos x.$$

通常取 $b_{-\frac{1}{2}} = \sqrt{2/\pi}$，第二个特解成为

$$\mathrm{J}_{-\frac{1}{2}}(x) = \sqrt{\frac{2}{\pi x}} \cos x. \tag{9.3.29}$$

尽管判定方程两根之差是正整数 1，但常数 $A = 0$，第二个特解的表达式中并不出现对数函数.

$\frac{1}{2}$ 阶贝塞尔方程的通解是

$$y(x) = C_1 \mathrm{J}_{\frac{1}{2}}(x) + C_2 \mathrm{J}_{-\frac{1}{2}}(x). \tag{9.3.30}$$

接着考虑一般的半奇数 $(l+1/2)$ 阶贝塞尔方程 (9.3.26)，判定方程的两个根为 $s_1 = l+1/2$，$s_2 = -(l+1/2)$，两根之差 $s_1 - s_2 = 2l+1$，为正整数. 对应大根 $s_1 = l+1/2$ 的特解应为 $\nu = l+1/2$ 阶的贝塞尔函数 (9.3.21)，即

$$\mathrm{J}_{l+\frac{1}{2}}(x) = \sum_{k=0}^{\infty} \frac{(-1)^k}{k! \Gamma(l + 1/2 + k + 1)} \left(\frac{x}{2} \right)^{l+\frac{1}{2}+2k}. \tag{9.3.31}$$

第二个线性独立的特解形式是 (9.3.8)，即

$$y_2(x) = A \mathrm{J}_{l+\frac{1}{2}}(x) \ln x + \sum_{k=-(l+1)}^{\infty} b_k x^k.$$

以此代入方程 (9.3.26)，可证同样有 $A = 0$，所以第二个特解仍可用 (9.3.22) 表示，不过应取 $-\nu = -(l+1/2)$，即

$$\mathrm{J}_{-\left(l+\frac{1}{2}\right)}(x) = \sum_{k=0}^{\infty} \frac{(-1)^k}{k! \Gamma(-l - 1/2 + k + 1)} \left(\frac{x}{2} \right)^{-l-\frac{1}{2}+2k}. \tag{9.3.32}$$

$(l+1/2)$ 阶贝塞尔方程的通解是

$$y(x) = C_1 \mathrm{J}_{l+1/2}(x) + C_2 \mathrm{J}_{-(l+1/2)}(x). \tag{9.3.33}$$

（3）$s_1 - s_2 = 2\nu = 2m \quad (m = 0, 1, 2, \cdots)$. 即 $\nu = m$ 为整数（包括零）. 此时，方程 (9.3.18) 成为

$$x^2 y'' + xy' + (x^2 - m^2) y = 0. \tag{9.3.34}$$

对应大根 $s_1 = m$ 的特解仍为贝塞尔函数 (9.3.21)，不过应取 $\nu = m$，即整数 m 阶贝塞尔函数

$$J_m(x) = \sum_{k=0}^{\infty} (-1)^k \frac{1}{k!(m+k)!} \left(\frac{x}{2}\right)^{m+2k} \qquad (9.3.35)$$

其中用了 $\Gamma(x)$ 的公式 $\Gamma(m+k+1) = (m+k)!$.

对应小根 $s_2 = -m$ 的特解，这里先尝试仍求 (9.3.7) 形式的解，这样得到的特解就是 (9.3.22)，其中 $-\nu = -m$，得 $-m$ 阶贝塞尔函数

$$J_{-m}(x) = \sum_{k=0}^{\infty} (-1)^k \frac{1}{k!\Gamma(-m+k+1)} \left(\frac{x}{2}\right)^{-m+2k}.$$

由于 m 是 0 或正整数，只要 $k<m$，则 $-m+k+1$ 是零或负整数，而零或负整数的 Γ 函数为无限大，所以上面这个级数实际上只从 $k=m$ 的项开始，

$$J_{-m}(x) = \sum_{k=m}^{\infty} (-1)^k \frac{1}{k!\Gamma(-m+k+1)} \left(\frac{x}{2}\right)^{-m+2k}.$$

令 $l=k-m$，则

$$\begin{aligned}
J_{-m}(x) &= \sum_{l=0}^{\infty} (-1)^{l+m} \frac{1}{(l+m)!\Gamma(l+1)} \left(\frac{x}{2}\right)^{m+2l} \\
&= (-1)^m \sum_{l=0}^{\infty} (-1)^l \frac{1}{(l+m)!l!} \left(\frac{x}{2}\right)^{m+2l} \\
&= (-1)^m J_m(x), \qquad (9.3.36)
\end{aligned}$$

与第一个特解只相差一个常数，不能作为线性独立的第二个特解！

下面用级数解法来求第二个线性独立的解，为此，应从 (9.3.8) 形式的级数出发. 在这里就是

$$y_2(x) = A J_m(x) \ln x + \sum_{k=0}^{\infty} b_k x^{-m+k}$$

先考虑 $m=1,2,\cdots$ 的情况，把上式代入 m 阶贝塞尔方程，得

$$A\left[x^2 J_m'' + x J_m' + (x^2-m^2) J_m\right] \ln x + 2A x J_m' + \sum_{k=0}^{\infty} (-m+k)(-m+k-1)$$

$$b_k x^{-m+k} + \sum_{k=0}^{\infty} (-m+k) b_k x^{-m+k} + (x^2-m^2) \sum_{k=0}^{\infty} b_k x^{-m+k} = 0.$$

即

$$A\left[x^2 J_m'' + x J_m' + (x^2-m^2) J_m\right] \ln x + 2A x J_m' +$$

$$\sum_{k=0}^{\infty} \left[(-m+k)^2 - m^2\right] b_k x^{-m+k} + \sum_{k=2}^{\infty} b_{k-2} x^{-m+k} = 0. \qquad (9.3.37)$$

m 阶贝塞尔函数是 m 阶贝塞尔方程的解，所以上式的第一个 $[\quad] = 0$. 另外，$2A x J_m'(x) = 2A \sum_{n=0}^{\infty} \frac{(-1)^n (m+2n)}{n!(m+n)!} \left(\frac{x}{2}\right)^{m+2n}$ 的最低幂项是 x^m 项. 先把 (9.3.37) 里幂次低于 m 的项（即 $k<2m$ 的项）分别集合如下表，$x J_m'$ 项这时暂不必考虑.

	x^{-m}项	x^{-m+1}项	x^{-m+2}项	⋯	x^{-m+k}项	⋯
$\sum_{k=0}^{\infty}\cdots$	$0b_0$	$[(m-1)^2-m^2]b_1$	$[(m-2)^2-m^2]b_2$	⋯	$[(m-k)^2-m^2]b_k$	⋯
$\sum_{k=2}^{\infty}\cdots$			b_0	⋯	b_{k-2}	

令上表各个幂次合并后的系数分别为零，得

$$0 \cdot b_0 = 0, \qquad\qquad [(m-1)^2-m^2]b_1 = 0,$$
$$[(m-2)^2-m^2]b_2 + b_0 = 0, \qquad [(m-3)^2-m^2]b_3 + b_1 = 0,$$
$$\cdots\cdots\cdots$$
$$[(m-k)^2-m^2]b_k + b_{k-2} = 0,$$
$$\cdots\cdots\cdots$$

由此得

$$b_0 \text{ 任意},$$

$$b_2 = \frac{1}{1!(m-1)}\frac{1}{2^2}b_0, \qquad\qquad b_1 = 0,$$
$$\cdots\cdots\cdots \qquad\qquad b_3 = 0,$$

$$b_{2n} = \frac{1}{n!(m-n)(m-n+1)\cdots(m-1)2^{2n}}b_0 \qquad \cdots\cdots\cdots$$

$$= \frac{m}{2^m m!}\cdot\frac{(m-n-1)!}{n!}\left(\frac{1}{2}\right)^{-m+2n}b_0, \qquad b_{2n+1} = 0,$$

$$\cdots\cdots\cdots \qquad\qquad \cdots\cdots\cdots$$

$$b_{2m-2} = \frac{m^2}{2^{2m-2}(m!)^2}b_0. \qquad\qquad b_{2m-1} = 0.$$

其次，观察(9.3.37)里的 x^m（即 $k=2m$）项，令这种项合并后的系数为零，得

$$A\frac{m}{m!2^{m-1}} + 0\cdot b_{2m} + b_{2m-2} = 0.$$

由此得

$$b_{2m} \text{ 任意}, \quad A = -\frac{m!2^{m-1}}{m}b_{2m-2} = \frac{-2m}{2^m m!}b_0.$$

不难验证，从任意常数 b_{2m} 递推下去，所得各项正好组成 $b_{2m}\mathrm{J}_m(x)$，这是我们已经求出的第一解，可以弃之不论. 这是说，不妨认为 $b_{2m}=0$. 最后，把(9.3.37)里幂次高于 m 的项（即 $k>2m$ 和 $n>0$ 的项）分别集合如下表.

	x^{m+1}项	x^{m+2}项	x^{m+3}项	x^{m+4}项	⋯
$2Ax\mathrm{J}_m'$	无	$2A\dfrac{(-1)(m+2)}{(m+1)!}\left(\dfrac{1}{2}\right)^{m+2}$	无	$2A\dfrac{(-1)^2(m+4)}{2!(m+2)!}\left(\dfrac{1}{2}\right)^{m+4}$	⋯
$\sum_{k=0}^{\infty}\cdots$	$[(m+1)^2-m^2]b_{2m+1}$	$[(m+2)^2-m^2]b_{2m+2}$	$[(m+3)^2-m^2]b_{2m+3}$	$[(m+4)^2-m^2]b_{2m+4}$	⋯
$\sum_{k=2}^{\infty}\cdots$	b_{2m-1}	b_{2m}（认为是零）	b_{2m+1}	b_{2m+2}	⋯

令上表各个幂次合并后的系数分别为零，得

$$
\begin{cases}
\left[(m+1)^2-m^2\right]b_{2m+1}+b_{2m-1}=0, \\
2A\dfrac{(-1)(m+2)}{(m+1)!}\left(\dfrac{1}{2}\right)^{m+2}+\left[(m+2)^2-m^2\right]b_{2m+2}=0, \\
\left[(m+3)^2-m^2\right]b_{2m+3}+b_{2m+1}=0, \\
2A\dfrac{(-1)^2(m+4)}{2!(m+2)!}\left(\dfrac{1}{2}\right)^{m+4}+\left[(m+4)^2-m^2\right]b_{2m+4}+b_{2m+2}=0, \\
\cdots\cdots\cdots\cdots
\end{cases}
$$

由此得

$$b_{2m+1}=-\frac{1}{1(2m+1)}b_{2m-1}=0,$$

$$b_{2m+2}=-\frac{1}{2(2m+2)}2A\frac{(-1)(m+2)}{(m+1)!}\left(\frac{1}{2}\right)^{m+2}$$

$$=\frac{m}{m!2^m}\cdot\frac{(-1)}{(m+1)!1!}\left(\frac{1}{2}\right)^{m+2}\left(\frac{m+2}{m+1}\right)b_0$$

$$=\frac{m}{m!2^m}\cdot\frac{(-1)^1}{(m+1)!1!}\left(\frac{1}{2}\right)^{m+2}\left(\frac{1}{m+1}+1\right)b_0,$$

$$b_{2m+3}=-\frac{1}{3(2m+3)}b_{2m+1}=0,$$

$$b_{2m+4}=-\frac{1}{4(2m+4)}\left[b_{2m+2}+2A\frac{(-1)^2(m+4)}{2!(m+2)!}\left(\frac{1}{2}\right)^{m+4}\right]$$

$$=\frac{m}{m!2^m}\cdot\left[\frac{(-1)^2}{(m+1)!1!}\left(\frac{1}{2}\right)^{m+2}\left(\frac{1}{m+1}+1\right)\cdot\frac{1}{4\cdot2(m+2)}+\right.$$

$$\left.\frac{(-1)^2}{2!(m+2)!}\left(\frac{1}{2}\right)^{m+4}\frac{4(m+4)}{4\cdot2(m+2)}\right]b_0$$

$$=\frac{m}{m!2^m}\cdot\frac{(-1)^2}{2!(m+2)!}\left(\frac{1}{2}\right)^{m+4}\left[\left(\frac{1}{m+1}+1\right)+\right.$$

$$\left.\frac{m+4}{2(m+2)}\right]b_0$$

$$=\frac{m}{m!2^m}\cdot\frac{(-1)^2}{2!(m+2)!}\left(\frac{1}{2}\right)^{m+4}\left[\left(\frac{1}{m+1}+1\right)+\right.$$

$$\left.\left(\frac{1}{m+2}+\frac{1}{2}\right)\right]b_0$$

$$=\frac{m}{m!2^m}\cdot\frac{(-1)^2}{2!(m+2)!}\left(\frac{1}{2}\right)^{m+4}\left[\left(\frac{1}{2}+1\right)+\right.$$

$$\left.\left(\frac{1}{m+2}+\frac{1}{m+1}\right)\right]b_0.$$

依此类推

$$b_{2m+2n} = \frac{m}{m!2^m} \cdot \frac{(-1)^n}{n!(m+n)!}\left(\frac{1}{2}\right)^{m+2n} \times$$

$$\left[\left(\frac{1}{n}+\frac{1}{n-1}+\cdots+\frac{1}{2}+1\right)+\left(\frac{1}{m+n}+\frac{1}{m+n-1}+\cdots+\frac{1}{m+1}\right)\right]b_0,$$

$$b_{2m+2n+1} = 0.$$

到这里，终于求得第二个特解

$$y_2(x) = \frac{mb_0}{m!2^m}\left\{(-2\ln x)J_m(x) + \sum_{n=0}^{m-1}\frac{(m-n-1)!}{n!}\left(\frac{x}{2}\right)^{-m+2n} + \right.$$

$$\sum_{n=1}^{\infty}\frac{(-1)^n}{n!(m+n)!}\left[\left(\frac{1}{n}+\frac{1}{n-1}+\cdots+\frac{1}{2}+1\right)+\right.$$

$$\left.\left.\left(\frac{1}{m+n}+\cdots+\frac{1}{m+2}+\frac{1}{m+1}\right)\right]\left(\frac{x}{2}\right)^{m+2n}\right\}.$$

在数学理论中，通常取 $b_0 = -m!2^m/m\pi$，则

$$y_2(x) = \frac{2}{\pi}J_m(x)\ln x - \frac{1}{\pi}\sum_{n=0}^{m-1}\frac{(m-n-1)!}{n!}\left(\frac{x}{2}\right)^{-m+2n} -$$

$$\frac{1}{\pi}\sum_{n=1}^{\infty}\frac{(-1)^n}{n!(m+n)!}\left[\left(\frac{1}{n}+\frac{1}{n-1}+\cdots+\frac{1}{2}+1\right)+\right.$$

$$\left.\left(\frac{1}{m+n}+\cdots+\frac{1}{m+2}+\frac{1}{m+1}\right)\right]\left(\frac{x}{2}\right)^{m+2n}.$$

并把这个特解与 $\left[\frac{2}{\pi}(C-\ln 2)-\frac{1}{\pi}\left(\frac{1}{m}+\cdots+\frac{1}{2}+1\right)\right]J_m(x)$ 的和叫做 m 阶**诺伊曼函数**，记作 $N_m(x)$.

同时将 $J_m(x) = \sum_{n=0}^{\infty}\frac{(-1)^n}{n!(m+n)!}\left(\frac{x}{2}\right)^{m+2n}$ 代入，有

$$N_m(x) = \frac{2}{\pi}\left(\ln\frac{x}{2}+C\right)J_m(x) - \frac{1}{\pi}\sum_{n=0}^{m-1}\frac{(m-n-1)!}{n!}\left(\frac{x}{2}\right)^{-m+2n} -$$

$$\frac{1}{\pi m!}\left(\frac{1}{m}+\cdots+\frac{1}{2}+1\right)\left(\frac{x}{2}\right)^m -$$

$$\frac{1}{\pi}\sum_{n=1}^{\infty}\frac{(-1)^n}{n!(m+n)!}\left(\frac{1}{m+n}+\cdots+\frac{1}{m+1}+\frac{1}{m}+\cdots+\frac{1}{2}+1\right)\left(\frac{x}{2}\right)^{m+2n} -$$

$$\frac{1}{\pi}\sum_{n=1}^{\infty}\frac{(-1)^n}{n!(m+n)!}\left(\frac{1}{n}+\cdots+\frac{1}{2}+1\right)\left(\frac{x}{2}\right)^{m+2n}. \qquad (9.3.38)$$

$$= \frac{2}{\pi}J_m(x)\ln\frac{x}{2} - \frac{1}{\pi}\sum_{n=0}^{m-1}\frac{(m-n-1)!}{n!}\left(\frac{x}{2}\right)^{-m+2n} -$$

$$\frac{1}{\pi m!}\left(\frac{1}{m}+\cdots+\frac{1}{2}+1-2C\right)\left(\frac{x}{2}\right)^m -$$

$$\frac{1}{\pi}\sum_{n=1}^{\infty}\frac{(-1)^n}{n!(m+n)!}\left[\left(\frac{1}{m+n}+\cdots+\frac{1}{m+1}+\frac{1}{m}+\cdots+\frac{1}{2}+1-C\right)+\right.$$

$$\left.\left(\frac{1}{n}+\cdots+\frac{1}{2}+1-C\right)\right]\left(\frac{x}{2}\right)^{m+2n} \qquad (9.3.39)$$

其中记号 C 代表欧拉常数，

$$C = \lim_{k \to \infty}\left(1 + \frac{1}{2} + \frac{1}{3} + \cdots + \frac{1}{k} - \ln k\right) = 0.577\,216\cdots.$$

应用附录十四中公式 $(23)(25)(26)$，引进 Γ 函数的对数导数 $\psi(z)$，上式可写成

$$N_m(x) = \frac{2}{\pi} J_m(x) \ln \frac{x}{2} - \frac{1}{\pi}\sum_{n=0}^{m-1}\frac{(m-n-1)!}{n!}\left(\frac{x}{2}\right)^{-m+2n}$$
$$- \frac{1}{\pi m!}\left(\frac{1}{m} + \cdots + \frac{1}{2} + 1 - 2C\right)\left(\frac{x}{2}\right)^{m}$$
$$- \frac{1}{\pi}\sum_{n=1}^{\infty}\frac{(-1)^n}{n!(m+n)!}[\psi(m+n+1)+\psi(n+1)]\left(\frac{x}{2}\right)^{m+2n},$$

在最后一个求和式中，如果增加 $n=0$ 的项，这一项正好就等于上式中第三大项，因此第三大项可以与第四大项合并，从而得，

$$N_m(x) = \frac{2}{\pi}J_m(x)\ln\frac{x}{2} - \frac{1}{\pi}\sum_{n=0}^{m-1}\frac{(m-n-1)!}{n!}\left(\frac{x}{2}\right)^{-m+2n}$$
$$- \frac{1}{\pi}\sum_{n=0}^{\infty}\frac{(-1)^n}{n!(m+n)!}[\psi(m+n+1)+\psi(n+1)]\left(\frac{x}{2}\right)^{m+2n}. \tag{9.3.40}$$

$(9.3.38)$、$(9.3.39)$ 和 $(9.3.40)$ 是 $N_m(x)$ 的常用表达式，以上是对正整数 m 阶贝塞尔方程求出的第二个线性独立的特解.

对于 $m=0$ 的情形，零阶贝塞尔方程为 $x^2y''+xy'+x^2y=0$，第一个特解前面已解出，就是 $J_m(x)$，取 $m=0$ 即可，为零阶贝塞尔函数 $J_0(x) = \sum_{n=0}^{\infty}\frac{(-1)^n}{(n!)^2}\left(\frac{x}{2}\right)^{2n}$. 而第二个线性无关的解，由于判定方程的根是重根 "0"，需用级数解法求形式为

$$y_2(x) = AJ_0(x)\ln x + \sum_{k=0}^{\infty}b_k x^k$$

的解. 把此式代入零阶贝塞尔方程，得

$$A(x^2J_0'' + xJ_0' + x^2J_0)\ln x + 2AxJ_0' + \sum_{k=0}^{\infty}k^2b_kx^k + \sum_{k=0}^{\infty}b_kx^{k+2} = 0,$$

$J_0(x)$ 是零阶贝塞尔方程的解，上式第一项括号中的项为 0. 上式成为

$$2A\sum_{k=0}^{\infty}\frac{(-1)^k 2k}{(k!)^2}\left(\frac{x}{2}\right)^{2k} + \sum_{k=0}^{\infty}k^2b_kx^k + \sum_{k=0}^{\infty}b_kx^{k+2} = 0.$$

合并同幂项，每个幂项系数均为零，得到待定系数之间的一系列关系，

x^0 项系数：　　　　$0 \cdot A + 0 \cdot b_0 = 0$，　A，b_0 均为任意常数；

x^1 项系数：　　　　　　　$b_1 = 0$；

x^2 项系数：　　$-A + 4b_2 + b_0 = 0$，　$b_2 = -\frac{b_0}{4 \cdot 1^2} - \frac{(-1)^1 A}{2^{2\cdot 1}}$；

x^3 项系数：　　　　$9b_3 + b_1 = 0$，　$b_3 = -\frac{1}{9}b_1 = 0$；

x^4 项系数：　　　　$\frac{2A}{2^{2\cdot 2}} + 16b_4 + b_2 = 0$，

$$b_4 = -\frac{b_2}{4 \cdot 2^2} - \frac{(-1)^2 A}{2^{2 \cdot 2} 2 \, (2!)^2} = \frac{(-1)^2 b_0}{2^{2 \cdot 2} (2!)^2} - \frac{(-1)^2 A}{2^{2 \cdot 2} (2!)^2} \left(\frac{1}{2} + 1 \right);$$

…………

x^{2n-1} 项系数：

$$(2n-1)^2 b_{2n-1} + b_{2n-3} = 0,$$

$$b_{2n-1} = -\frac{b_{2n-3}}{(2n-1)^2} = (-1)^2 \frac{b_{2n-5}}{(2n-1)^2 (2n-3)^2} = \cdots$$

$$= (-1)^n \frac{b_1}{[(2n-1)(2n-3)\cdots 3 \cdot 1]^2} = 0;$$

x^{2n} 项系数：

$$\frac{(-1)^n 4A}{2^{2n} \cdot (n!)^2} + (2n)^2 b_{2n} + b_{2n-2} = 0,$$

$$b_{2n} = -\frac{b_{2n-2}}{4n^2} - \frac{(-1)^n A}{2^{2n} n \cdot (n!)^2} = -\frac{1}{4n^2} \left[-\frac{b_{2n-4}}{4(n-1)^2} - \frac{(-1)^{n-1} A}{2^{2n-2} [(n-1)!]^2} \right] - \frac{(-1)^n A}{2^{2n} n (n!)^2}$$

$$= (-1)^2 \frac{b_{2n-4}}{2^{2 \cdot 2} [n(n-1)]^2} - \frac{(-1)^n A}{2^{2n} (n!)^2} \left[\frac{1}{n} + \frac{1}{n-1} \right];$$

像这样共递推 $n-1$ 次，得

$$b_{2n} = (-1)^n \frac{b_0}{2^{2n} (n!)^2} - \frac{(-1)^n A}{2^{2n} (n!)^2} \left(\frac{1}{n} + \frac{1}{n-1} + \cdots + \frac{1}{2} + \frac{1}{1} \right).$$

当 $n = 0$ 时，上式中第二项不存在，只有第一项.

于是，

$$y_2(x) = A J_0(x) \ln x + b_0 \sum_{n=0}^{\infty} \frac{(-1)^n}{2^{2n} (n!)^2} x^{2n} - A \sum_{n=1}^{\infty} \frac{(-1)^n}{2^{2n} (n!)^2} \left(\frac{1}{n} + \cdots + \frac{1}{2} + 1 \right) x^{2n}.$$

通常取 $A = \dfrac{2}{\pi}$，并将上式与 $\dfrac{2}{\pi} J_0(x)(C - \ln 2) - b_0 J_0(x)$ 的线性组合叫做零阶诺伊曼函数 $N_0(x)$，于是，得

$$N_0(x) = \frac{2}{\pi} J_0(x) \ln \frac{x}{2} + \frac{2}{\pi} C \sum_{n=0}^{\infty} \frac{(-1)^n}{(n!)^2} \left(\frac{x}{2} \right)^{2n}$$

$$- \frac{2}{\pi} \sum_{n=1}^{\infty} \frac{(-1)^n}{(n!)^2} \left(\frac{1}{n} + \cdots + \frac{1}{2} + 1 \right) \left(\frac{x}{2} \right)^{2n}$$

$$= \frac{2}{\pi} J_0(x) \ln \frac{x}{2} - \frac{2}{\pi} \left[-C + \sum_{n=1}^{\infty} \frac{(-1)^n}{(n!)^2} \left(\frac{1}{n} + \cdots + \frac{1}{2} + 1 - C \right) \left(\frac{x}{2} \right)^{2n} \right]$$

$$= \frac{2}{\pi} J_0(x) \ln \frac{x}{2} - \frac{2}{\pi} \sum_{n=0}^{\infty} \frac{(-1)^n}{(n!)^2} \psi(n+1) \left(\frac{x}{2} \right)^{2n}. \tag{9.3.41}$$

其中用到附录十四关于 $\psi(n+1)$ 和 $\psi(1)$ 的 (25)、(26) 式及其后的说明.

要求整数 m 阶贝塞尔方程的第二个线性独立的解，也可以尝试用 (9.3.24) 所定义的 ν 阶诺伊曼函数 $N_\nu(x) = [J_\nu(x) \cos \nu\pi - J_{-\nu}(x)] / \sin \nu\pi$. 可是，当 $\nu \to$ 整数 m，这个表达式成为不定式 $0/0$，必须运用洛必达法则求极限，

$$\lim_{\nu \to m} N_\nu(x) = \lim_{\nu \to m} \frac{J_\nu(x) \cos \nu\pi - J_{-\nu}(x)}{\sin \nu\pi}. \tag{9.3.42}$$

这个极限是存在的，具体的计算见附录八，其结果是附录八的（4）式，（4）式的等式右边跟（9.3.40）式的等式右边完全相同，所以

$$\lim_{\nu \to m} N_\nu(x) = N_m(x) = \frac{2}{\pi} J_m(x) \ln \frac{x}{2} - \frac{1}{\pi} \sum_{n=0}^{m-1} \frac{(m-n-1)!}{n!} \left(\frac{x}{2}\right)^{-m+2n}$$

$$- \frac{1}{\pi} \sum_{n=0}^{\infty} \frac{(-1)^n}{n!(m+n)!} [\psi(m+n+1) + \psi(n+1)] \left(\frac{x}{2}\right)^{m+2n}$$

$$(m = 0, 1, 2, \cdots, |\arg x| < \pi). \qquad (9.3.43)$$

就是整数 m 阶诺伊曼函数 $N_m(x)$，为整数 m 阶贝塞尔方程的跟 $J_m(x)$ 线性无关的第二个特解. 用 $\psi(m+n+1)$ 和 $\psi(n+1)$ 表示的 $N_m(x)$ 同时适用于 $m=0$ 和 $m=1,2,\cdots$，注意：$\psi(1) = -C$. 当 $m=0$ 时，第一求和项不存在，（9.3.43）式退化为（9.3.41），就是 $N_0(x)$.

这样，整数 m 阶贝塞尔方程的通解不是 $C_1 J_m(x) + C_2 J_{-m}(x)$，而是

$$C_1 J_m(x) + C_2 N_m(x). \qquad (9.3.44)$$

整数阶贝塞尔函数 $J_0(x) \sim J_3(x)$ 和整数阶诺伊曼函数 $N_0(x)$、$N_1(x)$ 的曲线图像分别画在图 11-1 和图 11-3 中，由表达式（9.3.35）、（9.3.21）、（9.3.22）、（9.3.24）、（9.3.40）可以看出，当 $x \to 0$，

$$\begin{cases} J_0(x) \to 1, \ J_\nu(x) \to 0, \ J_{-\nu}(x) \to \infty, \\ N_\nu(x) \to \pm\infty, \ N_m(x) \to -\infty, \qquad \nu > 0. \end{cases} \qquad (9.3.45)$$

因此，如果所研究的区域包含 $x=0$ 在内，往往就要排除 $N_0(x)$、$N_m(x)$、$J_{-\nu}(x)$、$N_\nu(x)$，而只剩下 $J_0(x)$、$J_m(x)$ 和 $J_\nu(x)$. 这样，我们说，贝塞尔方程，不管其阶数是整数与否，在 $x=0$ 总存在要求解取有限值的**自然的边界条件**.

（四）虚宗量贝塞尔方程

在柱坐标系对拉普拉斯方程分离变数，曾出现虚宗量贝塞尔方程（9.1.25），现在我们来求解一般的 ν 阶虚宗量贝塞尔方程

$$x^2 \frac{d^2 R}{dx^2} + x \frac{dR}{dx} - (x^2 + \nu^2) R = 0. \qquad (9.3.46)$$

作变数变换，令 $\xi = ix$，有 $\dfrac{dR}{dx} = i \dfrac{dR}{d\xi}$，方程（9.3.46）变成

$$\xi^2 \frac{d^2 R}{d\xi^2} + \xi \frac{dR}{d\xi} + (\xi^2 - \nu^2) R = 0, \qquad (9.3.47)$$

这是 ν 阶贝塞尔方程. 其在点 $\xi_0 = ix_0 = 0$ 的邻域上的解前面已经解出. 此处，按判定方程的根，分两种情形进行讨论.

（1）$s_1 - s_2 = 2\nu \neq$ 正整数和零. 此时，方程（9.3.47）的两个线性独立解分别是

$$J_\nu(\xi) = J_\nu(ix) = \sum_{k=0}^{\infty} \frac{(-1)^k}{k! \Gamma(\nu+k+1)} \left(\frac{ix}{2}\right)^{\nu+2k}$$

$$= i^\nu \sum_{k=0}^{\infty} \frac{1}{k! \Gamma(\nu+k+1)} \left(\frac{x}{2}\right)^{\nu+2k}$$

和

$$J_{-\nu}(\xi) = J_{-\nu}(ix) = \sum_{k=0}^{\infty} \frac{(-1)^k}{k! \Gamma(-\nu+k+1)} \left(\frac{ix}{2}\right)^{-\nu+2k}$$

$$= \mathrm{i}^{-\nu} \sum_{k=0}^{\infty} \frac{1}{k!\Gamma(-\nu+k+1)} \left(\frac{x}{2}\right)^{-\nu+2k}$$

或

$$N_\nu(\xi) = N_\nu(\mathrm{i}x) = \frac{\mathrm{J}_\nu(\mathrm{i}x)\cos\pi\nu - \mathrm{J}_{-\nu}(\mathrm{i}x)}{\sin\pi\nu}.$$

以上三式都含虚数单位 i，使用不便. 通常说的虚宗量贝塞尔函数指下列实值函数：

$$\mathrm{I}_\nu(x) = \mathrm{i}^{-\nu}\mathrm{J}_\nu(\mathrm{i}x) = \sum_{k=0}^{\infty} \frac{1}{k!\Gamma(\nu+k+1)} \left(\frac{x}{2}\right)^{\nu+2k}, \qquad (9.3.48)$$

$$\mathrm{I}_{-\nu}(x) = \mathrm{i}^{\nu}\mathrm{J}_{-\nu}(\mathrm{i}x) = \sum_{k=0}^{\infty} \frac{1}{k!\Gamma(-\nu+k+1)} \left(\frac{x}{2}\right)^{-\nu+2k}, \qquad (9.3.49)$$

(9.3.48)、(9.3.49)均为正项级数，除在 $x=0$ 外恒不为零. 于是，ν 阶虚宗量贝塞尔方程的一般解为

$$C_1\mathrm{I}_\nu(x) + C_2\mathrm{I}_{-\nu}(x), \qquad (9.3.50)$$

C_1、C_2 为任意常数.

(2) $s_1 - s_2 = 2\nu = 2m$ $(m=0,1,2,\cdots)$. 即 $\nu=m$ 为整数. 此时，方程(9.3.47)成为

$$\xi^2 \frac{\mathrm{d}^2 R}{\mathrm{d}\xi^2} + \xi \frac{\mathrm{d}R}{\mathrm{d}\xi} + (\xi^2 - m^2)R = 0. \qquad (9.3.51)$$

其第一个解为

$$\mathrm{I}_m(x) = \mathrm{i}^{-m}\mathrm{J}_m(\mathrm{i}x) = \sum_{k=0}^{\infty} \frac{1}{k!\Gamma(m+k+1)} \left(\frac{x}{2}\right)^{m+2k}, \qquad (9.3.52)$$

称为 m 阶虚宗量贝塞尔函数，为实值函数.

由于 $\mathrm{J}_{-m}(\mathrm{i}x) = (-1)^m\mathrm{J}_m(\mathrm{i}x)$，因此，$-m$ 阶虚宗量贝塞尔函数

$$\mathrm{I}_{-m}(x) = \mathrm{i}^m\mathrm{J}_{-m}(\mathrm{i}x) = \mathrm{i}^m(-1)^m\mathrm{J}_m(\mathrm{i}x) = \mathrm{i}^m(-1)^m\mathrm{i}^m\mathrm{I}_m(x) = \mathrm{I}_m(x),$$

就是 m 阶虚宗量贝塞尔函数，故第二个线性独立的解必须另外找，它含有对数函数，这将在 §11.4 中讲述.

$\mathrm{I}_m(x)$ 跟 $\mathrm{I}_\nu(x)$ 一样，为正项级数，除在 $x=0$ 外恒不为零，其曲线图像见图 11-8. 于 $x\to0$，$\mathrm{I}_0(x)\to1$，$\mathrm{I}_m(x)\to0$，$(m=1,2,\cdots)$.

习　题

1. 在 $x_0=0$ 的邻域上求解 $x^2y'' + xy' - m^2y = 0$（m^2 是常数）. [这个方程即(8.1.67).]

2. 在 $x_0=0$ 的邻域上求解 $x^2y'' + 2xy' - l(l+1)y = 0$. [这个方程即(9.1.2).]

3. 在 $x_0=0$ 的邻域上求拉盖尔方程 $xy'' + (1-x)y' + \lambda y = 0$ 的有限解. λ 取什么数值可使级数退化为多项式？这些多项式乘以适当常数使最高幂项成为 $(-x)^n$ 形式就叫作**拉盖尔多项式**，记作 $L_n(x)$. 写出前几个 $L_n(x)$.

4. 在 $x_0=0$ 的邻域上求 $y'' - 2\lambda y' + \left[\dfrac{2Z}{x} - \dfrac{l(l+1)}{x^2}\right]y = 0$ 的有限解. λ 取什么数值可使级数退化为多项式？

5. 在 $x_0=1$ 的邻域上，求勒让德方程 $(1-x^2)y'' - 2xy' + l(l+1)y = 0$ 的有限解.

6. 在 $x_0=0$ 的邻域上求解 $xy'' - xy' + y = 0$.

7. 在 $x_0=0$ 的邻域上求解 $xy'' + y = 0$.

8. 在 $x_0=0$ 的邻域上求解高斯方程（超几何级数微分方程）

$$x(x-1)y''+[(1+\alpha+\beta)x-\gamma]y'+\alpha\beta y=0, \quad \alpha, \ \beta, \ \gamma \text{ 为常数.}$$

9. 在 $x_0=0$ 的邻域上求解汇合超几何级数微分方程

$$xy''+(\gamma-x)y'-\alpha y=0, \quad \alpha, \ \gamma \text{ 为常数.}$$

§9.4　施图姆-刘维尔本征值问题

从第八章和本章前三节看到，由数学物理偏微分方程的分离变数法引出的常微分方程，往往附有边界条件，这些边界条件有的是明白提出来的，有的却是没有明白提出来的所谓自然的条件. 满足这些边界条件的非零解仅在方程的参数取某些特定值时才存在. 这些特定值叫作**本征值**，相应的非零解叫作**本征函数**. 求本征值和本征函数的问题叫作**本征值问题**.

常见的本征值问题都归结为施图姆-刘维尔本征值问题，本节就讨论施图姆-刘维尔本征值问题.

（一）　施图姆-刘维尔本征值问题

形式为

$$\frac{\mathrm{d}}{\mathrm{d}x}\left[k(x)\frac{\mathrm{d}y}{\mathrm{d}x}\right]-q(x)y+\lambda\rho(x)y=0 \quad (a\leqslant x\leqslant b) \tag{9.4.1}$$

的二阶常微分方程叫作**施图姆-刘维尔型方程**.

一般的二阶常微分方程 $y''+a(x)y'+b(x)y+\lambda c(x)y=0$，乘上适当的函数 $\mathrm{e}^{\int a(x)\mathrm{d}x}$，就化成施图姆-刘维尔型方程.

$$\frac{\mathrm{d}}{\mathrm{d}x}\left[\mathrm{e}^{\int a(x)\mathrm{d}x}\frac{\mathrm{d}y}{\mathrm{d}x}\right]+\left[b(x)\mathrm{e}^{\int a(x)\mathrm{d}x}\right]y+\lambda\left[c(x)\mathrm{e}^{\int a(x)\mathrm{d}x}\right]y=0.$$

施图姆-刘维尔型方程(9.4.1)附以齐次的第一类、第二类或第三类边界条件，或自然的边界条件，就构成**施图姆-刘维尔本征值问题**. 例如：

（1）　$a=0$，$b=l$；$k(x)=$ 常数，$q(x)=0$，$\rho(x)=$ 常数. 本征值问题为

$$\begin{cases} y''+\lambda y=0, \\ y(0)=0, \ y(l)=0. \end{cases} \tag{9.4.2}$$

本征值和本征函数是读者熟悉的，$\lambda=n^2\pi^2/l^2$，$y=C\sin(n\pi x/l)$.

（2）　$a=-1$，$b=+1$；$k(x)=1-x^2$，$q(x)=0$，$\rho(x)=1$. 或 $a=0$，$b=\pi$；$k(\theta)=\sin\theta$，$q(\theta)=0$，$\rho(\theta)=\sin\theta$. 这是勒让德方程本征值问题

$$\begin{cases} \dfrac{\mathrm{d}}{\mathrm{d}x}\left[(1-x^2)\dfrac{\mathrm{d}y}{\mathrm{d}x}\right]+\lambda y=0, \\ y(-1)\text{有限}, \ y(+1)\text{有限}. \end{cases} \quad \text{或} \begin{cases} \dfrac{\mathrm{d}}{\mathrm{d}\theta}\left(\sin\theta\dfrac{\mathrm{d}\Theta}{\mathrm{d}\theta}\right)+\lambda\sin\theta\Theta=0, \\ \Theta(0)\text{有限}, \ \Theta(\pi)\text{有限}. \end{cases} \tag{9.4.3}$$

（3）　$a=-1$，$b=+1$；$k(x)=1-x^2$，$q(x)=\dfrac{m^2}{1-x^2}$，$\rho(x)=1$ 或 $a=0$，$b=\pi$；$k(\theta)=\sin\theta$，$q(\theta)=\dfrac{m^2}{\sin\theta}$，$\rho(\theta)=\sin\theta$. 这是连带勒让德方程本征值问题

$$\begin{cases} \dfrac{\mathrm{d}}{\mathrm{d}x}\left[(1-x^2)\dfrac{\mathrm{d}y}{\mathrm{d}x}\right] - \dfrac{m^2}{1-x^2}y + \lambda y = 0, \\ y(-1)\text{有限},\ y(+1)\text{有限}. \end{cases} \tag{9.4.4}$$

或
$$\begin{cases} \dfrac{\mathrm{d}}{\mathrm{d}\theta}\left(\sin\theta\dfrac{\mathrm{d}\Theta}{\mathrm{d}\theta}\right) - \dfrac{m^2}{\sin\theta}\Theta + \lambda\sin\theta\Theta = 0, \\ \Theta(0)\text{有限},\ \Theta(\pi)\text{有限}. \end{cases}$$

(4) $a=0$, $b=\xi_0$, $k(\xi)=\xi$, $q(\xi)=m^2/\xi$, $\rho(\xi)=\xi$. 这是贝塞尔方程本征值问题

$$\begin{cases} \dfrac{\mathrm{d}}{\mathrm{d}\xi}\left(\xi\dfrac{\mathrm{d}y}{\mathrm{d}\xi}\right) - \dfrac{m^2}{\xi}y + \lambda\xi y = 0, \\ y(0)\text{有限},\ y(\xi_0)=0. \end{cases} \tag{9.4.5}$$

这里的 ξ 其实是柱坐标系或平面极坐标系的 ρ, 为了避免与施图姆-刘维尔型方程中的 $\rho(x)$ 相混淆暂且改用记号 ξ. 上面写出的这个方程就是 (9.1.19) 和 (9.1.48), 而 λ 代替 μ, 还要作代换 $x=\sqrt{\lambda}\,\xi$ 才成为标准形式的贝塞尔方程.

(5) $a=-\infty$, $b=+\infty$; $k(x)=\mathrm{e}^{-x^2}$, $q(x)=0$, $\rho(x)=\mathrm{e}^{-x^2}$. 这是埃尔米特方程 $y''-2xy'+\lambda y=0$ 的本征值问题

$$\begin{cases} \dfrac{\mathrm{d}}{\mathrm{d}x}\left(\mathrm{e}^{-x^2}\dfrac{\mathrm{d}y}{\mathrm{d}x}\right) + \lambda\mathrm{e}^{-x^2}y = 0, \\ \text{于 } x\to\pm\infty,\ y \text{ 的增长不快于 } \mathrm{e}^{\frac{1}{2}x^2}. \end{cases} \tag{9.4.6}$$

(这个本征值问题来自量子力学中的谐振子问题, 其解见附录十一.)

(6) $a=0$, $b=+\infty$; $k(x)=x\mathrm{e}^{-x^2}$, $q(x)=0$, $\rho(x)=\mathrm{e}^{-x^2}$. 这是拉盖尔方程 $xy''+(1-x)y'+\lambda y=0$ 的本征值问题

$$\begin{cases} \dfrac{\mathrm{d}}{\mathrm{d}x}\left(x\mathrm{e}^{-x}\dfrac{\mathrm{d}y}{\mathrm{d}x}\right) + \lambda\mathrm{e}^{-x}y = 0, \\ y(0)\text{有限},\ \text{于 } x\to\infty,\ y \text{ 的增长不快于 } \mathrm{e}^{x/2}. \end{cases} \tag{9.4.7}$$

(这个本征值问题来自量子力学中的氢原子问题, 其解见附录十二.) 在以上各例中, $k(x)$、$q(x)$ 和 $\rho(x)$ 在开区间 (a,b) 上都取正值.

从以上各例, 还可看出: 如端点 a 或 b 是 $k(x)$ 的一级零点, 在那个端点就存在着自然的边界条件. 例如, 勒让德方程的 $k(x)=1-x^2$, $k(\pm 1)=1-(\pm 1)^2=0$, 在端点 $x=\pm 1$ 确实存在自然边界条件 (见 §9.2). 又如贝塞尔方程的 $k(x)=x$, $k(0)=0$, 在端点 $x=0$ 确实存在着自然边界条件 (见 §9.3). 再如拉盖尔方程的 $k(x)=x\mathrm{e}^{-x}$, $k(0)=0$ 在端点 $x=0$ 确实有自然边界条件 (见 §9.3 习题 3 和附录十二).

自然边界条件的存在是不难证明的. 施图姆-刘维尔型方程即 $k(x)y''+k'(x)y'-q(x)y+\lambda\rho(x)y=0$, 亦即

$$y'' + \frac{k'(x)}{k(x)}y' + \frac{-q(x)+\lambda\rho(x)}{k(x)}y = 0$$

如端点 $x=a$ 是 $k(x)$ 的一级零点, 则它也就是 y' 的系数函数 $\rho(x)=k'(x)/k(x)$ 的一阶极点, 只要 $x=a$ 是 $[-q(x)+\lambda\rho(x)]$ 不高于一阶的极点 (以上各例均满足此条件), 则它就是 y 的系数函数 $[-q(x)+\lambda\rho(x)/k(x)]$ 的不高于两阶的极点, 从而是方程的正则奇点, 先计算判定方程中

的 p_{-1},

$$p_{-1} = \left[p(x)(x-a) \right] \big|_{x=a} = \left[k'(x) \frac{x-a}{k(x)} \right] \Big|_{x=a}.$$

运用洛必达法则,

$$p_{-1} = \left[k'(x) \frac{1}{k'(x)} \right] \Big|_{x=a} = 1.$$

于是,判定方程 $s(s-1)+sp_{-1}+q_{-2}=0$ 成为

$$s^2 + q_{-2} = 0,$$

它的两个根是

$$s_1 = +\sqrt{-q_{-2}}, \quad s_2 = -\sqrt{-q_{-2}}.$$

对于物理上有意义的问题,根 s_1 和 s_2 应为实数,所以 s_1 和 s_2 一正一负,或者同为零.如 s_1 和 s_2 一正一负,对应于负根 s_2 的解含有 $(x-a)$ 的负幂项,因而在 $x=a$ 成为无限大.如 $s_1=s_2=0$,则有一个解含有 $\ln(x-a)$ 项,因而在 $x=a$ 成为无限大.在 $x=a$ 成为无限大的解应该排除,这正是自然边界条件.

（二）施图姆–刘维尔本征值问题的共同性质

以上各例的 $k(x)$、$q(x)$ 和 $\rho(x)$ 都只取**非负的值**（$\geqslant 0$）.在这样的条件下,施图姆–刘维尔本征值问题具有如下的共同性质.我们将只给出性质（2）和性质（3）的证明.

（1）如 $k(x)$、$k'(x)$、$q(x)$ 连续或者最多以 $x=a$ 和 $x=b$ 为一阶极点,则存在无限多个本征值

$$\lambda_1 \leqslant \lambda_2 \leqslant \lambda_3 \leqslant \lambda_4 \leqslant \cdots, \tag{9.4.8}$$

相应地有无限多个本征函数

$$y_1(x), y_2(x), y_3(x), y_4(x), \cdots. \tag{9.4.9}$$

这些本征函数的排列次序正好使节点个数依次增多（节点个数的性质在量子力学中可用来很方便地判断哪个波函数代表基态）.

（2）所有本征值 $\lambda_n \geqslant 0$.

证 本征函数 $y_n(x)$ 和本征值 λ_n 满足

$$-\frac{\mathrm{d}}{\mathrm{d}x}\left[k(x) \frac{\mathrm{d}y_n}{\mathrm{d}x} \right] + q(x)y_n = \lambda_n \rho(x) y_n.$$

用 y_n 遍乘各项,并逐项从 a 到 b 积分,得

$$\begin{aligned}
\lambda_n \int_a^b \rho y_n^2 \mathrm{d}x &= -\int_a^b y_n \frac{\mathrm{d}}{\mathrm{d}x}\left[k \frac{\mathrm{d}y_n}{\mathrm{d}x} \right] \mathrm{d}x + \int_a^b q y_n^2 \mathrm{d}x \\
&= -\left[k y_n \frac{\mathrm{d}y_n}{\mathrm{d}x} \right]_a^b + \int_a^b k \left(\frac{\mathrm{d}y_n}{\mathrm{d}x} \right)^2 \mathrm{d}x + \int_a^b q y_n^2 \mathrm{d}x \\
&= (k y_n y_n')_{x=a} - (k y_n y_n')_{x=b} + \int_a^b k(y_n')^2 \mathrm{d}x + \int_a^b q y_n^2 \mathrm{d}x.
\end{aligned} \tag{9.4.10}$$

右边两个积分的被积函数只取 $\geqslant 0$ 的值,所以这两个积分 $\geqslant 0$.再看（9.4.10）右边第一项

$(ky_ny'_n)_{x=a}$. 如果在端点 $x=a$ 的边界条件是第一类齐次条件 $y_n(a)=0$, 或第二类齐次条件 $y'_n(a)=0$, 或自然边界条件 $k(a)=0$, 这一项 $(ky_ny'_n)_{x=a}$ 显然为零, 如果在端点 $x=a$ 的边界条件是第三类齐次条件 $(y_n-hy'_n)_{x=a}=0$, 则

$$(ky_ny'_n)_{x=a}=[k(y_n-hy'_n)y'_n+hky'^2_n]_{x=a}=h(ky'^2_n)_{x=a}\geqslant 0.$$

再看 (9.4.10) 右边第二项 $-(ky_ny'_n)_{x=b}$. 如果端点 $x=b$ 的边界条件是第一类齐次条件 $y_n(b)=0$, 或第二类齐次条件 $y'_n(b)=0$, 或自然边界条件 $k(b)=0$, 这一项 $(ky_ny'_n)_{x=b}$ 显然为零. 如果在端点 $x=b$ 的边界条件是第三类齐次条件 $(y_n+hy'_n)_{x=b}=0$, 则

$$-(ky_ny'_n)_{x=b}=-[k(y_n+hy'_n)y'_n-hky'^2_n]_{x=b}=h(ky'^2_n)_{x=b}\geqslant 0.$$

既然 (9.4.10) 右边各项都 $\geqslant 0$, 左边必然也 $\geqslant 0$, 即

$$\lambda_n\int_a^b\rho y_n^2\mathrm{d}x\geqslant 0.$$

上式里的定积分明显是正的, 因而

$$\lambda_n\geqslant 0. \tag{9.4.11}$$

(3) 相应于不同本征值 λ_m 和 λ_n 的本征函数 $y_m(x)$ 和 $y_n(x)$ 在区间 $[a,b]$ 上**带权重 $\rho(x)$ 正交**, 即

$$\int_a^b y_m(x)y_n(x)\rho(x)\mathrm{d}x=0 \quad (n\neq m). \tag{9.4.12}$$

证 本征函数 y_m 和 y_n 分别满足

$$\frac{\mathrm{d}}{\mathrm{d}x}[ky'_m]-qy_m+\lambda_m\rho y_m=0,$$

$$\frac{\mathrm{d}}{\mathrm{d}x}[ky'_n]-qy_n+\lambda_n\rho y_n=0.$$

前一式遍乘以 y_n, 后一式遍乘以 y_m, 然后相减,

$$y_n\frac{\mathrm{d}}{\mathrm{d}x}[ky'_m]-y_m\frac{\mathrm{d}}{\mathrm{d}x}[ky'_n]+(\lambda_m-\lambda_n)\rho y_m y_n=0.$$

逐项从 a 到 b 积分, 得

$$\begin{aligned}0&=\int_a^b\left[y_n\frac{\mathrm{d}}{\mathrm{d}x}(ky'_m)-y_m\frac{\mathrm{d}}{\mathrm{d}x}(ky'_n)\right]\mathrm{d}x+(\lambda_m-\lambda_n)\int_a^b\rho y_m y_n\mathrm{d}x\\&=\int_a^b\frac{\mathrm{d}}{\mathrm{d}x}[ky_ny'_m-ky_my'_n]\mathrm{d}x+(\lambda_m-\lambda_n)\int_a^b\rho y_m y_n\mathrm{d}x\\&=(ky_ny'_m-ky_my'_n)_{x=b}-(ky_ny'_m-ky_my'_n)_{x=a}\\&\quad+(\lambda_m-\lambda_n)\int_a^b\rho y_m y_n\mathrm{d}x.\end{aligned} \tag{9.4.13}$$

现在看右边第一项 $(ky_ny'_m-ky_my'_n)_{x=b}$. 如果在端点 $x=b$ 的边界条件是第一类齐次条件 $y_m(b)=0$ 和 $y_n(b)=0$, 或第二类齐次条件 $y'_m(b)=0$ 和 $y'_n(b)=0$, 或自然边界条件 $k(b)=0$, 这一项 $(ky_ny'_m-ky_my'_n)_{x=b}$ 显然为零. 如果在端点 $x=b$ 的边界条件是第三类齐次条件 $(y_m+hy'_m)_{x=b}=0$ 和 $(y_n+hy'_n)_{x=b}=0$, 则

$$[ky_ny'_m-ky_my'_n]_{x=b}=\frac{1}{h}[ky_n(y_m+hy'_m)-ky_m(y_n+hy'_n)]_{x=b}=0.$$

总之，(9.4.13)右边第一项为零. 同理，如果在端点 $x=a$ 的边界条件是第一类、第二类或第三类齐次条件，或者自然边界条件，则(9.4.13)右边第二项为零. 这样，(9.4.13)成为

$$(\lambda_m - \lambda_n)\int_a^b \rho y_m y_n \mathrm{d}x = 0.$$

既然 $\lambda_m - \lambda_n \neq 0$，上式即(9.4.12).

如权重 $\rho(x) \equiv 1$，(9.4.12)简单地称为**正交**.

(4) 本征函数族 $y_1(x), y_2(x), y_3(x), \cdots$ 是**完备的**. 这是说，函数 $f(x)$ 如具有连续一阶导数和分段连续二阶导数，且满足本征函数族所满足的边界条件，就可以展开为绝对且一致收敛的级数

$$f(x) = \sum_{n=1}^{\infty} f_n y_n(x). \tag{9.4.14}$$

这个性质的证明超出本书范围.

（三）广义傅里叶级数

(9.4.14)右边的级数叫作**广义傅里叶级数**，系数 $f_n(n=1,2,\cdots)$ 叫作 $f(x)$ 的**广义傅里叶系数**. 函数族 $y_n(n=1,2,\cdots)$ 叫作这级数展开的**基**.

现在推导广义傅里叶系数的计算公式.

由于广义傅里叶级数(9.4.14)是绝对且一致收敛的，可以逐项积分. 用 $y_m(x)\rho(x)$ 遍乘 (9.4.14)各项，并逐项积分，

$$\int_a^b f(\xi) y_m(\xi) \rho(\xi) \mathrm{d}\xi = \sum_{n=1}^{\infty} f_n \int_a^b y_n(\xi) y_m(\xi) \rho(\xi) \mathrm{d}\xi.$$

由于正交关系(9.4.12)，上式右边除 $n=m$ 的一项之外全为零，

$$\int_a^b f(\xi) y_m(\xi) \rho(\xi) \mathrm{d}\xi = f_m \int_a^b [y_m(\xi)]^2 \rho(\xi) \mathrm{d}\xi.$$

记

$$N_m^2 = \int_a^b [y_m(\xi)]^2 \rho(\xi) \mathrm{d}\xi, \tag{9.4.15}$$

把积分(9.4.15)的平方根 N_m 叫作 $y_m(x)$ 的**模**. 于是

$$f_m = \frac{1}{N_m^2} \int_a^b f(\xi) y_m(\xi) \rho(\xi) \mathrm{d}\xi. \tag{9.4.16}$$

这就是广义傅里叶系数的计算公式. 它在数学物理方程的分离变数法中是很重要的.

如果本征函数的模 $N_m = 1(m=1,2,\cdots)$，就叫作归一化的本征函数. 对于正交归一化的本征函数族，(9.4.16)简化为

$$f_m = \int_a^b f(\xi) y_m(\xi) \rho(\xi) \mathrm{d}\xi. \tag{9.4.17}$$

其实，对于非归一化的本征函数 $y_n(x)$，只要改用 $y_n(x)/N_n$ 作为新的本征函数，就是归一化的了.

常把(9.4.12)和(9.4.15)合并成一个式子

$$\int_a^b y_m(x) y_n(x) \rho(x) \mathrm{d}x = N_n^2 \delta_{mn} \tag{9.4.18}$$

其中

$$\delta_{mn} = \begin{cases} 1 & (n=m), \\ 0 & (n \neq m), \end{cases} \tag{9.4.19}$$

是克罗内克符号. 对于正交归一化的本征函数族, (9.4.18)简化为

$$\int_a^b y_m(x) y_n(x) \rho(x) \mathrm{d}x = \delta_{mn}. \tag{9.4.20}$$

为了应用公式(9.4.16)或(9.4.17), 必须先判定本征函数族是(带权重)正交的, 还必须能计算本征函数的模. 在第十、第十一两章中研究球函数和柱函数时, 将很重视正交关系和模的计算这两个问题.

前面提到施图姆-刘维尔本征函数是完备的. 这里介绍完备性方程.

跟 §5.1 三角函数族的完备性方程(5.1.6)相类似, 对本征函数族 $y_1(x), y_2(x), \cdots$, 也有完备性方程. 这里 $f(x)$ 的近似表达式

$$f_N(x) = \sum_{n=1}^N f_n y_n(x), \tag{9.4.21}$$

平均平方误差

$$\overline{\varepsilon^2(x)} = \frac{1}{b-a} \int_a^b \varepsilon^2(x) \rho(x) \mathrm{d}x = \frac{1}{b-a} \int_a^b [f(x) - f_N(x)]^2 \rho(x) \mathrm{d}x$$

$$= \frac{1}{b-a} \left[\int_a^b f^2(x) \rho(x) \mathrm{d}x - \sum_{n=1}^N f_n^2 \int_a^b y_n^2(x) \rho(x) \mathrm{d}x \right]. \tag{9.4.22}$$

当 $N \to \infty$ 时, 相应的完备性方程为

$$\int_a^b f^2(x) \rho(x) \mathrm{d}x = \sum_{n=1}^\infty f_n^2 \int_a^b y_n^2(x) \rho(x) \mathrm{d}x. \tag{9.4.23}$$

(9.4.23)对于任意的分段连续且平方可积的函数 $f(x)$ 成立. 满足完备性方程的本征函数族称为完备的函数族.

对于完备的本征函数族 $y_1(x), y_2(x), \cdots$, 完备性方程(9.4.23)成立. 从而, 当 $N \to \infty$ 时, $\overline{\varepsilon^2(x)} \to 0$, 即 $f_N(x) \to f(x)$, 则 $f_N(x)$ 平均收敛于分段连续函数 $f(x)$. 平均收敛还不是普通意义上的收敛, 如果 $f(x)$ 进一步满足性质(4)中的条件, 以本征函数族 $y_1(x), y_2(x), \cdots$ 为基, 把 $f(x)$ 展开, 则所得的级数(9.4.14)绝对且一致收敛.

（四） 复数的本征函数族

以上的讨论假定了本征函数是实变数的实值函数. 但本征函数也可以是实变数的复值函数, 例如本征值问题

$$\begin{cases} \Phi'' + \lambda \Phi = 0, \\ \text{自然周期条件}. \end{cases}$$

的本征函数族通常说是实函数族

$$1, \cos \varphi, \cos 2\varphi, \cos 3\varphi, \cdots, \sin \varphi, \sin 2\varphi, \sin 3\varphi, \cdots \tag{9.4.24}$$

但这完全可以代之以复函数族

$$\cdots, \mathrm{e}^{-\mathrm{i}3\varphi}, \mathrm{e}^{-\mathrm{i}2\varphi}, \mathrm{e}^{-\mathrm{i}\varphi}, 1, \mathrm{e}^{\mathrm{i}\varphi}, \mathrm{e}^{\mathrm{i}2\varphi}, \mathrm{e}^{\mathrm{i}3\varphi}, \cdots \tag{9.4.25}$$

对于复数的本征函数族, 为了保证模是实数, 通常把模的定义修订为

$$N_m^2 = \int_a^b y_m(x) [y_m(x)]^* \rho(x) \mathrm{d}x, \tag{9.4.26}$$

其中 $[y_m(x)]^*$ 为 $y_m(x)$ 的复数共轭. 正交关系也相应地修订为

$$\int_a^b y_m(x) [y_n(x)]^* \rho(x) \mathrm{d}x = 0 \quad (n \neq m). \tag{9.4.27}$$

(9.4.26)和(9.4.27)合起来写，成为

$$\int_a^b y_m(x) \left[y_n(x) \right]^* \rho(x) \, \mathrm{d}x = N_m^2 \delta_{mn}. \tag{9.4.28}$$

广义傅里叶系数的公式(9.4.16)则修改为

$$f_m = \frac{1}{N_m^2} \int_a^b f(\xi) \left[y_m(\xi) \right]^* \rho(\xi) \, \mathrm{d}\xi. \tag{9.4.29}$$

（五）希尔伯特空间

为了帮助理解，这里拿矢量来作类比. 设想有某种无限维的所谓**希尔伯特空间**，函数 $f(x)$ 好比希尔伯特空间中的"矢量" $\boldsymbol{f}$. 基本函数族(9.4.9)好比沿着各个坐标轴的"矢量" $\boldsymbol{i}_1$，$\boldsymbol{i}_2$，$\boldsymbol{i}_3,\cdots$，它们构成希尔伯特空间中的"基底矢量"，或简称"基". 两个函数 $f_1(x)$ 和 $f_2(x)$ 的乘积在定义域 $[a,b]$ 上带权重的积分 $\int_a^b f_1(x)f_2(x)\rho(x)\mathrm{d}x$ 好比两个矢量的"标积" $\boldsymbol{f}_1 \cdot \boldsymbol{f}_2$. 基本函数带权重的正交关系(9.4.12)好比是说希尔伯特空间中的任意两个"基底矢量"的"标积"为零，就是说"互相垂直". 把函数 $f(x)$ 展开为广义傅里叶级数，好比是把"矢量"表为"基底矢量"的线性组合，

$$\boldsymbol{f} = c_1 \boldsymbol{i}_1 + c_2 \boldsymbol{i}_2 + c_3 \boldsymbol{i}_3 + \cdots,$$

广义傅里叶系数好比是这个线性组合中的系数，即"矢量" $f(x)$ 的"分量"，或"矢量" $f(x)$ 在希尔伯特空间"基底矢量" $y_n(x)$ 上的"投影". 广义傅里叶系数的计算公式(9.4.15)和(9.4.16)好比是矢量的"分量"计算公式

$$C_n = \frac{\boldsymbol{f} \cdot \boldsymbol{i}_n}{\boldsymbol{i}_n \cdot \boldsymbol{i}_n} \quad (n=1,2,3,\cdots).$$

"基底矢量"(9.4.9)即 $\boldsymbol{i}_n (n=1,2,3,\cdots)$ 并不一定是"单位矢量"（它们的"长度"即模不一定等于一），因而"分量"计算公式中出现分母 $\boldsymbol{i}_n \cdot \boldsymbol{i}_n$. 要是用正交归一化的基本函数族 $\{y_n(x)/N_n\}$，由于它们的模为一，就是说，采用"单位矢量"作为"基"，那么，"分量"的计算公式就无需分母 $\boldsymbol{i}_n \cdot \boldsymbol{i}_n$ 了，或者说这时分母 $\boldsymbol{i}_n \cdot \boldsymbol{i}_n = 1$. 与此相应的广义傅里叶系数的计算公式则为(9.4.17).

照这样类比下去，贝塞尔不等式好比是说，如果"基底矢量"的个数低于空间的维数，即基底矢量组是不完备的（例如说，在三维空间中只取了两个基底矢量），则"矢量"的"长度"的平方大于各个"分量"的"大小"的平方和. 完备性方程则好比是说，如果"基底矢量"的个数等于空间的维数，即基底矢量组是完备的，则"矢量"的"长度"的平方等于"分量"的"大小"的平方和，或者说，希尔伯特空间中"矢量"的"长度"的平方等于该"矢量"在该空间无限多个"基底矢量"上的投影的平方和.

如果基本函数族 $\{y_n(x)\}$ $(n=1,2,3,\cdots)$ 是含虚数单位 i 的复值函数，其正交关系和模的平方及广义傅里叶系数计算公式(9.4.26)—(9.4.29)跟上面一样，同样可用矢量来作类比.

§9.1 并没有把球坐标系和柱坐标系中的分离变数法进行到底，现在勒让德方程和贝塞尔方程已经解出，下面两章将继续研究球坐标系和柱坐标系中的分离变数法.

限于篇幅，在特殊函数之中，本书只讨论球函数和柱函数. 附录十一和十二简略介绍埃尔米特多项式和拉盖尔多项式.

习　　题

1. 把下列二阶线性常微分方程化成施图姆-刘维尔型方程的形式:

（1）**高斯方程（超几何级数微分方程）** $x(x-1)y''+[(1+\alpha+\beta)x-\gamma]y'+\alpha\beta y=0$;

（2）**汇合超几何级数微分方程** $xy+(\gamma-x)y'-\alpha y=0$.

2. 长为 l 的柔软匀质重绳, 上端固定在以匀速 ω 转动的竖直轴上, 由于重力作用, 绳的平衡位置应是竖直线. 此绳相对于竖直线的横振动方程为 $u_{tt}-g\dfrac{\partial}{\partial x}\left[(l-x)\dfrac{\partial u}{\partial x}\right]-\omega^2 u=0$（取 x 轴向下, 原点在固定端）. 试写出该绳的边界条件.

3. 求解下列本征值问题, 证明各题中不同的本征函数互相正交, 并求出模的平方.

（1） $\begin{cases} X''+\lambda X=0, \\ X(a)=0,\ X(b)=0; \end{cases}$ （2） $\begin{cases} X''+\lambda X=0, \\ X'(0)=0,\ X(l)+hX'(l)=0. \end{cases}$

* 4. 定解问题

$$\begin{cases} u_{tt}-a^2 u_{xx}=0 \quad (a^2=E/\rho), \\ u\big|_{x=0}=0,\ (ESu_x+mu_{tt})\big|_{x=l}=0, \\ u\big|_{t=0}=-\dfrac{mg}{ES}x,\ u_t\big|_{t=0}=0. \end{cases}$$

用分离变数法求解过程中, 出现本征值问题

$$\begin{cases} X''+\lambda X=0, \\ X(0)=0,\ X'(l)-\dfrac{\lambda m}{\rho s}X(l)=0. \end{cases}$$

本征函数 $X(x)=C\sin\sqrt{\lambda}\,x$, 本征值 λ 是超越方程 $\sqrt{\lambda}\cos\sqrt{\lambda}\,l-\dfrac{\lambda m}{\rho s}\sin\sqrt{\lambda}\,l=0$ 的根.

不难验证: 对于 $\lambda_m \neq \lambda_n$, $\displaystyle\int_0^l \sin\sqrt{\lambda_m}\,x\,\sin\sqrt{\lambda_n}\,x\,\mathrm{d}x \neq 0$. 为什么对应于不同本征值的本征函数不正交?

第十章 球 函 数

§9.1 用球坐标系，对拉普拉斯方程和亥姆霍兹方程进行分离变数，得到球函数方程 (9.1.3) 和 (9.1.37)。具体写出，球函数方程即

$$\frac{1}{\sin\theta}\frac{\partial}{\partial\theta}\left(\sin\theta\frac{\partial Y}{\partial\theta}\right)+\frac{1}{\sin^2\theta}\frac{\partial^2 Y}{\partial\varphi^2}+l(l+1)Y=0.$$

球函数方程的解 $Y(\theta,\varphi)$ 称为**球函数**，即定义在半径为 r 的球面上的函数，它是角度 θ、φ 的函数。

在 §9.1 中，还继续对球函数方程进行分离变数，得到分离变数形式的球函数

$$Y(\theta,\varphi)=(A\cos m\varphi+B\sin m\varphi)\Theta(\theta),$$

其中 $\Theta(\theta)$ 需从连带勒让德方程

$$(1-x^2)\frac{\mathrm{d}^2\Theta}{\mathrm{d}x^2}-2x\frac{\mathrm{d}\Theta}{\mathrm{d}x}+\left[l(l+1)-\frac{m^2}{1-x^2}\right]\Theta=0$$

解出，式中的 x 是

$$x=\cos\theta.$$

本章 §10.1 研究 $m=0$ 的特例，后两节则研究一般的球函数。

§10.1 轴对称球函数

本节研究 $m=0$ 的特例。在这种情况下，满足周期条件的解是 $\Phi(\varphi)=$ 常数，与 φ 无关，从而球函数以球坐标的极轴为对称轴。而 $\Theta(\theta)$ 遵从的连带勒让德方程则简化为勒让德方程

$$(1-x^2)\frac{\mathrm{d}^2\Theta}{\mathrm{d}x^2}-2x\frac{\mathrm{d}\Theta}{\mathrm{d}x}+l(l+1)\Theta=0. \tag{10.1.1}$$

（一）勒让德多项式

（1）勒让德多项式的表达式

勒让德方程 (10.1.1) 已在 §9.2 解出。作为二阶常微分方程，它有两个线性独立解 (9.2.7) 和 (9.2.8)，通解是这两个线性独立解的线性组合 (9.2.6)。

但是，勒让德方程在 $x=\pm1$（即 $\theta=0,\pi$，亦即球坐标系的极轴方向及其反方向）往往有自然边界条件"解在 $x=\pm1$ 保持有限"，从而构成本征值问题。本征值如 (9.2.12) 所示为 $l(l+1)$（$l=0,1,2,\cdots$）。本征函数为由 (9.2.7) 和 (9.2.8) 之一退化得到的多项式，将它们分别乘以适当的常数，称为 l 阶勒让德多项式，记作 $P_l(x)$。由于 $m=0$ 时，$\Phi(\varphi)=$ 常数，它是轴对称的。轴对称球函数 $Y(\theta,\varphi)$ 简化为 $P_l(x)$。

现在具体写出勒让德多项式. 通常约定，用适当的常数乘本征函数，使最高次幂项 x^l 的系数为

$$a_l = \frac{(2l)!}{2^l (l!)^2}.$$ (10.1.2)

反用系数递推公式(9.2.5)，把它改写成

$$a_k = \frac{(k+2)(k+1)}{(k-l)(k+l+1)} a_{k+2}$$

就可把其他系数一一推算出来. 例如

$$a_{l-2} = \frac{l(l-1)}{(-2)(2l-1)} a_l = -\frac{l(l-1)(2l)!}{2(2l-1)2^l l! l!}$$

$$= -\frac{1}{2(2l-1)} \frac{(2l)!}{2^l l \cdot (l-1)!(l-2)!}$$

$$= (-1)^1 \frac{(2l-2)!}{2^l(l-1)!(l-2)!},$$

$$a_{l-4} = \frac{(l-2)(l-3)}{(-4)(2l-3)} a_{l-2}$$

$$= (-1)^2 \frac{(l-2)(l-3)}{2 \cdot 2!(2l-3)} \frac{(2l-2)!}{2^l(l-1)!(l-2)!}$$

$$= (-1)^2 \frac{1}{2 \cdot 2!(2l-3)} \frac{(2l-2)!}{2^l(l-1)(l-2)!(l-4)!}$$

$$= (-1)^2 \frac{(2l-4)!}{2! 2^l(l-2)!(l-4)!},$$

$$a_{l-6} = \frac{(l-4)(l-5)}{(-6)(2l-5)} a_{l-4}$$

$$= (-1)^3 \frac{(l-4)(l-5)}{2 \cdot 3(2l-5)} \frac{(2l-4)!}{2! 2^l(l-2)!(l-4)!}$$

$$= (-1)^3 \frac{1}{2 \cdot 3!(2l-5)} \frac{(2l-4)!}{2^l(l-2)(l-3)!(l-6)!}$$

$$= (-1)^3 \frac{(2l-6)!}{3! 2^l(l-3)!(l-6)!},$$

$$\cdots\cdots\cdots\cdots$$

$$a_{l-2n} = (-1)^n \frac{(2l-2n)!}{n! 2^l(l-n)!(l-2n)!}.$$ (10.1.3)

将指标 n 仍记为 k，求得 l 阶勒让德多项式的具体表达式为

$$P_l(x) = \sum_{k=0}^{[l/2]} (-1)^k \frac{(2l-2k)!}{2^l k!(l-k)!(l-2k)!} x^{l-2k},$$ (10.1.4)

记号 $[l/2]$ 表示不大于 $l/2$ 的最大整数，即

$$[l/2] = \begin{cases} l/2 & (l \text{ 为偶数}), \\ (l-1)/2 & (l \text{ 为奇数}). \end{cases}$$

前几个勒让德多项式是

$P_0(x) = 1,$

$P_1(x) = x = \cos\theta,$

$P_2(x) = \dfrac{1}{2}(3x^2 - 1) = \dfrac{1}{4}(3\cos 2\theta + 1),$

$P_3(x) = \dfrac{1}{2}(5x^3 - 3x) = \dfrac{1}{8}(5\cos 3\theta + 3\cos\theta),$

$P_4(x) = \dfrac{1}{8}(35x^4 - 30x^2 + 3) = \dfrac{1}{64}(35\cos 4\theta + 20\cos 2\theta + 9),$

$P_5(x) = \dfrac{1}{8}(63x^5 - 70x^3 + 15x) = \dfrac{1}{128}(63\cos 5\theta + 35\cos 3\theta + 30\cos\theta),$

$P_6(x) = \dfrac{1}{16}(231x^6 - 315x^4 + 105x^2 - 5) = \dfrac{1}{512}(231\cos 6\theta + 126\cos 4\theta +$

$105\cos 2\theta + 50).$

勒让德多项式的图像见图 10-1.

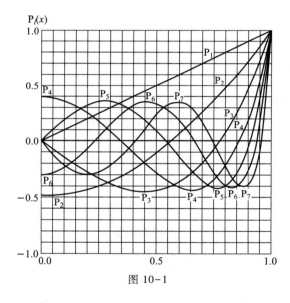

图 10-1

现在计算 $P_l(0)$, 这应当等于多项式 $P_l(x)$ 的常数项. 如 $l =$ 奇数 $2n+1$, 则 $P_{2n+1}(x)$ 只含奇次幂项, 不含常数项, 所以

$$P_{2n+1}(0) = 0. \tag{10.1.5}$$

如 $l =$ 偶数 $2n$, 则 $P_{2n}(x)$ 含有常数项, 即 (10.1.4) 中 $k = l/2 = n$ 的那一项, 所以

$$P_{2n}(0) = (-1)^n \frac{(2n)!}{2^n n! 2^n n!} = (-1)^n \frac{(2n)!}{[(2n)!!]^2}$$

$$= (-1)^n \frac{(2n-1)!!}{(2n)!!}, \tag{10.1.6}$$

式中记号 $(2n)!! = (2n)(2n-2)(2n-4)\cdots 6\cdot 4\cdot 2$, 而 $(2n-1)!! = (2n-1)(2n-3)\cdot$

$(2n-5)\cdots5\cdot3\cdot1.$ 因此，$(2n)!=(2n)!!(2n-1)!!$.

（2）勒让德多项式的微分表示

勒让德多项式有**微分表示**

$$P_l(x)=\frac{1}{2^l l!}\frac{\mathrm{d}^l}{\mathrm{d}x^l}(x^2-1)^l. \tag{10.1.7}$$

这叫作**罗德里格斯公式**.

证 用二项式定理把 $(x^2-1)^l$ 展开，

$$\frac{1}{2^l l!}(x^2-1)^l=\frac{1}{2^l l!}\sum_{k=0}^{l}\frac{l!}{(l-k)!k!}(x^2)^{l-k}(-1)^k$$

$$=\sum_{k=0}^{l}(-1)^k\frac{1}{2^l k!(l-k)!}x^{2l-2k}.$$

把上式求导 l 次. 凡是幂次 $2l-2k$ 低于 l 的项在 l 次求导过程中成为零，所以只需保留幂次 $2l-2k\geqslant l$ 的项，即 $k\leqslant l/2$ 的项. 这样

$$\frac{1}{2^l l!}\frac{\mathrm{d}^l}{\mathrm{d}x^l}(x^2-1)^l$$

$$=\sum_{k=0}^{[l/2]}(-1)^k\frac{(2l-2k)(2l-2k-1)\cdots(l-2k+1)}{2^l k!(l-k)!}x^{l-2k}$$

$$=\sum_{k=0}^{[l/2]}(-1)^k\frac{(2l-2k)!}{2^l k!(l-k)!(l-2k)!}x^{l-2k}=P_l(x).$$

（3）勒让德多项式的积分表示

按照柯西公式(2.4.3)的导数公式 (2.4.7)，微分表示(10.1.7)可表为路积分

$$P_l(x)=\frac{1}{2\pi i}\frac{1}{2^l}\oint_C\frac{(z^2-1)^l}{(z-x)^{l+1}}\mathrm{d}z, \tag{10.1.8}$$

C 为 z 平面上围绕 $z=x$ 点的任一闭合回路. 这叫作**施列夫利积分**.

(10.1.8)还可以进一步表为定积分. 为此，取 C 为圆周，圆心在 $z=x$，半径为 $\sqrt{|x^2-1|}$. 在 C 上，$z-x=\sqrt{x^2-1}\,e^{i\psi}$，$\mathrm{d}z=i\sqrt{x^2-1}\,e^{i\psi}\mathrm{d}\psi$，(10.1.8)成为

$$P_l(x)=\frac{1}{2\pi i}\frac{1}{2^l}\int_{-\pi}^{\pi}\frac{[(x+\sqrt{x^2-1}\,e^{i\psi})^2-1]^l}{(\sqrt{x^2-1})^{l+1}(e^{i\psi})^{l+1}}\cdot[i\sqrt{x^2-1}\,e^{i\psi}]\mathrm{d}\psi$$

$$=\frac{1}{2\pi}\int_{-\pi}^{\pi}\left[\frac{x^2+2x\sqrt{x^2-1}\,e^{i\psi}+(x^2-1)e^{i2\psi}-1}{2\sqrt{x^2-1}\,e^{i\psi}}\right]^l\mathrm{d}\psi$$

$$=\frac{1}{\pi}\int_{0}^{\pi}\left[x+\sqrt{x^2-1}\,\frac{1}{2}(e^{-i\psi}+e^{i\psi})\right]^l\mathrm{d}\psi$$

$$=\frac{1}{\pi}\int_{0}^{\pi}[x+i\sqrt{1-x^2}\cos\psi]^l\mathrm{d}\psi. \tag{10.1.9}$$

这叫**拉普拉斯积分**. 如从 x 回到原来的变数 θ，$x=\cos\theta$，则

$$P_l(x)=\frac{1}{\pi}\int_{0}^{\pi}[\cos\theta+i\sin\theta\cos\psi]^l\mathrm{d}\psi.$$

从(10.1.9)很容易看出

$$P_l(1) = 1, \quad P_l(-1) = (-1)^l. \tag{10.1.10}$$

$$|P_l(x)| \leqslant \frac{1}{\pi} \int_0^\pi |\cos\theta + i\sin\theta\cos\psi|^l \mathrm{d}\psi$$

$$= \frac{1}{\pi} \int_0^\pi [\cos^2\theta + \sin^2\theta \cos^2\psi]^{l/2} \mathrm{d}\psi$$

$$\leqslant \frac{1}{\pi} \int_0^\pi [\cos^2\theta + \sin^2\theta]^{l/2} \mathrm{d}\psi$$

$$= \frac{1}{\pi} \int_0^\pi \mathrm{d}\psi = 1.$$

因此,

$$|P_l(x)| \leqslant 1 \quad (-1 \leqslant x \leqslant 1). \tag{10.1.11}$$

(二) 第二类勒让德函数

当 l 是零或正整数时,勒让德方程的一个解为勒让德多项式 $P_l(x)$. 至于另一个线性独立解,于 l = 偶数时,为 $y_1(x)$ 即无穷级数(9.2.8);于 l = 奇数时,则是 $y_0(x)$ 即无穷级数(9.2.7). 但是习惯上,常常利用朗斯基行列式导出的第二个线性独立解的求解公式(9.3.17)和(9.3.16),从第一个解 $P_l(x)$ 得出具有统一形式的第二个线性独立的解

$$Q_l(x) = P_l(x) \int \frac{\mathrm{e}^{\int \frac{2x}{1-x^2}\mathrm{d}x}}{[P_l(x)]^2}\mathrm{d}x = P_l(x)\int \frac{1}{(1-x^2)[P_l(x)]^2}\mathrm{d}x \tag{10.1.12}$$

称为**第二类勒让德函数**. 从(10.1.12)可得

$$Q_0(x) = \int \frac{\mathrm{d}x}{1-x^2} = \frac{1}{2}\int \left(\frac{1}{1-x} + \frac{1}{1+x}\right)\mathrm{d}x = \frac{1}{2}\ln\frac{1+x}{1-x},$$

$$Q_1(x) = x\int \frac{\mathrm{d}x}{(1-x^2)x^2} = x\int \left(\frac{1}{1-x^2} + \frac{1}{x^2}\right)\mathrm{d}x$$

$$= x\left[\frac{1}{2}\ln\frac{1+x}{1-x} - \frac{1}{x}\right] = \frac{1}{2}P_1(x)\ln\frac{1+x}{1-x} - 1.$$

适当地选取系数,并把 $Q_l(x)$ 的积分形式改换成求和形式可得下面的公式(证明从略),

$$Q_l(x) = \frac{1}{2}P_l(x)\ln\frac{1+x}{1-x} + \frac{1}{2^l}\sum_{k=0}^{\left[\frac{l-1}{2}\right]} x^{l-1-2k}$$

$$\cdot \sum_{n=0}^k \frac{(-1)^{n+1}}{2k-2n+1} \cdot \frac{(2l-2n)!}{n!(l-n)!(l-2n)!} \quad (-1 < x < 1)(l \geqslant 1). \tag{10.1.13}$$

式中第一部分含对数函数,第二部分为最高次幂为 $l-1$ 次的偶次幂(l = 奇数)或奇次幂(l = 偶数)多项式,适当选取系数使最高次幂项的系数为 $-(2l)!/2^l(l!)^2$.

利用表达式(10.1.13),可以方便地写出 $l \geqslant 2$ 的 $Q_l(x)$ 的具体形式:

$$Q_2(x) = \frac{1}{2}P_2(x)\ln\frac{1+x}{1-x} - \frac{3}{2}x,$$

$$Q_3(x) = \frac{1}{2}P_3(x)\ln\frac{1+x}{1-x} - \frac{5}{2}x^2 + \frac{2}{3},$$

$$Q_4(x) = \frac{1}{2}P_4(x)\ln\frac{1+x}{1-x} - \frac{35}{8}x^3 + \frac{55}{24}x,$$

$$\cdots\cdots\cdots$$

勒让德方程的一般解为

$$y(x) = C_1 P_l(x) + C_2 Q_l(x) \qquad (10.1.14)$$

C_1、C_2 为任意常数. 由于所有的 $Q_l(x)$ 都含有对数函数, 均在 $x = \pm 1$ 处发散, 如果要选取在区间端点 $x = \pm 1$ 处满足解有限的自然边界条件的解, 就不能要 $Q_l(x)$, 必须取常数 $C_2 = 0$, 解 $y(x) = C_1 P_l(x)$.

(三) 勒让德多项式的正交关系

作为施图姆-刘维尔本征值问题的正交关系(9.4.12)的特例, 不同阶的勒让德多项式在区间 $(-1, +1)$ 上正交,

$$\int_{-1}^{+1} P_k(x) P_l(x) \, \mathrm{d}x = 0 \qquad (k \neq l). \qquad (10.1.15)$$

如果从 x 回到原来的变数 θ, 则(10.1.15)应是

$$\int_0^\pi P_k(\cos\theta) P_l(\cos\theta) \sin\theta \mathrm{d}\theta = 0 \qquad (k \neq l). \qquad (10.1.16)$$

(四) 勒让德多项式的模

现在计算勒让德多项式 $P_l(x)$ 的模 N_l,

$$N_l^2 = \int_{-1}^{+1} \left[P_l(x) \right]^2 \mathrm{d}x.$$

把上式的 $P_l(x)$ 用微分表示(10.1.7)表出, 以便于分部积分,

$$
\begin{aligned}
N_l^2 &= \frac{1}{2^{2l}(l!)^2} \int_{-1}^{+1} \frac{\mathrm{d}^l(x^2-1)^l}{\mathrm{d}x^l} \frac{\mathrm{d}}{\mathrm{d}x} \left[\frac{\mathrm{d}^{l-1}(x^2-1)^l}{\mathrm{d}x^{l-1}} \right] \mathrm{d}x \\
&= \frac{1}{2^{2l}(l!)^2} \left[\frac{\mathrm{d}^l(x^2-1)^l}{\mathrm{d}x^l} \frac{\mathrm{d}^{l-1}(x^2-1)^l}{\mathrm{d}x^{l-1}} \right]_{-1}^{+1} \\
&\quad - \frac{1}{2^{2l}(l!)^2} \int_{-1}^{+1} \frac{\mathrm{d}^{l-1}(x^2-1)^l}{\mathrm{d}x^{l-1}} \frac{\mathrm{d}}{\mathrm{d}x} \left[\frac{\mathrm{d}^l(x^2-1)^l}{\mathrm{d}x^l} \right] \mathrm{d}x.
\end{aligned}
$$

这里 $(x^2-1)^l = (x-1)^l(x+1)^l$, 以 $x = \pm 1$ 为 l 级零点, 所以它的 $l-1$ 阶导数 $\dfrac{\mathrm{d}^{l-1}(x^2-1)^l}{\mathrm{d}x^{l-1}}$ 以 $x = \pm 1$ 为一级零点, 从而上式已积出部分为零,

$$N_l^2 = \frac{(-1)^1}{2^{2l}(l!)^2} \int_{-1}^{+1} \frac{\mathrm{d}^{l-1}(x^2-1)^l}{\mathrm{d}x^{l-1}} \frac{\mathrm{d}^{l+1}(x^2-1)^l}{\mathrm{d}x^{l+1}} \mathrm{d}x.$$

分部积分的结果是被积函数中两项, 一项的求导阶数减少一阶, 另一项的求导阶数增加一阶, 同时整个积分乘上 (-1) 因子. 一次又一次地分部积分, 每次分部积分出来的部分均以 $x = \pm 1$ 为零点, 均为零, 共计 l 次, 即得

$$N_l^2 = \frac{(-1)^l}{2^{2l}(l!)^2} \int_{-1}^{+1} (x^2-1)^l \frac{\mathrm{d}^{2l}(x^2-1)^l}{\mathrm{d}x^{2l}} \mathrm{d}x.$$

这里 $(x^2-1)^l$ 是 $2l$ 次多项式, 它的 $2l$ 阶导数也就是最高幂项 x^{2l} 的 $2l$ 阶导数即 $(2l)!$. 于是,

$$N_l^2 = (-1)^l \frac{(2l)!}{2^{2l}(l!)^2} \int_{-1}^{+1} (x-1)^l (x+1)^l \mathrm{d}x.$$

分部积分一次

$$N_l^2 = (-1)^l \frac{(2l)!}{2^{2l}(l!)^2} \cdot \frac{1}{l+1} \left[(x-1)^l (x+1)^{l+1} \big|_{-1}^1 - \right.$$

$$l \int_{-1}^{1} (x-1)^{l-1}(x+1)^{l+1} \, dx]$$

$$= (-1)^{l} \frac{(2l)!}{2^{2l}(l!)^2} \cdot (-1) \frac{l}{l+1} \int_{-1}^{1} (x-1)^{l-1}(x+1)^{l+1} dx.$$

已积出部分以 $x = \pm 1$ 为零点，从而为零. 至此，分部积分的结果是使 $(x-1)$ 的幂次降低一次，$(x+1)$ 的幂次升高一次，且积分乘上一个相应的常数因子. 继续分部积分，共计 l 次，即得

$$N_l^2 = (-1)^l \frac{(2l)!}{2^{2l}(l!)^2} \cdot (-1)^l \cdot \frac{l}{l+1} \cdot \frac{l-1}{l+2} \cdot \cdots \cdot \frac{1}{2l} \int_{-1}^{1} (x-1)^0 (x+1)^{2l} dx$$

$$= \frac{1}{2^{2l}} \cdot \frac{1}{2l+1} (x+1)^{2l+1} \Big|_{-1}^{1} = \frac{2}{2l+1}.$$

这样，勒让德多项式的模

$$N_l = \sqrt{\frac{2}{2l+1}} \quad (l = 0,1,2,\cdots). \tag{10.1.17}$$

（五）广义傅里叶级数

根据 §9.4 施图姆-刘维尔本征值问题的性质(4)，作为一个例子，勒让德多项式 $P_l(x)$ $(l = 0,1,2,\cdots)$ 是完备的，可作为广义傅里叶级数展开的基，把定义在 x 的区间 $[-1,1]$ 上的函数 $f(x)$，或定义在 θ 的区间 $[0,\pi]$ 上的函数 $f(\theta)$ 展开为**广义傅里叶级数**.

$$\begin{cases} f(x) = \sum_{l=0}^{\infty} f_l P_l(x), \\ \text{系数 } f_l = \frac{2l+1}{2} \int_{-1}^{+1} f(x) P_l(x) \, dx, \end{cases} \tag{10.1.18}$$

即

$$\begin{cases} f(\theta) = \sum_{l=0}^{\infty} f_l P_l(\cos\theta), \\ \text{系数 } f_l = \frac{2l+1}{2} \int_{0}^{\pi} f(\theta) P_l(\cos\theta) \sin\theta \, d\theta. \end{cases} \tag{10.1.19}$$

注意(10.1.19)的积分应带权重 $\sin\theta$，参看 §9.4(一)之(2).

例 1 以勒让德多项式为基，在区间 $[-1,1]$ 上把 $f(x) = 2x^3 + 3x + 4$ 展开为广义傅里叶级数.

解 本例不必应用一般公式(10.1.18)，事实上，$f(x)$ 是三次多项式，应该可以表为 $P_0(x)$、$P_1(x)$、$P_2(x)$ 和 $P_3(x)$ 的线性组合：

$$2x^3 + 3x + 4 = f_0 P_0(x) + f_1 P_1(x) + f_2 P_2(x) + f_3 P_3(x)$$

$$= f_0 \cdot 1 + f_1 \cdot x + f_2 \cdot \frac{1}{2}(3x^2 - 1) + f_3 \cdot \frac{1}{2}(5x^3 - 3x)$$

$$= \left(f_0 - \frac{1}{2}f_2\right) + \left(f_1 - \frac{3}{2}f_3\right)x + \frac{3}{2}f_2 x^2 + \frac{5}{2}f_3 x^3,$$

比较等式两边同幂项，即得

$$f_0 - \frac{1}{2}f_2 = 4, \quad f_1 - \frac{3}{2}f_3 = 3,$$

$$\frac{3}{2}f_2 = 0, \quad \frac{5}{2}f_3 = 2.$$

由此解得

$$f_0 = 4, \quad f_1 = \frac{21}{5}, \quad f_2 = 0, \quad f_3 = \frac{4}{5}.$$

因此,

$$2x^3 + 3x + 4 = 4P_0(x) + \frac{21}{5}P_1(x) + \frac{4}{5}P_3(x).$$

例 2 以勒让德多项式为基,在 $[-1,1]$ 上把 $f(x) = |x|$ 展开为广义傅里叶级数.

解 本例的

$$f(x) = \begin{cases} x & (0 \leqslant x \leqslant 1), \\ -x & (-1 \leqslant x \leqslant 0), \end{cases}$$

在区间 $[-1,0]$ 和 $[0,1]$ 上,$f(x)$ 的表达式不同,不能采用例 1 的解法,只有应用一般公式 (10.1.18).

$$f(x) = \sum_{l=0}^{\infty} f_l P_l(x), \tag{10.1.20}$$

$$f_l = \frac{2l+1}{2}\left[\int_{-1}^{0}(-\eta)P_l(\eta)\,\mathrm{d}\eta + \int_{0}^{1}\xi P_l(\xi)\,\mathrm{d}\xi\right]. \tag{10.1.21}$$

定积分的值与积分变量采用什么记号无关,在 (10.1.21) 中两个定积分采用了不同的积分变数,在前一个积分中,令 $-\eta = \xi$,则

$$f_l = \frac{2l+1}{2}\left[\int_{1}^{0}\xi P_l(-\xi)\,\mathrm{d}(-\xi) + \int_{0}^{1}\xi P_l(\xi)\,\mathrm{d}\xi\right]$$

$$= \frac{2l+1}{2}\int_{0}^{1}\xi[P_l(-\xi) + P_l(\xi)]\,\mathrm{d}\xi.$$

对于奇数的 $l = 2n+1$,$P_l(x)$ 只含奇次幂项,为奇函数,即 $P_l(-\xi) = -P_l(\xi)$;对于偶数的 $l = 2n$,$P_l(x)$ 只含偶次幂项,为偶函数,即 $P_l(-\xi) = P_l(\xi)$,因此

$$f_{2n+1} = 0, \tag{10.1.22}$$

$$f_{2n} = \frac{2l+1}{2}\int_{0}^{1}\xi \cdot 2P_{2n}(\xi)\,\mathrm{d}\xi = (4n+1)\int_{0}^{1}\xi P_{2n}(\xi)\,\mathrm{d}\xi.$$

将微分表示 (10.1.7) 代入,进行分部积分,有

$$f_{2n} = \frac{4n+1}{2^{2n}(2n)!}\int_{0}^{1}\xi\frac{\mathrm{d}^{2n}(\xi^2-1)^{2n}}{\mathrm{d}\xi^{2n}}\,\mathrm{d}\xi$$

$$= \frac{4n+1}{2^{2n}(2n)!}\left\{\left[\xi\frac{\mathrm{d}^{2n-1}(\xi^2-1)^{2n}}{\mathrm{d}\xi^{2n-1}}\right]_{0}^{1} - \int_{0}^{1}\frac{\mathrm{d}^{2n-1}(\xi^2-1)^{2n}}{\mathrm{d}\xi^{2n-1}}\,\mathrm{d}\xi\right\}.$$

已积出部分以 $\xi = \pm 1$ 为一级零点,且以 $\xi = 0$ 为零点,故其数值为零.

$$f_{2n} = -\frac{4n+1}{2^{2n}(2n)!}\left[\frac{\mathrm{d}^{2n-2}(\xi^2-1)^{2n}}{\mathrm{d}\xi^{2n-2}}\right]_{0}^{1}. \tag{10.1.23}$$

由于 (10.1.23) 以 $\xi = \pm 1$ 为二级零点,把上限 $\xi = 1$ 代入为零. 剩下来的问题是下限 $\xi = 0$ 的代入,为此只需注意 $\mathrm{d}^{2n-2}(\xi^2-1)^{2n}/\mathrm{d}\xi^{2n-2}$ 的常数项,即 $(\xi^2-1)^{2n}$ 中的 $(2n-2)$ 次幂项. 运用二项式

定理，

$$(\xi^2-1)^{2n} = \sum_{k=0}^{2n} \frac{(2n)!}{(2n-k)!\,k!}(\xi^2)^{2n-k}(-1)^k,$$

取 $k=n+1$ 的项，则

$$f_{2n} = \frac{4n+1}{2^{2n}(2n)!} \cdot \frac{\mathrm{d}^{2n-2}}{\mathrm{d}\xi^{2n-2}}\left[\frac{(2n)!}{(n-1)!\,(n+1)!}\xi^{2n-2}(-1)^{n+1}\right]$$

$$= (-1)^{n+1}\frac{(4n+1)(2n-2)!}{[2^{n-1}(n-1)!][2^{n+1}(n+1)!]}$$

$$= (-1)^{n+1}\frac{(4n+1)(2n-2)!}{(2n-2)!!\,(2n+2)!!}$$

$$= (-1)^{n+1}\frac{(4n+1)(2n-3)!!}{(2n+2)!!}\cdot\frac{(2n-1)}{(2n-1)}$$

$$= (-1)^{n+1}\frac{(4n+1)}{(2n-1)}\cdot\frac{(2n-1)!!}{(2n+2)!!} \quad (n=1,2,\cdots). \tag{10.1.24}$$

最后的表达式虽然不是最简式，但形式易记. 不过它不适合于 $n=0$，而 f_0 可直接算出：

$$f_0 = (4\cdot0+1)\int_0^1 \xi\mathrm{P}_0(\xi)\,\mathrm{d}\xi = \int_0^1 \xi\mathrm{d}\xi = \frac{1}{2}.$$

最后得

$$|x| = \frac{1}{2}\mathrm{P}_0(x) + \sum_{n=1}^{\infty}(-1)^{n+1}\frac{(4n+1)(2n-1)!!}{(2n-1)(2n+2)!!}\mathrm{P}_{2n}(x). \tag{10.1.25}$$

（六）拉普拉斯方程的轴对称定解问题

拉普拉斯方程的定解问题，如果具有对称轴，自然就取这对称轴为球坐标的极轴，因为这样一来，问题与 φ 无关，只需用 $m=0$ 的轴对称球函数.

例3　在半径为 $r=r_0$ 的球的内部求解 $\Delta u=0$ 使满足边界条件 $u|_{r=r_0}=\cos^2\theta$.

解　边界条件与 φ 无关，以球坐标的极轴为对称轴. 所求的解也应以球坐标的极轴为对称轴，因而解

$$u(r,\theta) = \sum_{l=0}^{\infty}\left(A_l r^l + \frac{B_l}{r^{l+1}}\right)\mathrm{P}_l(\cos\theta).$$

考虑到 u 在球心处应有自然边界条件：$u|_{r=0}=$ 有限值，上式中 $1/r^{l+1}$ 项必须舍弃，即取 $B_l=0$.

$$u(r,\theta) = \sum_{l=0}^{\infty} A_l r^l \mathrm{P}_l(\cos\theta). \tag{10.1.26}$$

（10.1.26）是轴对称情况下，拉普拉斯方程在球内区域有限的一般解. 为了确定系数 A_l，把上式代入边界条件

$$\sum_{l=0}^{\infty} A_l r_0^l \mathrm{P}_l(\cos\theta) = \cos^2\theta = x^2. \tag{10.1.27}$$

由于 $\mathrm{P}_2(x) = \frac{1}{2}(3x^2-1)$，有

$$x^2 = \frac{1}{3}[1+2\mathrm{P}_2(x)] = \frac{1}{3}\mathrm{P}_0(x) + \frac{2}{3}\mathrm{P}_2(x).$$

这就是 x^2 按勒让德多项式 $P_l(x)$ 展开的式子,以此代入(10.1.27)式的右边,并与左边比较系数,即得

$$A_0 = \frac{1}{3}, \quad A_2 = \frac{2}{3} \cdot \frac{1}{r_0^2}, \quad A_l = 0 \quad (l \neq 0, 2).$$

这样

$$u(r, \theta) = \frac{1}{3} + \frac{2}{3} \cdot \frac{1}{r_0^2} \cdot r^2 P_2(\cos \theta). \tag{10.1.28}$$

例 4 半径为 r_0 的半球,其球面上温度保持为 $u_0 \cos \theta$,底面绝热,试求这个半球里的稳定温度分布.

解 取球心为球坐标系的极点,垂直于底面方向为球坐标系的极轴方向. 这样,极轴是对称轴,问题与 φ 无关. 定解问题是

$$\begin{cases} \Delta u = 0, & \text{(10.1.29)} \\ u\big|_{r=r_0} = u_0 \cos \theta \left(0 \leqslant \theta < \frac{\pi}{2}\right), \ \text{即} \ u\big|_{r=r_0} = u_0 x (0 < x \leqslant 1), & \text{(10.1.30)} \\ \dfrac{\partial u}{\partial \theta}\bigg|_{\theta = \pi/2} = 0, \ \text{即} \ u_x\big|_{x=0} = 0. & \text{(10.1.31)} \end{cases}$$

定解问题仅在半球区域($0 \leqslant \theta < \pi/2$; $0 < x \leqslant 1$)有意义,而勒让德多项式 $P_l(\cos \theta)$ 却在整个球形区域($0 \leqslant \theta \leqslant \pi$; $-1 \leqslant x \leqslant 1$)上才是完备的,为了能运用勒让德多项式展开,需要把定解问题延拓到整个球形区域,补充定义另外半个球面($\pi/2 < \theta \leqslant \pi$; $-1 \leqslant x \leqslant 0$)上的方程及边界条件. 为了满足半球底面($x=0$)上第二类齐次边界条件(10.1.31),必须用偶延拓,方程延拓,形式不变. 至于边界条件,把边界条件补充定义成 x 的在区间 $[-1, +1]$ 上的偶函数,

$$\begin{aligned} u\big|_{r=r_0} &= \begin{cases} u_0 \cos \theta & (0 \leqslant \theta \leqslant \pi/2), \\ -u_0 \cos \theta & (\pi/2 \leqslant \theta \leqslant \pi). \end{cases} \\ &= \left.\begin{cases} u_0 x & (0 \leqslant x \leqslant 1), \\ -u_0 x & (-1 \leqslant x \leqslant 0). \end{cases}\right\} \equiv f(x). \end{aligned} \tag{10.1.32}$$

用边界条件(10.1.32)代替(10.1.30)和(10.1.31). 现在,定解问题在整个球内区域有意义. 由例 3,知道轴对称情况下拉普拉斯方程在球内区域有限的一般解为

$$u(r, \theta) = \sum_{l=0}^{\infty} A_l r^l P_l(\cos \theta). \tag{10.1.33}$$

以此代入(10.1.32),

$$\sum_{l=0}^{\infty} A_l r_0^l P_l(x) = f(x) = u_0 |x|. \tag{10.1.34}$$

以 $P_l(x)$ ($l = 0, 1, 2, \cdots$) 为基,将 $f(x)$ 展开为广义傅里叶级数

$$f(x) = \sum_{l=0}^{\infty} f_l P_l(x), \tag{10.1.35}$$

其中系数

$$f_l = \frac{2l+1}{2} \int_{-1}^{1} f(\xi) P_l(\xi) \, d\xi = \frac{2l+1}{2} u_0 \int_{-1}^{1} |\xi| P_l(\xi) \, d\xi. \tag{10.1.36}$$

例 2 已将区间 $[-1,+1]$ 上的函数 $|x|$ 展开成 $P_l(x)$ 的广义傅里叶级数($10.1.25$). 将这一结果代入($10.1.36$), 得

$$\begin{cases} f_{2n+1}=0 \quad (n=0,1,2,\cdots), \\ f_{2n}=(-1)^{n+1}\dfrac{(4n+1)(2n-1)!!}{(2n-1)(2n+2)!!}u_0 \quad (n=1,2,\cdots), \\ f_0=\dfrac{1}{2}u_0. \end{cases} \quad (10.1.37)$$

将($10.1.37$)代入($10.1.35$), 与($10.1.34$)的左边相比较, 有

$$A_0=f_0=\frac{1}{2}u_0, \quad A_{2n+1}=0 \quad (n=0,1,2,\cdots),$$

$$A_{2n}r_0^{2n}=f_{2n}=(-1)^{n+1}\frac{(4n+1)(2n-1)!!}{(2n-1)(2n+2)!!}u_0 \quad (n=1,2,\cdots).$$

因此,

$$A_{2n}=(-1)^{n+1}\frac{(4n+1)(2n-1)!!}{(2n-1)(2n+2)!!}\cdot\frac{u_0}{r_0^{2n}}. \quad (10.1.38)$$

最后解得

$$u(r,\theta)=\frac{1}{2}u_0+\sum_{n=1}^{\infty}(-1)^{n+1}\frac{(4n+1)(2n-1)!!}{(2n-1)(2n+2)!!}$$

$$\cdot\frac{u_0}{r_0^{2n}}\cdot r^{2n}P_{2n}(\cos\theta) \quad \left(0\leqslant\theta<\frac{\pi}{2}\right). \quad (10.1.39)$$

式($10.1.39$)就是定解问题($10.1.29$)—($10.1.31$)的解.

例 5 在本来是匀强的静电场中放置均匀介质球, 如图 $10\text{-}2$. 本来的电场强度是 $\boldsymbol{E}_0$, 球的

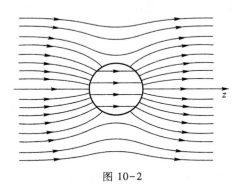

图 $10\text{-}2$

半径是 r_0, 介电常量是 ε. 试求解介质球内外的电场强度.

解 取球心为球坐标系的极点, 通过球心而平行于 $\boldsymbol{E}_0$ 的直线显然是对称轴, 取这对称轴作为球坐标系的极轴.

由于介质球的极化, 球面出现束缚电荷, 以致电场强度 $\boldsymbol{E}$ 在球面不连续, $\Delta u=\nabla\cdot\nabla u=-\nabla\cdot\boldsymbol{E}$ 在球面上没有意义, 从而拉普拉斯方程在球面上没有意义. 我们只好先分别考虑球内的电势 $u_{内}$ 和球外的电势 $u_{外}$, 然后通过衔接条件使两者在球面上衔接起来.

1. 球内电势 $u_内$.

球内电势 $u_内$ 满足

$$\Delta u_内 = 0 \quad (r < r_0). \tag{10.1.40}$$

在轴对称情况下，（10.1.40）的一般解是

$$u_内 = \sum_{l=0}^{\infty} \left(A_l r^l + B_l \frac{1}{r^{l+1}} \right) P_l(\cos\theta).$$

考虑到 $u_内$ 在球心 $r=0$ 应为有限，舍弃 $1/r^{l+1}$ 项，令 $B_l = 0$，

$$u_内 = \sum_{l=0}^{\infty} A_l r^l P_l(\cos\theta). \tag{10.1.41}$$

系数 A_l 暂时还确定不了.

2. 球外电势 $u_外$.

球外电势 $u_外$ 满足

$$\Delta u_外 = 0 \quad (r > r_0). \tag{10.1.42}$$

$$u_外 \big|_{r\to\infty} \sim u_0 - E_0 r \cos\theta. \tag{10.1.43}$$

无穷远处的边界条件（10.1.43）是仿照 §8.1 例 4 的（8.1.60）写出的. 常数 u_0 跟电势的零点选取有关.

在轴对称情况下，（10.1.42）的一般解是

$$u_外 = \sum_{l=0}^{\infty} \left(C_l r^l + D_l \frac{1}{r^{l+1}} \right) P_l(\cos\theta). \tag{10.1.44}$$

把（10.1.44）代入（10.1.43）. 对于很大的 r，D_l/r^{l+1} 项远远小于 r^l 项. 考虑到这一点，代入的结果是

$$\sum_{l=0}^{\infty} C_l r^l P_l(\cos\theta) \sim -E_0 r \cos\theta + u_0 = -E_0 r P_1(\cos\theta) + u_0.$$

两边都是以勒让德多项式为基的广义傅里叶级数，两边比较系数，得

$$C_0 = u_0, \quad C_1 = -E_0, \quad C_l = 0 \quad (l \neq 0, 1).$$

这样，（10.1.44）成为

$$u_外 = u_0 - E_0 r P_1(\cos\theta) + \sum_{l=0}^{\infty} D_l \frac{1}{r^{l+1}} P_l(\cos\theta). \tag{10.1.45}$$

系数 D_l 暂时还确定不了.

3. $u_内$ 与 $u_外$ 的衔接.

$u_内$ 与 $u_外$ 并非两个互不相关的问题中的电势，而是同一个问题中不同区域上的电势. 它们应当在球面上互相衔接. 这里说的"衔接"指的是：电势在球面上连续，

$$u_内 \big|_{r=r_0} = u_外 \big|_{r=r_0}; \tag{10.1.46}$$

还有，电位移 $\boldsymbol{D} = \varepsilon\varepsilon_0 \boldsymbol{E} = -\varepsilon\varepsilon_0 \nabla u$ 的法向分量即 $-\varepsilon\varepsilon_0 \partial u/\partial r$ 在球面上连续（这里假定了介质球本来是不带电的），

$$\varepsilon\varepsilon_0 \frac{\partial u_内}{\partial r} \bigg|_{r=r_0} = \varepsilon_0 \frac{\partial u_外}{\partial r} \bigg|_{r=r_0}. \tag{10.1.47}$$

把（10.1.41）和（10.1.45）代入衔接条件（10.1.46）和（10.1.47），

$$\begin{cases} \sum_{l=0}^{\infty} A_l r_0^l P_l(\cos\theta) = u_0 - E_0 r_0 P_1(\cos\theta) + \sum_{l=0}^{\infty} \frac{D_l}{r_0^{l+1}} P_l(\cos\theta), \\ \varepsilon \sum_{l=0}^{\infty} l A_l r_0^{l-1} P_l(\cos\theta) = - E_0 P_1(\cos\theta) - \sum_{l=0}^{\infty} (l+1) \frac{D_l}{r_0^{l+2}} P_l(\cos\theta). \end{cases}$$

比较两边的系数，得

$$\begin{cases} A_0 = u_0 + D_0 \dfrac{1}{r_0}, \\ 0 = D_0 \dfrac{1}{r_0^2}; \end{cases} \qquad \begin{cases} A_1 r_0 = -E_0 r_0 + D_1 \dfrac{1}{r_0^2}, \\ \varepsilon A_1 = -E_0 - 2D_1 \dfrac{1}{r_0^3}; \end{cases}$$

$$\begin{cases} A_l r_0^l = D_l \dfrac{1}{r_0^{l+1}}, \\ \varepsilon l A_l r_0^{l-1} = -(l+1) D_l \dfrac{1}{r_0^{l+2}}. \end{cases} \qquad (l \neq 0,1)$$

由此解得

$$\begin{cases} A_0 = u_0, \\ D_0 = 0; \end{cases} \qquad \begin{cases} A_1 = -\dfrac{3}{\varepsilon+2} E_0, \\ D_1 = \dfrac{\varepsilon-1}{\varepsilon+2} r_0^3 E_0; \end{cases} \qquad \begin{cases} A_l = 0, \\ D_l = 0. \end{cases} \qquad (l \neq 0,1)$$

最终解为

$$\begin{cases} u_{内} = u_0 - \dfrac{3}{\varepsilon+2} E_0 r\cos\theta, & (10.1.48) \\ u_{外} = u_0 - E_0 r\cos\theta + \dfrac{\varepsilon-1}{\varepsilon+2} r_0^3 E_0 \dfrac{1}{r^2}\cos\theta. & (10.1.49) \end{cases}$$

球内电势（10.1.48）又可表为

$$u_{内} = u_0 + \frac{3}{\varepsilon+2} E_0 z.$$

由此可见，球内场强 $E_{内} = -\nabla u_{内}$ 沿 z 方向即 $\boldsymbol{E}_0$ 方向，其大小

$$E_{内} = -\frac{\partial u_{内}}{\partial z} = \frac{3}{\varepsilon+2} E_0.$$

这是说，$E_{内}$ 仍为匀强电场，只是按一定比率削弱了. 球内极化强度

$$P_{内} = \varepsilon_0(\varepsilon-1) E_{内} = \varepsilon_0 \frac{3(\varepsilon-1)}{\varepsilon+2} E_0,$$

也是常数. 这说明球的极化是均匀的.

（七）母函数

设在单位球北极置 $4\pi\varepsilon_0$ 单位的正电荷（图10-3），则在球内任一点 M（其球坐标记作 r, θ, φ）的静电势为

$$\frac{1}{d} = \frac{1}{\sqrt{1-2r\cos\theta+r^2}}. \qquad (10.1.50)$$

静电势 $1/d$ 遵从拉普拉斯方程, 且以球坐标系的极轴为对称轴, 因此, $1/d$ 应该具有轴对称情况下拉普拉斯方程一般解的形式, 即

$$\frac{1}{d} = \sum_{l=0}^{\infty} \left(A_l r^l + B_l \frac{1}{r^{l+1}} \right) P_l(\cos\theta). \qquad (10.1.51)$$

先研究单位球内的静电势. 在球心 ($r=0$), 电势应是有限的, $1/r^{l+1}$ 项不满足此条件, 故取 $B_l = 0$,

$$\frac{1}{\sqrt{1-2r\cos\theta+r^2}} = \sum_{l=0}^{\infty} A_l r^l P_l(\cos\theta). \qquad (10.1.52)$$

为确定系数 A_l, 本当按照 (10.1.18) 或 (10.1.19) 计算. 但这里采用一个较简便的变通办法. 在 (10.1.52) 两边置 $\theta=0$,

$$\frac{1}{1-r} = \sum_{l=0}^{\infty} A_l r^l P_l(1) = \sum_{l=0}^{\infty} A_l r^l. \qquad (10.1.53)$$

上式左边在 $r=0$ 的邻域上展为泰勒级数

$$\frac{1}{1-r} = 1 + r + r^2 + r^3 + \cdots + r^l + \cdots. \qquad (10.1.54)$$

比较 (10.1.53) 和 (10.1.54) 即知

$$A_l = 1 \quad (l=0,1,2,\cdots).$$

于是 (10.1.52) 成为

$$\frac{1}{\sqrt{1-2r\cos\theta+r^2}} = \sum_{l=0}^{\infty} r^l P_l(\cos\theta) \quad (r<1). \qquad (10.1.55)$$

请读者自己研究单位球外的静电势. 其结果为

$$\frac{1}{\sqrt{1-2r\cos\theta+r^2}} = \sum_{l=0}^{\infty} \frac{1}{r^{l+1}} P_l(\cos\theta) \quad (r>1). \qquad (10.1.56)$$

$1/\sqrt{1-2r\cos\theta+r^2}$ 因此叫作勒让德多项式的**母函数**(或**生成函数**).

以半径为 R 的球代替单位球, 则

$$\frac{1}{\sqrt{R^2-2rR\cos\theta+r^2}} = \begin{cases} \displaystyle\sum_{l=0}^{\infty} \frac{1}{R^{l+1}} r^l P_l(\cos\theta) & (r<R), \\[3mm] \displaystyle\sum_{l=0}^{\infty} R^l \frac{1}{r^{l+1}} P_l(\cos\theta) & (r>R). \end{cases} \qquad (10.1.57)$$

例 6　如图 10-4, 在点电荷 $4\pi\varepsilon_0 q$ 的电场中放置接地导体球, 球的半径为 a, 球心与点电荷相距 r_1 $(r_1>a)$. 求解这个静电场.

解　取球心为球坐标系的极点, 极轴通过点电荷, 则极轴是对称轴, 问题与 φ 无关.

假如没有导体球, 则静电势本来应当是

$$\frac{q}{\sqrt{r_1^2-2r_1 r\cos\theta+r^2}}.$$

由于导体球的存在, 静电势将修正为

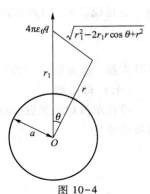

图 10-4

$$u(r,\theta) = \frac{q}{\sqrt{r_1^2 - 2r_1 r\cos\theta + r^2}} + v(r,\theta),$$

$v(r,\theta)$是待求的(在物理上,它是导体球上的静电感应电荷引起的),

$$\begin{cases} \Delta u = 0 \text{(除点电荷所处位置外)}, \\ u\big|_{r=a} = 0, \quad \lim_{r\to\infty} u = 0. \end{cases}$$

即

$$\begin{cases} \Delta v = 0, & (10.1.58) \\ v\big|_{r=a} = -\dfrac{q}{\sqrt{r_1^2 - 2r_1 a\cos\theta + a^2}}, \quad \lim_{r\to\infty} v = 0. & (10.1.59) \end{cases}$$

在轴对称情况下,方程(10.1.58)的一般解是

$$v(r,\theta) = \sum_{l=0}^{\infty} \left(A_l r^l + B_l \frac{1}{r^{l+1}} \right) \mathrm{P}_l(\cos\theta).$$

考虑到(10.1.59)的无限远边界条件,应舍弃 r^l 项,

$$v(r,\theta) = \sum_{l=0}^{\infty} B_l \frac{1}{r^{l+1}} \mathrm{P}_l(\cos\theta). \tag{10.1.60}$$

以(10.1.60)代入(10.1.59)的球面边界条件,有

$$\sum_{l=0}^{\infty} B_l \frac{1}{a^{l+1}} \mathrm{P}_l(\cos\theta) = -\frac{q}{\sqrt{r_1^2 - 2r_1 a\cos\theta + a^2}}.$$

引用母函数(10.1.57),

$$\sum_{l=0}^{\infty} B_l \frac{1}{a^{l+1}} \mathrm{P}_l(\cos\theta) = -q \sum_{l=0}^{\infty} \frac{a^l}{r_1^{l+1}} \mathrm{P}_l(\cos\theta).$$

比较两边的广义傅里叶系数,得

$$B_l = -q \frac{a^{2l+1}}{r_1^{l+1}}.$$

最终解是

$$u(r,\theta) = \frac{q}{\sqrt{r_1^2 - 2r_1 r\cos\theta + r^2}} + \sum_{l=0}^{\infty} (-q) \frac{a^{2l+1}}{r_1^{l+1}} \cdot \frac{1}{r^{l+1}} \mathrm{P}_l(\cos\theta). \tag{10.1.61}$$

其中第二部分,亦即 $v(r,\theta)$ 又可改写为 $-q\left(\dfrac{a}{r_1}\right) \displaystyle\sum_{l=0}^{\infty} \left(\dfrac{a^2}{r_1}\right)^l \cdot \dfrac{1}{r^{l+1}} \mathrm{P}_l(\cos\theta)$,按照(10.1.57),这就是

$$v(r,\theta) = \frac{-q(a/r_1)}{\sqrt{\left(\dfrac{a^2}{r_1}\right)^2 - 2\left(\dfrac{a^2}{r_1}\right) r\cos\theta + r^2}}.$$

事实上,这是某个点电荷产生的静电场中的静电势,该点电荷的电荷量为 $-4\pi\varepsilon_0 q(a/r_1)$,位置在球心与原来那个点电荷的连线上,到球心的距离为 $r_0 = a^2/r_1(<a$,可见在球内)。

这样,**就导体球外的静电场而论**,好像不存在导体球,而存在上述假想的电荷。这假想的

点电荷就叫作原来那个点电荷的**电像**.

（八） 递推公式

利用母函数还可以导出勒让德多项式的递推公式. 先把(10.1.55)写成

$$\frac{1}{\sqrt{1-2rx+r^2}} = \sum_{l=0}^{\infty} r^l P_l(x). \tag{10.1.62}$$

对 r 求导，

$$\frac{x-r}{(1-2rx+r^2)^{3/2}} = \sum_{l=0}^{\infty} l r^{l-1} P_l(x).$$

两边同乘以 $(1-2rx+r^2)$，得

$$\frac{x-r}{\sqrt{1-2rx+r^2}} = (1-2rx+r^2) \sum_{l=0}^{\infty} l r^{l-1} P_l(x).$$

以(10.1.62)代入上式左边，

$$(x-r) \sum_{l=0}^{\infty} r^l P_l(x) = (1-2rx+r^2) \sum_{l=0}^{\infty} l r^{l-1} P_l(x).$$

比较两边的 r^k 的系数，得

$$x P_k(x) - P_{k-1}(x) = (k+1) P_{k+1}(x) - 2xk P_k(x) + (k-1) P_{k-1}(x),$$

即

$$(k+1) P_{k+1}(x) - (2k+1) x P_k(x) + k P_{k-1}(x) = 0 \quad (k \geqslant 1). \tag{10.1.63}$$

利用这个式子可从 $P_{k-1}(x)$ 和 $P_k(x)$ 推出 $P_{k+1}(x)$，所以此式称为勒让德多项式的**递推公式**.

勒让德多项式的递推公式有多种，现在来推导另外几个常见的递推公式.

将(10.1.62)两边对 x 求导，

$$\frac{r}{(1-2rx+r^2)^{3/2}} = \sum_{l=0}^{\infty} r^l P_l'(x).$$

两边同乘以 $(1-2rx+r^2)$，得

$$\frac{r}{\sqrt{1-2rx+r^2}} = (1-2rx+r^2) \sum_{l=0}^{\infty} r^l P_l'(x).$$

以(10.1.62)代入上式左边，

$$r \sum_{l=0}^{\infty} r^l P_l(x) = (1-2rx+r^2) \sum_{l=0}^{\infty} r^l P_l'(x).$$

比较两边 r^{k+1} 项的系数，得递推公式

$$P_k(x) = P_{k+1}'(x) - 2x P_k'(x) + P_{k-1}'(x) \quad (k \geqslant 1). \tag{10.1.64}$$

(10.1.63)对 x 求导，

$$(k+1) P_{k+1}'(x) - (2k+1) P_k(x) - (2k+1) x P_k'(x) + k P_{k-1}'(x) = 0 \quad (k \geqslant 1). \tag{10.1.65}$$

(10.1.64)乘($2k+1$)，(10.1.65)乘2，二者相减消去 $x P_k'(x)$ 项，得递推公式

$$(2k+1) P_k(x) = P_{k+1}'(x) - P_{k-1}'(x) \quad (k \geqslant 1). \tag{10.1.66}$$

类似地，还可得到下列公式：

$$P_{k+1}'(x) = (k+1) P_k(x) + x P_k'(x), \tag{10.1.67}$$

$$k P_k(x) = x P_k'(x) - P_{k-1}'(x) \quad (k \geqslant 1). \tag{10.1.68}$$

$$(x^2-1) P_k'(x) = kx P_k(x) - k P_{k-1}(x) \quad (k \geqslant 1). \tag{10.1.69}$$

(10.1.63)、(10.1.64)、(10.1.66)、(10.1.67)、(10.1.68)和(10.1.69)就是勒让德多项式的常见的递

推公式.

上述递推公式有些可用来计算某些与勒让德多项式有关的定积分.

例 7　计算定积分 $\displaystyle\int_{-1}^{1} x\mathrm{P}_k(x)\mathrm{P}_l(x)\mathrm{d}x$ （k、l 为自然数）.

解　利用递推公式（10.1.63），将 $x\mathrm{P}_k(x)$ 化成 $\mathrm{P}_{k+1}(x)$ 和 $\mathrm{P}_{k-1}(x)$，

$$\int_{-1}^{1} x\mathrm{P}_k(x)\mathrm{P}_l(x)\mathrm{d}x = \int_{-1}^{1}\frac{1}{2k+1}\big[(k+1)\mathrm{P}_{k+1}(x)+k\mathrm{P}_{k-1}(x)\big]\mathrm{P}_l(x)\mathrm{d}x$$

$$=\frac{k+1}{2k+1}\int_{-1}^{1}\mathrm{P}_{k+1}(x)\mathrm{P}_l(x)\mathrm{d}x+\frac{k}{2k+1}\int_{-1}^{1}\mathrm{P}_{k-1}(x)\mathrm{P}_l(x)\mathrm{d}x$$

$$=\frac{k+1}{2k+1}\cdot\frac{2}{2l+1}\delta_{k+1,l}+\frac{k}{2k+1}\cdot\frac{2}{2l+1}\delta_{k-1,l}$$

$$=\begin{cases}\dfrac{2k}{(2k+1)(2k-1)} & (l=k-1),\\[3mm]\dfrac{2(k+1)}{(2k+3)(2k+1)} & (l=k+1),\\[3mm]0 & (l\neq k-1,k+1).\end{cases}\qquad(10.1.70)$$

例 8　计算定积分 $I_l=(2l+1)\displaystyle\int_0^1 x\mathrm{P}_l(x)\mathrm{d}x\quad(l=0,1,2,\cdots)$.

解　这是例 2 中计算过的定积分，这里利用递推公式重新计算.

利用递推公式（10.1.63），有

$$I_l=(2l+1)\int_0^1 x\mathrm{P}_l(x)\mathrm{d}x=(l+1)\int_0^1\mathrm{P}_{l+1}(x)\mathrm{d}x+l\int_0^1\mathrm{P}_{l-1}(x)\mathrm{d}x.$$

再利用递推公式（10.1.66），得

$$I_l=\frac{l+1}{2l+3}\int_0^1\big[\mathrm{P}'_{l+2}(x)-\mathrm{P}'_l(x)\big]\mathrm{d}x+\frac{l}{2l-1}\int_0^1\big[\mathrm{P}'_l(x)-\mathrm{P}'_{l-2}(x)\big]\mathrm{d}x$$

$$=\frac{l+1}{2l+3}\big[\mathrm{P}_{l+2}(x)-\mathrm{P}_l(x)\big]_0^1+\frac{l}{2l-1}\big[\mathrm{P}_l(x)-\mathrm{P}_{l-2}(x)\big]_0^1$$

考虑到（10.1.10），用积分上限 $x=1$ 代入的结果为零，故

$$I_l=\frac{l+1}{2l+3}\big[\mathrm{P}_l(0)-\mathrm{P}_{l+2}(0)\big]+\frac{l}{2l-1}\big[\mathrm{P}_{l-2}(0)-\mathrm{P}_l(0)\big].$$

利用（10.1.5）和（10.1.6），得

$$I_{2n+1}=0\quad(n=0,1,2,\cdots),$$

$$I_{2n}=\frac{2n+1}{4n+3}\Big[(-1)^n\frac{(2n-1)!!}{(2n)!!}-(-1)^{n+1}\frac{(2n+1)!!}{(2n+2)!!}\Big]$$

$$+\frac{2n}{4n-1}\Big[(-1)^{n-1}\frac{(2n-3)!!}{(2n-2)!!}-(-1)^n\frac{(2n-1)!!}{(2n)!!}\Big]$$

$$=\frac{2n+1}{4n+3}(-1)^n\frac{(2n-1)!!\,[(2n+2)+(2n+1)]}{(2n+2)!!}$$

$$-\frac{2n}{4n-1}(-1)^n\frac{(2n-3)!!\,[2n+2n-1]}{(2n)!!}$$

$$=-(-1)^{n+1}\frac{(2n+1)!!}{(2n+2)!!}+(-1)^{n+1}\frac{(2n-3)!!}{(2n-2)!!}$$

$$=(-1)^{n+1}\frac{(2n-3)!!}{(2n+2)!!}\big[2n(2n+2)-(2n-1)(2n+1)\big]$$

$$= (-1)^{n+1}(4n+1)\frac{(2n-3)!!}{(2n+2)!!}$$

$$= (-1)^{n+1}\frac{(4n+1)}{(2n-1)}\cdot\frac{(2n-1)!!}{(2n+2)!!} \quad (n=1,2,\cdots).$$
(10.1.71)

对 $n=0$，有

$$I_0 = \int_0^1 x P_0(x)\,\mathrm{d}x = \int_0^1 x\,\mathrm{d}x = \frac{1}{2}.$$
(10.1.72)

所得结果跟例 2 完全一样.

习　　题

1. 以勒让德多项式为基，在区间 $[-1,1]$ 上把下列函数展开为广义傅里叶级数.

(1) $f(x)=x^4+2x^3$；
(2) $f(x)=\begin{cases} x^2 & (0\leqslant x\leqslant 1), \\ 0 & (-1\leqslant x\leqslant 0); \end{cases}$

(3) $f(x)=x^n$ （n 为正整数）.

2. 用一层不导电的物质把半径为 r_0 的导体球壳分隔为两个半球壳，使半球各充电到电势为 v_1 和 v_2. 试计算电场中的电势分布.

3. 一空心圆球区域，内半径为 r_1，外半径为 r_2，内球面上有恒定电势 u_0，外球面上电势保持为 $u_1\cos^2\theta$，u_0、u_1 均为常数，试求内外球面之间空心圆球区域中的电势分布.

4. 一个半径为 r_0 的半球，半球表面的温度分布为 $u_0(1+\cos^2\theta)$，半球底面 （1） 保持零度，（2） 绝热. 试分别求出这两种情况下半球内的稳定温度分布，其中 u_0 为常数.

5. 在本来是匀强的静电场 $\boldsymbol{E}_0$ 中放置导体球，球的半径为 r_0. 试求解球外的静电场. ［提示：参考 §8.1 例 4.］

6. 均匀介质球，半径为 r_0，介电常量为 ε. 把介质球放在点电荷 $4\pi\varepsilon_0 q$ 的电场中，球心跟点电荷相距 $d(d>r_0)$，求解这个静电场中的电势.

7. 半径为 r_0，表面熏黑的均匀球，在温度为 0℃ 的空气中，受着阳光的照射，阳光的热流强度为 q_0. 求解小球里的稳定温度分布.

8. 导热杆长度为 b，求解它的如下热传导定解问题

$$\begin{cases} u_t - a^2\dfrac{\partial}{\partial x}\big[\,(b^2-x^2)u_x\,\big]=0, \\ u_x\,\big|_{x=0}=0, \quad u\,\big|_{x=b}=0, \\ u\,\big|_{t=0}=u_0\,(b+x)\,/b \quad (0<x<b). \end{cases}$$

9. 细导线首尾相接而构成圆环，环的半径为 r_0，环上带电 $4\pi\varepsilon_0 q$ 单位. 求圆环周围电场中的静电势. ［在初等电学课程中已经知道，圆环轴上距环心 r 处的电势为 $q/\sqrt{r_0^2+r^2}$. 这可用来作为电势在 $\theta=0$ 和 $\theta=\pi$ 方向的值.］

10. 证明递推公式（10.1.67）、（10.1.68）、（10.1.69）.

11. 利用勒让德多项式的递推公式，计算定积分

$$I = \int_0^1 P_l(x)\,\mathrm{d}x\,.$$

§10.2　连带勒让德函数

为了得到一般情况下的球函数，首先要求解连带勒让德方程

$$(1-x^2)\frac{\mathrm{d}^2\Theta}{\mathrm{d}x^2}-2x\frac{\mathrm{d}\Theta}{\mathrm{d}x}+\left[l(l+1)-\frac{m^2}{1-x^2}\right]\Theta=0 \quad (x=\cos\theta), \tag{10.2.1}$$

其中 $m=0,1,2,3,\cdots$，而 $l(l+1)$ 为常数，待定.

（一）连带勒让德函数

（1）连带勒让德函数的表达式

$x_0=0$ 是连带勒让德方程（10.2.1）的常点，可以用 §9.2 的方法在 $x_0=0$ 的邻域上求连带勒让德方程的级数解. 但是直接运用级数解法所得系数递推公式比较复杂. 每个递推公式涉及三个系数，从而难于写出系数的一般表示式.

因此，通常作变换

$$\Theta=(1-x^2)^{\frac{m}{2}}y(x), \tag{10.2.2}$$

把待求函数从 Θ 变换为 $y(x)$. 在这变换下，

$$\frac{\mathrm{d}\Theta}{\mathrm{d}x}=(1-x^2)^{\frac{m}{2}}y'-m(1-x^2)^{\frac{m}{2}-1}xy,$$

$$\frac{\mathrm{d}^2\Theta}{\mathrm{d}x^2}=(1-x^2)^{\frac{m}{2}}y''-2m(1-x^2)^{\frac{m}{2}-1}xy'-$$

$$m(1-x^2)^{\frac{m}{2}-1}y+m(m-2)(1-x^2)^{\frac{m}{2}-2}x^2y.$$

把以上三个式子代入连带勒让德方程（10.2.1），就把它化为 $y(x)$ 的微分方程

$$(1-x^2)y''-2(m+1)xy'+[l(l+1)-m(m+1)]y=0. \tag{10.2.3}$$

$x_0=0$ 是这个微分方程的常点，直接运用级数解法所得系数递推公式也不复杂. 可是，我们还是不准备直接运用级数解法，因为有更为简便的方法.

事实上，微分方程（10.2.3）就是勒让德方程逐项求导 m 次后得到的方程（§9.2 习题 4 就是一个例子，在那里 $l=3,m=2$）. 验证如下：用右上角标 $[m]$ 表示求导 m 次，应用关于乘积求导的**莱布尼茨求导规则**

$$(uv)^{[m]}=uv^{[m]}+\frac{m}{1!}u'v^{[m-1]}+\frac{m(m-1)}{2!}u''v^{[m-2]}+\cdots+$$

$$+\frac{m(m-1)(m-2)\cdots(m-k+1)}{k!}u^{[k]}v^{[m-k]}+\cdots$$

$$+u^{[m]}v, \tag{10.2.4}$$

其中符号 $v^{[m]}$，$v^{[m-k]}$ 分别表示函数 v 对 x 求导 m 次，$(m-k)$ 次，将勒让德方程

$$(1-x^2)\mathrm{P}''-2x\mathrm{P}'+l(l+1)\mathrm{P}=0$$

对 x 求导 m 次，其结果是

$$\left\{(1-x^2)\mathrm{P}^{[m]''}-m2x\mathrm{P}^{[m]'}-\frac{m(m-1)}{2}2\mathrm{P}^{[m]}\right\}$$

$$-2\{x\mathrm{P}^{[m]'}+m\mathrm{P}^{[m]}\}+l(l+1)\mathrm{P}^{[m]}=0,$$

其中 $\mathrm{P}^{[m]''}$，$\mathrm{P}^{[m]'}$ 表示 $\mathrm{P}(x)$ 对 x 求导 $(m+2)$ 次，$(m+1)$ 次，即

$$(1-x^2)\mathrm{P}^{[m]''}-2(m+1)x\mathrm{P}^{[m]'}+[l(l+1)-m(m+1)]\mathrm{P}^{[m]}=0.$$

这正是（10.2.3）. 因此（10.2.3）的解 $y(x)$ 应当是勒让德方程的解 $\mathrm{P}(x)$ 的 m 阶导数，

$$y(x) = P_l^{[m]}(x). \tag{10.2.5}$$

我们已经知道，勒让德方程和自然的边界条件(在 $x = \pm 1$ 为有限)构成本征值问题，本征值是 $l(l+1)$，而 l 为整数，本征函数则是勒让德多项式 $P_l(x)$。那么，方程(10.2.3)也就与自然边界条件构成本征值问题，本征值同上，本征函数则是 $P_l(x)$ 的 m 阶导数，即

$$y(x) = P_l^{[m]}(x). \tag{10.2.6}$$

以此代回(10.2.2)，得 $\Theta = (1-x^2)^{m/2} P_l^{[m]}(x)$。这叫作**连带勒让德函数**，通常记作 $P_l^m(x)$，

$$P_l^m(x) = (1-x^2)^{\frac{m}{2}} P_l^{[m]}(x). \tag{10.2.7}$$

注意区分 $P_l^m(x)$ 和 $P_l^{[m]}(x)$，后者只是 $P_l(x)$ 的 m 阶导数.

总之，连带勒让德方程和自然边界条件也构成**本征值问题**，**本征值是** $l(l+1)$，**本征函数**则是连带勒让德函数(10.2.7).

既然 $P_l(x)$ 是 l 次多项式，它最多只能求导 l 次，超过 l 次就得到零. 因此，本征值 $l(l+1)$ 中的整数 l 必须 $\geqslant m$.

$$l = m, m+1, m+2, \cdots, \quad \text{对确定的 } m, \tag{10.2.8}$$

或者说，对 l 的一个确定值，连带勒让德函数(10.2.7)中的 m 只能取值

$$m = 0, 1, 2, \cdots, l, \quad \text{对确定的 } l. \tag{10.2.9}$$

当 $m = 0$ 时，$P_l^0(x) = P_l(x)$，连带勒让德函数(10.2.7)简化为勒让德多项式 $P_l(x)$. 下面列出 $m \neq 0$ 而 $l = 1, 2$ 的连带勒让德函数的具体形式

$$P_1^1(x) = (1-x^2)^{1/2} = \sin\theta, \tag{10.2.10}$$

$$P_2^1(x) = (1-x^2)^{1/2}(3x) = \frac{3}{2}\sin 2\theta, \tag{10.2.11}$$

$$P_2^2(x) = 3(1-x^2) = 3\sin^2\theta = \frac{3}{2}(1-\cos 2\theta). \tag{10.2.12}$$

更多的连带勒让德函数的具体形式参看附录六.

(2) 连带勒让德函数的微分表示

由勒让德多项式的微分表示(10.1.7)立刻得到连带勒让德函数的微分表示

$$P_l^m(x) = \frac{(1-x^2)^{\frac{m}{2}}}{2^l l!} \frac{d^{l+m}}{dx^{l+m}}(x^2-1)^l. \tag{10.2.13}$$

这也叫作**罗德里格斯公式**. 从 (10.2.13) 不难看出，$(1-x^2)^{m/2}$，$(x^2-1)^l$ 为偶函数. 而 $d^{l+m}(x^2-1)^l/dx^{l+m}$ 的最高幂次为 x 的 $(l-m)$ 次幂，于是，当 $l-m = 2n (n = 0, 1, 2, \cdots)$ 时，$P_l^m(x)$ 为偶函数；当 $l-m = 2n+1 (n = 0, 1, 2, \cdots)$ 时，$P_l^m(x)$ 为奇函数.

从(9.1.7)延续下来，我们一直把 m 当作正整数. 其实，在连带勒让德方程(10.2.1)中只出现 m^2 而并不出现 m. 把正整数 m 换成负整数 $(-m)$，连带勒让德方程保持不变. 因而，我们可以揣想

$$P_l^{-m}(x) = \frac{(1-x^2)^{-\frac{m}{2}}}{2^l l!} \frac{d^{l-m}}{dx^{l-m}}(x^2-1)^l, \tag{10.2.14}$$

也是连带勒让德方程的解且满足自然边界条件. 作为二阶常微分方程，连带勒让德方程可以有两个线性独立解. 但满足自然边界条件的解只能有一个. 因此，$P_l^{-m}(x)$ 与 $P_l^m(x)$ 相比，最多相

差一个常数因子. 为了求出这个常数因子，拿(10.2.13)跟(10.2.14)相除.

$$\text{常数} = \frac{P_l^m(x)}{P_l^{-m}(x)} = \frac{(1-x^2)^m \mathrm{d}^{l+m}(x^2-1)^l/\mathrm{d}x^{l+m}}{\mathrm{d}^{l-m}(x^2-1)^l/\mathrm{d}x^{l-m}}.$$

上式右边是有理分式，分子与分母的同幂项之比就应当等于左边那个常数. 现在看分子与分母最高幂项之比，它是

$$(-1)^m x^{2m} \frac{(2l)!}{(l-m)!} x^{l-m} : \frac{(2l)!}{(l+m)!} x^{l+m} = (-1)^m \frac{(l+m)!}{(l-m)!}.$$

这样，我们得到

$$\begin{cases} P_l^m(x) = (-1)^m \dfrac{(l+m)!}{(l-m)!} P_l^{-m}(x), \\[2mm] P_l^{-m}(x) = (-1)^m \dfrac{(l-m)!}{(l+m)!} P_l^m(x). \end{cases} \tag{10.2.15}$$

（3）连带勒让德函数的积分表示

按照柯西公式(2.4.1)，微分表示式(10.2.13)可表为路积分

$$P_l^m(x) = \frac{(1-x^2)^{\frac{m}{2}}}{2^l} \frac{1}{2\pi \mathrm{i}} \frac{(l+m)!}{l!} \oint_C \frac{(z^2-1)^l}{(z-x)^{l+m+1}} \mathrm{d}z, \tag{10.2.16}$$

C 为 z 平面上围绕 $z=x$ 的任一闭合回路. 这也叫作**施列夫利积分**.

(10.2.16)还可以进一步表为定积分. 为此，取 C 为圆周，圆心在 $z=x$，半径为 $\sqrt{|x^2-1|}$. 在 C 上，$z-x = \sqrt{x^2-1}\,\mathrm{e}^{\mathrm{i}\psi}$. 而 $(1-x^2)^{1/2} = \mathrm{i}\sqrt{x^2-1} = \mathrm{i}(z-x)/\mathrm{e}^{\mathrm{i}\psi}$, $\mathrm{d}z = \mathrm{i}\sqrt{x^2-1}\,\mathrm{e}^{\mathrm{i}\psi}\mathrm{d}\psi$, (10.2.16)成为

$$\begin{aligned}
P_l^m(x) &= \frac{1}{2\pi\mathrm{i}} \frac{(l+m)!}{2^l l!} \oint_C \left(\mathrm{i}\frac{z-x}{\mathrm{e}^{\mathrm{i}\psi}}\right)^m \frac{(z^2-1)^l}{(z-x)^{l+m+1}} \mathrm{d}z \\[2mm]
&= \frac{\mathrm{i}^m}{2\pi\mathrm{i}} \frac{(l+m)!}{2^l l!} \oint_C \mathrm{e}^{-\mathrm{i}m\psi} \frac{(z^2-1)^l}{(z-x)^{l+1}} \mathrm{d}z \\[2mm]
&= \frac{\mathrm{i}^m}{2\pi\mathrm{i}} \frac{(l+m)!}{2^l l!} \int_{-\pi}^{\pi} \mathrm{e}^{-\mathrm{i}m\psi} \frac{\left[\left(x+\sqrt{x^2-1}\,\mathrm{e}^{\mathrm{i}\psi}\right)^2 - 1\right]^l}{\left[\sqrt{x^2-1}\,\mathrm{e}^{\mathrm{i}\psi}\right]^{l+1}} \mathrm{i}\sqrt{x^2-1}\,\mathrm{e}^{\mathrm{i}\psi}\mathrm{d}\psi \\[2mm]
&= \frac{\mathrm{i}^m}{2\pi} \frac{(l+m)!}{l!} \int_{-\pi}^{\pi} \mathrm{e}^{-\mathrm{i}m\psi} \left[\frac{x^2 + 2x\sqrt{x^2-1}\,\mathrm{e}^{\mathrm{i}\psi} + (x^2-1)\mathrm{e}^{\mathrm{i}2\psi} - 1}{2\sqrt{x^2-1}\,\mathrm{e}^{\mathrm{i}\psi}}\right]^l \mathrm{d}\psi \\[2mm]
&= \frac{\mathrm{i}^m}{2\pi} \frac{(l+m)!}{l!} \int_{-\pi}^{\pi} \mathrm{e}^{-\mathrm{i}m\psi} \left[x + \sqrt{x^2-1}\,\frac{1}{2}(\mathrm{e}^{-\mathrm{i}\psi} + \mathrm{e}^{\mathrm{i}\psi})\right]^l \mathrm{d}\psi.
\end{aligned}$$

从 x 回到原来的变数 θ，$x = \cos\theta$，则

$$P_l^m(x) = \frac{\mathrm{i}^m}{2\pi} \frac{(l+m)!}{l!} \int_{-\pi}^{\pi} \mathrm{e}^{-\mathrm{i}m\psi} [\cos\theta + \mathrm{i}\sin\theta\cos\psi]^l \mathrm{d}\psi. \tag{10.2.17}$$

这也叫作**拉普拉斯积分**.

（二）连带勒让德函数的正交关系

作为施图姆-刘维尔本征值问题的正交关系(9.4.12)的特例，同一 m 而不同阶 l 的连带勒让德函数在区间 $(-1,+1)$ 上**正交**，

$$\int_{-1}^{+1} P_k^m(x) P_l^m(x) dx = 0 \quad (k \neq l).$$
(10.2.18)

如果从 x 回到原来的变数 θ，则 (10.2.18) 应是

$$\int_0^\pi P_k^m(\cos\theta) P_l^m(\cos\theta) \sin\theta d\theta = 0 \quad (k \neq l).$$
(10.2.19)

（三）连带勒让德函数的模

现在计算连带勒让德函数 $P_l^m(x)$ 的**模** N_l^m。利用 (10.2.15)，

$$(N_l^m)^2 = \int_{-1}^{+1} [P_l^m(x)]^2 dx = (-1)^m \frac{(l+m)!}{(l-m)!} \int_{-1}^{+1} P_l^{-m}(x) P_l^m(x) dx$$

$$= (-1)^m \frac{(l+m)!}{(l-m)!} \frac{1}{2^{2l}(l!)^2} \int_{-1}^{+1} \frac{d^{l-m}}{dx^{l-m}} (x^2-1)^l \times \frac{d^{l+m}}{dx^{l+m}} (x^2-1)^l dx.$$

仿照上节计算勒让德多项式的模的方法，进行分部积分，而积出的部分代入上限和下限后为零，

$$(N_l^m)^2 = (-1)^{m+1} \frac{(l+m)!}{(l-m)!} \frac{1}{2^{2l}(l!)^2} \times$$

$$\int_{-1}^{+1} \frac{d^{l-m+1}}{dx^{l-m+1}} (x^2-1)^l \frac{d^{l+m-1}}{dx^{l+m-1}} (x^2-1)^l dx$$

$$= (-1)^{m+1} \frac{(l+m)!}{(l-m)!} \int_{-1}^{+1} P_l^{-[m-1]}(x) P_l^{[m-1]}(x) dx,$$

一次又一次地分部积分，共计 m 次，并利用 (10.1.17)，即得

$$(N_l^m)^2 = (-1)^{2m} \frac{(l+m)!}{(l-m)!} \int_{-1}^{+1} P_l(x) P_l(x) dx$$

$$= \frac{(l+m)!}{(l-m)!} (N_l)^2 = \frac{(l+m)!}{(l-m)!} \frac{2}{(2l+1)}.$$

终于求得**模** N_l^m，

$$N_l^m = \sqrt{\frac{(l+m)!}{(l-m)!} \frac{2}{(2l+1)}}.$$
(10.2.20)

（四）广义傅里叶级数

根据 §9.4 施图姆-刘维尔本征值问题的性质 (4)，作为一个例子，m 相同的连带勒让德函数 $P_l^m(x)$ $(l=m, m+1, m+2, \cdots)$ 是完备的，可作为广义傅里叶级数展开的基，把定义在 x 的区间 $[-1,+1]$ 上的函数 $f(x)$，或定义在 θ 的区间 $[0,\pi]$ 上的函数 $f(\theta)$ 展开为广义傅里叶级数。

$$\begin{cases} f(x) = \sum_{l=m}^\infty f_l P_l^m(x), \\ \text{系数} f_l = \frac{2l+1}{2} \frac{(l-m)!}{(l+m)!} \int_{-1}^{+1} f(x) P_l^m(x) dx. \end{cases}$$
(10.2.21)

即

$$\begin{cases} f(x) = \sum_{l=m}^\infty f_l P_l^m(\cos\theta), \\ \text{系数} f_l = \frac{2l+1}{2} \frac{(l-m)!}{(l+m)!} \int_0^\pi f(\theta) P_l^m(\cos\theta) \sin\theta d\theta. \end{cases}$$
(10.2.22)

注意(10.2.22)中积分有权重 $\sin\theta$.

例 1 以 $P_l^2(l=2,3,\cdots)$ 为基，在 x 的区间 $[-1,+1]$ 上把函数 $f(x)=\sin^2\theta=1-x^2$ 展开为广义傅里叶级数.

解 由于这里 $m=2$，$P_0^2(x)\equiv0$，$P_1^2(x)\equiv0$，因此按(10.2.21)把 $f(x)=1-x^2$ 展开成

$$f(x)=(1-x^2)=\sum_{l=2}^{\infty}f_l P_l^2(x), \tag{10.2.23}$$

系数 f_l 可按(10.2.21)计算，

$$f_l=\frac{2l+1}{2}\cdot\frac{(l-2)!}{(l+2)!}\int_{-1}^{1}(1-x^2)^2\frac{1}{2^l l!}\frac{d^{l+2}(x^2-1)^l}{dx^{l+2}}dx.$$

分部积分一次，

$$f_l=\frac{2l+1}{2^{l+1}l!}\cdot\frac{(l-2)!}{(l+2)!}\left\{\left[(1-x^2)^2\frac{d^{l+1}(x^2-1)^l}{dx^{l+1}}\right]_{-1}^{1}-\right.$$
$$\left.\int_{-1}^{1}4(x^3-x)\frac{d^{l+1}(x^2-1)^l}{dx^{l+1}}dx\right\},$$

上式已积出部分为零，继续分部积分两次，

$$f_l=\frac{2l+1}{2^{l-1}l!}\cdot\frac{(l-2)!}{(l+2)!}\left\{\left[-(x^3-x)\frac{d^l(x^2-1)^l}{dx^l}+(3x^2-1)\frac{d^{l-1}(x^2-1)^l}{dx^{l-1}}\right]_{-1}^{1}-\right.$$
$$\left.6\int_{-1}^{1}x\frac{d^{l-1}(x^2-1)^l}{dx^{l-1}}dx\right\}.$$

由于 $x=\pm1$ 均是已积出部分的零点，故上式已积出部分为零，

$$f_l=\frac{2l+1}{2^{l-1}l!}\cdot\frac{(l-2)!}{(l+2)!}(-6)\int_{-1}^{1}x\frac{d^{l-1}(x^2-1)^l}{dx^{l-1}}dx. \tag{10.2.24}$$

对 $l=2$，(10.2.24)给出

$$\begin{aligned}f_2&=\frac{5}{2\cdot2}\cdot\frac{1}{4!}(-6)\int_{-1}^{1}x\frac{d(x^2-1)^2}{dx}dx\\&=-\frac{5}{16}\int_{-1}^{1}x\frac{d(x^4-2x^2+1)}{dx}dx\\&=-\frac{5}{4}\int_{-1}^{1}(x^4-x^2)dx\\&=-\frac{5}{4}\left[\frac{1}{5}x^5-\frac{1}{3}x^3\right]_{-1}^{1}=\frac{1}{3}.\end{aligned} \tag{10.2.25}$$

对于 $l>2$，把(10.2.24)再分部积分一次，

$$f_l=\frac{2l+1}{2^{l-1}l!}\cdot\frac{(l-2)!}{(l+2)!}\cdot(-6)\left\{\left[x\frac{d^{l-2}(x^2-1)^l}{dx^{l-2}}\right]_{-1}^{1}-\int_{-1}^{1}\frac{d^{l-2}(x^2-1)^l}{dx^{l-2}}dx\right\},$$

上式已积出部分以 $x=\pm1$ 为二级零点，所以

$$f_l=\frac{2l+1}{2^{l-1}l!}\cdot\frac{(l-2)!}{(l+2)!}\cdot6\cdot\left[\frac{d^{l-3}(x^2-1)^l}{dx^{l-3}}\right]_{-1}^{1}=0. \tag{10.2.26}$$

最后得仅含 $P_2^2(x)$ 的展开式

$$f(x) = \sin^2\theta = 1 - x^2 = \frac{1}{3}P_2^2(x) = \frac{1}{3}P_2^2(\cos\theta). \tag{10.2.27}$$

其实，只要查看前面列出的连带勒让德函数 $P_2^2(x)$ 的表达式（10.2.12），马上就能得到（10.2.27），不必像上面那样进行具体计算. 今后对一些简单的函数 $f(x)$，都可以这样进行广义傅里叶级数展开.

例 2 以 $P_l^2(x)(l = 2, 3, \cdots)$ 为基，在 x 的区间 $[-1, +1]$ 上把

函数 $f(x) = \begin{cases} u_0 & (0 < x \leqslant 1), \\ 0 & (-1 \leqslant x < 0), \end{cases}$（见图 10-5），展开为广义傅里叶

级数.

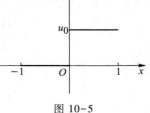

图 10-5

解 由于这里 $m = 2$，$P_0^2(x) \equiv 0$，$P_1^2(x) \equiv 0$，因此按（10.2.21）把 $f(x)$ 展开成

$$f(x) = \sum_{l=2}^{\infty} f_l P_l^2(x). \tag{10.2.28}$$

系数 f_l 可按（10.2.21）计算，

$$f_l = \frac{2l+1}{2} \cdot \frac{(l-2)!}{(l+2)!} \int_0^1 u_0 \frac{1}{2^l l!} (1 - x^2) \frac{d^{l+2}(x^2 - 1)^l}{dx^{l+2}} dx.$$

经过两次分部积分，可将上式计算出来，

$$f_l = \frac{2l+1}{2} \cdot \frac{(l-2)!}{(l+2)!} u_0 \left[\frac{1-x^2}{2^l l!} \cdot \frac{d^{l+1}(x^2-1)^l}{dx^{l+1}} + \frac{2x}{2^l l!} \cdot \frac{d^l(x^2-1)^l}{dx^l} - \frac{2}{2^l l!} \cdot \frac{d^{l-1}(x^2-1)^l}{dx^{l-1}} \right]_0^1.$$

上式括号中第一项和第三项均以 $x = 1$ 为零点，第二项以 $x = 0$ 为零点，在 $x = 1$ 处，第二项为 $2P_l(1) = 2$，因此，

$$f_l = \frac{(2l+1)(l-2)!}{2(l+2)!} u_0 \left\{ 2 + \frac{1}{2^l l!} \left[2 \frac{d^{l-1}(x^2-1)^l}{dx^{l-1}} - \frac{d^{l+1}(x^2-1)^l}{dx^{l+1}} \right]_{x=0} \right\}$$

当 $l = 2n$ 时，$l \pm 1 = 2n \pm 1$，$\dfrac{d^{l\pm1}(x^2-1)^l}{dx^{l\pm1}} = \dfrac{d^{2n\pm1}(x^2-1)^{2n}}{dx^{2n\pm1}}$ 中每一项均含 x，故在 $x = 0$ 处取值为零，因而

$$f_{2n} = \frac{(4n+1)(2n-2)!}{(2n+2)!} u_0 \quad (n = 1, 2, \cdots). \tag{10.2.29}$$

当 $l = 2n+1$ 时，$l+1 = 2n+2$，$l-1 = 2n$，利用二项式定理，

$$(x^2-1)^l = (x^2-1)^{2n+1}$$

$$= \sum_{k=0}^{2n+1} \frac{(2n+1)!}{(2n+1-k)! \, k!} (x^2)^{2n+1-k} \cdot (-1)^k, \tag{10.2.30}$$

因而，

$$\left[\frac{d^{l-1}(x^2-1)^l}{dx^{l-1}} \right]_{x=0} = \left[\frac{d^{2n}(x^2-1)^{2n+1}}{dx^{2n}} \right]_{x=0}$$

$$= (10.2.30) 中 x^{2n} 项的系数 \cdot (2n)! = \frac{(2n+1)!}{n!(n+1)!} (-1)^{n+1}(2n)!,$$

$$\left[\frac{\mathrm{d}^{l+1}(x^2-1)^l}{\mathrm{d}x^{l+1}}\right]_{x=0} = \left[\frac{\mathrm{d}^{2n+2}(x^2-1)^{2n+1}}{\mathrm{d}x^{2n+2}}\right]_{x=0}$$

$$= (10.2.30)中\ x^{2n+2}项的系数 \cdot (2n+2)! = \frac{(2n+1)!}{(n+1)!\ n!}(-1)^n(2n+2)!.$$

因此

$$f_{2n+1} = \frac{(4n+3)(2n-1)!}{2(2n+3)!} \cdot$$

$$\left\{2+\frac{(-1)^{n+1}}{2^{2n+1}} \cdot \frac{(2n)!}{n!(n+1)!}\ [2+(2n+2)(2n+1)]\right\}u_0$$

$$= \frac{(4n+3)(2n-1)!}{(2n+3)!}\left\{1+\frac{(-1)^{n+1}(2n)!(2n^2+3n+2)}{(2n)!!(2n+2)!!}\right\}u_0$$

$$= (4n+3)\frac{(2n-1)!}{(2n+3)!}\left\{1+(-1)^{n+1}(2n^2+3n+2)\cdot\right.$$

$$\left.\frac{(2n-1)!!}{(2n+2)!!}\right\}u_0 \quad (n=1,2,\cdots). \tag{10.2.31}$$

最后得

$$f(x) = \sum_{n=1}^{\infty}(4n+1)\frac{(2n-2)!}{(2n+2)!}u_0\mathrm{P}_{2n}^2(x) + \sum_{n=1}^{\infty}(4n+3)\frac{(2n-1)!}{(2n+3)!}\cdot$$

$$\left[1+(-1)^{n+1}(2n^2+3n+2)\cdot\frac{(2n-1)!!}{(2n+2)!!}\right]u_0\mathrm{P}_{2n+1}^2(x). \tag{10.2.32}$$

由于函数 $f(x)$ 为非奇非偶函数, 故广义傅里叶级数 (10.2.32) 中既含偶函数 $\mathrm{P}_{2n}^2(x)$ $(n=1,2,\cdots)$, 又含奇函数 $\mathrm{P}_{2n+1}^2(x)$ $(n=1,2,\cdots)$.

(五) 连带勒让德函数的递推公式

利用勒让德多项式的递推公式和连带勒让德函数的定义 (10.2.7), 可以导出连带勒让德函数的递推公式. 上节已导出勒让德多项式的递推公式 (10.1.63) 和 (10.1.66), 即

$$(k+1)\mathrm{P}_{k+1}(x)-(2k+1)x\mathrm{P}_k(x)+k\mathrm{P}_{k-1}(x)=0 \quad (k\geqslant 1), \tag{10.1.63}$$

$$(2k+1)\mathrm{P}_k(x)=\mathrm{P}_{k+1}'(x)-\mathrm{P}_{k-1}'(x) \quad (k\geqslant 1). \tag{10.1.66}$$

(10.1.63)、(10.1.66) 分别对 x 求导 m 次、$(m-1)$ 次, 按莱布尼茨求导规则得

$$(k+1)\mathrm{P}_{k+1}^{[m]}(x)-(2k+1)x\mathrm{P}_k^{[m]}(x)-m(2k+1)\mathrm{P}_k^{[m-1]}(x)+k\mathrm{P}_{k-1}^{[m]}(x)=0, \tag{10.2.33}$$

$$(2k+1)\mathrm{P}_k^{[m-1]}(x)=\mathrm{P}_{k+1}^{[m]}(x)-\mathrm{P}_{k-1}^{[m]}(x). \tag{10.2.34}$$

将 (10.2.34) 代入 (10.2.33), 消去 $\mathrm{P}_k^{[m-1]}(x)$, 有

$$(k-m+1)\mathrm{P}_{k+1}^{[m]}(x)-(2k+1)x\mathrm{P}_k^{[m]}(x)+(k+m)\mathrm{P}_{k-1}^{[m]}(x)=0,$$

两边乘以 $(1-x^2)^{m/2}$, 利用 (10.2.7), 得

$$(2k+1)x\mathrm{P}_k^m(x)=(k+m)\mathrm{P}_{k-1}^m(x)+(k-m+1)\mathrm{P}_{k+1}^m(x) \quad (k\geqslant 1). \tag{10.2.35}$$

这就是连带勒让德函数的一个递推公式.

(10.1.66) 对 x 求导 m 次

$$(2k+1)\mathrm{P}_k^{[m]}(x)=\mathrm{P}_{k+1}^{[m+1]}(x)-\mathrm{P}_{k-1}^{[m+1]}(x).$$

两边乘 $(1-x^2)^{(m+1)/2}$, 得

$$(2k+1)(1-x^2)^{1/2}\mathrm{P}_k^m(x)=\mathrm{P}_{k+1}^{m+1}(x)-\mathrm{P}_{k-1}^{m+1}(x) \quad (k\geqslant 1). \tag{10.2.36}$$

(10.2.36)是连带勒让德函数的另一个递推公式.

利用勒让德多项式的递推公式(10.1.69), 即

$$(x^2-1)P_k'(x) = kxP_k(x) - kP_{k-1}(x) \quad (k \geq 1),$$ (10.1.69)

结合(10.1.63)、(10.1.66)还可导出连带勒让德函数的其他的递推公式, 如

$$(2k+1)(1-x^2)^{1/2}P_k^m(x) = (k+m)(k+m-1)P_{k-1}^{m-1}(x) -$$
$$(k-m+2)(k-m+1)P_{k+1}^{m-1}(x) \quad (k \geq 1).$$ (10.2.37)

和

$$(2k+1)(1-x^2)\frac{dP_k^m(x)}{dx}$$
$$= (k+1)(k+m)P_{k-1}^m(x) - k(k-m+1)P_{k+1}^m(x) \quad (k \geq 1).$$ (10.2.38)

(10.2.35)、(10.2.36)、(10.2.37)和(10.2.38)就是连带勒让德函数的四个基本的递推公式, 其他的递推公式都可从它们导出.

§10.3 一般的球函数

(一) 球函数

(1) 球函数的表达式

球函数方程(9.1.3)的解称为**球函数**. 一般情况下, 球函数方程的分离变数的解是

$$Y_l^m(\theta, \varphi) = P_l^m(\cos \theta)\begin{Bmatrix} \sin m\varphi \\ \cos m\varphi \end{Bmatrix} \quad \begin{pmatrix} m = 0,1,2,\cdots,l \\ l = 0,1,2,3,\cdots \end{pmatrix},$$ (10.3.1)

记号 $\{ \}$ 表示其中列举的函数是线性独立的, 可任取其一, 或两者组合, l 叫作球函数的**阶**.

(2) 复数形式的球函数

线性独立的 l 阶球函数共有 $2l+1$ 个, 这是因为对应于 $m=0$, 有一个球函数 $P_l(\cos \theta)$; 对应于 $m=1,2,\cdots,l$ 则各有两个球函数即 $P_l^m(\cos \theta)\sin m\varphi$ 和 $P_l^m(\cos \theta)\cos m\varphi$.

根据欧拉公式

$$\cos m\varphi + i\sin m\varphi = e^{im\varphi}, \quad \cos m\varphi - i\sin m\varphi = e^{-im\varphi},$$

完全可以重新组合为

$$Y_l^m(\theta, \varphi) = P_l^{|m|}(\cos \theta)e^{im\varphi}\begin{pmatrix} m = -l, -l+1, \cdots, 0, 1, \cdots, l \\ l = 0,1,2,3,\cdots \end{pmatrix}.$$ (10.3.2)

在(10.3.2)之中, 独立的 l 阶球函数还是 $2l+1$ 个. 从(9.1.7)直到(10.3.1), m 都是指的正整数. 在(10.3.2)中, m 既可以是正整数, 也可以是负整数. 对于负整数 m, (10.3.2)本来也可用 $P_l^m(\cos \theta)e^{im\varphi}$, 即 $P_l^{-|m|}(\cos \theta)e^{im\varphi}$, 但习惯上用 $P_l^{|m|}(\cos \theta)e^{im\varphi}$. [参看(10.2.15), $P_l^{-|m|}(\cos \theta)$ 与 $P_l^{|m|}(\cos \theta)$ 是线性相关的, 它们只相差常数因子.]

(二) 球函数的正交关系

球函数(10.3.1)中的任意两个在球面 S 上(即 $0 \leq \theta \leq \pi, 0 \leq \varphi \leq 2\pi$)正交,

$$\iint_S Y_l^m(\theta, \varphi)Y_k^n(\theta, \varphi)\sin \theta d\theta d\varphi$$

$$= \int_0^\pi P_l^m(\cos \theta)P_k^n(\cos \theta)\sin \theta d\theta \int_0^{2\pi} \begin{Bmatrix} \sin m\varphi \\ \cos m\varphi \end{Bmatrix}\begin{Bmatrix} \sin n\varphi \\ \cos n\varphi \end{Bmatrix}d\varphi$$

$$= \int_{-1}^{+1} P_l^m(x) P_k^n(x) dx \int_0^{2\pi} \begin{Bmatrix} \sin m\varphi \\ \cos m\varphi \end{Bmatrix} \begin{Bmatrix} \sin n\varphi \\ \cos n\varphi \end{Bmatrix} d\varphi$$

$$= 0 \quad (m \neq n \ \text{或} \ l \neq k). \tag{10.3.3}$$

这是很容易验证的. 事实上,(5.1.4)指出,只要 $m \neq n$,上式中对 φ 的积分为零;而如果 $m = n$,(10.2.18)指出对 x 的积分为零,或者说,(10.2.19)指出对 θ 的积分为零.

请读者自己验证,球函数(10.3.2)中的任意两个也在球面上正交.

$$\iint_S Y_l^m(\theta,\varphi) Y_k^n(\theta,\varphi) \sin\theta d\theta d\varphi$$

$$= \int_0^\pi P_l^{|m|}(\cos\theta) P_k^{|n|}(\cos\theta) \sin\theta d\theta \int_0^{2\pi} e^{im\varphi} [e^{in\varphi}]^* d\varphi$$

$$= \int_{-1}^{+1} P_l^{|m|}(x) P_k^{|n|}(x) dx \int_0^{2\pi} e^{im\varphi} [e^{in\varphi}]^* d\varphi = 0 \quad (m \neq n \ \text{或} \ l \neq k). \tag{10.3.4}$$

(三) 球函数的模

现在计算球函数(10.3.1)的模 N_l^m.

$$(N_l^m)^2 = \iint_S [Y_l^m(\theta,\varphi)]^2 \sin\theta d\theta d\varphi = \int_0^\pi [P_l^m(\cos\theta)]^2 \sin\theta d\theta \times$$

$$\int_0^{2\pi} \begin{Bmatrix} \sin^2 m\varphi \\ \cos^2 m\varphi \end{Bmatrix} d\varphi = \int_{-1}^{+1} [P_l^m(x)]^2 dx \int_0^{2\pi} \begin{Bmatrix} \sin^2 m\varphi \\ \cos^2 m\varphi \end{Bmatrix} d\varphi,$$

读者已经熟悉

$$\int_0^{2\pi} \sin^2 m\varphi d\varphi = \pi \quad (m = 1,2,3,\cdots),$$

$$\int_0^{2\pi} \cos^2 m\varphi d\varphi = \pi\delta_m, \quad \delta_m = \begin{cases} 2 & (m = 0), \\ 1 & (m = 1,2,3,\cdots). \end{cases}$$

(10.2.20)给出

$$\int_{-1}^1 [P_l^m(x)]^2 dx = \frac{(l+m)!}{(l-m)!} \cdot \frac{2}{2l+1}.$$

因此,

$$(N_l^m)^2 = \frac{2\pi\delta_m}{2l+1} \frac{(l+m)!}{(l-m)!}.$$

于是,球函数(10.3.1)的**模**

$$N_l^m = \sqrt{\frac{2\pi\delta_m}{2l+1} \frac{(l+m)!}{(l-m)!}}. \tag{10.3.5}$$

因为

$$\int_0^{2\pi} e^{im\varphi} [e^{im\varphi}]^* d\varphi = \int_0^{2\pi} 1 d\varphi = 2\pi,$$

从而复数形式的球函数(10.3.2)的模 N_l^m 的平方

$$(N_l^m)^2 = \iint_S Y_l^m(\theta,\varphi) [Y_l^m(\theta,\varphi)]^* \sin\theta d\theta d\varphi$$

$$= \int_0^\pi [P_l^{|m|}(\cos\theta)]^2 \sin\theta d\theta \cdot \int_0^{2\pi} e^{im\varphi} [e^{im\varphi}]^* d\varphi$$

$$= \frac{2}{2l+1} \cdot \frac{(l+|m|)!}{(l-|m|)!} \cdot 2\pi,$$

于是，复数形式的球函数(10.3.2)的模

$$N_l^m = \sqrt{\frac{4\pi}{2l+1} \cdot \frac{(l+|m|)!}{(l-|m|)!}}. \tag{10.3.6}$$

（四）球面上的函数的广义傅里叶级数

定义在球面 $S($ 即 $0 \leqslant \theta \leqslant \pi, 0 \leqslant \varphi \leqslant 2\pi)$ 上的函数 $f(\theta, \varphi)$ 可用球函数(10.3.1)或(10.3.2)展开成二重广义傅里叶级数.

现以球函数(10.3.1)为基，把 $f(\theta, \varphi)$ 进行展开，分两步进行. 首先，把 $f(\theta, \varphi)$ 对 φ 展为傅里叶级数.

$$f(\theta, \varphi) = \sum_{m=0}^{\infty} [A_m(\theta) \cos m\varphi + B_m(\theta) \sin m\varphi]. \tag{10.3.7}$$

这里 θ 作为参数出现于傅里叶系数 A_m 和 B_m 之中，

$$\begin{cases} A_m(\theta) = \dfrac{1}{\pi \delta_m} \displaystyle\int_0^{2\pi} f(\theta, \varphi) \cos m\varphi \, \mathrm{d}\varphi, \\[3mm] B_m(\theta) = \dfrac{1}{\pi} \displaystyle\int_0^{2\pi} f(\theta, \varphi) \sin m\varphi \, \mathrm{d}\varphi, \end{cases} \tag{10.3.8}$$

又以 $\mathrm{P}_l^m(\cos \theta)$ 为基，在区间 $[0, \pi]$ 上把 $A_m(\theta)$ 和 $B_m(\theta)$ 展开. 按照(10.2.22)，

$$\begin{cases} A_m(\theta) = \displaystyle\sum_{l=m}^{\infty} A_l^m \mathrm{P}_l^m(\cos \theta), \\[3mm] B_m(\theta) = \displaystyle\sum_{l=m}^{\infty} B_l^m \mathrm{P}_l^m(\cos \theta), \end{cases} \tag{10.3.9}$$

式中 l 从 m 开始是因为如若 $l < m$，则 $\mathrm{P}_l^m(\cos \theta) = 0$. 系数 A_l^m 和 B_l^m 为

$$\begin{cases} A_l^m = \dfrac{2l+1}{2} \cdot \dfrac{(l-m)!}{(l+m)!} \displaystyle\int_0^\pi A_m(\theta) \mathrm{P}_l^m(\cos \theta) \sin \theta \mathrm{d}\theta \\[3mm] \quad\;\; = \dfrac{2l+1}{2\pi \delta_m} \cdot \dfrac{(l-m)!}{(l+m)!} \displaystyle\int_0^\pi \int_0^{2\pi} f(\theta, \varphi) \mathrm{P}_l^m(\cos \theta) \cos m\varphi \sin \theta \mathrm{d}\theta \mathrm{d}\varphi, \\[3mm] B_l^m = \dfrac{2l+1}{2} \cdot \dfrac{(l-m)!}{(l+m)!} \displaystyle\int_0^\pi B_m(\theta) \mathrm{P}_l^m(\cos \theta) \sin \theta \mathrm{d}\theta \\[3mm] \quad\;\; = \dfrac{2l+1}{2\pi} \cdot \dfrac{(l-m)!}{(l+m)!} \displaystyle\int_0^\pi \int_0^{2\pi} f(\theta, \varphi) \mathrm{P}_l^m(\cos \theta) \sin m\varphi \sin \theta \mathrm{d}\theta \mathrm{d}\varphi. \end{cases} \tag{10.3.10}$$

把(10.3.9)代入(10.3.7)即得 $f(\theta, \varphi)$ 在球面 S 上的展开式

$$f(\theta, \varphi) = \sum_{m=0}^{\infty} \sum_{l=m}^{\infty} [A_l^m \cos m\varphi + B_l^m \sin m\varphi] \mathrm{P}_l^m(\cos \theta). \tag{10.3.11}$$

式中两个求和号的次序也可交换，那就应当写成 $\displaystyle\sum_{l=0}^{\infty} \sum_{m=0}^{l}$. 展开系数 A_l^m 和 B_l^m 的计算公式如(10.3.10)所示.

若以球函数(10.3.2)为基，把 $f(\theta, \varphi)$ 进行展开，则对 φ 的展开将是复数形式的傅里叶级数. 请读者自己验证，这时 $f(\theta, \varphi)$ 在球面 S 上的展开式为

$$f(\theta,\varphi) = \sum_{l=0}^{\infty} \sum_{m=-l}^{l} C_l^m P_l^{|m|}(\cos\theta) e^{im\varphi}, \tag{10.3.12}$$

其中系数 C_l^m 的计算公式是

$$C_l^m = \frac{2l+1}{4\pi} \frac{(l-|m|)!}{(l+|m|)!} \int_0^\pi \int_0^{2\pi} f(\theta,\varphi) P_l^{|m|}(\cos\theta) \left[e^{im\varphi} \right]^* \sin\theta d\theta d\varphi. \tag{10.3.13}$$

例 1 用(10.3.1)的球函数把下列函数展开. ① $\sin\theta\cos\varphi$; ② $\sin\theta\sin\varphi$.

解 ① 先把 $\sin\theta\cos\varphi$ 对 φ 展开为傅里叶级数, 其实, 这已经是傅里叶级数了, 只不过这级数只有 $m=1$ 的一个单项 $\cos\varphi$, 其系数为 $\sin\theta$.

第二步, 以 $P_l^1(\cos\theta)(l=1,2,\cdots)$ 为基, 在 $[0,\pi]$ 区间上把 $\sin\theta$ 展开, 其实, 这也已经展开成广义傅里叶级数了, 只不过这级数只有 $l=1$ 的一个单项 $P_1^1(\cos\theta)=\sin\theta$.

这样, $\sin\theta\cos\varphi=P_1^1(\cos\theta)\cos\varphi$ 正是(10.3.1)所列举的球函数之一, 无需再作展开.

② 同理, $\sin\theta\sin\varphi=P_1^1(\cos\theta)\sin\varphi$ 也是(10.3.1)所列举的球函数之一, 无需再作展开.

例 2 用(10.3.1)的球函数把 $f(\theta,\varphi)=3\sin^2\theta\cos^2\varphi-1$ 展开.

解 先把 $f(\theta,\varphi)$ 对 φ 展开为傅里叶级数, 这可以如下简便地完成.

$$f(\theta,\varphi) = \frac{3}{2}\sin^2\theta(1+\cos 2\varphi)-1 = \left(\frac{3}{2}\sin^2\theta-1 \right) + \frac{3}{2}\sin^2\theta\cos 2\varphi.$$

这傅里叶级数只含有两项: 一项是 $m=2$ 的 $\cos 2\varphi$, 其系数 $f_2(\theta)=(3/2)\sin^2\theta$; 另一项是 $m=0$ 的 1, 其系数 $f_0(\theta)=(3/2)\sin^2\theta-1$.

第二步, 把 $f_2(\theta)=(3/2)\sin^2\theta$ 按 $P_l^2(\cos\theta)(l=2,3,\cdots)$ 展开. 利用(10.2.12), 知道 $(3/2)\sin^2\theta=(1/2)P_2^2(\cos\theta)$, 这就是展开结果, 只含 $l=2$ 的一项. 此外还需把 $f_0(\theta)=(3/2)\sin^2\theta-1$ 按 $P_l^0(\cos\theta)$ 即 $P_l(\cos\theta)(l=0,1,2,\cdots)$ 展开, 利用 § 10.1 列出的前几个勒让德多项式表达式, 方便地得到

$$\frac{3}{2}\sin^2\theta-1 = \frac{3}{2}(1-\cos^2\theta)-1 = -\frac{1}{2}(3\cos^2\theta-1)$$

$$= -\frac{1}{2}(3x^2-1) = -P_2(x) = -P_2(\cos\theta).$$

因此,

$$f(\theta,\varphi) = 3\sin^2\theta\cos^2\varphi-1$$

$$= -P_2(\cos\theta) + \frac{1}{2}P_2^2(\cos\theta)\cos 2\varphi. \tag{10.3.14}$$

(五) 拉普拉斯方程的非轴对称定解问题

拉普拉斯方程在球形区域的定解问题, 如果是非轴对称的, 问题与 φ 有关, 因而需用一般的球函数.

例 3 计算偶极子的电场中的电势.

解 读者在初等电学里已熟悉电偶极子. 两个点电荷, 电荷量相等而符号相反, 两者相距很近, 就构成**偶极子**, 用 s_1 表示点电荷 $+q$ 相对于点电荷 $-q$ 的矢径, qs_1 叫作偶极子的**偶极矩**, 记作 p_1,

$$p_1 = qs_1.$$

先研究 s_1 沿 x 轴的情况，即 $p_{1x} = qs_{1x}$，$p_{1y} = 0$，$p_{1z} = 0$. 把坐标原点取在偶极子所在处，或者更具体些，取在点电荷 $-q$ 所在处. 于是，两个点电荷的坐标分别是 $(s_{1x}, 0, 0)$ 和 $(0, 0, 0)$. 从初等电学知道电势：

$$u(x, y, z) = \frac{1}{4\pi\varepsilon_0} \left(\frac{q}{\sqrt{(x - s_{1x})^2 + y^2 + z^2}} - \frac{q}{\sqrt{x^2 + y^2 + z^2}} \right).$$

引用记号 $r = \sqrt{x^2 + y^2 + z^2}$，$f(x, y, z) = q / \sqrt{x^2 + y^2 + z^2}$，由于 s_1 很小，故其分量的绝对值 $|s_{1x}| \ll 1$. 记 $\Delta x = -s_{1x}$，则上式改写为

$$
\begin{aligned}
u(x, y, z) &= \frac{1}{4\pi\varepsilon_0} [f(x + \Delta x, y, z) - f(x, y, z)] \\
&= \frac{1}{4\pi\varepsilon_0} \cdot \frac{\partial f}{\partial x} \cdot \Delta x = -\frac{1}{4\pi\varepsilon_0} \cdot \frac{\partial}{\partial x} \left(\frac{q}{r} \right) \cdot s_{1x} \\
&= \frac{1}{4\pi\varepsilon_0} q s_{1x} \frac{x}{(x^2 + y^2 + z^2)^{3/2}} \\
&= \frac{1}{4\pi\varepsilon_0} p_{1x} \frac{x}{(x^2 + y^2 + z^2)^{3/2}}.
\end{aligned}
$$

改用球坐标，

$$u(x, y, z) = \frac{1}{4\pi\varepsilon_0} p_{1x} \frac{\sin\theta\cos\varphi}{r^2}.$$

引用例 1 的答案，

$$u(x, y, z) = \frac{1}{4\pi\varepsilon_0} p_{1x} \frac{1}{r^2} P_1^1(\cos\theta) \cos\varphi.$$

同理，如果 s_1 沿 y 轴，则

$$u(x, y, z) = \frac{1}{4\pi\varepsilon_0} p_{1y} \frac{y}{r^3} = \frac{1}{4\pi\varepsilon_0} p_{1y} \frac{1}{r^2} P_1^1(\cos\theta) \sin\varphi.$$

如果 s_1 沿 z 轴，则

$$u(x, y, z) = \frac{1}{4\pi\varepsilon_0} p_{1z} \frac{z}{r^3} = \frac{1}{4\pi\varepsilon_0} p_{1z} \frac{1}{r^2} P_1(\cos\theta).$$

一般情况下，偶极子的电场中的电势

$$
u(x, y, z) = \frac{1}{4\pi\varepsilon_0} \frac{1}{r^3} \boldsymbol{p}_1 \cdot \boldsymbol{r} = \frac{1}{4\pi\varepsilon_0} \frac{1}{r^2} [p_{1x} P_1^1(\cos\theta) \cos\varphi + p_{1y} P_1^1(\cos\theta) \sin\varphi + p_{1z} P_1(\cos\theta)].
$$

[ ] 里是一阶球函数.

例 4 半径为 r_0 的球形区域内部没有电荷，球面上的电势为 $u_0 \sin^2\theta \cdot \cos\varphi\sin\varphi$，$u_0$ 为常数，求球形区域内部的电势分布.

解 这是静电场电势分布问题，定解问题为

$$
\begin{cases}
\Delta u = 0 \quad (r < r_0), & (10.3.15) \\
u|_{r=r_0} = u_0 \sin^2\theta \cos\varphi\sin\varphi, & (10.3.16) \\
u|_{r=0} = \text{有限值}. & (10.3.17)
\end{cases}
$$

由于球面上边界条件含有 φ 的函数，并非轴对称，因而问题与 φ 有关，其解也必与 φ 有关，需用一般的球函数.

根据（9.1.4）和（10.3.1），拉普拉斯方程在非轴对称情况下的一般解为

$$u(r,\theta,\varphi) = \sum_{m=0}^{\infty}\sum_{l=m}^{\infty} r^l [A_l^m \cos m\varphi + B_l^m \sin m\varphi] P_l^m(\cos\theta) +$$
$$\sum_{m=0}^{\infty}\sum_{l=m}^{\infty} \frac{1}{r^{l+1}}[C_l^m \cos m\varphi + D_l^m \sin m\varphi] P_l^m(\cos\theta). \tag{10.3.18}$$

考虑到自然边界条件（10.3.17），必须弃去 $1/r^{l+1}$，即取 $C_l^m = 0$，$D_l^m = 0$，于是

$$u(r,\theta,\varphi) = \sum_{m=0}^{\infty}\sum_{l=m}^{\infty} r^l [A_l^m \cos m\varphi + B_l^m \sin m\varphi] P_l^m(\cos\theta). \tag{10.3.19}$$

把（10.3.19）代入非齐次边界条件（10.3.16），有

$$\sum_{m=0}^{\infty}\sum_{l=m}^{\infty} r_0^l [A_l^m \cos m\varphi + B_l^m \sin m\varphi] P_l^m(\cos\theta)$$
$$= u_0 \sin^2\theta\cos\varphi\sin\varphi. \tag{10.3.20}$$

利用（10.2.12）可把上式右边按球函数（10.3.1）进行展开，有

$$u_0\sin^2\theta\cos\varphi\sin\varphi = \frac{1}{6}u_0(3\sin^2\theta)\sin 2\varphi$$
$$= \frac{1}{6}u_0 P_2^2(\cos\theta)\sin 2\varphi \tag{10.3.21}$$

（10.3.21）已是广义傅里叶级数，不过只含有球函数 $P_2^2(\cos\theta)\sin 2\varphi$ 的单项，把（10.3.21）代入（10.3.20），两边比较系数，得

$$\begin{cases} r_0^2 B_2^2 = \dfrac{1}{6}u_0, \\ r_0^l B_l^m = 0, \\ r_0 A_l^m = 0. \end{cases} \quad \text{从而} \quad \begin{cases} B_2^2 = \dfrac{u_0}{6r_0^2} & (l=2,m=2), \\ B_l^m = 0 & (l\neq 2 \text{ 且 } m\neq 2), \\ A_l^m = 0 & (l,m=0,1,2,\cdots). \end{cases}$$

因此，

$$u(r,\theta,\varphi) = \frac{u_0}{6r_0^2}r^2 P_2^2(\cos\theta)\sin 2\varphi. \tag{10.3.22}$$

例 5　在半径为 r_0 的球形区域的外部求解

$$\begin{cases} \Delta u = 0 & (r>r_0), \tag{10.3.23} \\[2mm] \left.\dfrac{\partial u}{\partial r}\right|_{r=r_0} = u_0\left(\sin^2\theta\sin^2\varphi - \dfrac{1}{3}\right), \tag{10.3.24} \\[2mm] u|_{r\to\infty} \to \text{有限值}. \tag{10.3.25} \end{cases}$$

解　跟例 3 一样，问题与 φ 有关，解中含有一般的球函数，其一般解亦为（10.3.18），考虑到自然边界条件（10.3.25），必须弃去 r^l，即取 $A_l^m = 0$，$B_l^m = 0$，于是

$$u(r,\theta,\varphi) = \sum_{m=0}^{\infty}\sum_{l=m}^{\infty} \frac{1}{r^{l+1}}[C_l^m \cos m\varphi + D_l^m \sin m\varphi] P_l^m(\cos\theta). \tag{10.3.26}$$

把（10.3.26）代入（10.3.24），有

$$\sum_{m=0}^{\infty} \sum_{l=m}^{\infty} -\frac{l+1}{r_0^{l+2}} \left[C_l^m \cos m\varphi + D_l^m \sin m\varphi \right] P_l^m (\cos \theta)$$

$$= u_0 \left(\sin^2 \theta \sin^2 \varphi - \frac{1}{3} \right). \tag{10.3.27}$$

把(10.3.27)的右边按球函数(10.3.1)展开，参照例 2 的步骤有

$$u_0 \left(\sin^2 \theta \sin^2 \varphi - \frac{1}{3} \right)$$

$$= \frac{u_0}{3} \left[\frac{3}{2} \sin^2 \theta (1 - \cos 2\varphi) - 1 \right]$$

$$= \frac{u_0}{3} \left[-\frac{1}{2} (3 \sin^2 \theta) \cos 2\varphi + \frac{3}{2} (1 - \cos^2 \theta) - 1 \right]$$

$$= \frac{u_0}{3} \left[-\frac{1}{2} P_2^2 (\cos \theta) \cos 2\varphi - \frac{1}{2} (3 \cos^2 \theta - 1) \right]$$

$$= \frac{u_0}{3} \left[-\frac{1}{2} P_2^2 (\cos \theta) \cos 2\varphi - P_2 (\cos \theta) \right], \tag{10.3.28}$$

把(10.3.28)代入(10.3.27)，两边比较系数，得

$$\begin{cases} -\dfrac{3}{r_0^4} C_2^0 = -\dfrac{u_0}{3}, \\[2mm] -\dfrac{3}{r_0^4} C_2^2 = -\dfrac{u_0}{6}, \\[2mm] -\dfrac{l+1}{r_0^{l+2}} C_l^m = 0, \\[2mm] -\dfrac{l+1}{r_0^{l+2}} D_l^m = 0. \end{cases}$$

从而

$$\begin{cases} C_2^0 = \dfrac{1}{9} u_0 r_0^4, \\[2mm] C_2^2 = \dfrac{1}{18} u_0 r_0^4, \\[2mm] C_l^m = 0 \, (l \neq 2, m \neq 0, 2; l, m = 1, 3, \cdots, l \geqslant m), \\[2mm] D_l^m = 0 \, (l, m = 0, 1, 2, \cdots, l \geqslant m), \end{cases}$$

因此，

$$u(r, \theta, \varphi) = \frac{1}{9} u_0 r_0^4 \cdot \frac{1}{r^3} P_2 (\cos \theta) + \frac{1}{18} u_0 r_0^4 \cdot \frac{1}{r^3} P_2^2 (\cos \theta) \cos 2\varphi. \tag{10.3.29}$$

（六）正交归一化的球函数

物理学中常常用正交归一化的球函数，定义如下[①]：

[①]   有的书上把正交归一化的球函数定义为 $Y_{lm}(\theta, \varphi) = \dfrac{1}{N_l^m} (-1)^m Y_l^m (\theta, \varphi)$，比(10.3.30)多一个因子 $(-1)^m$.

$$Y_{lm}(\theta,\varphi) = \frac{1}{N_l^m}Y_l^m(\theta,\varphi) = \sqrt{\frac{2l+1}{4\pi}\cdot\frac{(l-|m|)!}{(l+|m|)!}}P_l^{|m|}(\cos\theta)e^{im\varphi}$$

$$(l=0,1,2,\cdots;m=-l,-l+1,\cdots,0,\cdots,l-1,l). \tag{10.3.30}$$

于是，根据(10.3.4)和(10.3.6)，有

$$\int_0^{2\pi}\int_0^{\pi}Y_{lm}(\theta,\varphi)Y_{kn}^*(\theta,\varphi)\sin\theta\mathrm{d}\theta\mathrm{d}\varphi$$

$$= \frac{1}{(N_l^m)(N_k^n)}\int_0^{2\pi}\int_0^{\pi}P_l^{|m|}(\cos\theta)P_k^{|n|}(\cos\theta)e^{im\varphi}\cdot[e^{in\varphi}]^*\sin\theta\mathrm{d}\theta\mathrm{d}\varphi$$

$$= \frac{1}{(N_l^m)(N_k^n)}\frac{4\pi}{2l+1}\cdot\frac{(l+|m|)!}{(l-|m|)!}\delta_{lk}\delta_{mn} = \delta_{lk}\delta_{mn}. \tag{10.3.31}$$

(10.3.31)就是球函数 $Y_{lm}(\theta,\varphi)$ 的正交归一关系.

球面上的函数 $f(\theta,\varphi)$ 可用正交归一球函数 $Y_{lm}(\theta,\varphi)$ 展开，

$$f(\theta,\varphi) = \sum_{l=0}^{\infty}\sum_{m=-l}^{l}C_{lm}Y_{lm}(\theta,\varphi). \tag{10.3.32}$$

其中广义傅里叶系数 C_{lm} 为

$$C_{lm} = \int_0^{2\pi}\int_0^{\pi}f(\theta,\varphi)Y_{lm}^*(\theta,\varphi)\sin\theta\mathrm{d}\theta\mathrm{d}\varphi. \tag{10.3.33}$$

（七）　加法公式

把勒让德多项式 $P_l(\cos\Theta)$ 用一般的球函数 $Y_l^m(\theta,\varphi)$ 展开为广义傅里叶级数，

$$P_l(\cos\Theta) = \sum_{m=0}^{l}\frac{2}{\delta_m}\cdot\frac{(l-m)!}{(l+m)!}(\cos m\varphi_0\cos m\varphi+\sin m\varphi_0\sin m\varphi)\cdot$$

$$P_l^m(\cos\theta_0)P_l^m(\cos\theta), \tag{10.3.34}$$

(10.3.34)称为球函数的**加法公式**. 式中的 Θ 见后面的(10.3.36).

下面利用球面上单位正电荷的电荷密度函数来推导球函数的加法公式.

如图 10-6 所示，半径 $r=1$ 的单位球面上 P 点、M 点的球坐标分别为 (θ_0,φ_0)，(θ,φ). 若仅在 P 点有一带单位电荷量的正电荷，则球面上的电荷密度函数可以记为

$$\rho(\theta,\varphi) = 1\cdot\delta(z-z_0)\delta(\varphi-\varphi_0)$$

$$= \delta(\cos\theta-\cos\theta_0)\delta(\varphi-\varphi_0). \tag{10.3.35}$$

把极轴正向旋转到 OP 方向，得到新的坐标系，记 M 点新的球坐标为 (Θ,Φ). 这样，单位矢量 OP 的老的和新的直角坐标分别是 $(\sin\theta_0\cos\varphi_0,$ $\sin\theta_0\sin\varphi_0,\cos\theta_0)$ 和 $(0,0,1)$，单位矢量 OM 的老的和新的直角坐标分别是 $(\sin\theta\cos\varphi,\sin\theta\sin\varphi,\cos\theta)$ 和 $(\sin\Theta\cos\Phi,\sin\Theta\sin\Phi,\cos\Theta)$. 单位矢量 OP 和 OM 的标量积 $OP\cdot OM$ 跟坐标系选取无关，因而

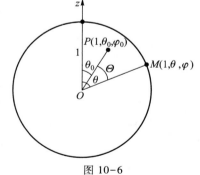

图 10-6

$$\cos\Theta = \cos\theta_0\cos\theta+\sin\theta_0\sin\theta\cos(\varphi-\varphi_0). \tag{10.3.36}$$

(10.3.36)式建立了新老球坐标系之间的联系.

由于点电荷位于新极轴上，电荷密度函数在新的球坐标系中是轴对称的，$\rho(\Theta) = C\delta(\cos\Theta-\cos 0) = C\delta(\cos\Theta-1)$，$C$ 为常数，待定. 电荷密度函数对整个球面的积分应为球面上的总电荷量1，即

$$1 = \int_0^{2\pi}\int_0^{\pi}\rho(\Theta)\sin\Theta\mathrm{d}\Theta\mathrm{d}\Phi = \int_0^{2\pi}\int_{-1}^{1}C\delta(\cos\Theta-1)\mathrm{d}(\cos\Theta)\mathrm{d}\varphi = C2\pi.$$

于是，$C=1/2\pi$. 后一积分以 $\cos\Theta$ 为积分变量，

$$\rho(\Theta) = \frac{1}{2\pi} \delta(\cos\Theta - 1). \tag{10.3.37}$$

把函数 $\rho(\theta,\varphi)$ 在单位球面上用 (10.3.11) 和 (10.3.10) 按球函数 (10.3.1) 展开.

$$\rho(\theta,\varphi) = \delta(\cos\theta - \cos\theta_0)\delta(\varphi - \varphi_0) = \sum_{l=0}^{\infty} \sum_{m=0}^{l} [A_l^m \cos m\varphi + B_l^m \sin m\varphi] P_l^m(\cos\theta),$$

$$A_l^m = \frac{2l+1}{2\pi\delta_m} \frac{(l-m)!}{(l+m)!} \int_{-1}^{1} \delta(\cos\theta - \cos\theta_0) P_l^m(\cos\theta) d(\cos\theta) \cdot$$

$$\int_0^{2\pi} \delta(\varphi - \varphi_0) \cos m\varphi d\varphi$$

$$= \frac{2l+1}{2\pi\delta_m} \frac{(l-m)!}{(l+m)!} P_l^m(\cos\theta_0) \cos m\varphi_0,$$

$$B_l^m = \frac{2l+1}{2\pi} \frac{(l-m)!}{(l+m)!} \int_{-1}^{1} \delta(\cos\theta - \cos\theta_0) P_l^m(\cos\theta) d(\cos\theta) \cdot$$

$$\int_0^{2\pi} \delta(\varphi - \varphi_0) \sin m\varphi d\varphi$$

$$= \frac{2l+1}{2\pi} \frac{(l-m)!}{(l+m)!} P_l^m(\cos\theta_0) \sin m\varphi_0.$$

积分中积分变数为 $\cos\theta$ 和 φ 这样, 展开的结果是

$$\rho(\theta,\varphi) = \delta(\cos\theta - \cos\theta_0)\delta(\varphi - \varphi_0) = \sum_{l=0}^{\infty} \frac{2l+1}{2\pi} \sum_{m=0}^{l} \frac{1}{\delta_m} \frac{(l-m)!}{(l+m)!} \cdot$$

$$(\cos m\varphi_0 \cos m\varphi + \sin m\varphi_0 \sin m\varphi) P_l^m(\cos\theta_0) P_l^m(\cos\theta). \tag{10.3.38}$$

另外, 把函数 $\rho(\Theta)$ 用 (10.1.19) 按勒让德多项式 $P_l(\cos\theta)$ 展开,

$$\rho(\Theta) = \frac{1}{2\pi} \delta(\cos\Theta - 1) = \sum_{l=0}^{\infty} f_l P_l(\cos\Theta),$$

$$f_l = \frac{2l+1}{2} \int_0^{\pi} \frac{1}{2\pi} \delta(\cos\Theta - 1) P_l(\cos\Theta) \sin\Theta d\Theta$$

$$= \frac{2l+1}{2} \int_{-1}^{1} \frac{1}{2\pi} \delta(\cos\Theta - 1) P_l(\cos\Theta) d(\cos\Theta)$$

$$= \frac{2l+1}{4\pi} P_l(1) = \frac{2l+1}{4\pi}.$$

后一积分的积分变数为 $\cos\Theta$ 这样, 展开的结果是

$$\rho(\Theta) = \frac{1}{2\pi} \delta(\cos\Theta - 1) = \sum_{l=0}^{\infty} \frac{2l+1}{4\pi} P_l(\cos\Theta). \tag{10.3.39}$$

$\rho(\theta,\varphi)$ 和 $\rho(\Theta)$ 是同一电荷密度函数在不同球坐标系中的表达式, 自然相等, 其相应的展开式 (10.3.38) 和 (10.3.39) 也应该彼此相等,

$$\sum_{l=0}^{\infty} \frac{2l+1}{4\pi} P_l(\cos\Theta)$$

$$= \sum_{l=0}^{\infty} \frac{2l+1}{2\pi} \sum_{m=0}^{l} \frac{1}{\delta_m} \frac{(l-m)!}{(l+m)!} \cdot$$

$$(\cos m\varphi_0 \cos m\varphi + \sin m\varphi_0 \sin m\varphi) P_l^m(\cos\theta_0) P_l^m(\cos\theta). \tag{10.3.40}$$

我们知道, 球函数方程是从拉普拉斯方程或亥姆霍兹方程把变数 r 分离出去而得到的. 拉普拉斯方程和亥姆霍兹方程中的算符 Δ 即 $\nabla \cdot \nabla$ 具有确定的意义, 跟坐标的选择无关. "径向变数" r 则跟坐标系的旋转无关. 因此, 在坐标旋转时, 球函数方程不变. 换句话说, 老的坐标系旋转到新的坐标系时, l 阶球函数仍保持为 l 阶, 所以 (10.3.40) 两边的相同 l 阶的球函数项彼此相等, 约去常数因子 $(2l+1)/(2\pi)$, 就得球函数的加法公

式(10.3.34).

如果改用展开公式(10.3.12)以代替(10.3.11)，则球函数的**加法公式**是

$$\mathrm{P}_l(\cos\varTheta)=\sum_{m=-l}^{+l}\frac{(l-m)!}{(l+m)!}\mathrm{P}_l^m(\cos\theta_0)\mathrm{P}_l^m(\cos\theta)\mathrm{e}^{im(\varphi-\varphi_0)}. \tag{10.3.41}$$

（八）四极子、多极子

例 6　两个偶极子，偶极矩相等而方向相反，两者相距很近，就构成**四极子**.计算四极子的电场中的电势.

解　把这两个偶极子的偶极矩记作 $\boldsymbol{p}_1$ 和 $-\boldsymbol{p}_1$，前者相对于后者的矢径记作 $\boldsymbol{s}_2$.

先计算 $\boldsymbol{p}_1$ 和 $\boldsymbol{s}_2$ 都沿 x 轴的情况，$p_{1y}=p_{1z}=0$，$s_{2y}=s_{2z}=0$.把坐标原点取在四极子所在处，或者更具体些，取在偶极矩为 $-\boldsymbol{p}_1$ 的偶极子处.于是，两个偶极子的坐标分别是 $(s_{2x},0,0)$ 和 $(0,0,0)$.引用例 3 的结果，电势

$$u(x,y,z)=\frac{1}{4\pi\varepsilon_0}p_{1x}\left\{\frac{x-s_{2x}}{[(x-s_{2x})^2+y^2+z^2]^{3/2}}-\frac{x}{[x^2+y^2+z^2]^{3/2}}\right\},$$

引用记号 $r=\sqrt{x^2+y^2+z^2}$，$f_1(x,y,z)=x/[x^2+y^2+z^2]^{3/2}$，由于 $\boldsymbol{s}_2$ 很小，故其分量的绝对值 $|s_{2x}|\ll 1$，记 $\Delta x=-s_{2x}$，则上式改写为，

$$u(x,y,z)=\frac{1}{4\pi\varepsilon_0}p_{1x}[f_1(x+\Delta x,y,z)-f_1(x,y,z)]$$

$$=\frac{1}{4\pi\varepsilon_0}p_{1x}\cdot\frac{\partial f_1}{\partial x}\cdot\Delta x=-\frac{1}{4\pi\varepsilon_0}p_{1x}\cdot\frac{\partial}{\partial x}\left(\frac{x}{r^3}\right)\cdot s_{2x}$$

$$=-\frac{1}{4\pi\varepsilon_0}p_{1x}\cdot\frac{r^2-3x^2}{r^5}s_{2x}=\frac{1}{4\pi\varepsilon_0}p_{1x}s_{2x}\frac{3\sin^2\theta\cos^2\varphi-1}{r^3}.$$

引用例 2 的答案，则

$$u(x,y,z)=\frac{1}{4\pi\varepsilon_0}p_{2xx}\frac{1}{r^3}\left[\frac{1}{2}\mathrm{P}_2^2(\cos\theta)\cos 2\varphi-\mathrm{P}_2(\cos\theta)\right],$$

式中 $p_{2xx}=p_{1x}s_{2x}$ 叫作**四极矩**.

同理，$\boldsymbol{p}_1$ 沿 x 轴，$\boldsymbol{s}_2$ 沿 y 轴，则

$$u(x,y,z)=\frac{1}{4\pi\varepsilon_0}p_{2xy}\cdot\frac{3xy}{r^5}=\frac{1}{4\pi\varepsilon_0}p_{2xy}\frac{3\sin^2\theta\cos\varphi\sin\varphi}{r^3}.$$

式中 $p_{2xy}=p_{1x}s_{2y}$ 叫作**四极矩**.引用例 4 的答案，则

$$u(x,y,z)=\frac{1}{4\pi\varepsilon_0}p_{2xy}\frac{1}{r^3}\left[\frac{1}{2}\mathrm{P}_2^2(\cos\theta)\sin 2\varphi\right].$$

$\boldsymbol{p}_1$ 沿 x 轴，$\boldsymbol{s}_2$ 沿 z 轴，则

$$u(x,y,z)=\frac{1}{4\pi\varepsilon_0}p_{1x}s_{2z}\cdot\frac{3xz}{r^5}=\frac{1}{4\pi\varepsilon_0}p_{1x}s_{2z}\frac{3\sin\theta\cos\theta\cos\varphi}{r^3}$$

$$=\frac{1}{4\pi\varepsilon_0}p_{1x}s_{2z}\frac{1}{r^3}[\mathrm{P}_2^1(\cos\theta)\cos\varphi].$$

$\boldsymbol{p}_1$ 沿 y 轴，$\boldsymbol{s}_2$ 沿 x 轴，则

$$u(x,y,z)=\frac{1}{4\pi\varepsilon_0}p_{1y}s_{2x}\cdot\frac{3xy}{r^5}=\frac{1}{4\pi\varepsilon_0}p_{1y}s_{2x}\left[\frac{1}{2}\mathrm{P}_2^2(\cos\theta)\sin 2\varphi\right].$$

$\boldsymbol{p}_1$ 沿 y 轴，$\boldsymbol{s}_2$ 沿 y 轴，则

$$u(x,y,z)=\frac{1}{4\pi\varepsilon_0}p_{1y}s_{2y}\frac{3y^2-r^2}{r^5}=\frac{1}{4\pi\varepsilon_0}p_{1y}s_{2y}\frac{3\sin^2\theta\sin^2\varphi-1}{r^3},$$

引用例 5 的答案，则

$$u(x,y,z)=\frac{1}{4\pi\varepsilon_0}p_{1y}s_{2y}\frac{1}{r^3}\left[-\frac{1}{2}\mathrm{P}_2^2(\cos\theta)\cos2\varphi-\mathrm{P}_2(\cos\theta)\right].$$

$\boldsymbol{p}_1$ 沿 y 轴，$\boldsymbol{s}_2$ 沿 z 轴，则

$$u(x,y,z)=\frac{1}{4\pi\varepsilon_0}p_{1y}s_{2z}\frac{3yz}{r^5}=\frac{1}{4\pi\varepsilon_0}p_{1y}s_{2z}\frac{1}{r^3}\left[\mathrm{P}_2^1(\cos\theta)\sin\varphi\right].$$

$\boldsymbol{p}_1$ 沿 z 轴，$\boldsymbol{s}_2$ 沿 x 轴，则

$$u(x,y,z)=\frac{1}{4\pi\varepsilon_0}p_{1z}s_{2x}\frac{3xz}{r^5}=\frac{1}{4\pi\varepsilon_0}p_{1z}s_{2x}\frac{1}{r^3}\left[\mathrm{P}_2^1(\cos\theta)\cos\varphi\right].$$

$\boldsymbol{p}_1$ 沿 z 轴，$\boldsymbol{s}_2$ 沿 y 轴，则

$$u(x,y,z)=\frac{1}{4\pi\varepsilon_0}p_{1z}s_{2y}\frac{3yz}{r^5}=\frac{1}{4\pi\varepsilon_0}p_{1z}s_{2y}\frac{1}{r^3}\left[\mathrm{P}_2^1(\cos\theta)\sin\varphi\right].$$

$\boldsymbol{p}_1$ 沿 z 轴，$\boldsymbol{s}_2$ 沿 z 轴，则

$$u(x,y,z)=\frac{1}{4\pi\varepsilon_0}p_{1z}s_{2z}\frac{3z^2-r^2}{r^5}=\frac{1}{4\pi\varepsilon_0}p_{1z}s_{2z}\frac{1}{r^3}\left[2\mathrm{P}_2(\cos\theta)\right].$$

这些答案的[ ]里全是二阶球函数. 其实，这些电势是拉普拉斯方程的解，拉普拉斯方程的解如表为 $\frac{1}{r^3}$[ ]，则 [ ]里必定是二阶球函数[参看(9.1.4)和(9.1.3)].

一般情况下，四极子的电场的电势

$$u(x,y,z)=\frac{1}{4\pi\varepsilon_0}\frac{1}{r^3}\mathbf{Tr}\begin{bmatrix}p_{1x}s_{2x}&p_{1x}s_{2y}&p_{1x}s_{2z}\\p_{1y}s_{2x}&p_{1y}s_{2y}&p_{1y}s_{2z}\\p_{1z}s_{2x}&p_{1z}s_{2y}&p_{1z}s_{2z}\end{bmatrix}\times$$

$$\begin{bmatrix}-\mathrm{P}_2+\frac{1}{2}\mathrm{P}_2^2\cos2\varphi&\frac{1}{2}\mathrm{P}_2^2\sin2\varphi&\mathrm{P}_2^1\cos\varphi\\[2mm]\frac{1}{2}\mathrm{P}_2^2\sin2\varphi&-\mathrm{P}_2-\frac{1}{2}\mathrm{P}_2^2\cos2\varphi&\mathrm{P}_2^1\sin\varphi\\[2mm]\mathrm{P}_2^1\cos\varphi&\mathrm{P}_2^1\sin\varphi&2\mathrm{P}_2\end{bmatrix}$$

记号 $\mathbf{Tr}$ 表示迹(trace)，就是说，取(后面相乘所得的)矩阵的对角线元素之和.

上式经整理后可表为

$$\begin{aligned}u(x,y,z)=\frac{1}{4\pi\varepsilon_0}\frac{1}{r^3}\big[&(-p_{1x}s_{2x}-p_{1y}x_{2y}+2p_{1z}s_{2z})\mathrm{P}_2(\cos\theta)+\\&(p_{1x}s_{2z}+p_{1z}s_{2x})\mathrm{P}_2^1(\cos\theta)\cos\varphi+\\&(p_{1y}s_{2z}+p_{1z}s_{2y})\mathrm{P}_2^1(\cos\theta)\sin\varphi+\\&\frac{1}{2}(p_{1x}s_{2y}+p_{1y}s_{2x})\mathrm{P}_2^2(\cos\theta)\sin2\varphi+\\&\frac{1}{2}(p_{1x}s_{2x}-p_{1y}s_{2y})\mathrm{P}_2^2(\cos\theta)\cos2\varphi\big].\end{aligned}$$

例 7 类推下去，还有八极子、十六极子、……等所谓**多极子**. 2^n 极子的电场的电势必可表为 $\frac{1}{r^{n+1}}$[n 阶球函数]. 这里证明电学里很重要的一个推论：在区域 T 中分布着电荷，对区域外远处的电场来说，区域 T 里的电荷可以用一系列的多极子代替.

证 在区域 T 里有电荷分布，其密度为 $4\pi\varepsilon_0\rho(r_0,\theta_0,\varphi_0)$，其中 r_0，θ_0 和 φ_0 是电荷所在处的坐标. 空间中坐标为 (r,θ,φ) 处的电势应为

$$u(r,\theta,\varphi) = \iiint_T \frac{\rho(r_0,\theta_0,\varphi_0)}{R} dv_0,$$

式中 R 是点 (r,θ,φ) 距 (r_0,θ_0,φ_0) 处的电荷的距离，积分是对 (r_0,θ_0,φ_0) 进行的，dv_0 表示积分体积元. 把 (θ,φ) 方向与 (θ_0,φ_0) 方向之间的夹角记作 Θ，

$$\cos\Theta = \cos\theta\cos\theta_0 + \sin\theta\sin\theta_0\cos(\varphi-\varphi_0),$$

则距离 R 是

$$R = \sqrt{r^2 - 2rr_0\cos\Theta + r_0^2}.$$

于是，电势

$$u(r,\theta,\varphi) = \iiint_T \frac{\rho(r_0,\theta_0,\varphi_0)}{\sqrt{r^2 - 2rr_0\cos\Theta + r_0^2}} dv_0.$$

利用勒让德多项式的母函数公式(10.1.57)，上式可改写为

$$u(r,\theta,\varphi) = \iiint_T \rho(r_0,\theta_0,\varphi_0) \sum_{l=0}^{\infty} \frac{r_0^l}{r^{l+1}} P_l(\cos\Theta) dv_0.$$

再利用球函数加法公式(10.3.41)，

$$u(r,\theta,\varphi) = \sum_{l=0}^{\infty} \left[\sum_{m=0}^{l} \frac{(l-m)!}{(l+m)!} \frac{2}{\delta_m} \iiint_T \rho(r_0,\theta_0,\varphi_0) \times r_0^l P_l^m(\cos\theta_0)\cos m\varphi_0 dv_0 \right] \cdot$$

$$\frac{1}{r^{l+1}} P_l^m(\cos\theta)\cos m\varphi +$$

$$\sum_{l=0}^{\infty} \left[\sum_{m=0}^{l} \frac{(l-m)!}{(l+m)!} 2 \iiint_T \rho(r_0,\theta_0,\varphi_0) \times r_0^l P_l^m(\cos\theta_0)\sin m\varphi_0 dv_0 \right] \cdot$$

$$\frac{1}{r^{l+1}} P_l^m(\cos\theta)\sin m\varphi.$$

球函数 $\dfrac{1}{r^{l+1}} P_l^m(\cos\theta)\begin{Bmatrix}\cos m\varphi\\\sin m\varphi\end{Bmatrix}$ 表明是 2^l 极子的电势，而 $r_0 P_l^m(\cos\theta_0)\begin{Bmatrix}\cos m\varphi_0\\\sin m\varphi_0\end{Bmatrix}$ 则是这 2^l 极子的 2^l 极距.

习　　题

1. 用球函数把下列函数展开.

（1）$\sin 3\theta\sin\varphi$，　　　　（2）$(1-|\cos\theta|)(1+\cos 2\varphi)$.

2. 在半径为 r_0 的球形区域，在(1)球的内部和(2)球的外部，分别求解定解问题：

$$\begin{cases} \Delta u = 0, \\ u\big|_{r=r_0} = 4\sin^2\theta\left(\cos\varphi\sin\varphi + \dfrac{1}{2}\right). \end{cases}$$

3. 在半径为 r_0 的球形区域，在(1)球的内部和(2)球的外部，分别求解定解问题：

$$\begin{cases} \Delta u = 0, \\ \dfrac{\partial u}{\partial r}\bigg|_{r=r_0} = \cos^2\theta\cos^2\varphi - \cos^2\varphi + \dfrac{1}{3}. \end{cases}$$

4. 在半径为 r_0 的球的内部区域 $(r<r_0)$，求解定解问题：

$$\begin{cases} \Delta u = 0, \\ \left(u + H\dfrac{\partial u}{\partial r}\right)\bigg|_{r=r_0} = u_0\sin\theta(\sin\theta + \cos\theta\sin\varphi) \quad (H,u_0 \text{ 为常数}). \end{cases}$$

5. 在内半径为 r_1、外半径为 r_2 的空心球区域 $(r_1<r<r_2)$，求解定解问题：

$$\begin{cases} \Delta u = 0, \\ u\big|_{r=r_1} = u_1 \cos \theta, \\ u\big|_{r=r_2} = u_2 \sin \theta \cos \theta \sin \varphi \,(u_1, u_2 \text{ 为常数}). \end{cases}$$

6. 在半径为 r_0 的球的内部区域，求解泊松方程问题：

$$\begin{cases} \Delta u = r^2 \cos^2 \theta, \\ u\big|_{r=r_0} = 0, \\ u\big|_{r=0} = \text{有限值} \qquad (r < r_0). \end{cases}$$

第十一章　柱　函　数

§11.1　三类柱函数

§9.1 用柱坐标系对拉普拉斯方程进行分离变数，得到贝塞尔方程(9.1.22)

$$x^2 \frac{\mathrm{d}^2 R}{\mathrm{d}x^2} + x \frac{\mathrm{d}R}{\mathrm{d}x} + (x^2 - m^2) R = 0 \quad (x = \sqrt{\mu}\rho),$$

或者虚宗量贝塞尔方程(9.1.25)

$$x^2 \frac{\mathrm{d}^2 R}{\mathrm{d}x^2} + x \frac{\mathrm{d}R}{\mathrm{d}x} - (x^2 + m^2) R = 0 \quad (x = h\rho).$$

§9.1 用柱坐标系，对亥姆霍兹方程进行分离变数，也得到贝塞尔方程(9.1.49)，跟(9.1.22)形式完全一样. §9.1 还用球坐标系，对亥姆霍兹方程进行分离变数，得到球贝塞尔方程(9.1.39)

$$r^2 \frac{\mathrm{d}^2 R}{\mathrm{d}r^2} + 2r \frac{\mathrm{d}R}{\mathrm{d}r} + [k^2 r^2 - l(l+1)] R = 0.$$

本章要讨论这些方程的解的性质及其在数学物理定解问题中的应用.

（一）三类柱函数

§9.3 已求出 ν 阶贝塞尔方程的通解(9.3.23)或(9.3.25)，即

$$y(x) = C_1 \mathrm{J}_\nu(x) + C_2 \mathrm{J}_{-\nu}(x), \tag{11.1.1}$$

或

$$y(x) = C_1 \mathrm{J}_\nu(x) + C_2 \mathrm{N}_\nu(x), \tag{11.1.2}$$

其中 ν 阶贝塞尔函数 $\mathrm{J}_\nu(x)$，$-\nu$ 阶贝塞尔函数 $\mathrm{J}_{-\nu}(x)$，ν 阶诺伊曼函数 $\mathrm{N}_\nu(x)$ 分别由(9.3.21)、(9.3.22)、(9.3.24)给出.

但是，对于整数 m 阶，$\mathrm{J}_{-m}(x) = (-1)^m \mathrm{J}_m(x)$ [见(9.3.36)]并非独立于 $\mathrm{J}_m(x)$ 的解，所以 $C_1 \mathrm{J}_m(x) + C_2 \mathrm{J}_{-m}(x)$ 并非方程的通解，即(11.1.1)不适用于整数阶的情况. 至于(11.1.2)则对整数阶的情况照样适用.

通常又取线性独立的

$$\begin{cases} \mathrm{H}_\nu^{(1)}(x) = \mathrm{J}_\nu(x) + \mathrm{i}\mathrm{N}_\nu(x), \\ \mathrm{H}_\nu^{(2)}(x) = \mathrm{J}_\nu(x) - \mathrm{i}\mathrm{N}_\nu(x), \end{cases} \tag{11.1.3}$$

并称之为**第一种**和**第二种汉克尔函数**. 于是，ν 阶贝塞尔方程的通解又可表为

$$y(x) = C_1 \mathrm{H}_\nu^{(1)}(x) + C_2 \mathrm{H}_\nu^{(2)}(x). \tag{11.1.4}$$

（11.1.2）、（11.1.4）对整数阶的情况也照样适用.

贝塞尔函数、诺伊曼函数、汉克尔函数又分别称为**第一类**、**第二类**、**第三类柱函数**.

（二） $x \to 0$ 和 $x \to \infty$ 时的行为

由（9.3.35）、（9.3.21）、（9.3.22）、（9.3.24）和（9.3.41）看出，当 $x \to 0$,

$$J_0(x) \to 1, \qquad J_\nu(x) \to 0, \qquad J_{-\nu}(x) \to \infty,$$

$$N_0(x) \to -\infty, \qquad N_\nu(x) \to \pm\infty \qquad (\nu \neq 0).$$

这样，在研究圆柱内部问题时，"解在圆柱轴上（$\rho = 0$，亦即 $x = 0$）应为有限"这个要求就成为自然的边界条件，按照这个条件，应舍弃诺伊曼函数和负阶的贝塞尔函数，只要零阶和正阶的贝塞尔函数.

再看另一极端 $x \to \infty$. 当 x 很大时，柱函数的渐近公式见后面的（11.3.17）—（11.3.20），即

$$H_\nu^{(1)}(x) \sim \sqrt{\frac{2}{\pi x}} e^{i(x - \nu\pi/2 - \pi/4)},$$

$$H_\nu^{(2)}(x) \sim \sqrt{\frac{2}{\pi x}} e^{-i(x - \nu\pi/2 - \pi/4)},$$

$$J_\nu(x) \sim \sqrt{\frac{2}{\pi x}} \cos(x - \nu\pi/2 - \pi/4), \tag{11.1.5}$$

$$N_\nu(x) \sim \sqrt{\frac{2}{\pi x}} \sin(x - \nu\pi/2 - \pi/4).$$

［顺便说一句，以上四式以及（11.1.3）都使人联想到 $e^{i\theta}, e^{-i\theta}, \cos\theta, \sin\theta$ 之间的关系.］当 $x \to \infty$，它们全都 $\to 0$. 这样，在研究圆柱外部问题时，两个线性独立特解，如 $J_\nu(x)$ 和 $N_\nu(x)$，或 $H_\nu^{(1)}(x)$ 和 $H_\nu^{(2)}(x)$，都要保留，不可任意舍弃两者之一，因为它们都满足"解在无限远处（$\rho \to \infty$ 亦即 $x \to \infty$）为有限".

（三） 递推公式

由贝塞尔函数的级数表达式（9.3.21）容易算出

$$\frac{d}{dx}\left[\frac{J_\nu(x)}{x^\nu}\right] = \frac{d}{dx}\left[\sum_{k=0}^{\infty} \frac{(-1)^k}{k!\ \Gamma(\nu+k+1)}\left(\frac{1}{2}\right)^{\nu+2k} x^{2k}\right]$$

$$= \sum_{k=1}^{\infty} \frac{(-1)^k 2k}{k!\ \Gamma(\nu+k+1)}\left(\frac{1}{2}\right)^{\nu+2k} x^{2k-1}.$$

令 $k = l+1$，则

$$\frac{d}{dx}\left[\frac{J_\nu(x)}{x^\nu}\right] = \sum_{l=0}^{\infty} \frac{(-1)^{l+1} 2(l+1)}{(l+1)!\ \Gamma(\nu+l+1+1)}\left(\frac{1}{2}\right)^{\nu+2l+2} x^{2l+1}$$

$$= -\frac{1}{x^\nu}\sum_{l=0}^{\infty} \frac{(-1)^l}{l!\ \Gamma(\nu+1+l+1)}\left(\frac{x}{2}\right)^{\nu+1+2l}$$

$$= -\frac{J_{\nu+1}(x)}{x^\nu}. \tag{11.1.6}$$

仿此还可推出

$$\frac{\mathrm{d}}{\mathrm{d}x}\big[x^\nu J_\nu(x)\big] = x^\nu J_{\nu-1}(x). \tag{11.1.7}$$

以上两式都是贝塞尔函数的线性关系式. 诺伊曼函数 $N_\nu(x)$ 由 (9.3.24) 所定义, 是正、负阶贝塞尔函数的线性组合. 因此, (11.1.6) 和 (11.1.7) 也适用于 $N_\nu(x)$. 令 $\nu\to$ 整数 m, 则 $N_\nu(x)\to N_m(x)$, $N_m(x)$ 的具体表达式已分别在附录八和 §9.3. (3) 中得出, 由于上述递推关系中各项都是 ν 的连续函数, 故这两个递推公式也适用于 ν 为整数 m 的 $N_m(x)$.

按 (11.1.3), 汉克尔函数是用贝塞尔函数和诺伊曼函数的线性组合定义的, 可见 (11.1.6) 和 (11.1.7) 也适用于汉克尔函数.

总之, 如用 $Z_\nu(x)$ 代表 ν 阶的第一或第二或第三类柱函数, 总是有

$$\frac{\mathrm{d}}{\mathrm{d}x}\big[Z_\nu(x)/x^\nu\big] = -Z_{\nu+1}(x)/x^\nu, \tag{11.1.8}$$

$$\frac{\mathrm{d}}{\mathrm{d}x}\big[x^\nu Z_\nu(x)\big] = x^\nu Z_{\nu-1}(x). \tag{11.1.9}$$

把两式左端展开, 又可改写为

$$Z_\nu'(x) - \nu Z_\nu(x)/x = -Z_{\nu+1}(x), \tag{11.1.10}$$

$$Z_\nu'(x) + \nu Z_\nu(x)/x = Z_{\nu-1}(x). \tag{11.1.11}$$

从 (11.1.10) 和 (11.1.11) 消去 Z_ν 或消去 Z_ν' 可得

$$Z_{\nu-1}(x) - Z_{\nu+1}(x) = 2Z_\nu'(x), \tag{11.1.12}$$

$$Z_{\nu+1}(x) - 2\nu Z_\nu(x)/x + Z_{\nu-1}(x) = 0. \tag{11.1.13}$$

(11.1.13) 就是从 $Z_{\nu-1}(x)$ 和 $Z_\nu(x)$ 推算 $Z_{\nu+1}(x)$ 的递推公式.

§11.2 贝塞尔方程

(一) 贝塞尔函数与本征值问题

§9.1 末的表给出拉普拉斯方程和亥姆霍兹方程在柱坐标系中分离变数的 $\mu<0$, $\mu=0$ 和 $\mu>0$ 三种情况, 现以拉普拉斯方程的三种情况来讨论.

对于圆柱内部的问题, 如果柱侧有齐次的边界条件, 则 $\mu<0$ 应予排除. 这是因为 $\mu<0$ 引至虚宗量贝塞尔方程, 其解 (9.3.48) 和 (9.3.49) 恒不为零, 除非 $x=\sqrt{\mu}\rho=0$. 这样, 我们只需考虑 $\mu\geqslant0$.

在 $\mu\geqslant0$ 的情况下, $R(\rho)$ 应是整数 m 阶贝塞尔方程 (9.1.22)

$$x^2\frac{\mathrm{d}^2R}{\mathrm{d}x^2} + x\frac{\mathrm{d}R}{\mathrm{d}x} + (x^2 - m^2)R = 0 \quad (x=\sqrt{\mu}\rho) \tag{11.2.1}$$

的解，由于圆柱轴上的自然边界条件，这个方程的两个线性独立解之中，我们只要非负阶贝塞尔函数

$$R(\rho)=\mathrm{J}_m(x)=\mathrm{J}_m(\sqrt{\mu}\rho)\quad(m\geqslant0).\tag{11.2.2}$$

柱侧的齐次边界条件决定(11.2.1)中的 μ 的可能值，这些就是方程(11.2.1)在所给齐次边界条件下的本征值，相应的本征函数则是(11.2.2).

（1）第一类齐次边界条件 $R(\rho_0)=0$，ρ_0 为圆柱的半径. 这条件也就是 $\mathrm{J}_m(\sqrt{\mu}\rho_0)=0$. 因此，本征值 $\mu_n^{(m,1)}=(x_n^{(m,1)}/\rho_0)^2=(x_n^{(m)}/\rho_0)^2$，记 $x_0=\sqrt{\mu}\rho_0$，其中 $x_n^{(m)}$ 是 $\mathrm{J}_m(x)$ 的第 n 个正的零点，$\mathrm{J}_m(x_n^{(m)})=0$，而 $x_n^{(m,1)}$ 表示 $\mathrm{J}_m(x)$ 在满足第一类齐次边界条件下方程

$$\mathrm{J}_m(x_0)=0\tag{11.2.3}$$

的第 n 个正根，因此，$x_n^{(m,1)}=x_n^{(m)}$.

图 11-1 描画了 $\mathrm{J}_0(x)$，$\mathrm{J}_1(x)$，$\mathrm{J}_2(x)$ 和 $\mathrm{J}_3(x)$. 从(9.3.35)易知 $\mathrm{J}_0(0)=1$ 而 $\mathrm{J}_m(0)=0$，$(m=1,2,\cdots)$，这是说，在侧面第一类齐次边界条件下，不论 $\mathrm{J}_0(x)$ 还是 $\mathrm{J}_m(x)$，$\mu=0$ 都不是本征值.

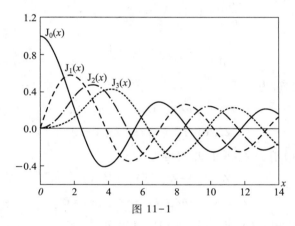

图 11-1

说到贝塞尔函数的零点 $x_n^{(m)}$，有许多数学用表，尤其是专门的贝塞尔函数表列出了这些零点. 本书附录七有 $\mathrm{J}_0(x)$ 和 $\mathrm{J}_1(x)$ 的简略的零点表.

零点 $x_n^{(m)}$ 还可以用下面的公式计算：

$$x_n^{(m)}=A-\frac{B-1}{8A}\left(1+\frac{C}{3(4A)^2}+\frac{2D}{15(4A)^4}+\frac{E}{105(4A)^6}+\cdots\right),$$

其中

$$A=\left(m-\frac{1}{2}+2n\right)\frac{\pi}{2},\quad B=4m^2,$$

$$C=7B-31,\quad D=83B^2-982B+3\,779,$$

$$E=6\,949B^3-153\,855B^2+1\,585\,743B-6\,277\,237.$$

下面列举一些有关贝塞尔函数零点的一般性结论.

贝塞尔函数 $J_m(x)$ 的级数表达式 (9.3.35) 各项的幂指数依次逐个相差 2，所以 $J_m(-x) = (-1)^m J_m(x)$. 这样，如 $x_n^{(m)}$ 是零点，则 $-x_n^{(m)}$ 必也是零点. 换句话说，贝塞尔函数的零点正负成对，其绝对值相等. 不过，柱坐标系中的 ρ 一般理解为正，所以我们将不讨论负的零点.

(11.1.5) 给出了大 x 下的渐近公式 $J_m(x) \sim (1/\sqrt{x}) \cos(x - m\pi/2 - \pi/4)$. 余弦函数有无限多个零点，可见贝塞尔函数有无限多个零点.

连续函数的两个相邻零点之间必有其导数的一个零点. 这样，(11.1.6) 表明 $J_m(x)$ 的两个相邻零点之间必有 $J_{m+1}(x)$ 的一个零点. 把 (11.1.7) 中的 ν 换作 $m+1$，则它表明 $x^{m+1} J_{m+1}(x)$ 的两个相邻零点必有 $J_m(x)$ 的一个零点. 又可分为两种情况：i) $J_{m+1}(x)$ 的两个相邻的且不等于零的两零点之间必有 $J_m(x)$ 的一个零点；ii) 在 $x=0$ 和 $J_{m+1}(x)$ 的绝对值最小的零点之间必有 $J_m(x)$ 的一个零点. 总之 $J_m(x)$ 和 $J_{m+1}(x)$ 的零点两两相间，$J_m(x)$ 的绝对值最小的零点比 $J_{m+1}(x)$ 的绝对值最小的零点更接近于零（这对于波导问题是有意义的）.

(2) 第二类齐次边界条件 $R'(\rho_0) = 0$. 这个条件就是 $0 = [dJ_m(\sqrt{\mu}\rho)/d\rho]|_{\rho=\rho_0} = \sqrt{\mu} J_m'(\sqrt{\mu}\rho_0)$，如 $\mu \neq 0$，则这个条件也就是 $J_m'(\sqrt{\mu}\rho_0) = 0$. 所以，本征值 $\mu_n^{(m,2)} = (x_n^{(m,2)}/\rho_0)^2$，记 $x_0 = \sqrt{\mu}\rho_0$，其中 $x_n^{(m,2)}$ 是 $J_m(x)$ 在第二类齐次边界条件下方程

$$\frac{x_0}{\rho_0} J_m'(x_0) = 0 \tag{11.2.4}$$

的第 n 个正根，即 $J_m'(x)$ 的第 n 个正的零点.

$J_m'(x)$ 的零点在一般的数学用表中并未列出. 不过，$m=0$ 的特例还是容易处理的：在 (11.1.10) 式中，置 $\nu = 0$，则

$$J_0'(x) = -J_1(x). \tag{11.2.5}$$

这样，$J_0'(x)$ 的零点不过就是 $J_1(x)$ 的零点，即 $x_n^{(0,2)} = x_n^{(1)}$ 可从许多数学用表查出. 至于 $m \neq 0$ 的情况，则可如下考虑：引用 (11.1.12)，

$$J_m'(x) = \frac{1}{2}[J_{m-1}(x) - J_{m+1}(x)]. \tag{11.2.6}$$

这样，$J_m'(x)$ 的零点可从曲线 $J_{m-1}(x)$ 和 $J_{m+1}(x)$ 的第 n 个交点的 x 坐标得出.

$J_m'(x)$ 的零点 $x_n^{(m,2)} > 0$，还可以用下面的公式计算：

$$x_n^{(m)} = A - \frac{B+3}{8A} - \frac{C}{6(4A)^3} - \frac{D}{15(4A)^5} - \cdots,$$

其中

$$A = \left(m + \frac{1}{2} + 2n\right)\frac{\pi}{2}, \quad B = 4m^2, \quad C = 7B^2 + 82B - 9,$$

$$D = 83B^3 + 2\,075B^2 - 3\,039B + 3\,537.$$

(3) 第三类齐次边界条件 $R(\rho_0) + HR'(\rho_0) = 0$. 这个条件就是 $J_m(\sqrt{\mu}\rho_0) + H\sqrt{\mu} J_m'(\sqrt{\mu}\rho_0) = 0$. 记 $x_0 = \sqrt{\mu}\rho_0$，$h = \rho_0/H$，并引用 (11.1.10) 可将 (11.2.6) 改写为

$$J_m(x_0) = \frac{x_0}{h+m} J_{m+1}(x_0). \tag{11.2.7}$$

所以第三类齐次边界条件下的本征值 $\mu_n^{(m,3)} = (x_n^{(m,3)}/\rho_0)^2$，其中 $x_n^{(m,3)}$ 是方程(11.2.7)的第 n 个正根. 本书附录七给出 $m=0$ 的方程(11.2.7)的前六个根.

如上所述，统一用 $x_n^{(m)}$ 表示 $J_m(x)$（$m=0,1,\cdots$）的第 n 个正的零点. 而 $x_n^{(m,\sigma)}$、$\mu_n^{(m,\sigma)}$（$\sigma=1,2,3$）分别表示 $J_m(x)$ 或 $J_m(\sqrt{\mu}\rho)$ 在圆柱侧面常见的三类齐次边界条件下的第 n 个正根或本征值. 如果不指明边界条件的种类，则本征值记为 $\mu_n^{(m)}$ 或 μ_n.

（二）贝塞尔函数的正交关系

作为施图姆-刘维尔本征值问题的正交关系(9.4.12)的特例，对应于不同本征值的同阶贝塞尔函数在区间 $[0,\rho_0]$ 上带权重 ρ 正交，

$$\int_0^{\rho_0} J_m(\sqrt{\mu_n}\rho) J_m(\sqrt{\mu_l}\rho)\rho\,\mathrm{d}\rho = 0 \quad (n \neq l). \tag{11.2.8}$$

（三）贝塞尔函数的模

为了用贝塞尔函数作基进行广义傅里叶级数展开，需要先计算贝塞尔函数 $J_m(\sqrt{\mu_n^{(m)}}\rho)$ 的模 $N_n^{(m)}$，

$$[N_n^{(m)}]^2 = \int_0^{\rho_0} [J_m(\sqrt{\mu_n^{(m)}}\rho)]^2 \rho\,\mathrm{d}\rho. \tag{11.2.9}$$

对于 $\mu_n^{(m)}>0$，把 $\sqrt{\mu_n^{(m)}}\rho$ 记作 x，$\sqrt{\mu_n^{(m)}}\rho_0$ 记作 x_0，则

$$[N_n^{(m)}]^2 = \frac{1}{\mu_n^{(m)}} \int_0^{x_0} [J_m(x)]^2 x\,\mathrm{d}x = \frac{1}{2\mu_n^{(m)}} \int_0^{x_0} [J_m(x)]^2 \mathrm{d}(x^2)$$

$$= \frac{1}{2\mu_n^{(m)}} [x^2 J_m^2(x)]_0^{x_0} - \frac{1}{\mu_n^{(m)}} \int_0^{x_0} [x^2 J_m(x)] J_m'(x)\,\mathrm{d}x.$$

右边积分号下[ ]里的 $x^2 J_m(x)$ 可利用贝塞尔方程加以改写，

$$[N_n^{(m)}]^2 = \frac{1}{2\mu_n^{(m)}} [x^2 J_m^2]_0^{x_0} + \frac{1}{\mu_n^{(m)}} \int_0^{x_0} [x^2 J_m''(x) + x J_m'(x) - m^2 J_m(x)] J_m'(x)\,\mathrm{d}x$$

$$= \frac{1}{2\mu_n^{(m)}} [x^2 J_m^2]_0^{x_0} + \frac{1}{\mu_n^{(m)}} \int_0^{x_0} \left[x^2 J_m'(x) \frac{\mathrm{d}J_m'(x)}{\mathrm{d}x} + x(J_m')^2 \right] \mathrm{d}x - \frac{m^2}{\mu_n^{(m)}} \int_0^{x_0} J_m \,\mathrm{d}J_m$$

$$= \frac{1}{2\mu_n^{(m)}} [x^2 J_m^2]_0^{x_0} + \frac{1}{2\mu_n^{(m)}} \int_0^{x_0} \mathrm{d}[x^2 J_m'^2] - \frac{m^2}{2\mu_n^{(m)}} [J_m^2]_0^{x_0}$$

$$= \frac{1}{2\mu_n^{(m)}} [(x^2 - m^2) J_m^2]_0^{x_0} + \frac{1}{2\mu_n^{(m)}} [x^2 J_m'^2]_0^{x_0}$$

$$= \frac{1}{2} \left(\rho_0^2 - \frac{m^2}{\mu_n^{(m)}} \right) [J_m(\sqrt{\mu_n^{(m)}}\rho_0)]^2 + \frac{1}{2}\rho_0^2 [J_m'(\sqrt{\mu_n^{(m)}}\rho_0)]^2. \tag{11.2.10}$$

对于第一类齐次边界条件 $J_m(\sqrt{\mu_n^{(m)}}\rho_0)=0$，(11.2.10)成为 $[N_n^{(m)}]^2 = \frac{1}{2}\rho_0^2 [J_m' \cdot (\sqrt{\mu_n^{(m)}}\rho_0)]^2$. 以(11.1.10)代入并且考虑到第一类齐次边界条件，得

$$[N_n^{(m)}]^2 = \frac{1}{2}\rho_0^2 [J_{m+1}(\sqrt{\mu_n^{(m)}}\rho_0)]^2, \tag{11.2.11}$$

对于第二类齐次边界条件 $J'_m(\sqrt{\mu_n^{(m)}}\rho_0)=0$，（11.2.10）成为

$$[N_n^{(m)}]^2=\frac{1}{2}\left(\rho_0^2-\frac{m^2}{\mu_n^{(m)}}\right)[J_m(\sqrt{\mu_n^{(m)}}\rho_0)]^2. \qquad (11.2.12)$$

对于第三类齐次边界条件，$J'_m=-J_m/\sqrt{\mu_n^{(m)}}H$，（11.2.10）成为

$$[N_n^{(m)}]^2=\frac{1}{2}\left(\rho_0^2-\frac{m^2}{\mu_n^{(m)}}+\frac{\rho_0^2}{\mu_n^{(m)}H^2}\right)[J_m(\sqrt{\mu_n^{(m)}}\rho_0)]^2. \qquad (11.2.13)$$

（四）傅里叶-贝塞尔级数

按照 §9.4 施图姆-刘维尔本征值问题的性质(4)，本征函数族 $J_m(\sqrt{\mu_n^{(m)}}\rho)$ 是完备的，可作为广义傅里叶级数展开的基.

作为(9.4.14)和(9.4.16)的特例，区间 $[0,\rho_0]$ 上的函数 $f(\rho)$ 的傅里叶-贝塞尔级数是

$$\begin{cases} f(\rho)=\sum_{n=1}^{\infty}f_n J_m(\sqrt{\mu_n^{(m)}}\rho), & (11.2.14) \\[2mm] \text{系数}\quad f_n=\frac{1}{[N_n^{(m)}]^2}\int_0^{\rho_0}f(\rho)J_m(\sqrt{\mu_n^{(m)}}\rho)\rho\,\mathrm{d}\rho. & (11.2.15) \end{cases}$$

记得公式(11.1.6)、(11.2.5)和(11.1.7)可能对计算系数 f_n 有帮助，因为它们给出不定积分

$$\int x^{-m}J_{m+1}(x)\,\mathrm{d}x=-x^{-m}J_m(x)+C, \qquad (11.2.16)$$

$$\int J_1(x)\,\mathrm{d}x=-J_0(x)+C, \qquad (11.2.17)$$

$$\int x^m J_{m-1}(x)\,\mathrm{d}x=x^m J_m(x)+C. \qquad (11.2.18)$$

某些贝塞尔函数表附有系数 f_n 的简便计算表.

对于 $\rho_0\to\infty$ 的情况，则有**傅里叶-贝塞尔积分**

$$\begin{cases} f(\rho)=\int_0^{\infty}F(\omega)J_m(\omega\rho)\omega\,\mathrm{d}\omega, \\[2mm] F(\omega)=\int_0^{\infty}f(\rho)J_m(\omega\rho)\rho\,\mathrm{d}\rho. \end{cases} \qquad (11.2.19)$$

例 1 计算积分 $\int_0^{x_0}x^3 J_0(x)\,\mathrm{d}x$.

解 由(11.2.18)，$\int x J_0(x)\,\mathrm{d}x=x J_1(x)+C$，所以

$$\int_0^{x_0}x^3 J_0(x)\,\mathrm{d}x=\int_0^{x_0}x^2\mathrm{d}[x J_1(x)]$$

$$=[x^2\cdot x J_1(x)]_0^{x_0}-\int_0^{x_0}x J_1(x)\cdot 2x\mathrm{d}x,$$

又由(11.2.18)，$\int x^2 J_1(x)\,\mathrm{d}x=x^2 J_2(x)+C$，所以

$$\int_0^{x_0}x^3 J_0(x)\,\mathrm{d}x=x_0^3 J_1(x_0)-2[x^2 J_2(x)]_0^{x_0}$$

$$= x_0^3 J_1(x_0) - 2x_0^2 J_2(x_0). \tag{11.2.20}$$

用递推公式（11.1.13），$J_2(x) = (2/x)J_1(x) - J_0(x)$，（11.2.20）可改写为

$$\int_0^{x_0} x^3 J_0(x) \, dx = x_0^3 J_1(x_0) - 4x_0 J_1(x_0) + 2x_0^2 J_0(x_0). \tag{11.2.21}$$

例2 在区间 $[0, \rho_0]$ 上，以 $J_0(\sqrt{\mu_n^{(0)}}\rho)$ 为基 $[x_n^{(0)} = \sqrt{\mu_n^{(0)}}\rho_0$ 是 $J_0(x) = 0$ 的第 n 个正根]，把函数 $f(\rho) = $ 常数 u_0，展开为傅里叶-贝塞尔级数.

解 依（11.2.14）、（11.2.15），

$$u_0 = \sum_{n=1}^{\infty} f_n J_0(\sqrt{\mu_n^{(0)}}\rho),$$

其中系数

$$f_n = \frac{1}{[N_n^{(0)}]^2} \int_0^{\rho_0} u_0 J_0(\sqrt{\mu_n^{(0)}}\rho)\rho \, d\rho.$$

这里的 $N_n^{(0)}$ 由（11.2.11）给出，本征值 $\mu_n^{(0)} = (x_n^{(0)}/\rho_0)^2$，而 $x_n^{(0)}$ 是 $J_0(x)$ 的第 n 个正的零点，可由贝塞尔函数表查出. 这样，

$$f_n = \frac{1}{\rho_0^2[J_1(x_n^{(0)})]^2} \int_0^{\rho_0} J_0\left(\frac{x_n^{(0)}}{\rho_0}\rho\right)\rho \, d\rho$$

$$= \frac{2u_0}{\rho_0^2[J_1(x_n^{(0)})]^2} \left[\frac{\rho_0}{x_n^{(0)}}\right]^2 \int_0^{\rho_0} J_0\left(\frac{x_n^{(0)}}{\rho_0}\rho\right) \cdot \frac{x_n^{(0)}}{\rho_0}\rho \, d\left(\frac{x_n^{(0)}}{\rho_0}\rho\right)$$

令 $x = (x_n^{(0)}/\rho_0)\rho$，应用（11.2.15）

$$f_n = \frac{1}{[x_n^{(0)}J_1(x_n^{(0)})]^2} \int_0^{x_n^{(0)}} x J_0(x) \, dx = \frac{2u_0}{[x_n^{(0)}J_1(x_n^{(0)})]^2}[xJ_1(x)]_0^{x_n^{(0)}}$$

$$= \frac{2u_0}{x_n^{(0)}J_1(x_n^{(0)})}.$$

从而

$$u_0 = \sum_{n=1}^{\infty} \frac{2u_0}{x_n^{(0)}J_1(x_n^{(0)})} J_0\left(\frac{x_n^{(0)}}{\rho_0}\rho\right).$$

例3 在傅里叶光学中常用到圆域函数，其定义是

$$\text{circ } \rho = \begin{cases} 1 & (\rho \leqslant 1), \\ 0 & (\rho > 1). \end{cases}$$

试将 circ ρ 展开为傅里叶-贝塞尔积分 $\int_0^{\infty} F(\omega)J_0(\omega\rho)\omega \, d\omega$.

解 依（11.2.19），circ ρ 的傅里叶-贝塞尔积分

$$\text{circ } \rho = \int_0^{\infty} F(\omega)J_0(\omega\rho)\omega \, d\omega$$

中的 $F(\omega)$ 应是

$$F(\omega) = \int_0^\infty \text{circ}(\rho) J_0(\omega\rho) \rho \mathrm{d}\rho = \int_0^1 J_0(\omega\rho) \rho \mathrm{d}\rho,$$

把 $\omega\rho$ 记作 x，则

$$F(\omega) = \frac{1}{\omega^2} \int_0^\omega J_0(x) x \mathrm{d}x.$$

应用(11.2.18)

$$F(\omega) = \frac{1}{\omega^2} \big[x J_1(x) \big]_0^\omega = \frac{1}{\omega^2} \{ \omega J_1(\omega) - 0 \} = \frac{1}{\omega} J_1(\omega).$$

（五）贝塞尔函数应用例

例 4 匀质圆柱，半径为 ρ_0，高为 L．柱侧绝热，上下底面温度分布分别保持为 $f_2(\rho)$ 和 $f_1(\rho)$．求解柱内的稳定温度分布．

解 采用柱坐标系，极点在下底中心，z 轴沿着圆柱的轴．定解问题表示为

$$\begin{cases} \Delta u = 0, \\ \dfrac{\partial u}{\partial \rho} \Big|_{\rho=\rho_0} = 0, \quad u \big|_{\rho=0} = \text{有限值}, \\ u \big|_{z=0} = f_1(\rho), \quad u \big|_{z=L} = f_2(\rho). \end{cases} \quad\begin{matrix} (11.2.22) \\[3mm] (11.2.23) \end{matrix}$$

本例是圆柱内部的拉普拉斯方程定解问题．因柱侧是齐次的第二类边界条件，应查看 § 9.1 末的表中 $\mu \geq 0$ 的部分．

对于 $\mu > 0$，计及圆柱轴 ($\rho=0$) 上的自然边界条件，查得

$$J_m(\sqrt{\mu}\rho) \begin{Bmatrix} \mathrm{e}^{\sqrt{\mu}z} \\ \mathrm{e}^{-\sqrt{\mu}z} \end{Bmatrix} \begin{Bmatrix} \cos m\varphi \\ \sin m\varphi \end{Bmatrix}$$

边界条件(11.2.22)和(11.2.23)全都与 φ 无关，由此可见 $m=0$．于是简化为

$$J_0(\sqrt{\mu}\rho) \begin{Bmatrix} \mathrm{e}^{\sqrt{\mu}z} \\ \mathrm{e}^{-\sqrt{\mu}z} \end{Bmatrix}.$$

由第二类齐次边界条件 $u_\rho(\rho_0) = 0$ 得出本征值 $\mu_n^{(0,2)} = (x_n^{(0,2)}/\rho_0)^2 = (x_n^{(1)}/\rho_0)^2$，其中 $x_n^{(0,2)}$ 是 $J_0'(x) = -J_1(x) = 0$ 的第 n 个正根，亦即 $J_1(x)$ 的第 n 个正的零点 $x_n^{(1)}$，这里 $x_n^{(0,2)} = x_n^{(1)}$．

对于 $\mu = 0$，考虑到圆柱轴线上的自然边界条件，应弃去 § 9.1 末的表中 $R(\rho)$ 的解 $\ln \rho$ 和 ρ^{-m}，另一解 ρ^m 不能满足柱侧第二类齐次边界条件，也应放弃．仅保留对应 $m=0$ 的解 $R_0(\rho) = J_0(0) = 1$，这时 $Z(z) = \begin{Bmatrix} 1 \\ z \end{Bmatrix}$．

把以上特解叠加起来，有

$$u(\rho,z) = A_0 + B_0 z + \sum_{n=1}^\infty (A_n \mathrm{e}^{x_n^{(1)} z/\rho_0} + B_n \mathrm{e}^{-x_n^{(1)} z/\rho_0}) \, J_0\!\left(\frac{x_n^{(1)}}{\rho_0} \rho \right).$$

$$(11.2.24)$$

为决定系数 A_0、B_0、A_n 和 B_n，把(11.2.24)代入边界条件(11.2.23)，

$$\begin{cases} A_0 + \sum_{n=1}^{\infty} (A_n + B_n) \mathrm{J}_0\left(\dfrac{x_n^{(1)}}{\rho_0}\rho\right) = f_1(\rho), \\ A_0 + B_0 L + \sum_{n=1}^{\infty} \left(A_n e^{x_n^{(1)}L/\rho_0} + B_n e^{-x_n^{(1)}L/\rho_0}\right) \mathrm{J}_0\left(\dfrac{x_n^{(1)}}{\rho_0}\rho\right) = f_2(\rho). \end{cases}$$

把右边的 $f_1(\rho)$ 和 $f_2(\rho)$ 分别展开为傅里叶-贝塞尔级数，然后与左边比较，即得

$$\begin{cases} A_0 = \dfrac{2}{\rho_0^2} \displaystyle\int_0^{\rho_0} f_1(\rho)\rho\,\mathrm{d}\rho \equiv f_{10}, \\ A_0 + B_0 L = \dfrac{2}{\rho_0^2} \displaystyle\int_0^{\rho_0} f_2(\rho)\rho\,\mathrm{d}\rho \equiv f_{20}; \end{cases} \tag{11.2.25}$$

$$\begin{cases} A_n + B_n = \dfrac{2}{\rho_0^2 [\mathrm{J}_0(x_n^{(1)})]^2} \displaystyle\int_0^{\rho_0} f_1(\rho) \mathrm{J}_0\left(\dfrac{x_n^{(1)}}{\rho_0}\rho\right) \rho\,\mathrm{d}\rho \equiv f_{1n}, \\ A_n e^{x_n^{(1)}L/\rho_0} + B_n e^{-x_n^{(1)}L/\rho_0} \\ = \dfrac{2}{\rho_0^2 [\mathrm{J}_0(x_n^{(1)})]^2} \displaystyle\int_0^{\rho_0} f_2(\rho) \mathrm{J}_0\left(\dfrac{x_n^{(1)}}{\rho_0}\rho\right) \rho\,\mathrm{d}\rho \equiv f_{2n}. \end{cases} \tag{11.2.26}$$

$$\begin{cases} A_0 = f_{10}, \\ A_n = \dfrac{f_{1n} e^{-x_n^{(1)}L/\rho_0} - f_{2n}}{e^{-x_n^{(1)}L/\rho_0} - e^{x_n^{(1)}L/\rho_0}}, \end{cases} \quad \begin{cases} B_0 = (f_{20} - f_{10})/L; \\ B_n = \dfrac{f_{1n} e^{x_n^{(1)}L/\rho_0} - f_{2n}}{e^{x_n^{(1)}L/\rho_0} - e^{-x_n^{(1)}L/\rho_0}}. \end{cases} \tag{11.2.27}$$

本例的解即是 (11.2.24)，其中系数由 (11.2.27) 给出.

例5 用匀质材料制作尖劈形细杆，宽度很小，首尾一样，取 x 轴沿杆身，坐标原点在削尖的一端，杆长为 l，粗端是自由的. 已知初始位移为 $f(x)$，初始速度处处为零，求解杆的纵振动.

解 本例虽非圆柱问题，却也用到贝塞尔函数.

尖劈的横截面积 $S(x)$ 随 x 而异. 记粗端的高为 h，则 x 处的高 $y = (h/l)x$. 记尖劈的宽为 ε，则 $S(x) = \varepsilon y = \varepsilon h x/l$.

现在推导这种杆的纵振动方程，设想在杆上截取一小段 B（图 11-2），这小段的两端分别受到 A 段、C 段的拉力 $[ESu_x]_x$、$[ESu_x]_{x+\mathrm{d}x}$，其合力为 $[ESu_x]_{x+\mathrm{d}x} - [ESu_x]_x$，即 $E\dfrac{\partial}{\partial x}[Su_x]\mathrm{d}x$. B 段的质量是 $\rho S\mathrm{d}x$. E 为弹性模量，ρ 为杆的密度. 于是，B 段的运动方程是

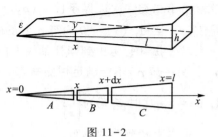

图 11-2

$$(\rho S\mathrm{d}x)u_{tt} = E\frac{\partial}{\partial x}(Su_x)\mathrm{d}x.$$

即

$$\rho\frac{\varepsilon h}{l}xu_{tt} = E\frac{\partial}{\partial x}\left(\frac{\varepsilon h}{l}xu_x\right),$$

这样，本例所研究的定解问题是

$$\begin{cases} u_{tt} - a^2 \dfrac{1}{x} \dfrac{\partial}{\partial x}(x u_x) = 0 \quad (a^2 = E/\rho), & (11.2.28) \\ u_x \big|_{x=l} = 0, \\ u \big|_{t=0} = f(x), \quad u_t \big|_{t=0} = 0. & (11.2.29) \end{cases}$$

在尖端 $x=0$，没有提出边界条件. 下面将会发现在 $x=0$ 有自然的边界条件.

用分离变数法，以

$$u(x,t) = X(x)T(t)$$

代入 (11.2.28) 和 (11.2.29)，可得

$$T'' + k^2 a^2 T = 0, \tag{11.2.30}$$

$$\begin{cases} x^2 X'' + x X' + k^2 x^2 X = 0, & (11.2.31) \\ X'(l) = 0. & (11.2.32) \end{cases}$$

方程 (11.2.31) 是以 kx 为宗量的零阶贝塞尔方程. 它在 $x=0$ 有自然的边界条件，其在 $x=0$ 为有限的解是

$$X(x) = \mathrm{J}_0(kx).$$

代入齐次边界条件 (11.2.32)，有 $\mathrm{J}_0'(kl) = -\mathrm{J}_1(kl) = 0$，得本征值 $k=0$ 和 $k_n = x_n^{(1)}/l\,(n=1,2,\cdots)$. 其中 $x_n^{(1)}$ 是 $\mathrm{J}_0'(x)$ 或 $\mathrm{J}_1(x)$ 的第 n 个正的零点. 因 $\mathrm{J}_1(0) = 0$，可以把本征值 $k=0$ 作为 $\mathrm{J}_1(x)$ 的第 0 个零点，记为 $k_0 = x_0^{(1)}/l = 0$，本征值统一记为

$$k_n = x_n^{(1)}/l \quad (n=0,1,2,\cdots).$$

这样，本征函数是

$$X_n(x) = \mathrm{J}_0\!\left(\frac{x_n^{(1)}}{l} x\right). \tag{11.2.33}$$

本征值 $k_0 = 0$，相应的本征函数 $X_0(x) = \mathrm{J}_0(0) = 1$，这时方程 (11.2.30) 的解为

$$T_0(t) = A_0 + B_0 t;$$

对应本征值 $k_n = x_n^{(1)}/l > 0$，(11.2.30) 的解是

$$T_n(t) = A_n \cos\frac{x_n^{(1)} a}{l} t + B_n \sin\frac{x_n^{(1)} a}{l} t.$$

把本征解叠加起来，

$$u(x,t) = A_0 + B_0 t + \sum_{n=1}^{\infty}\left[A_n \cos\frac{x_n^{(1)} a}{l} t + B_n \sin\frac{x_n^{(1)} a}{l} t \right] \mathrm{J}_0\!\left(\frac{x_n^{(1)}}{l} x\right).$$

为决定系数 A_0、B_0、A_n 和 B_n，将通解代入初始条件 (11.2.29)，

$$\begin{cases} A_0 + \displaystyle\sum_{n=1}^{\infty} A_n \mathrm{J}_0\!\left(\frac{x_n^{(1)}}{l} x\right) = f(x), \\ B_0 + \displaystyle\sum_{n=1}^{\infty} B_n \frac{x_n^{(1)} a}{l} \mathrm{J}_0\!\left(\frac{x_n^{(1)}}{l} x\right) = 0. \end{cases}$$

由第二式知 $B_0 = 0$，$B_n = 0$. 再把第一式右边的 $f(x)$ 展开为傅里叶-贝塞尔级数，然后比较两边系数，

$$\begin{cases} A_0 = \dfrac{2}{l^2} \displaystyle\int_0^l f(x)\,x\,\mathrm{d}x, \\[3mm] A_n = \dfrac{2}{l^2\left[\,\mathrm{J}_0(x_n^{(1)})\,\right]^2} \displaystyle\int_0^l \mathrm{J}_0\!\left(\dfrac{x_n^{(1)}}{l}x\right) f(x)\,x\,\mathrm{d}x. \end{cases} \tag{11.2.34}$$

这样，本例的解是

$$u(x,t) = A_0 + \sum_{n=1}^{\infty} A_n \cos \frac{x_n^{(1)}}{l} at \mathrm{J}_0\!\left(\frac{x_n^{(1)}}{l}x\right),$$

其中系数由(11.2.34)给出.

例6 一圆柱体半径为 ρ_0，高为 L，侧面和下底面温度保持为 u_0，上底面绝热，初始温度为 $u_0 + f_1(\rho)f_2(z)$. 求圆柱体内各处温度 u 的变化情况.

解 采用柱坐标系，极点在下底中心，z 轴沿着圆柱的轴. 定解问题表示为

$$\begin{cases} u_t - a^2\Delta_3 u = 0, \\ u\,\big|_{\rho=\rho_0} = u_0, \ \ u\,\big|_{\rho=0} = \text{有限值}, \\ u\,\big|_{z=0} = u_0, \ \ u_z\,\big|_{z=L} = 0, \\ u\,\big|_{t=0} = u_0 + f_1(\rho)f_2(z). \end{cases}$$

首先把边界条件化为齐次. 为此令

$$u = u_0 + v, \tag{11.2.35}$$

则

$$\begin{cases} v_t - a^2\Delta_3 v = 0, \\ v\,\big|_{\rho=\rho_0} = 0, \ \ v\,\big|_{\rho=0} = \text{有限值}, \tag{11.2.36} \\ v\,\big|_{z=0} = 0, \ \ v_z\,\big|_{z=L} = 0, \tag{11.2.37} \\ v\,\big|_{t=0} = f_1(\rho)f_2(z). \tag{11.2.38} \end{cases}$$

这是圆柱内部的热传导问题，边界条件全是齐次的. 查看 §9.1 末的表. 计及 i)上下底的齐次边界条件，ii)圆柱轴的自然边界条件，iii)问题与 φ 无关，即 $m=0$，查得

$$\mathrm{J}_0(\sqrt{k^2-h^2}\,\rho)\sin hz\,e^{-k^2a^2t}.$$

以此代入边界条件(11.2.37)容易求得本征值 $h^2 = (p+1/2)^2\pi^2/L^2$，其中 p 为非负整数. 又，代入边界条件(11.2.36)容易求得本征值 $k_n^2 - h^2 = (x_n^{(0)}/\rho_0)^2$，其中 $x_n^{(0)}$ 是 $\mathrm{J}_0(x)$ 的第 n 个正的零点.

把以上特解叠加起来，

$$v = \sum_{n=1}^{\infty} \sum_{p=0}^{\infty} A_{np} \exp\left\{-\left[\left(\frac{x_n^{(0)}}{\rho_0}\right)^2 + \frac{\left(p+\frac{1}{2}\right)^2\pi^2}{L^2}\right]a^2 t\right\} \mathrm{J}_0\!\left(\frac{x_n^{(0)}}{\rho_0}\rho\right) \sin\frac{\left(p+\frac{1}{2}\right)\pi}{L}z. \tag{11.2.39}$$

为确定系数 A_{np}，将上式代入初始条件(11.2.38)，

$$\sum_{n=1}^{\infty} \sum_{p=0}^{\infty} A_{np}\mathrm{J}_0\!\left(\frac{x_n^{(0)}}{\rho_0}\rho\right) \sin\frac{\left(p+\frac{1}{2}\right)\pi}{L}z = f_1(\rho)f_2(z).$$

由此可见，应以 $\mathrm{J}_0(x_n^{(0)}\rho/\rho_0)$ 为基而将 $f_1(\rho)$ 展为傅里叶-贝塞尔级数，以 $\sin[(p+1/2)\pi z/L]$ 为基而将 $f_2(z)$ 展为傅里叶级数. 然后比较两边系数，即得

$$A_{np} = \frac{2}{\rho_0^2 [J_1(x_n^{(0)})]^2} \int_0^{\rho_0} f_1(\rho) J_0\left(\frac{x_n^{(0)}}{\rho_0}\rho\right) \rho \,\mathrm{d}\rho \cdot \frac{2}{L} \int_0^L f_2(z) \sin\frac{\left(p+\frac{1}{2}\right)\pi}{L} z \,\mathrm{d}z.$$

将上式代入(11.2.39)，又将(11.2.39)代入(11.2.35)即得本例的解.

（六）母函数，积分表示与加法公式

§3.5 例 5 把 $e^{\frac{1}{2}xz}$ 和 $e^{-\frac{1}{2}x\frac{1}{z}}$ 分别展为绝对收敛级数，逐项相乘而得到(3.5.16)即

$$e^{\frac{1}{2}x\left(z-\frac{1}{z}\right)} = \sum_{m=0}^{\infty}\left[\sum_{n=0}^{\infty}\frac{(-1)^n}{(m+n)!\,n!}\left(\frac{x}{2}\right)^{m+2n}\right]z^m$$

$$+ \sum_{m=-1}^{-\infty}\left[(-1)^m\sum_{n=0}^{\infty}\frac{(-1)^n}{n!\,(|m|+n)!}\left(\frac{x}{2}\right)^{|m|+2n}\right]z^m$$

$$(0<|z|<\infty).$$

上式右边前一个 [ ] 正是 $J_m(x)$，后一个 [ ] 则是 $(-1)^m J_{|m|}(x)$，而这按照(9.3.36)正是 $J_{-|m|}(x)$. 这样

$$e^{\frac{1}{2}x\left(z-\frac{1}{z}\right)} = \sum_{m=-\infty}^{\infty} J_m(x) z^m \quad (0<|z|<\infty). \tag{11.2.40}$$

$e^{\frac{1}{2}x\left(z-\frac{1}{z}\right)}$ 因此叫作整数阶贝塞尔函数的**母函数**. 令 $z=e^{i\zeta}$，(11.2.40)改写成

$$e^{ix\sin\zeta} = \sum_{m=-\infty}^{\infty} J_m(x) e^{im\zeta}. \tag{11.2.41}$$

又令 $\zeta = \psi - \frac{\pi}{2}$，(11.2.41)改写成

$$e^{ix\cos\psi} = \sum_{m=-\infty}^{\infty} (-i)^m J_m(x) e^{im\psi}. \tag{11.2.42}$$

又令 $\psi = \theta + \pi$，(11.2.42)改写成

$$e^{ix\cos\theta} = \sum_{m=-\infty}^{\infty} i^m J_m(x) e^{im\theta}. \tag{11.2.43}$$

(11.2.40)—(11.2.43)是彼此等价的.

把(11.2.40)的右边看作复数形式的傅里叶级数，那么 $J_m(x)$ 就是 $e^{ix\sin\zeta}$ 的傅里叶系数，所以

$$J_m(x) = \frac{1}{2\pi}\int_{-\pi}^{\pi} e^{ix\sin\zeta} e^{-im\zeta}\,\mathrm{d}\zeta = \frac{1}{2\pi}\int_{-\pi}^{\pi} e^{ix\sin\zeta - im\zeta}\,\mathrm{d}\zeta. \tag{11.2.44}$$

被积函数 $e^{ix\sin\zeta - im\zeta} = \cos(x\sin\zeta - m\zeta) + i\sin(x\sin\zeta - m\zeta)$，虚部是 ζ 的奇函数，在区间 $[-\pi, \pi]$ 上积分为零，所以

$$J_m(x) = \frac{1}{2\pi}\int_{-\pi}^{\pi}\cos(x\sin\zeta - m\zeta)\,\mathrm{d}\zeta$$

$$= \frac{1}{2\pi} \int_{-\pi}^{\pi} \cos(m\zeta - x\sin\zeta)\,d\zeta$$

$$= \frac{1}{2\pi} \int_{-\pi}^{\pi} e^{im\zeta - ix\sin\zeta}\,d\zeta. \tag{11.2.45}$$

如用 ψ 和 θ 代替 ζ，则

$$J_m(x) = \frac{(-i)^m}{2\pi} \int_{-\pi}^{\pi} e^{ix\cos\psi + im\psi}\,d\psi, \tag{11.2.46}$$

$$J_m(x) = \frac{i^m}{2\pi} \int_{-\pi}^{\pi} e^{-ix\cos\theta + im\theta}\,d\theta. \tag{11.2.47}$$

(11.2.44)—(11.2.47) 是整数阶贝塞尔函数的**积分表示式**.

现在推导整数阶贝塞尔函数的加法公式. 按照 (11.2.40)，

$$\sum_{m=-\infty}^{\infty} J_m(a+b)z^m = e^{\frac{1}{2}(a+b)\left(z-\frac{1}{z}\right)} = e^{\frac{1}{2}a\left(z-\frac{1}{z}\right)}e^{\frac{1}{2}b\left(z-\frac{1}{z}\right)}.$$

对右边两个因子分别应用 (11.2.40)，

$$\sum_{m=-\infty}^{\infty} J_m(a+b)z^m = \sum_{k=-\infty}^{\infty} J_k(a)z^k \sum_{n=-\infty}^{\infty} J_n(b)z^n.$$

比较两边的 z^m 的系数，即得**加法公式**

$$J_m(a+b) = \sum_{k=-\infty}^{\infty} J_k(a)J_{m-k}(b). \tag{11.2.48}$$

（七）诺伊曼函数

图 11-3 描画了 $N_0(x)$ 和 $N_1(x)$ 的图像. 明显可见，当 $x \to 0$，$N_0(x)$ 和 $N_1(x) \to -\infty$. 其实，所有的诺伊曼函数都有此性质：当 $x \to 0$，$N_\nu(x) \to \pm\infty$.

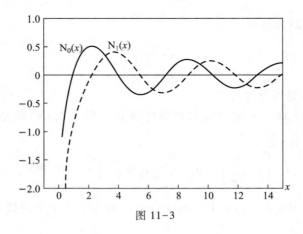

图 11-3

前面，研究圆柱内部问题时，圆柱轴 $(x = \sqrt{\mu}\,\rho = 0)$ 上的自然边界条件排除了诺伊曼函数. 但如果研究的是空心圆柱之类的区域，并不涉及 $\rho = 0$ 的自然边界条件，那就不能排除诺伊曼

函数.

例7 匀质空心长圆柱体, 内外半径分别为 ρ_1 和 ρ_2. 初始温度分布是 $f(\rho)$, 放入温度为 U_0 的烘箱里进行保温. 设圆柱内外表面的温度均保持为 U_0. 求解柱内各处温度 u 的变化情况.

解 对于长柱, 可以认为每个横剖面上情况相同, 只要研究一个横剖面即可, 从而三维问题简化为二维问题. 在剖面上采用平面极坐标系. 极点在柱轴上, 则定解问题是

$$\begin{cases} u_t - a^2 \Delta_2 u = 0, \\ u \mid_{\rho=\rho_1} = U_0, \quad u \mid_{\rho=\rho_2} = U_0, \\ u \mid_{t=0} = f(\rho). \end{cases}$$

首先移动温标的零点, 使边界条件化为齐次,

$$u = U_0 + v, \tag{11.2.49}$$

$$\begin{cases} v_t - a^2 \Delta_2 v = 0, \\ v \mid_{\rho=\rho_1} = 0, \quad v \mid_{\rho=\rho_2} = 0, \tag{11.2.50} \\ v \mid_{t=0} = f(\rho) - U_0. \tag{11.2.51} \end{cases}$$

查看 §9.1 末的表. 平面极坐标系不过是缺少 z 轴的柱坐标系, 因此不考虑表中的 $Z(z)$. 计及问题与 φ 无关即 $m=0$, 查得

$$\left[A J_0(k\rho) + B N_0(k\rho) \right] e^{-k^2 a^2 t}.$$

以此代入边界条件 (11.2.50),

$$\begin{cases} A J_0(k\rho_1) + B N_0(k\rho_1) = 0, \\ A J_0(k\rho_2) + B N_0(k\rho_2) = 0. \end{cases}$$

这个齐次线性代数方程组具有非零解的条件是系数行列式等于零, 即

$$J_0(k\rho_1) N_0(k\rho_2) - J_0(k\rho_2) N_0(k\rho_1) = 0.$$

这个方程的根 k_n 可从一些数学用表查出, 本书附录八也有一个简单的表. 将 k_n 代回原来的代数方程组, 可求得相应的 A_n 与 B_n 的比值

$$\frac{B_n}{A_n} = -\frac{J_0(k_n\rho_1)}{N_0(k_n\rho_1)}.$$

将以上本征解叠加起来,

$$v(\rho, t) = \sum_{n=1}^{\infty} C_n \left[N_0(k_n\rho_1) J_0(k_n\rho) - J_0(k_n\rho_1) N_0(k_n\rho) \right] e^{-k_n^2 a^2 t}, \tag{11.2.52}$$

其中 $C_n = A_n / N_0(k_n\rho_1)$ 是尚待确定的系数. 为确定 C_n, 以 (11.2.52) 代入初始条件 (11.2.51),

$$\sum_{n=1}^{\infty} C_n \left[N_0(k_n\rho_1) J_0(k_n\rho) - J_0(k_n\rho_1) N_0(k_n\rho) \right] = f(\rho) - U_0.$$

以 $\left[N_0(k_n\rho_1) J_0(k_n\rho) - J_0(k_n\rho_1) N_0(k_n\rho) \right]$ 为基, 将上式右端的 $f(\rho) - U_0$ 展开, 比较两边系数就可定出 C_n.

这样，本例的解是(11.2.49)，其中的 v 由(11.2.52)给出.

（八）　汉克尔函数

§9.1 末的表指出，波动方程在柱坐标系中的分离变数形式的解是

$$\left\{\begin{matrix} J_m\left(\sqrt{k^2-h^2}\rho\right) \\ N_m\left(\sqrt{k^2-h^2}\rho\right) \end{matrix}\right\} \text{或} \left\{\begin{matrix} H_m^{(1)}\left(\sqrt{k^2-h^2}\rho\right) \\ H_m^{(2)}\left(\sqrt{k^2-h^2}\rho\right) \end{matrix}\right\} \left\{\begin{matrix} \cos m\varphi \\ \sin m\varphi \end{matrix}\right\} \left\{\begin{matrix} \cos hz \\ \sin hz \end{matrix}\right\} \left\{\begin{matrix} e^{ikat} \\ e^{-ikat} \end{matrix}\right\}.$$

这里已将 $\cos kat$ 和 $\sin kat$ 重新组合为 e^{ikat} 和 e^{-ikat}.

现在考察这个分离变数解在大 ρ 处的行为. 为确定起见，取时间因子为 e^{-ikat}. 为简便起见，下面将省略不写有关 φ 和 z 的因子. 引用(11.1.5)知道，对于大的 ρ，

$$H_m^{(1)}\left(\sqrt{k^2-h^2}\rho\right)e^{-ikat} \sim \sqrt{\frac{2}{\pi\sqrt{k^2-h^2}\rho}}\,e^{i\left(\sqrt{k^2-h^2}\rho-kat-m\pi/2-\pi/4\right)},$$

$$H_m^{(2)}\left(\sqrt{k^2-h^2}\rho\right)e^{-ikat} \sim \sqrt{\frac{2}{\pi\sqrt{k^2-h^2}\rho}}\,e^{-i\left(\sqrt{k^2-h^2}\rho+kat-m\pi/2-\pi/4\right)},$$

$$J_m\left(\sqrt{k^2-h^2}\rho\right)e^{-ikat} \sim \sqrt{\frac{2}{\pi\sqrt{k^2-h^2}\rho}}\cos\left(\sqrt{k^2-h^2}\rho-m\pi/2-\pi/4\right)e^{-ikat},$$

$$N_m\left(\sqrt{k^2-h^2}\rho\right)e^{-ikat} \sim \sqrt{\frac{2}{\pi\sqrt{k^2-h^2}\rho}}\sin\left(\sqrt{k^2-h^2}\rho-m\pi/2-\pi/4\right)e^{-ikat}.$$

参照 §7.4 关于(7.4.5)的物理解释，第一式是朝 $+\rho$ 方向传播的波，亦即向外**发散**的波；第二式是朝 $-\rho$ 方向传播的波，亦即向内**会聚**的波；第三和第四式的变数 ρ 和 t 是分离的，它们是**驻波**.

如果改取时间因子为 e^{ikat}，则 $H_m^{(1)}$ 对应于会聚波，$H_m^{(2)}$ 对应于发散波，J_m 和 N_m 仍对应于驻波.

这样，研究波发射问题，用汉克尔函数比较方便.

例 8　半径为 ρ_0 的长圆柱面，其径向速度分布为

$$v = v_0\cos \omega t.$$

试求解这柱面所发射的恒定声振动的速度势 u，设 ρ_0 远小于声波的波长 λ.

解　本例正是 §7.2（一）所说的没有初始条件的问题.

这里研究的速度势 u 满足二维波动方程. 在横剖面上取平面极坐标系，极点在柱轴上，则定解问题是

$$\begin{cases} u_{tt} - a^2\Delta_2 u = 0, \\ u_\rho\,\big|_{\rho=\rho_0} = v_0 e^{-i\omega t}. \end{cases} \tag{11.2.53}$$

为计算方便，边界条件里的 $\cos \omega t$ 即 $\mathrm{Re}(e^{-i\omega t})$ 写成了 $e^{-i\omega t}$. 这就要求约定在计算的最后结果中也应取其实部. 这是圆柱面以固定圆频率 ω 发射恒定声振动的问题.

查看 §9.1 末的表. 二维问题无需考虑 $Z(z)$，计及 i)问题与 φ 无关，即 $m=0$，ii)边界条件(11.2.53)的时间因子 $e^{-i\omega t}$，查得二维波动问题可能的恒定解为

$$\left\{\begin{matrix} H_0^{(1)}(k\rho) \\ H_0^{(2)}(k\rho) \end{matrix}\right\} e^{-ikat},$$

且 $ka=\omega$，即 $k=\omega/a$. 从而 $k=\omega/a=2\pi f/f\lambda=2\pi/\lambda$. 其中声波传播速度 $a=f\lambda$.（f 为声波频率，λ 为声波波长.）

考虑到这是声波发射问题，已知时间函数为 $e^{-i\omega t}$，因此只应取 $H_0^{(1)}(k\rho)$，而舍弃 $H_0^{(2)}(k\rho)$. 本例的 k 只有 ω/a 这个唯一的值，所以无需叠加，

$$u(\rho,t)=A H_0^{(1)}\left(\frac{\omega}{a}\rho\right) e^{-i\omega t}. \tag{11.2.54}$$

其中 A 为常数，为确定 A，把（11.2.54）代入边界条件（11.2.53），

$$A\left[\frac{\partial}{\partial\rho} H_0^{(1)}\left(\frac{\omega}{a}\rho\right)\right]_{\rho=\rho_0}=v_0.$$

因 $\rho_0\ll\lambda=2\pi/k=2\pi a/\omega$，即 $(\omega/a)\rho_0$ 很小. 因而可以引用（9.3.41）和（9.3.42），

$$A\left[\frac{\partial}{\partial\rho}\left(1+i\frac{2}{\pi}\ln\frac{\omega\rho}{2a}+iC\right)\right]_{\rho=\rho_0}=v_0,$$

即

$$iA\frac{2}{\pi\rho_0}=v_0.$$

由此，$A=-i\pi v_0\rho_0/2$，于是得答案

$$u(\rho,t)=-i\frac{\pi v_0\rho_0}{2} H_0^{(1)}\left(\frac{\omega}{a}\rho\right) e^{-i\omega t}.$$

在远场区即 ρ 大的地方，用渐近公式（11.1.5），

$$u(\rho,t)\sim -iv_0\rho_0\sqrt{\frac{\pi a}{2\omega\rho}} e^{i\left(\frac{\omega}{a}\rho-\omega t-\frac{\pi}{4}\right)}.$$

按约定取实部

$$u(\rho,t)\sim v_0\rho_0\sqrt{\frac{\pi a}{2\omega\rho}}\sin\left(\frac{\omega}{a}\rho-\omega t-\frac{\pi}{4}\right).$$

这是振幅按 $1/\sqrt{\rho}$ 减小的柱面波.

习　　题

1. 证明：（1）对于整数 n，证明 $|J_n(z)|\leqslant\dfrac{1}{n!}\left(\dfrac{|z|}{2}\right)^2 e^{\left(\frac{|z|}{2}\right)^2}$，且 $\lim\limits_{n\to\infty} J_n(z)=0$；

（2）$\dfrac{d}{dz}\left(\dfrac{J_{-\nu}(z)}{J_\nu(z)}\right)=\dfrac{\sin\nu\pi}{\pi z[J_\nu(z)]^2}$，当且仅当 ν 为整数，$J_\nu(z)$ 和 $J_{-\nu}(z)$ 线性相关.

2. 计算不定积分 $\int J_3(x)\,dx$.

3. 在区间 $[0,1]$ 上，第一类齐次边界条件下，用零阶贝塞尔函数把 $f(x)=1$ 展开为傅里叶-贝塞尔级数.

4. 半径为 ρ_0、高为 L 的圆柱体，下底和侧面保持零度，上底温度分布为 $f(\rho)=\rho^2$，求柱体内各点的恒定温度分布.

5. 半径为 ρ_0 而高为 L 的圆柱体，下底温度分布为 $u_0\rho^2$，上底温度保持为 u_1，侧面绝热，求柱体内的恒定温度分布.

6. 圆柱体半径为 ρ_0，而高为 L，上底有均匀分布的强度为 q_0 的热流进入，下底则有同样的热流流出，柱侧保持温度为零度，求柱体内的恒定温度分布.

7. 半径为 ρ_0 的圆形膜，边缘固定，初始形状是旋转抛物面 $u\,\big|_{t=0}=(1-\rho^2/\rho_0^2)\,u_0$，初始速度为零，求解膜的振动情况.

8. 半径为 ρ_0 的半圆形膜，边缘固定，求其本征频率和本征振动.

9. 求长圆柱形轴块的临界半径. （"临界"一词的意义见 §8.1 习题8.）

10. 把温度为室温 u_0 的样品放入温度为 U_0 的烘炉内保温，但是，样品里的温度不可能立刻就转变为 U_0，它与 U_0 之差随着时间而衰减，今约定把这差值降到初始值的 $1/e$ 之时作为保温开始时间，试计算圆柱形样品放入烘炉多长时间才可计算保温时间.

11. 匀质圆柱，半径 ρ_0、高 L，上下底面固定，侧面自由，初始位移为零，初始速度为 $u_0\rho^2 z$，求柱内各处的振动情况.

12. 半径为 ρ_0 的圆形膜，边缘固定，每单位质量上的作用力为 $F=A\sin\omega t$. 求解膜的振动情况.

13. 匀质圆柱，半径 ρ_0、高 L，试求解圆柱内部的热传导问题.

$$
\begin{cases}
u_t-a^2\Delta u=0,\\[4pt]
u\,\big|_{\rho=\rho_0}=u_1 z^2,\quad u\,\big|_{\rho=0}=\text{有限值},\\[4pt]
u\,\big|_{z=0}=0,\quad \dfrac{\partial u}{\partial z}\,\big|_{z=L}=2Lu_1,\\[4pt]
u\,\big|_{t=0}=u_0.
\end{cases}
$$

其中 u_0、u_1 为常数.

14. 环形膜，内、外半径分别是 ρ_1 和 ρ_2. 内外边缘都保持固定，试求它的本征振动和本征频率.

15. 半径为 ρ_0 的长圆柱面，其径向速度分布为

$$v=v_0\cos\varphi\cos\omega t.$$

试求解这个长圆柱面在空气中辐射出去的声场中的速度势. 设 ρ_0 远小于声波波长.

16. 半径为 ρ_0 的长圆柱面上一条母线作谐振动，即柱面径向速度为 $v=v_0\delta(\varphi-\varphi_0)\cos\omega t$. 试求解这个长圆柱在空气中辐射出去的声场中的速度势，设 $\rho_0\ll\lambda$（声波波长）.

17. 在半径为 ρ_0 的圆盘区域内部求解热传导方程定解问题：

$$
\begin{cases}
u_t-a^2\Delta u=0,\\[4pt]
u\,\big|_{\rho=\rho_0}=0,\\[4pt]
u\,\big|_{t=0}=u_0\sin\dfrac{\pi\rho}{\rho_0}.
\end{cases}
$$

18. 已知半径为 ρ_0 的圆盘，其边界自由，初始位移为 $A_0\rho\cos\varphi$，由静止状态释放. 试求解圆盘内部振动方程 $u_{tt}-a^2\Delta u=0$ 的定解问题.

*§11.3　柱函数的渐近公式

（一）索末菲积分

索末菲把柱函数表示为路积分，这种路积分表示式就叫作**索末菲积分**.

很容易验证，

$$e^{i(ax+by)}\,(a^2+b^2=k^2)$$

是二维亥姆霍兹方程 $v_{xx}+v_{yy}+k^2v=0$ 的特解. 从直角坐标系 (x,y) 变换到平面极坐标系 (ρ,φ)，同时把 a 和 b 改记作

$$a=k\cos a, \quad b=k\sin a.$$

则上述特解

$$e^{i(ax+by)}=e^{ik\rho(\cos a\cos \varphi+\sin a\sin \varphi)}=e^{ik\rho\cos(a-\varphi)}.$$

为便于跟前面有关各节相比较，把 $k\rho$ 记作 x（注意这 x 并不是直角坐标，它只是代表 $k\rho$ 的一个记号）. 于是，上述特解表示为

$$e^{ix\cos(a-\varphi)}. \tag{11.3.1}$$

作 (11.3.1) 的线性叠加，

$$v=\int_\beta^\gamma A(\alpha)\,e^{ix\cos(\alpha-\varphi)}\,\mathrm{d}\alpha,$$

这当然仍是二维亥姆霍兹方程 $\Delta_2 v+k^2 v=0$ 的解. 参考 (11.2.44)—(11.2.47) 取 $A(\alpha)=a_\nu e^{i\nu a}$，

$$v=a_\nu\int_\beta^\gamma e^{i\nu a+ix\cos(\alpha-\varphi)}\,\mathrm{d}\alpha.$$

鉴于 (11.2.46)，令 $\psi=\alpha-\varphi$，则

$$v=a_\nu e^{i\nu\varphi}\int_{\beta-\varphi}^{\gamma-\varphi} e^{i\nu\psi+ix\cos \psi}\,\mathrm{d}\psi.$$

一般说来，(11.2.45) 比 (11.2.46) 较为常用，再令 $\zeta=\psi-\dfrac{\pi}{2}$，则

$$v=a_\nu e^{i\nu\varphi}e^{i\nu\frac{\pi}{2}}\int_{\beta-\varphi-\frac{\pi}{2}}^{\gamma-\varphi-\frac{\pi}{2}} e^{i\nu\zeta-ix\sin \zeta}\,\mathrm{d}\zeta$$

$$=a_\nu i^\nu e^{i\nu\varphi}\int_{\beta-\varphi-\frac{\pi}{2}}^{\gamma-\varphi-\frac{\pi}{2}} e^{i\nu\zeta-ix\sin \zeta}\,\mathrm{d}\zeta. \tag{11.3.2}$$

(11.3.2) 作为二维亥姆霍兹方程的解，如果积分上下限跟 φ 无关，就是说，如果极坐标 ρ（注意 x 就是 $k\rho$）和 φ 分离在不同的因子里，那么它的径向因子（即积分式）应当就是贝塞尔方程的解即柱函数，这是 §9.1 关于亥姆霍兹方程的分离变数过程已经表明的. 可是，(11.3.2) 的积分上下限是含有 φ 的. 要使积分上下限跟 φ 无关，必须把上下限取为某种无限大. 这样一来，又需要考虑积分的上下限趋于 ∞ 时积分是否收敛. 为此，试考察当 $\zeta=\xi+i\eta\to\infty$ 时，被积函数的模怎样变化.

$$\left|e^{i\nu\zeta-ix\sin \zeta}\right|=\left|e^{\mathrm{Re}(i\nu\zeta-ix\sin \zeta)+i\mathrm{Im}(i\nu\zeta-ix\sin \zeta)}\right|=e^{\mathrm{Re}(i\nu\zeta-ix\sin \zeta)},$$

$$\mathrm{Re}(i\nu\zeta-ix\sin \zeta)=\mathrm{Re}(i\nu\zeta)-\mathrm{Re}(ix\sin \zeta)$$

$$=\mathrm{Re}(i\nu\zeta-\nu\eta)-\mathrm{Re}\left[\frac{x}{2}(e^{-i\zeta}-e^{-i\zeta})\right]$$

$$=-\nu\eta+\frac{x}{2}(e^\eta-e^{-\eta})\cos \zeta. \tag{11.3.3}$$

(11.3.3) 的第一项是 η 的一次幂，第二项是 η 的指数函数. 当 η 增大时，指数函数的增大远比幂函数来得快，所以第二项远比第一项重要.（如果 $x=0$, 第二项根本不存在，那就另当别论了.）参看图 11-4，如 ξ 在划线区域中趋于 ∞，则 (11.3.3) 的第二项趋于 $+\infty$，被积函数的模趋于 $e^{+\infty}$，积分发散. 如 ζ 在未划线区域中趋于 ∞，则 (11.3.3) 的第二项趋于 $-\infty$，被积函数的模迅速地趋于 $e^{-\infty}$ 即 0，积分收敛.

到这里，我们得到结论：路积分

$$a\nu\int_l e^{i\nu\zeta-ix\sin \zeta}\,\mathrm{d}\zeta \tag{11.3.4}$$

的积分路径 l 的两端在未划线区域中趋于无限远点，则 (11.3.4) 收敛. 它不再跟 φ 有关，如前所指出，它应当就是柱函数.

取积分路径为图 11-4 的 W_0，取常数 a_ν 为 $1/2\pi$，可以证明这个柱函数是 ν 阶贝塞尔函数 $J_\nu(x)$，

$$J_\nu(x) = \frac{1}{2\pi}\int_{W_0} e^{i\nu\zeta - ix\sin\zeta}\,d\zeta. \tag{11.3.5}$$

事实上，对于 $x=0$，当 ζ 趋于 W_0 两端的时候，（11.3.5）的被积函数的模

$$|e^{i\nu\zeta}| = e^{-\nu\eta} \to e^{-\infty} = 0,$$

积分收敛. 既然（11.3.5）是柱函数而且在 $x=0$ 是有限的，它只能就是贝塞尔函数.

如果 ν 是整数 m，还可以具体验证（11.3.5）确是贝塞尔函数. 被积函数在有限远点是解析的，根据柯西定理，积分路径 W_0 可以变形为图 11-5 的折线 $=\pi+i\infty \to -\pi \to +\pi \to +\pi+i\infty$，

$$J_m(x) = \frac{1}{2\pi}\int_{-\pi+i\infty}^{-\pi} e^{im\zeta - ix\sin\zeta}\,d\zeta + \frac{1}{2\pi}\int_{-\pi}^{\pi} e^{im\zeta - ix\sin\zeta}\,d\zeta$$

$$+ \frac{1}{2\pi}\int_{\pi}^{\pi+i\infty} e^{im\zeta - ix\sin\zeta}\,d\zeta.$$

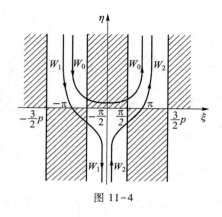

图 11-4

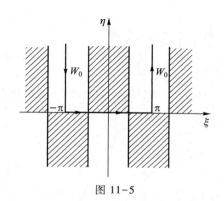

图 11-5

在右边第一个积分中，令 $\zeta = z - 2\pi$，则

$$J_m(x) = \frac{1}{2\pi}\int_{\pi+i\infty}^{\pi} e^{im2\pi} e^{imz - ix\sin z}\,dz + \frac{1}{2\pi}\int_{-\pi}^{\pi} e^{im\zeta - ix\sin\zeta}\,d\zeta + \frac{1}{2\pi}\int_{\pi}^{\pi+i\infty} e^{im\zeta - ix\sin\zeta}\,d\zeta.$$

既然 m 是整数，$e^{im2x} = 1^m = 1$，所以右边第一项跟第三项互相消去，

$$J_m(x) = \frac{1}{2\pi}\int_{-\pi}^{\pi} e^{im\zeta - ix\sin\zeta}\,d\zeta.$$

这正是贝塞尔函数的积分表示式（11.2.45）.

又取积分路径为的 W_1 或 W_2，取常数 a_ν 为 $1/\pi$，暂且把这两个柱函数记作 $H_\nu^{(1)}(x)$ 和 $H_\nu^{(2)}(x)$.

$$\begin{cases} H_\nu^{(1)}(x) = \dfrac{1}{\pi}\displaystyle\int_{W_1} e^{i\nu\zeta - ix\sin\zeta}\,d\zeta, \\[3mm] H_\nu^{(2)}(x) = \dfrac{1}{\pi}\displaystyle\int_{W_2} e^{i\nu\zeta - ix\sin\zeta}\,d\zeta. \end{cases} \tag{11.3.6}$$

（11.3.6）是两个线性独立的 ν 阶柱函数，凡是 ν 阶柱函数都可表为它们的线性组合. 例如

$$J_\nu(x) = \frac{1}{2\pi}\int_{W_0} e^{i\nu\zeta - ix\sin\zeta}\,d\zeta = \frac{1}{2\pi}\int_{W_1+W_2} e^{i\nu\zeta - ix\sin\zeta}\,d\zeta$$

$$= \frac{1}{2}\left[H_\nu^{(1)}(x) + H_\nu^{(2)}(x) \right]. \tag{11.3.7}$$

如 ν 不是整数，$J_\nu(x)$ 和 $J_{-\nu}(x)$ 是两个线性独立 ν 阶柱函数，其他的 ν 阶柱函数都可以表示为它们的线性组合，现在

$$J_{-\nu}(x) = \frac{1}{2\pi}\int_{W_0} e^{-i\nu\zeta - ix\sin\zeta}\,d\zeta.$$

令 $\zeta = -\zeta'$，则

$$J_{-\nu}(x) = \frac{-1}{2\pi}\int_{-W_0} e^{i\nu\zeta + ix\sin\zeta'}\,d\zeta'.$$

为了把积分路径移入未划线区域，要使积分路径 $-W_0$ 向左移动 π（图 11-6）.

为此，又令 $\zeta' = \zeta + \pi$，则

$$\begin{aligned}J_{-\nu}(x) &= -\frac{1}{2\pi}\int_{W'_0} e^{i\nu(\zeta+\pi) + ix\sin(\zeta+\pi)}\,d\zeta\\&= -\frac{e^{i\nu x}}{2\pi}\int_{W'_0} e^{i\nu\zeta - ix\sin\zeta}\,d\zeta.\end{aligned} \qquad (11.3.8)$$

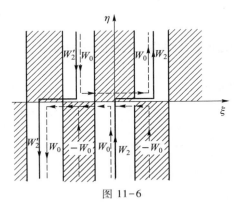

图 11-6

由（11.3.5）和（11.3.8）得

$$\begin{aligned}J_\nu(x) - e^{-i\nu\pi}J_{-\nu}(x) &= \frac{1}{2\pi}\int_{W_0 + W'_0} e^{i\nu\zeta - ix\sin\zeta}\,d\zeta\\&= \frac{1}{2\pi}\int_{W_2 + W'_2} e^{i\nu\zeta - ix\sin\zeta}\,d\zeta\\&= \frac{1}{2}H_\nu^{(2)}(x) + \frac{1}{2\pi}\int_{W'_2} e^{i\nu\zeta - ix\sin\zeta}\,d\zeta.\end{aligned}$$

在上式右边第二个积分中，做积分变数变换 $\zeta = z - 2\pi$，并注意到积分路径由 W'_2 换成 W_2 时，它们方向相反，积分要加一负号，则

$$\begin{aligned}&J_\nu(x) - e^{-i\nu\pi}J_{-\nu}(x)\\&= \frac{1}{2}H_\nu^{(2)}(x) - \frac{1}{2\pi}\int_{W_2} e^{-i2\nu\pi} e^{i\nu z - ix\sin z}\,dz.\\&= \frac{1}{2}(1 - e^{-i2\nu\pi})H_\nu^2(x) = e^{-i\nu\pi}i\sin\nu\pi H_\nu^{(2)}(x),\end{aligned}$$

即

$$H_\nu^{(2)}(x) = \frac{e^{i\nu\pi}J_\nu(x) - J_{-\nu}(x)}{i\sin\nu\pi}. \qquad (11.3.9)$$

把上式代入（11.3.7）又得

$$H_\nu^{(1)}(x) = \frac{e^{-i\nu\pi}J_\nu(x) - J_{-\nu}(x)}{-i\sin\nu\pi}. \qquad (11.3.10)$$

把柱函数 $\frac{1}{2i}[H_\nu^{(1)}(x) - H_\nu^{(2)}(x)]$. 暂且记作 $N_\nu(x)$，

$$N_\nu(x) = \frac{1}{2i}[H_\nu^{(1)}(x) - H_\nu^{(2)}(x)]. \qquad (11.3.11)$$

关系式（11.3.7）和（11.3.11）等价于

$$\begin{cases}H_\nu^{(1)}(x) = J_\nu(x) + iN_\nu(x),\\H_\nu^{(2)}(x) = J_\nu(x) - iN_\nu(x).\end{cases} \qquad (11.3.12)$$

把（11.3.9）和（11.3.10）代入（11.3.11）

$$N_\nu(x) = \frac{J_\nu(x)\cos\nu\pi - J_{-\nu}(x)}{\nu\sin\nu\pi},\tag{11.3.13}$$

这正是诺伊曼函数 $N_\nu(x)$ 的原先的定义 (9.3.24)，因此，用 (11.3.6) 和 (11.3.11) 来标记 $H_\nu^{(1)}(x)$，$H_\nu^{(2)}(x)$ 和 $N_\nu(x)$ 用得完全正当.

(11.3.5) 和 (11.3.6) 就是索末菲积分.

（二）渐近公式

从索末菲积分出发，运用鞍点法（最速下降法），不难导出柱函数对于大 x 的近似式，即所谓**渐近公式**.

以 $H_\nu^{(1)}(x)$ 为例，

$$H_\nu^{(1)}(x) = \frac{1}{\pi}\int_{W_1} e^{i\nu\zeta - ix\sin\zeta}\,d\zeta.$$

前已指出，被积函数的模的大小取决于指数

$$i\nu\zeta - ix\sin\zeta\tag{11.3.14}$$

的实部

$$\mathrm{Re}(i\nu\zeta - ix\sin\zeta) = -\nu\eta + \frac{x}{2}(e^\eta - e^{-\eta})\cos\xi,\tag{11.3.15}$$

其中 $\frac{\pi}{2}(e^\eta + e^{-\eta})\cos\xi$ 尤为重要. 对于大的 x 决定被积函数的模的 (11.3.15) 式在图 11-4—图 11-6 的画线区域具有很大的正值，在未划线区域具有负值，其绝对值很大. 图 11-7 是 (11.3.15) 的"地形图". 点 $\xi = -\frac{\pi}{2}$，$\eta = 0$ 的两侧是高峰，前后是低谷，因而叫作**鞍点**.

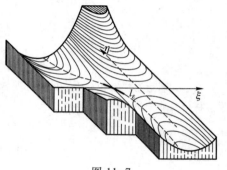

图 11-7

把积分路径 W_1 变形，使之通过鞍点. 在积分路径上，被积函数的模在鞍点最大，在鞍点前后则迅速减小，因而积分的值主要来自鞍点附近的一段路程 l_e，适当选取 l_e 的方向使被积函数的模在鞍点前后减小得最快，那自然最理想. 为此，需要研究 (11.3.15) 的主要部分 $\frac{x}{2}(e^\eta - e^{-\eta})\cos\xi$ 在 l_e 上的变化情况. 近似地把 l_e 当作直线段，其辐角为 θ. 把 l_e 上的点 ξ 与鞍点的距离记作 s，则 ζ 应表示为

$$\zeta = -\frac{\pi}{2} + se^{i\theta}, \qquad \text{即} \begin{cases} \xi = -\dfrac{\pi}{2} + s\cos\theta, \\[2mm] \eta = s\sin\theta. \end{cases}$$

于是，

$$\frac{x}{2}(e^\eta - e^{-\eta})\cos\xi = \frac{x}{2}(e^{s\sin\theta} - e^{-s\sin\theta})\cos\left(-\frac{\pi}{2} + s\cos\theta\right)$$

$$= \frac{x}{2}(e^{s\sin\theta} - e^{-s\sin\theta})\sin(s\cos\theta)$$

$$= \frac{x}{2}\left[1 + \frac{s\sin\theta}{1!} + \cdots - \left(1 - \frac{s\sin\theta}{1!} + \cdots\right)\right]$$

$$\times\left(s\cos\theta - \frac{s^3\cos^3\theta}{3!} + \cdots\right) \sim \frac{x}{2}(2s\sin\theta)(2s\cos\theta)$$

$$= \frac{x}{2}s^2\sin 2\theta.\tag{11.3.16}$$

上式沿路径的变化率

$$\frac{\mathrm{d}}{\mathrm{d}s}\left(\frac{x}{2}s^2\sin 2\theta\right)=xs\sin 2\theta.$$

于 $2\theta=-\dfrac{\pi}{2}$，即 $\theta=-\dfrac{\pi}{4}$，变化率取负值，且绝对值最大.

这样说来，积分的值主要来自通过鞍点而与 ξ 轴成 $-45°$ 的短线段 l_ε 上的积分，

$$\mathrm{H}_\nu^{(1)}(x)\sim\frac{1}{\pi}\int_{l_\varepsilon}\mathrm{e}^{\mathrm{i}\nu\zeta-\mathrm{i}xs\sin\zeta}\mathrm{d}\zeta.$$

上面已算出 $(11.3.14)$ 的实部 $(11.3.15)$ 的主要部分在 l_ε 上为 $(11.3.16)$ 即 $\dfrac{1}{2}xs^2\sin 2\theta$. 至于 $(11.3.14)$ 的虚部的主要部分 $-\dfrac{x}{2}(\mathrm{e}^\eta+\mathrm{e}^{-\eta})\sin\xi$ 在 l_ε 上同样可以算出为 $x\left(1-\dfrac{1}{2}s^2\cos 2\theta\right)$. 因此，

$$\mathrm{H}_\nu^{(1)}(x)\sim\frac{1}{\pi}\int_{-\varepsilon}^\varepsilon\mathrm{e}^{\mathrm{i}\nu\left(-\frac{\pi}{2}\right)+\frac{1}{2}xs^2\sin\left(-\frac{\pi}{2}\right)+\mathrm{i}x\left(1-\frac{1}{2}s^2\cos\frac{\pi}{2}\right)}\mathrm{e}^{\mathrm{i}\theta}\mathrm{d}s$$

$$=\frac{1}{\pi}\int_{-\varepsilon}^\varepsilon\mathrm{e}^{\mathrm{i}\nu\left(-\frac{\pi}{2}\right)-\frac{1}{2}xs^2+\mathrm{i}x}\mathrm{e}^{-\mathrm{i}\frac{\pi}{4}}\mathrm{d}s$$

$$=\frac{1}{\pi}\mathrm{e}^{\mathrm{i}\left(-\nu\frac{\pi}{2}+x-\frac{\pi}{4}\right)}\int_{-\varepsilon}^\varepsilon\mathrm{e}^{-\frac{x}{2}s^2}\mathrm{d}s.$$

引用 $t=s\sqrt{x/2}$ 作为积分变量，得到 $\mathrm{H}_\nu^{(1)}(x)$ 的**渐近公式**

$$\mathrm{H}_\nu^{(1)}(x)\sim\frac{1}{\pi}\mathrm{e}^{\mathrm{i}\left(x-\frac{\pi}{2}\nu-\frac{\pi}{4}\right)}\sqrt{\frac{2}{x}}\int_{-s\sqrt{x/2}}^{+s\sqrt{x/2}}\mathrm{e}^{-t^2}\mathrm{d}t$$

$$\approx\frac{1}{\pi}\sqrt{\frac{2}{x}}\mathrm{e}^{\mathrm{i}\left(x-\frac{\pi}{2}\nu-\frac{\pi}{4}\right)}\int_{-\infty}^\infty\mathrm{e}^{-t^2}\mathrm{d}t$$

$$=\frac{1}{\pi}\sqrt{\frac{2}{x}}\mathrm{e}^{\mathrm{i}\left(x-\frac{\pi}{2}\nu-\frac{\pi}{4}\right)}\sqrt{\pi}$$

$$=\sqrt{\frac{2}{\pi x}}\mathrm{e}^{\mathrm{i}\left(x-\frac{\pi}{2}\nu-\frac{\pi}{4}\right)}.\tag{11.3.17}$$

同理可得 $\mathrm{H}_\nu^{(2)}(x)$ 的**渐近公式**

$$\mathrm{H}_\nu^{(2)}(x)\sim\sqrt{\frac{2}{\pi x}}\mathrm{e}^{-\mathrm{i}\left(x-\frac{\pi}{2}\nu-\frac{\pi}{4}\right)}.\tag{11.3.18}$$

把以上两式代入 $(11.3.7)$ 和 $(11.3.11)$ 即得 $\mathrm{J}_\nu(x)$ 和 $\mathrm{N}_\nu(x)$ 的**渐近公式**

$$\mathrm{J}_\nu(x)\sim\sqrt{\frac{2}{\pi x}}\cos\left(x-\frac{\pi}{2}\nu-\frac{\pi}{4}\right),\tag{11.3.19}$$

$$\mathrm{N}_\nu(x)\sim\sqrt{\frac{2}{\pi x}}\sin\left(x-\frac{\pi}{2}\nu-\frac{\pi}{4}\right).\tag{11.3.20}$$

§ 11.4　虚宗量贝塞尔方程

§ 11.2 所研究的圆柱状区域的拉普拉斯方程定解问题都是柱侧面有齐次边界条件的. 对于那些问题，只要考虑 § 9.1 末的表中的 $\mu\geq 0$ 的分离变数解. 但如果圆柱上下底面具有齐次边界

条件，而侧面为非齐次边界条件，这时 $Z(z)$ 的齐次方程 $Z''+h^2Z=0$ 跟上下底面齐次边界条件构成本征值问题，其中 $h^2=-\mu\geqslant0$，即应考虑 $\mu\leqslant0$ 的分离变数解. $\mu=0$ 的情况比较简单，无需特别讨论；这里着重说一说 $\mu<0$ 的情况.

在 $\mu<0$ 的情况下，$R(\rho)$ 应是虚宗量贝塞尔方程 (9.1.25)

$$x^2\frac{\mathrm{d}^2R}{\mathrm{d}x^2}+x\frac{\mathrm{d}R}{\mathrm{d}x}-(x^2+m^2)R=0 \quad (x=h\rho) \tag{11.4.1}$$

的解. 这方程的一个实数解是 m 阶**虚宗量贝塞尔函数** (9.3.52)

$$\mathrm{I}_m(x)=\sum_{k=0}^{\infty}\frac{1}{k!\,(m+k)!}\left(\frac{x}{2}\right)^{m+2k}, \tag{11.4.2}$$

§9.3 还指出，对于整数 m，$\mathrm{I}_{-m}(x)=\mathrm{I}_m(x)$，并非线性独立的另一解. 这样，我们还得寻找线性独立的另一解.

据 (11.1.3)，有

$$\mathrm{H}_\nu^{(1)}(\mathrm{i}x)=\mathrm{J}_\nu(\mathrm{i}x)+\mathrm{i}\mathrm{N}_\nu(\mathrm{i}x), \tag{11.4.3}$$

应用 (9.3.24)，得

$$\mathrm{H}_\nu^{(1)}(\mathrm{i}x)=\mathrm{J}_\nu(\mathrm{i}x)+\mathrm{i}\frac{\mathrm{J}_\nu(\mathrm{i}x)\cos\nu\pi-\mathrm{J}_{-\nu}(\mathrm{i}x)}{\sin\nu\pi}$$

$$=\frac{\mathrm{e}^{-\mathrm{i}\nu\pi}\mathrm{J}_\nu(\mathrm{i}x)-\mathrm{J}_{-\nu}(\mathrm{i}x)}{-\mathrm{i}\sin\nu\pi}.$$

又据 (9.3.48) 和 (9.3.49)，

$$\mathrm{H}_\nu^{(1)}(\mathrm{i}x)=\frac{\mathrm{e}^{-\mathrm{i}\nu\pi}\mathrm{i}^\nu\mathrm{I}_\nu(x)-\mathrm{i}^{-\nu}\mathrm{I}_{-\nu}(x)}{-\mathrm{i}\sin\nu\pi}=\frac{\mathrm{e}^{-\mathrm{i}\frac{\nu}{2}\pi}}{-\mathrm{i}}\frac{\mathrm{I}_\nu(x)-\mathrm{I}_{-\nu}(x)}{\sin\nu\pi}.$$

乘以 $\pi\,\mathrm{i}\mathrm{e}^{\mathrm{i}\nu\pi/2}/2$ 使成为实值函数，记作 $\mathrm{K}_\nu(x)$，

$$\mathrm{K}_\nu(x)=\frac{\pi}{2}\mathrm{i}\mathrm{e}^{\mathrm{i}\frac{\pi}{2}\nu}\mathrm{H}_\nu^{(1)}(\mathrm{i}x)=\frac{\pi}{2}\frac{\mathrm{I}_{-\nu}(x)-\mathrm{I}_\nu(x)}{\sin\nu\pi}. \tag{11.4.4}$$

平常说到**虚宗量汉克尔函数**就是指 (11.4.4). ν 阶虚宗量贝塞尔方程的两个线性独立的实数特解就是 (9.3.48) 的虚宗量贝塞尔函数 $\mathrm{I}_\nu(x)$ 和 (11.4.4) 的虚宗量汉克尔函数 $\mathrm{K}_\nu(x)$.

将 (11.4.3) 代入 (11.4.4)，两边令 $\nu\to m$，有

$$\lim_{\nu\to m}\mathrm{K}_\nu(x)=\lim_{\nu\to m}\frac{\pi}{2}\mathrm{i}\mathrm{e}^{\mathrm{i}\frac{\pi}{2}\nu}\mathrm{H}_\nu(\mathrm{i}x)=\lim_{\nu\to m}\frac{\pi}{2}\mathrm{i}\mathrm{e}^{\mathrm{i}\frac{\pi}{2}\nu}[\mathrm{J}_\nu(\mathrm{i}x)+\mathrm{i}\mathrm{N}_\nu(\mathrm{i}x)]$$

$$=\frac{\pi}{2}\mathrm{i}^{m+1}[\mathrm{J}_m(\mathrm{i}x)+\mathrm{i}\mathrm{N}_m(\mathrm{i}x)]. \tag{11.4.5}$$

应用 (9.3.40)，有

$$\mathrm{N}_m(\mathrm{i}x)=\frac{2}{\pi}\mathrm{J}_m(\mathrm{i}x)\ln\frac{\mathrm{i}x}{2}-\frac{1}{\pi}\sum_{n=0}^{m-1}\frac{(m-n-1)!}{n!}\left(\frac{\mathrm{i}x}{2}\right)^{-m+2n}$$

$$-\frac{1}{\pi}\sum_{n=0}^{\infty}\frac{(-1)^n}{n!\,(m+n)!}[\psi(m+n+1)+\psi(n+1)]\left(\frac{\mathrm{i}x}{2}\right)^{m+2n}.$$

由于 $\ln\mathrm{i}=\ln1\mathrm{e}^{\mathrm{i}\frac{\pi}{2}}=\mathrm{i}\frac{\pi}{2}$，于是

$$N_m(ix) = \frac{2}{\pi}J_m(ix)\left(i\frac{\pi}{2}\right) + \frac{2}{\pi}\sum_{n=0}^{\infty}\frac{(-1)^n}{n!\,(m+n)!}\left(\frac{ix}{2}\right)^{m+2n}\ln\frac{x}{2}$$

$$-\frac{1}{\pi}i^{-m}\sum_{n=0}^{m-1}\frac{(-1)^n(m-n-1)!}{n!}\left(\frac{x}{2}\right)^{-m+2n}$$

$$-\frac{1}{\pi}i^m\sum_{n=0}^{\infty}\frac{1}{n!\,(m+n)!}\left[\psi(m+n+1)+\psi(n+1)\right]\left(\frac{x}{2}\right)^{m+2n}$$

$$= iJ_m(ix) - \frac{1}{\pi}i^{-m}\sum_{n=0}^{m-1}\frac{(-1)^n(m-n-1)!}{n!}\left(\frac{x}{2}\right)^{-m+2n}$$

$$+\frac{2}{\pi}i^m\sum_{n=0}^{\infty}\frac{1}{n!\,(m+n)!}\left\{\ln\frac{x}{2}-\frac{1}{2}\left[\psi(m+n+1)+\psi(n+1)\right]\right\}\left(\frac{x}{2}\right)^{m+2n}. \qquad (11.4.6)$$

将(11.4.6)代入(11.4.5)，得

$$\lim_{\nu\to m}K_\nu(x) = \frac{\pi}{2}i^{m+1}\left\{J_m(ix) - J_m(ix) - \frac{1}{\pi}i^{1-m}\sum_{n=0}^{m-1}\frac{(-1)^n(m-n-1)!}{n!}\left(\frac{x}{2}\right)^{-m+2n}\right.$$

$$\left.+\frac{2}{\pi}i^{m+1}\sum_{n=0}^{\infty}\frac{1}{n!\,(m+n)!}\left[\ln\frac{x}{2}-\frac{1}{2}\psi(m+n+1)-\frac{1}{2}\psi(n+1)\right]\left(\frac{x}{2}\right)^{m+2n}\right\}.$$

这个极限就定义为整数 m 阶虚宗量汉克尔函数，记为 $K_m(x)$. 即

$$K_m(x) = \lim_{\nu\to m}K_\nu(x) = \frac{1}{2}\sum_{n=0}^{m-1}(-1)^n\frac{(m-n-1)!}{n!}\left(\frac{x}{2}\right)^{-m+2n}$$

$$+(-1)^{m+1}\sum_{n=0}^{\infty}\frac{1}{n!\,(m+n)!}\left\{\ln\frac{x}{2}-\frac{1}{2}\left[\psi(m+n+1)+\psi(n+1)\right]\right\}\left(\frac{x}{2}\right)^{m+2n}$$

$$(m=0,1,2,\cdots,|\arg x|<\pi). \qquad (11.4.7)$$

当 $m=0$ 时，第一个有限求和项不存在.

（11.4.2）和（11.4.7）是 m 阶虚宗量贝塞尔方程（11.4.1）的两个线性独立的实数解. 其通解为

$$y(x) = C_1 I_m(x) + C_2 K_m(x). \qquad (11.4.8)$$

图 11-8 描画了 $I_0(x)$ 和 $K_0(x)$，$I_1(x)$ 和 $K_1(x)$ 的图形. 除 $x=0$ 以外，它们没有实的零点. 其实，这是虚宗量贝塞尔函数和虚宗量汉克尔函数的共同性质.

现在看它们在 $x\to 0$ 时的行为. 从（11.4.2）易知

$$I_0(0)=1, \quad I_m(0)=0 \quad (m\neq 0). \qquad (11.4.9)$$

而由（11.4.7）可以看出，$K_m(x)$ 含有 $\ln x$ 或 x^{-m} 项，

$$当 x\to 0 时，K_m(x)\to\infty. \qquad (11.4.10)$$

这样，如果所研究的区域包含圆柱轴线（$\rho=0$，从而 $x=h\rho=0$），在轴线上的自然边界条件则排除虚宗量汉克尔函数 $K_m(x)$，只能用 $I_m(x)$.

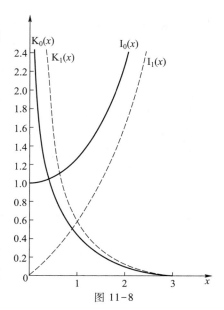

图 11-8

再看另一极端 $x \to \infty$. 引用渐近公式 (11.1.5)，对于大 x，

$$I_m(x) = i^{-m} J_m(ix) \sim i^{-m} \frac{1}{\sqrt{ix}} \cos\left(ix - \frac{m\pi}{2} - \frac{\pi}{4}\right)$$

$$= i^{-m-\frac{1}{2}} \frac{1}{\sqrt{x}} \cdot \frac{1}{2} \left(e^{i\left(ix - \frac{m\pi}{2} - \frac{\pi}{4}\right)} + e^{-i\left(ix - \frac{m\pi}{2} - \frac{\pi}{4}\right)}\right)$$

$$\sim i^{-m-\frac{1}{2}} \frac{1}{2\sqrt{x}} e^{x + i\frac{m\pi}{2} + i\frac{\pi}{4}} = i^{-m-\frac{1}{2}} \frac{1}{2\sqrt{x}} e^{x} \cdot i^{m} \cdot i^{\frac{1}{2}}$$

$$= \frac{1}{2\sqrt{x}} e^{x}. \tag{11.4.11}$$

$$K_m(x) = \frac{\pi}{2} i e^{i\frac{m\pi}{2}} H_m^{(1)}(ix) \sim \frac{\pi}{2} i^{m+1} \cdot \frac{1}{\sqrt{ix}} e^{i\left(ix - \frac{m\pi}{2} - \frac{\pi}{4}\right)}$$

$$= \frac{\pi}{2} i^{m+\frac{1}{2}} \frac{1}{\sqrt{x}} e^{-x} \cdot i^{-m} \cdot i^{-\frac{1}{2}} = \frac{\pi}{2\sqrt{x}} e^{-x}. \tag{11.4.12}$$

因此，当 $x \to \infty$ 时，$I_m(x) \to \infty$，$K_m(x) \to 0$. 这样，如果所研究的区域伸向无限远，一般应排除 $I_m(x)$，只用 $K_m(x)$.

例1 匀质圆柱，半径为 ρ_0，高为 L. 柱侧有均匀分布的热流进入，其强度为 q_0. 圆柱上下两底保持为恒定的温度 u_0. 求解柱内稳定温度分布.

解 采用柱坐标系，极点在下底中心，z 轴沿着圆柱的轴. 定解问题是

$$\begin{cases} \Delta u = 0, \\ k u_\rho \big|_{\rho = \rho_0} = q_0, \quad u \big|_{\rho = 0} = 有限值, \\ u \big|_{z=0} = u_0, \quad u \big|_{z=L} = u_0. \end{cases}$$

边界条件全是非齐次的，不便应用分离变数法. 移动温标零点，令

$$u = u_0 + v,$$

问题转化为 v 的定解问题，上下底面具有齐次边界条件：

$$\begin{cases} \Delta v = 0, \\ k v_\rho \big|_{\rho = \rho_0} = q_0, \quad v \big|_{\rho = 0} = 有限值, \end{cases} \tag{11.4.13}$$

$$v \big|_{z=0} = 0, \quad v \big|_{z=L} = 0. \tag{11.4.14}$$

这是圆柱内部的拉普拉斯方程定解问题. 上下底为齐次边界条件，应查 §9.1 末的表中 $\mu \le 0$ 的部分.

对于 $\mu < 0$，计及 i) 柱轴上的自然边界条件，ii) 问题与 φ 无关，即 $m = 0$，查得

$$I_0(h\rho) \begin{Bmatrix} \cos hz \\ \sin hz \end{Bmatrix}.$$

上下底面为齐次边界条件 (11.4.14)，决定把 $\cos hz$ 舍弃，本征值 $h^2 = p^2 \pi^2 / L^2$（p 为自然数）.

对于 $h = 0$，计及 i) 柱轴上自然边界条件，ii) 问题与 φ 无关，查得

$$R(\rho) = 1, \quad Z(z) = \begin{Bmatrix} 1 \\ z \end{Bmatrix}.$$

上下底面的第一类齐次边界条件(11.4.14)导致没有意义的 $Z(z)=0$. 所以 $h=0$ 的情况应舍弃.

将以上特解叠加起来,

$$v = \sum_{p=1}^{\infty} A_p \mathrm{I}_0\left(\frac{p\pi}{L}\rho\right)\sin\frac{p\pi z}{L}. \tag{11.4.15}$$

为确定系数 A_p, 将(11.4.15)代入柱侧边界条件(11.4.13),

$$\sum_{p=1}^{\infty} A_p \frac{p\pi}{L}\mathrm{I}'_0\left(\frac{p\pi}{L}\rho_0\right)\sin\frac{p\pi z}{L} = \frac{q_0}{k}.$$

把上式右端展为傅里叶正弦级数, 然后比较两边系数, 即得

$$A_p = \frac{L}{p\pi}\frac{1}{\mathrm{I}'_0(p\pi\rho_0/L)}\frac{2}{L}\int_0^L \frac{q_0}{k}\sin\frac{p\pi z}{L}\mathrm{d}z$$

$$= \frac{2Lq_0}{p^2\pi^2 k}\frac{1}{\mathrm{I}'_0(p\pi\rho_0/L)}\left[1-(-1)^p\right].$$

只有当 p 为奇数 $2l+1$ 时, A_p 才不为零.

于是, 最后答案

$$u = u_0 + \frac{4Lq_0}{k\pi^2}\sum_{l=0}^{\infty}\frac{1}{(2l+1)^2}\frac{1}{\mathrm{I}'_0\left(\dfrac{(2l+1)\pi\rho_0}{L}\right)}\times$$

$$\mathrm{I}_0\left(\frac{(2l+1)\pi\rho}{L}\right)\sin\frac{(2l+1)\pi z}{L}.$$

例 2 匀质圆柱, 半径为 ρ_0, 高为 L. 柱侧有均匀分布的恒定热流流入, 其强度为 q_0. 圆柱上下底面温度分布分别保持为 $f_2(\rho)$ 和 $f_1(\rho)$. 求解柱内稳定温度分布.

解 取柱坐标系如上例. 定解问题是

$$\begin{cases} \Delta u = 0, \\ u_\rho\big|_{\rho=\rho_0} = q_0, \quad u\big|_{\rho=0} = 有限值, \\ u\big|_{z=0} = f_1(\rho), \quad u\big|_{z=L} = f_2(\rho). \end{cases}$$

边界条件全是非齐次的, 不便应用分离变数法. 移动温标零点也不能解决问题. 常用的办法是把 u 分解为 v 和 w, 使 v 和 w 各有一组齐次边界条件. 这是说, 令

$$u = v + w,$$

$$\begin{cases} \Delta v = 0, \\ kv_\rho\big|_{\rho=\rho_0} = q_0, \\ v\big|_{\rho=0} = 有限值, \\ v\big|_{z=0} = 0, \\ v\big|_{z=L} = 0; \end{cases} \qquad \begin{cases} \Delta w = 0, \\ kw_\rho\big|_{\rho=\rho_0} = 0, \\ w\big|_{\rho=0} = 有限值, \\ w\big|_{z=0} = f_1(\rho), \\ w\big|_{z=L} = f_2(\rho). \end{cases}$$

读者可以验证, 把 v 和 w 的泛定方程叠加起来确是 u 的泛定方程, 把 v 和 w 的相应定解条件叠加起来确是 u 的定解条件.

v 和 w 的定解问题已分别在本节例 1 和 §11.2 例 4 解出.

例 3 半径为 ρ_0 而高为 L 的导体圆柱壳，用不导电的物质将柱壳的上下底面与侧面隔离开来．柱壳侧面电势为 $u_0 z/L$，上底面电势为 u_1，下底面接地．求柱壳外静电场的电势分布．

解 取柱坐标系如前两例．柱壳外的空间没有电荷，静电势满足拉普拉斯方程．定解问题是

$$\begin{cases} \Delta u = 0 \quad (\rho > \rho_0), \\ u \big|_{\rho = \rho_0} = u_0 z/L, \quad u \big|_{\rho \to \infty} = \text{有限值}, \\ u \big|_{z=0} = 0, \quad u \big|_{z=L} = u_1. \end{cases}$$

ρ 方向和 z 方向的边界条件全是非齐次的，不便应用分离变数法．不过，本例也无需采用例 2 的普适办法，将底面边界条件齐次化较为简便，令

$$u = \frac{u_1 z}{L} + w, \tag{11.4.16}$$

问题转化为 w 的定解问题

$$\begin{cases} \Delta w = 0, \\ w \big|_{\rho = 0} = \dfrac{u_0 - u_1}{L} z, \quad w \big|_{\rho \to \infty} \to \text{有限值}, \tag{11.4.17} \\ w \big|_{z=0} = 0, \quad w \big|_{z=L} = 0. \tag{11.4.18} \end{cases}$$

这是拉普拉斯方程的定解问题，上下底面为齐次边界条件，应查看 §9.1 末的表中 $\mu \leqslant 0$ 的部分．计及问题与 φ 无关，即 $m = 0$，从 $\mu = 0$ 查得可能解为

$$R(\rho) = \begin{Bmatrix} 1 \\ \ln \rho \end{Bmatrix}, \quad Z(z) = \begin{Bmatrix} 1 \\ z \end{Bmatrix}.$$

为满足 $\rho \to \infty$ 处的自然边界条件，必须舍弃 $\ln \rho$，上下底第一类齐次边界条件 (11.4.18) 导致没有意义的 $Z(z) = 0$，故也舍去．从 $\mu < 0$ 查得

$$\begin{Bmatrix} \mathrm{I}_0(h\rho) \\ \mathrm{K}_0(h\rho) \end{Bmatrix} \begin{Bmatrix} \cos hz \\ \sin hz \end{Bmatrix}.$$

上下底面第一类齐次边界条件 (11.4.18) 决定应舍弃 $\cos hz$，本征值 $h^2 = p^2 \pi^2/L^2$（p 为自然数）．当 $\rho \to \infty$，要求 w 有限，这就排除了 $\mathrm{I}_0(h\rho)$．

将以上特解叠加起来，

$$w = \sum_{p=1}^{\infty} A_p \mathrm{K}_0\left(\frac{p\pi}{L}\rho\right) \sin \frac{p\pi z}{L}. \tag{11.4.19}$$

为确定系数 A_p 将 (11.4.19) 代入 $\rho = \rho_0$ 处的边界条件 (11.4.17)，

$$\sum_{p=1}^{\infty} A_p \mathrm{K}_0\left(\frac{p\pi}{L}\rho_0\right) \sin \frac{p\pi z}{L} = \frac{u_0 - u_1}{L} z.$$

将上式右端展为傅里叶正弦级数，比较两边系数，即得

$$A_p = \frac{1}{\mathrm{K}_0(p\pi\rho_0/L)} \frac{2}{L} \int_0^L \frac{u_0 - u_1}{L} z \sin \frac{p\pi z}{L} \mathrm{d}z$$

$$= (-1)^p \frac{2(u_0 - u_1)}{p\pi \mathrm{K}_0(p\pi\rho_0/L)}. \tag{11.4.20}$$

这样，本例的答案是(11.4.16)，其中 w 见(11.4.19)，系数 A_p 见(14.4.20).

习　题

1. 试证明虚宗量贝塞尔函数 $I_\nu(x)$ 下列递推关系

(1) $\dfrac{d}{dx}\left[\dfrac{I_\nu(x)}{x^\nu}\right]=\dfrac{I_{\nu+1}(x)}{x^\nu}$；$\dfrac{d}{dx}[x^\nu I_\nu(x)]=x^\nu I_{\nu-1}(x)$.

(2) $I_{\nu-1}(x)-I_{\nu+1}(x)=\dfrac{2\nu I_\nu(x)}{x}$；$I_{\nu-1}(x)+I_{\nu+1}(x)=2I_\nu'(x)$.

2. 试证明虚宗量汉克尔函数 $K_\nu(x)$ 下列递推关系

(1) $\dfrac{d}{dx}\left[\dfrac{K_\nu(x)}{x^\nu}\right]=-\dfrac{K_{\nu+1}(x)}{x^\nu}$；$\dfrac{d}{dx}[x^\nu K_\nu(x)]=x^\nu K_{\nu-1}(x)$.

(2) $K_{\nu-1}(x)-K_{\nu+1}(x)=-\dfrac{2\nu K_\nu(x)}{x}$；$K_{\nu-1}(x)+K_{\nu+1}(x)=-2K_\nu'(x)$.

3. 匀质圆柱半径为 ρ_0、高为 L. 下底保持温度 u_1，上底保持温度 u_2. 侧面温度分布为 $f(z)=(2u_2/L^2)(z-L/2)z+(u_1/L)(L-z)$. 求解柱体内各点的恒定温度.

4. 匀质圆柱半径为 ρ_0、高为 L. 上底有均匀分布的强度为 q_0 的热流进入，下底保持温度 u_0，侧面温度分布为 $f(z)$，求解柱体内各点的恒定温度.

5. 如图 11-9 电子光学透镜的某一部件由两个中空圆柱筒组成，其电势分别为 $+v_0$ 和 $-v_0$. 在圆柱中间隙缝的边缘处电势可近似表为 $v=v_0\sin\dfrac{\pi z}{2\delta}$. 求圆柱筒内的电势分布. 圆柱两端边界条件可近似表为 $v\big|_{z=\pm l}=\pm v_0$. 圆柱筒的半径为 ρ_0.

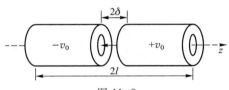

图 11-9

6. 利用虚宗量贝塞尔函数重解 §11.2 的习题 6.

7. 匀质圆柱，半径为 ρ_0，高为 L. 下底保持温度 u_1，上底温度分布为 $u_2\rho^2$，侧面温度分布为 u_0z. 求解柱体内各点的恒定温度.

8. 半径为 ρ_0、高为 L 的圆柱，上底绝热，下底保持温度 u_0，侧面有均匀分布的强度为 q_0 的热流进入，求柱外匀质介质中各点的恒定温度.

§11.5　球贝塞尔方程

§9.1 用球坐标系对亥姆霍兹方程进行分离变数，得到球贝塞尔方程(9.1.38)

$$r^2\frac{d^2R}{dr^2}+2r\frac{dR}{dr}+[k^2r^2-l(l+1)]R=0. \tag{11.5.1}$$

把自变数 r 和函数 $R(r)$ 分别变换为 x 和 $y(x)$

$$x=kr,\quad R(r)=\sqrt{\frac{\pi}{2x}}y(x). \tag{11.5.2}$$

则方程(11.5.1)化为 $l+1/2$ 阶贝塞尔方程

$$x^2\frac{d^2y}{dx^2}+x\frac{dy}{dx}+\left[x^2-\left(l+\frac{1}{2}\right)^2\right]y=0. \tag{11.5.3}$$

如若 $k=0$，则方程 (11.5.1) 退化为

$$r^2 \frac{\mathrm{d}^2 R}{\mathrm{d}r^2} + 2r \frac{\mathrm{d}R}{\mathrm{d}r} - l(l+1)R = 0,$$

其线性独立的两个解是 r^l 和 $1/r^{l+1}$. 这种情况比较简单，下面将着重讨论 $k \neq 0$ 的情况.

（一）线性独立解

$l+1/2$ 阶贝塞尔方程 (11.5.3) 有如下几种解

$$\mathrm{J}_{l+1/2}(x),\ \mathrm{J}_{-(l+1/2)}(x),\ \mathrm{N}_{l+1/2}(x),\ \mathrm{H}^{(1)}_{l+1/2}(x),\ \mathrm{H}^{(2)}_{l+1/2}(x).$$

其中任取两个就组成方程 (11.5.3) 的线性独立解. 这样，球贝塞尔方程 (11.5.1) 的线性独立解也就是下列五种之中任取的两种：

球贝塞尔函数
$$\mathrm{j}_l(x) = \sqrt{\frac{\pi}{2x}} \mathrm{J}_{l+1/2}(x),\ \ \mathrm{j}_{-l}(x) = \sqrt{\frac{\pi}{2x}} \mathrm{J}_{-l+1/2}(x);$$

球诺伊曼函数
$$\mathrm{n}_l(x) = \sqrt{\frac{\pi}{2x}} \mathrm{N}_{l+1/2}(x);$$

球汉克尔函数
$$\mathrm{h}^{(1)}_l(x) = \sqrt{\frac{\pi}{2x}} \mathrm{H}^{(1)}_{l+1/2}(x),$$

$$\mathrm{h}^{(2)}_l(x) = \sqrt{\frac{\pi}{2x}} \mathrm{H}^{(2)}_{l+1/2}(x).$$

（二）递推公式

用 $\mathrm{z}_l(x)$ 代表球贝塞尔函数、球诺伊曼函数及球汉克尔函数，即

$$\mathrm{z}_l(x) = \sqrt{\frac{\pi}{2x}} \mathrm{Z}_{l+1/2}(x). \tag{11.5.4}$$

取 (11.1.13)，置 $\nu = l+1/2$，得

$$\mathrm{Z}_{l+3/2}(x) - (2l+1)\mathrm{Z}_{l+1/2}(x)/x + \mathrm{Z}_{l-1/2}(x) = 0,$$

按 (11.5.4) 将 Z 改用 z 表出，则

$$\mathrm{z}_{l-1}(x) + \mathrm{z}_{l+1}(x) = (2l+1)\mathrm{z}_l(x)/x. \tag{11.5.5}$$

这就是从 z_{l-1} 和 z_l 推算 z_{l+1} 的公式. (11.1.8)—(11.1.12) 也都可以改用 z 表出，分别为

$$\frac{\mathrm{d}}{\mathrm{d}x}[\mathrm{z}_l(x)/x^l] = -\mathrm{z}_{l+1}(x)/x^l, \tag{11.5.6}$$

$$\frac{\mathrm{d}}{\mathrm{d}x}[x^{l+1}\mathrm{z}_l(x)] = x^{l+1}\mathrm{z}_{l-1}(x), \tag{11.5.7}$$

$$\mathrm{z}'_l(x) - l\mathrm{z}_l(x)/x = -\mathrm{z}_{l+1}(x), \tag{11.5.8}$$

$$\mathrm{z}'_l(x) + (l+1)\mathrm{z}_l(x)/x = \mathrm{z}_{l-1}(x), \tag{11.5.9}$$

$$\mathrm{z}_{l-1}(x) - \mathrm{z}_{l+1}(x) = 2\mathrm{z}'_l(x) + \mathrm{z}_l(x)/x, \tag{11.5.10}$$

将 (11.5.5) 改写为 $\mathrm{z}_l(x)/x = [\mathrm{z}_{l-1}(x) + \mathrm{z}_{l+1}(x)]/(2l+1)$，以此代入 (11.5.10)，得

$$\mathrm{z}'_l(x) = [l\mathrm{z}_{l-1}(x) - (l+1)\mathrm{z}_{l+1}(x)]/(2l+1) \tag{11.5.11}$$

(11.5.5)—(11.5.11) 就是 $\mathrm{j}_l(x)$、$\mathrm{n}_l(x)$、$\mathrm{h}^{(1)}_l(x)$、$\mathrm{h}^{(2)}_l(x)$ 等函数常用的递推公式.

(三) 初等函数表示式

(9.3.28)和(9.3.29)给出 $J_{1/2}(x)$ 和 $J_{-1/2}(x)$ 的初等函数表示式

$$J_{1/2}(x) = \sqrt{\frac{2}{\pi x}} \sin x, \quad J_{-1/2}(x) = \sqrt{\frac{2}{\pi x}} \cos x.$$

按(11.5.4),这是说

$$j_0(x) = \frac{\sin x}{x}, \quad j_{-1}(x) = \frac{\cos x}{x}. \tag{11.5.12}$$

于是,反复应用递推公式,我们就得出所有 $j_l(x)$ 的初等函数表示式.

至于半奇数阶的诺伊曼函数,按定义(9.3.24),

$$N_{l+1/2}(x) = \frac{J_{l+1/2}(x)\cos(l+1/2)\pi - J_{-(l+1/2)}(x)}{\sin(l+1/2)\pi}$$

$$= (-1)^{l+1} J_{-(l+1/2)}(x).$$

改用球诺伊曼函数 $n_l(x)$ 和球贝塞尔函数 $j_{-(l+1)}(x)$ 表出,如图 11-10、图 11-11,

$$n_l(x) = (-1)^{l+1} j_{-(l+1)}(x). \tag{11.5.13}$$

在(11.5.13)式中,依次置 $l=0$ 和 $l=-1$ 即得

$$n_0(x) = -\frac{\cos x}{x}, \quad n_{-1}(x) = \frac{\sin x}{x}. \tag{11.5.14}$$

对(11.5.12)和(11.5.14)分别反复应用递推公式,得到

$$j_0(x) = \frac{1}{x}\sin x, \qquad\qquad n_0(x) = -\frac{1}{x}\cos x,$$

$$j_1(x) = \frac{1}{x^2}(\sin x - x\cos x), \qquad n_1(x) = -\frac{1}{x^2}(\cos x + x\sin x),$$

$$j_2(x) = \frac{1}{x^3}\big[3(\sin x - x\cos x) \qquad n_2(x) = -\frac{1}{x^3}\big[3(\cos x + x\sin x)$$

$$-x^2\sin x\big], \qquad\qquad -x^2\cos x\big],$$

$$\cdots\cdots\cdots \qquad\qquad\qquad \cdots\cdots\cdots$$

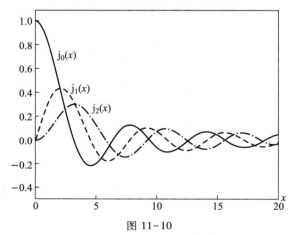

图 11-10

附录十有 $j_0(x)$ 和 $j_1(x)$ 的简单的函数表.

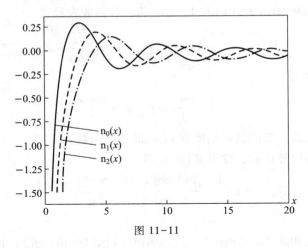

图 11-11

由球汉克尔函数的定义，显而易见

$$h_l^{(1)}(x) = j_l(x) + in_l(x) , \quad h_l^{(2)}(x) = j_l(x) - in_l(x). \tag{11.5.15}$$

由此易得球汉克尔函数的初等函数表示式

$$h_0^{(1)}(x) = -\frac{i}{x}e^{ix} , \qquad\qquad h_0^{(2)}(x) = -\frac{i}{x}e^{-ix} ,$$

$$h_1^{(1)}(x) = \left(-\frac{i}{x^2} - \frac{1}{x}\right)e^{ix} , \qquad h_1^{(2)}(x) = \left(-\frac{i}{x^2} - \frac{1}{x}\right)e^{-ix} ,$$

$$h_2^{(1)}(x) = \left(-\frac{3i}{x^3} - \frac{3}{x^2}\right. \qquad h_2^{(2)}(x) = \left(-\frac{3i}{x^3} - \frac{3}{x^2}\right.$$

$$\left. +\frac{i}{x}\right)e^{ix} , \qquad\qquad \left. +\frac{i}{x}\right)e^{-ix} ,$$

$$\cdots\cdots \qquad\qquad\qquad \cdots\cdots$$

（四）$x\to 0$ 和 $x\to\infty$ 时的行为

先看 $x\to 0$. 引用 $J_{l+1/2}(x)$ 的级数表达式(9.3.31)，

$$j_l(x) = \sqrt{\frac{\pi}{2}}\, x^{-1/2} \sum_{k=0}^{\infty} (-1)^k \frac{1}{k!\,\Gamma(l+k+3/2)}\left(\frac{x}{2}\right)^{l+1/2+2k}$$

$$= \sqrt{\frac{\pi}{2}} \sum_{k=0}^{\infty} (-1)^k \frac{1}{k!\,\Gamma(l+k+3/2)}\left(\frac{1}{2}\right)^{l+1/2+2k} x^{l+2k}.$$

我们把 l 理解为非负的整数，这个级数只含 x 的正幂项，可见 $j_0(0) = 1$, $j_l(0) = 0$（l 为自然数）. 又由(11.5.13)，

$$n_l(x) = (-1)^{l+1} j_{-(l+1)}(x) = (-1)^{l+1} \sqrt{\frac{\pi}{2}} \sum_{k=0}^{\infty} (-1)^k \frac{1}{k!\,\Gamma(-l+k+1/2)}\left(\frac{1}{2}\right)^{-l-\frac{1}{2}+2k} x^{-l+2k-1}.$$

其中既有 x 的正幂项，也有 x 的负幂项，可见

$$当\ x\to 0\ 时，\ n_l(x) \to \infty .$$

这样，在 $x=0$ 存在自然的边界条件，应舍弃 $\mathrm{n}_l(x)$，而只要 $\mathrm{j}_l(x)$.

再看 $x\to\infty$. 引用渐近公式 (11.1.5)，

$$\mathrm{j}_l(x)\sim\frac{1}{x}\cos\left(x-\frac{l+1}{2}\pi\right),\quad \mathrm{n}_l(x)\sim\frac{1}{x}\sin\left(x-\frac{l+1}{2}\pi\right),$$

$$\mathrm{h}_l^{(1)}(x)\sim\frac{1}{x}\mathrm{e}^{\mathrm{i}x}(-\mathrm{i})^{l+1},\quad \mathrm{h}_l^{(2)}(x)\sim\frac{1}{x}\mathrm{e}^{-\mathrm{i}x}\mathrm{i}^{l+1}.$$

§9.1 末的表中，从波动方程分离出的时间因子是 $\mathrm{e}^{\mathrm{i}kat}$ 和 $\mathrm{e}^{-\mathrm{i}kat}$. 如把时间因子 $\mathrm{e}^{-\mathrm{i}kat}$ 分别附在上面四个渐近公式之后，则 $\mathrm{j}_l(x)$ 和 $\mathrm{n}_l(x)$ 对应于驻波，$\mathrm{h}_l^{(1)}(x)$ 对应于朝 $+x$ 方向 ($+r$ 方向) 传播的波，即从球坐标系极点向外发散的波，$\mathrm{h}_l^{(2)}(x)$ 对应于向球坐标系极点会聚的波. 如以 $\mathrm{e}^{\mathrm{i}kat}$ 代替 $\mathrm{e}^{-\mathrm{i}kat}$，则 $\mathrm{j}_l(x)$ 和 $\mathrm{n}_l(x)$ 仍然对应驻波，$\mathrm{h}_l^{(1)}(x)$ 则对应会聚波，$\mathrm{h}_l^{(2)}(x)$ 对应发散波.

（五）球形区域内的本征值问题

球贝塞尔方程 (11.5.1) 写成施图姆－刘维尔型，即是

$$\frac{\mathrm{d}}{\mathrm{d}r}\left(r^2\frac{\mathrm{d}R}{\mathrm{d}r}\right)-l(l+1)R+k^2r^2R=0.$$

请注意左边最后一项的系数 k^2r^2，这里 k^2 是本征值，r^2 是权重函数.

这方程在 $r=0$ 有自然边界条件，应取 $\mathrm{j}_l(kr)$ 而舍弃 $\mathrm{n}_l(kr)$. 而 $\mathrm{j}_l(kr)$ 还应满足球面 $r=r_0$ 上的第一、第二或第三类齐次边界条件，这就决定了本征值 $k_m(m=1,2,3,\cdots)$. 决定本征值的边界条件往往可以化为 $\mathrm{J}_{l+\frac{1}{2}}(kr)$ 的条件来求解.

对应不同本征值的本征函数在区间 $[0,r_0]$ 上带权重 r^2 正交，

$$\int_0^{r_0}\mathrm{j}_l(k_m r)\mathrm{j}_l(k_n r)r^2\mathrm{d}r=0\quad(k_m\neq k_n). \tag{11.5.16}$$

本征函数族 $\mathrm{j}_l(k_m r)(m=1,2,3,\cdots)$ 是完备的，可作为广义傅里叶级数展开的基，

$$\begin{cases}f(r)=\displaystyle\sum_{m=1}^{\infty}f_m\mathrm{j}_l(k_m r),\\[2mm]\text{系数 }f_m=\dfrac{1}{[N_m]^2}\displaystyle\int_0^{r_0}f(r)\mathrm{j}_l(k_m r)r^2\mathrm{d}r,\end{cases}$$

式中 N_m 是本征函数 $\mathrm{j}_l(k_m r)$ 的模，

$$[N_m]^2=\int_0^{r_0}[\mathrm{j}_l(k_m r)]^2r^2\mathrm{d}r=\frac{\pi}{2k_m}\int_0^{r_0}[\mathrm{J}_{l+1/2}(k_m r)]^2r\mathrm{d}r.$$

具体计算方法可参看附录十.

（六）例题

例1 匀质球，半径为 r_0. 初始时刻，球体温度均匀为 u_0. 把它放入温度为 U_0 的烘箱，使球面温度保持为 U_0. 求解球内各处温度 u 的变化情况.

解 取球坐标系，极点在球心. 定解问题是

$$\begin{cases}u_t-a^2\Delta u=0,\\[1mm]u\,|_{r=r_0}=U_0,\\[1mm]u\,|_{t=0}=u_0.\end{cases}$$

首先把边界条件化为齐次. 为此，移动温标零点，

$$u = U_0 + w,$$

$$\begin{cases} w_t - a^2 \Delta w = 0, \\ w \big|_{r=r_0} = 0, \\ w \big|_{t=0} = u_0 - U_0. \end{cases}$$

(11.5.17)

(11.5.18)

查看 §9.1 末的表. 计及 i)问题与 φ 无关，即 $m=0$，ii)问题与 θ 无关，即 $l=0$，iii)球心的自然边界条件，查得 $k \neq 0$ 的可能解为

$$j_0(kr) e^{-k^2 a^2 t}.$$

至于 $k=0$ 的可能解为 $r^0 P_0(\cos\theta) e^{-0t}$ 即常数，不可能满足边界条件(11.5.17)，故应舍弃. 这样，我们应考虑的特解只有

$$\frac{\sin kr}{kr} e^{-k^2 a^2 t}.$$

(11.5.19)

为确定本征值 k，把(11.5.19)代入齐次边界条件(11.5.17)

$$\frac{\sin kr_0}{kr_0} e^{-k^2 a^2 t} = 0.$$

由此得本征值

$$k_n = \frac{n\pi}{r_0} \quad (n = 1, 2, 3, \cdots).$$

把对应这些本征值的特解叠加起来，

$$w = \sum_{n=1}^{\infty} A_n \frac{\sin(n\pi r/r_0)}{n\pi r/r_0} e^{-(n\pi r/r_0)^2 a^2 t}.$$

(11.5.20)

为确定系数 A_n，把(11.5.20)代入初始条件(11.5.18)，

$$\sum_{n=1}^{\infty} A_n \frac{\sin(n\pi r/r_0)}{n\pi r/r_0} = u_0 - U_0.$$

把右边的 $(u_0 - U_0)$ 按球贝塞尔函数 $j_0(k_n r)$ 展开，比较两边系数，

$$A_n = \frac{1}{N_n^2} \int_0^{r_0} (u_0 - U_0) \frac{\sin(n\pi r/r_0)}{n\pi r/r_0} r^2 \, dr$$

其中

$$N_n^2 = \int_0^{r_0} [j_0(k_n r)]^2 r^2 \, dr = \int_0^{r_0} \left[\frac{\sin n\pi r/r_0}{n\pi r/r_0} \right]^2 r^2 \, dr = \frac{r_0^3}{2n^2 \pi^2}.$$

于是

$$A_n = \frac{2n^2 \pi^2}{r_0^3} \cdot \frac{r_0(u_0 - U_0)}{n\pi} \int_0^{r_0} r\sin\frac{n\pi}{r_0} r \, dr = (-1)^n 2(U_0 - u_0).$$

这样，本例的答案是

$$u = U_0 + \frac{2(U_0 - u_0) r_0}{\pi r/r_0} \sum_{n=1}^{\infty} \frac{(-1)^n}{n} e^{-\frac{n^2 \pi^2 a^2}{r_0^2} t} \sin\frac{n\pi r}{r_0}.$$

例2　半径为 r_0 的球面径向速度分布为

$$v = v_0 \cos\theta \cos\omega t.$$

(11.5.21)

试求解这球面所发射的恒定声振动的速度势 u. 设 r_0 远小于声波的波长 λ.

由于 (11.5.21) 中的 $\cos\theta$ 即 $P_1(\cos\theta)$, 本例称为偶极声源.

解　本例跟 § 11.2 例 8 类似, 也是没有初始条件的问题.

用球坐标系, 极点取在球心. 定解问题是

$$\begin{cases} u_{tt}-a^2\Delta u=0, \\ u_r\mid_{r=r_0}=v_0 P_1(\cos\theta)e^{-i\omega t}. \end{cases} \quad (11.5.22)$$

边界条件里的 $\cos\omega t$ 即 $\mathrm{Re}(e^{-i\omega t})$, 写成了 $e^{-i\omega t}$, 这要求约定计算的最后结果也应取其实部. 这是球面以固定圆频率 ω 发射恒定声振动的问题.

查看 § 9.1 末的表. 计及 i) 问题与 φ 无关, 即 $m=0$, ii) u 对 θ 的依赖关系为 $P_1(\cos\theta)$, 即 $l=1$, iii) 边界条件中的时间因子 $e^{-i\omega t}$, 查得此问题的恒定解为

$$h_1^{(1)}(kr)P_1(\cos\theta)e^{-i\omega t}.$$

且 $ka=\omega$, 即 $k=\omega/a=2\pi/\lambda$. 本例的 k 只有 ω/a 这个唯一的值, 所以无需叠加,

$$u=Ah_1^{(1)}\left(\frac{\omega}{a}r\right)P_1(\cos\theta)e^{-i\omega t}. \quad (11.5.23)$$

其中 A 为常数, 为确定 A, 把 (11.5.23) 代入边界条件 (11.5.22),

$$A\left[\frac{\mathrm{d}}{\mathrm{d}r}\left(-i\frac{a^2}{\omega^2 r^2}-\frac{a}{\omega r}\right)e^{i\omega r/a}\right]_{r=r_0}=v_0,$$

即

$$\frac{\omega}{a}A\left(i\frac{2a^3}{\omega^3 r_0^3}+\frac{2a^2}{\omega^2 r_0^2}-i\frac{a}{\omega r_0}\right)=v_0.$$

因 $r_0\ll\lambda=2\pi/k=2\pi a/\omega$, 即 $\omega r_0/a$ 很小, 所以 $e^{i\omega r_0/a}\approx 1$, 且上式 (　) 中第一项的绝对值远大于其余两项, 上式可简化为

$$iA\frac{2a^2}{\omega^2 r_0^3}=v_0.$$

由此, $A=-iv_0\omega^2 r_0^3/2a^2$. 于是得出答案

$$u=-i\frac{v_0\omega^2 r_0^3}{2a^2}h_1^{(1)}\left(\frac{\omega}{a}r\right)P_1(\cos\theta)e^{-i\omega t}$$

$$=-i\frac{v_0\omega^2 r_0^3}{2a^2}\left(-i\frac{a^2}{\omega^2 r^2}-\frac{a}{\omega r}\right)P_1(\cos\theta)e^{i\frac{\omega}{a}(r-at)}.$$

在远场区即 r 大的地方, 用本节 (四) 的渐近公式,

$$u=i\frac{v_0\omega r_0^3}{2ar}P_1(\cos\theta)e^{i\frac{\omega}{a}(r-at)}.$$

取实部,

$$u(r,\theta,t)=-\frac{v_0\omega r_0^3}{2ar}P_1(\cos\theta)\sin\frac{\omega}{a}(r-at).$$

这是振幅按 $1/r$ 减小的球面波. 其对空间中方向的依赖也由 $P_1(\cos\theta)$ 描写, 因而是**偶极声场**.

（七） 平面波展开为球面波的叠加

研究波(声波、电磁波、量子力学的波函数)的散射问题, 常常需要把平面波展开为球面波的叠加.

函数 $v=e^{ikz}$ 显然满足亥姆霍兹方程 $\Delta_3 v + k^2 v = 0$, 因而代表波动. 事实上, 补上时间因子 $e^{\pm ikat}$, 它就成为 $e^{ik(z\pm at)}$, 这是沿 z 轴负和正方向传播的平面波. 改用球坐标, 这平面波可表示为

$$v(r,\theta) = e^{ikr\cos\theta}. \tag{11.5.24}$$

在球坐标系中, 亥姆霍兹方程 $\Delta_3 v + k^2 v = 0$ 的分离变数形式而又在 $r=0$ 为有限的解是

$$j_l(kr) P_l^m(\cos\theta)\begin{Bmatrix}\cos m\varphi \\ \sin m\varphi\end{Bmatrix}. \tag{11.5.25}$$

这是各种模式的球面波. 平面波(11.5.24)作为亥姆霍兹方程的解必可表为球面波的线性叠加, 考虑到函数(11.5.25)跟 φ 无关, 应取 $m=0$. 这样,

$$e^{ikr\cos\theta} = \sum_{l=0}^{\infty} A_l j_l(kr) P_l(\cos\theta). \tag{11.5.26}$$

问题在于确定展开式(11.5.26)的系数 A_l.

应用系数公式(10.1.18),

$$A_l j_l(kr) = \frac{2l+1}{2}\int_{-1}^{+1} e^{ikrx} P_l(x)\,\mathrm{d}x, \tag{11.5.27}$$

式中按照惯例把 $\cos\theta$ 写成 x(x 并不是直角坐标). 只要算出(11.5.27)右边的积分, 就可确定 A_l.

这里不准备硬算. 试比较(11.5.27)两边在 $r\to\infty$ 时的渐近公式. 于 $r\to\infty$, (11.5.27)的左边

$$A_l j_l(kr) = A_l \sqrt{\frac{\pi}{2kr}} J_{l+\frac{1}{2}}(kr) \sim A_l \frac{1}{kr}\cos\left(kr - \frac{(l+1)\pi}{2}\right)$$

$$= \frac{A_l}{2ikr}\left(e^{ikr - i\frac{l}{2}\pi} - e^{-ikr + i\frac{l}{2}\pi}\right).$$

再看(11.5.27)的右边

$$\frac{2l+1}{2}\int_{-1}^{+1} e^{ikrx} P_l(x)\,\mathrm{d}x$$

$$= \frac{2l+1}{2ikr}\int_{-1}^{+1} P_l(x)\,\mathrm{d}e^{ikrx}$$

$$= \frac{2l+1}{2ikr}\left[P_l(x) e^{ikrx}\right]_{-1}^{+1} - \frac{2l+1}{2ikr}\int_{-1}^{+1} e^{ikrx} P'_l(x)\,\mathrm{d}x.$$

于 $r\to\infty$, 上式右边已积出部分为 $1/r$ 的数量级, 尚未积出部分如仿照上面分部积分一次可知为 $1/r^2$ 的数量级. 因此, 于 $r\to\infty$, (11.5.27)的右边

$$\frac{2l+1}{2} \int_{-1}^{+1} e^{ikrx} P_l(x) dx \sim \frac{2l+1}{2ikr} \left[P_l(1) e^{ikr} - P_l(-1) e^{-ikr} \right]$$

$$= \frac{2l+1}{2ikr} \left[e^{ikr} - e^{-ikr}(-1)^l \right] = \frac{2l+1}{2ikr} e^{i\frac{l}{2}\pi} \left(e^{ikr - i\frac{l}{2}\pi} - e^{-ikr + i\frac{l}{2}\pi} \right).$$

比较两边的渐近公式即知

$$A_l = (2l+1) e^{i\frac{l}{2}\pi} = (2l+1) i^l.$$

把这代回(11.5.26)就得到**平面波展开为球面波的叠加的公式**

$$e^{-ikr\cos\theta} = \sum_{l=0}^{\infty} (2l+1) i^l j_l(kr) P_l(\cos\theta). \tag{11.5.28}$$

习　题

1. 以 $\psi_l(x)$ 代表 $j_l(x)$, $n_l(x)$, $h_l^{(1)}(x)$, $h_l^{(2)}(x)$ 中任一种, 证明递推关系

① $\psi_{l-1} + \psi_{l+1} = \dfrac{2l+1}{x} \psi_l$;

② $l\psi_{l-1} - (l+1)\psi_{l+1} = (2l+1)\psi_l'$.

2. 证明

① $\left[x^3 j_{-1}(x) j_1(x) \right]' = x^3 j_0(x) \left[j_{-1}(x) - j_1(x) \right] = x^2 \left[x j_0^2(x) \right]'$;

② $\displaystyle\int x^2 j_0^2(x) dx = \frac{1}{2} x^3 \left[j_0^2(x) - j_{-1}(x) j_1(x) \right] + C.$

3. 证明

① $\left[x^3 j_{l-1}(x) j_{l+1}(x) \right]' = x^3 j_l(x) \left[j_{l-1}(x) - j_{l+1}(x) \right] = x^2 \left[x j_l^2(x) \right]'$;

② $\displaystyle\int x^2 j_l^2(x) dx = \frac{1}{2} x^3 \left[j_l^2(x) - j_{l-1}(x) j_{l+1}(x) \right] + C.$

〔提示:将(11.5.4)代入(11.1.8)、(11.1.9)得出跟 $j_l(x)$ 有关的求导公式,利用之.〕

4. 确定球形铀块的临界半径. 〔"临界"一词参看 §8.1 习题 8.〕

5. 匀质球, 半径为 r_0, 初始温度分布为 $f(r)$. 把球面温度保持为零度而使它冷却. 求解球内各处温度变化情况.

6. 匀质球, 半径为 r_0, 初始温度分布为 $f(r)\cos\theta$. 把球面温度保持为零度而使它冷却. 求解球内各处温度变化情况.

7. 半径为 $2r_0$ 的匀质球, 初始温度 $= \begin{cases} u_0 (0 < r < r_0) \\ 0 (r_0 < r < 2r_0) \end{cases}$ 把球面保持为零度而使它冷却. 求解球内温度变化情况.

8. 匀质球, 半径为 r_0, 初始温度为 U_0. 放在温度为 u_0 的空气中自由冷却(按照牛顿冷却定律跟空气交换热量), 求解球内各处温度变化情况.

9. 半径为 r_0 的球面径向速度分布为 $v = v_0 \dfrac{1}{4}(3\cos 2\theta + 1)\cos\omega t$. 试求解这个球在空气中辐射出去的声场中的速度势, 设 $r_0 \ll$ 波长 λ(声波波长). 本题径向速度对空间中的方向的依赖性由因子 $\dfrac{1}{4}(3\cos 2\theta + 1)$ 即 $P_2(\cos\theta)$ 描写, 因而是轴对称四极声源.

10. 半径为 r_0 的球面径向速度分布为 $v = v_0 \dfrac{3}{2}(1 - \cos 2\theta)\sin 2\varphi \cos\omega t$. 试求解这个球在空气中辐射出去的声

场中的速度势，设 $r_0 \ll \lambda$（声波波长）. 本题是非轴对称的四极声源.

*§11.6　可化为贝塞尔方程的方程

有些常微分方程可以化为贝塞尔方程，其解也就可以用柱函数表示. 下面是一些例子. 至于什么样的方程可以化为贝塞尔方程，以及如何化，可参看《大学物理》1987 年第 10 期 "特殊函数常微分方程的常用变换" 一文.

$$y'' + \frac{1-2\alpha}{x}y' + \left(\beta^2 + \frac{\alpha^2 - m^2}{x^2}\right)y = 0, \quad y = x^\alpha Z_m(\beta x).$$

$$y'' + \frac{1}{x}y' + \left[(\beta\gamma x^{\gamma-1})^2 - \left(\frac{m\gamma}{x}\right)^2\right]y = 0, \quad y = Z_m(\beta x^\gamma).$$

$$y'' + \frac{1-2\alpha}{x}y' + \left[(\beta\gamma x^{\gamma-1})^2 + \frac{\alpha^2 - m^2\gamma^2}{x^2}\right]y = 0, \quad y = x^\alpha Z_m(\beta x^\gamma).$$

$$y'' + \frac{1}{x}y' + \left(\mathrm{i} - \frac{m^2}{x^2}\right)y = 0, \quad y = Z_m(x\sqrt{\mathrm{i}}).$$

$$y'' + \frac{1}{x}y' - \left(\mathrm{i} + \frac{m^2}{x^2}\right)y = 0, \quad y = Z_m(x\sqrt{-\mathrm{i}}).$$

$$y'' + \frac{1}{x}y' - \left[\frac{1}{x} + \left(\frac{m}{2x}\right)^2\right]y = 0, \quad y = Z_m(2\mathrm{i}\sqrt{x}).$$

$$y'' + bx^m y = 0, \quad y = \sqrt{x}\, Z_{1/(m+2)}\left(\frac{2\sqrt{b}}{m+2}x^{(m+2)/2}\right).$$

$$y'' + \left(\frac{2m+1}{x} - k\right)y' - \frac{2m+1}{2x}ky = 0, \quad y = x^{-m}\mathrm{e}^{kx/2}Z_m(\mathrm{i}kx/2).$$

$$y'' + \left(\frac{1}{x} - 2\tan x\right)y' - \left(\frac{m^2}{x^2} + \frac{\tan x}{x}\right)y = 0, \quad y = \frac{1}{\cos x}Z_m(x).$$

$$y'' + \left(\frac{1}{x} - 2\cot x\right)y' - \left(\frac{m^2}{x^2} - \frac{\cot x}{x}\right)y = 0, \quad y = \frac{1}{\sin x}Z_m(x).$$

$$y'' + \left(\frac{1}{x} - 2u\right)y' + \left(1 - \frac{m^2}{x^2} + u^2 - u' - \frac{u}{x}\right)y = 0, \quad y = \mathrm{e}^{\int u\mathrm{d}x}Z_m(x).$$

第十二章 格林函数法

在第七章至第十一章中主要介绍用分离变数法求解各类定解问题，本章将介绍另一种常用的方法——**格林函数方法**.

格林函数，又称**点源影响函数**，是数学物理中的一个重要概念. 格林函数代表一个点源在一定的边界条件和(或)初始条件下所产生的场. 知道了点源的场，就可以用叠加的方法计算出任意源所产生的场.

§12.1 泊松方程的格林函数法

为了得到以格林函数表示的泊松方程解的积分表示式，需要用到**格林公式**，为此，我们首先介绍格林公式.

设 $u(\boldsymbol{r})$ 和 $v(\boldsymbol{r})$ 在区域 T 及其边界 Σ 上具有连续一阶导数，而在 T 中具有连续二阶导数，应用向量分析的高斯定理将曲面积分

$$\iint_{\Sigma} u\nabla v \cdot \mathrm{d}\boldsymbol{S}$$

化成体积积分

$$\iint_{\Sigma} u\nabla v\cdot\mathrm{d}\boldsymbol{S} = \iiint_{T} \nabla \cdot (u\nabla v)\,\mathrm{d}V$$

$$= \iiint_{T} u\Delta v\mathrm{d}V + \iiint_{T} \nabla u \cdot \nabla v\mathrm{d}V. \tag{12.1.1}$$

这称为**第一格林公式**. 同理，又有

$$\iint_{\Sigma} v\nabla u \cdot \mathrm{d}\boldsymbol{S} = \iiint_{T} v\Delta u\mathrm{d}V + \iiint_{T} \nabla u \cdot \nabla v\mathrm{d}V. \tag{12.1.2}$$

(12.1.1)与(12.1.2)两式相减，得

$$\iint_{\Sigma} (u\nabla v - v\nabla u) \cdot \mathrm{d}\boldsymbol{S} = \iiint_{T} (u\Delta v - v\Delta u)\,\mathrm{d}V,$$

亦即

$$\iint_{\Sigma} \left(u\frac{\partial v}{\partial n} - v\frac{\partial u}{\partial n} \right) \mathrm{d}S = \iiint_{T} (u\Delta v - v\Delta u)\,\mathrm{d}V. \tag{12.1.3}$$

$\dfrac{\partial}{\partial n}$ 表示沿边界 Σ 的外法向求导数. (12.1.3)称为**第二格林公式**.

现在讨论带有一定边界条件的泊松方程的求解问题. 泊松方程是

$$\Delta u = f(\boldsymbol{r}) \quad (\boldsymbol{r} \in T), \tag{12.1.4}$$

第一、第二、第三类边界条件可统一地表示为

$$\left[\alpha\frac{\partial u}{\partial n}+\beta u\right]_{\Sigma}=\varphi(M),\tag{12.1.5}$$

其中 $\varphi(M)$ 是区域边界 Σ 上的给定函数. $\alpha=0$，$\beta\neq0$ 为第一类边界条件，$\alpha\neq0$，$\beta=0$ 为第二类边界条件，α、β 都不等于零为第三类边界条件. 泊松方程与第一类边界条件构成的定解问题称为**第一边值问题或狄里希利问题**，与第二类边界条件构成的定解问题称为**第二边值问题或诺依曼问题**，与第三类边界条件构成的定解问题称为**第三边值问题**.

为了研究点源所产生的场，需要找一个能表示点源密度分布的函数. §5.3 中介绍的 δ 函数正是描述一个单位正点量的密度分布函数. 因此，若以 $v(\boldsymbol{r},\boldsymbol{r}_0)$ 表示位于 $\boldsymbol{r}_0$ 点的单位强度的正点源在 $\boldsymbol{r}$ 点产生的场，即 $v(\boldsymbol{r},\boldsymbol{r}_0)$ 应满足方程

$$\Delta v(\boldsymbol{r},\boldsymbol{r}_0)=\delta(\boldsymbol{r}-\boldsymbol{r}_0).\tag{12.1.6}$$

现在，我们利用格林公式导出泊松方程解的积分表示式. 以 $v(\boldsymbol{r},\boldsymbol{r}_0)$ 乘(12.1.4)，$u(\boldsymbol{r})$ 乘(12.1.6)，相减，然后在区域 T 中求积分，得

$$\iiint_T(v\Delta u-u\Delta v)\,\mathrm{d}V=\iiint_T vf\mathrm{d}V-\iiint_T u\delta(\boldsymbol{r}-\boldsymbol{r}_0)\,\mathrm{d}V.\tag{12.1.7}$$

应用格林公式将上式左边的体积分化成面积分. 但是，注意到在 $\boldsymbol{r}=\boldsymbol{r}_0$ 点，Δv 具有 δ 函数的奇异性，格林公式不适用. 解决的办法是先从区域 T 中挖去包含 $\boldsymbol{r}_0$ 的小体积(图 12-1)，例如半径为 ε 的小球 K_ε. 对于剩下的体积，格林公式成立，

$$\begin{aligned}&\iiint_{T-K_\varepsilon}(v\Delta u-u\Delta v)\,\mathrm{d}V\\=&\iint_{\Sigma}\left(v\frac{\partial u}{\partial n}-u\frac{\partial v}{\partial n}\right)\mathrm{d}S+\\&\iint_{\Sigma_\varepsilon}\left(v\frac{\partial u}{\partial n}-u\frac{\partial v}{\partial n}\right)\mathrm{d}S.\end{aligned}\tag{12.1.8}$$

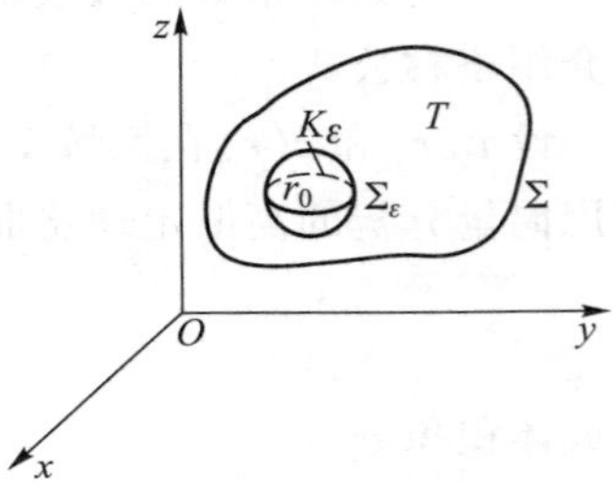

图 12-1

将(12.1.8)代入挖去 K_ε 的(12.1.7)，并注意 $\boldsymbol{r}\neq\boldsymbol{r}_0$，故 $\delta(\boldsymbol{r}-\boldsymbol{r}_0)=0$，于是

$$\iint_{\Sigma}\left(v\frac{\partial u}{\partial n}-u\frac{\partial v}{\partial n}\right)\mathrm{d}S+\iint_{\Sigma_\varepsilon}\left(v\frac{\partial u}{\partial n}-u\frac{\partial v}{\partial n}\right)\mathrm{d}S=\iiint_{T-K_\varepsilon}vf\mathrm{d}V.\tag{12.1.9}$$

当 $|\boldsymbol{r}-\boldsymbol{r}_0|\ll1$，方程(12.1.6)的解 $v(\boldsymbol{r},\boldsymbol{r}_0)\to$ 位于点 $\boldsymbol{r}_0$ 而电荷量为 $-\varepsilon_0$ 的“点电荷”的静电场中的电势，即 $-1/4\pi|\boldsymbol{r}-\boldsymbol{r}_0|$. 令 $\varepsilon\to0$，得

(12.1.9)右边 $\to\iiint_T vf\mathrm{d}V$，

左边的

$$\begin{aligned}\iint_{\Sigma_\varepsilon}v\frac{\partial u}{\partial n}\mathrm{d}S&=\iint_{\Sigma_\varepsilon}\frac{\partial u}{\partial n}\left(-\frac{1}{4\pi}\frac{1}{\varepsilon}\right)\varepsilon^2\mathrm{d}\Omega\\&=-\frac{\varepsilon}{4\pi}\iint_{\Sigma_\varepsilon}\frac{\partial u}{\partial n}\mathrm{d}\Omega=-\varepsilon\left.\frac{\partial u}{\partial n}\right|_{r=r_0}\to0\end{aligned}$$

左边的
$$\iint_{\Sigma_\varepsilon} u\frac{\partial v}{\partial n}\mathrm{d}S = -\iint_{\Sigma_\varepsilon} u\frac{\partial}{\partial r}\left(-\frac{1}{4\pi}\frac{1}{r}\right)\mathrm{d}S = -\frac{1}{4\pi}\iint_{\Sigma_\varepsilon} u\frac{1}{r^2}\cdot r^2\mathrm{d}\Omega$$
$$= -u(\boldsymbol{r}_0).\tag{12.1.10}$$

这样，（12.1.7）成为

$$u(\boldsymbol{r}_0) = \iiint_T v(\boldsymbol{r},\boldsymbol{r}_0)f(\boldsymbol{r})\mathrm{d}V - \iint_\Sigma \left[v(\boldsymbol{r},\boldsymbol{r}_0)\frac{\partial u(\boldsymbol{r})}{\partial n}\right.$$

$$\left. -u(\boldsymbol{r})\frac{\partial v(\boldsymbol{r},\boldsymbol{r}_0)}{\partial n}\right]\mathrm{d}S.\tag{12.1.11}$$

（12.1.11）称为**泊松方程的基本积分公式**.

　　（12.1.11）将（12.1.4）的解 u 用区域 T 上的体积分及其边界上的面积分表示了出来. 那么，能否用（12.1.11）来解决边值问题呢？我们看到，（12.1.11）中需要同时知道 u 及 $\dfrac{\partial u}{\partial n}$ 在边界 Σ 上的值，但是，在第一边值问题中，已知的只是 u 在边界 Σ 上的值；在第二边值问题中，已知的只是 $\dfrac{\partial u}{\partial n}$ 在边界 Σ 上的值. 在第三边值问题中，已知的是 u 和 $\dfrac{\partial u}{\partial n}$ 的一个线性组合在边界 Σ 上的值. 因此，我们还不能直接利用（12.1.11）解决三类边值问题.

　　其实，这里距离问题的解决已经很近了. 原来，对于函数 $v(\boldsymbol{r},\boldsymbol{r}_0)$，我们还只考虑其满足方程（12.1.6）. 如果我们对 $v(\boldsymbol{r},\boldsymbol{r}_0)$ 提出适当的边界条件，则上述困难就得以解决.

　　对于第一边值问题，u 在边界 Σ 上的值是已知的函数 $\varphi(M)$. 如果要求 v 满足齐次的第一类边界条件

$$v|_\Sigma = 0,\tag{12.1.12}$$

则（12.1.11）中含 $\dfrac{\partial u}{\partial n}$ 的一项等于零. 从而不需要知道 $\dfrac{\partial u}{\partial n}$ 在边界 Σ 上的值. 满足方程（12.1.6）及边界条件（12.1.12）的解称为**泊松方程第一边值问题的格林函数**，用 $G(\boldsymbol{r},\boldsymbol{r}_0)$ 表示. 这样，（12.1.11）式成为

$$u(\boldsymbol{r}_0) = \iiint_T G(\boldsymbol{r},\boldsymbol{r}_0)f(\boldsymbol{r})\mathrm{d}V + \iint_\Sigma \varphi(\boldsymbol{r})\frac{\partial G(\boldsymbol{r},\boldsymbol{r}_0)}{\partial n}\mathrm{d}S.\tag{12.1.13}$$

　　对于第三边值问题，令 v 满足齐次的第三类边界条件，

$$\left[\alpha\frac{\partial v}{\partial n}+\beta v\right]_\Sigma = 0.\tag{12.1.14}$$

满足方程（12.1.6）及边界条件（12.1.14）的解称为**泊松方程第三类边值问题的格林函数**，也用 $G(\boldsymbol{r},\boldsymbol{r}_0)$ 表示. 以 $G(\boldsymbol{r},\boldsymbol{r}_0)$ 乘（12.1.5）式两边，得

$$\left[\alpha G\frac{\partial u}{\partial n}+\beta Gu\right]_\Sigma = G\varphi.$$

又以 u 乘（12.1.14），并以 G 代替其中的 v，得

$$\left[\alpha u\,\frac{\partial G}{\partial n}+\beta G u\right]_{\Sigma}=0.$$

将这两式相减，得

$$\alpha\left[G\,\frac{\partial u}{\partial n}-u\,\frac{\partial G}{\partial n}\right]_{\Sigma}=G\varphi.$$

将此式代入(12.1.11)，得

$$u(\boldsymbol{r}_0)=\iiint_T G(\boldsymbol{r},\boldsymbol{r}_0)f(\boldsymbol{r})\,\mathrm{d}V-\frac{1}{\alpha}\iint_{\Sigma}G(\boldsymbol{r},\boldsymbol{r}_0)\varphi(\boldsymbol{r})\,\mathrm{d}S. \tag{12.1.15}$$

至于第二边值问题，表面看来，似乎可以按上述同样的办法来解决，即令 G 为定解问题

$$\Delta G=\delta(\boldsymbol{r}-\boldsymbol{r}_0), \tag{12.1.16}$$

$$\left.\frac{\partial G}{\partial n}\right|_{\Sigma}=0 \tag{12.1.17}$$

的解，而由(12.1.11)得到

$$u(\boldsymbol{r}_0)=\iiint_T G(\boldsymbol{r},\boldsymbol{r}_0)f(\boldsymbol{r})\,\mathrm{d}V-\iint_{\Sigma}G(\boldsymbol{r},\boldsymbol{r}_0)\varphi(\boldsymbol{r})\,\mathrm{d}S. \tag{12.1.18}$$

可是，定解问题(12.1.16)—(12.1.17)的解不存在. 这在物理上是容易理解的：不妨将这个格林函数看作温度分布. 泛定方程(12.1.16)右边的 δ 函数表明在 Σ 所围区域 T 中有一个点热源. 边界条件(12.1.17)表明边界是绝热的. 点热源不停地放出热量. 而热量又不能经由边界散发出去，T 里的温度必然要不停地升高，其分布不可能是稳定的. 解决这个问题需要引入**推广的格林函数**. 对于三维空间，

$$\Delta G=\delta(x-x_0)\delta(y-y_0)\delta(z-z_0)-\frac{1}{V_T},$$

$$\left.\frac{\partial G}{\partial n}\right|_{\Sigma}=0.$$

式中 V_T 是 T 的体积. 对于二维空间，

$$\Delta G=\delta(x-x_0)\delta(y-y_0)-\frac{1}{A_T},$$

$$\left.\frac{\partial G}{\partial n}\right|_{\Sigma}=0.$$

式中 A_T 是 T 的面积，方程右边添加的项是均匀分布的热汇密度，这些热汇的总体恰好吸收了点热源所放出的热量，不多也不少.

(12.1.13)和(12.1.15)的物理解释有一个困难. 公式左边 u 的宗量 $\boldsymbol{r}_0$ 表明观测点在 $\boldsymbol{r}_0$，而右边积分中的 $f(\boldsymbol{r})$ 表示源在 $\boldsymbol{r}$，可是，格林函数 $G(\boldsymbol{r},\boldsymbol{r}_0)$ 所代表的是 $\boldsymbol{r}_0$ 的点源在 $\boldsymbol{r}$ 点产生的场. 这个困难如何解决呢？原来，这个问题里的格林函数具有对称性 $G(\boldsymbol{r},\boldsymbol{r}_0)=G(\boldsymbol{r}_0,\boldsymbol{r})$，将(12.1.13)和(12.1.15)中的 $\boldsymbol{r}$ 和 $\boldsymbol{r}_0$ 对调，并利用格林函数的对称性，(12.1.13)成为

$$u(\boldsymbol{r})=\iiint_{T_0}G(\boldsymbol{r},\boldsymbol{r}_0)f(\boldsymbol{r}_0)\,\mathrm{d}V_0+\iint_{\Sigma_0}\varphi(\boldsymbol{r}_0)\,\frac{\partial G(\boldsymbol{r},\boldsymbol{r}_0)}{\partial n_0}\,\mathrm{d}S_0. \tag{12.1.19}$$

这就是**第一边值问题解的积分表示式**. (12.1.15)成为

$$u(\boldsymbol{r})=\iiint_{T_0} G(\boldsymbol{r},\boldsymbol{r}_0)f(\boldsymbol{r}_0)\,\mathrm{d}V_0 \ -\ \frac{1}{\alpha}\iint_{\Sigma_0} G(\boldsymbol{r},\boldsymbol{r}_0)\varphi(\boldsymbol{r}_0)\,\mathrm{d}S_0. \qquad (12.1.20)$$

这就是**第三边值问题解的积分表示式**.

(12.1.19) 和 (12.1.20) 的物理意义就很清楚了，右边第一个积分表示区域 T 中分布的源 $f(\boldsymbol{r}_0)$ 在 r 点产生的场的总和. 第二个积分则代表边界上的状况对 r 点场的影响的总和. 两项积分中的格林函数相同. 这正说明泊松方程的格林函数是点源在一定的边界条件下所产生的场.

现在来证明格林函数的对称性. 在 T 中任取两个定点 $\boldsymbol{r}_1$ 和 $\boldsymbol{r}_2$. 以这两点为中心，各作半径为 ε 的球面 Σ_1 和 Σ_2. 从 T 挖去 Σ_1 和 Σ_2 所围的球 K_1 和 K_2. 在剩下的区域 $T-K_1-K_2$ 上，$G(\boldsymbol{r},\boldsymbol{r}_1)$ 和 $G(\boldsymbol{r},\boldsymbol{r}_2)$ 并无奇点. 以 $u=G(\boldsymbol{r},\boldsymbol{r}_1)$，$v=G(\boldsymbol{r},\boldsymbol{r}_2)$ 代入格林公式 (12.1.3)

$$\iint_{\Sigma+\Sigma_1+\Sigma_2}\left(u\frac{\partial v}{\partial n}-v\frac{\partial u}{\partial n}\right)\mathrm{d}S = \iiint_{T-K_1-K_2}(u\Delta v-v\Delta u)\,\mathrm{d}V.$$

由于 $G(\boldsymbol{r},\boldsymbol{r}_1)$ 和 $G(\boldsymbol{r},\boldsymbol{r}_2)$ 是调和函数，上式右边为零. 又由于格林函数的边界条件，上式左边 $\iint_{\Sigma}=0$. 这样

$$\iint_{\Sigma_1}\left(u\frac{\partial v}{\partial n}-v\frac{\partial u}{\partial n}\right)\mathrm{d}S + \iint_{\Sigma_2}\left(u\frac{\partial v}{\partial n}-v\frac{\partial u}{\partial n}\right)\mathrm{d}S = 0.$$

令 $\varepsilon\to 0$，上式成为 $0-v(\boldsymbol{r}_1)+u(\boldsymbol{r}_2)-0=0$，即 $G(\boldsymbol{r}_1,\boldsymbol{r}_2)=G(\boldsymbol{r}_2,\boldsymbol{r}_1)$.

对于拉普拉斯方程，即 (12.1.4) 式右边的 $f(\boldsymbol{r})\equiv 0$，这时，我们只要令 (12.1.19) 和 (12.1.20) 两式右边的体积分值等于零，便可得到拉普拉斯方程第一边值问题的解

$$u(\boldsymbol{r})=\iint_{\Sigma_0}\varphi(\boldsymbol{r}_0)\frac{\partial G(\boldsymbol{r},\boldsymbol{r}_0)}{\partial n_0}\mathrm{d}S_0, \qquad (12.1.21)$$

以及第三边值问题的解

$$u(\boldsymbol{r})=-\frac{1}{\alpha}\iint_{\Sigma_0} G(\boldsymbol{r},\boldsymbol{r}_0)\varphi(\boldsymbol{r}_0)\,\mathrm{d}S_0. \qquad (12.1.22)$$

我们看到，借助格林公式，也可利用格林函数方法得到齐次方程定解问题的解.

§12.2 用电像法求格林函数

（一）无界空间的格林函数 基本解

从 §12.1 讨论可知，确定了 G，就能利用积分表示式求得泊松方程边值问题的解. 虽然，求格林函数的问题本身也是边值问题，但这是特殊的边值问题，其求解比一般边值问题简单. 特别是对于无界区域的情形，常常还可以得到有限形式的解. 无界区域的格林函数称为相应方程的**基本解**.

我们将一个一般边值问题的格林函数 G 分成两部分

$$G=G_0+G_1. \qquad (12.2.1)$$

其中 G_0 是基本解. 对于三维泊松方程，即 G_0 满足

$$\Delta G_0=\delta(\boldsymbol{r}-\boldsymbol{r}_0). \qquad (12.2.2)$$

G_1 则满足相应的齐次方程（拉普拉斯方程）

$$\Delta G_1=0 \qquad (12.2.3)$$

及相应的边界条件. 例如在第一边值问题中, $G|_\Sigma = 0$, 从而有

$$G_1|_\Sigma = (G - G_0)|_\Sigma = -G_0|_\Sigma. \tag{12.2.4}$$

拉普拉斯方程(12.2.3)的边值问题的求解是熟知的. 至于方程(12.2.2), 它描述的是位于点 $\boldsymbol{r}_0$ 的点源在无界空间产生的稳定场. 以静电场为例, 它描述位于点 $\boldsymbol{r}_0$ 电荷量为 $-\varepsilon_0$ 的点电荷在无界空间中所产生的电场在 $\boldsymbol{r}$ 点的电势, 即 $G_0 = -1/4\pi|\boldsymbol{r} - \boldsymbol{r}_0|$.

现在再给出(12.2.2)的一种解法. 先假设点源位于坐标原点, 由于区域是无界的, 点源产生的场应与方向无关, 如果选取球坐标 (r, θ, φ), 则 G_0 只是 r 的函数, 方程(12.2.2)变成一个常微分方程, 当 $r \neq 0$ 时, G_0 满足拉普拉斯方程

$$\frac{1}{r^2}\frac{\mathrm{d}}{\mathrm{d}r}\left(r^2\frac{\mathrm{d}G_0}{\mathrm{d}r}\right) = 0, \tag{12.2.5}$$

其解为

$$G_0 = -\frac{C_1}{r} + C_2. \tag{12.2.6}$$

令无穷远处 $G_0 = 0$, 于是 $C_2 = 0$. 为了求出 C_1, 将方程(12.2.2)在包含 $r_0 = 0$ 的区域作体积分, 这个区域可取为以 $r_0 = 0$ 为球心, 半径为 ε 的小球 K_ε, 其边界面为 Σ_ε(参见图 12-1),

$$\iiint\limits_{K_\varepsilon} \Delta G_0 \mathrm{d}V = 1.$$

利用(12.1.3)(令其中的 $u \equiv 1$), 将上式左边体积分化成面积分.

$$\iiint\limits_{K_\varepsilon} \Delta G_0 \mathrm{d}V = \iint\limits_{\Sigma_\varepsilon} \frac{\partial G_0}{\partial r} \mathrm{d}S = \int_0^{2\pi}\int_0^{\pi} \frac{\partial}{\partial r}\left(-\frac{C_1}{r}\right) \cdot r^2\sin\theta\mathrm{d}\theta\mathrm{d}\varphi = 4\pi C_1$$

则 $C_1 = \dfrac{1}{4\pi}$, 从而

$$G_0(r) = -\frac{1}{4\pi}\frac{1}{r}.$$

若电荷位于任意点 $\boldsymbol{r}_0$, 则

$$G_0(\boldsymbol{r}, \boldsymbol{r}_0) = -\frac{1}{4\pi}\frac{1}{|\boldsymbol{r} - \boldsymbol{r}_0|}. \tag{12.2.7}$$

类似地, 用平面极坐标可求得二维泊松方程的基本解

$$G_0(\boldsymbol{r}, \boldsymbol{r}_0) = -\frac{1}{2\pi}\ln\frac{C}{|\boldsymbol{r} - \boldsymbol{r}_0|}. \tag{12.2.8}$$

(二) 用电像法求格林函数

让我们来考虑这样一个物理问题. 设在一接地导体球内的 $M_0(\boldsymbol{r}_0)$ 点放置一带电荷量为 $-\varepsilon_0$ 的点电荷. 则球内电势满足泊松方程

$$\Delta G = \delta(\boldsymbol{r} - \boldsymbol{r}_0), \tag{12.2.9}$$

边界条件是

$$G|_{球面} = 0. \tag{12.2.10}$$

此处 G 便是泊松方程第一边值问题的格林函数. 从电磁学知道, 在接地导体球内放置电荷时, 导体球面上将产生感应电荷. 因此, 球内电势应为球内电荷直接产生的电势与感应电荷所产生的电势之和. 因此, 我们可将 G 写成两部分之和

$$G = G_0 + G_1, \tag{12.2.11}$$

其中 G_0 是不考虑球面边界影响的电势, G_1 则是感应电荷引起的. 由前面的讨论可知, G_0 满足

$$\Delta G_0 = \delta(r-r_0), \tag{12.2.12}$$

而 G_1 满足

$$\Delta G_1 = 0 \tag{12.2.13}$$

以及边界条件

$$G_1\big|_{球面} = (G-G_0)\big|_{球面} = -G_0\big|_{球面}. \tag{12.2.14}$$

这样, G_0 就是基本解, $G_0(r,r_0)=-1/4\pi|r-r_0|$. 至于 G_1 则可从方程 (12.2.13) 及边界条件 (12.2.14) 用分离变数等方法求得. 但这样得到的解往往是无穷级数. 现在介绍另一种方法——**电像法**, 用电像法可以得到有限形式的解.

电像法的基本思想是用另一设想的等效点电荷来代替所有的感应电荷, 于是可求得 G_1 的类似于 G_0 的有限形式的解. 显然, 这一等效点电荷不能位于球内, 因为感应电荷在球内的场满足 (12.2.13), 即球内是无源的. 又根据对称性, 这个等效电荷必位于 OM_0 延长线上的某点 M_1. 记等效电荷的电荷量为 q, 其在空间任意点 $M(r)$ 产生的电势是 $G_1(r,r_1) = -q/4\pi\varepsilon_0|r-r_1|$. 若将场点取在球面上的 P 点, 如图 12-2 所示, 则 $\triangle OPM_0$ 和 $\triangle OM_1P$ 具有公共角 $\angle POM_1$, 如果按比例关系 $r_0: a = a: r_1$ (a 为球的半径) 选定 M_1 (这 M_1 必在球外), 则 $\triangle OPM_0$ 跟 $\triangle OM_1P$ 相似, 从而

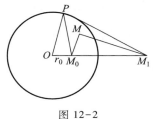

图 12-2

$$\frac{1}{|r-r_0|}\bigg|_{球面上} : \frac{1}{|r-r_1|}\bigg|_{球面上} = \frac{1}{r_0} : \frac{1}{a}.$$

因此, 若取 $q=\varepsilon_0 a/r_0$, 则球面上的总电势是

$$-\frac{1}{4\pi}\frac{1}{|r-r_0|} + \frac{a}{r_0}\frac{1}{4\pi}\frac{1}{|r-r_1|}$$

$$= -\frac{1}{4\pi}\frac{1}{|r-r_1|}\left(\frac{|r-r_1|}{|r-r_0|} - \frac{a}{r_0}\right) = 0.$$

正好满足边界条件 (12.2.10). 这个设想的位于 M_1 点的等效点电荷称为 M_0 点的点电荷的**电像**. 这样, 球内任一点的总电势是

$$G(r,r_0) = -\frac{1}{4\pi}\frac{1}{|r-r_0|} + \frac{a}{r_0}\frac{1}{4\pi}\frac{1}{|r-r_1|}$$

$$= -\frac{1}{4\pi}\frac{1}{|r-r_0|} + \frac{a}{r_0}\frac{1}{4\pi}\frac{1}{\left|r-\dfrac{a^2}{r_0^2}r_0\right|}. \tag{12.2.15}$$

§10.1 例 6 求出球外点电荷的电像 (在球内), 读者不妨将这两种情形的电像加以对比.

若 $M_0(r_0)$ 为圆内的一点, 则圆内泊松方程第一边值问题的格林函数满足

$$\Delta G = \delta(r-r_0), \tag{12.2.16}$$

$$G\big|_{圆周上} = 0. \tag{12.2.17}$$

这个问题也可用电像法求解，结果是

$$G(\boldsymbol{r},\boldsymbol{r}_0) = -\frac{1}{2\pi}\ln\frac{1}{|\boldsymbol{r}-\boldsymbol{r}_0|} + \frac{1}{2\pi}\ln\frac{1}{|\boldsymbol{r}-\boldsymbol{r}_1|} + \frac{1}{2\pi}\ln\frac{a}{r_0}, \tag{12.2.18}$$

式中 a 为圆的半径.

例 1 在球 $r=a$ 内求解拉普拉斯方程的第一边值问题

$$\begin{cases} \Delta_3 u = 0 & (r<a), \\ u\,|_{r=a} = f(\theta,\varphi). \end{cases}$$

解 前面已用电像法求得球的第一边值问题的格林函数

$$G(\boldsymbol{r},\boldsymbol{r}_0) = -\frac{1}{4\pi}\frac{1}{|\boldsymbol{r}-\boldsymbol{r}_0|} + \frac{a}{r_0}\frac{1}{4\pi}\frac{1}{|\boldsymbol{r}-\boldsymbol{r}_1|},$$

将它代入第一边值问题的解的积分公式(12.1.19)就行了.

为了将 $G(\boldsymbol{r},\boldsymbol{r}_0)$ 代入(12.1.19), 还必须先算出 $\left.\dfrac{\partial G}{\partial n_0}\right|_{\Sigma_0}$. 引用球坐标系, 极点就取在球心.

$$\frac{1}{|\boldsymbol{r}-\boldsymbol{r}_0|} = \frac{1}{\sqrt{r^2 - 2rr_0\cos\Theta + r_0^2}}, \tag{12.2.19}$$

其中 Θ 是矢径 $\boldsymbol{r}$ 跟 $\boldsymbol{r}_0$ 之间的夹角,

$$\cos\Theta = \cos\theta\cos\theta_0 + \sin\theta\sin\theta_0\cos(\varphi-\varphi_0).$$

计算法向导数

$$\frac{\partial}{\partial n_0}\frac{1}{|\boldsymbol{r}-\boldsymbol{r}_0|} = \frac{\partial}{\partial r_0}\frac{1}{\sqrt{r^2 - 2rr_0\cos\Theta + r_0^2}}$$

$$= -\frac{r_0 - r\cos\Theta}{(r^2 - 2rr_0\cos\Theta + r_0^2)^{3/2}}$$

分子里的 $\cos\Theta$ 可利用(12.2.19)消去,

$$\left[\frac{\partial}{\partial n_0}\frac{1}{|\boldsymbol{r}-\boldsymbol{r}_0|}\right]_{\Sigma_0} = \left.\frac{r^2 - |\boldsymbol{r}-\boldsymbol{r}_0|^2 - r_0^2}{2r_0|\boldsymbol{r}-\boldsymbol{r}_0|^3}\right|_{r_0=a} = \left.\frac{r^2 - |\boldsymbol{r}-\boldsymbol{r}_0|^2 - a^2}{2a|\boldsymbol{r}-\boldsymbol{r}_0|^3}\right|_{r_0=a}$$

同理,

$$\left[\frac{\partial}{\partial n_0}\left(\frac{a}{r_0}\frac{1}{|\boldsymbol{r}-\boldsymbol{r}_1|}\right)\right]_{\Sigma_0} = \left.\frac{a^3}{r_0^3}\frac{a^2 + |\boldsymbol{r}-\boldsymbol{r}_1|^2 - r^2}{2a|\boldsymbol{r}-\boldsymbol{r}_1|^3}\right|_{r_0=a} - \left.\frac{1}{a|\boldsymbol{r}-\boldsymbol{r}_1|}\right|_{r_0=a}$$

$$= \left.\frac{a^2 - |\boldsymbol{r}-\boldsymbol{r}_0|^2 - r^2}{2a|\boldsymbol{r}-\boldsymbol{r}_0|^3}\right|_{r_0=a}.$$

于是

$$\frac{\partial G}{\partial n_0}\bigg|_{\Sigma_0} = -\frac{1}{4\pi}\frac{r^2-|\boldsymbol{r}-\boldsymbol{r}_0|^2-a^2}{2a|\boldsymbol{r}-\boldsymbol{r}_0|^3}\bigg|_{r_0=a}$$

$$+\frac{1}{4\pi}\frac{a^2-|\boldsymbol{r}-\boldsymbol{r}_0|^2-r^2}{2a|\boldsymbol{r}-\boldsymbol{r}_0|^3}\bigg|_{r_0=a} = \frac{1}{4\pi}\frac{a^2-r^2}{a|\boldsymbol{r}-\boldsymbol{r}_0|^3}\bigg|_{r_0=a}.$$

代入(12.1.19)，得到球的第一边值问题解的积分公式

$$u(r,\theta,\varphi)=\int_{\theta_0=0}^{\pi}\int_{\varphi_0=0}^{2\pi}f(\theta_0,\varphi_0)\frac{1}{4\pi}\frac{a^2-r^2}{a|\boldsymbol{r}-\boldsymbol{r}_0|^3}a^2\sin\theta_0\mathrm{d}\theta_0\mathrm{d}\varphi_0$$

$$=\frac{a}{4\pi}\int_{\theta_0=0}^{\pi}\int_{\varphi_0=0}^{2\pi}f(\theta_0,\varphi_0)\frac{a^2-r^2}{(a^2-2ar\cos\Theta+r^2)^{3/2}}\sin\theta_0\mathrm{d}\theta_0\mathrm{d}\varphi_0 \qquad (12.2.20)$$

这称为**球的泊松积分**.

例2　在半空间 $z>0$ 内求解拉普拉斯方程的第一边值问题

$$\begin{cases}\Delta_3 u=0 & (z>0),\\ u\big|_{z=0}=f(x,y).\end{cases}$$

解　先求格林函数 $G(\boldsymbol{r},\boldsymbol{r}_0)$，

$$\begin{cases}\Delta_3 G=\delta(x-x_0)\delta(y-y_0)\delta(z-z_0),\\ G\big|_{z=0}=0.\end{cases}$$

这相当于接地导体平面 $z=0$ 上方的电势，如图 12-3，在点 $M_0(x_0,y_0,z_0)$ 放置着电荷量为 $-\varepsilon_0$ 的点电荷. 这电势可用电像法求得.

设想在 M_0 的对称点 $M_1(x_0,y_0,-z_0)$ 放置电荷量为 $+\varepsilon_0$ 的点电荷，不难验证，在两个点电荷的电场中，平面 $z=0$ 上的电势确实为零. 在点 M_1 的点电荷就是电像. 格林函数

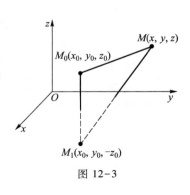

图 12-3

$$G(\boldsymbol{r},\boldsymbol{r}_0)=-\frac{1}{4\pi}\frac{1}{|\boldsymbol{r}-\boldsymbol{r}_0|}+\frac{1}{4\pi}\frac{1}{|\boldsymbol{r}-\boldsymbol{r}_1|}$$

$$=-\frac{1}{4\pi}\frac{1}{\sqrt{(x-x_0)^2+(y-y_0)^2+(z-z_0)^2}}$$

$$+\frac{1}{4\pi}\frac{1}{\sqrt{(x-x_0)^2+(y-y_0)^2+(z+z_0)^2}}.$$

为了将 $G(\boldsymbol{r},\boldsymbol{r}_0)$ 代入第一边值问题的解的积分公式(12.1.19)，需要先计算 $\dfrac{\partial G}{\partial n_0}\bigg|_{z_0=0}$ 即 $-\dfrac{\partial G}{\partial z_0}\bigg|_{z_0=0}$.

$$-\frac{\partial G}{\partial z_0}\bigg|_{z_0=0}=\left[\frac{1}{4\pi}\frac{\partial}{\partial z_0}\frac{1}{\sqrt{(x-x_0)^2+(y-y_0)^2+(z-z_0)^2}}\right.$$

$$\left.-\frac{1}{4\pi}\frac{\partial}{\partial z_0}\frac{1}{\sqrt{(x-x_0)^2+(y-y_0)^2+(z+z_0)^2}}\right]_{z_0=0}$$

$$=\frac{1}{2\pi}\frac{z}{[(x-x_0)^2+(y-y_0)^2+z^2]^{3/2}}.$$

代入(12.1.19)，即得半空间的第一边值问题的解的积分公式

$$u(x,y,z) = \frac{z}{2\pi}\int_{-\infty}^{\infty}\int_{-\infty}^{\infty}f(x_0,y_0)\frac{1}{[(x-x_0)^2+(y-y_0)^2+z^2]^{3/2}}\mathrm{d}x_0\mathrm{d}y_0, \quad (12.2.21)$$

这称为**半空间的泊松积分**.

例 3　在圆 $\rho=a$ 内求解拉普拉斯方程的第一边值问题

$$\begin{cases} \Delta_2 u = 0 & (\rho<a), \\ u\big|_{\rho=a} = f(\varphi). \end{cases}$$

答案

$$u(\rho,\varphi) = \frac{a^2-\rho^2}{2\pi}\int_0^{2\pi}\frac{1}{a^2-2a\rho\cos(\varphi-\varphi_0)+\rho^2}f(\varphi_0)\mathrm{d}\varphi_0. \quad (12.2.22)$$

例 4　在半平面 $y>0$ 内求解拉普拉斯方程的第一边值问题

$$\begin{cases} \Delta_2 u = 0 & (y>0), \\ u\big|_{y=0} = f(x). \end{cases}$$

答案

$$u(x,y) = \frac{y}{\pi}\int_{-\infty}^{\infty}\frac{1}{(x-x_0)^2+y^2}f(x_0)\mathrm{d}x_0. \quad (12.2.23)$$

习　　题

1. 在圆 $\rho=a$ 内求解拉普拉斯方程的第一边值问题 $\Delta_2 u=0(\rho<a)$，$u\big|_{\rho=a}=f(\varphi)$.

2. 在半平面 $y>0$ 内求解拉普拉斯方程的第一边值问题 $\Delta_2 u=0(y>0)$，$u\big|_{y=0}=f(x)$.

3. 在圆形域 $\rho\leqslant a$ 上求解 $\Delta u=0$ 使满足边界条件①$u\big|_{\rho=a}=A\cos\varphi$，②$u\big|_{\rho=a}=A+B\sin\varphi$.

4. 对于一般的 $f(\varphi)$，积分公式(12.2.22)里的积分可能不那么容易计算. 试将 $1/[a^2-2a\rho\cos(\varphi-\varphi_0)+\rho^2]$ 展开为傅里叶级数，然后逐项积分.

作为对照，再用分离变量法求解圆内的第一边值问题.

5. 试求层状空间 $0<z<H$ 第一边值问题的格林函数.

§12.3　含时间的格林函数

§12.1—§12.2 讨论的是稳定场问题的格林函数方法. 对于波动与输运这类含时间的问题，同样可以运用格林函数方法求解. 本节以波动问题为例介绍含时间的格林函数，并导出波动方程定解问题的积分表达式；对于输运问题，亦给出相应的结果.

一般强迫振动的定解问题是

$$u_{tt} - a^2\Delta u = f(\boldsymbol{r},t), \quad (12.3.1)$$

$$\left(\alpha\frac{\partial u}{\partial n} + \beta u\right)\Big|_{\Sigma} = \theta(M,t), \quad (12.3.2)$$

$$u\big|_{t=0} = \varphi(\boldsymbol{r}), \quad u_t\big|_{t=0} = \psi(\boldsymbol{r}). \quad (12.3.3)$$

§5.3 中曾指出，持续作用的力 $f(\boldsymbol{r},t)$ 可看作是前后相继的脉冲力 $f(\boldsymbol{r},\tau)\delta(t-\tau)\mathrm{d}\tau$ 的叠

加. 现在我们再进一步将一个个连续分布于空间的脉冲力看作是鳞次栉比排列在许许多多空间
点上的力的叠加. 总之, 将持续作用的连续分布力 $f(\boldsymbol{r},t)$ 看作是许许多多脉冲点力的叠加

$$f(\boldsymbol{r},t)=\iiint_T\int_t f(\boldsymbol{r}_0,\tau)\delta(\boldsymbol{r}-\boldsymbol{r}_0)\delta(t-\tau)\mathrm{d}V_0\mathrm{d}\tau. \tag{12.3.4}$$

将单位脉冲点力所引起的振动记作 $G(\boldsymbol{r},t;\boldsymbol{r}_0,t_0)$, 称之为波动问题的格林函数. 求得了 G, 就
可用叠加的方法求出任意力 $f(\boldsymbol{r},t)$ 所引起的振动. G 所满足的定解问题是

$$G_{tt}-a^2\Delta G=\delta(\boldsymbol{r}-\boldsymbol{r}_0)\delta(t-t_0), \tag{12.3.5}$$

$$\left(\alpha\frac{\partial G}{\partial n}+\beta G\right)\Big|_\Sigma=0, \tag{12.3.6}$$

$$G\big|_{t=0}=0, \quad G_t\big|_{t=0}=0. \tag{12.3.7}$$

我们可以用类似于求解泊松方程的方法求得定解问题 (12.3.1)—(12.3.3) 的解的积分表
达式. 需注意的是含时间的格林函数的对称性不同于泊松方程格林函数的对称性.

$$G(\boldsymbol{r},t;\boldsymbol{r}_0,t_0)=G(\boldsymbol{r}_0,-t_0;\boldsymbol{r},-t). \tag{12.3.8}$$

现在证明对称关系 (12.3.8). 在定解问题 (12.3.5)—(12.3.7) 中将变量 t, $\boldsymbol{r}_0$, t_0 分别换为 $-t$, $\boldsymbol{r}_1$, $-t_1$,
而成为

$$G_{tt}(\boldsymbol{r},-t;\boldsymbol{r}_1,-t_1)-a^2\Delta G(\boldsymbol{r},-t;\boldsymbol{r}_1,-t_1)=\delta(\boldsymbol{r}-\boldsymbol{r}_1)\delta(t-t_1), \tag{12.3.9}$$

$$\left[\alpha\frac{\partial G(\boldsymbol{r},-t;\boldsymbol{r}_1,-t_1)}{\partial n}+\beta G(\boldsymbol{r},-t;\boldsymbol{r}_1,-t_1)\right]\Big|_\Sigma=0, \tag{12.3.10}$$

$$G(\boldsymbol{r},-t;\boldsymbol{r}_1,-t_1)\big|_{t=0}=0, \quad G_t(\boldsymbol{r},-t;\boldsymbol{r}_1,-t_1)\big|_{t=0}=0. \tag{12.3.11}$$

以 $G(\boldsymbol{r},-t;\boldsymbol{r}_1,-t_1)$ 乘方程 (12.3.5). 同时以 $G(\boldsymbol{r},t;\boldsymbol{r}_0,t_0)$ 乘方程 (12.3.9), 相减, 再对 $\boldsymbol{r}$ 在区域 T 在上积分,
同时对 t 在区间 $(-\infty,t']$ (其中 $t'>t_0$ 和 t_1) 上积分, 得

$$\iiint_T\int_{-\infty}^{t'}[G_{tt}(\boldsymbol{r},t;\boldsymbol{r}_0,t_0)G(\boldsymbol{r},-t;\boldsymbol{r}_1,-t_1)-G_{tt}(\boldsymbol{r},-t;\boldsymbol{r}_1,-t_1)G(\boldsymbol{r},t;\boldsymbol{r}_0,t_0)$$
$$-a^2\Delta G(\boldsymbol{r},t;\boldsymbol{r}_0,t_0)G(\boldsymbol{r},-t;\boldsymbol{r}_1,-t_1)+a^2\Delta G(\boldsymbol{r},-t;\boldsymbol{r}_1,-t_1)G(\boldsymbol{r},t;\boldsymbol{r}_0,t_0)]\mathrm{d}V\mathrm{d}t$$
$$=G(\boldsymbol{r}_0,-t_0;\boldsymbol{r}_1,-t_1)-G(\boldsymbol{r}_1,t_1;\boldsymbol{r}_0,t_0). \tag{12.3.12}$$

利用第二格林公式 (12.1.3) 上式左端成为

$$\iiint_T[G_t(\boldsymbol{r},t;\boldsymbol{r}_0,t_0)G(\boldsymbol{r},-t;\boldsymbol{r}_1,-t_1)-G_t(\boldsymbol{r},-t;\boldsymbol{r}_1,-t_1)G(\boldsymbol{r},t;\boldsymbol{r}_0,t_0)]\Big|_{t=-\infty}^{t=t'}\mathrm{d}V$$

$$+a^2\int_{-\infty}^{t'}\iint_\Sigma\left[G(\boldsymbol{r},t;\boldsymbol{r}_0,t_0)\frac{\partial}{\partial n}G(\boldsymbol{r},-t;\boldsymbol{r}_1,-t_1)-G(\boldsymbol{r},-t;\boldsymbol{r}_1,-t_1)\frac{\partial}{\partial n}G(\boldsymbol{r},t;\boldsymbol{r}_0,t_0)\right]\mathrm{d}S\mathrm{d}t.$$

由定解条件 (12.3.6)—(12.3.7) 及 (12.3.10)—(12.3.11) 可以看出, 上式为零, 从而 (12.3.12) 右端也为零.
于是有对称关系 (12.3.8).

现在推导定解问题 (12.3.1)—(12.3.3) 解的积分表达式. 考虑到关系式 (12.3.8) 中时间
变量 t 与 t_0 不能像空间变量那样简单地对调, 我们先将定解问题 (12.3.1)—(12.3.3) 中的 $\boldsymbol{r}$, t
换为 $\boldsymbol{r}_0$, t_0,

$$u_{t_0t_0}(\boldsymbol{r}_0,t_0)-a^2\Delta_0 u(\boldsymbol{r}_0,t_0)=f(\boldsymbol{r}_0,t_0), \tag{12.3.13}$$

$$\left[\alpha\frac{\partial u(\boldsymbol{r}_0,t_0)}{\partial n_0}+\beta u(\boldsymbol{r}_0,t_0)\right]\Big|_{\Sigma_0}=\theta(M_0,t_0), \tag{12.3.14}$$

$$u(\boldsymbol{r}_0,t_0)\big|_{t_0=0}=\varphi(\boldsymbol{r}_0)\,,\quad u_{t_0}(\boldsymbol{r}_0,t_0)\big|_{t_0=0}=\psi(\boldsymbol{r}_0)\,. \tag{12.3.15}$$

将方程（12.3.5）中的 $\boldsymbol{r}$ 与 $\boldsymbol{r}_0$ 互换，同时将 t 及 t_0 分别换为 $-t_0$ 及 $-t$，并利用对称关系（12.3.8），得

$$G_{t_0t_0}(\boldsymbol{r},t;\boldsymbol{r}_0,t_0)-a^2\Delta_0 G(\boldsymbol{r},t;\boldsymbol{r}_0,t_0)=\delta(\boldsymbol{r}-\boldsymbol{r}_0)\delta(t-t_0)\,, \tag{12.3.16}$$

以 $G(\boldsymbol{r},t;\boldsymbol{r}_0,t_0)$ 乘方程（12.3.13），以 $u(\boldsymbol{r}_0,t_0)$ 乘方程（12.3.16），相减，再对 $\boldsymbol{r}_0$ 在区域 T_0 上积分，同时对 t_0 在 $[0,t+\varepsilon]$ 上积分，并利用第二格林公式及初始条件（12.3.15）及（12.3.7），可得

$$\iiint_{T_0}\int_0^{t+\varepsilon}(Gu_{t_0t_0}-uG_{t_0t_0})\,\mathrm{d}V_0\mathrm{d}t_0-a^2\iiint_{T_0}\int_0^{t+\varepsilon}(G\Delta_0 u-u\Delta_0 G)\,\mathrm{d}V_0\mathrm{d}t_0$$

$$=\iiint_{T_0}\int_0^{t+\varepsilon}G(\boldsymbol{r},t;\boldsymbol{r}_0,t_0)f(\boldsymbol{r}_0,t_0)\,\mathrm{d}V_0\mathrm{d}t_0-\iiint_{T_0}\int_0^{t+\varepsilon}u\delta(\boldsymbol{r}-\boldsymbol{r}_0)\delta(t-t_0)\,\mathrm{d}V_0\mathrm{d}t_0\,.$$

$$\tag{12.3.17}$$

其中 $\varepsilon>0$，积分后取 $\varepsilon\rightarrow0$，引入 ε 是为了使含 $\delta(t-t_0)$ 的积分值确定（积分区间包含 $t_0=t$ 在内），于是可得

$$u(\boldsymbol{r},t)=\iiint_{T_0}\int_0^{t+\varepsilon}G(\boldsymbol{r},t;\boldsymbol{r}_0,t_0)f(\boldsymbol{r}_0,t_0)\,\mathrm{d}V_0\mathrm{d}t_0-\iiint_{T_0}\int_0^{t+\varepsilon}(Gu_{t_0t_0}-uG_{t_0t_0})\,\mathrm{d}V_0\mathrm{d}t_0\,+$$

$$a^2\iiint_{T_0}\int_0^{t+\varepsilon}(G\Delta_0 u-u\Delta_0 G)\,\mathrm{d}V_0\mathrm{d}t_0\,. \tag{12.3.18}$$

右边第二个积分中 $Gu_{t_0t_0}-uG_{t_0t_0}=\mathrm{d}(Gu_{t_0}-uG_{t_0})/\mathrm{d}t_0$ 因此，可完成对 t_0 的积分，计及 $t<t_0$ 时 $G=0$，$G_{t_0}=0$，这样得到

$$u(\boldsymbol{r},t)=\iiint_{T_0}\int_0^t G(\boldsymbol{r},t;\boldsymbol{r}_0,t_0)f(\boldsymbol{r}_0,t_0)\,\mathrm{d}V_0\mathrm{d}t_0+a^2\iint_{\Sigma_0}\int_0^t\left(G\frac{\partial u}{\partial n_0}-u\frac{\partial G}{\partial n_0}\right)\mathrm{d}S_0\mathrm{d}t_0\,+$$

$$\iiint_{T_0}\big[Gu_{t_0}-uG_{t_0}\big]\big|_{t_0=0}\,\mathrm{d}V_0\,. \tag{12.3.19}$$

对于不同类型的边界条件，可令 G 满足相应的齐次边界条件，从而得到适用于不同边界条件的以 G 表示的解的积分表达式.

对于输运问题，

$$u_t-a^2\Delta u=f(\boldsymbol{r},t)\,, \tag{12.3.20}$$

$$\left[\alpha\frac{\partial u}{\partial n}+\beta u\right]\bigg|_\Sigma=\theta(M,t)\,, \tag{12.3.21}$$

$$u\big|_{t=0}=\varphi(\boldsymbol{r})\,. \tag{12.3.22}$$

将在时空持续作用的外源 $f(\boldsymbol{r},t)$ 看作是许多脉冲点源的叠加

$$f(\boldsymbol{r},t)=\iiint_{T_0}\int_t f(\boldsymbol{r}_0,\tau)\delta(\boldsymbol{r}-\boldsymbol{r}_0)\delta(t-\tau)\,\mathrm{d}V_0\mathrm{d}\tau\,. \tag{12.3.23}$$

将单位脉冲点源所引起的场记作 $G(\boldsymbol{r},t;\boldsymbol{r}_0,t_0)$，称之为输运问题的格林函数. 求得了 G，就可用叠加的方法求出任意外源 $f(\boldsymbol{r},t)$ 所引起的场分布. G 所满足的定解问题是

$$G_t - a^2 \Delta G = \delta(\boldsymbol{r} - \boldsymbol{r}_0)\delta(t - t_0), \tag{12.3.24}$$

$$\left(\alpha\frac{\partial G}{\partial n} + \beta G\right)\bigg|_{\Sigma} = 0, \tag{12.3.25}$$

$$G\big|_{t=0} = 0. \tag{12.3.26}$$

为了导出定解问题(12.3.20)—(12.3.22)解的积分表达式,先将定解问题(12.3.20)—(12.3.22)中的 $\boldsymbol{r}$, t 换为 $\boldsymbol{r}_0$, t_0,

$$u_{t_0}(\boldsymbol{r}_0, t_0) - a^2\Delta_0 u(\boldsymbol{r}_0, t_0) = f(\boldsymbol{r}_0, t_0), \tag{12.3.27}$$

$$\left[\alpha\frac{\partial u(\boldsymbol{r}_0, t_0)}{\partial n_0} + \beta u(\boldsymbol{r}_0, t_0)\right]\bigg|_{\Sigma_0} = \theta(M_0, t_0), \tag{12.3.28}$$

$$u(\boldsymbol{r}_0, t_0)\big|_{t_0=0} = \varphi(\boldsymbol{r}_0). \tag{12.3.29}$$

将方程(12.3.24)中的 $\boldsymbol{r}$ 与 $\boldsymbol{r}_0$ 互换,同时将 t 及 t_0 分别换为 $-t_0$ 及 $-t$,并利用对称关系(12.3.8),得

$$-G_{t_0}(\boldsymbol{r}, t; \boldsymbol{r}_0, t_0) - a^2\Delta_0 G(\boldsymbol{r}, t; \boldsymbol{r}_0, t_0) = \delta(\boldsymbol{r} - \boldsymbol{r}_0)\delta(t - t_0), \tag{12.3.30}$$

G_{t_0} 前的负号是由于用 $-t_0$ 代替 t 引起的.

以 $G(\boldsymbol{r}, t; \boldsymbol{r}_0, t_0)$ 乘方程(12.3.27),以 $u(\boldsymbol{r}_0, t_0)$ 乘方程(12.3.30),相减,再对 $\boldsymbol{r}_0$ 在区域 T_0 上积分,同时对 t_0 在 $[0, t+\varepsilon]$ 上积分,并利用第二格林公式以及初始条件(12.3.29)及(12.3.26),可得

$$u(\boldsymbol{r}, t) = \iiint_{T_0}\int_0^{t+\varepsilon} G(\boldsymbol{r}, t; \boldsymbol{r}_0, t_0)f(\boldsymbol{r}_0, t_0)\,\mathrm{d}V_0\mathrm{d}t_0 + a^2\iiint_{T_0}\int_0^{t+\varepsilon}(G\Delta_0 u - u\Delta_0 G)\,\mathrm{d}V_0\mathrm{d}t_0 -$$

$$\iiint_{T_0}\int_0^{t+\varepsilon}\frac{\partial}{\partial t_0}(Gu)\,\mathrm{d}V_0\mathrm{d}t_0. \tag{12.3.31}$$

在上式右边第三个积分中,完成对 t_0 的积分,计及 $t < t_0$ 时 $G = 0$,这样得到

$$u(\boldsymbol{r}, t) = \iiint_{T_0}\int_0^t G(\boldsymbol{r}, t; \boldsymbol{r}_0, t_0)f(\boldsymbol{r}_0, t_0)\,\mathrm{d}V_0\mathrm{d}t_0 + a^2\iint_{\Sigma_0}\int_0^t\left(G\frac{\partial u}{\partial n_0} - u\frac{\partial G}{\partial n_0}\right)\mathrm{d}S_0\mathrm{d}t_0 + \iiint_{T_0}(Gu)_{t_0=0}\mathrm{d}V_0.$$

$$\tag{12.3.32}$$

同样,对于不同类型的边界条件,可令 G 满足相应的齐次边界条件,从而得到适用于不同边界条件的输运问题解的积分表达式.

§12.4　用冲量定理法求格林函数

§12.3 给出了以格林函数表示的波动方程与输运方程解的积分表式.然而,只有求出格林函数,才能利用积分表达式最终确定问题的解,本节将通过几个例子介绍怎样用冲量定理法求格林函数,以及格林函数在求解波动问题及输运问题中的应用.

例1　求解一维无界空间中的受迫振动

$$u_{tt} - a^2 u_{xx} = f(x, t),$$

$$u\big|_{t=0} = 0, \quad u_t\big|_{t=0} = 0.$$

解 这个问题的格林函数 G 满足定解问题

$$G_{tt} - a^2 G_{xx} = \delta(x-\xi)\delta(t-\tau),$$

$$G\big|_{t=0} = 0, \quad G_t\big|_{t=0} = 0.$$

按照冲量定理方法，G 的定解问题可以转化为

$$G_{tt} - a^2 G_{xx} = 0,$$

$$G\big|_{t=\tau+0} = 0, \quad G_t\big|_{t=\tau+0} = \delta(x-\xi).$$

这个定解问题的解由达朗贝尔公式(7.4.7)给出，只是其中的 t 在这里应换为 $t-\tau$,

$$G(x,t;\xi,\tau) = \frac{1}{2a}\int_{x+a(t-\tau)}^{x-a(t-\tau)} \delta(\xi_0 - \xi)\,\mathrm{d}\xi_0$$

$$= \begin{cases} 0 & [\xi < x - a(t-\tau) \text{ 或 } x + a(t-\tau) < \xi], \\ \dfrac{1}{2a} & [x - a(t-\tau) < \xi < x + a(t-\tau)]. \end{cases}$$

按(12.3.19)，u 的解是

$$u(x,t) = \int_{\tau=0}^{t}\int_{\xi=x-a(t-\tau)}^{x+a(t-\tau)} \frac{1}{2a}f(\xi,\tau)\,\mathrm{d}\xi\mathrm{d}\tau.$$

例 2 求解定解问题

$$u_{tt} - a^2 u_{xx} = A\cos\frac{\pi x}{l}\sin\omega t,$$

$$u_x\big|_{x=0} = 0, \quad u_x\big|_{x=l} = 0,$$

$$u\big|_{t=0} = 0, \quad u_t\big|_{t=0} = 0.$$

解 格林函数 G 满足

$$G_{tt} - a^2 G_{xx} = \delta(x-\xi)\delta(t-\tau),$$

$$G_x\big|_{x=0} = 0, \quad G_x\big|_{x=l} = 0,$$

$$G\big|_{t=0} = 0, \quad G_t\big|_{t=0} = 0.$$

按冲量定理，这个问题可转化为

$$G_{tt} - a^2 G_{xx} = 0,$$

$$G_x\big|_{x=0} = 0, \quad G_x\big|_{x=l} = 0,$$

$$G\big|_{t=\tau+0} = 0, \quad G_t\big|_{t=\tau+0} = \delta(x-\xi).$$

利用分离变数法，可求得

$$G(x,t;\xi,\tau) = \frac{1}{l}(t-\tau) + \frac{2}{\pi a}\sum_{n=1}^{\infty}\frac{1}{n}\sin\frac{n\pi a(t-\tau)}{l}\cdot\cos\frac{n\pi\xi}{l}\cos\frac{n\pi x}{l}.$$

以此代入(12.3.19)，得

$$u(x,t) = \int_{\tau=0}^{t}\int_{\xi=0}^{l} f(\xi,\tau)G(x,t;\xi,\tau)\,\mathrm{d}\xi\mathrm{d}\tau$$

$$= \frac{1}{l}\int_{\tau=0}^{t}\int_{\xi=0}^{l}(t-\tau)A\cos\frac{\pi\xi}{l}\sin\omega\tau\,\mathrm{d}\xi\mathrm{d}\tau + \frac{2A}{\pi a}\sum_{n=1}^{\infty}\frac{1}{n}\cos\frac{n\pi x}{l}\times$$

$$\int_{\tau=0}^{t}\int_{\xi=0}^{l}\cos\frac{\pi\xi}{l}\sin\omega\tau\sin\frac{n\pi a(t-\tau)}{l}\cos\frac{n\pi\xi}{l}\,\mathrm{d}\xi\mathrm{d}\tau.$$

$$= \frac{2A}{\pi a} \sum_{n=1}^{\infty} \frac{1}{n} \cos \frac{n\pi x}{l} \int_{\xi=0}^{l} \cos \frac{\pi \xi}{l} \cos \frac{n\pi \xi}{l} d\xi \times$$

$$\int_{\tau=0}^{t} \sin \omega\tau \sin \frac{n\pi a(t-\tau)}{l} d\tau.$$

对 ξ 的积分，除 $n=1$ 外，其他均等于零，对于 $n=1$，这个积分等于 $l/2$. 于是，

$$u(x,t) = \frac{Al}{\pi a} \cos \frac{\pi x}{l} \int_{\tau=0}^{t} \sin \omega\tau \sin \frac{\pi a(t-\tau)}{l} d\tau$$

$$= \frac{Al}{\pi a} \frac{1}{\omega^2 - \pi^2 a^2/l^2} \left(\omega \sin \frac{\pi at}{l} - \frac{\pi a}{l} \sin \omega t \right) \cos \frac{\pi x}{l}.$$

例 3　求解一维无界空间的有源输运问题

$$u_t - a^2 u_{xx} = f(x,t),$$

$$u \big|_{t=0} = 0.$$

解　格林函数 G 满足定解问题

$$G_t - a^2 G_{xx} = \delta(x-\xi)\delta(t-\tau),$$

$$G \big|_{t=0} = 0.$$

这个问题可以转化为

$$G_t - a^2 G_{xx} = 0,$$

$$G \big|_{t=\tau+0} = \delta(x-\xi).$$

这个定解问题的解可引用 § 13.1 例 2 的结果，只是那里的 t 在这里应换为 $t-\tau$. 于是，得到**无界空间输运问题的格林函数**

$$G(x,t;\xi,\tau) = \int_{-\infty}^{\infty} \delta(x_0 - \xi) \left[\frac{1}{2a\sqrt{\pi(t-\tau)}} e^{-\frac{(x-x_0)^2}{4a^2(t-\tau)}} \right] dx_0$$

$$= \frac{1}{2a\sqrt{\pi(t-\tau)}} e^{-(x-\xi)^2/4a^2(t-\tau)}. \tag{12.4.1}$$

从而所求的解

$$u(x,t) = \int_{\tau=0}^{t} \int_{\xi=-\infty}^{\infty} f(\xi,\tau) \left[\frac{1}{2a\sqrt{\pi(t-\tau)}} e^{-\frac{(x-\xi)^2}{4a^2(t-\tau)}} \right] d\xi d\tau.$$

图 12-4 描画了一系列给定时刻的格林函数 $G(x,t;\xi,\tau)$，图中所注的 θ 指 $a^2(t-\tau)$，实际上就代表着时间. 这些都是**高斯函数**（附录三）曲线，点热源所在处$(x-\xi=0)$温度取峰值. 对于较早的时刻（θ 较小），峰较高而两侧较陡. 时间越迟，峰越低而两侧越平缓. 使人惊异的是，不论距离点热源多远（不论$|x-\xi|$多大），瞬时热源刚刚作用之后（t 刚刚超过 τ），温度就不为零（$G \neq 0$）. 这是说，热竟然"即时地"传到一切地点，传播速度为无限大，但无限大的传播速度是不可能的. 问题出在哪里？原来，导出热传导方程所根据的热传导定律 $\boldsymbol{q} = -k\nabla u$（或者，导出扩散方程所根据的扩散定律 $\boldsymbol{q} = -D\nabla u$）是一种统计规律，完全没有考虑分子运动的惯性，而正是这惯性使传播速度不能无限大. 不过，只要 $t-\tau$ 不是很小，统计规律已起作用，所求得的解在物理上还是成立的.

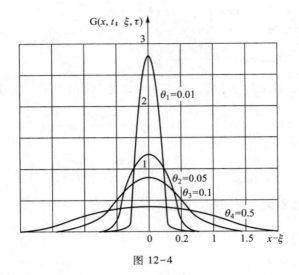

图 12-4

例 4   求解一维半无界空间 $x>0$ 的有源输运问题(第一类齐次边界条件),

$$\begin{cases} u_t - a^2 u_{xx} = f(x,t) & (x>0), \\ u\big|_{x=0} = 0, \\ u\big|_{t=0} = 0. \end{cases}$$

解   因为是第一类齐次边界条件,应将问题奇延拓到 $x<0$ 的半空间中去.于是,

$$\begin{cases} u_t - a^2 u_{xx} = \begin{cases} f(x,t) & (x>0), \\ -f(-x,t) & (x<0), \end{cases} \\ u\big|_{t=0} = 0. \end{cases}$$

引用例 3 的结果,得

$$u(x,t) = \int_{\tau=0}^{t} \int_{\xi=-\infty}^{0} -f(-\xi,\tau) \frac{1}{2a\sqrt{\pi(t-\tau)}} e^{-\frac{(x-\xi)^2}{4a^2(t-\tau)}} \mathrm{d}\xi \mathrm{d}\tau +$$

$$\int_{\tau=0}^{t} \int_{\xi=0}^{\infty} f(\xi,\tau) \frac{1}{2a\sqrt{\pi(t-\tau)}} e^{-\frac{(x-\xi)^2}{4a^2(t-\tau)}} \mathrm{d}\xi \mathrm{d}\tau. \tag{12.4.2}$$

在(12.4.2)右边第一个积分中,令 $\xi=-x_0$,则这个积分

$$= \int_{\tau=0}^{t} \int_{x_0=\infty}^{0} -f(x_0,\tau) \frac{1}{2a\sqrt{\pi(t-\tau)}} e^{-\frac{(x+x_0)^2}{4a^2(t-\tau)}} (-\mathrm{d}x_0) \mathrm{d}\tau.$$

定积分的值跟积分变量无关,再将积分变量 x_0 全部改写为 ξ,则这第一个积分

$$= -\int_{\tau=0}^{t} \int_{\xi=0}^{\infty} f(\xi,\tau) \frac{1}{2a\sqrt{\pi(t-\tau)}} e^{-\frac{(x+\xi)^2}{4a^2(t-\tau)}} \mathrm{d}\xi \mathrm{d}\tau.$$

这样,(12.4.2)成为

$$u(x,t) = \int_{\tau=0}^{t} \int_{\xi=0}^{\infty} f(\xi,\tau) \left[\frac{1}{2a\sqrt{\pi(t-\tau)}} \times \left(e^{-\frac{(x-\xi)^2}{4a^2(t-\tau)}} - e^{-\frac{(x+\xi)^2}{4a^2(t-\tau)}} \right) \right] \mathrm{d}\xi \mathrm{d}\tau.$$

上式的[   ]里可说就是第一类齐次边界条件下,一维半无界空间 $x>0$ 中的输运问题的**格**

林函数 $G(x,t;\xi,\tau)$,

$$G(x,t;\xi,\tau)=\frac{1}{2a\sqrt{\pi(t-\tau)}}\left(\mathrm{e}^{-\frac{(x-\xi)^2}{4a^2(t-\tau)}}-\mathrm{e}^{-\frac{(x+\xi)^2}{4a^2(t-\tau)}}\right).\qquad(12.4.3)$$

例 5　求解一维半无界空间 $x>0$ 的有源输运问题(第二类齐次边界条件),

$$\begin{cases}u_t-a^2u_{xx}=f(x,t)&(x>0),\\u_x\big|_{x=0}=0,\\u\big|_{t=0}=0.\end{cases}$$

解　因为是第二类齐次边界条件,应将问题偶延拓到 $x<0$ 的半空间中去. 于是,

$$\begin{cases}u_t-a^2u_{xx}=\begin{cases}f(x,t)&(x>0),\\f(-x,t)&(x<0),\end{cases}\\u\big|_{t=0}=0.\end{cases}$$

引用例 3 的结果,得

$$u(x,t)=\int_{\tau=0}^{t}\int_{\xi=-\infty}^{0}f(-\xi,\tau)\frac{1}{2a\sqrt{\pi(t-\tau)}}\mathrm{e}^{-\frac{(x-\xi)^2}{4a^2(t-\tau)}}\mathrm{d}\xi\mathrm{d}\tau+$$

$$\int_{\tau=0}^{t}\int_{\xi=0}^{\infty}f(\xi,\tau)\frac{1}{2a\sqrt{\pi(t-\tau)}}\mathrm{e}^{-\frac{(x-\xi)^2}{4a^2(t-\tau)}}\mathrm{d}\xi\mathrm{d}\tau.\qquad(12.4.4)$$

在(12.4.4)右边第一个积分中,令 $\xi=-x_0$,再将 x_0 改记作 ξ,则(12.4.4)成为

$$u(x,t)=\int_{\tau=0}^{t}\int_{\xi=0}^{\infty}f(\xi,\tau)\left[\frac{1}{2a\sqrt{\pi(t-\tau)}}\times\right.$$

$$\left.\left(\mathrm{e}^{-\frac{(x-\xi)^2}{4a^2(t-\tau)}}+\mathrm{e}^{-\frac{(x+\xi)^2}{4a^2(t-\tau)}}\right)\right]\mathrm{d}\xi\mathrm{d}\tau.$$

上式的[　]里可说就是第二类齐次边界条件下,一维半无界空间 $x>0$ 中的输运问题的**格林函数** $G(x,t;\xi,\tau)$,

$$G(x,t;\xi,\tau)=\frac{1}{2a\sqrt{\pi(t-\tau)}}\left(\mathrm{e}^{-\frac{(x-\xi)^2}{4a^2(t-\tau)}}+\mathrm{e}^{-\frac{(x+\xi)^2}{4a^2(t-\tau)}}\right).\qquad(12.4.5)$$

习　　题

1. 两端固定的弦在线密度为 $\rho f(x,t)=\rho\Phi(x)\sin\omega t$ 的横向力作用下振动. 求解其振动情况. 研究共振的可能性,并求共振时的解.

2. 两端固定的弦在点 x_0 受谐变力 $\rho f(t)=\rho f_0\sin\omega t$ 作用而振动,求解振动情况.

3. 长为 l 的均匀细导线,每单位长的电阻为 R,通过恒定的电流 I,导线表面跟周围温度为零度的介质进行热量交换. 试求解导线上的温度变化. 设初始温度和导线两端温度都是零度.

4. 求解一维半无界空间的输运问题 $u_t-a^2u_{xx}=0$,　$u\big|_{x=0}=At$,　$u\big|_{t=0}=0$.

5. 在一维半无界空间中求解 $u_t-a^2u_{xx}=0$,　$u\big|_{x=0}=f(t)$,　$u\big|_{t=0}=\varphi(x)$.

6. 在一维半无界空间中求解 $u_t-a^2u_{xx}=0$,　$u_x\big|_{x=0}=q(t)$,　$u\big|_{t=0}=0$.

*§12.5 推广的格林公式及其应用

将格林公式加以推广，可以应用于各种类型的数学物理方程．为简便起见，本节只讨论两个自变量的情形．至于多变量的情形，处理方法是类似的，对某些不同的地方将作简略说明．

两个自变数的二阶线性偏微分方程

$$a_{11}u_{xx} + 2a_{12}u_{xy} + a_{22}u_{yy} + b_1u_x + b_2u_y + cu = 0,$$

可记作 $\mathbf{L}u = 0$，$\mathbf{L}$ 是算符

$$\mathbf{L} = a_{11}\frac{\partial^2}{\partial x^2} + 2a_{12}\frac{\partial^2}{\partial x \partial y} + a_{22}\frac{\partial^2}{\partial y^2} + b_1\frac{\partial}{\partial x} + b_2\frac{\partial}{\partial y} + c. \tag{12.5.1}$$

设有两个算符 $\mathbf{L}$ 和 $\mathbf{M}$，如果 $v\mathbf{L}u - u\mathbf{M}v$ 是某种"散度"，即 $v\mathbf{L}u - u\mathbf{M}v = \dfrac{\partial X}{\partial x} + \dfrac{\partial Y}{\partial y}$，则算符 $\mathbf{L}$ 和 $\mathbf{M}$ 互称为**伴随算符**．如 $\mathbf{L} = \mathbf{M}$，则称为**自伴算符**．

不难验证，算符 $\mathbf{L}$（12.5.1）的伴随算符 $\mathbf{M}$ 由下式给出：

$$\mathbf{M}v = \frac{\partial^2}{\partial x^2}(a_{11}v) + 2\frac{\partial^2}{\partial x \partial y}(a_{12}v) + \frac{\partial^2}{\partial y^2}(a_{22}v) - \frac{\partial}{\partial x}(b_1v) - \frac{\partial}{\partial y}(b_2v) + cv, \tag{12.5.2}$$

这是因为 $v\mathbf{L}u - u\mathbf{M}v$ 确是"散度" $\dfrac{\partial X}{\partial x} + \dfrac{\partial Y}{\partial y}$，其中

$$\begin{cases} X = a_{11}(vu_x - uv_x) + a_{12}(vu_y - uv_y) + \\ \quad \left(b_1 - \dfrac{\partial a_{11}}{\partial x} - \dfrac{\partial a_{12}}{\partial y}\right)uv, \\ Y = a_{12}(vu_x - uv_x) + a_{22}(vu_y - uv_y) + \\ \quad \left(b_2 - \dfrac{\partial a_{12}}{\partial x} - \dfrac{\partial a_{22}}{\partial y}\right)uv. \end{cases} \tag{12.5.3}$$

设在 xy 平面上有区域 T，其边界线为 Σ，只要函数 u 和 v 在区域 T 充分光滑，按照高斯定理，

$$\iint_T (v\mathbf{L}u - u\mathbf{M}v)\mathrm{d}S = \int_\Sigma [X\cos(\boldsymbol{n},\boldsymbol{x}) + Y\cos(\boldsymbol{n},\boldsymbol{y})]\mathrm{d}s, \tag{12.5.4}$$

其中 $\cos(\boldsymbol{n},\boldsymbol{x})$ 和 $\cos(\boldsymbol{n},\boldsymbol{y})$ 是边界外法向 $\boldsymbol{n}$ 的方向余弦．（12.5.4）就是**推广的格林公式**．

下面，分椭圆型、抛物型、双曲型三种类型导出一般二阶线性偏微分方程解的积分表达式.

（一）椭圆型方程

$$\mathbf{L}u \equiv u_{xx} + u_{yy} + b_1u_x + b_2u_y + cu = f(x,y). \tag{12.5.5}$$

边界条件可写为

$$\mathbf{R}u\big|_\Sigma = \varphi(M), \tag{12.5.6}$$

其中 $\mathbf{R}$ 为定义在区域边界上的线性算符，$\mathbf{L}$ 的伴随算符 $\mathbf{M}$ 由下式给出

$$\mathbf{M}v \equiv v_{xx} + v_{yy} - (b_1v)_x - (b_2v)_y + cv. \tag{12.5.7}$$

取 v 为伴随算符 $\mathbf{M}$ 的格林函数，记为 G，则

$$\mathbf{M}G = \delta(\boldsymbol{r} - \boldsymbol{r}_0). \tag{12.5.8}$$

以 G 乘（12.5.5），$u(\boldsymbol{r})$ 乘（12.5.8），相减，然后在区域 T 中求积分

$$\iint_T (G\mathbf{L}u - u\mathbf{M}G)\mathrm{d}S = \iint_T Gf\mathrm{d}S - \iint_T u\delta(\boldsymbol{r} - \boldsymbol{r}_0)\mathrm{d}S, \tag{12.5.9}$$

应用格林公式（12.5.4）将上式左边的面积分化成线积分．但是在 $\boldsymbol{r} = \boldsymbol{r}_0$ 点，$\mathbf{M}G$ 具有 δ 函数的奇异性，格林公

式不能用. 解决的办法与§12.1中相同. 先从 T 中挖去包含 $\boldsymbol{r}_0$ 在内的小圆 K_ε, K_ε 的边界为 Σ_ε, 对剩下的区域 $T-K_\varepsilon$, 应用格林公式,

$$\iint_{T-K_\varepsilon} (\mathbf{G}\mathbf{L}u - u\mathbf{M}\mathbf{G})\,\mathrm{d}S$$

$$= \int_{\Sigma+\Sigma_\varepsilon} \big[X\cos(\boldsymbol{n},\boldsymbol{x}) + Y\cos(\boldsymbol{n},\boldsymbol{y}) \big]\,\mathrm{d}s$$

$$= \int_{\Sigma+\Sigma_\varepsilon} \left[\mathrm{G}\frac{\partial u}{\partial n} - u\frac{\partial \mathrm{G}}{\partial n} + b_1\cos(\boldsymbol{n},\boldsymbol{x})u\mathrm{G} + b_2\cos(\boldsymbol{n},\boldsymbol{y})u\mathrm{G} \right]\,\mathrm{d}s, \tag{12.5.10}$$

将 (12.5.10) 代入挖去 K_ε 的 (12.5.9). 注意到 $\boldsymbol{r}\neq\boldsymbol{r}_0$ 故 $\delta(\boldsymbol{r}-\boldsymbol{r}_0)=0$, 于是

$$\int_\Sigma \left[\mathrm{G}\frac{\partial u}{\partial n} - u\frac{\partial \mathrm{G}}{\partial n} + b_1\cos(\boldsymbol{n},\boldsymbol{x})u\mathrm{G} + b_2\cos(\boldsymbol{n},\boldsymbol{y})u\mathrm{G} \right]\,\mathrm{d}s +$$

$$\int_{\Sigma_\varepsilon} \left[\mathrm{G}\frac{\partial u}{\partial n} - u\frac{\partial \mathrm{G}}{\partial n} + b_1\cos(\boldsymbol{n},\boldsymbol{x})u\mathrm{G} + b_2\cos(\boldsymbol{n},\boldsymbol{y})u\mathrm{G} \right]\,\mathrm{d}s = \iint_{T-K_\varepsilon} \mathrm{G}f\mathrm{d}S. \tag{12.5.11}$$

再令 $\varepsilon\to 0$, 仿照§12.1, 有

$$\lim_{\varepsilon\to 0} \int_{\Sigma_\varepsilon} \left[\mathrm{G}\frac{\partial u}{\partial n} - u\frac{\partial \mathrm{G}}{\partial n} + b_1\cos(\boldsymbol{n},\boldsymbol{x})u\mathrm{G} + b_2\cos(\boldsymbol{n},\boldsymbol{y})u\mathrm{G} \right]\,\mathrm{d}s$$

$$= \lim_{\varepsilon\to 0} \int_{\Sigma_\varepsilon} \left(-u\frac{\partial \mathrm{G}}{\partial n} \right)\,\mathrm{d}s = u(\boldsymbol{r}_0). \tag{12.5.12}$$

(对于单位正点源, 有 $-\int\dfrac{\partial \mathrm{G}}{\partial n}\mathrm{d}s = 1$.) 这样, 由 (12.5.9) 得

$$u(\boldsymbol{r}_0) = \iint_T \mathrm{G}(\boldsymbol{r},\boldsymbol{r}_0)f(\boldsymbol{r})\,\mathrm{d}S - \int_\Sigma \left[\mathrm{G}\frac{\partial u}{\partial n} - u\frac{\partial \mathrm{G}}{\partial n} + b_1\cos(\boldsymbol{n},\boldsymbol{x})u\mathrm{G} + \right.$$

$$\left. b_2\cos(\boldsymbol{n},\boldsymbol{y})u\mathrm{G} \right]\mathrm{d}s. \tag{12.5.13}$$

这是 (12.1.11) 的推广.

对于第一边值问题, 选取 G, 使满足

$$\mathrm{G}\,\big|_\Sigma = 0, \tag{12.5.14}$$

从而

$$u(\boldsymbol{r}_0) = \iint_T \mathrm{G}(\boldsymbol{r},\boldsymbol{r}_0)f(\boldsymbol{r})\,\mathrm{d}S + \int_\Sigma u\frac{\partial \mathrm{G}}{\partial n}\mathrm{d}s. \tag{12.5.15}$$

这就是方程 (12.5.5) 第一边值问题的解的积分表达式. 它是 (12.1.13) 的推广, 对于第二边值问题, 选取 G, 使满足

$$\left[\frac{\partial \mathrm{G}}{\partial n} - b_1\cos(\boldsymbol{n},\boldsymbol{x})\mathrm{G} - b_2\cos(\boldsymbol{n},\boldsymbol{y})\mathrm{G} \right]_\Sigma = 0, \tag{12.5.16}$$

从而 (12.5.13) 成为

$$u(\boldsymbol{r}_0) = \iint_T \mathrm{G}(\boldsymbol{r},\boldsymbol{r}_0)f(\boldsymbol{r})\,\mathrm{d}S - \int_\Sigma \mathrm{G}\frac{\partial u}{\partial n}\mathrm{d}s. \tag{12.5.17}$$

这就是方程(12.5.5)第二边值问题的解的积分表达式. 如果满足(12.5.16)的格林函数存在.

第三边值问题可作类似处理.

三维情形有同二维情形完全类似的结果.

例 研究三维空间中谐变源发出的振动.

解 定解问题可写为

$$U_{tt} - a^2 \Delta_3 U = -f(\boldsymbol{r}) \mathrm{e}^{\mathrm{i}\omega t},$$

$$\boldsymbol{R} U \big|_{\Sigma} = \varphi \ (M),$$

以 $U(\boldsymbol{r},t) = u(\boldsymbol{r}) \mathrm{e}^{\mathrm{i}\omega t}$ 代入方程，得

$$\boldsymbol{L}u \equiv \Delta_3 u + \frac{\omega^2}{a^2} u = f(\boldsymbol{r}). \tag{12.5.18}$$

算符 $\boldsymbol{L}$ 是自伴的，其伴随算符 $\boldsymbol{M}$ 的格林函数 $G(\boldsymbol{r},\boldsymbol{r}_0)$ 是

$$G(\boldsymbol{r},\boldsymbol{r}_0) = \frac{1}{4\pi} \mathrm{e}^{\mathrm{i}\frac{\omega}{a}\,|\boldsymbol{r}-\boldsymbol{r}_0|} \frac{1}{|\boldsymbol{r}-\boldsymbol{r}_0|}.$$

可见这个格林函数是对称的，$G(\boldsymbol{r},\boldsymbol{r}_0) = G(\boldsymbol{r}_0,\boldsymbol{r})$. 按(12.5.13)，并利用 $G(\boldsymbol{r},\boldsymbol{r}_0)$ 的对称性，可得

$$u(\boldsymbol{r}) = \frac{1}{4\pi} \iint\limits_{\Sigma_0} \left[\frac{\mathrm{e}^{\mathrm{i}\frac{\omega}{a}\,|\boldsymbol{r}-\boldsymbol{r}_0|}}{|\boldsymbol{r}-\boldsymbol{r}_0|} \frac{\partial u}{\partial n_0} - u \frac{\partial}{\partial n_0} \frac{\mathrm{e}^{\mathrm{i}\frac{\omega}{a}\,|\boldsymbol{r}-\boldsymbol{r}_0|}}{|\boldsymbol{r}-\boldsymbol{r}_0|} \right] \mathrm{d}S_0 -$$

$$\frac{1}{4\pi} \iiint\limits_{T_0} \frac{\mathrm{e}^{\mathrm{i}\frac{\omega}{a}\,|\boldsymbol{r}-\boldsymbol{r}_0|}}{|\boldsymbol{r}-\boldsymbol{r}_0|} f \mathrm{d}V_0. \tag{12.5.19}$$

这就是单色光衍射理论中著名的**基尔霍夫公式**.

方程(12.5.18)已是标准形式的椭圆型方程. 一般说来，如 §9.1 指出，多个自变数的方程不一定能在区域 T 上所有各点同时化为标准形式. 但在点 $\boldsymbol{r}_0$ 是可以化为标准形式的，也就是说，在内边界 Σ_ε 上可以化为标准形式，这使得仍然可以按上面的方式导出解的积分公式.

（二）抛物型方程

$$\boldsymbol{L}u \equiv \frac{\partial^2 u}{\partial x^2} - \frac{\partial u}{\partial y} = f \quad (y = a^2 t). \tag{12.5.20}$$

算符 $\boldsymbol{L}$ 的伴随算符 $\boldsymbol{M}$ 是

$$\boldsymbol{M} = \frac{\partial^2}{\partial x^2} + \frac{\partial}{\partial y}. \tag{12.5.21}$$

在这里，推广的格林公式可具体地写成

$$\iint\limits_T (v\boldsymbol{L}u - u\boldsymbol{M}v) \mathrm{d}S = \int_{\Sigma} \left[(vu_x - uv_x)\cos(\boldsymbol{n},\boldsymbol{x}) - uv\cos(\boldsymbol{n},\boldsymbol{y}) \right] \mathrm{d}s.$$

$$\tag{12.5.22}$$

既然 $y = a^2 t$ 是时间变量，Σ 应由四条直线 $y=0$，$y=a^2 t_0$，$x = x_1$ 和 x_2 构成(图 12-5). 初始条件在图 12-5 上也表现为边界 Σ 上的"边界条件".

伴随算符 $\boldsymbol{M}$ 的格林函数 $G(x,t;x_0,t_0)$ 满足

$$\boldsymbol{M}G \equiv \frac{\partial^2 G}{\partial x^2} + \frac{1}{a^2} \frac{\partial G}{\partial t}$$

$$= \frac{1}{a^2} \delta(x-x_0) \delta(t-t_0). \tag{12.5.23}$$

将(12.5.20)和(12.5.23)代入格林公式(12.5.13)，$\boldsymbol{M}G$ 的奇异性可如前处理，于是同样可得到

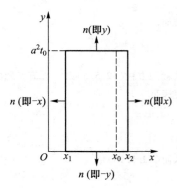

图 12-5

$$u(x_0,t_0) = \int_{x_1}^{x_2}\int_0^{a^2t_0} G(x,t;x_0,t_0)f(x,t)\,dxdy -$$

$$\int_0^{a^2t_0}\left(G\frac{\partial u}{\partial x} - u\frac{\partial G}{\partial x}\right)\Bigg|_{x=x_1}^{x=x_2}\,dy -$$

$$\int_{x_1}^{x_2}(uG)\Bigg|_{y=0}^{y=a^2t_0}\,dx. \tag{12.5.24}$$

对于第一类边值，选取 G，使满足

$$G\Big|_{x=x_1} = 0,\quad G\Big|_{x=x_2} = 0.$$

这样（12.5.24）成为

$$u(x_0,t_0) = \int_{x_1}^{x_2}\int_0^{a^2t_0} G(x,t;x_0,t_0)f(x,t)\,dxdy +$$

$$\int_0^{a^2t_0}\left(u\frac{\partial G}{\partial x}\right)\Bigg|_{x=x_1}^{x=x_2}\,dy - \int_{x_1}^{x_2}(uG)\Bigg|_{y=0}^{y=a^2t_0}\,dx, \tag{12.5.25}$$

对于第二类边值，选取 G，使满足

$$G_x\Big|_{x=x_1} = 0,\quad G_x\Big|_{x=x_2} = 0.$$

这样，（12.5.24）成为

$$u(x_0,t_0) = \int_{x_1}^{x_2}\int_0^{a^2t_0} G(x,t;x_0,t_0)f(x,t)\,dxdy -$$

$$\int_0^{a^2t_0}\left(G\frac{\partial u}{\partial x}\right)\Bigg|_{x=x_1}^{x=x_2}\,dy - \int_{x_1}^{x_2}(uG)\Bigg|_{y=0}^{y=a^2t_0}\,dx. \tag{12.5.26}$$

（三）双曲型方程

$$\mathbf{L}u \equiv u_{xx} - u_{yy} + b_1 u_x + b_2 u_y + cu = f. \tag{12.5.27}$$

算符 **L** 的伴随算符 **M** 由下式给出：

$$\mathbf{M}v = v_{xx} - v_{yy} - (b_1 v)_x - (b_2 v)_y + cv. \tag{12.5.28}$$

在这里，推广的格林公式可具体地写成

$$\iint_T (v\mathbf{L}u - u\mathbf{M}v)\,dS = \int_\Sigma \big[X\cos(\boldsymbol{n},\boldsymbol{x}) + Y\cos(\boldsymbol{n},\boldsymbol{y})\big]\,ds, \tag{12.5.29}$$

其中

$$\begin{cases} X = vu_x - uv_x + b_1 uv = (uv)_x - (2v_x - b_1 v)u \\ \quad = -(uv)_x + (2u_x + b_1 u)v, \\ Y = uv_y - vu_y + b_2 uv = -(uv)_y + (2v_y + b_2 v)u \\ \quad = (uv)_y - (2u_y - b_2 u)v. \end{cases} \tag{12.5.30}$$

双曲型方程的定解条件往往是这样提的：在 xy 平面的某根曲线 l（图 12-6）上给定 u 和 $\dfrac{\partial u}{\partial n}$ 的值. l 的一个特例是直线 $y=0$，在这直线上的 u 和 $\dfrac{\partial u}{\partial n}$ 即是 $u\Big|_{y=0}$ 和 $\dfrac{\partial u}{\partial n}\Big|_{y=0}$. 这正是以前常用的初始位移和初始速度.

在 xy 平面上取一点 $M_0(x_0,y_0)$，我们希望找到 $u(x_0,y_0)$ 的积分公式. 过点 M_0 作两根特征线：

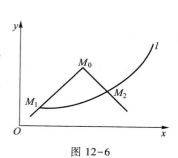

图 12-6

$$x - y = 常数,$$
$$x + y = 常数,$$

它们各自跟 l 相交于点 $M_1(x_1, y_1)$ 和 $M_2(x_2, y_2)$.

将推广的格林公式(12.5.4)应用于曲线三角形 $M_0 M_1 M_2$. 考虑到 $M_0 M_1$ 段上的

$$\cos(\boldsymbol{n}, \boldsymbol{x}) = -\frac{1}{\sqrt{2}}, \qquad \cos(\boldsymbol{n}, \boldsymbol{y}) = \frac{1}{\sqrt{2}},$$

$$\mathrm{d}x = -\frac{1}{\sqrt{2}} \mathrm{d}s, \qquad \mathrm{d}y = -\frac{1}{\sqrt{2}} \mathrm{d}s,$$

因而

$$\int_{M_0 M_1} \left[X \cos(\boldsymbol{n}, \boldsymbol{x}) + Y \cos(\boldsymbol{n}, \boldsymbol{y}) \right] \mathrm{d}s$$

$$= \int_{M_0 M_1} \left\{ \left[(uv)_x - (2v_x - b_1 v) u \right] \left(-\frac{1}{\sqrt{2}} \right) + \left[-(uv)_y + (2v_y + b_2 v) u \right] \frac{1}{\sqrt{2}} \right\} \mathrm{d}s$$

$$= \int_{M_0 M_1} \left\{ (uv)_x \mathrm{d}x - 2v_x u \mathrm{d}x - \frac{b_1}{\sqrt{2}} vu \mathrm{d}s - (uv)_y (-\mathrm{d}y) + 2v_y u (-\mathrm{d}y) + \frac{b_2}{\sqrt{2}} uv \mathrm{d}s \right\}$$

$$= \int_{M_0 M_1} \left\{ \mathrm{d}(uv) - 2 \frac{\partial v}{\partial s} u \mathrm{d}s + \frac{b_2 - b_1}{\sqrt{2}} vu \mathrm{d}s \right\}$$

$$= u(x_1, y_1) v(x_1, y_1) - u(x_0, y_0) v(x_0, y_0) - \int_{M_0 M_1} \left(2 \frac{\partial v}{\partial s} - \frac{b_2 - b_1}{\sqrt{2}} v \right) u \mathrm{d}s.$$

同理,

$$\int_{M_2 M_0} \left[X \cos(\boldsymbol{n}, \boldsymbol{x}) + Y \cos(\boldsymbol{n}, \boldsymbol{y}) \right] \mathrm{d}s$$

$$= -u(x_0, y_0) v(x_0, y_0) + u(x_2, y_2) v(x_2, y_2) + \int_{M_2 M_0} \left(2 \frac{\partial v}{\partial s} + \frac{b_2 + b_1}{\sqrt{2}} v \right) u \mathrm{d}s.$$

因此, 推广的格林公式应用于曲线三角形 $M_0 M_1 M_2$ 的结果是

$$\iint_{M_0 M_1 M_2} (v \mathbf{L} u - u \mathbf{M} v) \mathrm{d}S$$

$$= -u(x_0, y_0) v(x_0, y_0) + u(x_2, y_2) v(x_2, y_2) +$$

$$\int_{M_2 M_0} \left(2 \frac{\partial v}{\partial s} + \frac{b_2 + b_1}{2} v \right) u \mathrm{d}s + u(x_1, y_1) v(x_1, y_1) -$$

$$u(x_0, y_0) v(x_0, y_0) - \int_{M_0 M_1} \left(2 \frac{\partial v}{\partial s} - \frac{b_2 - b_1}{\sqrt{2}} v \right) u \mathrm{d}s +$$

$$\int_{M_1 M_2} \left[X \cos(\boldsymbol{n}, \boldsymbol{x}) + Y \cos(\boldsymbol{n}, \boldsymbol{y}) \right] \mathrm{d}s,$$

即

$$u(x_0, y_0) v(x_0, y_0) = \frac{1}{2} \left[u(x_1, y_1) v(x_1, y_1) + u(x_2, y_2) v(x_2, y_2) \right] +$$

$$\int_{M_2 M_0} \left(\frac{\partial v}{\partial s} + \frac{b_2 + b_1}{2\sqrt{2}} v \right) u \mathrm{d}s - \int_{M_0 M_1} \left(\frac{\partial v}{\partial s} - \frac{b_2 - b_1}{2\sqrt{2}} v \right) u \mathrm{d}s +$$

$$\frac{1}{2} \int_{M_1 M_2} \left[X \cos(\boldsymbol{n}, \boldsymbol{x}) + Y \cos(\boldsymbol{n}, \boldsymbol{y}) \right] \mathrm{d}s - \frac{1}{2} \iint_{M_0 M_1 M_2} (v \mathbf{L} u - u \mathbf{M} v) \mathrm{d}s. \qquad (12.5.31)$$

这当然还不足以解决所提出的定解问题.

现在选取这样的函数 v，它是 $\mathbf{M}v=0$ 的解，而且

$$\begin{cases} \dfrac{\partial v}{\partial s}+\dfrac{b_2+b_1}{2\sqrt{2}}v=0 & \text{（在 } M_2M_0 \text{ 上）}, \\[2mm] \dfrac{\partial v}{\partial s}-\dfrac{b_2-b_1}{2\sqrt{2}}v=0 & \text{（在 } M_0M_1 \text{ 上）}, \\[2mm] v(x_0,y_0)=1. \end{cases}$$

换句话说，有

$$\begin{cases} v=\mathrm{e}^{\int_{s_0}^{s}\frac{b_2+b_1}{2\sqrt{2}}\mathrm{d}s} & \text{（在 } M_2M_0 \text{ 上）}, \\[2mm] v=\mathrm{e}^{\int_{s_0}^{s}\frac{b_2-b_1}{2\sqrt{2}}\mathrm{d}s} & \text{（在 } M_0M_1 \text{ 上）}. \end{cases} \tag{12.5.32}$$

这样的函数称为算符 $\mathbf{L}$ 的**黎曼函数**. 以黎曼函数代入(12.5.31)即得

$$\begin{aligned} u(x_0,y_0) &= \frac{1}{2}\left[u(x_1,y_1)v(x_1,y_1)+u(x_2,y_2)v(x_2,y_2)\right]+ \\ &\quad \frac{1}{2}\int_{M_1M_2}\left[X\cos(\boldsymbol{n},\boldsymbol{x})+Y\cos(\boldsymbol{n},\boldsymbol{y})\right]\mathrm{d}s- \\ &\quad \frac{1}{2}\iint_{M_0M_1M_2}v(x,y,z;x_0,y_0,z_0)f(x,y,z)\mathrm{d}s. \end{aligned} \tag{12.5.33}$$

这就是所提出的定解问题的解的积分公式.

可以证明黎曼函数具有对称性：

$$v(x,y;x_0,y_0)=v(x_0,y_0;x,y).$$

为了阐明黎曼函数的物理意义，设"初始"位移 $u\big|_l$ 和速度 $\dfrac{\partial u}{\partial n}\Big|_l$ 都是零，而 $f=-2\delta(x-\xi)\delta(t-\tau)$，则 (12.5.33)给出

$$\begin{aligned} u(x_0,y_0) &= -\frac{1}{2}\iint -2v(x,t;x_0,t_0)\delta(x-\xi)\delta(t-\tau)\mathrm{d}x\mathrm{d}t \\ &= v(\xi,\tau;x_0,t_0)=v(x_0,t_0;\xi,\tau). \end{aligned}$$

因此可以说，黎曼函数就是作用于一点的"单位"冲力的影响函数.

习　题

1. 求解 $u_{tt}-a^2u_{xx}=f(x,t)$，$u\big|_{t=0}=\varphi(x)$，$u_t\big|_{t=0}=\psi(x)$.

2. 求解 $x^2u_{tt}-t^2u_{xx}=0$，$u\big|_{t=1}=\varphi(x)$，$u_t\big|_{t=1}=\psi(x)$.

第十三章 积分变换法

在第六章，我们曾用拉普拉斯变换方法求解常微分方程. 经过变换，常微分方程变成了代数方程，解出代数方程，再进行反演就得到了原来常微分方程的解.

积分变换在数学物理方程(也包括积分方程、差分方程等)中亦具有广泛的用途. 经过变换以后，方程变得简单了，例如偏微分方程变成了常微分方程，解出常微分方程，再进行反演，就得到了原来偏微分方程的解. 利用积分变换，有时还能得到有限形式的解，而这往往是用分离变数法不能得到的.

本章主要介绍傅里叶变换、拉普拉斯变换在求解偏微分方程中的应用.

§13.1 傅里叶变换法

用分离变数法求解有界空间的定解问题时，所得到的本征值谱是分立的，所求的解可表为对分立本征值求和的傅里叶级数. 对于无界空间，用分离变数法求解定解问题时，所得到的本征值谱一般是连续的，所求的解可表为对连续本征值求积分的傅里叶积分. 因此，对于无界空间的定解问题，傅里叶变换是一种很适用的求解方法. 本节将通过几个例子说明运用傅里叶变换求解无界空间(含一维半无界空间)的定解问题的基本方法，并给出几个重要的解的公式.

例1 求解无限长弦的自由振动

$$\begin{cases} u_{tt} - a^2 u_{xx} = 0 \quad (-\infty < x < \infty), \\ u\mid_{t=0} = \varphi(x), \ u_t\mid_{t=0} = \psi(x). \end{cases}$$

解 应用傅里叶变换，即用 $e^{-ikx}/2\pi$ 遍乘方程及定解条件各项. 并对空间变数 x 积分(时间变量 t 视作参数). 原来的定解问题变换成

$$U'' + k^2 a^2 U = 0,$$

$$U\mid_{t=0} = \Phi(k), \ U'\mid_{t=0} = \Psi(k).$$

其中 $\Phi(k)$、$\Psi(k)$ 分别是 $\varphi(x)$、$\psi(x)$ 的傅里叶变换. 原来的定解问题变成了常微分方程及初值条件，其通解是

$$U(t,k) = A(k)e^{ikat} + B(k)e^{-ikat}.$$

代入初始条件可定出

$$A(k) = \frac{1}{2}\Phi(k) + \frac{1}{2a}\frac{1}{ik}\Psi(k),$$

$$B(k) = \frac{1}{2}\Phi(k) - \frac{1}{2a}\frac{1}{ik}\Psi(k).$$

这样

$$U(t,k) = \frac{1}{2}\Phi(k)\,\mathrm{e}^{\mathrm{i}kat} + \frac{1}{2a}\frac{1}{\mathrm{i}k}\Psi(k)\,\mathrm{e}^{\mathrm{i}kat} + \frac{1}{2}\Phi(k)\,\mathrm{e}^{-\mathrm{i}kat} - \frac{1}{2a}\frac{1}{\mathrm{i}k}\Psi(k)\,\mathrm{e}^{-\mathrm{i}kat}.$$

最后，对 $U(t,k)$ 作逆傅里叶变换. 应用延迟定理与积分定理，结果是

$$u(x,t) = \frac{1}{2}\big[\varphi(x+at) + \varphi(x-at)\big] + \frac{1}{2a}\int_{x-at}^{x+at}\psi(\xi)\mathrm{d}\xi. \tag{13.1.1}$$

这正是**达朗贝尔公式**(7.4.7).

例 2 求解无限长细杆的热传导问题

$$\begin{cases} u_t - a^2 u_{xx} = 0, \\ u\big|_{t=0} = \varphi(x). \end{cases} \qquad (-\infty < x < \infty)$$

解 作傅里叶变换，定解问题变换为

$$\begin{cases} U' + k^2 a^2 U = 0, \\ U\big|_{t=0} = \Phi(k). \end{cases}$$

这个常微分方程的初始值问题的解是

$$U(t,k) = \Phi(k)\,\mathrm{e}^{-k^2 a^2 t}.$$

再进行逆傅里叶变换，

$$u(x,t) = \mathscr{F}^{-1}\big[U(t,k)\big] = \int_{-\infty}^{\infty}\Phi(k)\,\mathrm{e}^{-k^2 a^2 t}\mathrm{e}^{\mathrm{i}kx}\mathrm{d}k$$

$$= \frac{1}{2\pi}\int_{-\infty}^{\infty}\left[\int_{-\infty}^{\infty}\varphi(\xi)\,\mathrm{e}^{-\mathrm{i}k\xi}\mathrm{d}\xi\right]\mathrm{e}^{-k^2 a^2 t}\mathrm{e}^{\mathrm{i}kx}\mathrm{d}k,$$

交换积分次序

$$u(x,t) = \frac{1}{2\pi}\int_{-\infty}^{\infty}\varphi(\xi)\left[\int_{-\infty}^{\infty}\mathrm{e}^{-k^2 a^2 t}\mathrm{e}^{\mathrm{i}k(x-\xi)}\mathrm{d}k\right]\mathrm{d}\xi.$$

引用积分公式 $\int_{-\infty}^{\infty}\mathrm{e}^{-\alpha^2 k^2}\mathrm{e}^{\beta k}\mathrm{d}k = (\sqrt{\pi}/\alpha)\,\mathrm{e}^{\beta^2/4\alpha^2}$[①].

置 $\alpha = a\sqrt{t}$，$\beta = \mathrm{i}(x-\xi)$ 以利用此积分公式，即得

$$u(x,t) = \int_{-\infty}^{\infty}\varphi(\xi)\left[\frac{1}{2a\sqrt{\pi t}}\mathrm{e}^{-\frac{(x-\xi)^2}{4a^2 t}}\right]\mathrm{d}\xi. \tag{13.1.2}$$

例 3 求解无限长细杆的有源热传导问题

$$\begin{cases} u_t - a^2 u_{xx} = f(x,t) \quad (-\infty < x < \infty), \\ u\big|_{t=0} = 0. \end{cases}$$

---

① $\displaystyle\int_{-\infty}^{\infty}\mathrm{e}^{-\alpha^2 k^2 + \beta k}\mathrm{d}k = \mathrm{e}^{\beta^2/4\alpha^2}\int_{-\infty}^{\infty}\mathrm{e}^{-\alpha^2(k-\beta/2\alpha^2)^2}\mathrm{d}k = 2\mathrm{e}^{\beta^2/4\alpha^2}\int_{0}^{\infty}\mathrm{e}^{-\alpha^2\xi^2}\mathrm{d}\xi$

$\displaystyle\qquad = \frac{2}{\alpha}\mathrm{e}^{\beta^2/4\alpha^2}\int_{0}^{\infty}\mathrm{e}^{-x^2}\mathrm{d}x = \frac{2}{\alpha}\mathrm{e}^{\beta^2/4\alpha^2}\frac{\sqrt{\pi}}{2} = \frac{\sqrt{\pi}}{\alpha}\mathrm{e}^{\beta^2/4\alpha^2}.$

解　作傅里叶变换，问题变换成非齐次常微分方程与初始条件

$$\begin{cases} U' + k^2 a^2 U = F(t;k), \\ U\big|_{t=0} = 0. \end{cases}$$

为求解这个非齐次常微分方程，用 $\mathrm{e}^{k^2 a^2 t}$ 遍乘方程各项，得

$$\frac{\mathrm{d}}{\mathrm{d}t}\big[U(t;k)\,\mathrm{e}^{k^2 a^2 t} \big] = F(t;k)\,\mathrm{e}^{k^2 a^2 t}.$$

对 t 积分一次，计及零初始值，

$$U(t;k) = \mathrm{e}^{-k^2 a^2 t} \int_0^t F(\tau;k)\,\mathrm{e}^{k^2 a^2 \tau}\,\mathrm{d}\tau$$

$$= \frac{1}{2\pi} \int_0^t \int_{-\infty}^\infty f(\xi,\tau)\,\mathrm{e}^{-ik\xi}\,\mathrm{e}^{-k^2 a^2 t}\,\mathrm{e}^{k^2 a^2 \tau}\,\mathrm{d}\xi\,\mathrm{d}\tau.$$

进行逆傅里叶变换，

$$u(x,t) = \frac{1}{2\pi} \int_{-\infty}^\infty \left[\int_0^t \int_{-\infty}^\infty f(\xi,\tau)\,\mathrm{e}^{-k^2 a^2 (t-\tau)}\,\mathrm{e}^{-ik\xi}\,\mathrm{d}\xi\,\mathrm{d}\tau \right] \cdot \mathrm{e}^{ikx}\,\mathrm{d}k.$$

交换积分次序

$$u(x,t) = \int_0^t \int_{-\infty}^\infty f(\xi,\tau)\,\frac{1}{2\pi}\left[\int_{-\infty}^\infty \mathrm{e}^{-k^2 a^2 (t-\tau)}\,\mathrm{e}^{ik(x-\xi)}\,\mathrm{d}k \right]\mathrm{d}\xi\,\mathrm{d}\tau.$$

引用例 2 的积分公式计算 [　] 内的积分，最后结果是

$$u(x,t) = \int_0^t \int_{-\infty}^\infty f(\xi,\tau)\left[\frac{1}{2a\sqrt{\pi(t-\tau)}}\,\mathrm{e}^{-\frac{(x-\xi)^2}{4a^2(t-\tau)}} \right]\mathrm{d}\xi\,\mathrm{d}\tau. \tag{13.1.3}$$

与 §12.4 例 3 用格林函数法求得的结果相同.

例 4　**限定源扩散**. 半导体扩散工艺的硼、磷扩散是慢扩散，杂质扩散深度远远小于硅片厚度，研究杂质穿过硅片的一面向里扩散问题时，完全可以不管另一面的存在，将硅片看作无限厚，虽然实际上还不到一毫米厚. 这就是说，将硅片的内部当作半无界空间. 在限定源扩散中，是只让硅片表层已有的杂质向硅片内部扩散，但不让新的杂质穿过硅片表面进入硅片. 这里，所求解的是半无界空间 $x>0$ 中的定解问题

$$\begin{cases} u_t - a^2 u_{xx} = 0, \\ u_x\big|_{x=0} = 0, \\ u\big|_{t=0} = \Phi_0 \delta(x-0) \quad (x>0), \end{cases}$$

其中 Φ_0 是每单位面积硅片表层原有的杂质总量.

解　没有杂质穿过硅片表面即 $u_x\big|_{x=0}=0$ 是第二类齐次边界条件. 读者已经熟悉，这种边界条件意味着偶延拓，即求解无界空间中的定解问题

$$\begin{cases} u_t - a^2 u_{xx} = 0, \\ u\big|_{t=0} = \begin{cases} \Phi_0 \delta(x-0) \quad (x>0), \\ \Phi_0 \delta(x+0) \quad (x<0). \end{cases} \end{cases}$$

这个初始条件其实也就是 $u\big|_{t=0}=2\Phi_0\delta(x)$. 这样，问题成为

$$\begin{cases} u_t-a^2u_{xx}=0, \\ u\big|_{t=0}=2\Phi_0\delta(x) \quad (-\infty<x<\infty). \end{cases}$$

引用(13.1.2)式，得到答案

$$u(x,t)=\int_{-\infty}^{\infty}2\Phi_0\delta(\xi)\left[\frac{1}{2a\sqrt{\pi t}}\mathrm{e}^{-\frac{(x-\xi)^2}{4a^2t}}\right]\mathrm{d}\xi$$

$$=\frac{\Phi_0}{2a\sqrt{t}}\cdot\frac{2}{\sqrt{\pi}}\mathrm{e}^{-x^2/4a^2t}.$$

$(2/\sqrt{\pi})\,\mathrm{e}^{-x^2/4a^2t}$ 称为**高斯函数**，它的数值有表格可查，参看附录三.

图 13–1 描画了杂质浓度 $u(x,t)$ 在硅片中的分布情况. 曲线 1 对应于某个较早时刻，曲线 2、3 依次对应于越来越迟的时刻. 杂质浓度趋于均匀的趋势很明显. 每根曲线下的面积都等于 Φ_0，这反映了杂质总量不变. 每根曲线在跟纵轴相交处的切线都是水平的，即硅片表面的浓度梯度为零，这反映了没有新的杂质进入硅片.

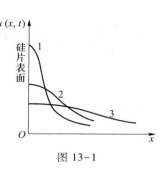

图 13–1

例 5 **恒定表面浓度扩散**. 在恒定表面浓度扩散中，包围硅片的气体中含有大量杂质原子，它们源源不断穿过硅片表面并向硅片内部扩散. 由于气体中杂质原子供应充分，硅片表面杂质浓度得以保持某个常量 N_0. 这里，所求解的是半无界空间 $x>0$ 中的定解问题

$$\begin{cases} u_t-a^2u_{xx}=0, \\ u\big|_{x=0}=N_0, \\ u\big|_{t=0}=0. \end{cases}$$

解 首先应将非齐次边界条件化为齐次的. 为此，令

$$u(x,t)=N_0+w(x,t),$$

就将 u 的定解问题转化为 w 的定解问题

$$\begin{cases} w_t-a^2w_{xx}=0, \\ w\big|_{x=0}=u\big|_{x=0}-N_0=0, \\ w\big|_{t=0}=u\big|_{t=0}-N_0=-N_0. \end{cases}$$

这里是第一类齐次边界条件. 读者已经熟悉，这种边界条件意味着奇延拓，即求解无界空间中的定解问题

$$\begin{cases} w_t-a^2w_{xx}=0, \\ w\big|_{t=0}=\begin{cases} -N_0 & (x>0), \\ +N_0 & (x<0), \end{cases} \end{cases}$$

引用(13.1.2)式，得到答案

$$w(x,t)=\int_{-\infty}^{0}N_0\frac{1}{2a\sqrt{\pi t}}\mathrm{e}^{-\frac{(x-\xi)^2}{4a^2t}}\mathrm{d}\xi-\int_{0}^{\infty}N_0\frac{1}{2\sqrt{\pi t}}\mathrm{e}^{-\frac{(x-\xi)^2}{4a^2t}}\mathrm{d}\xi,$$

在右边第一个积分中令 $z=(x-\xi)/2a\sqrt{t}$，$dz=-d\xi/2a\sqrt{t}$；在右边第二个积分中令 $z=(\xi-x)/2a\sqrt{t}$，$dz=d\xi/2a\sqrt{t}$. 于是，

$$w(x,t)=-\frac{N_0}{\sqrt{\pi}}\int_{\infty}^{x/2a\sqrt{t}}e^{-z^2}dz-\frac{N_0}{\sqrt{\pi}}\int_{-x/2a\sqrt{t}}^{\infty}e^{-z^2}dz$$

$$=-\frac{N_0}{\sqrt{\pi}}\int_{-x/2a\sqrt{t}}^{x/2a\sqrt{t}}e^{-z^2}dz.$$

由于被积函数是偶函数，所以

$$w(x,t)=-N_0\frac{2}{\sqrt{\pi}}\int_0^{x/2a\sqrt{t}}e^{-z^2}dz.$$

通常将 $\dfrac{2}{\sqrt{\pi}}\displaystyle\int_0^x e^{-z^2}dz$ 称为**误差函数**，记作 erf x，它的数值有表格可查，参看附录三. 这样，

$$w(x,t)=-N_0\operatorname{erf}\left(\frac{x}{2a\sqrt{t}}\right),$$

所求的解

$$u(x,t)=N_0+w(x,t)=N_0\left[1-\operatorname{erf}\left(\frac{x}{2a\sqrt{t}}\right)\right].$$

$1-\operatorname{erf}x$ 称为**余误差函数**（error function complement），记作 erfc x.

$$u(x,t)=N_0\operatorname{erfc}\left(\frac{x}{2a\sqrt{t}}\right).$$

图 13-2 描画了杂质浓度 $u(x,t)$ 在硅片中的分布情况. 曲线 1 对应于某个较早时刻，曲线 2 对应于较迟时刻，曲线 3 对应于又迟一些的时刻. 杂质浓度趋于均匀的趋势很明显. 如果扩散持续进行下去，浓度分布最终将为常数 N_0，如图中虚线所示.

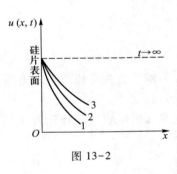

图 13-2

例 6　泊松公式. 求解三维无界空间中的波动问题

$$\begin{cases}u_{tt}-a^2\Delta_3 u=0,\\ u\big|_{t=0}=\varphi(\boldsymbol{r}),\ u_t\big|_{t=0}=\psi(\boldsymbol{r}).\end{cases}$$

解　作傅里叶变换，问题变换为常微分方程的初始值问题

$$\begin{cases}U''+k^2a^2U=0,\\ U\big|_{t=0}=\varPhi(\boldsymbol{k}),\ U'\big|_{t=0}=\varPsi(\boldsymbol{k}).\end{cases}$$

这个问题的解是

$$U(t,\boldsymbol{k})=\frac{1}{2}\varPhi(\boldsymbol{k})(e^{ikat}+e^{-ikat})+\frac{1}{2a}\frac{1}{ik}\varPsi(\boldsymbol{k})(e^{ikat}-e^{-ikat}).$$

再进行逆傅里叶变换，

$$u(\boldsymbol{r},t) = \iiint_{-\infty}^{\infty} \left[\varPhi(\boldsymbol{k}) \frac{1}{2}(\mathrm{e}^{ikat} + \mathrm{e}^{-ikat}) + \varPsi(\boldsymbol{k}) \frac{1}{2a} \frac{1}{\mathrm{i}k}(\mathrm{e}^{ikat} - \mathrm{e}^{-ikat}) \right] \mathrm{e}^{\mathrm{i}\boldsymbol{k}\cdot\boldsymbol{r}} \mathrm{d}k_1 \mathrm{d}k_2 \mathrm{d}k_3$$

$$= \frac{1}{4\pi a} \iiint_{-\infty}^{\infty} \varphi(\boldsymbol{r}') \left[\iiint_{-\infty}^{\infty} \frac{a}{4\pi^2}(\mathrm{e}^{ikat} + \mathrm{e}^{-ikat})\mathrm{e}^{\mathrm{i}\boldsymbol{k}\cdot(\boldsymbol{r}-\boldsymbol{r}')} \mathrm{d}k_1 \mathrm{d}k_2 \mathrm{d}k_3 \right] \mathrm{d}\boldsymbol{V}' +$$

$$\frac{1}{4\pi a} \iiint_{-\infty}^{\infty} \psi(\boldsymbol{r}') \left[\iiint_{-\infty}^{\infty} \frac{1}{4\pi^2} \frac{1}{\mathrm{i}k}(\mathrm{e}^{ikat} - \mathrm{e}^{-ikat})\mathrm{e}^{\mathrm{i}\boldsymbol{k}\cdot(\boldsymbol{r}-\boldsymbol{r}')} \mathrm{d}k_1 \mathrm{d}k_2 \mathrm{d}k_3 \right] \mathrm{d}\boldsymbol{V}'$$

$$= \frac{1}{4\pi a} \frac{\partial}{\partial t} \iiint_{-\infty}^{\infty} \varphi(\boldsymbol{r}') \left[\iiint_{-\infty}^{\infty} \frac{1}{4\pi^2} \frac{1}{\mathrm{i}k}(\mathrm{e}^{ikat} - \mathrm{e}^{-ikat})\mathrm{e}^{\mathrm{i}\boldsymbol{k}\cdot(\boldsymbol{r}-\boldsymbol{r}')} \mathrm{d}k_1 \mathrm{d}k_2 \mathrm{d}k_3 \right] \mathrm{d}\boldsymbol{V}' +$$

$$\frac{1}{4\pi a} \iiint_{-\infty}^{\infty} \psi(\boldsymbol{r}') \left[\iiint_{-\infty}^{\infty} \frac{1}{4\pi^2} \frac{1}{\mathrm{i}k}(\mathrm{e}^{ikat} - \mathrm{e}^{-ikat})\mathrm{e}^{\mathrm{i}\boldsymbol{k}\cdot(\boldsymbol{r}-\boldsymbol{r}')} \mathrm{d}k_1 \mathrm{d}k_2 \mathrm{d}k_3 \right] \mathrm{d}\boldsymbol{V}'.$$

引用 § 5.3 例 1 结果,

$$u(\boldsymbol{r},t) = \frac{1}{4\pi a} \frac{\partial}{\partial t} \iiint_{-\infty}^{\infty} \varphi(\boldsymbol{r}') \iiint_{-\infty}^{\infty} \mathscr{F}\left[\frac{1}{r}\delta(r - at)\mathrm{e}^{-\mathrm{i}\boldsymbol{k}\cdot\boldsymbol{r}'} \right] \mathrm{e}^{\mathrm{i}\boldsymbol{k}\cdot\boldsymbol{r}} \mathrm{d}k_1 \mathrm{d}k_2 \mathrm{d}k_3 \mathrm{d}\boldsymbol{V}' +$$

$$\frac{1}{4\pi a} \iiint_{-\infty}^{\infty} \psi(\boldsymbol{r}') \iiint_{-\infty}^{\infty} \mathscr{F}\left[\frac{1}{r}\delta(r - at)\mathrm{e}^{-\mathrm{i}\boldsymbol{k}\cdot\boldsymbol{r}'} \right] \mathrm{e}^{\mathrm{i}\boldsymbol{k}\cdot\boldsymbol{r}} \mathrm{d}k_1 \mathrm{d}k_2 \mathrm{d}k_3 \mathrm{d}\boldsymbol{V}'.$$

应用延迟定理,

$$u(\boldsymbol{r},t) = \frac{1}{4\pi a} \frac{\partial}{\partial t} \iiint_{-\infty}^{\infty} \frac{\varphi(\boldsymbol{r}')}{|\boldsymbol{r} - \boldsymbol{r}'|}\delta(|\boldsymbol{r} - \boldsymbol{r}'| - at)\mathrm{d}\boldsymbol{V}' +$$

$$\frac{1}{4\pi a} \iiint_{-\infty}^{\infty} \frac{\psi(\boldsymbol{r}')}{|\boldsymbol{r} - \boldsymbol{r}'|}\delta(|\boldsymbol{r} - \boldsymbol{r}'| - at)\mathrm{d}\boldsymbol{V}'.$$

由于被积式中出现 $\delta(|\boldsymbol{r}-\boldsymbol{r}'|-at)$,对 $\boldsymbol{r}'$ 的积分只需在球面 S_{at}^r 上进行,S_{at}^r 以点 $\boldsymbol{r}$(确切地说,径矢为 $\boldsymbol{r}$ 的点)为球心,而半径为 at.

$$u(\boldsymbol{r},t) = \frac{1}{4\pi a} \frac{\partial}{\partial t} \iint_{S_{at}^r} \frac{\varphi(\boldsymbol{r}')}{at}\mathrm{d}S' + \frac{1}{4\pi a} \iint_{S_{at}^r} \frac{\psi(\boldsymbol{r}')}{at}\mathrm{d}S', \tag{13.1.4}$$

式中 $\mathrm{d}S'$ 是球面 S_{at}^r 的面积元.(13.1.4)式称为**泊松公式**.

　　三维无界空间中的波动,只要知道它的初始状态,用泊松公式可以推算它在以后任一时刻的状态.具体地说,为求时刻 t 在点 $\boldsymbol{r}$ 的 $u(\boldsymbol{r},t)$,应以点 $\boldsymbol{r}$ 为球心,以 at 为半径作球面 S_{at}^r,然后将初始扰动 $\varphi(\boldsymbol{r}')$ 和 $\psi(\boldsymbol{r}')$ 按(13.1.4)在球面 S_{at}^r 上积分.这是可以理解的,既然波动以速度 a 传播,只有跟点 $\boldsymbol{r}$ 相距 at 的那些点(即 S_{at}^r 上的点)的初始扰动恰好在时刻 t 传到点 $\boldsymbol{r}$.

　　为明显起见,设初始扰动只限于区域 T_0(图13-3).取定一点 $\boldsymbol{r}$,它与 T_0 最小距离是 d,最大距离是 D.当 $t < d/a$,S_{at}^r 跟 T_0 不相交,按

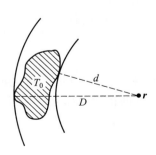

图 13-3

泊松公式，$u(\mathbf{r},t)=0$，这表示扰动的**前锋**尚未到达点 $\mathbf{r}$. 当 $d/a<t<D/a$，S_{at}^r 跟 T_0 相交，$u(\mathbf{r},t)\neq 0$，这表示扰动已到达点 $\mathbf{r}$. 当 $t>D/a$，S_{at}^r 包围了 T_0 但跟 T_0 不相交，$u(\mathbf{r},t)=0$，这表示扰动的**阵尾**已经过去.

例 7 **推迟势**. 求解三维无界空间中的受迫振动

$$\begin{cases} u_{tt}-a^2\Delta_3 u=f(\mathbf{r},t), \\ u|_{t=0}=0,\ u_t|_{t=0}=0. \end{cases}$$

解 作傅里叶变换，问题变换为非齐次常微分方程的初始值问题

$$\begin{cases} U''+k^2a^2U=F(t;\mathbf{k}), \\ U|_{t=0}=0,\ U'|_{t=0}=0. \end{cases}$$

这个问题的解是(参见 §6.3 习题 7 答案)

$$U(t;\mathbf{k})=\frac{1}{2aik}\int_0^t F(\tau;\mathbf{k})\left[\mathrm{e}^{ika(t-\tau)}-\mathrm{e}^{-ika(t-\tau)}\right]\mathrm{d}\tau.$$

然后对 $U(t;\mathbf{k})$ 进行逆傅里叶变换.

$$u(\mathbf{r},t)=\iiint_{-\infty}^{\infty}\frac{1}{2aik}\int_0^t F(\tau;\mathbf{k})\left[\mathrm{e}^{ika(t-\tau)}-\mathrm{e}^{-ika(t-\tau)}\right]\cdot\mathrm{e}^{i\mathbf{k}\cdot\mathbf{r}}\mathrm{d}\tau\mathrm{d}k_1\mathrm{d}k_2\mathrm{d}k_3$$

$$=\frac{1}{4\pi a}\iiint_{-\infty}^{\infty}\int_0^t f(\mathbf{r}',\tau)\frac{1}{(2\pi)^3}\iiint_{-\infty}^{\infty}\frac{2\pi}{ik}\left[\mathrm{e}^{ika(t-\tau)}-\mathrm{e}^{-ika(t-\tau)}\right]\cdot\mathrm{e}^{i\mathbf{k}\cdot(\mathbf{r}-\mathbf{r}')}\mathrm{d}\tau\mathrm{d}k_1\mathrm{d}k_2\mathrm{d}k_3\mathrm{d}V'.$$

引用 §5.3 例 1 的结果，并应用延迟定理，

$$u(\mathbf{r},t)=\frac{1}{4\pi a}\iiint_{-\infty}^{\infty}\int_0^t f(\mathbf{r}',\tau)\frac{1}{|\mathbf{r}-\mathbf{r}'|}\delta\left[|\mathbf{r}-\mathbf{r}'|-a(t-\tau)\right]\mathrm{d}\tau\mathrm{d}V'.$$

再引用(5.3.5)以及关系式 $\delta(ax)=\delta(x)/|a|$，

$$u(\mathbf{r},t)=\frac{1}{4\pi a}\iiint_{-\infty}^{\infty}\int_0^t f(\mathbf{r}',\tau)\frac{1}{|\mathbf{r}-\mathbf{r}'|}\delta\left(t-\tau-\frac{|\mathbf{r}-\mathbf{r}'|}{a}\right)\mathrm{d}\tau\mathrm{d}V'$$

$$=\frac{1}{4\pi a^2}\iiint_{-\infty}^{\infty}\frac{f(\mathbf{r}',t-|\mathbf{r}-\mathbf{r}'|/a)}{|\mathbf{r}-\mathbf{r}'|}\mathrm{d}V'.$$

本问题的 $f(\mathbf{r},t)$ 中的 $t\geq 0$，所以上面这个积分其实不必在无界空间进行，只需在条件 $t-|\mathbf{r}-\mathbf{r}'|/a\geq 0$ 下积分. 换句话说，对 $\mathbf{r}'$ 的积分只需在球体 T'_{at} 中进行，此球的球心为矢径 $\mathbf{r}$，而半径为 at. 这样，

$$u(\mathbf{r},t)=\frac{1}{4\pi a^2}\iint_{T'_{at}}\frac{f(\mathbf{r}',t-|\mathbf{r}-\mathbf{r}'|/a)}{|\mathbf{r}-\mathbf{r}'|}\mathrm{d}V'. \tag{13.1.5}$$

值得注意的是 f 的宗量 t 换成了 $t-|\mathbf{r}-\mathbf{r}'|/a$. 这是可以理解的，既然扰动以速度 a 传播，从点 $\mathbf{r}'$ 出发的扰动，如果在时刻 t 对点 $\mathbf{r}$ 产生影响，必然是在时刻 $t-|\mathbf{r}-\mathbf{r}'|/a$ 出发的. 为了强调这种时间差异，通常将 $f(\mathbf{r}',t-|\mathbf{r}-\mathbf{r}'|/a)$ 记作 $[f]$. 于是(13.1.5)又可写成

$$u(\mathbf{r},t)=\frac{1}{4\pi a^2}\iint_{T'_{at}}\frac{[f]}{|\mathbf{r}-\mathbf{r}'|}\mathrm{d}V', \tag{13.1.6}$$

这称为**推迟势**.

例8 柱面波 降维法. 求解二维无界空间中的波动问题

$$\begin{cases} u_{tt} - a^2 \Delta_2 u = 0, \\ u \big|_{t=0} = \varphi(x,y), \quad u_t \big|_{t=0} = \psi(x,y). \end{cases}$$

解 当然可以像例 6 那样用傅里叶变换法求解. 不过,我们知道, 所谓二维空间即 xy 平面的波动其实还是在三维空间中传播的波动, 只是这波动跟坐标 z 无关而已. 这样说来, 二维无界空间中的波动问题的解也由泊松公式 (13.1.4) 给出. 但既然问题跟坐标 z 无关, 当然不希望泊松公式中出现 z. 三维波动的泊松公式, 消除了坐标 z, 就成为二维波动的公式, 这称为**降维法**.

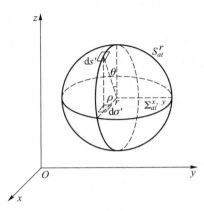

图 13-4

对于二维问题, 球面 S_{at}^r 上的积分应代之以 xy 平面的圆 $\Sigma_{at}^{x,y}$ 上的积分. 参看图13-4, $\Sigma_{at}^{x,y}$ 上的面积元

$$d\sigma' = dS'\cos\theta = dS'\frac{\sqrt{a^2t^2-\rho^2}}{at}$$

$$= dS'\frac{\sqrt{a^2t^2-(x'-x)^2-(y'-y)^2}}{at},$$

即

$$dS' = d\sigma' \frac{at}{\sqrt{a^2t^2-(x'-x)^2-(y'-y)^2}},$$

又, 球面 S_{at}^r 的上下两半都投影于同一圆, 所以

$$2dS' = 2d\sigma' \frac{at}{\sqrt{a^2t^2-(x'-x)^2-(y'-y)^2}}.$$

于是, 泊松公式在二维问题中成为

$$u(x,y,t) = \frac{1}{2\pi a}\frac{\partial}{\partial t}\iint_{\Sigma_{at}^{x,y}} \frac{\varphi(x',y')}{\sqrt{a^2t^2-(x'-x)^2-(y'-y)^2}}dx'dy' +$$

$$\frac{1}{2\pi a}\iint_{\Sigma_{at}^{x,y}} \frac{\psi(x',y')}{\sqrt{a^2t^2-(x'-x)^2-(y'-y)^2}}dx'dy'. \tag{13.1.7}$$

注意二维波动有所谓**后效**. 将图 13-3 当作二维的图来看, 只要 $t>d/a$, $\Sigma_{at}^{x,y}$ 跟 T_0 总有重叠部分, 积分值一般不等于零, 故在 (x,y) 点总有扰动. 只有当 $t\to\infty$ 时, u 才趋于零 [at 出现在 (13.1.7) 的分母中]. 将二维波动看作是某种三维波动的横剖面就不难理解这种后效.

习 题

1. 求解无限长传输线上的电振荡传播问题. $G:C=R:L$ 的情形跟 $G:C\neq R:L$ 的情形有什么不同?

2. 研究半无限长细杆导热问题. 杆端 $x=0$ 温度保持为零. 初始温度分布为 $K(e^{-\lambda x}-1)$.

3. 半无界杆, 杆端 $x=0$ 有谐变热流 $B\sin\omega t$ 进入, 求长时间以后的杆上温度分布 $u(x,t)$.

4. 应用泊松公式计算下述定解问题的解. $u_{tt} - a^2 \Delta u = 0$, 初始速度为零, 初始位移在某个单位球内为 1, 在球外为零.

5. 应用泊松公式计算下述定解问题的解. $u_{tt} - a^2 \Delta u = 0$, 初始速度为零, 初始位移在球 $r = r_0$ 以内为 $A\cos(\pi r / 2r_0)$, 在球外为零.

6. 二维波动, 初始速度为零, 初始位移在圆 $\rho = 1$ 以内为 1, 在圆外为零. 试求 $u \big|_{\rho = 0}$.

7. 求解三维无界空间中的输运问题 $u_t - a^2 \Delta u = 0$, $u \big|_{t=0} = \varphi(x, y, z)$.

8. 例 6 研究三维无界空间中的自由振动是从初始 ($t=0$) 状态推算以后 ($t>0$) 的状态. 试重新求解例 6, 从初始状态反推以前 ($t<0$) 的状态.

9. 求解一维半无界空间的输运问题 $u_t - a^2 u_{xx} = 0$, $u \big|_{x=0} = At$, $u \big|_{t=0} = 0$.

10. 在一维半无界空间中求解 $u_t - a^2 u_{xx} = 0$, $u \big|_{x=0} = f(t)$, $u \big|_{t=0} = \varphi(x)$.

11. 在一维半无界空间中求解 $u_t - a^2 u_{xx} = 0$, $u_x \big|_{x=0} = q(t)$, $u \big|_{t=0} = 0$.

12. 例 7 研究三维无界空间中的受迫振动是从初始 ($t=0$) 状态推算以后 ($t>0$) 的状态. 试重新求解例 7, 从初始 ($t=0$) 状态反推以前 ($t<0$) 的状态.

13. 试用降维法由泊松公式 (13.1.4) 推出一维波动的达朗贝尔公式 (7.4.7).

§13.2　拉普拉斯变换法

拉普拉斯变换法方法适于求解初值问题, 不管方程及边界条件是否为齐次的.

例 1　求解硅片的恒定表面浓度扩散问题. 将硅片的厚度当作无限大, 这是半无界空间的定解问题:

$$\begin{cases} u_t - a^2 u_{xx} = 0 & (x>0), \\ u \big|_{x=0} = N_0, \\ u \big|_{t=0} = 0. \end{cases}$$

解　对泛定方程和边界条件施行拉普拉斯变换, 至于初始条件则通过导数定理 (6.1.12) 而考虑到. 变换的结果是

$$\begin{cases} p\bar{u} - a^2 \bar{u}_{xx} = 0 & (x>0), \\ \bar{u} \big|_{x=0} = N_0 \dfrac{1}{p}. \end{cases}$$

式中 $\bar{u}$ 是 x 的函数, p 则作为参数而进入 $\bar{u}$, 即 $\bar{u} = \bar{u}(x; p)$.

这个常微分方程的通解是

$$\bar{u}(x; p) = Ae^{-\sqrt{p}x/a} + Be^{\sqrt{p}x/a}.$$

考虑到 $\lim\limits_{x \to \infty} \bar{u}$ 不应为无限大, 积分常数 B 定为零. 又, 利用边界条件定出积分常数 $A = N_0 \dfrac{1}{p}$. 于是,

$$\bar{u}(x; p) = N_0 \dfrac{1}{p} e^{-\sqrt{p}x/a}.$$

进行反演. 由附录二的公式 18, 得

$$u(x;t) = N_0 \operatorname{erfc}\left(\frac{x}{2a\sqrt{t}}\right).$$

本例即 § 13.1 例 5，可对照.

例 2 求解无界弦的振动

$$\begin{cases} u_{tt} - a^2 u_{xx} = 0, \\ u\big|_{t=0} = \varphi(x), \qquad u_t\big|_{t=0} = \psi(x). \end{cases}$$

解 对泛定方程施行拉普拉斯变换，初始条件通过二阶导数定理(6.1.12)而考虑到. 变换的结果是

$$p^2 \bar{u} - p\varphi - \psi - a^2 \bar{u}_{xx} = 0.$$

这个非齐次常微分方程的通解是

$$\bar{u}(x;p) = A\mathrm{e}^{px/a} + B\mathrm{e}^{-px/a} - \frac{1}{2a}\mathrm{e}^{px/a}\int^{(x)}\frac{\mathrm{e}^{-p\xi/a}}{p}[\psi(\xi) +$$

$$p\varphi(\xi)]\mathrm{d}\xi + \frac{1}{2a}\mathrm{e}^{-px/a}\int^{(x)}\frac{\mathrm{e}^{p\xi/a}}{p}[\psi(\xi) + p\varphi(\xi)]\mathrm{d}\xi.$$

考虑到 $\lim\limits_{x\to\infty}\bar{u}$ 不应为无限大，积分常数 A 定为零；$\lim\limits_{x\to-\infty}\bar{u}$ 也不应为无限大，积分常数 B 也定为零. 为了保证积分收敛，第一个积分的下限取为 ∞，第二个积分的下限则取为 $-\infty$. 这样，

$$\bar{u}(x;p) = -\frac{1}{2a}\int_{\infty}^{x}\frac{\mathrm{e}^{-p(\xi-x)/a}}{p}[\psi(\xi) + p\varphi(\xi)]\mathrm{d}\xi + \frac{1}{2a}\int_{-\infty}^{x}\frac{\mathrm{e}^{-p(x-\xi)/a}}{p}[\psi(\xi) + p\varphi(\xi)]\mathrm{d}\xi$$

$$= \left[\frac{1}{2a}\int_{x}^{\infty}\frac{\mathrm{e}^{-p(\xi-x)/a}}{p}\psi(\xi)\mathrm{d}\xi + \frac{1}{2a}\int_{-\infty}^{x}\frac{\mathrm{e}^{-p(x-\xi)/a}}{p}\psi(\xi)\mathrm{d}\xi\right] +$$

$$\left[\frac{1}{2a}\int_{x}^{\infty}\frac{\mathrm{e}^{-p(\xi-x)/a}}{p}p\varphi(\xi)\mathrm{d}\xi + \frac{1}{2a}\int_{-\infty}^{x}\frac{\mathrm{e}^{-p(x-\xi)/a}}{p}p\varphi(\xi)\mathrm{d}\xi\right].$$

第二个[ ]跟第一个[ ]相比较，$\varphi(\xi)$ 代替了 $\psi(\xi)$，并且多一个因子 p. 因此，先对第一个[ ]进行反演，得到原函数之后，将 ψ 改为 φ，并对 t 求导就得第二个[ ]的原函数.

运用延迟定理于 $\dfrac{1}{p} \rightleftharpoons \mathrm{H}(t)$

$$\frac{\mathrm{e}^{-p(\xi-x)/a}}{p} \rightleftharpoons \mathrm{H}\left(t - \frac{\xi-x}{a}\right) = \begin{cases} 1 & (\xi < x+at), \\ 0 & (\xi > x+at). \end{cases}$$

于是，

$$\frac{1}{2a}\int_{x}^{\infty}\frac{\mathrm{e}^{-p(\xi-x)/a}}{p}\psi(\xi)\mathrm{d}\xi \rightleftharpoons \frac{1}{2a}\int_{x}^{x+at}\psi(\xi)\mathrm{d}\xi.$$

同理，

$$\frac{1}{2a}\int_{-\infty}^{x}\frac{\mathrm{e}^{-p(x-\xi)/a}}{p}\psi(\xi)\mathrm{d}\xi \rightleftharpoons \frac{1}{2a}\int_{x-at}^{x}\psi(\xi)\mathrm{d}\xi.$$

这样，完成反演

$$u(x,t) = \frac{1}{2a} \int_{x-at}^{x+at} \psi(\xi) d\xi + \frac{\partial}{\partial t} \left[\frac{1}{2a} \int_{x-at}^{x+at} \varphi(\xi) d\xi \right]$$

$$= \frac{1}{2a} \int_{x-at}^{x+at} \psi(\xi) d\xi + \frac{1}{2} [\varphi(x+at) + \varphi(x-at)].$$

这就是达朗贝尔公式(7.4.7).

例3 求解无限长传输线上的电报方程

$$\begin{cases} RGU + (LG+RC)U_t + LCU_{tt} - U_{xx} = 0, \\ U \mid_{t=0} = \Phi(x), \quad U_t \mid_{t=0} = \Psi(x). \end{cases}$$

解 像§7.3末尾那样，作函数变换

$$U(x,t) = e^{-\frac{LG+RC}{2LC}t} u(x,t),$$

定解问题转化为

$$\begin{cases} u_{tt} - a^2 u_{xx} - b^2 u = 0, \\ u \mid_{t=0} = \varphi(x), \quad u_t \mid_{t=0} = \psi(x). \end{cases}$$

其中

$$a^2 = \frac{1}{LC}, \quad b = \frac{1}{2}(LG-RC)a, \quad \varphi(x) = \Phi(x),$$

$$\psi(x) = \Psi(x) + \frac{LG+RC}{2LC}\Phi(x).$$

对泛定方程施行拉普拉斯变换，初始条件通过导数定理(6.1.12)而考虑到. 变换的结果是

$$p^2 \bar{u} - p\varphi - \psi - a^2 \bar{u}_{xx} - b^2 \bar{u} = 0.$$

这个非齐次常微分方程的通解是

$$\bar{u}(x;p) = A e^{x\sqrt{p^2-b^2}/a} + B e^{-x\sqrt{p^2-b^2}/a} -$$

$$\frac{1}{2a} \int^{(x)} \frac{e^{-\frac{\xi-x}{a}\sqrt{p^2-b^2}}}{\sqrt{p^2-b^2}} [\psi(\xi) + p\varphi(\xi)] d\xi +$$

$$\frac{1}{2a} \int^{(x)} \frac{e^{-\frac{x-\xi}{a}\sqrt{p^2-b^2}}}{\sqrt{p^2-b^2}} [\psi(\xi) + p\varphi(\xi)] d\xi.$$

考虑到 $\lim_{x \to \infty} \bar{u}$ 不应为无限大，积分常数 A 定为零；$\lim_{x \to -\infty} \bar{u}$ 也不应为无限大，积分常数 B 也定为零. 为了保证积分收敛，第一个积分的下限取为 ∞，第二个积分的下限取为 $-\infty$. 这样，

$$\bar{u}(x;p) = -\frac{1}{2a} \int_{\infty}^{x} \frac{e^{-\frac{\xi-x}{a}\sqrt{p^2-b^2}}}{\sqrt{p^2-b^2}} [\psi(\xi) + p\varphi(\xi)] d\xi +$$

$$\frac{1}{2a} \int_{-\infty}^{x} \frac{e^{-\frac{x-\xi}{a}\sqrt{p^2-b^2}}}{\sqrt{p^2-b^2}} [\psi(\xi) + p\varphi(\xi)] d\xi$$

$$
= \left[\frac{1}{2a} \int_x^\infty \frac{e^{-\frac{\xi-x}{a}\sqrt{p^2-b^2}}}{\sqrt{p^2-b^2}} \psi(\xi)\,d\xi + \frac{1}{2a}\int_{-\infty}^x \frac{e^{-\frac{x-\xi}{a}\sqrt{p^2-b^2}}}{\sqrt{p^2-b^2}} \psi(\xi)\,d\xi \right] +
$$

$$
\left[\frac{1}{2a}\int_x^\infty \frac{e^{-\frac{\xi-x}{a}\sqrt{p^2-b^2}}}{\sqrt{p^2-b^2}}\, p\varphi(\xi)\,d\xi + \frac{1}{2a}\int_{-\infty}^x \frac{e^{-\frac{x-\xi}{a}\sqrt{p^2-b^2}}}{\sqrt{p^2-b^2}}\, p\varphi(\xi)\,d\xi \right].
$$

第二个[ ]跟第一个[ ]相比较，$\varphi(\xi)$代替了$\psi(\xi)$，并且多一个因子 p. 因此，先对第一个[ ]进行反演，得到原函数之后，将 ψ 改为 φ 并对 t 求导就得第二个[ ]的原函数.

由附录二的公式 30，

$$
\frac{e^{-\frac{\xi-x}{a}\sqrt{p^2-b^2}}}{\sqrt{p^2-b^2}} \rightleftharpoons I_0\left(b\sqrt{t^2-\frac{(x-\xi)^2}{a^2}} \right) H\left(t-\frac{\xi-x}{a} \right),
$$

于是，

$$
\frac{1}{2a}\int_x^\infty \frac{e^{-\frac{\xi-x}{a}\sqrt{p^2-b^2}}}{\sqrt{p^2-b^2}}\psi(\xi)\,d\xi \rightleftharpoons \frac{1}{2a}\int_x^{x+at} I_0\left(\frac{b}{a}\sqrt{a^2t^2-(x-\xi)^2} \right)\psi(\xi)\,d\xi.
$$

同理，

$$
\frac{1}{2a}\int_{-\infty}^x \frac{e^{-\frac{x-\xi}{a}\sqrt{p^2-b^2}}}{\sqrt{p^2-b^2}}\psi(\xi)\,d\xi \rightleftharpoons \frac{1}{2a}\int_{x-at}^x I_0\left(\frac{b}{a}\sqrt{a^2t^2-(x-\xi)^2} \right)\psi(\xi)\,d\xi.
$$

这样，完成反演

$$
u(x,t) = \frac{1}{2a}\int_{x-at}^{x+at} I_0\left(\frac{b}{a}\sqrt{a^2t^2-(x-\xi)^2} \right)\psi(\xi)\,d\xi +
$$

$$
\frac{\partial}{\partial t}\left[\frac{1}{2a}\int_{x-at}^{x+at} I_0\left(\frac{b}{a}\sqrt{a^2t^2-(x-\xi)^2} \right)\varphi(\xi)\,d\xi \right]
$$

$$
= \frac{1}{2a}\int_{x-at}^{x+at} I_0\left(\frac{b}{a}\sqrt{a^2t^2-(x-\xi)^2} \right)\psi(\xi)\,d\xi + \frac{1}{2}\left[\varphi(x+at)+\varphi(x-at) \right] +
$$

$$
\frac{bt}{2}\int_{x-at}^{x+at} \frac{1}{\sqrt{a^2t^2-(x-\xi)^2}} I_0'\left(\frac{b}{a}\sqrt{a^2t^2-(x-\xi)^2} \right)\varphi(\xi)\,d\xi.
$$

习　　题

1. 求解一维无界空间中的扩散问题 $u_t-a^2u_{xx}=0$, $u\big|_{t=0}=\varphi(x)$.

2. 求解硅片的限定源扩散问题. 将硅片的厚度当作无限大，这是半无界空间的定解问题 $u_t-a^2u_{xx}=0$, $u_x\big|_{x=0}=0$, $u\big|_{t=0}=\Phi_0\delta(x-0)$. ［本题即 §13.1 例 4，可对照.］

3. 求解一维无界空间的有源输运问题 $u_t-a^2u_{xx}=f(x,t)$, $u\big|_{t=0}=0$. ［本题即 §13.1 例 3，可对照.］

4. 求解一维半无界空间的输运问题 $u_t-a^2u_{xx}=0$, $u\big|_{t=0}=0$, 边界条件是 $u\big|_{x=0}=f(t)$. ［本题为 §13.1 习题 10 的一部分，可对照.］

5. 求解无界弦的受迫振动 $u_{tt}-a^2u_{xx}=f(x,t)$, $u\big|_{t=0}=\varphi(x)$, $u_t\big|_{t=0}=\psi(x)$.

*§13.3 小波变换简介

（一）预备知识

（1）集合及其符号

R 表示实数全体的集合，即 R = (-∞, ∞).

支集：若 $f(x)$ 为定义在实数集合 R 上的函数（可以取复数值），则称集合 sup pf = $\overline{\{x \mid f(x) \neq 0\}}$ 为 f 的**支集**.

支集紧：若 sup pf 是紧集（有界闭集），则称函数 $f(x)$ 为**支集紧或**具有**紧支集**. 一函数具有紧支集的充要条件是它在一有界区域外恒等于零.

（2）空间及其符号

$L^p(R)(1 \leqslant p < \infty)$ 空间：定义在实数区间 R 上满足条件

$$\int_{-\infty}^{\infty} |f(x)|^p \mathrm{d}x < \infty \tag{13.3.1}$$

的函数 $f(x)$ 的全体构成的空间称为 $L^p(R)(1 \leqslant p < \infty)$ 空间.

范数：在 $L^p(R)$ 空间中定义**范数**

$$\|f(x)\|_p = \left(\int_{-\infty}^{\infty} |f(x)|^p \mathrm{d}x \right)^{\frac{1}{p}}, \tag{13.3.2}$$

在此范数下 $L^p(R)$ 空间构成赋范线性空间，而且是完备的赋范线性空间，即 Banach 空间. "完备的"含义请参看有关数学书籍.

内积空间：设 V 是一线性空间，G 是一数域，如果对 V 中的任何两个元素 x，y 都有一个数 $\langle x, y \rangle \in$ G 与之对应，且满足：

① $\langle x, y \rangle = \overline{\langle y, x \rangle}$，等式右边 $\overline{\langle \cdot, \cdot \rangle}$ 表示对 $\langle \cdot, \cdot \rangle$ 取复数共轭，本节均这样表示；

② $\langle \lambda x + \mu y, z \rangle = \lambda \langle x, z \rangle + \mu \langle y, z \rangle$；

③ $\langle x, x \rangle \geqslant 0$，且 $\langle x, x \rangle = 0 \Leftrightarrow x = 0$.

则称 $\langle \cdot, \cdot \rangle$ 为 V 中的**内积**，并称定义了内积的空间 V 为**内积空间**.

Hilbert **空间**：完备的内积空间称为 **Hilbert 空间**.

在 $L^p(R)$ 空间中，$p = 1$，2 是特别重要的. 对 $L^2(R)$ 空间中的两个函数 $f(x)$，$g(x)$ 定义它们的内积：

$$\langle f, g \rangle = \int_{-\infty}^{\infty} f(x) \overline{g(x)} \mathrm{d}x. \tag{13.3.3}$$

当取 $f(x) = g(x)$，代入（13.3.3）式，并利用（13.3.2）式有

$$\langle f, f \rangle^{\frac{1}{2}} = \left(\int_{-\infty}^{\infty} f(x) \overline{f(x)} \mathrm{d}x \right)^{\frac{1}{2}} = \left(\int_{-\infty}^{\infty} |f(x)|^2 \mathrm{d}x \right)^{\frac{1}{2}} = \|f\|_2. \tag{13.3.4}$$

$\|f\|_2$ 就是 $L^2(R)$ 空间中的范数. 因此，$L^2(R)$ 空间同时也是一个完备的内积空间，即 Hilbert 空间.

（二）傅里叶变换的不足

（1）$L^1(\mathbf{R})$ 空间中函数的傅里叶变换

$L^1(\mathbf{R})$ 空间中函数 $f(t)$ 定义在实数集合 $\mathbf{R}(-\infty,\infty)$ 上，满足条件

$$\int_{-\infty}^{\infty}|f(t)|\mathrm{d}t<\infty,\tag{13.3.5}$$

因此，函数 $f(t)$ 的傅里叶变换存在，在本节采用如下形式

$$\mathscr{F}[f(t)]=F(\omega)=\int_{-\infty}^{\infty}f(t)\mathrm{e}^{-\mathrm{i}\omega t}\mathrm{d}t,\tag{13.3.6}$$

而 $F(\omega)$ 的傅里叶逆变换在 $f(t)$ 连续的每个点 t 上，则为

$$f(t)=\mathscr{F}^{-1}[F(\omega)]=\frac{1}{2\pi}\int_{-\infty}^{\infty}F(\omega)\mathrm{e}^{\mathrm{i}\omega t}\mathrm{d}\omega,\tag{13.3.7}$$

注意本节关于傅里叶变换和傅里叶逆变换的定义，其中系数 $\dfrac{1}{2\pi}$ 在傅里叶逆变换式中，而不是在傅里叶变换式中，跟本书其他章节不一样．

研究函数 $f(t)$ 的性质可以用研究其傅里叶变换 $F(\omega)$ 的性质来代替．若 $f(t)$ 是某种信号，则 $F(\omega)$ 是信号 $f(t)$ 的频谱．从（13.3.6）和（13.3.7）式可以看出，为了求得某个频率 ω 的频谱 $F(\omega)$，需要用到全部时段的信号 $f(t)$ 进行积分，而且在任何有限频段上的频谱 $F(\omega)$ 都不能够确定任意小的时段内的信号 $f(t)$，必须对 $F(\omega)$ 进行全频段积分．这是经典傅里叶变换的不足和局限，使其不能应用于非平稳信号分析和实时信号处理中．

（2）$L^2(\mathbf{R})$ 空间中平方可积函数的傅里叶变换

若 $f(t)$ 为平方可积函数，$f(t)\in L^2(\mathbf{R})$．由于积分 $\displaystyle\int_{-\infty}^{\infty}f(t)\mathrm{e}^{-\mathrm{i}\omega t}\mathrm{d}t$ 不一定存在，所以其傅里叶变换不能用（13.3.6）式定义．令

$$f_N(t)=\begin{cases}f(t),&|t|\leqslant N\\0.&|t|>N\end{cases},\qquad 则 f_N(t)\in L^1(\mathbf{R}),\ f_N(t) 的傅里叶变换为$$

$$F_N(\omega)=\int_{-\infty}^{\infty}f_N(t)\mathrm{e}^{-\mathrm{i}\omega t}\mathrm{d}t,\tag{13.3.8}$$

定义 $f(t)$ 的傅里叶变换为 $F(\omega)=\lim\limits_{N\to\infty}F_N(\omega)$，亦即

$$\lim_{N\to\infty}\|F(\omega)-F_N(\omega)\|_2=0.\tag{13.3.9}$$

（3）$L^2(\mathbf{R})$ 空间中二平方可积函数的 Parseval 恒等式

设 $f(t)$，$g(t)\in L^2(\mathbf{R})$，则有

$$\langle f(t),g(t)\rangle=\int_{-\infty}^{\infty}f(t)\overline{g(t)}\mathrm{d}t=\frac{1}{2\pi}\langle F(\omega),G(\omega)\rangle,\tag{13.3.10}$$

称为 **Parseval 恒等式**（证明从略）．

（三）窗口（或短时）傅里叶变换——伽博（Gabor）变换

数学家 D. Gabor 注意到在时间-频率分析中傅里叶变换的不足，为了研究信号在局部范围的频率特征，他引入了时间局部化"窗函数" $g_\alpha(t-b)=\dfrac{1}{2\sqrt{\pi\alpha}}\mathrm{e}^{-\frac{(t-b)^2}{4\alpha}}$，即高斯函数，用 $g_\alpha(t-b)$ 乘 $f(t)$ 相当于在 $t=b$ 附近开了一个"窗口"．其中 $\alpha>0$ 为常数，参数 b 用于平行移动"窗

口", 以便覆盖整个时域. "窗函数" 在有限区间外很快地趋于零.

1946 年, Gabor 提出了**窗口**(或短时)**傅里叶变换**, 即**伽博(Gabor)变换**:

$$
\begin{aligned}
(\mathscr{F}_b^\alpha f)(\omega) &= \int_{-\infty}^\infty f(t)\,\overline{g_\alpha(t-b)}\,\mathrm{e}^{-\mathrm{i}\omega t}\mathrm{d}t \\
&= \int_{-\infty}^\infty f(t)g_\alpha(t-b)\mathrm{e}^{-\mathrm{i}\omega t}\mathrm{d}t.
\end{aligned}
\tag{13.3.11}
$$

$(\mathscr{F}_b^\alpha f)(\omega)$ 在 $t=b$ 的周围使 $f(t)$ 的傅里叶变换局部化.

由于

$$
\int_{-\infty}^\infty g_\alpha(t-b)\,\mathrm{d}b = \int_{-\infty}^\infty \frac{1}{2\sqrt{\pi\alpha}}\mathrm{e}^{-\frac{(t-b)^2}{4\alpha}}\mathrm{d}b,
$$

先后作变数变换, $x=b-t$, $\xi=\dfrac{x}{2\sqrt\alpha}$, 有

$$
\begin{aligned}
\int_{-\infty}^\infty g_\alpha(t-b)\,\mathrm{d}b &= \int_{-\infty}^\infty \frac{1}{2\sqrt{\pi\alpha}}\mathrm{e}^{-\frac{x^2}{4\alpha}}\mathrm{d}x = \frac{1}{2\sqrt{\pi\alpha}}\int_{-\infty}^\infty \mathrm{e}^{-\xi^2}2\sqrt\alpha\,\mathrm{d}\xi \\
&= \frac{2}{\sqrt\pi}\int_0^\infty \mathrm{e}^{-\xi^2}\mathrm{d}\xi = \frac{2}{\sqrt\pi}\cdot\frac{\sqrt\pi}{2} = 1.
\end{aligned}
\tag{13.3.12}
$$

$$
\begin{aligned}
\therefore \int_{-\infty}^\infty (\mathscr{F}_b^\alpha f)(\omega)\,\mathrm{d}b &= \int_{-\infty}^\infty \left[\mathrm{e}^{-\mathrm{i}\omega t}f(t)\right]\left[\int_{-\infty}^\infty g_\alpha(t-b)\,\mathrm{d}b\right]\mathrm{d}t \\
&= \int_{-\infty}^\infty \mathrm{e}^{-\mathrm{i}\omega t}f(t)\cdot 1\cdot\mathrm{d}t = F(\omega) \quad (\omega\in\mathrm{R}),
\end{aligned}
\tag{13.3.13}
$$

这就是说, $f(t)$ 的窗口傅里叶变换的集合 $\{\mathscr{F}_b^\alpha f\mid b\in\mathrm{R}\}$ 精确分解为 $f(t)$ 的傅里叶变换 $F(\omega)$. 即窗口傅里叶变换确实能反映信号在任意局部范围的频率特性, 而且窗口傅里叶变换的窗口位置随参数 b 而平移, 符合研究信号不同位置局部性质的要求, 这是它比傅里叶变换优越的地方, 同时有反演公式(证明从略)

$$
f(t) = \frac{1}{2\pi}\int_{-\infty}^\infty \mathrm{d}\omega\int_{-\infty}^\infty \mathrm{e}^{\mathrm{i}\omega t}g_\alpha(t-b)(\mathscr{F}_b^\alpha f)(\omega)\,\mathrm{d}b.
\tag{13.3.14}
$$

用一个紧支集或很快趋于零的函数 $g(t)$ 去乘 $f(t)$, 通常称之为开一个 "窗口", 为了定量地描述 "窗口" 的位置和大小, 引进窗口的中心和宽度的概念.

当 $g(t)$, $tg(t)\in L^2(\mathrm{R})$, 则称 $g(t)$ 是一个窗口函数, 窗口函数 $g(t)$ 的**中心**和**半宽度**分别定义为

$$
t_g^* = \frac{1}{\|g\|_2^2}\int_{-\infty}^\infty t\,|g(t)|^2\mathrm{d}t,
\tag{13.3.15}
$$

$$
\Delta_g = \frac{1}{\|g\|_2}\left\{\int_{-\infty}^\infty (t-t_g^*)^2\,|g(t)|^2\right\}^{\frac{1}{2}}.
\tag{13.3.16}
$$

其中 $\|g\|_2$ 为 $L^2(\mathrm{R})$ 空间中函数 $g(t)$ 的范数, Δ_g 为标准偏差.

对于伽博变换, 窗函数 $g_\alpha(t-b)$ 的宽度为 $2\Delta_{g_\alpha}$, 相应的 $t_{g_\alpha}^* = 0$, 有

$$\Delta_{g_\alpha} = \frac{1}{\| g_\alpha \|_2} \left\{ \int_{-\infty}^{\infty} t^2 g_\alpha^2(t) \, dt \right\}^{\frac{1}{2}}.$$

其中范数

$$\| g_\alpha \|_2 = \left\{ \int_{-\infty}^{\infty} | g_\alpha(t) |^2 dt \right\}^{\frac{1}{2}} = \left\{ \int_{-\infty}^{\infty} \left| \frac{1}{2\sqrt{\pi\alpha}} e^{-\frac{t^2}{4\alpha}} \right|^2 dt \right\}^{\frac{1}{2}}$$

$$= \left(\frac{1}{4\pi\alpha} \int_{-\infty}^{\infty} e^{-\frac{t^2}{2\alpha}} dt \right)^{\frac{1}{2}} = \left(\frac{1}{4\pi\alpha} \int_{-\infty}^{\infty} e^{-\xi^2} \sqrt{2\alpha} \, d\xi \right)^{\frac{1}{2}} = \left(\frac{1}{2\sqrt{2\alpha}\,\pi} \cdot \sqrt{\pi} \right)^{\frac{1}{2}}$$

$$= (8\pi\alpha)^{-\frac{1}{4}}.$$

其中做了变数变换 $\xi = t/\sqrt{2\alpha}$, 而

$$\left\{ \int_{-\infty}^{\infty} t^2 g_\alpha^2(t) \, dt \right\}^{\frac{1}{2}} = \left\{ \int_{-\infty}^{\infty} t^2 \cdot \frac{1}{4\pi\alpha} e^{-\frac{t^2}{2\alpha}} dt \right\}^{\frac{1}{2}}$$

$$= \left\{ \frac{1}{4\pi\alpha} \cdot \frac{\sqrt{\pi}}{2} \left(\frac{1}{2\alpha} \right)^{-\frac{3}{2}} \right\}^{\frac{1}{2}} = \left\{ \frac{1}{8\alpha\sqrt{\pi}} (2\alpha)^{\frac{3}{2}} \right\}^{\frac{1}{2}} = \left\{ \sqrt{\frac{\alpha}{8\pi}} \right\}^{\frac{1}{2}}$$

$$= \left(\frac{\alpha}{8\pi} \right)^{\frac{1}{4}}.$$

其中利用了定积分公式:

$$\int_{-\infty}^{\infty} e^{-x^2} dx = \sqrt{\pi} ; \qquad \int_{-\infty}^{\infty} e^{-ax^2} dx = \sqrt{\frac{\pi}{a}} ;$$

$$\int_{-\infty}^{\infty} x^2 e^{-ax^2} dx = \frac{\sqrt{\pi}}{2} \cdot \frac{1}{a^{3/2}}. \tag{13.3.17}$$

因此,
$$\Delta_{g_\alpha} = \left(\frac{\alpha}{8\pi} \right)^{\frac{1}{4}} \cdot \frac{1}{(8\pi\alpha)^{-\frac{1}{4}}} = \sqrt{\alpha}. \tag{13.3.18}$$

窗函数 g_α 的宽度也称时间窗的宽度为 $2\Delta_{g_\alpha} = 2\sqrt{\alpha}$, 是一常数, 对于局部化信号不论高频还是低频其时间窗的宽度都是同一常数, 而在实际应用中, 希望在频率高时有一个窄的时间窗, 以便更精确地确定高频现象, 在频率低时, 有一个宽的时间窗, 以便能更充分地分析低频特性. 因此, 窗口傅里叶变换对分析具有很高和很低频率的信号是不适合的.

(四) 小波变换

为了克服伽博变换的局限, 对窗函数加一个容许条件, 使得窗口成为可调的: 在高频处自动变窄, 而在低频处自动变宽, 从而更方便对高频或低频信号的研究, 这就引出小波变换.

1. 基本小波或小波母函数

$L^2(R)$ 中的函数 $\psi(t)$ 满足平方可积条件: $\int_{-\infty}^{\infty} | \psi(t) |^2 dt < \infty$. 若 $\psi(t)$ 还满足约束条件, 也称容许条件:

$$\int_{-\infty}^{\infty} |\Psi(\omega)|^2 |\omega|^{-1}\mathrm{d}\omega < \infty, \tag{13.3.19}$$

则称 $\psi(t)$ 为一个**基本小波**或**小波母函数**. 其中 $\Psi(\omega)$ 为 $\psi(t)$ 的傅里叶变换. 由容许条件可知 $\Psi(0)=0$，即

$$\Psi(\omega)|_{\omega=0} = \int_{-\infty}^{\infty} \psi(t)\mathrm{e}^{-\mathrm{i}\omega t}|_{\omega=0}\mathrm{d}t = \int_{-\infty}^{\infty} \psi(t)\mathrm{d}t = 0. \tag{13.3.20}$$

显然，$\psi(t)$ 一定是正负振荡型的函数，正负部分互相抵消. 这就是小波名称的由来.

2. 连续小波

由 $\psi(t)$ 引进两个实参数 a，$b \in \mathbf{R}$，$(a \neq 0)$. 构造函数

$$\psi_{a,b}(t) = \frac{1}{\sqrt{|a|}}\psi\left(\frac{t-b}{a}\right), \tag{13.3.21}$$

则称 $\psi_{a,b}(t)$ 为由母函数 $\psi(t)$ 生成的依赖于参数 a、b 的连续小波函数族. a 为伸缩因子，b 为平移因子.

3. 积分（或连续）小波变换

空间 $L^2(\mathbf{R})$ 中的两个平方可积函数 $f(t)$，$\psi(t)$. 其中 $\psi(t)$ 为基本小波，定义其内积为函数 $f(t)$ 的积分小波变换，也称连续小波变换，记为

$$W_f(a,b) = <f, \psi_{a,b}> = \frac{1}{\sqrt{|a|}}\int_{-\infty}^{\infty} f(t)\overline{\psi\left(\frac{t-b}{a}\right)}\mathrm{d}t. \tag{13.3.22}$$

连续小波 $\psi_{a,b}(t)$ 在小波变换中的作用跟函数 $g_a(t-b)$ 在伽博变换中的作用相类似，参数 b 都起平移的作用，但它们本质上不同之处在参数 a 与参数 ω，ω 的变化不改变"窗函数" $g_a(t-b)$ 的大小和形状，而 a 的变化不仅改变连续小波 $\psi_{a,b}(t)$ 的频谱结构，而且也改变其"窗口"的大小和形状.

4. 小波变换的反演公式和 Parseval 恒等式

记
$$C_\psi = \int_{-\infty}^{\infty} |\Psi(\omega)|^2 |\omega|^{-1}\mathrm{d}\omega, \quad f(t), g(t) \in L^2(\mathbf{R}). \tag{13.3.23}$$

则在 $f(t)$ 的连续点有**小波变换反演公式**

$$f(t) = \frac{1}{C_\psi}\int_{-\infty}^{\infty}\int_{-\infty}^{\infty} W_f(a,b)\psi_{a,b}(t)\frac{\mathrm{d}a\mathrm{d}b}{a^2}. \tag{13.3.24}$$

小波变换的 Parseval 恒等式当 $g(t)=f(t)$ 时，式(13.3.25)成为(13.3.26)

$$\int_{-\infty}^{\infty}\int_{-\infty}^{\infty} W_f(a,b)\overline{W_g(a,b)}\frac{\mathrm{d}a\mathrm{d}b}{a^2} = C_\psi <f, g>, \tag{13.3.25}$$

$$\frac{1}{C_\psi}\int_{-\infty}^{\infty} |W_f(a,b)|^2 \frac{\mathrm{d}a\mathrm{d}b}{a^2} = \int_{-\infty}^{\infty} |f(t)|^2 \mathrm{d}t. \tag{13.3.26}$$

这些公式证明从略.

5. 小波变换的时间窗的宽度

对于小波母函数 $\psi(t)$，只要满足条件：$\psi(t)$，$t\psi(t) \in L^2(\mathbf{R})$，则相应的连续小波 $\psi_{a,b}(t)$ 的窗口中心和窗口半宽度可以求出，为

$$t_{\psi_{a,b}}^* = at_\psi^* + b, \tag{13.3.27}$$

$$\Delta_{\psi_{a,b}} = |a|\Delta_\psi. \tag{13.3.28}$$

证明如下：

$$t^*_{\psi_{a,b}} = \frac{1}{\|\psi_{a,b}\|_2^2} \int_{-\infty}^{\infty} t |\psi_{a,b}(t)|^2 \mathrm{d}t,$$

其中

$$\|\psi_{a,b}(t)\|_2^2 = \int_{-\infty}^{\infty} |\psi_{a,b}(t)|^2 \mathrm{d}t = \frac{1}{|a|} \int_{-\infty}^{\infty} \left|\psi\left(\frac{t-b}{a}\right)\right|^2 \mathrm{d}t$$

做变数变换，令 $\xi = \dfrac{t-b}{a}$，有

$$\|\psi_{a,b}(t)\|_2^2 = \frac{1}{|a|} \int_{-\infty}^{\infty} |\psi(\xi)|^2 |a| \mathrm{d}\xi = \int_{-\infty}^{\infty} |\psi(\xi)|^2 \mathrm{d}\xi = \|\psi(t)\|_2^2.$$

于是

$$t^*_{\psi_{a,b}} = \frac{1}{\|\psi\|_2^2} \int_{-\infty}^{\infty} t \cdot \frac{1}{|a|} \left|\psi\left(\frac{t-b}{a}\right)\right|^2 \mathrm{d}t = \frac{1}{\|\psi\|_2^2} \int_{-\infty}^{\infty} (a\xi + b) |\psi(\xi)|^2 \mathrm{d}\xi$$

$$= a\left[\frac{1}{\|\psi\|_2^2} \int_{-\infty}^{\infty} \xi |\psi(\xi)|^2 \mathrm{d}\xi\right] + b\left[\frac{1}{\|\psi\|_2^2} \int_{-\infty}^{\infty} |\psi(\xi)|^2 \mathrm{d}\xi\right] = a t^*_\psi + b.$$

证得(13.3.27)，计算

$$\Delta_{\psi_{a,b}} = \frac{1}{\|\psi_{a,b}(t)\|_2} \left\{\int_{-\infty}^{\infty} (t - t^*_{\psi_{a,b}})^2 |\psi_{a,b}(t)|^2\right\}^{\frac{1}{2}}$$

$$= \frac{1}{\|\psi(t)\|_2} \left\{\int_{-\infty}^{\infty} (t - a t^*_\psi - b)^2 \frac{1}{|a|} \left|\psi\left(\frac{t-b}{a}\right)\right|^2 \mathrm{d}t\right\}^{\frac{1}{2}}$$

做变数变换，令 $\xi = \dfrac{t-b}{a}$，有

$$\Delta_{\psi_{a,b}} = \frac{1}{\|\psi(t)\|_2} \left\{\int_{-\infty}^{\infty} (a\xi - a t^*_\psi)^2 |\psi(\xi)|^2 \mathrm{d}\xi\right\}^{\frac{1}{2}}$$

$$= |a| \cdot \frac{1}{\|\psi(t)\|_2} \left\{\int_{-\infty}^{\infty} (\xi - t^*_\psi)^2 |\psi(\xi)|^2 \mathrm{d}\xi\right\}^{\frac{1}{2}} = |a| \Delta_\psi.$$

证得(13.3.28)，从而得出时间窗口的宽度为 $2\Delta_{\psi_{a,b}} = 2|a|\Delta_\psi$. 当 $|a|$ 变小时，时间窗口的宽度相应变窄，当 $|a|$ 变大时，时间窗口的宽度相应变宽. 高频信号对应的 $|a|$ 小，检测时时间窗口自动变窄，而低频信号对应的 $|a|$ 大，检测时时间窗口自动变宽，因此小波变换具有一种"变焦"的特性，使得它在数理学科、工程技术等众多领域得到应用，还在继续深入发展中.

　　除了连续小波变换，还有离散小波变换，这里就不介绍了，更多的内容请参看有关小波变换的专著和教材.

第十四章　保角变换法

§1.5 研究过用解析函数描述平面标量场的问题. 不过, 在那里只是先任意提出一个解析函数, 然后阐明它描述什么样的平面标量场, 或者说, 它是什么样的平面标量场的复势. 但实际上, 更重要的问题是根据给定的边界条件求出平面标量场的复势, 这当然可以考虑用分离变数法或利用解的积分公式来解决. 但是, 如果边界的形状比较复杂, 分离变数法或积分公式用起来都有困难. 本章提供一种化难为易的办法, 将边界形状比较复杂的平面标量场转化为边界形状比较简单的平面标量场, 即**保角变换**方法.

§14.1　保角变换的基本性质

用适当的变换

$$\zeta = \zeta(z), \quad z = z(\zeta),\tag{14.1.1}$$

即

$$\begin{cases} \xi = \xi(x,y), \\ \eta = \eta(x,y), \end{cases} \quad \begin{cases} x = x(\xi,\eta), \\ y = y(\xi,\eta). \end{cases}\tag{14.1.2}$$

可以将复杂的边界变成较简单的边界. 但是, 还得研究一下经过这样的变换, 描述平面标量场的拉普拉斯方程变成什么样子. 事实上, 经过变换(14.1.1), 拉普拉斯方程

$$u_{xx} + u_{yy} = 0,\tag{14.1.3}$$

化成

$$(\xi_x^2 + \xi_y^2) u_{\xi\xi} + 2(\xi_x \eta_x + \xi_y \eta_y) u_{\xi\eta} + (\eta_x^2 + \eta_y^2) u_{\eta\eta} +$$
$$(\xi_{xx} + \xi_{yy}) u_\xi + (\eta_{xx} + \eta_{yy}) u_\eta = 0.\tag{14.1.4}$$

如果新的自变量 ζ 在所研究的区域上是 z 的解析函数, 则根据(1.3.1)、(1.3.2)、(1.3.3)、(1.4.1)、(1.4.2)及(1.4.3),

$$\xi_x^2 + \xi_y^2 = |\zeta'(z)|^2, \quad \eta_x^2 + \eta_y^2 = |\zeta'(z)|^2,$$
$$\xi_x \eta_x + \xi_y \eta_y = 0, \quad \xi_{xx} + \xi_{yy} = 0, \quad \eta_{xx} + \eta_{yy} = 0,$$

而(14.1.4)就成为

$$|\zeta'(z)|^2 (u_{\xi\xi} + u_{\eta\eta}) = 0.\tag{14.1.5}$$

这是说, 如果 $\zeta(z)$ 是解析函数, 则除了 $\zeta'(z) = 0$ 的点之外, z 平面某个区域上的调和函数经过代换(14.1.1)即(14.1.2)之后成为 ζ 平面相应区域上的调和函数.

这个办法也可用来求解二维泊松方程

$$u_{xx} + u_{yy} = f(x,y),\tag{14.1.6}$$

的边值问题. 事实上，在解析函数 $\zeta=\zeta(z)$ 的代换(14.1.1)下，泊松方程(14.1.6)变为

$$u_{\xi\xi}+u_{\eta\eta}=\frac{1}{|\zeta'(z)|^{2}}f\big[x(\xi,\eta),y(\xi,\eta)\big].\tag{14.1.7}$$

仍然是泊松方程，只是"源"的强度(对于静电场来说,即电荷密度)变为 $1/|\zeta'(z)|^{2}$ 倍. 注意这个倍数一般说来不是常数而是逐点而异的.

现在着重研究一下由解析函数 $\zeta=\zeta(z)$ 所表征的自变数代换的基本性质.

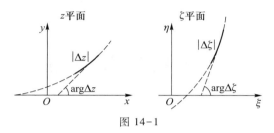

图 14-1

在 z 平面上每给定一点，ζ 平面必有一点 $\zeta=\zeta(z)$ 跟它相对应. 这样，在 z 平面上每给定一根曲线，ζ 平面必有一根对应的曲线(图 14-1). 在相应的两曲线上各截取相应的一小段 $(z,z+\Delta z)$ 及 $(\zeta,\zeta+\Delta\zeta)$，则有

$$\lim_{\Delta z\to 0}\frac{\Delta\zeta}{\Delta z}=\frac{\mathrm{d}\zeta}{\mathrm{d}z}=\lim_{\Delta z\to 0}\frac{|\Delta\zeta|}{|\Delta z|}\mathrm{e}^{\mathrm{i}(\arg\Delta\zeta-\arg\Delta z)}.\tag{14.1.8}$$

由此可见，解析函数的导数具有如下几何意义：它的模代表的是，经过该解析函数所表示的变换，无穷小线段元 $\mathrm{d}z$ 变为 ζ 平面上的无穷小线段元 $\mathrm{d}\zeta$ 时，其长度**伸缩比**(或称**放大率**)；导数的辐角则代表 $\mathrm{d}\zeta$ 相对于 $\mathrm{d}z$ 逆时针方向转过的角度.

由于 $\mathrm{d}\zeta/\mathrm{d}z$ 的值与 $\Delta z\to 0$ 的方式无关，因此，如果在 z 平面上有两根曲线相交于点 z，则在 ζ 平面上也有相应的两根曲线相交于相应的点 ζ. 从 z 平面到 ζ 平面，两曲线都是逆时针方向旋转 $\arg\zeta'(z)$，所以两曲线交角不变. 因此，解析函数 $\zeta=\zeta(z)$ 所代表的变换称为**保角变换**，或**保角映象**.

在 $\zeta'(z)=0$ 的点，$\arg\zeta'(z)$ 失去意义，也就谈不上交角不变.

如果 ζ 是 z^{*} 的解析函数，则两曲线的交角大小也保持不变，但由于 z^{*} 是 z 对 x 轴的反映，交角的方向反转，顺时针变为逆时针，逆时针变为顺时针. 通常将这类变换称为**第二类保角变换**.

设在 z 平面上有闭曲线 l，在保角变换下，闭曲线 l 变为 ζ 平面上的闭曲线 λ. 在这两条闭曲线上沿着相应的方向前进，则左侧的区域 B 对应于左侧的区域 β，右侧的区域 C 对应于右侧的区域 γ，如图 14-2.

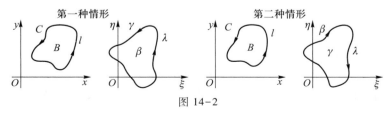

图 14-2

利用辐角原理(参见附录十五)还可以证明，如果 $\zeta(z)$ 是区域 B 上的解析函数，则发生

图 14-2 的第一种情形，即 l 的内域 B 变为 λ 的内域 β，l 的外域 C 变为 λ 的外域 γ；如 $\zeta(z)$ 是区域 B 上的解析函数，但要除去一个孤立的一阶极点，则发生图 14-2 的第二种情形，即 l 的内域 B 变为 λ 的外域 β，l 的外域 C 变为 λ 的内域 γ. 其实，只要在区域 B 内任取一点 z，按照 $\zeta = \zeta(z)$ 算出相应的点 ζ，就可判断究竟发生第一种情形还是第二种情形.

可以证明，任意一个单连通区域必可通过某个保角变换变为另一个任意给定的单连通区域，这称为**黎曼定理**. 不过，对我们说来，更重要的是，在各个具体问题中找到适当的保角变换. 下一节将介绍某些常用的保角变换.

§14.2　某些常用的保角变换

（一）线性变换

线性函数

$$\zeta(z) = az + b \quad （a \text{ 和 } b \text{ 是复常数}） \tag{14.2.1}$$

的导数

$$\zeta'(z) = a$$

是常数. 这是说，长度放大率是常数，图形的各个部分按同样比例放大而形状不变.

事实上，

$$\zeta(z) = az + b = a\left(z + \frac{b}{a}\right) = |a|\, \mathrm{e}^{\mathrm{i\,arg}\, a}\left(z + \frac{b}{a}\right),$$

这可以分解为

$$z_1 = z + \frac{b}{a}, \quad z_2 = \mathrm{e}^{\mathrm{i\,arg}\, a} z_1, \quad \zeta = |a|\, z_2.$$

从 z 平面到 z_1 平面，图形作为整体而平移，位移矢量对应于复数 b/a；从 z_1 平面到 z_2 平面，图形绕原点旋转 $\arg a$；从 z_2 平面到 ζ 平面，图形放大到 $|a|$ 倍. 形状确实保持不变，或者说，线性变换只是将图形变为它的相似形.

既然图形在线性变换下保持形状不变，那么线性变换如果单独使用，对于研究平面场并无帮助. 但线性变换跟其他变换联合使用还是有用处的（参看例 2）.

（二）幂函数和根式变换

幂函数

$$\zeta(z) = z^n \tag{14.2.2}$$

的导数

$$\zeta'(z) = nz^{n-1}.$$

在原点，导数 $\zeta'(0) = 0$，交角并不保持不变. 事实上，

$$\arg \zeta = \arg(z^n) = n \arg z,$$

这是说，在原点的交角放大为 n 倍. 在原点以外任一有限远点，交角保持不变.

根式

$$\zeta(z) = \sqrt[n]{z} \tag{14.2.3}$$

是(14.2.2)的逆变换,在原点的交角缩小为 $1/n$ 倍.

例1 一个甚大金属导体,挖去一个二面角,角的大小为 60°(图 14-3).将导体充电到电势 V_0,试求二面角内电场中的电势分布.

解 将导体看作无限长,只须在任一垂直于图 14-3 中柱轴的横截面内研究,将这横截面称为 z 平面.在 z 平面上,二面角表现为顶角 $\pi/3$ 的角域(图 14-4).

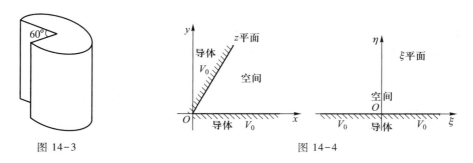

图 14-3

图 14-4

将顶角放大到三倍则成为 π,而顶角为 π 的角域即半平面,问题容易解得多.

由此可见,应作变换 $\zeta = z^3$.在 ζ 平面,下半平面是导体,上半平面是空间.在上半平面的电势分布易于解出为

$$u = V_0 + C\eta,$$

常数 C 取决于导体表面的电荷面密度.回到 z 平面,角域中的电势分布是

$$u = V_0 + C\eta = V_0 + C\text{Im}\,\zeta = V_0 + C\text{Im}\,z^3 = V_0 + C(3x^2y - y^3).$$

例2 研究平底水槽中水的流动,槽底有一竖立的薄片阻挡水流[图 14-5(a)].

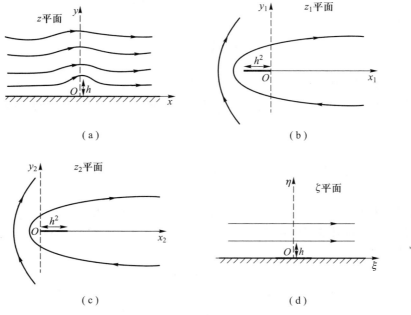

(a)

(b)

(c)

(d)

图 14-5

解 这个问题的困难来自槽底的薄片，它的特征是两边各有一个直角. 作变换

$$z_1 = z^2,$$

直角加倍成为平角（即 π），如图 14-5（b）. 整个水槽底加上竖立的薄片变为 z_1 平面的实轴上从 $-h^2$ 经原点向 $+\infty$ 去的割线两岸，这样，问题变得容易一些.

z_1 平面的割线端点不在原点，这不大方便. 作变换

$$z_2 = z_1 + h^2,$$

割线端点移到原点 [图 14-5（c）].

割线两岸可说是夹角为 2π 的两根直线. 作变换

$$\zeta = \sqrt{z_2},$$

夹角变为 1/2 倍，等于 π，这是说，割线两岸成为 ζ 平面的实轴 [图 14-5（d）].

ζ 平面上的速度势 u 显然是

$$u = C\xi = \mathrm{Re}(C\zeta),$$

回到原自变数，

$$
\begin{aligned}
u &= \mathrm{Re}(C\sqrt{z_2}) = \mathrm{Re}(C\sqrt{z_1 + h^2}) = \mathrm{Re}\left(C\sqrt{z^2 + h^2}\right) \\
&= \mathrm{Re}\left(C\sqrt{(x^2 - y^2 + h^2) + \mathrm{i}2xy}\right) \\
&= C\sqrt{\frac{(x^2 - y^2 + h^2) + \sqrt{(x^2 - y^2 + h^2)^2 + 4x^2 y^2}}{2}}.
\end{aligned}
$$

至于在各点的流速 $v = \nabla u$ 不难从 u 算出，但这计算较繁. 利用复势 $w(z) = C\sqrt{z^2 + h^2}$ 来计算可能方便些，这是因为对应于流速向量 v 的复势是

$$
\begin{aligned}
\frac{\partial u}{\partial x} + \mathrm{i}\frac{\partial u}{\partial y} &= \frac{\partial u}{\partial x} - \mathrm{i}\frac{\partial v}{\partial x} = (w')^* = \left(\frac{\mathrm{d}}{\mathrm{d}z}C\sqrt{z^2 + h^2}\right)^* \\
&= \left(\frac{Cz}{\sqrt{z^2 + h^2}}\right)^* = \frac{Cz^*}{\sqrt{(z^*)^2 + h^2}}.
\end{aligned}
$$

既已求得流速，运用流体力学中的伯努利原理还可以计算压强 p.

为了阐明常数 C 的意义，考察远离竖立的薄片处的流速 v. 对应于 v 的复势是

$$\lim_{z \to \infty} \frac{Cz^*}{\sqrt{(z^*)^2 + h^2}} = \lim_{z \to \infty} \frac{C}{\sqrt{1 + (h/z^*)^2}} = C.$$

这是说，流速的 x 分量 v_x 和 y 分量 v_y 分别是

$$v_x = C, \quad v_y = 0.$$

这样，远离竖立的薄片处，水是平行于槽底而流动的，流速就是 C.

（三）指数函数和对数函数变换

指数函数

$$\zeta(z) = \mathrm{e}^z = \mathrm{e}^x \mathrm{e}^{\mathrm{i}y}. \tag{14.2.4}$$

这是说，$|\zeta| = \mathrm{e}^x$，$\mathrm{Arg}\,\zeta = y$. 这样，z 平面上平行于实轴的直线 "$y =$ 常数" 变为 ζ 平面上的 "$\mathrm{Arg}\,\zeta =$ 常数"，即通过原点的射线. z 平面上平行于虚轴的直线 "$x =$ 常数" 变为 ζ 平面上的 "$|\zeta| =$ 常数"，即以原点为圆心，"$|\zeta| =$ 常数" 为半径的圆.

指数函数(14.2.4)具有纯虚数周期 i2π, z 平面上 x 相同而 y 相差 2π 的整倍数的那些点变为 ζ 平面上同一点. z 平面上任何一个平行于实轴而宽度为 2π 的带域变为 ζ 的全平面. 带域上的直角坐标网变为 ζ 平面上的极坐标网.

对数函数

$$\zeta(z)=\ln z=\ln(\,|z|\mathrm{e}^{\mathrm{i Arg}\,z})=\ln|z|+\mathrm{i Arg}\,z, \tag{14.2.5}$$

是(14.2.4)的逆变换. (14.2.5)亦即 $\mathrm{Re}\,\zeta=\ln|z|$, $\mathrm{Im}\,\zeta=\mathrm{Arg}\,z$, 这样, z 平面上以原点为圆心的圆 "$|z|=$常数" 变为 ζ 平面上的 "$\mathrm{Re}\,\zeta=$常数", 即平行于虚轴的直线. z 平面上通过原点的射线 "$\mathrm{Arg}\,z=$常数" 变为 ζ 平面上的 "$\mathrm{Im}\,\zeta=$常数", 即平行于实轴的直线. z 平面上的极坐标网变为 ζ 平面上的直角坐标网. 点 z 的辐角 $\mathrm{Arg}\,z$ 可以加减 2π 的任意整数倍数, 所以 ζ 是 z 的多值函数. 沿 z 平面的正实轴作割线, 将 $\mathrm{Arg}\,z$ 限制在 0 与 2π 之间, 就是说, 取 ζ 的**主值**, 则 z 的全平面变为 ζ 平面上 $0\leqslant\mathrm{Im}\,\zeta\leqslant 2\pi$ 的带域.

例 3 两个同轴圆柱构成柱形电容器, 内外圆柱的半径分别是 R_1 和 R_2. 计算每单位长度圆柱电容器的电容.

解 圆柱电容器的横截面见图 14-6(a). 等势线和电场线构成极坐标网. 这提示我们采用对数变换 $\zeta=\ln z=\ln|z|+\mathrm{i Arg}\,z$. 对数函数是多值函数, 它将内圆柱变为直线 $\xi=\ln R_1$, 其主值是 $0\leqslant\eta\leqslant 2\pi$ 的一段; 它将外圆柱变为直线 $\xi=\ln R_2$, 其主值也是 $0\leqslant\eta\leqslant 2\pi$ 的一段. 这样, 圆柱形电容器变为平板电容器, 两极板的宽度为 2π, 相距 $\ln R_2-\ln R_1=\ln(R_2/R_1)$, 如图 14-6(b).

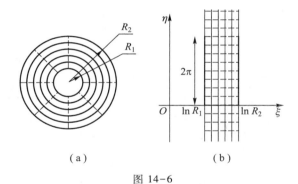

(a)   (b)

图 14-6

用国际单位制, 平板电容器的电容为 $\varepsilon_0 A/d$, 其中 A 是极板的面积. (如用高斯单位制, 则电容为 $A/4\pi d$.)以单位长度计算, 极板的面积 $A=2\pi\times 1=2\pi$, 电容

$$C=\frac{\varepsilon_0 A}{d}=\frac{\varepsilon_0 2\pi}{\ln(R_2/R_1)}.$$

这也就是每单位长度圆柱电容器的电容.

附 同轴线的电感 将同轴圆柱作为同轴传输线使用, 它不仅具有上面算出的电容, 而且还有电感. 这里计算每单位长度的电感 L.

作为同轴线使用, 电流方向垂直于图 14-6 的图面, 设内圆柱上的电流 I 向外, 外圆柱上的电流 I 向内. 图 14-6 的同心圆就是磁力线(方向为逆时针的). 在这些同心圆之中取半径为 ρ 的作为代表. 运用电磁学的安培回路定律.

$$H2\pi\rho=I,$$

$$H = \frac{I}{2\pi}\frac{1}{\rho}.$$

磁感应强度

$$B = \mu_0 H = \frac{\mu_0 I}{2\pi}\frac{1}{\rho}.$$

每单位长度传输线内外圆柱之间的磁通量

$$\Phi = \int_{R_1}^{R_2} B d\rho = \frac{\mu_0 I}{2\pi}\int_{R_1}^{R_2}\frac{1}{\rho}d\rho = \frac{\mu_0 I}{2\pi}\ln\frac{R_2}{R_1}.$$

于是，每单位长度的电感

$$L = \frac{\Phi}{I} = \frac{\mu_0}{2\pi}\ln\frac{R_2}{R_1}.$$

§7.1 导出理想传输线的电报方程(7.1.14)后，注明 $1/LC = $ 光速平方. 这里就是一个例证，因为对于同轴传输线来说，

$$\frac{1}{LC} = \frac{1}{(\mu_0/2\pi)\ln(R_2/R_1)}\frac{\ln(R_2/R_1)}{\varepsilon_0 2\pi} = \frac{1}{\mu_0\varepsilon_0}$$

$$= \frac{10^7}{4\pi}\cdot\frac{36\pi}{1}\frac{10^9}{1} = 9\times10^{16} = (3\times10^8\text{m/s})^2 = (\text{光速})^2.$$

（四）反演变换

变换

$$\zeta = \frac{R^2}{z}\quad(R\text{ 为实常数})\tag{14.2.6}$$

称为反演变换. 采用指数式 $z = \rho e^{i\varphi}$，则

$$\zeta = \frac{R^2}{\rho}e^{-i\varphi}.\tag{14.2.7}$$

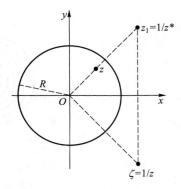

图 14-7

这可以分解为前后相继的两个变换

$$z_1 = \frac{R^2}{\rho}e^{i\varphi}\left(=\frac{R^2}{z^*}\right),\tag{14.2.8}$$

$$\zeta = z_1^*.\tag{14.2.9}$$

变换(14.2.8)将 z 变为 z_1. （图 14-7）中 z_1 与 z 辐角相同，这是说，两者位于从原点出发的同一条射线上；z_1 与 z 的模之积

$$|z_1|\cdot|z| = \frac{R^2}{\rho}\rho = R^2.\tag{14.2.10}$$

这是说，z_1 与 z 之中，一个在圆 $|z| = R$ 的内部，另一在此圆外部. 变换(14.2.9)又将 z_1 变为 ζ，而 ζ 与 z_1 相对于实轴对称. 这样，反演(14.2.6)将圆 $|z| = R$ 的内部变为外部，而外部则变为内部.

反演变换在平面包括无限远点在内都是保角的，读者不妨自行证明.

（五）分式线性变换

变换

$$\zeta = \frac{az+b}{cz+d}\quad(ad-bc\neq0)\tag{14.2.11}$$

的分子分母都是线性的，因而称为**分式线性变换**. 条件 $ad-bc \neq 0$ 十分必要，否则 $a/c = b/d$，而 $\zeta = (az+b)/(cz+d) = a/c = b/d$ 是常数，于是 z 平面上所有的点都变为同一点 $\zeta = a/c$，这样的变换没有意义.

反演(14.2.6)是分式线性变换(14.2.11)的特例，其中 $a=0$，$d=0$，$b/c=$实常数.

变换(14.2.11)可化为

$$\zeta = \frac{a}{c} + \frac{b-ad/c}{cz+d} = \frac{a}{c} + \frac{(bc-ad)/c^2}{z+d/c},$$

这是说，它可以分解成相继的三个变换：

$$z_1 = z + \frac{d}{c}, \quad z_2 = \frac{(bc-ad)/c^2}{z_1}, \quad \zeta = z_2 + \frac{a}{c}.$$

上面已经说明，线性变换及反演变换都是在全平面上保角的变换，因而分式线性变换亦是在包括 ∞ 在内的全平面上保角的变换.

分式线性变换的重要特点是**圆保持为圆**(直线作为圆的特例看待). 变换 $z_1 = z + d/c$ 和 $\zeta = z_2 + a/c$ 都是整体的平移，圆保持为圆是不成问题的. 需要证明的是变换 $z_2 = f/z_1$ [常数 f 即上面的 $(bc-ad)/c^2$] 使圆保持为圆. 设有任意给定的圆

$$A(x_1^2+y_1^2) + 2Bx_1 + 2Cy_1 + D = 0,$$

圆心在 $(-B/A, -C/A)$，半径是 $\sqrt{B^2+C^2-AD}/A$. 用复变数 $z_1 = x_1 + iy_1$，这个圆的方程可写成

$$Az_1z_1^* + (B+iC)z_1^* + (B-iC)z_1 + D = 0,$$

记 $B+iC$ 为 E，则

$$Az_1z_1^* + E^*z_1 + Ez_1^* + D = 0.$$

作变换(14.2.6)，

$$A\frac{f}{z_2}\frac{f^*}{z_2^*} + E^*\frac{f}{z_2} + E\frac{f^*}{z_2^*} + D = 0,$$

即

$$Dz_2z_2^* + (Ef^*)z_2 + (E^*f)z_2^* + Aff^* = 0.$$

与变换前的方程类型相同，因而仍然是圆. 跟变换前的方程比较，可看出这个圆的圆心在 $(-\text{Re}(E^*f)/D, -\text{Im}(E^*f)/D)$，半径是 $|f|\sqrt{|E|^2-AD}/D$.

分式线性变换不仅使圆保持为圆，而且**对于圆的对称点保持为对称点**.

所谓对于圆的**对称点**可参看图 14-8. 已给圆 C，半径为 R. 有两点 A 和 B，其连线通过圆 C 的圆心 O，而且 $\overline{OA}\,\overline{OB} = R^2$，则 A 和 B 两点就称为对于圆 C 为对称点. 读者想必还记得 §12.2 的电像法. 点电荷和它的电像两者的位置正是互为对称点. 对称点的一个特例是圆心和无限远点.

过对称点 A 和 B 任作一圆 D，从圆 C 的圆心 O 作圆 D 的切线 OT，T 是切点，从几何学知道 $\overline{OT} = \sqrt{\overline{OA}\,\overline{OB}} = \sqrt{R^2} = R$，可见 T 正好在圆 C 的圆周上，即 T 是圆 C 和 D 的交点. OT 既是圆 D 的切线，又是圆 C 的半径，这说明圆 C 和圆 D 是正交的. 因此，对于圆 C 的对称点也可定义为：过对称点的任一圆 D 必跟圆 C 正交.

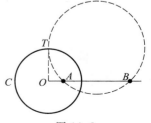

图 14-8

现在来证明对称点保持为对称点. 事实上，在分式线性交换下，z 平面上的圆 C 和 D，点 A 和 B（图 14-8）分别变为 ζ 平面上的圆 C' 和 D'，点 A' 和 B'. 由于变换的保角性质，圆 C' 和 D' 正交. 这是说，通过 A' 和 B' 的任一圆 D' 必与圆 C' 正交，即 A' 和 B' 对于圆 C' 为对称点.

掌握"对称点保持为对称点"这个性质，有助于寻找适当的分式线性变换.

例 4 有一甚大接地导体平面，另有一甚长导线平行于导体平面，相距为 a. 如导线均匀带电，每单位长的电荷量为 Q. 求此电场中的电势.

解 取横截面. 从横截面看，接地平面成为实轴，导线则成为虚轴上的点 ia（图 14-9）. 设想将实轴变为圆，点 ia 变为该圆的圆心，问题就容易解得多.

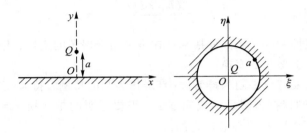

图 14-9

在 z 平面上，电势 u 满足

$$\begin{cases} \dfrac{\partial^2 u}{\partial x^2}+\dfrac{\partial^2 u}{\partial y^2}=-\dfrac{Q}{2\pi\varepsilon_0}\delta(y-a)\delta(x)\,, \\ u\big|_{y=0}=0. \end{cases}$$

这个定解问题可用电像法求解，并不复杂，但这里用保角变换法求解，以便相互印证.

设想将 z 平面的实轴变为 ζ 平面的圆 $|\zeta|=R$，而 z 平面的点 $z=ia$ 变为 ζ 平面的圆心 $\zeta=0$. 现在来寻找合乎要求的分式线性变换.

分式线性变换（14.6.11）可以改写成

$$\zeta=k\frac{z-\alpha}{z-\beta},$$

我们需要确定 k、α、β 这三个参数.

首先，$z=ia$ 变为 $\zeta=0$，由此知 $\alpha=ia$.

其次，$z=ia$ 相对于实轴的对称点（即 $z=-ia$）应该变为 $\zeta=0$ 相对于圆 $|\zeta|=R$ 的对称点（即 $\zeta=\infty$），由此可知 $\beta=-ia$.

我们的设想已经实现，因而不妨随意地置 $k=1$. 这样，

$$\zeta=\frac{z-ia}{z+ia}.$$

不过，圆 $|\zeta|=R$ 的半径 R 是多大呢？既然它是由 z 平面的实轴 $y=0$ 变来，我们以 $y=0$ 代入 ζ 的表达式并计算 ζ 的模，

$$|\zeta|=\frac{|x-ia|}{|x+ia|}=\frac{\sqrt{x^2+a^2}}{\sqrt{x^2+a^2}}=1.$$

这样，$R=1.$ z 平面的实轴变成了 ζ 平面的单位圆 $|\zeta|=1.$

变换后，定解问题成为

$$\begin{cases} \dfrac{\partial^2 u}{\partial \xi^2}+\dfrac{\partial^2 u}{\partial \eta^2}=-\dfrac{Q}{2\pi\varepsilon_a}\delta(\xi)\delta(\eta), \\ u\big|_{|\zeta|=1}=0. \end{cases}$$

它代表这样一个物理问题：一个半径等于 1 的空心圆柱，其轴线上有一均匀带电的导线. 柱内电势易知为

$$u=\frac{Q}{2\pi\varepsilon_0}\ln\frac{1}{\rho}=-\frac{Q}{2\pi\varepsilon_0}\ln\rho=-\frac{Q}{2\pi\varepsilon_0}\ln|\zeta|.$$

回到 z 平面

$$u=-\frac{Q}{2\pi\varepsilon_0}\ln\left|\frac{z-\mathrm{i}a}{z+\mathrm{i}a}\right|=-\frac{Q}{4\pi\varepsilon_0}\ln\frac{x^2+(y-a)^2}{x^2+(y+a)^2}.$$

例 5 两个平行圆柱，半径分别是 R_1 和 R_2，柱轴相距 $L(>R_1+R_2)$. 试求每单位长度的电容.

解 设法将这两圆柱变为同轴圆柱，就可引用例 3 而解决问题.

取横截面. 从横截面看，两圆柱成为两个圆 C_1 和 C_2（图 14-10）.

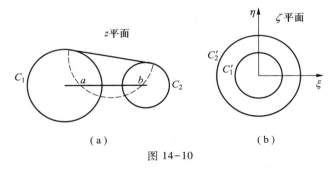

图 14-10

为将 C_1 和 C_2 变为同心圆，先找 a 和 b 两点，它们对于圆 C_1 是对称点，对于圆 C_2 也是对称点.

a 和 b 可用几何方法找到. 先作圆 C_1 和 C_2 的公切线，以公切线为直径作圆，这圆与 C_1 和 C_2 的连心线的两个交点就是 a 和 b.

a 和 b 也可用代数方法找到. 取圆 C_1 的圆心为 z 平面的原点，取连心线为 x 轴. 将 a 和 b 的坐标分别记作 x_1 和 x_2. 由对称点的定义，得

$$\begin{cases} x_1 x_2 = R_1^2, \\ (L-x_1)(L-x_2)=R_2^2. \end{cases}$$

从这两个方程解得

$$\begin{cases} x_1=\dfrac{1}{2L}\left[(L^2+R_1^2-R_2^2)-\sqrt{(L^2+R_1^2-R_2^2)^2-4R_1^2 L^2}\right], \\ x_2=\dfrac{1}{2L}\left[(L^2+R_1^2-R_2^2)+\sqrt{(L^2+R_1^2-R_2^2)^2-4R_1^2 L^2}\right]. \end{cases}$$

根号下的式子即 $L^4+R_1^4+R_2^4-2L^2R_1^2-2L^2R_2^2-2R_1^2R_2^2$，它又可改写为

$$(L^4+R_1^4+R_2^4-2L^2R_1^2-2L^2R_2^2+2R_1^2R_2^2)-4R_1^2R_2^2$$

$$=(L^2-R_1^2-R_2^2)^2-(2R_1R_2)^2$$

$$=(L^2-R_1^2+2R_1R_2-R_2^2)(L^2-R_1^2-2R_1R_2-R_2^2)$$

$$=[L^2-(R_1-R_2)^2][L^2-(R_1+R_2)^2]$$

$$=(L+R_1-R_2)(L-R_1+R_2)(L+R_1+R_2)(L-R_1-R_2).$$

作分式线性变换

$$\zeta(z)=\frac{z-x_1}{z-x_2}.$$

这将点 a 变为 ζ 平面的原点 $\zeta=0$，点 b 变为 ζ 平面的无限远点 $\zeta=\infty$. 圆 C_1 变为 ζ 平面上的圆 C_1'. 点 a 和 b 对于圆 C_1 是对称点，因而 $\zeta=0$ 和 $\zeta=\infty$ 对于圆 C_1' 为对称点. 换句话说，圆 C_1' 以原点 $\zeta=0$ 为圆心. 同理，圆 C_2 变为 ζ 平面上的圆 C_2'，而圆 C_2' 也是以原点 $\zeta=0$ 为圆心. 这样，C_1' 和 C_2' 是同心圆.

为了计算电容，还必须知道圆 C_1' 和 C_2' 的半径 R_1' 和 R_2'. 在 z 平面的圆 C_1 上取一点 $z=-R_1$，它变为 ζ 平面的圆 C_1' 上的

$$\xi=\frac{-R_1-x_1}{-R_1-x_2}=\frac{R_1+x_1}{R_1+x_2}.$$

于是

$$R_1'=\left|\frac{R_1+x_1}{R_1+x_2}\right|$$

$$=\frac{(L+R_1)^2-R_2^2-\sqrt{(L^2-R_1^2-R_2^2)^2-4R_1^2R_2^2}}{(L+R_1)^2-R_2^2+\sqrt{(L^2-R_1^2-R_2^2)^2-4R_1^2R_2^2}}.$$

同理，在 z 平面的圆 C_2 上取一点 $z=L+R_2$，它变为 ζ 平面的圆 C_2' 上的

$$\zeta=\frac{L+R_2-x_1}{L+R_2-x_2}.$$

于是，

$$R_2'=\left|\frac{L+R_2-x_1}{L+R_2-x_2}\right|$$

$$=\frac{(L+R_2)^2-R_1^2+\sqrt{(L^2-R_1^2-R_2^2)^2-4R_1^2R_2^2}}{(L+R_2)^2-R_1^2-\sqrt{(L^2-R_1^2-R_2^2)^2-4R_1^2R_2^2}}.$$

引用例 3 的答案，每单位长度的电容

$$C=\frac{\varepsilon_0 2\pi}{\ln(R_2'/R_1')}.$$

这需要先计算 R_2'/R_1'，

$$\frac{R_2'}{R_1'}=\frac{\left[(L+R_2)^2-R_1^2+\sqrt{(L^2-R_1^2-R_2^2)^2-4R_1^2R_2^2}\,\right]}{\left[(L+R_2)^2-R_1^2-\sqrt{(L^2-R_1^2-R_2^2)^2-4R_1^2R_2^2}\,\right]}\times$$

$$\frac{\left[(L+R_1)^2-R_2^2+\sqrt{(L^2-R_1^2-R_2^2)^2-4R_1^2R_2^2}\,\right]}{\left[(L+R_1)^2-R_2^2-\sqrt{(L^2-R_1^2-R_2^2)^2-4R_1^2R_2^2}\,\right]}$$

$$=\frac{\left[(L+R_2)^2-R_1^2\right]\left[(L+R_1)^2-R_2^2\right]+2L(L+R_1+R_2)}{\left[(L+R_2)^2-R_1^2\right]\left[(L+R_1)^2-R_2^2\right]-2L(L+R_1+R_2)}\times$$

$$\frac{\sqrt{(L^2-R_1^2-R_2^2)^2-4R_1^2R_2^2}+\left[(L^2-R_1^2-R_2^2)^2-4R_1^2R_2^2\right]}{\sqrt{(L^2-R_1^2-R_2^2)^2-4R_1^2R_2^2}+\left[(L^2-R_1^2-R_2^2)^2-4R_1^2R_2^2\right]}$$

$$=\frac{(L+R_1-R_2)(L-R_1+R_2)+\sqrt{(L^2-R_1^2-R_2^2)^2-4R_1^2R_2^2}}{(L+R_1-R_2)(L-R_1+R_2)-\sqrt{(L^2-R_1^2-R_2^2)^2-4R_1^2R_2^2}}.$$

分子和分母分别乘以分母的共轭根式，即得

$$\frac{R_2'}{R_1'}=\frac{L^2-R_1^2-R_2^2}{2R_1R_2}+\sqrt{\left(\frac{L^2-R_1^2-R_2^2}{2R_1R_2}\right)^2-1}\,.$$

因此，每单位长度的电容

$$C=\frac{\varepsilon_0 2\pi}{\ln\left[\dfrac{L^2-R_1^2-R_2^2}{2R_1R_2}+\sqrt{\left(\dfrac{L^2-R_1^2-R_2^2}{2R_1R_2}\right)^2-1}\,\right]}.$$

这也可以写为

$$C=\frac{\varepsilon_0 2\pi}{\operatorname{arc\ ch}\left[(L^2-R_1^2-R_2^2)/2R_1R_2\right]}.$$

对于通常的双线传输线，$R_1=R_2=R$，每单位长度电容

$$C=\frac{\varepsilon_0 2\pi}{\ln\left[\dfrac{L^2}{2R^2}-1+\sqrt{\dfrac{L^4}{4R^4}-\dfrac{L^2}{R^2}}\,\right]}.$$

例 6 半径为 R_1 的空心圆柱套着半径为 R_2 的圆柱. 两柱的轴平行而相距 $L(<R_1-R_2)$. 试求每单位长度的电容.

解 取横截面. 从横截面看，两圆柱成为圆 C_1 和 C_2 [图 14-11(a)]. 现在设法将这两个圆变为同心圆. 为此，先要找 a 和 b 两点，它们对于圆 C_1 是对称点，对于圆 C_2 也是对称点.

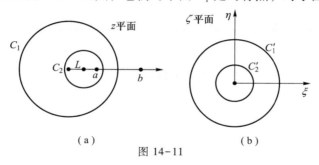

图 14-11

取圆 C_1 的圆心为 z 平面的原点，取连心线为 x 轴. 将 a 和 b 的坐标分别记作 x_1 和 x_2. 由对称点的定义，得

$$\begin{cases} x_1 x_2 = R_1^2, \\ (x_1 - L)(x_2 - L) = R_2^2. \end{cases}$$

这两个方程跟上例相同，因而可引用上例. 不过考虑到 $L < R_1 - R_2$，$R_1' > R_2'$，演算需适当修改. 答案是

$$C = \frac{\varepsilon_0 2\pi}{\ln\left[\dfrac{R_1^2 + R_2^2 - L^2}{2R_1 R_2} + \sqrt{\left(\dfrac{R_1^2 + R_2^2 - L^2}{2R_1 R_2}\right)^2 - 1}\right]}$$

$$= \frac{\varepsilon_0 2\pi}{\operatorname{arc\,ch}\left[(R_1^2 + R_2^2 - L^2)/2R_1 R_2\right]}.$$

例 7 实轴上有半圆形突起[图 14-12(a)]，圆的半径为 1. 试找一保角变换，将它变为无突起的实轴.

解 这个图形可看作由两段圆弧组成，一段是通过 -1（A 点），i（B 点）和 $+1$（C 点）的半圆，另一段是通过 $+1$（C 点），无限远点和 -1（A 点）的圆弧（其实是直线段）.

分式线性变换

$$z_1 = \frac{z-1}{z+1}$$

将两段圆弧的交点 $z = +1$ 变为 $z_1 = 0$，将另一交点 $z = -1$ 变为 $z_1 = \infty$，因而 z 平面上的两段圆弧变为 z_1 平面上通过 0 和 ∞ 的圆弧，即通过原点的射线，它们之间的夹角保持为 $\pi/2$[图 14-12(b)].

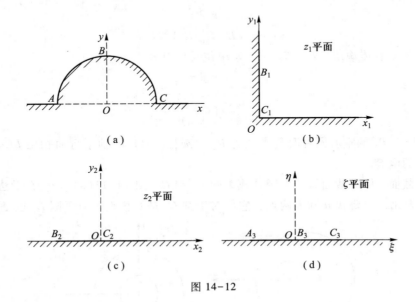

图 14-12

幂函数

$$z_2 = z_1^2,$$

又将这两射线变为正负实轴[图 14-12(c)]. 对应于 z 平面上 $z=-1$(A 点)，i(B 点)，+1(C 点)的各点是 $z_2=\infty$，-1(B_2 点)，0(C_2 点).

为了便于跟原来的图形[图 14-12(a)]对照，再作分式线性变换

$$\zeta=\frac{az_2+b}{cz_2+d}.$$

将 $z_2=\infty$，-1，0 各点分别变为 $\zeta=-1$，0，+1 各点[图 14-12(d)]. 根据这些点的对应关系，不难确定系数 $a=b=d=-c$，即

$$\zeta=\frac{z_2+1}{-z_2+1}.$$

以图 14-12(d)跟图 14-12(a)对照. 半圆形突起已被消除，成为实轴上的 -1 到 $+1$ 的直线段.

总结起来看，从 z 平面到 ζ 平面的变换是

$$\zeta=\frac{z_2+1}{-z_2+1}=\frac{z_1^2+1}{-z_1^2+1}=\frac{(z-1)^2/(z+1)^2+1}{-(z-1)^2/(z+1)^2+1}$$

$$=\frac{(z-1)^2+(z+1)^2}{-(z-1)^2+(z+1)^2}=\frac{z^2+1}{2z}=\frac{1}{2}\left(z+\frac{1}{z}\right).$$

函数 $\zeta=\frac{1}{2}\left(z+\frac{1}{z}\right)$ 称为**儒阔夫斯基函数**.

（六）儒阔夫斯基变换

儒阔夫斯基函数

$$\zeta(z)=\frac{1}{2}\left(z+\frac{1}{z}\right) \tag{14.2.12}$$

的实部和虚部分别是

$$\begin{cases} \xi=\dfrac{1}{2}\left(x+\dfrac{x}{x^2+y^2}\right)=\dfrac{1}{2}\left(\rho+\dfrac{1}{\rho}\right)\cos\varphi, \\ \eta=\dfrac{1}{2}\left(y-\dfrac{y}{x^2+y^2}\right)=\dfrac{1}{2}\left(\rho-\dfrac{1}{\rho}\right)\sin\varphi. \end{cases}$$

z 平面上的同心圆族 $|z|=\rho_0$[图 14-13(a)]变为 ζ 平面上的

$$\begin{cases} \xi=\dfrac{1}{2}\left(\rho_0+\dfrac{1}{\rho_0}\right)\cos\varphi, \\ \eta=\dfrac{1}{2}\left(\rho_0-\dfrac{1}{\rho_0}\right)\sin\varphi. \end{cases}$$

这是参数方程式. 消去参数 φ，得

$$\frac{\xi^2}{a^2}+\frac{\eta^2}{b^2}=1,$$

其中 $a=\dfrac{1}{2}\left(\rho_0+\dfrac{1}{\rho_0}\right)$，$b=\dfrac{1}{2}\left(\rho_0-\dfrac{1}{\rho_0}\right)$. 这是椭圆族[图 14-13(b)]，其长、短半轴分别是 a 和 b. $\sqrt{a^2-b^2}=1$，这是说，椭圆族是共焦点的，焦点在 $\zeta=\pm 1$.

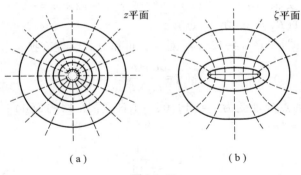

图 14-13

ρ_0 从 1 开始而无限增大，则 a 和 b 随着无限增大. 这样，z 平面单位圆外部变为 ζ 的全平面，只是从 -1 到 $+1$ 沿着实轴有一割线.（例 7 就是将 z 平面单位圆外部的上半部分变为 ζ 平面的上半平面.）

ρ_0 从 1 开始而逼近于零，则 a 和 b 也无限增大. 这样，z 平面单位圆内部也变为 ζ 的全平面，从 -1 至 $+1$ 沿着实轴有割线.

z 平面上的射线族 $\arg z = \varphi_0$［图 14-13（a）］变为 ζ 平面上的

$$\begin{cases} \xi = \dfrac{1}{2}\left(\rho + \dfrac{1}{\rho}\right)\cos\varphi_0, \\ \eta = \dfrac{1}{2}\left(\rho - \dfrac{1}{\rho}\right)\sin\varphi_0. \end{cases}$$

这是参数方程式. 消去参数 ρ，得

$$\frac{\xi^2}{a^2} - \frac{\eta^2}{b^2} = 1,$$

其中 $a = |\cos\varphi_0|$，$b = |\sin\varphi_0|$. 这是双曲线族［图 14-13（b）］，实和虚半轴分别是 $|\cos\varphi_0|$ 和 $|\sin\varphi_0|$. $\sqrt{a^2 + b^2} = 1$，这是说，双曲线族是共焦点的，焦点在 $\zeta = \pm 1$.

儒阔夫斯基函数将圆变为椭圆，射线变为双曲线，同心圆族变为共焦点椭圆族，共点射线族变为共焦点双曲线族，这是有助于求解椭圆或双曲线边值问题的.

例 8 水流本来是均匀的，流速为 v_0. 放进长椭圆柱，柱轴垂直于水流速度方向，横截面的椭圆长轴平行于本来的流速方向. 试解这个绕椭圆柱水流问题［图 14-14（a）］.

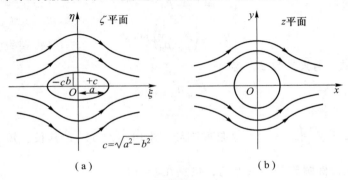

图 14-14

解　绕椭圆柱水流的速度势 u 满足的定解问题是

$$\begin{cases} \Delta_2 u = 0 \quad （\zeta\ 平面），\\ \lim_{\zeta\to\infty} u = v_0\xi,\\ \left.\dfrac{\partial u}{\partial n}\right|_{椭圆柱面上} = 0. \end{cases}$$

利用儒阔夫斯基函数

$$\frac{\zeta}{c} = \frac{1}{2}\left(z + \frac{1}{z}\right),$$

将问题化为绕圆柱水流问题［图 14-14(b)］

$$\begin{cases} \Delta_2 u = 0 \quad （z\ 平面），\\ \lim_{z\to\infty} u = \lim_{z\to\infty} v_0\,\dfrac{c}{2}\left(\rho + \dfrac{1}{\rho}\right)\cos\varphi = \dfrac{c}{2}v_0\rho\cos\varphi,\\ \left.\dfrac{\partial u}{\partial \rho}\right|_{\rho = (a+b)/c} = 0. \end{cases}$$

绕圆柱水流的解(参见 §8.1 习题 21 的答案)是

$$u = \frac{1}{2}cv_0\rho\cos\varphi + \frac{1}{2}v_0\,\frac{(a+b)^2}{c}\,\frac{1}{\rho}\cos\varphi + \frac{\Gamma}{2\pi}\varphi$$

$$= \mathrm{Re}\left(\frac{1}{2}cv_0 z + \frac{1}{2}v_0\,\frac{(a+b)^2}{c}\,\frac{1}{z} + \frac{\Gamma}{2\pi\mathrm{i}}\ln z\right).$$

其中 Γ 为任意常数，它代表绕柱的环流量．

回到 ζ 平面，

$$u = \mathrm{Re}\left[\frac{1}{2}cv_0\left(\frac{1}{c}\zeta + \frac{1}{c}\sqrt{\zeta^2 - c^2}\right) + \frac{1}{2}v_0\,\frac{(a+b)^2}{c}\,\cdot\right.$$

$$\left.\frac{1}{\dfrac{1}{c}\zeta + \dfrac{1}{c}\sqrt{\zeta^2-c^2}} + \frac{\Gamma}{2\pi\mathrm{i}}\ln\left(\frac{1}{c}\zeta + \frac{1}{c}\sqrt{\zeta^2-c^2}\right)\right]$$

$$= \mathrm{Re}\left[\frac{1}{2}v_0\left(\zeta + \sqrt{\zeta^2-c^2}\right) + \frac{1}{2}v_0(a+b)^2\left(\zeta - \sqrt{\zeta^2-c^2}\right) + \right.$$

$$\left.\frac{\Gamma}{2\pi\mathrm{i}}\ln\left(\frac{1}{c}\zeta + \frac{1}{c}\sqrt{\zeta^2-c^2}\right)\right].$$

这就是绕椭圆柱水流的速度势．环流在图 14-14(b)里没有画出．

既解出速度势 u，就可以计算流速 v 和压强 p．沿着柱面将 p 积分，可算出水流施于椭圆柱的作用力 **F**．这个计算，读者可自己进行或查考流体力学书籍，其结果是

$$F_\eta = -v_0\Gamma,\quad F_\xi = 0.$$

这是说，如果没有环流，流水对柱并无作用力．当然，这里还没有将黏滞性所引起的作用力计算进去．

儒阔夫斯基函数还能作出重要的变换，就是**将圆变为机翼剖面**(图 14-15)，这可阐述如下.

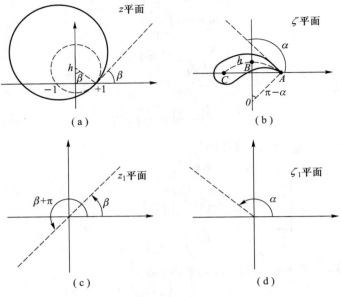

图 14-15

首先研究 z 平面上以 ih 为圆心并通过 ± 1 的圆，即图 14-15(a) 的虚线圆. 分式线性变换

$$z_1 = \frac{z-1}{z+1},$$

将 z 平面的 $+1$ 和 -1 分别变为 z_1 平面的 0 和 ∞，因而将 z 平面的虚线圆变为通过 0 和 ∞ 的圆，实际上即通过原点 $z_1 = 0$ 的直线 [图 14-15(c)]. z 平面的虚线圆在 $z = +1$ 跟实轴夹角为 $\beta = \pi/2 - \arctan h$，而 z 平面的实轴变到 z_1 平面仍为实轴，所以虚线圆在 z_1 平面上的图像(即前述直线)跟实轴夹角亦为 $\beta = \pi/2 - \arctan h$.

再研究 ζ 平面上从 $+1$ 经 ih 到 -1 的圆弧即图 14-15(b) 的虚线弧. 分式线性变换

$$\zeta_1 = \frac{\zeta-1}{\zeta+1},$$

将 ζ 平面的 $+1$ 和 -1 分别变为 ζ_1 平面的 0 和 ∞，因而将 ζ 平面的虚线弧变到从原点 $\zeta_1 = 0$ 指向 $\zeta_1 = \infty$ 的射线，它跟实轴夹角应等于 ζ 平面虚线弧在 $+1$ 跟实轴的夹角 α. 现在计算 α. 在 ζ 平面取虚线弧的圆心 O，连接 AO，一方面，$\angle BOA = \pi - \alpha$；另一方面，$\angle BOA$ 是 AB 弧所张圆心角，它等于 $2 \times AB$ 弧所张圆周角，即 AC 弧所张圆周角，即 $2\arctan h$. 这样，$\pi - \alpha = 2\arctan h$，即

$$\alpha = \pi - 2\arctan h = 2\beta.$$

显然，幂函数变换

$$\zeta_1 = z_1^2,$$

将图 14-15(c) 的直线变为图 14-15(d) 的射线的来回.

总结起来，z 平面的虚线圆变为 ζ 平面的虚线弧的来回，这个变换是 $\zeta_1 = z_1^2$，即

$$\frac{\zeta-1}{\zeta+1} = \frac{(z-1)^2}{(z+1)^2},$$

即

$$\zeta = \frac{(z+1)^2+(z-1)^2}{(z+1)^2-(z-1)^2} = \frac{z^2+1}{2z} = \frac{1}{2}\left(z+\frac{1}{z}\right),$$

正是儒阔夫斯基变换.

既然 z 平面的虚线圆变为 ζ 平面的虚线弧,那么, z 平面上凡是跟虚线圆切于 +1 的圆[图 14-15(a)实线圆]变到 ζ 平面应跟虚线来回弧段相切[图 14-15(b)实线描出],就成为机翼剖面图. 儒阔夫斯基提出的求各种机翼剖面(儒阔夫斯基剖面)的方法就以此为基础.

(七) 施瓦兹-克利斯多菲变换(多角形变换)

在不少情形下,平面场涉及多角形区域,现在研究多角形区域和上半平面之间的变换.

设在 z 平面有 n 角形区域[图 14-16(a)]. 沿着多角形区域边界的正方向行进(就是说,多角形区域始终在左侧),在各个顶点转过的角即是外角 $\theta_1, \theta_2, \cdots, \theta_n$. 这些角以逆时针的为正,顺时针的为负. 行进一周,总共转过的角应为 2π,故而 $\theta_1+\theta_2+\cdots+\theta_n=2\pi$.

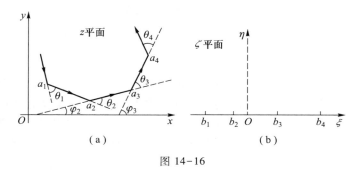

图 14-16

现试将这多角形变为 ζ 的上半平面,多角形的顶点 $a_1, a_2, \cdots, a_n$ 分别变为 ζ 平面实轴上的 $b_1, b_2, \cdots, b_n$.

z 平面上多角形的各个顶角,变换到 ζ 平面上全成为 π,并不具有保角的性质,可见 $\zeta'(z)$ 在这些点为零或 ∞. 现在研究 $\zeta'(z)$ 或 $z'(\zeta)$ 在这些点的性质. 以 a_3 和 b_3 作为代表而加以考察. 试在其前后各取一小段,由(14.1.8)知

$$\varphi_2 = \arg \frac{\mathrm{d}z}{\mathrm{d}\zeta}\bigg|_{\zeta=b_3-0}, \quad \varphi_3 = \arg \frac{\mathrm{d}z}{\mathrm{d}\zeta}\bigg|_{\zeta=b_3+0},$$

因此,

$$\theta_3 = \varphi_3 - \varphi_2 = \arg \frac{\mathrm{d}z}{\mathrm{d}\zeta}\bigg|_{\zeta=b_3+0} - \arg \frac{\mathrm{d}z}{\mathrm{d}\zeta}\bigg|_{\zeta=b_3-0}.$$

这是说,当 ζ 经过 b_3 的时候, $z'(\zeta)$ 的辐角有一跃变,其跃度为 θ_3. 另一方面,从图 14-16(b)明显看出,当 ζ 经过 b_3 的时候,函数 $\zeta-b_3$ 的辐角也有一跃变,其跃度为 $-\pi$. 因此,

$$z'(\zeta) \sim A \left(\zeta-b_3\right)^{\theta_3/\pi} \quad (\text{于 } \zeta \sim b_3), \tag{14.2.13}$$

考虑到所有的顶点,可以断定

$$z'(\zeta) = A \left(\zeta-b_1\right)^{-\theta_1/\pi} \left(\zeta-b_2\right)^{-\theta_2/\pi} \cdots \left(\zeta-b_n\right)^{-\theta_n/\pi}. \tag{14.2.14}$$

积分一次,

$$z = z_0 + A \int \left(\zeta-b_1\right)^{-\theta_1/\pi} \left(\zeta-b_2\right)^{-\theta_2/\pi} \cdots \left(\zeta-b_n\right)^{-\theta_n/\pi} \mathrm{d}\zeta. \tag{14.2.15}$$

（14.2.14）即（14.2.15）称为**施瓦兹－克利斯多菲变换**.

如果某个 b_k，比方说 b_1，是无限远点，相应的（14.2.13）是

$$z'(\zeta) \sim A\zeta^{\theta_1/\pi} \quad (\text{于 } \zeta \sim b_1 = \infty). \tag{14.2.16}$$

而（14.2.14）右边除了跟 b_1 有关的那个因子以外的乘积

$$A(\zeta-b_2)^{-\theta_2/\pi}(\zeta-b_3)^{-\theta_3/\pi}\cdots(\zeta-b_n)^{-\theta_n/\pi}$$

$$\sim A\zeta^{-(\theta_2+\theta_3+\cdots+\theta_n)/\pi} = A\zeta^{-(2\pi-\theta_1)/\pi} = A\zeta^{(\theta_1-2\pi)/\pi} \quad (\text{于 } \zeta \sim b_1 = \infty).$$

辐角 $\theta_1-2\pi$ 与 θ_1 本来是一回事，所以上式已经满足（14.2.16）的要求. 这样说来，如 $b_1 = \infty$，则（14.2.14）里的因子 $(\zeta-b_1)^{-\theta_1/\pi}$ 应略去，

$$z'(\zeta) = A(\zeta-b_2)^{-\theta_2/\pi}(\zeta-b_3)^{-\theta_3/\pi}\cdots(\zeta-b_n)^{-\theta_n/\pi}. \tag{14.2.17}$$

积分一次，就得到这种情形下的施瓦兹－克利斯多菲变换

$$z = z_0 + A\int(\zeta-b_2)^{-\theta_2/\pi}(\zeta-b_3)^{-\theta_3/\pi}\cdots(\zeta-b_n)^{-\theta_n/\pi}\mathrm{d}\zeta. \tag{14.2.18}$$

施瓦兹－克利斯多菲变换（14.2.15）可看作前后相继的两个变换

$$z_1 = \int(\zeta-b_1)^{-\theta_1/\pi}(\zeta-b_2)^{-\theta_2/\pi}\cdots(\zeta-b_n)^{-\theta_n/\pi}\mathrm{d}\zeta,$$

$$z = z_0 + Az_1.$$

前一变换将 ζ 的上半平面变为 z_1 平面上的多角形，其外角 $\theta_1,\theta_2,\cdots,\theta_n$，各个顶点则是由 ζ 平面实轴上的点 $b_1,b_2,\cdots,b_n$ 变换过来的. 尽管这个多角形的各个外角数值是对的，却不见得就是我们所要的多角形. 后一变换是线性变换，它将前一变换所得的多角形变为其相似形. 但我们所要的多角形跟前一变换所得多角形并不见得相似，如果 $b_1,b_2,\cdots,b_n$ 是任意指定的话. 不过，三角形只要三个顶角相同，必是相似形. 因此，对于三角形，施瓦兹－克利斯多菲变换的 b_1，b_2 和 b_3 可以任意指定. 对于 $n>3$ 的多角形，不能任意指定 $b_1,b_2,\cdots,b_n$. 多角形任意三个顶点可联成三角形，所以 $b_1,b_2,\cdots,b_n$ 之中可以指定任意三个的数值，其余的则不可指定，它们必须在写出施瓦兹－克利斯多菲变换公式之后根据顶点的对应关系加以确定.

例 9 用施瓦兹－克利斯多菲变换求解例 2［图 14-5（a）］.

解 图 14-5（a）的水流所充满的区域可说是"四角形" $a_1a_2a_3a_4$，a_1 在 $z=\infty$，a_2 在 $z=0$，a_3 在 $z=ih$，a_4 在 $z=0$，偏转角 $\theta_2 = +\pi/2$，$\theta_3 = -\pi$，$\theta_4 = +\pi/2$. 我们希望将这区域变为 ζ 的上半平面［图 14-5（d）］. 指定 b_1 在 $\zeta=\infty$，b_2 在 $\zeta=-h$，b_3 在 $\zeta=0$. 由于对称性，b_4 必在 $\zeta=+h$.

应用施瓦兹－克利斯多菲变换（14.2.18），

$$z = z_0 + A\int(\zeta+h)^{-1/2}\zeta^{+1}(\zeta-h)^{-1/2}\mathrm{d}\zeta = z_0 + A\int\frac{\zeta\mathrm{d}\zeta}{\sqrt{\zeta^2-h^2}}$$

$$= z_0 + A\sqrt{\zeta^2-h^2}.$$

常数 z_0 和 A 还有待确定.

由 a_2 和 b_2 的对应，$0 = z_0 + A\cdot 0$，即 $z_0 = 0$. 又由 a_3 和 b_3 的对应，$ih = z_0 + Aih$，即 $A=1$. 这样需要进行的变换是

$$z^2 = \zeta^2 - h^2.$$

例 2 的三个相继的变换（幂函数、平移、根式）的"积"正是这个变换.

ζ 平面上的速度势 $u = C\zeta = \mathrm{Re}(C\zeta)$. 回到原来的自变数，

$$u = \mathrm{Re}\,(\,C\sqrt{z^2 + h^2}\,)$$

$$= C\sqrt{\frac{(x^2 - y^2 + h^2) + \sqrt{(x^2 - y^2 + h^2)^2 + 4x^2 y^2}}{2}},$$

C 是远离薄片地方的流速.

例 10 研究平行板电容器的边缘效应.

解 研究某一端的边缘效应,不妨将另一端看作伸展到无限远.

电容器的静电场所占据的空间可看作图 14–17(a) 的 "四角形" $ABCD$(AB 和 BC 是重合的,即电容器的极板;CD 和 DA 也是重合的,即电容器的另一极板). 在顶点 B、C 和 D 的偏转角分别是 $-\pi$、$+\pi$ 和 $-\pi$.

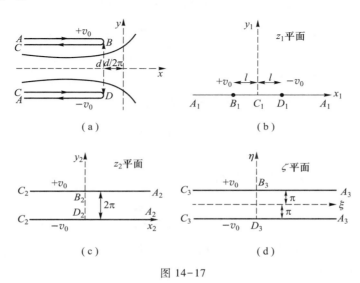

图 14–17

先将这四角形变为 z_1 的上半平面[图 14–17(b)]. 指定 A_1 在 $z_1 = \infty$,B_1 在 $z_1 = -1$,C_1 在 $z_1 = 0$. 由于对称性,D_1 必在 $z_1 = +1$.

应用施瓦兹–克利斯多菲变换(14.2.18),

$$z = z_0 + A\int (z_1 + 1)^{+1} z_1^{-1} (z_1 - 1)^{+1} \mathrm{d}z_1 = z_0 + A\int \frac{z_1^2 - 1}{z_1}\mathrm{d}z_1$$

$$= z_0 + A\int \left(z_1 - \frac{1}{z_1}\right)\mathrm{d}z_1 = z_0 + \frac{1}{2}A z_1^2 - A\ln z_1.$$

由于 B 和 B_1 对应,D 和 D_1 对应,

$$\begin{cases} -\dfrac{d}{2\pi} + \mathrm{i}\,\dfrac{d}{2} = z_0 + \dfrac{A}{2} - A\mathrm{i}\pi, \\[2mm] -\dfrac{d}{2\pi} - \mathrm{i}\,\dfrac{d}{2} = z_0 + \dfrac{A}{2}. \end{cases}$$

从这组联立代数方程解得

$$A = -\frac{d}{\pi}, \quad z_0 = -\mathrm{i}\,\frac{d}{2}.$$

这样，z 平面和 z_1 平面之间的变换是

$$z = -\mathrm{i}\frac{d}{2} - \frac{d}{2\pi}z_1^2 + \frac{d}{\pi}\ln z_1. \tag{14.2.19}$$

将平行板电容器两极板的电势记作 $+v_0$ 和 $-v_0$，则 z_1 平面的正实轴和负实轴分别具有电势 $-v_0$ 和 $+v_0$，这问题仍然不便于求解. 利用对数函数

$$z_2 = 2\ln z_1, \tag{14.2.20}$$

可将 z_1 平面的正、负实轴变为 z_2 平面上的两条并行线 $y = 0$ 和 $y = 2\pi$ [图 14-17(c)]，这代表两方都伸展到无限远的平板电容器. 为了使图形更对称，又作平移得图 14-17(d).

$$\zeta = z_2 - \mathrm{i}\pi, \tag{14.2.21}$$

综合 (14.2.19)—(14.2.21)，从 z 平面到 ζ 平面的变换是

$$z = -\mathrm{i}\frac{d}{2} - \mathrm{e}^{z_2}\frac{d}{2\pi} + z_2\frac{d}{2\pi} = -\mathrm{i}\frac{d}{2} - \mathrm{e}^{(\zeta+\mathrm{i}\pi)}\frac{d}{2\pi} + (\zeta+\mathrm{i}\pi)\frac{d}{2\pi}$$

$$= (\mathrm{e}^{\zeta} + \zeta)\frac{d}{2\pi}. \tag{14.2.22}$$

ζ 平面的平行板电容器的静电场中的电势 v 显然是

$$v = \frac{v_0}{\pi}\eta = \mathrm{Im}\left(\frac{v_0}{\pi}\zeta\right),$$

复势 $w = u + \mathrm{i}v = \frac{v_0}{\pi}\zeta$，以此代入 (14.2.22) 得

$$z = \left(\mathrm{e}^{\pi w/v_0} + \frac{v_0}{\pi}w\right)\frac{v_0}{2\pi}. \tag{14.2.23}$$

这里，复势 w 作为坐标 z 的函数是以隐函数的形式表出的.

考察电场强度 $\boldsymbol{E}$ 的大小 E，

$$E = \sqrt{E_x^2 + E_y^2} = \sqrt{\left(-\frac{\partial v}{\partial x}\right)^2 + \left(-\frac{\partial v}{\partial y}\right)^2}.$$

根据 (1.3.1) 和 (1.3.3)，这是说，$E = |\mathrm{d}w/\mathrm{d}z|$. 因此，

$$E = \frac{1}{\left|\dfrac{\mathrm{d}z}{\mathrm{d}w}\right|} = \frac{1}{|\mathrm{e}^{2\pi/v_0} + 1|}\frac{2v_0}{d}. \tag{14.2.24}$$

先看 z 平面的电容器深处，即远离边缘的地方，亦即 $x \to -\infty$ 而 $|y| < d/2$，这对应于 ζ 平面的 $\xi \to -\infty$ 而 $|\eta| < \pi$，相应的复势 $w \to -\infty + \mathrm{i}\frac{v_0}{\pi}\eta$. 代入 (14.2.24)，

$$E = \frac{1}{|0+1|}\frac{2v_0}{d} = \frac{2v_0}{d},$$

这正是通常忽略边缘效应所得的场强.

再看靠近边缘 B 和 D 的地方. 这对应于 ζ 平面上靠近 B_3 和 D_3 的地方，即 $\xi \approx 0$ 而 $\eta \approx \pm\pi$，相应的复势 $w \approx \pm\mathrm{i}v_0$. 代入 (14.2.24)，

$$E \to \frac{1}{|-1+1|}\frac{2v_0}{d} = \infty ,$$

在平板电容器边缘，极板的曲率可说为无限大，尖端效应极为强烈，场强 $\boldsymbol{E}$ 亦表现为无限大.

研究电击穿问题时，必须注意**边缘效应**. 当电容器中部的场强还远远低于击穿电压时，电容器边缘的场强却已达到击穿电压从而将电容器两极板间的电介质击穿.

为更细致地考察场强在空间中的分布，需要将(14.2.24)写得更具体一些，

$$E = \frac{1}{|\mathrm{e}^{\pi u/v_0 + \mathrm{i}\pi v/v_0}+1|}\frac{2v_0}{d} = \frac{1}{\left|\mathrm{e}^{\pi u/v_0}\left(\cos\frac{\pi v}{v_0}+\mathrm{i}\sin\frac{\pi v}{v_0}\right)+1\right|}\frac{2v_0}{d}$$

$$= \frac{1}{\sqrt{\mathrm{e}^{2\pi u/v_0}+2\mathrm{e}^{\pi u/v_0}\cos\dfrac{\pi v}{v_0}+1}}\frac{2v_0}{d}. \tag{14.2.25}$$

考察场强的大小，需着重考察根号下的式子

$$\mathrm{e}^{2\pi u/v_0}+2\mathrm{e}^{\pi u/v_0}\cos\frac{\pi v}{v_0}+1. \tag{14.2.26}$$

现在研究沿着一定的等势线（$v=$ 常数）的场强分布. 为此，研究对于给定的 v 和 u，(14.2.26)式的值如何变化. 按照通常研究极值的方法，很容易得到如下结论：随着 u 的增大，

$$\begin{cases} 如\ |v|>v_0/2，(14.2.26)\ 达到极小值后又上升；\\ 如\ |v|\leqslant v_0/2，(14.2.26)\ 单调上升，从而(14.2.25)单调下降. \end{cases}$$

这样，如果将电容器极板做成图 14-17(a)粗线所示形状（$v=\pm v_0/2$），那么，场强从电容中部向边缘单调下降，这就保证了不致由于边缘效应而引起击穿. 这种电容器称为**洛果夫斯基电容器**.

例 11 宽度为 b 的两条导体薄带，平行地放置在同一平面里，相近的两边之间的间隔为 $2a$. 试求每单位长度的电容.

解 取横截面. 这两条薄带的截口是从 $-(a+b)$ 到 $-a$ 和从 a 到 $a+b$ 的两段直线 [图 14-18(a)]，作变换

$$\zeta_1 = \frac{1}{a}\zeta ,$$

两条薄带的截口变为 ζ_1 平面上的直线段 b_1b_2 和 b_3b_4 [图 14-18(b)]，图中的 $k=a/(a+b)<1$. 这样，b_1b_2 和 b_3b_4 各为等势线，b_2b_3 和 $b_4\infty b_1$ 则是电场线.

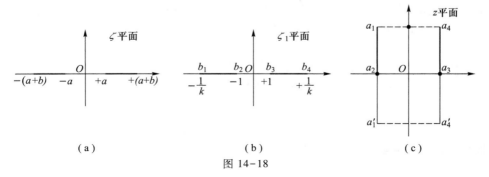

（a） （b） （c）

图 14-18

利用施瓦兹–克利斯多菲变换($14.2.18$). 可将 ζ_1 的上半平面变为 z 平面的四角形 $a_1a_2a_3a_4$ 的内部. 在四角形的每个顶点, 偏转角都是 $+\pi/2$. 因此,

$$z = z_0 + A \int \left(\zeta_1 + \frac{1}{k}\right)^{-\frac{1}{2}} (\zeta_1 + 1)^{-\frac{1}{2}} (\zeta_1 - 1)^{-\frac{1}{2}} \left(\zeta_1 - \frac{1}{k}\right)^{-\frac{1}{2}} d\zeta$$

$$= z_0 + Ak \int \frac{d\zeta_1}{\sqrt{(1 - \zeta_1^2)(1 - k^2\zeta_1^2)}}.$$

常数 z_0 和 A 取决于四角形的大小和方位. 这里, 我们对于四角形的大小和方位, 并未提出特定的要求, 不妨取 $z_0 = 0$, $Ak = 1$. 于是

$$z = \int_0^{\zeta_1} \frac{d\zeta_1}{\sqrt{(1 - \zeta_1^2)(1 - k^2\zeta_1^2)}}. \tag{14.2.27}$$

这个积分不能用初等函数表出, 它称为**第一类椭圆积分**. 椭圆积分的数值有表格可查, 这种表格在普通的数学手册里都能找到. 椭圆积分的数值也可表为级数

$$\int_0^{\zeta_1} \frac{d\zeta_1}{\sqrt{(1 - \zeta_1^2)(1 - k^2\zeta_1^2)}}$$

$$= \frac{2}{\pi} K \arcsin \zeta_1 - \zeta_1 \sqrt{1 - \zeta_1^2} \left[\frac{1 \cdot 1}{2 \cdot 1} k^2 + \frac{1 \cdot 3}{2 \cdot 4} A_4 k^4 + \frac{1 \cdot 3 \cdot 5}{2 \cdot 4 \cdot 6} A_6 k^6 + \cdots\right], \tag{14.2.28}$$

其中 K 见下面的 ($14.2.29$) 式,

$$A_4 = \frac{1}{4} \zeta_1^2 + \frac{3}{2 \cdot 4}, \quad A_6 = \frac{1}{6} \zeta_1^4 + \frac{5}{6 \cdot 4} \zeta_1^2 + \frac{5 \cdot 3}{6 \cdot 4 \cdot 2},$$

$$A_8 = \frac{1}{8} \zeta_1^6 + \frac{7}{8 \cdot 6} \zeta_1^4 + \frac{7 \cdot 5}{8 \cdot 6 \cdot 4} \zeta_1^2 + \frac{7 \cdot 5 \cdot 3}{8 \cdot 6 \cdot 4 \cdot 2}, \cdots.$$

现在确定 z 平面上 a_1, a_2, a_3 和 a_4 的坐标. 先看 a_3, 它对应于 ζ_1 平面的 b_3 即 $\zeta_1 = +1$. 以 $\zeta_1 = +1$ 代入 ($14.2.27$), 得

$$z = \int_0^1 \frac{d\xi_1}{\sqrt{(1 - \zeta_1^2)(1 - k^2\zeta_1^2)}}.$$

这称为**第一类完全椭圆积分**, 通常记作 $K(k)$, $K(k)$ 的数值在椭圆积分表中可以查出, 或者用下列级数表示

$$K(k) = \frac{\pi}{2} \left[1 + \left(\frac{1}{2}\right)^2 k^2 + \left(\frac{1 \cdot 3}{2 \cdot 4}\right)^2 k^4 + \left(\frac{1 \cdot 3 \cdot 5}{2 \cdot 4 \cdot 6}\right)^2 k^6 + \cdots\right]. \tag{14.2.29}$$

这样, a_3 的坐标是 $z = K(k)$. 同理, a_2 的坐标是 $z = -K(k)$. 再看 a_4, 它对应于 ζ_1 平面的 b_4 即 $\zeta_1 = 1/k$, 以 $\zeta_1 = 1/k$ 代入 ($14.2.27$), 得

$$z = \int_0^{1/k} \frac{d\zeta_1}{\sqrt{(1 - \zeta_1^2)(1 - k^2\zeta_1^2)}}$$

$$= K(k) + \int_1^{1/k} \frac{d\zeta_1}{\sqrt{(1 - \zeta_1^2)(1 - k^2\zeta_1^2)}}.$$

在最后那个积分中, 作积分变数的代换

$$\zeta_1 = \frac{1}{\sqrt{1-k'^2 t^2}} \quad (k'^2 = 1-k^2) ,$$

则

$$z = K(k) \pm i \int_0^1 \frac{dt}{\sqrt{(1-t^2)(1-k'^2 t^2)}} = K(k) + iK(k'). \tag{14.2.30}$$

在 $\pm$ 号中取 $+$ 号，即得 a_4 的坐标 $z = K(k) + iK(k')$. 通常还将 $K(k')$ 记作 $K'(k)$，所以 a_4 的坐标是 $z = K + iK'$. 同理，a_1 的坐标是 $z = -K + iK'$.

到这里，我们已将 ζ_1 的上半平面变为 z 平面的四角形 $a_1 a_2 a_3 a_4$ 的内部，并且确定了四个顶点的坐标.

由于对称性，ζ_1 的下半平面当然变为 z 平面的四角形 $a_1' a_2 a_3 a_4'$ 的内部，而 a_4' 的坐标可在 (14.2.30) 的 $\pm$ 中取 $-$ 号得到，即 $z = K - iK'$. 同理，a_1' 的坐标是 $z = -K - iK'$.

这样，ζ_1 全平面上的静电场变为 z 平面上 $a_1 a_1' a_4' a_4$ 四角形的内部. $a_1 a_1'$ 和 $a_4 a_4'$ 是等势线，$a_1 a_4$ 和 $a_1' a_4'$ 是电场线. z 平面的图像是平行板电容器(注意这里没有边缘效应)，极板宽度为 $2K'$，极板之间距离为 $2K$，因而每单位长度的电容

$$C = \frac{\varepsilon_0 2K'}{2K} = \frac{\varepsilon_0 K(k')}{K(k)} = \frac{\varepsilon_0 K\left(\dfrac{\sqrt{(a+b)^2 - a^2}}{a+b}\right)}{K\left(\dfrac{a}{a+b}\right)}.$$

这也就是原来那两条薄带每单位长度的电容. 式中 $K(k)$ 是第一类完全椭圆积分，它的数值需查椭圆积分数值表或用级数(14.2.29)计算.

习　题

1. 例 1 的二面角的二等分面上有一带电细导线，平行于二面角的顶角线，相距为 a，导线每单位长度带电荷量为 Q. 试求电势分布.

2. 接地甚长空心金属圆柱半径为 a，柱内有细导线，平行于柱轴，相距 b. 导线每单位长度带电荷量为 Q. 试求圆柱内电势分布.

3. 甚长金属圆柱的轴平行于甚大金属平板，两者相距 b，平板接地. 圆柱半径为 a. 试求每单位长度的电容.

4. 甚大金属平面上有柱形隆起，其横截面为弓形. 弓形在 0 和 a 之间，弓形的弧的半径为 a. 求解带电后的静电场.

5. 长金属柱，其横截面由两段圆弧围成，这两段圆弧是相等的，其半径为 a，交点在 0 和 a. 求解金属柱带电后的周围静电场.

6. 试将下列区域保角变换为圆.

(1) 弓形 $\text{Im } z \geq 1$，$|z| \leq 2$.

(2) 圆 $|z| = 2$ 外，除去第一象限.

(3) 两个相切的圆 $|z| \leq 2$ 和 $|z-3| \leq 1$ 以外的区域.

(4) 圆 $|z| \leq 3$ 外，除去突起 $\begin{cases} \text{Im } z = 0, \\ 3 \leq \text{Re } z \leq 4. \end{cases}$

(5) 圆 $|z| \leq 1$ 内，带有割线 $\begin{cases} \text{Im } z = 0, \\ 0 \leq \text{Re } z \leq 1. \end{cases}$

(6) 心脏线的内部 $|z| \leq \cos^2 \left[\dfrac{1}{2} \arg z \right]$.

(7) 双纽线一支 $z \leq \sqrt{\cos \left[2\arg z \right]}$.

7. 研究甚长带电导体薄带周围的静电场，带宽为 $2a$.

8. 研究甚长带电椭圆导体柱周围的静电场，椭圆半长轴为 a，半短轴为 b.

9. 两个椭圆柱构成柱形电容器，横截面是两个共焦点椭圆，半长轴分别是 a_1 和 a_2，半短轴分别是 b_1 和 b_2. 试求每单位长度的电容.

10. 求解二维恒定水流通过宽度为 $2a$ 的闸门的情形.

11. 图 14-19 是六角"星"，六个臂彼此相隔 $60°$，各自长度为 1. 试将"星"的外部变为 ζ 平面的单位圆外部.

［提示：$z_1 = z^3$，$\zeta_1 = \zeta^3$，再找 z_1 和 ζ_1 之间的变换.］

12. 研究电机的转子和定子之间（图 14-20）的磁场. 求最大磁场和最小磁场之比.

13. 求 z 平面的半无界长条 $0 < \text{Re } z < a$，$\text{Im } z > 0$ 上的调和函数，边界条件是 $u \big|_{x=0} = 0$，$u \big|_{x=a} = 0$，$u \big|_{y=0} = u_0$.

14. 将可变电容器中的静电场所占空间（图 14-21）变为上半平面.

15. 研究回旋加速器 D 形盒（图 14-22）的静电场. 可将 D 形盒的侧壁当作在无限远.

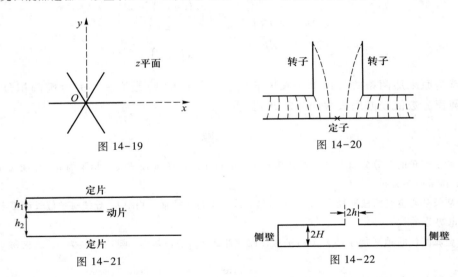

图 14-19

图 14-20

图 14-21

图 14-22

第十五章　非线性数学物理问题简介

1900 年代，随着统计物理学的创立，物理学家称"世界是统计的"．十年后，即 1910 年代，出现了爱因斯坦的相对论，物理学家又称"世界是相对的"．到了 1930 年代，由于量子力学的成就，物理学家又增加了一句，称"世界是量子的"．1980 年代至今，随着物理学及自然科学各学科，以及社会经济学科各领域非线性问题研究的深入，并取得重要进展，进而形成系统的**非线性科学**，物理学家再增加了一句，称"世界是非线性的"．在非线性科学中，**孤立子与混沌**是其两个主要前沿．孤立子主要体现一类**可积非线性系统**运动的高度稳定性的极端．混沌则主要体现一类**不可积非线性系统**运动的高度随机性的极端．本章仅对非线性数学物理问题作一简单介绍．

*§15.1　孤　立　子

孤立波（solitary wave）之发现　　1834 年，英国工程师**罗素**（John Scott Russel）在河道中首次发现水表面波孤立波．1844 年，他在《英国科学促进协会第 14 届会议报告》中发表"论波动"一文，对此现象作了生动的描述：当时我正骑着马观察由两匹马牵引的、沿着一条不宽的河道迅速向前运动的一只小船的运动．突然小船停止前进，由船推动的一堆水聚集在船头，激烈地摇动着，随后呈现出一个很大的、孤立的隆起，那是一个滚圆光滑的、边界分明的水堆．它突然离开小船，以很高的速度沿着河道继续行进．我骑马紧跟．水堆以大约每小时 8 英里至 9 英里的速度滚滚向前，并且保持着大约 30 英尺长、1 英尺到 1 英尺半高的外形．随后，它的高度逐渐下降．在我跟随了一两英里之后，它在河道的弯曲处消失了．罗素称这一现象为平移波，也称为孤立波．

然而，罗素的发现，曾引起持续了很长时间的激烈争论，甚至受到怀疑和非难．直到 1895 年，两位荷兰科学家 D. J. Korteweg 和 G. de Vries 从流体动力学的研究得到了浅水波方程，即 KdV 方程．同时，他们还得到这一方程的行波解，在波长趋于无限长时，此解描述罗素所发现的孤立波．至此，孤立波才为学术界普遍接受．

孤立子（soliton）之发现　　KdV 方程提出后的几十年里，孤立波只是被当做非线性波动理论的一个并不重要的发现．直到 1955 年，由于费米（Enrico Fermi）、John Pasta 和 Stan Ulam（以下简称 FPU）发表了有关晶格热传导的论文，孤立波才再次引起人们的兴趣．他们所采用的模型是具有非线性互作用的一维振子链，他们原本期望，按能量均分定理，初始能量最终会均分到振子链的所有自由度．但所得结果出乎他们的意料，经过一段时间，能量又基本回到最初的振动模式．这就是著名的 FPU 问题．这一问题似乎与孤立波无关．一直到 1965 年，美国普林斯顿大学的应用数学家 Martin D. Kruskal 和贝尔实验室的 Norman J. Zabusky 为了进一步揭示 FPU 奇特的结果，也在计算机上进行了数值计算. 他们注意到 FPU 问题中, 主要是长波模式, 从而可做连续化近似. 他们发现连续化近似下振子链的位移满足 KdV 方程. 进而, 他们发现, 在一环形振子链中(周期性边界条件), 初始正弦形脉冲随着时间的推移, 演化成几个大小不同的孤立波, 它们相互碰撞、穿行, 碰撞后仍保持各自原来的形状与速度, 并在某一时刻, 所有孤立波在环上同一地点相遇, 基本重现初始状态. 由于这些准粒子性质, Kruskal 与 Zabusky 称这样的孤立波为 "孤立子"(或 "孤子"). 因此, 孤立子的定义是: **孤立子是一种稳定的、局域的孤立波, 彼此相互作用(碰撞)后, 各自仍保持原来的形状、速度, 最多只有相位及位置的变化.**

此后, 人们在实验与理论方面对孤立子的研究都取得了很大的进展. 特别是近 20 多年来, 在等离子体声波中, 在晶格点阵振动中, 在超导约瑟夫森结中, 在非线性光学中等, 都发现了孤立子, 并且在理论上得到了一批描述孤立子的非线性偏微分方程, 例如:

1. KdV 方程

$$u_t + \alpha u u_x + u_{xxx} = 0, \tag{15.1.1}$$

主要用于描述浅水中的表面波(例如罗素所发现的孤立波)、含气泡的水中的声波、磁流体及等离子体中的声波等.

2. Sine-Gordon 方程

$$u_{tt} - u_{xx} + \sin u = 0, \tag{15.1.2}$$

主要用于描述晶体中的位错运动、约瑟夫森结中的磁通运动等.

3. 非线性薛定谔方程

$$iu_t + u_{xx} + \beta |u|^2 u = 0, \tag{15.1.3}$$

主要用于描述二维平面电磁波的自聚焦、一维单色波的自调制, 光纤中超短光脉冲的传播等.

4. Toda 点阵方程

$$\frac{dq_n}{dt} = \frac{p_n}{m}, \tag{15.1.4}$$

$$\frac{dp_n}{dt} = \exp[-(q_n - q_{n-1})] - \exp[-(q_{n+1} - q_n)],$$

主要用于描述晶格点阵中的声传播.

现在介绍孤立子形成的物理机制. 这对于理解孤立子的本质是有帮助的. 我们知道, 具有行波解的最简单的波动方程是

$$u_t + u_x = 0, \tag{15.1.5}$$

它是既无色散也不含非线性项的线性波动方程. 其通解为 $f(x-t)$, 其中 f 为任意函数, 由初值确定. 这是绝对稳定的行波, 无论初始波形如何, 在传播过程中都将永远保持形状不变. 但这种理想情形在实际中几乎不存在. 现在分别讨论**色散**效应与**非线性**效应对解的影响. 首先看色散效应的影响. 为此, 我们在方程(15.1.5)中加入色散项 u_{xxx}, 得到如下的线性方程:

$$u_t + u_x + u_{xxx} = 0, \tag{15.1.6}$$

它的解可以表为一系列平面波 $\exp[i(kx - \omega t)]$ 的叠加. 将此平面波解代入(15.1.6), 得到如下色散关系

$$\omega = k - k^3. \tag{15.1.7}$$

显然, 相速 $c = \omega/k = 1 - k^2$ 是依赖于 k 的. 也就是说, 不同波长的平面波传播速度不同. 这

种现象称为**色散**，色散使波包的形状发生变化. 它使波包逐渐展平、变宽，能量逐渐弥散，最后导致波包的消失.

再看非线性的影响，在方程(15.1.5)中加入非线性项 uu_x，得

$$u_t + (1+u)u_x = 0,\tag{15.1.8}$$

如果 u_x 前的系数为常数 $1+u_0$，显然(15.1.8)具有稳定的行波解 $f[x-(1+u_0)t]$. 当系数 $(1+u)$ 为 x 和 t 的函数时，方程(15.1.8)的解仍可表示为

$$u = f[x-(1+u)t],\tag{15.1.9}$$

这样，非线性波(15.1.9)的传播速度 $(1+u)$ 依赖于 x、t. 位移 $u(x,t)$ 愈大的地方传播速度愈快. 这使得波形在传播过程中发生畸变. 非线性效应使波形变得更加尖锐，且其前沿不断变陡.

最后，我们来看 KdV 方程

$$u_t + \alpha u u_x + u_{xxx} = 0,\tag{15.1.10}$$

其中同时具有非线性与色散项. 它具有如下形式的解，

$$u(x,t) = \frac{3v}{\alpha}\mathrm{sech}^2\left[\frac{\sqrt{v}}{2}(x-vt)+\delta\right].\tag{15.1.11}$$

这是 sech^2 钟形单包，以速度 v 沿 x 正方向移动. 由此看来，色散与非线性都使波形发生变化，但两者的作用刚好相反. 前者使波形展平，后者使波形变尖锐. KdV 方程同时包含色散项与非线性项，当两者达到平衡时，便能使波形保持不变，形成孤立波. 当然，要达到完全平衡这一要求是十分苛刻的，是很不容易实现的，这正是自然界中不容易观察到孤立波的原因.

关于非线性偏微分方程的求解，过去曾将其看成是一种个性极强，似乎每一个非线性方程都需要有各自的特殊解法. 自从 20 世纪 60 年代以来，发展了若干求解可积非线性方程的方法，如**逆散射**(Inverse Scattering Transform,简称 IST)方法，**广田**(R. Hirota)方法，**贝克隆**(A. V. Backlung)方法等. 这里，我们仅以 KdV 方程为例，对逆散射方法作一简单介绍. 逆散射方法也被称为**非线性傅里叶变换**方法. 线性傅里叶变换方法求解问题的过程可以图 15-1 表示.

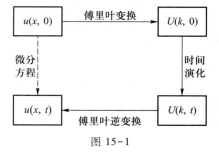

图 15-1

逆散射方法解 KdV 方程的基本思想是，将满足 KdV 方程(15.1.1)的解 $u(x,t)$ 当作量子力学中薛定谔方程

$$\psi_{xx} - [u(x,t)-\lambda]\psi = 0\tag{15.1.12}$$

的位势 $u(x,t)$ (其中 t 作为参数). 方程(15.1.12)可由方程(7.1.66)以 ψ 作为波函数，并作变换 $u = 2mV/\hbar^2$，$\lambda = 2mE/\hbar^2$ 得到. 借助于线性方程(15.1.12)的**本征值问题**、**散射变换**、**散射数据演化**、及**逆散射变换**，巧妙给出 KdV 方程(15.1.1)初值问题的解. 因此，逆散射方法是将非线性问题**化**为几个线性问题来求解.

为使方程(15.1.12)有解，$u(x,t)$ 必须满足 Faddeev(L. D. Faddeev)条件

$$\int_{-\infty}^{\infty} (1+|x|)\,|u(x)|\,\mathrm{d}x = 0,\tag{15.1.13}$$

(15.1.13)意味着 $|x|\to\infty$ 时，$u(x)\to0$ 相当快.

因为 $\lim\limits_{|x|\to\infty} u(x,t) = 0$，这时方程(15.1.12)可近似地写为

$$\psi_{xx} + \lambda\psi = 0, \tag{15.1.14}$$

以下分 $\lambda < 0$ 和 $\lambda > 0$ 两种情形讨论(15.1.14)的解.

(1) $\lambda < 0$

本征值 λ 只能取有限个分立值. 设为

$$k_n = (-\lambda_n)^{1/2} \quad (n = 1, 2, \cdots, N), \tag{15.1.15}$$

本征函数在无穷远处的渐近行为可表示为

$$\psi_n(x) = \begin{cases} C_n(k_n)\,\mathrm{e}^{-k_n x} & (x \to +\infty), \\ C_n(k_n)\,\mathrm{e}^{k_n x} & (x \to -\infty), \end{cases} \tag{15.1.16}$$

其中 C_n 为实常数, 其值可由归一化条件

$$\int_{-\infty}^{\infty} \left[\psi_n(x) \right]^2 \mathrm{d}x = 1, \tag{15.1.17}$$

确定. 此时, $\psi_n(x)$ 表示的是**束缚态**.

(2) $\lambda > 0$

方程的解为 $\psi(x) = a(k)\,\mathrm{e}^{\pm ikx}$, 当取时间因子为 $\mathrm{e}^{-i\omega t}$, 则 e^{+ikx} 表示沿 x 正方向传播的波, 而 e^{-ikx} 表示沿 x 负方向传播的波. $\psi(x)$ 为**连续态**, 它在无穷远处的渐近行为可表示为

$$\psi(x) = \begin{cases} \mathrm{e}^{-ikx} + R(k)\,\mathrm{e}^{ikx} & (x \to +\infty), \\ T(k)\,\mathrm{e}^{-ikx} & (x \to -\infty), \end{cases} \tag{15.1.18}$$

其中 $R(k)$ 称为**反射系数**, $T(k)$ 称为**透射系数**, 根据能量守恒原理, 它们满足

$$|R(k)|^2 + |T(k)|^2 = 1, \tag{15.1.19}$$

k_n, $C_n(k_n)$, $R(k)$, $T(k)$ 称为薛定谔方程的**散射数据**.

式(15.1.18)的物理意义是: 来自 $+\infty$ 的单位振幅平面波 e^{-ikx} 与位势 $u(x,t)$ 作用后分成两部分, 一部分反射回 $+\infty$ 去, 反射系数为 $R(k)$, 另一部分透射到 $-\infty$ 处, 透射系数为 $T(k)$. 由上可见, 无须预先知道 $\psi(x)$, 就可以决定 $\psi(x)$ 在 $x \to \pm\infty$ 的渐近行为.

根据初始时刻的散射势, 即 KdV 方程中 $u(x,t)$ 的初值, 可以求得薛定谔方程在某初始时刻的散射数据. 接下来就要寻求散射数据随时间的演化. 关于这个问题, 这里仅给出有关结论, 证明从略.

1. 若位势 $u(x,t)$ 满足 KdV 方程(15.1.1), 且当 $x \to \infty$ 时, u 与 $u_x \to 0$, 则以 $u(x,t)$ 为位势的薛定谔方程(15.1.12)的分立本征值 $\lambda_n(n = 1, 2, \cdots, N)$ 与 t 无关, 即,

$$\frac{\mathrm{d}\lambda_n}{\mathrm{d}t} = 0. \tag{15.1.20}$$

2. 若薛定谔方程(15.1.12)的势 $u(x,t)$ 满足 KdV 方程, 且当 $x \to \infty$ 时, u 与 $u_x \to 0$, 则其散射数据为

$$\begin{aligned} C_n(k_n, t) &= C_n(k_n, 0)\,\mathrm{e}^{-4k_n^3 t}, \\ R(k, t) &= R(k, 0)\,\mathrm{e}^{8ik^3 t}, \\ T(k, t) &= T(k, 0). \end{aligned} \tag{15.1.21}$$

其中 $C_n(k_n, 0)$, $R(k, 0)$ 及 $T(k, 0)$ 是位势为 $u(x, 0) = u_0(x)$ 时方程的散射数据. 有了 t 时刻的散射数据, 再作逆散射运算, 便可求得 t 时刻的散射势, 即 KdV 方程 t 时刻的解.

关于逆散射问题, 20 世纪 50 年代就有了许多研究, 这里仅给出有关结果. 散射势由以下

方程给出

$$u(x,t) = -2\frac{\mathrm{d}}{\mathrm{d}x}K(x,x,t). \tag{15.1.22}$$

其中函数 $K(x,y,t)$ 满足 **Gel'fand –Levitan –Marchenko** 积分方程(简称 **GLM** 方程):

$$K(x,y,t) + B(x+y,t) + \int_x^{\infty} B(y+z,t)K(x,z,t)\,\mathrm{d}z = 0, \quad y > x, \tag{15.1.23}$$

其中积分方程的核 $B(x+y,t)$ 与散射数据的关系为

$$B(x+y,t) = \sum_{n=1}^{N} C_n^2(k_n,t)\,\mathrm{e}^{-k_n(x+y)} + \frac{1}{2\pi}\int_{-\infty}^{\infty} R(k,t)\,\mathrm{e}^{\mathrm{i}k(x+y)}\,\mathrm{d}k. \tag{15.1.24}$$

其中,求和对分立谱进行,积分对连续谱进行.积分式正是 $R(k,t)$ 的傅里叶逆变换.尽管 GLM 积分方程原则上可以求解,但实际上很难做到.在 $R(k,t)=0$ 的特殊情况下才容易求解,这就是稍后要介绍的**无反射势问题**.

对照用线性傅里叶变换方法求解问题的过程,用逆散射方法求解 KdV 方程的初值问题可以图 15-2 表示.

下面两个例子具体给出 KdV 方程的单孤立子及双孤立子解.

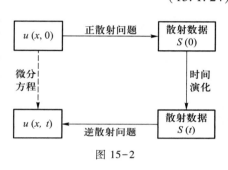

图 15-2

例 1 研究 KdV 方程的初值问题

$$u_t - 6uu_x + u_{xxx} = 0,$$
$$u\big|_{t=0} = -2\,\mathrm{sech}^2 x. \tag{15.1.25}$$

解 首先写出 $t=0$ 时的薛定谔方程

$$\psi_{xx} + \left[2\,\mathrm{sech}^2 x + \lambda\right]\psi = 0 \tag{15.1.26}$$

可以用超几何函数精确解出,它具有一个分立本征值

$$\lambda_1 = -1, \quad k_1 = 1, \tag{15.1.27}$$

对应的本征函数为

$$\psi_1 = a\,\mathrm{sech}\,x, \tag{15.1.28}$$

由归一化条件(15.1.17),得 $a = 1/\sqrt{2}$,从而归一化的本征函数为

$$\psi_1(x) = \frac{1}{\sqrt{2}}\,\mathrm{sech}\,x. \tag{15.1.29}$$

根据解在无穷远处的渐近性质,由上式和 $\mathrm{sech}\,x = 2/(\mathrm{e}^x + \mathrm{e}^{-x})$ 可得:

$$\psi_1(x) \approx \sqrt{2}\,\mathrm{e}^{-x}, \quad x \to +\infty, \tag{15.1.30}$$

相应的散射数据是

$$C_1(k_1,0) = \sqrt{2}. \tag{15.1.31}$$

对于具有(15.1.25)式的初始势函数,其反射系数 $R(k,t)=0$,由(15.1.21)给出 t 时刻的散射数据,

$$k_1 = 1, \quad C_1(k_1,t) = \sqrt{2}\,\mathrm{e}^{4t}, \quad R(k,t) = 0, \tag{15.1.32}$$

相应 GLM 方程(15.1.23)的核为

$$B(x+y,t)=2e^{8t-(x+y)}. \tag{15.1.33}$$

相应的 GLM 方程为

$$K(x,y,t)+2e^{8t-(x+y)}+2e^{8t-y}\int_x^\infty e^{-z}K(x,z,t)\,dz=0, \quad y>x, \tag{15.1.34}$$

令

$$K(x,y,t)=e^{-y}L(x,t), \tag{15.1.35}$$

以(15.1.35)式代入(15.1.34)式,得

$$L(x,t)+2e^{8t-x}+2e^{8t}L(x,t)\int_x^\infty e^{-2z}\,dz=0, \tag{15.1.36}$$

由此解出

$$L(x,t)=\frac{-2e^x}{1+e^{2x-8t}}, \tag{15.1.37}$$

从而

$$K(x,y,t)=\frac{-2e^{x-y}}{1+e^{2x-8t}}, \tag{15.1.38}$$

而

$$u(x,t)=-2\frac{d}{dx}K(x,x,t)=-\frac{8e^{2x-8t}}{(1+e^{2x-8t})^2}=-2\,\text{sech}^2(x-4t), \tag{15.1.39}$$

(15.1.39)式描述一钟形孤立子, 其振幅为 2, 传播速度为 4.

例 2 研究 KdV 方程的初值问题

$$u_t-6uu_x+u_{xxx}=0, \tag{15.1.40}$$
$$u\mid_{t=0}=-6\text{sech}^2x.$$

解 首先写出 $t=0$ 时的薛定谔方程

$$\psi_{xx}+[6\text{sech}^2x+\lambda]\psi=0. \tag{15.1.41}$$

它具有两个分立本征值

$$\lambda_1=-1, \quad k_1=1, \tag{15.1.42}$$
$$\lambda_2=-4, \quad k_2=2,$$

相应的本征函数为

$$\psi_1=\sqrt{\frac{3}{2}}\,\text{sech}^2x\sinh x, \tag{15.1.43}$$
$$\psi_2=\frac{\sqrt{3}}{2}\text{sech}^2x,$$

其在 $x\to\infty$ 的渐近行为可表示为

$$\psi_1(x)\approx\sqrt{6}\,e^{-x}, \tag{15.1.44}$$
$$\psi_2(x)\approx2\sqrt{3}\,e^{-2x},$$

相应的散射数据是

$$C_1(k_1, 0) = \sqrt{6},$$
$$C_2(k_2, 0) = 2\sqrt{3}. \tag{15.1.45}$$

对于具有式(15.1.40)的初始势函数, 其反射系数 $R(k, t) = 0$, 由(15.1.21)给出 t 时刻的散射数据,

$$k_1 = 1, \quad C_1(k_1, t) = \sqrt{6}\,\mathrm{e}^{4t}, \quad R(k, t) = 0,$$
$$k_2 = 2, \quad C_2(k_2, t) = 2\sqrt{3}\,\mathrm{e}^{32t}, \tag{15.1.46}$$

相应 GLM 方程(15.1.23)的核为

$$B(x+y, t) = 6\mathrm{e}^{8t-(x+y)} + 12\mathrm{e}^{64t-2(x+y)}, \tag{15.1.47}$$

相应的 GLM 方程为

$$K(x, y, t) + 12\mathrm{e}^{64t-2(x+y)} + 6\mathrm{e}^{8t-(x+y)} +$$
$$\int_x^\infty K(x, z, t)(12\mathrm{e}^{64t-2(x+y)} + 6\mathrm{e}^{8t-(x+y)})\,\mathrm{d}z = 0, \quad y > x. \tag{15.1.48}$$

将 $K(x, y, t)$ 分离变量, 并写成两项之和

$$K(x, y, t) = \mathrm{e}^{-y}L_1(x, t) + \mathrm{e}^{-2y}L_2(x, t), \tag{15.1.49}$$

以(15.1.49)代入(15.1.48), 并令 e^{-y} 及 e^{-2y} 项的系数分别为零, 由此解出

$$L_1(x, t) = 6(\mathrm{e}^{72t-5x} - \mathrm{e}^{8t-x})/D,$$
$$L_2(x, t) = -12(\mathrm{e}^{64t-2x} + \mathrm{e}^{72t-4x})/D, \tag{15.1.50}$$

其中

$$D(x, t) = 1 + 3\mathrm{e}^{8t-2x} + 3\mathrm{e}^{64t-4x} + \mathrm{e}^{72t-6x}, \tag{15.1.51}$$

而

$$u(x, t) = -2\frac{\mathrm{d}}{\mathrm{d}x}(L_1\mathrm{e}^{-x} + L_2\mathrm{e}^{-2x})$$
$$= 12\frac{\mathrm{d}}{\mathrm{d}x}\big[(\mathrm{e}^{8t-2x} + \mathrm{e}^{72t-6x} - 2\mathrm{e}^{64t-4x})/D\big], \tag{15.1.52}$$

整理后得

$$u(x, t) = -12\frac{3 + 4\cosh(2x-8t) + \cosh(4x-64t)}{[3\cosh(x-28t) + \cosh(3x-36t)]^2} \tag{15.1.53}$$

(15.1.53)式即为双孤立子解.

孤立子是局域的有限能量状态的基本非线性客体, 是一种**原激发**, 不能通过微扰理论从任何线性状态得到.

*§ 15.2 混 沌

在自然界中, 存在许多规则运动, 例如钟摆的周期性摆动. 对于这类规则运动, 通常以经典力学的确定论方法描述. 在自然界中, 还存在许多无规运动, 例如布朗运动等. 对于这类无规运动, 通常以概率论方法描述. 过去认为, 对于一个能够用确定论方法描述的系统, 只要初

始条件给定，系统未来的运动状态也就完全确定下来．初始条件的细微变动，只能使运动状态产生微小改变．也就是说，用确定论方法描述的运动都属于规则运动．

20 世纪 60 年代以来，人们发现，即使对于典型的可用确定论方法描述的非线性系统，在一定条件下也会产生表面上看来很混乱的无规运动．这种来自用确定论方法描述的系统中的无规运动，称为**混沌**或**内在随机性**．研究表明，混沌现象存在于绝大多数非线性系统中，例如，在流体力学中的热对流实验中，在非线性振荡电路中，在激光系统中，在生态学、生物学和医学领域的许多系统中，甚至在一些社会经济的宏观或微观系统中，都可观察到混沌现象．

混沌运动不同于通常的无规运动．混沌产生的原因是由于非线性系统在一定条件下对初值的敏感性．需要经过足够长的时间才会显现出来．也就是说，系统的行为在短期内是可预测的，只是从长期来看不可预测而已．所以，混沌现象虽然貌似随机现象，但并非真正的随机现象，因为后者即使是在短期内也是不可预测的．

系统的混沌运动通常是由规则运动经突变演化而来．对于含参数的系统，当参数变化到某些临界值时，系统的动力学性态发生定性变化，这种现象称为**分岔**(**bifurcation**)．发生分岔的参数值称为**分岔点**．

一维非线性映像   在具有混沌行为的系统中，研究的最多的是非线性迭代方程(方程组)．其中最典型的实例是生态学中反映昆虫世代繁殖的虫口模型．它是由生物学家梅(May)于 1976 年提出的．设某种昆虫第 n 代的虫口数为 x_n，第 $n+1$ 代虫口数 x_{n+1} 可表示为

$$x_{n+1} = 1 - \mu x_n^2, \ \mu \in (0,2], \ x_n \in [-1,1]. \tag{15.2.1}$$

μ 称为控制参数，它对虫口的变化起着重要的作用．方程(15.2.1)就是反复套用抛物线函数关系 $y = 1 - \mu x^2$，将每次所得函数值作为下一次的自变量值．这是一个迭代过程，展现出丰富多彩的内容．为此，我们以虫口数作纵坐标，控制参数作横坐标画成一张平面图，虫口数随参数的变化便一目了然．对每一个固定的参数值，从任何初始值出发进行迭代时，经过一段暂态过程，最后趋向一定的终态，称为**吸引子**．例如，对所有参数值，统一取初值 $x_0 = 0.618$ 开始迭代，舍去暂态过程，将随后的点画到图上，这样，扫描全部参数范围，得到图 15-3．现在，让我们随着参数由小变大，考察分析虫口的变化情况．

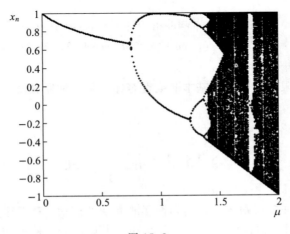

图 15-3

首先, 从 $\mu = 0$ 到 $\mu = 0.75$, 每个参量只对应一个 x 值, 这称为不动点或周期 1 状态, 即是说, 昆虫数目稳定在与参量 μ 有关的一定水平上.

当 $0.75 \leqslant \mu \leqslant 1.25$ 时, 对应一个参数值, 有两个稳定的虫口数, 这成为周期 2 状态. 它表示虫口数目以 2 年为周期, 呈高低交替. 这种现象在自然界比较常见, 例如果树收成以两年为周期, 呈 "大年" 和 "小年" 交替. $\mu_1 = 0.75$ 为分岔点. 并且由于 $\mu \geqslant 0.75$ 较之 $\mu < 0.75$ 时虫口数目变化周期加倍, 因而称为**倍周期分岔**.

随后, 依次在 $\mu_2 = 1.25, \mu_3 = 1.368\,1, \cdots$ 时发生第 2 次, 第 3 次, $\cdots$ 倍周期分岔, 随着周期倍数的增加, 相邻分岔点参数的间隔迅速变小, 最终在 $\mu_\infty = 1.401\,155\,189\,092\,05\cdots$ 处周期达到无限长. 即由周期状态过渡到了混沌状态. 周期状态对应的吸引子称为**周期吸引子**, 或**平庸吸引子**, 而混沌状态对应的吸引子称为**奇怪吸引子**. 这样, 从 $\mu = 0$ 到 $\mu = \mu_\infty$, 存在一个倍周期分岔序列, 其周期为

$$1 \to 2 \to 4 \to 8 \to 16 \to \cdots \to 2^n \to \cdots \to \infty.$$

考察图 15-3 右侧的混沌区, 从 $\mu = 1.543\,7$ 到 $\mu = 2$, 除了可见和不可见的周期窗口之外, 是一个单一的混沌带. 在 $\mu = 1.543\,7$ 左侧, 单一混沌带分裂成上下两个带. 而在 $\mu = 1.430\,4$ 处, 又分成 4 个带. 随后, 随着 μ 的减小, 混沌带不断分裂, 形成倍周期分岔的混沌带序列, 并且, 周期解的分岔序列与混沌带的分岔序列收敛到同一极限 μ_∞.

在混沌区内的周期窗口中, 存在随着 μ 的减小向混沌运动状态的过渡. 这种分岔现象称为**切分岔**. 其中周期运动与混沌运动交替出现. 所产生的混沌运动称为**阵发混沌**. 随着 μ 的减小, 混沌运动所占的时间比例愈来愈大, 直至变成完全混沌运动.

混沌的刻画 现在介绍混沌的刻画, 即如何表征混沌, 及判据如何. 主要介绍**庞加莱截面法**, **功率谱分析法**, **分形维数**, 及**李雅普诺夫指数**.

庞加莱截面法 这是法国数学家庞加莱提出的一种有效的研究复杂运动的方法. 它可以将复杂运动作简化处理. 在多维相空间中适当选取一个截面, 称为**庞加莱截面**. 这个截面可以是平面, 也可以是曲面(截面的选取要有利于观察系统的运动特征, 截面不能与轨道相切, 更不能包含轨道面). 然后考虑连续的动力学轨道与此截面相交的一系列交点的分布规律. 这样就可以抛开相空间的轨道, 借助庞加莱截面上的截点, 由此可得到关于运动特征的信息. 不同的运动形式通过截面时, 与截面的交点有不同的分布特征. **周期**运动在此截面上留下有限个**离散的点**. **准周期**运动在截面上留下一条闭合曲线. **混沌运动**留在截面上的是沿一条线段或一曲线弧分布的点集, 而且具有**自相似的**几何结构.

功率谱分析法 局部离散性, 整体稳定性的运动特征, 使得混沌时间序列的功率谱呈尖峰加宽带背景, 这虽不充分但仍是表征混沌的有用手段之一. 对一维映像得到的时间序列

$$x_1, x_2, x_3, \cdots, x_N, \tag{15.2.2}$$

求其离散傅里叶变换

$$a_k = \frac{1}{N} \sum_{i=1}^{N} x_i \cos \frac{\pi \mathrm{i} k}{N},$$

$$b_k = \frac{1}{N} \sum_{i=1}^{N} x_i \sin \frac{\pi \mathrm{i} k}{N}, \tag{15.2.3}$$

然后计算

$$p_k = a_k^2 + b_k^2, \tag{15.2.4}$$

并对多组 $\{x_i\}$ 取平均，即得**功率谱**.

　　分形维数　考虑平面上的一个方形，当我们将它的尺寸在各个方向都增加 l 倍，就会得到一个大的方形，面积为原来方形的 l^2 倍，再考虑三维空间中的立方体，作同样的操作，得到的大立方体的体积是原来立方体的 l^3 倍. 一般而言，对 d 维空间中的 d 维几何对象，将每个方向的尺寸放大 l 倍，所得大的几何对象的体积是原几何对象的

$$N = l^d \tag{15.2.5}$$

倍. 将 (15.2.5) 式取对数，得到维数的定义

$$D_0 = \frac{\ln N}{\ln l}, \tag{15.2.6}$$

这里用 D_0 代替了 (15.2.5) 中的 d. 这一定义使维数摆脱了整数的限制，D_0 可以成为分数. 凡是 D_0 大于"直观"的拓扑维数的集合对象，称为**分形**，其维数 D_0 称为**分形维数**，或**分维**. 只要能计算 N 和 l，分维的定义 (15.2.6) 就很适用. 对于十分不规整，难以计算 N 和 l 的对象，改用箱计数法计算分维. 将我们所研究的几何对象所处的基底空间划分成尺寸为 ε 的小格子（箱），然后对包含所研究几何对象的箱计数，记为 $N(\varepsilon)$，则分维的箱计数定义为

$$D_0 = -\lim_{\varepsilon \to 0} \frac{\ln N(\varepsilon)}{\ln \varepsilon}. \tag{15.2.7}$$

　　一般来说，奇怪吸引子在几何上都是分形的，刻画它的一个指标是它的分形维数. 奇怪吸引子的分形维数可由 (15.2.7) 式直接进行计算. 办法是将相空间或其投影划分为边长为 ε 的小格，然后长期跟踪某一条混沌轨道，看它穿过了多少不同的小格，其数目即是 $N(\varepsilon)$. 再缩小 ε，并重复以上手续. 如果 (15.2.7) 中极限存在，它就是吸引子的维数. 这种办法所需计算量很大，不适用于维数较高的吸引子，但可用来测量奇怪吸引子的任何局部的维数. 除 D_0 外，还有**信息维数** D_1，**关联维数** D_2 等.

　　李雅普诺夫指数　考虑一个简单的线性常微分方程

$$\frac{\mathrm{d}x}{\mathrm{d}t} = ax, \tag{15.2.8}$$

它具有 $x = x_0 \mathrm{e}^{at}$ 形式的解. 若 $a>0$，初始时刻相邻的两条轨道，随时间按指数 e^{at} 分离. 若 $a<0$，其距离按指数 $\mathrm{e}^{-|a|t}$ 减小. 当 $a=0$ 时，则相邻轨道间距离永远保持不变. 在耗散系统中，状态变量 x 不能趋于无穷. 对非线性系统，只有在给定状态附近作线性化近似，才能得到局部的类似 (15.2.8) 式的关系. 一般说来 x 是矢量，a 是依赖于给定线性化点的雅可比矩阵，该矩阵的本征值决定相邻两点之间的伸长、压缩或转动，其速率可能在相空间中各点不同，只有对运动轨道各点的伸长或压缩的速率进行长时间平均，才能刻画动力系统的整体特性，这些伸长或压缩速率的长时间平均值称为**李雅普诺夫指数**. 其中正的李雅普诺夫指数是刻画混沌系统的主要特征参数. 例如，对于一维映射

$$x_{n+1} = f(x_n), \tag{15.2.9}$$

考虑初值 x_0 和它的近邻值 $x_0 + \Delta x_0$，由映射 (15.2.9) 式作一次迭代后，这两点之间的距离

$$\Delta x_1 = f(x_0 + \Delta x_0) - f(x_0) \approx f'(x_0) \Delta x_0, \tag{15.2.10}$$

经 n 次迭代后，这两点之间的距离则变为

$$\Delta x_n = f^{(n)}(x_0 + \Delta x_0) - f^{(n)}(x_0) \approx \frac{\mathrm{d}f^{(n)}}{\mathrm{d}x}\bigg|_{x=x_0} \Delta x_0 = \Delta x_0 \mathrm{e}^{\lambda n}, \qquad (15.2.11)$$

从而

$$\mathrm{e}^{\lambda n} = \frac{\mathrm{d}f^{(n)}(x)}{\mathrm{d}x}\bigg|_{x=x_0} = \prod_{i=0}^{n-1} f'(x_i), \qquad (15.2.12)$$

其中应用了复合函数求导的链法则. 若 $n\to\infty$ 时 (15.2.12) 式极限存在, 则可定义李雅普诺夫指数

$$\lambda = \lim_{n\to\infty} \frac{1}{n} \sum_{i=0}^{n-1} \ln |f'(x_i)|. \qquad (15.2.13)$$

一维映射只有一个李雅普诺夫指数, 它可能大于、等于或小于零. 正的李雅普诺夫指数表明轨道在每个局部都不稳定, 相邻轨道指数分离, 同时轨道在整体性稳定因素 (有界、耗散等) 作用下反复折叠, 形成奇怪吸引子. 因此 $\lambda > 0$ 可以作为混沌行为的判据. 负的李雅普诺夫指数表明轨道在每个局部都是稳定的, 对应周期运动. λ 由负变正, 表明运动由周期向混沌转变. 图 15-4 是根据 (15.2.13) 式算得的抛物线映像 (15.2.1) 式的李雅普诺夫指数与参数 μ 的关系. 其中, 每一处下降标志一处周期窗口. 过零的情形有三种: 在倍周期分岔点, 由负值接近零, 再降为负值; 在切分岔点, 由正值经零变到负值; 在倍周期分岔序列的极限点, 由负值经零变到正值.

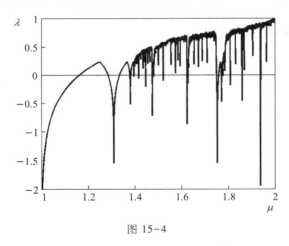

图 15-4

通向混沌之路　现在介绍通向混沌的道路, 即系统通过什么方式从周期运动过渡到混沌运动状态.

倍周期分岔通向混沌　在图 15-3 中我们看到, 随着 μ 值的增大, 在 μ 依次达到 $\mu_1, \mu_2, \mu_3, \cdots$ 各数值时, 原来的周期运动失稳, 出现周期加倍的运动, 直至 $\mu = \mu_\infty$, 系统进入混沌状态.

阵发性通向混沌　在图 15-3 中混沌区内的周期窗口中, 随着 μ 的减小, 阵发混沌运动所占的时间比例愈来愈大, 最后变成完全混沌运动.

经准周期通向混沌　在流体力学中, 由层流向湍流的过渡对应由周期运动, 经准周期运动 (具有两个或三个不可约频率), 向混沌运动的过渡. 这条道路因而被称为经准周期通向混沌的道路. 由准周期进入混沌的方式可以说有无穷多种. 科学家们甚至得出"条条道路通混沌"的结论.

附　　录

No	原函数 $f(x)$	像函数 $F(\omega)$
	$\left\{ f(x) = \int_{-\infty}^{\infty} F(\omega)\,\mathrm{e}^{\mathrm{i}\omega x}\,\mathrm{d}\omega \right\}$	$\left\{ F(\omega) = \dfrac{1}{2\pi}\int_{-\infty}^{\infty} f(x)\,[\,\mathrm{e}^{\mathrm{i}\omega x}\,]^{*}\,\mathrm{d}x \right\}$
1	$\exp(-a^2 x^2)$	$\dfrac{1}{2a\sqrt{\pi}}\exp(-\omega^2/4a^2)$
2	$\exp(-a\,|x|)$	$\dfrac{1}{\pi a}\dfrac{a^2}{a^2+\omega^2}$
3	$\mathrm{H}(x)\exp(-ax)$	$\dfrac{1}{2\pi}\dfrac{a-\mathrm{i}\omega}{a^2+\omega^2}$
4	$\mathrm{sgn}\,x\exp(-a\,|x|)$	$-\dfrac{\mathrm{i}}{\pi}\dfrac{\omega}{a^2+\omega^2}$
5	$\exp(\mathrm{i}\omega_0 x - a\,|x|)$	$\dfrac{1}{\pi a}\dfrac{a^2}{a^2+(\omega-\omega_0)^2}$
6	$\mathrm{H}(x)\exp(\mathrm{i}\omega_0 x - ax)$	$\dfrac{1}{2\pi}\dfrac{a+\mathrm{i}(\omega_0-\omega)}{a^2+(\omega_0-\omega)^2}$
7	$\begin{cases} 1 & (\,|x|<L) \\ 0 & (\,|x|>L) \end{cases}$	$\dfrac{1}{\pi}\dfrac{\sin\omega L}{\omega}$
8	$\begin{cases} \exp(\mathrm{i}\omega_0 x) & (\,|x|<L) \\ 0 & (\,|x|>L) \end{cases}$	$\dfrac{1}{\pi}\dfrac{\sin(\omega_0-\omega)L}{\omega_0-\omega}$
9	$\begin{cases} \cos\omega_0 x & (\,|x|<L) \\ 0 & (\,|x|>L) \end{cases}$	$\dfrac{1}{2\pi}\left[\dfrac{\sin(\omega-\omega_0)L}{\omega-\omega_0}+\dfrac{\sin(\omega+\omega_0)L}{\omega+\omega_0}\right]$
10	$\begin{cases} \sin\omega_0 x & (\,|x|<L) \\ 0 & (\,|x|>L) \end{cases}$	$\dfrac{\mathrm{i}}{2\pi}\left[\dfrac{\sin(\omega+\omega_0)L}{\omega+\omega_0}+\dfrac{\sin(\omega-\omega_0)L}{\omega-\omega_0}\right]$
11	$\begin{cases} 1-\dfrac{|x|}{L} & |x|<L \\ 0 & |x|>L \end{cases}$	$\dfrac{L}{2\pi}\left\{\dfrac{\sin(\omega L/2)}{\omega L/2}\right\}^2$
12	$\begin{cases} \dfrac{x}{L} & |x|<L \\ 0 & |x|>L \end{cases}$	$\dfrac{\mathrm{i}}{\pi\omega}\left\{\cos\omega L-\dfrac{\sin\omega L}{\omega L}\right\}$

No	原函数 $f(x)$	像函数 $F(\omega)$
13	$\begin{cases} \dfrac{\|x\|}{L} & \|x\|<L \\ 0 & \|x\|>L \end{cases}$	$\dfrac{L}{\pi}\left\{\dfrac{\sin \omega L}{\omega L}-2\left(\dfrac{\sin(\omega L/2)}{\omega L}\right)^{2}\right\}$
14	$\exp(\pm ia^2 x^2)$	$\dfrac{1}{2}\sqrt{\dfrac{1}{2\pi}}\dfrac{1\pm i}{a}\exp(\mp i\omega^2/4a^2)$
15	$\dfrac{\sin \omega_0 x}{x}$	$\begin{cases} \dfrac{1}{2} & \|\omega\|<\omega_0 \\ 0 & \|\omega\|>\omega_0 \end{cases}$
16	$\dfrac{1}{\|x\|}\quad(x\neq 0)$	$\dfrac{1}{\|\omega\|}\quad(\omega\neq 0)$
17	$\dfrac{1}{\|x\|^{v}}(0<\mathrm{Re}\,v<1)$	$\dfrac{1}{\pi}\sin\dfrac{v\pi}{2}\dfrac{\Gamma(1-v)}{\|\omega\|^{1-v}}$
18	$\dfrac{\mathrm{sh}\,ax}{\mathrm{sh}\,\pi x}\quad(-\pi<a<\pi)$	$\dfrac{1}{2\pi}\dfrac{\sin a}{\mathrm{ch}\,\omega+\cos a}$
19	$\dfrac{\mathrm{ch}\,ax}{\mathrm{ch}\,\pi x}\quad(-\pi<a<\pi)$	$\dfrac{1}{\pi}\dfrac{\cos\dfrac{a}{2}\cos\dfrac{\omega}{2}}{\mathrm{ch}\,\omega+\cos a}$
20	$\exp(i\omega_0 x)$	$\delta(\omega-\omega_0)$
21	$\cos \omega_0 x$	$\dfrac{1}{2}\{\delta(\omega-\omega_0)+\delta(\omega+\omega_0)\}$
22	$\sin \omega_0 x$	$\dfrac{i}{2}\{\delta(\omega+\omega_0)-\delta(\omega-\omega_0)\}$
23	$\cos^2 \omega_0 x$	$\dfrac{1}{2}\left\{\dfrac{1}{2}\delta(\omega+2\omega_0)+\delta(\omega)+\dfrac{1}{2}\delta(\omega-2\omega_0)\right\}$
24	$\sin^2 \omega_0 x$	$\dfrac{1}{2}\left\{-\dfrac{1}{2}\delta(\omega+2\omega_0)+\delta(\omega)-\dfrac{1}{2}\delta(\omega-2\omega_0)\right\}$
25	$\|\cos \omega_0 x\|$	$\displaystyle\sum_{n=-\infty}^{+\infty}\dfrac{2}{\pi}\left\{\dfrac{\omega_0^2}{\omega_0^2-\omega^2}\right\}\cdot$ $\cos\left(\dfrac{\pi\omega}{2\omega_0}\right)\delta(\omega-2n\omega_0)$ $(n=0,\pm 1,\pm 2,\cdots)$
26	$\delta(x)$	$\dfrac{1}{2\pi}$

No	原函数 $f(x)$	像函数 $F(\omega)$
27	$\delta(x-x_0)$	$\dfrac{1}{2\pi}\exp(-i\omega x_0)$
28	$\delta(x-x_0)+\delta(x+x_0)$	$\dfrac{1}{\pi}\cos\omega x_0$
29	$\displaystyle\sum_{n=-\infty}^{+\infty}\delta(x-nx_0)$	$\displaystyle\sum_{n=-\infty}^{+\infty}\dfrac{1}{x_0}\delta\left(\omega-n\dfrac{2\pi}{x_0}\right)$
30	1	$\delta(\omega)$
31	$\operatorname{sgn}x$	$-\dfrac{i}{\pi\omega}$
32	$H(x)$	$\dfrac{1}{2\pi}\left\{\pi\delta(\omega)-\dfrac{i}{\omega}\right\}$
33	$H(x)\{1-\exp(-ax)\}$	$\dfrac{1}{2\pi}\left\{\pi\delta(\omega)-\dfrac{a}{a^2+\omega^2}-i\dfrac{a^2}{\omega(a^2+\omega^2)}\right\}$
34	$\begin{cases}1 & (|x|>L)\\ 0 & (|x|<L)\end{cases}$	$\dfrac{1}{\pi}\left\{\pi\delta(\omega)-\dfrac{\sin\omega L}{\omega}\right\}$
35	$\cos(a\sin\omega_0 x+bx)$	$\dfrac{1}{2}\displaystyle\sum_{n=-\infty}^{\infty}\{J_n(a)\delta(\omega-b-n\omega_0)+J_n(a)\delta(\omega+b+n\omega_0)\}$
36	$\cos(a\cos\omega_0 x+bx)$	$\dfrac{1}{2}\displaystyle\sum_{n=-\infty}^{\infty}\{i^nJ_n(a)\delta(\omega-b-n\omega_0)+(-i)^nJ_n(a)\delta(\omega+b+n\omega_0)\}$
37	$\sin(a\sin\omega_0 x+bx)$	$\dfrac{i}{2}\displaystyle\sum_{n=-\infty}^{\infty}\{-J_n(a)\delta(\omega-b-n\omega_0)+J_n(a)\delta(\omega+b+n\omega_0)\}$
38	$\sin(a\cos\omega_0 x+bx)$	$\dfrac{i}{2}\displaystyle\sum_{n=-\infty}^{\infty}\{-i^nJ_n(a)\delta(\omega-b-n\omega_0)+(-i)^nJ_n(a)\delta(\omega+b+n\omega_0)\}$
39	$\exp(-a\cos\omega_0 x)$	$\displaystyle\sum_{n=-\infty}^{\infty}(-1)^nJ_n(a)\delta(\omega-n\omega_0)$
40	$\exp(-a\sin\omega_0 x)$	$\displaystyle\sum_{n=-\infty}^{\infty}i^nJ_n(a)\delta(\omega-n\omega_0)$

二、拉普拉斯变换函数表

No	原　函　数	像　函　数
1	1	$\dfrac{1}{p}$
2	t^n（n 为整数）	$\dfrac{n!}{p^{n+1}}$
3	t^a（$a>-1$）	$\dfrac{\Gamma(a+1)}{p^{a+1}}$
4	$\mathrm{e}^{\lambda t}$	$\dfrac{1}{p-\lambda}$
5	$\sin \omega t$	$\dfrac{\omega}{p^2+\omega^2}$
6	$\cos \omega t$	$\dfrac{p}{p^2+\omega^2}$
7	$\mathrm{sh}\ \omega t$	$\dfrac{\omega}{p^2-\omega^2}$
8	$\mathrm{ch}\ \omega t$	$\dfrac{p}{p^2-\omega^2}$
9	$\mathrm{e}^{-\lambda t}\sin \omega t$	$\dfrac{\omega}{(p+\lambda)^2+\omega^2}$
10	$\mathrm{e}^{-\lambda t}\cos \omega t$	$\dfrac{p+\lambda}{(p+\lambda)^2+\omega^2}$
11	$\mathrm{e}^{-\lambda t}t^a$	$\dfrac{\Gamma(a+1)}{(p+\lambda)^{a+1}}$
12	$\dfrac{1}{\sqrt{\pi t}}$	$\dfrac{1}{\sqrt{p}}$
13	$\dfrac{1}{\sqrt{\pi t}}\mathrm{e}^{-a^2/4t}$	$\dfrac{\mathrm{e}^{-a\sqrt{p}}}{\sqrt{p}}$
14	$\dfrac{1}{\sqrt{\pi t}}\mathrm{e}^{-2a\sqrt{t}}$	$\dfrac{1}{\sqrt{p}}\mathrm{e}^{\frac{a^2}{p}}\mathrm{erfc}\left(\dfrac{a}{\sqrt{p}}\right)$
15	$\dfrac{1}{\sqrt{\pi a}}\sin 2\sqrt{at}$	$\dfrac{1}{p\sqrt{p}}\mathrm{e}^{-\frac{a}{p}}$
16	$\dfrac{1}{\sqrt{\pi a}}\cos 2\sqrt{at}$	$\dfrac{1}{\sqrt{p}}\mathrm{e}^{-\frac{a}{p}}$

No	原 函 数	像 函 数
17	$\mathrm{erf}(\sqrt{at})$	$\dfrac{\sqrt{a}}{p\sqrt{p+a}}$
18	$\mathrm{erfc}\left(\dfrac{a}{2\sqrt{t}}\right)$	$\dfrac{1}{p}e^{-a\sqrt{p}}$
19	$e^{t}\mathrm{erfc}(\sqrt{t})$	$\dfrac{1}{p+\sqrt{p}}$
20	$\dfrac{1}{\sqrt{\pi t}}-e^{t}\mathrm{erfc}(\sqrt{t})$	$\dfrac{1}{1+\sqrt{p}}$
21	$\dfrac{1}{\sqrt{\pi t}}e^{-at}+\sqrt{a}\,\mathrm{erf}\sqrt{at}$	$\dfrac{\sqrt{p+a}}{p}$
22	$\mathrm{J}_0(t)$	$\dfrac{1}{\sqrt{p^2+1}}$
23	$\mathrm{J}_n(t)$	$\dfrac{(\sqrt{p^2+1}-p)^{n}}{\sqrt{p^2+1}}$
24	$\dfrac{\mathrm{J}_n(at)}{t}$	$\dfrac{1}{na^{n}}(\sqrt{p^2+a^2}-p)^{n}$
25	$e^{-at}\mathrm{I}_0(bt)$	$\dfrac{1}{\sqrt{(p+a)^2-b^2}}$
26	$\lambda^{n}e^{-\lambda t}\mathrm{I}_n(\lambda t)$	$\dfrac{\{\sqrt{p^2+2\lambda p}-(p+\lambda)\}^{n}}{\sqrt{p^2+2\lambda p}}$
27	$t^{n}\mathrm{J}_n(t)\left(n>-\dfrac{1}{2}\right)$	$\dfrac{2^{n}\Gamma\left(n+\dfrac{1}{2}\right)}{\sqrt{\pi}}\dfrac{1}{(p^2+1)^{n+\frac{1}{2}}}$
28	$\mathrm{J}_0(2\sqrt{t})$	$\dfrac{2}{p}e^{-\frac{1}{p}}$
29	$t^{\frac{n}{2}}\mathrm{J}_n(2\sqrt{t})$	$\dfrac{1}{p^{n+1}}e^{-\frac{1}{p}}$
30	$\mathrm{J}_0(a\sqrt{t^2-\tau^2})\mathrm{H}(t-\tau)$	$\dfrac{1}{\sqrt{p^2+a^2}}e^{-\tau\sqrt{p^2+a^2}}$
31	$\dfrac{\mathrm{J}_1(a\sqrt{t^2-\tau^2})}{\sqrt{t^2-\tau^2}}\mathrm{H}(t-\tau)$	$\dfrac{e^{-\tau p}-e^{-\tau\sqrt{p^2+a^2}}}{a\tau}$

No	原 函 数	像 函 数
32	$\displaystyle\int_{t}^{\infty}\frac{J_0(t)}{t}\mathrm{d}t$	$\dfrac{1}{p}\ln\left(p+\sqrt{1+p^2}\right)$
33	$\dfrac{e^{bt}-e^{at}}{t}$	$\ln\dfrac{p-a}{p-b}$
34	$\dfrac{1}{\sqrt{\pi t}}\sin\dfrac{1}{2t}$	$\dfrac{1}{\sqrt{p}}e^{-\sqrt{p}}\sin\sqrt{p}$
35	$\dfrac{1}{\sqrt{\pi t}}\cos\dfrac{1}{2t}$	$\dfrac{1}{\sqrt{p}}e^{-\sqrt{p}}\cos\sqrt{p}$
36	$\mathrm{si}t\ 即\ -\displaystyle\int_{t}^{\infty}\frac{\sin\tau}{\tau}\mathrm{d}\tau$	$\dfrac{\pi}{2p}-\dfrac{\arctan p}{p}$
37	$\mathrm{ci}t\ 即\ -\displaystyle\int_{t}^{\infty}\frac{\cos\tau}{\tau}\mathrm{d}\tau$	$\dfrac{1}{p}\ln\dfrac{1}{\sqrt{p^2+1}}$
38	$S(t)\ 即\ \sqrt{\dfrac{2}{\pi}}\displaystyle\int_{0}^{t}\sin\tau^2\mathrm{d}\tau$	$\dfrac{1}{2p^{i}\sqrt{2}}\dfrac{\sqrt{p+\mathrm{i}}-\sqrt{p-\mathrm{i}}}{\sqrt{p^2+1}}$
39	$C(t)\ 即\ \sqrt{\dfrac{2}{\pi}}\displaystyle\int_{0}^{t}\cos\tau^2\mathrm{d}\tau$	$\dfrac{1}{2p\sqrt{2}}\dfrac{\sqrt{p+\mathrm{i}}-\sqrt{p-\mathrm{i}}}{\sqrt{p^2+1}}$
40	$-\mathrm{ei}(-t)\ 即\ \displaystyle\int_{t}^{\infty}\frac{e^{-\tau}}{\tau}\mathrm{d}\tau$	$\dfrac{1}{p}\ln(1+p)$

三、高斯函数和误差函数

为计算高斯函数 $(2/\sqrt{\pi})e^{-x^2}$ 的数值，可利用它的麦克劳林级数

$$\frac{2}{\sqrt{\pi}}e^{-x^2}=\frac{2}{\sqrt{\pi}}\left[1-\frac{1}{1!}x^2+\frac{1}{2!}x^4-\frac{1}{3!}x^6+\frac{1}{4!}x^8-\cdots\right].$$

为计算误差函数 $\mathrm{erf}x=(2/\sqrt{\pi})\displaystyle\int_{0}^{x}e^{-z^2}\mathrm{d}z$，可把被积函数展开为麦克劳林级数，然后逐项积分，即

$$\mathrm{erf}x=\frac{2}{\sqrt{\pi}}\int_{0}^{x}e^{-z^2}\mathrm{d}z$$

$$=\frac{2}{\sqrt{\pi}}\int_{0}^{x}\left[1-\frac{1}{1!}z^2+\frac{1}{2!}z^4-\frac{1}{3!}z^6+\frac{1}{4!}z^8-\cdots\right]\mathrm{d}z$$

$$=\frac{2}{\sqrt{\pi}}\left[x-\frac{1}{1!}\frac{x^3}{3}+\frac{1}{2!}\frac{x^5}{5}-\frac{1}{3!}\frac{x^7}{7}+\frac{1}{4!}\frac{x^9}{9}-\cdots\right].$$

这样计算出的数值早已列成了表格，下面就是简略的"高斯函数表"和"误差函数表"：

x	$\dfrac{2}{\sqrt{\pi}}e^{-x^2}$	erf$x$	x	$\dfrac{2}{\sqrt{\pi}}e^{-x^2}$	erf$x$	x	$\dfrac{2}{\sqrt{\pi}}e^{-x^2}$	erf$x$
0.0	1.128 4	0.000 00						
0.1	1.117 2	0.112 46	1.1	0.336 5	0.880 21	2.1	0.013 7	0.997 02
0.2	1.084 1	0.222 70	1.2	0.267 3	0.910 31	2.2	0.008 9	0.998 14
0.3	1.031 3	0.328 63	1.3	0.208 2	0.934 01	2.3	0.005 7	0.998 86
0.4	0.961 5	0.428 39	1.4	0.158 9	0.952 29	2.4	0.003 6	0.999 31
0.5	0.878 8	0.520 50	1.5	0.118 9	0.966 11	2.5	0.002 2	0.999 59
0.6	0.787 2	0.603 86	1.6	0.087 2	0.976 35	2.6	0.001 3	0.999 76
0.7	0.691 3	0.677 80	1.7	0.062 7	0.983 79	2.7	0.000 8	0.999 87
0.8	0.595 0	0.742 10	1.8	0.044 2	0.989 09	2.8	0.000 4	0.999 92
0.9	0.502 0	0.796 91	1.9	0.030 5	0.992 79	2.9	0.000 3	0.999 96
1.0	0.415 1	0.842 70	2.0	0.020 7	0.995 32	3.0	0.000 1	0.999 98
						∞	0.000	1.000 00

四、正交曲线坐标系中的拉普拉斯算符

有不少问题，由于边界的形状，不宜采用直角坐标系，而应采用球坐标系或柱坐标系等正交曲线坐标系. 在许多数学物理方程中都有拉普拉斯算符

$$\Delta = \frac{\partial^2}{\partial x^2} + \frac{\partial^2}{\partial y^2} + \frac{\partial^2}{\partial z^2}.$$

采用正交曲线坐标系的时候，当然需要把拉普拉斯算符用正交曲线坐标表示出来.

"正交曲线坐标系中的拉普拉斯算符"在物理专业高等数学教材中是有的，但为了方便读者，这里还是给出简单的论述.

（一）拉普拉斯算符作用于标量函数

以 q_1，q_2，q_3 表示正交曲线坐标

$$\begin{cases} q_1 = q_1(x,y,z), \\ q_2 = q_2(x,y,z), \\ q_3 = q_3(x,y,z); \end{cases} \quad \begin{cases} x = x(q_1,q_2,q_3), \\ y = y(q_1,q_2,q_3), \\ z = z(q_1,q_2,q_3). \end{cases}$$

两点具有相同的 q_2 和 q_3 而 q_1 相差微量 $\mathrm{d}q_1$，则两点间的距离

$$(\mathrm{d}s_1)^2 = (\mathrm{d}x)^2 + (\mathrm{d}y)^2 + (\mathrm{d}z)^2$$
$$= \left[\left(\frac{\partial x}{\partial q_1}\right)^2 + \left(\frac{\partial y}{\partial q_1}\right)^2 + \left(\frac{\partial z}{\partial q_1}\right)^2 \right] (\mathrm{d}q_1)^2,$$

这可改写为

$$\mathrm{d}s_1 = H_1 \mathrm{d}q_1, \quad H_1 = \sqrt{\left(\frac{\partial x}{\partial q_1}\right)^2 + \left(\frac{\partial y}{\partial q_1}\right)^2 + \left(\frac{\partial z}{\partial q_1}\right)^2}. \tag{1}$$

同理，两点具有相同的 q_3 和 q_1 而 q_2 相差微量 $\mathrm{d}q_2$，则两点间距离

$$\mathrm{d}s_2 = H_2 \mathrm{d}q_2, \quad H_2 = \sqrt{\left(\frac{\partial x}{\partial q_2}\right)^2 + \left(\frac{\partial y}{\partial q_2}\right)^2 + \left(\frac{\partial z}{\partial q_2}\right)^2}. \tag{2}$$

两点具有相同的 q_1 和 q_2 而 q_3 相差微量 $\mathrm{d}q_3$，则两点间距离

$$\mathrm{d}s_3 = H_3 \mathrm{d}q_3, \quad H_3 = \sqrt{\left(\frac{\partial x}{\partial q_3}\right)^2 + \left(\frac{\partial y}{\partial q_3}\right)^2 + \left(\frac{\partial z}{\partial q_3}\right)^2}. \tag{3}$$

H_1、H_2 和 H_3 叫做度规系数.

这样，标量函数 $u(q_1,q_2,q_3)$ 的**梯度** ∇u 在 q_1 增长方向的分量 $(\nabla u)_1 = \dfrac{\partial u}{\partial s_1} = \dfrac{1}{H_1}\dfrac{\partial u}{\partial q_1}$，从而

$$(\nabla u)_1 = \frac{1}{H_1}\frac{\partial u}{\partial q_1}, \quad (\nabla u)_2 = \frac{1}{H_2}\frac{\partial u}{\partial q_2}, \quad (\nabla u)_3 = \frac{1}{H_3}\frac{\partial u}{\partial q_3}. \tag{4}$$

再看矢量函数 $\boldsymbol{A}(q_1,q_2,q_3)$. 取一个微小六面体，它由 q_1，q_1+dq_1；q_2，q_2+dq_2；q_3，q_3+dq_3 六个曲面围成（图 F4-1）. 这六个微小曲面不妨当作平面. 由于曲线坐标 q_1、q_2、q_3 是正交的，不妨把图示的微小六面体当作平行六面体. 现在计算从这个六面体发出的通量（流量）. 先考虑 q_1 和 q_1+dq_1 两面，净发出的通量为

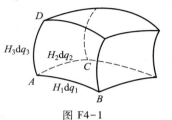

图 F4-1

$$(A_1 H_2 H_3)\big|_{q_1+dq_1}dq_2 dq_3 - (A_1 H_2 H_3)\big|_{q_1}dq_2 dq_3 = \frac{\partial}{\partial q_1}(A_1 H_2 H_3)dq_1 dq_2 dq_3.$$

同理，通过 q_2 和 q_2+dq_2 两面净发出的通量等于

$$\frac{\partial}{\partial q_2}(A_2 H_3 H_1)dq_1 dq_2 dq_3,$$

通过 q_3 和 q_3+dq_3 两面净发出的通量等于

$$\frac{\partial}{\partial q_3}(A_3 H_1 H_2)dq_1 dq_2 dq_3.$$

把三者相加，得到总的通量，再除以平行六面体的体积 $H_1 H_2 H_3 dq_1 dq_2 dq_3$ 就是每单位体积发出的通量，即散度

$$\nabla \cdot \boldsymbol{A} = \frac{1}{H_1 H_2 H_3}\left[\frac{\partial}{\partial q_1}(H_2 H_3 A_1) + \frac{\partial}{\partial q_2}(H_3 H_1 A_2) + \frac{\partial}{\partial q_3}(H_1 H_2 A_3)\right]. \tag{5}$$

拉普拉斯算符作用于标量函数 $u(q_1,q_2,q_3)$ 不过是该标量函数的梯度 ∇u 的散度 $\nabla \cdot (\nabla u)$，所以，

$$\Delta u = \frac{1}{H_1 H_2 H_3}\left[\frac{\partial}{\partial q_1}\left(\frac{H_2 H_3}{H_1}\frac{\partial u}{\partial q_1}\right) + \frac{\partial}{\partial q_2}\left(\frac{H_3 H_1}{H_2}\frac{\partial u}{\partial q_2}\right) + \frac{\partial}{\partial q_3}\left(\frac{H_1 H_2}{H_3}\frac{\partial u}{\partial q_3}\right)\right]. \tag{6}$$

应用于柱坐标 ρ、φ、z（参看图 F4-2，不妨形象地称之为"投影距离""方位角"和"高度"），

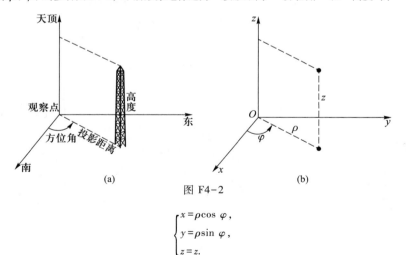

图 F4-2

$$\begin{cases} x = \rho\cos\varphi, \\ y = \rho\sin\varphi, \\ z = z. \end{cases}$$

很容易按（1）—（3）算出

$$H_\rho = 1, \quad H_\varphi = \rho, \quad H_z = 1.$$

其实，这也可以从图 F4-3 直接看出. 于是，按照（4）—（6）得到，在柱坐标系中，

$$(\nabla u)_\rho = \frac{\partial u}{\partial \rho},$$

$$(\nabla u)_\varphi = \frac{1}{\rho}\frac{\partial u}{\partial \varphi},$$

$$(\nabla u)_z = \frac{\partial u}{\partial z}.$$

$$\nabla \cdot A = \frac{1}{\rho}\frac{\partial}{\partial \rho}(\rho A_\rho) + \frac{1}{\rho}\frac{\partial}{\partial \varphi}A_\varphi + \frac{\partial}{\partial z}A_z.$$

$$\Delta u = \frac{1}{\rho}\frac{\partial}{\partial \rho}\left(\rho\frac{\partial u}{\partial \rho}\right) + \frac{1}{\rho^2}\frac{\partial^2 u}{\partial \varphi^2} + \frac{\partial^2 u}{\partial z^2}. \tag{7}$$

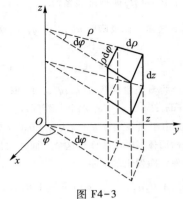

图 F4-3

从柱坐标系取消 z 这个坐标就得到平面极坐标系. 所以在平面极坐标系中,

$$\Delta u = \frac{1}{\rho}\frac{\partial}{\partial \rho}\left(\rho\frac{\partial u}{\partial \rho}\right) + \frac{1}{\rho^2}\frac{\partial^2 u}{\partial \varphi^2}$$

$$= \frac{\partial^2 u}{\partial \rho^2} + \frac{1}{\rho}\frac{\partial u}{\partial \rho} + \frac{1}{\rho^2}\frac{\partial^2 u}{\partial \varphi^2}. \tag{8}$$

应用于球坐标 r、θ、φ(参看图 F4-4,不妨形象地称之为"距离""天顶角"和"方位角"),

$$\begin{cases} x = r\sin\theta\cos\varphi, \\ y = r\sin\theta\sin\varphi, \\ z = r\cos\theta. \end{cases}$$

很容易按(1)—(3)算出

$$H_r = 1, \qquad H_\theta = r, \qquad H_\varphi = r\sin\theta.$$

其实,这也可以从图 F4-5 直接看出. 于是,按照(4)—(6)得到,在球坐标系中,

$$(\nabla u)_r = \frac{\partial u}{\partial r}, \qquad (\nabla u)_\theta = \frac{1}{r}\frac{\partial u}{\partial \theta}, \qquad (\nabla u)_\varphi = \frac{1}{r\sin\theta}\frac{\partial u}{\partial \varphi}.$$

$$\nabla \cdot A = \frac{1}{r^2}\frac{\partial}{\partial r}(r^2 A_r) + \frac{1}{r\sin\theta}\frac{\partial}{\partial \theta}(A_\theta\sin\theta) + \frac{1}{r\sin\theta}\frac{\partial}{\partial \varphi}A_\varphi.$$

$$\Delta u = \frac{1}{r^2}\frac{\partial}{\partial r}\left(r^2\frac{\partial u}{\partial r}\right) + \frac{1}{r^2\sin\theta}\frac{\partial}{\partial \theta}\left(\sin\theta\frac{\partial u}{\partial \theta}\right) + \frac{1}{r^2\sin^2\theta}\frac{\partial^2 u}{\partial \varphi^2}. \tag{9}$$

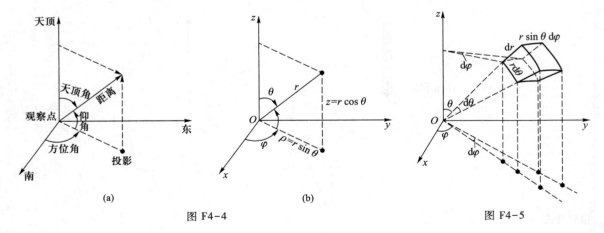

图 F4-4 (a)　(b)　图 F4-5

(二) 拉普拉斯算符作用于矢量函数

拉普拉斯算符对矢量函数 $A(q_1, q_2, q_3)$ 可利用矢量分析公式

$$\nabla \times (\nabla \times A) = \nabla(\nabla \cdot A) - \Delta A$$

即

$$\Delta A = \nabla(\nabla \cdot A) - \nabla \times (\nabla \times A) \tag{10}$$

而间接得出. 但这里需要先写出旋度的表示式.

取一个微小四边形 $ABCD$，它的法线沿 q_1 增长方向，四边分别是 q_2，$q_2 + dq_2$；q_3，$q_3 + dq_3$（图 F4-6）. 这四个边不妨当作直线. 现在计算矢量 A 沿 $ABCD$ 的"环流"量. 沿 AB 段和 CD 段算得

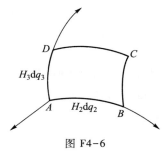

图 F4-6

$$(A_2 H_2)\big|_{q_3} dq_2 - (A_2 H_2)\big|_{q_3 + dq_3} dq_2$$

$$= -\frac{\partial}{\partial q_3}(A_2 H_2) dq_2 dq_3;$$

沿 BC 段和 DA 段算得

$$(A_3 H_3)\big|_{q_2 + dq_2} dq_3 - (A_3 H_3)\big|_{q_2} dq_3 = \frac{\partial}{\partial q_2}(A_3 H_3) dq_2 dq_3.$$

把两者相加，得到沿回路 $ABCD$ 的"环流"量，再除以四边形的面积 $H_2 H_3 dq_2 dq_3$ 就得到 $q_2 q_3$ 平面上每单位面积的环流量，即**旋度**的分量

$$(\nabla \times A)_1 = \frac{1}{H_2 H_3}\left[\frac{\partial}{\partial q_2}(A_3 H_3) - \frac{\partial}{\partial q_3}(A_2 H_2)\right].$$

同理，

$$(\nabla \times A)_2 = \frac{1}{H_3 H_1}\left[\frac{\partial}{\partial q_3}(A_1 H_1) - \frac{\partial}{\partial q_1}(A_3 H_3)\right], \tag{11}$$

$$(\nabla \times A)_3 = \frac{1}{H_1 H_2}\left[\frac{\partial}{\partial q_1}(A_2 H_2) - \frac{\partial}{\partial q_2}(A_1 H_1)\right].$$

把(11)应用于柱坐标系，得

$$\begin{cases} (\Delta A)_\rho = \Delta A_\rho - \dfrac{1}{\rho^2}A_\rho - \dfrac{2}{\rho^2}\dfrac{\partial A_\varphi}{\partial \varphi}, \\[3mm] (\Delta A)_\varphi = \Delta A_\varphi - \dfrac{1}{\rho^2}A_\varphi + \dfrac{2}{\rho^2}\dfrac{\partial A_\rho}{\partial \varphi}, \\[3mm] (\Delta A)_z = \Delta A_z. \end{cases} \tag{12}$$

把(11)应用于球坐标系，得

$$\begin{cases} (\Delta A)_r = \Delta A_r - \dfrac{2}{r^2}A_r - \dfrac{2}{r^2 \sin\theta}\dfrac{\partial}{\partial\theta}(A_\theta \sin\theta) - \dfrac{2}{r^2 \sin\theta}\dfrac{\partial A_\varphi}{\partial\varphi}, \\[3mm] (\Delta A)_\theta = \Delta A_\theta - \dfrac{1}{r^2 \sin^2\theta}A_\theta + \dfrac{2}{r^2}\dfrac{\partial A_r}{\partial\theta} - \dfrac{2\cos\theta}{r^2 \sin^2\theta}\dfrac{\partial A_\varphi}{\partial\varphi}, \\[3mm] (\Delta A)_\varphi = \Delta A_\varphi - \dfrac{1}{r^2 \sin^2\theta}A_\varphi + \dfrac{2}{r^2 \sin\theta}\dfrac{\partial A_r}{\partial\varphi} + \dfrac{2\cos\theta}{r^2 \sin^2\theta}\dfrac{\partial A_\theta}{\partial\varphi}. \end{cases} \tag{13}$$

五、勒让德方程的级数解(9.2.7)和(9.2.8)在 $x = \pm 1$ 发散

勒让德方程的级数解(9.2.7)和(9.2.8)在 $x = \pm 1$ 分别成为

$$y_0(\pm 1) = \sum_{k=1}^{\infty} u_k,$$

$$u_k = \frac{(2k-2-l)(2k-4-l)\cdots(-l)(l+1)(l+3)\cdots(l+2k-1)}{(2k)!}, \tag{1}$$

$$y_1(\pm 1) = \pm \sum_{k=0}^{\infty} v_k,$$

$$v_k = \frac{(2k-1-l)(2k-3-l)\cdots(-l)(l+2)(l+4)\cdots(l+2k)}{(2k+1)!}. \tag{2}$$

这里用高斯判别法证明级数(1)和(2)是发散的，而且勒让德方程的任一个解都不可能在$x=-1$和$x=+1$有限．

高斯判别法 正项级数 $\sum_k u_k$ ，如果 $\lim\limits_{x \to \infty} |u_k/u_{k+1}| = 1$，则比值判别法(达朗贝尔判别法)失效，可把前后邻项之比表为

$$\frac{u_k}{u_{k+1}} = 1 + \frac{\lambda}{k} + \frac{\omega_k}{k^p}, \tag{3}$$

其中$p>1$，而ω_k是有界的，

$$如常数\ \lambda \begin{cases} >1, \\ \leqslant 1, \end{cases} 则级数 \begin{cases} 收敛, \\ 发散. \end{cases}$$

高斯判别法的证明请见关于级数的数学书籍．

级数(1)和(2)中k值比较大的项具有相同的符号，可作正项级数看待．现在对它们应用正项级数的高斯判别法．

先看(1)，

$$\frac{u_k}{u_{k+1}} = 1 \Big/ \frac{(2k-l)(l+2k+1)}{(2k+2)(2k+1)} = \frac{4k^2+6k+2}{4k^2+2k-l(l+1)}$$

$$= 1 + \frac{4k+2+l(l+1)}{4k^2+2k-l(l+1)} = 1 + \frac{1}{k} + \frac{l(l+1)(1+1/k)}{4k^2+2k-l(l+1)}$$

$$= 1 + \frac{1}{k} + \frac{1}{k^2}\left[\frac{l(l+1)(1+1/k)}{4+2/k-l(l+1)/k^2}\right].$$

这已是(3)的形式，其中$\lambda = 1$. 根据高斯判别法，级数是发散的．

再看(2)，

$$\frac{v_k}{v_{k+1}} = 1 \Big/ \frac{(2k+1-l)(l+2k+2)}{(2k+3)(2k+2)} = \frac{4k^2+10k+6}{4k^2+6k-(l-1)(l+2)}$$

$$= 1 + \frac{4k+6+(l-1)(l+2)}{4k^2+6k-(l-1)(l+2)} = 1 + \frac{1}{k} + \frac{(l-1)(l+2)(1+1/k)}{4k^2+6k-(l-1)(l+2)}$$

$$= 1 + \frac{1}{k} + \frac{1}{k^2}\left[\frac{(l-1)(l+2)(1+1/k)}{4+6/k-(l-1)(l+2)/k^2}\right].$$

这已是(3)的形式，其中$\lambda = 1$. 根据高斯判别法，级数是发散的．

六、连带勒让德函数

$$P_l^m(x) = \frac{(1-x^2)^{\frac{m}{2}}}{2^l l!} \frac{d^{l+m}}{dx^{l+m}}(x^2-1)^l$$

$$P_l^{-m}(x) = (-1)^m \frac{(l-m)!}{(l+m)!} P_l^m(x)$$

$$P_1^1(x) = (1-x^2)^{\frac{1}{2}} = \sin\theta$$

$$P_2^1(x) = 3(1-x^2)^{\frac{1}{2}}x = \frac{3}{2}\sin 2\theta = 3\sin\theta\cos\theta$$

$$P_2^2(x) = 3(1-x^2) = \frac{3}{2}(1-\cos 2\theta) = 3\sin^2\theta$$

$$P_3^1(x) = \frac{3}{2}(1-x^2)^{\frac{1}{2}}(5x^2-1) = \frac{3}{8}(\sin\theta+5\sin 3\theta) = 6\sin\theta-\frac{15}{2}\sin^3\theta$$

$$P_3^2(x) = 15(1-x^2)x = \frac{15}{4}(\cos\theta-\cos 3\theta) = 15\sin^2\theta\cos\theta$$

$$P_3^3(x) = 15(1-x^2)^{\frac{3}{2}} = \frac{15}{4}(3\sin\theta-\sin 3\theta) = 15\sin^3\theta$$

$$P_4^1(x) = \frac{5}{2}(1-x^2)^{\frac{1}{2}}(7x^3-3x) = \frac{5}{16}(2\sin 2\theta+7\sin 4\theta) = 10\sin\theta\cos\theta-\frac{15}{2}\sin^3\theta\cos\theta$$

$$P_4^2(x) = \frac{15}{2}(1-x^2)(7x^2-1) = \frac{15}{16}(3+4\cos 2\theta-7\cos 4\theta) = 45\sin^2\theta-\frac{105}{2}\sin^4\theta$$

$$P_4^3(x) = 105(1-x^2)^{\frac{3}{2}}x = \frac{105}{8}(2\sin 2\theta-\sin 4\theta) = 105\sin^3\theta\cos\theta$$

$$P_4^4(x) = 105(1-x^2)^2 = \frac{105}{8}(3-4\cos 2\theta+\cos 4\theta) = 105\sin^4\theta$$

七、贝塞尔函数表

x	$J_0(x)$	$J_1(x)$	x	$J_0(x)$	$J_1(x)$	x	$J_0(x)$	$J_1(x)$
0.00	+1.000	0.000	2.30	+0.056	+0.540	4.60	−0.296	−0.257
0.10	+0.998	+0.050	2.40	+0.002	+0.520	4.70	−0.269	−0.279
0.20	+0.990	+0.100	2.50	−0.048	+0.497	4.80	−0.240	−0.299
0.30	+0.978	+0.148	2.60	−0.097	+0.471	4.90	−0.210	−0.315
0.40	+0.960	+0.196	2.70	−0.142	+0.442	5.00	−0.178	−0.328
0.50	+0.938	+0.240	2.80	−0.185	+0.410	5.10	−0.114	−0.337
0.60	+0.912	+0.287	2.90	−0.224	+0.375	5.20	−0.110	−0.343
0.70	+0.881	+0.329	3.00	−0.260	+0.339	5.30	−0.076	−0.346
0.80	+0.846	+0.369	3.10	−0.292	+0.301	5.40	−0.041	−0.345
0.90	+0.808	+0.406	3.20	−0.320	+0.261	5.50	−0.007	−0.341
1.00	+0.765	+0.440	3.30	−0.344	+0.221	5.60	+0.027	−0.334
1.10	+0.720	+0.471	3.40	−0.364	+0.179	5.70	+0.060	−0.324
1.20	+0.671	+0.498	3.50	−0.380	+0.137	5.80	+0.092	−0.311
1.30	+0.620	+0.522	3.60	−0.392	+0.095	5.90	+0.122	−0.295
1.40	+0.567	+0.542	3.70	−0.399	+0.054	6.00	+0.151	−0.277
1.50	+0.512	+0.558	3.80	−0.403	+0.013	6.10	+0.177	−0.256
1.60	+0.455	+0.570	3.90	−0.402	−0.027	6.20	+0.202	−0.233
1.70	+0.398	+0.578	4.00	−0.397	−0.066	6.30	+0.224	−0.208
1.80	+0.340	+0.582	4.10	−0.389	−0.103	6.40	+0.243	−0.182
1.90	+0.282	+0.581	4.20	−0.377	−0.139	6.50	+0.260	−0.154
2.00	+0.224	+0.577	4.30	−0.361	−0.172	6.60	+0.274	−0.125
2.10	+0.167	+0.568	4.40	−0.342	−0.203	6.70	+0.285	−0.095
2.20	+0.110	+0.556	4.50	−0.321	−0.231	6.80	+0.293	−0.065

续表

x	$J_0(x)$	$J_1(x)$	x	$J_0(x)$	$J_1(x)$	x	$J_0(x)$	$J_1(x)$
6.90	+0.298	−0.035	8.70	−0.013	+0.270	10.50	−0.237	−0.079
7.00	+0.300	−0.005	8.80	−0.039	+0.264	10.60	−0.228	−0.101
7.10	+0.299	+0.025	8.90	−0.065	+0.256	10.70	−0.216	−0.122
7.20	+0.295	+0.054	9.00	−0.090	+0.245	10.80	−0.203	−0.142
7.30	+0.288	+0.083	9.10	−0.114	+0.232	10.90	−0.188	−0.160
7.40	+0.279	+0.110	9.20	−0.137	+0.217	11.00	−0.171	−0.177
7.50	+0.266	+0.135	9.30	−0.158	+0.200	11.10	−0.153	−0.191
7.60	+0.252	+0.159	9.40	−0.177	+0.182	11.20	−0.133	−0.204
7.70	+0.235	+0.181	9.50	−0.194	+0.161	11.30	−0.112	−0.214
7.80	+0.215	+0.201	9.60	−0.209	+0.140	11.40	−0.090	−0.222
7.90	+0.194	+0.219	9.70	−0.222	+0.117	11.50	−0.068	−0.228
8.00	+0.172	+0.235	9.80	−0.232	+0.093	11.60	−0.045	−0.232
8.10	+0.148	+0.248	9.90	−0.240	+0.068	11.70	−0.021	−0.233
8.20	+0.122	+0.258	10.00	−0.246	+0.043	11.80	−0.002	−0.232
8.30	+0.096	+0.266	10.10	−0.249	+0.018	11.90	+0.025	−0.229
8.40	+0.069	+0.271	10.20	−0.250	−0.007	12.00	+0.048	−0.223
8.50	+0.042	+0.273	10.30	−0.248	−0.031			
8.60	+0.015	+0.273	10.40	−0.243	−0.055			

$J_0(x)$ 和 $J_1(x)$ 的前十个零点 $x_n^{(0)}$ 和 $x_n^{(1)}$

n	$x_n^{(0)}$	$\left\| J_1(x_n^{(0)}) \right\|$	$x_n^{(1)}$	n	$x_n^{(0)}$	$\left\| J_1(x_n^{(0)}) \right\|$	$x_n^{(1)}$
1	2.404 8	0.519 1	3.831 7	6	18.071 1	0.187 7	19.615 9
2	5.520 1	0.340 3	7.015 6	7	21.211 6	0.173 3	22.760 1
3	8.653 7	0.271 5	10.173 5	8	24.352 5	0.161 7	25.903 7
4	11.791 5	0.232 5	13.323 7	9	27.493 5	0.152 2	29.046 8
5	14.930 9	0.206 5	16.470 6	10	30.634 6	0.144 2	32.189 7

方程 $J_0(x)/J_1(x) = x/h$ 的前六个根

h	x_1	x_2	x_3	x_4	x_5	x_6
0.0	0.000 0	3.831 7	7.015 6	10.173 5	13.323 7	16.470 6
0.01	0.141 2	3.834 3	7.017 0	10.174 5	13.324 4	16.471 2
0.02	0.199 5	3.836 9	7.018 4	10.175 4	13.325 2	16.471 8
0.03	0.281 4	3.842 1	7.021 3	10.177 4	13.326 7	16.473 1
0.06	0.343 8	3.847 3	7.024 1	10.179 4	13.328 2	16.474 3
0.08	0.396 0	3.852 5	7.027 0	10.181 3	13.329 7	16.475 5

h	x_1	x_2	x_3	x_4	x_5	x_6
0.10	0.441 7	3.857 7	7.029 8	10.183 3	13.331 2	16.476 7
0.15	0.537 6	3.870 6	7.036 9	10.188 2	13.334 9	16.479 7
0.20	0.617 0	3.883 5	7.044 0	10.193 1	13.338 7	16.482 8
0.30	0.746 5	3.909 1	7.058 2	10.202 9	13.346 2	16.488 8
0.40	0.851 6	3.934 4	7.072 3	10.212 7	13.353 7	16.494 9
0.50	0.940 8	3.959 4	7.086 4	10.222 5	13.361 1	16.501 0
0.60	1.018 4	3.984 1	7.100 4	10.232 2	13.368 6	16.507 0
0.70	1.087 3	4.008 5	7.114 3	10.241 9	13.376 1	16.513 1
0.80	1.149 0	4.032 5	7.128 2	10.251 9	13.383 5	16.519 1
0.90	1.204 8	4.056 2	7.142 1	10.261 3	13.391 0	16.525 1
1.0	1.255 8	4.079 5	7.155 8	10.271 0	13.398 4	16.531 2
1.5	1.456 9	4.190 2	7.222 3	10.318 8	13.435 3	16.561 2
2.0	1.599 4	4.291 0	7.288 4	10.365 8	13.471 9	16.591 0
3.0	1.788 7	4.463 4	7.410 3	10.456 6	13.543 4	16.649 9
4.0	1.908 1	4.601 8	7.520 1	10.542 3	13.612 5	16.707 3
5.0	1.989 8	4.713 1	7.617 7	10.622 3	13.678 6	16.763 0
6.0	2.049 0	4.803 3	7.703 9	10.696 4	13.741 4	16.816 8
7.0	2.093 7	4.877 2	7.779 7	10.764 6	13.800 8	16.868 4
8.0	2.128 6	4.938 4	7.846 4	10.827 1	13.856 6	16.917 9
9.0	2.156 6	4.989 7	7.905 1	10.884 2	13.909 0	16.965 0
10.0	2.179 5	5.033 2	7.956 9	10.936 3	13.958 0	17.009 9
15.0	2.250 9	5.177 3	8.142 2	11.136 7	14.157 6	17.200 8
20.0	2.288 0	5.256 8	8.253 4	11.267 7	14.298 3	17.344 2
30.0	2.236 1	5.341 0	8.377 1	11.422 1	14.474 8	17.534 8
40.0	2.345 5	5.384 6	8.443 2	11.508 1	14.577 4	17.650 8
50.0	2.357 2	5.411 2	8.484 0	11.562 1	14.643 3	17.727 2
60.0	2.365 1	5.429 1	8.511 6	11.599 0	14.688 9	17.780 7
80.0	2.375 0	5.451 6	8.546 6	11.646 1	14.747 5	17.850 2
100.0	2.380 9	5.465 2	8.567 8	11.674 7	14.783 4	17.893 1
∞	2.404 8	5.520 1	8.653 7	11.791 5	14.930 9	18.071 1

八、诺伊曼函数

（9.3.24）定义了非整数 ν 阶诺伊曼函数

$$N_\nu(x) = \frac{J_\nu(x)\cos\pi\nu - J_{-\nu}(x)}{\sin\pi\nu}.$$

当阶数 $\nu\to$整数 m 时，上式的极限变成 $\dfrac{0}{0}$ 不定式，应用洛必达法则，分子、分母分别对 ν 求导，有

$$N_m(x) = \lim_{\nu\to m} N_\nu(x) = \lim_{\nu\to m} \frac{J_\nu(x)\cos\pi\nu - J_{-\nu}(x)}{\sin\pi\nu}.$$

运用洛必达法则,

$$N_m(x) = \frac{1}{\pi}\left[\frac{\partial J_\nu(x)}{\partial \nu} - (-1)^m \frac{\partial J_{-\nu}(x)}{\partial \nu}\right]_{\nu\to m}. \tag{1}$$

先取 $J_\nu(x) = \displaystyle\sum_{k=0}^{\infty} \frac{(-1)^k}{k!\,\Gamma(\nu+k+1)}\left(\frac{x}{2}\right)^{\nu+2k}$ 的一般项,对 ν 求导数,

$$\frac{\partial}{\partial\nu}\left[\frac{(-1)^k}{k!\,\Gamma(\nu+k+1)}\left(\frac{x}{2}\right)^{\nu+2k}\right]$$

$$= \frac{(-1)^k}{k!\,\Gamma(\nu+k+1)}\left(\frac{x}{2}\right)^{\nu+2k}\left[\ln\frac{x}{2} - \frac{\Gamma'(\nu+k+1)}{\Gamma(\nu+k+1)}\right].$$

令 $\nu\to$ 整数 m,运用附录十四的(17)式,

$$\frac{\partial}{\partial\nu}\left[\frac{(-1)^k}{k!\,\Gamma(\nu+k+1)}\left(\frac{x}{2}\right)^{\nu+2k}\right]_{\nu\to m} = \frac{(-1)^k}{k!\,(m+k)!}\left(\frac{x}{2}\right)^{m+2k}$$

$$\times\left[\ln\frac{x}{2} - \left(1+\frac{1}{2}+\frac{1}{3}+\cdots+\frac{1}{m+k}\right)+C\right],$$

其中 C 为欧拉常数

$$C = \lim_{k\to\infty}\left(1+\frac{1}{2}+\frac{1}{3}+\cdots+\frac{1}{k}-\ln k\right) = 0.577\,216\cdots.$$

这样,

$$\frac{\partial J_\nu}{\partial\nu}\bigg|_{\nu\to m} = \sum_{k=0}^{\infty}\frac{(-1)^k}{k!\,(m+k)!}\left(\frac{x}{2}\right)^{m+2k}\left[\ln\frac{x}{2}+C-\left(1+\frac{1}{2}+\cdots+\frac{1}{m+k}\right)\right]$$

$$= J_m(x)\left[\ln\frac{x}{2}+C\right] - \sum_{k=0}^{\infty}\frac{(-1)^k}{k!\,(m+k)!}\left(1+\frac{1}{2}+\cdots+\frac{1}{m+k}\right)\left(\frac{x}{2}\right)^{m+2k}.$$

在右边的叠加中,令 $k=n-m$ 即 $n=m+k$,则

$$\frac{\partial J_\nu}{\partial\nu}\bigg|_{\nu\to m} = J_m(x)\left[\ln\frac{x}{2}+C\right] - \sum_{n=m}^{\infty}\frac{(-1)^{n-m}}{n!\,(n-m)!}\left(1+\frac{1}{2}+\cdots+\frac{1}{n}\right)\left(\frac{x}{2}\right)^{-m+2n}. \tag{2}$$

再看 $J_{-\nu}(x)$,利用 $\Gamma(\nu+1)=\nu\Gamma(\nu)$,有

$$J_{-\nu}(x) = \sum_{n=0}^{\infty}\frac{(-1)^n}{n!\,\Gamma(n-\nu+1)}\left(\frac{x}{2}\right)^{-\nu+2n} = \frac{(x/2)^{-\nu}}{\Gamma(1-\nu)}\left[1+\frac{1}{1!\,(\nu-1)}\left(\frac{x}{2}\right)^2+\cdots\right.$$

$$\left.+\frac{1}{(m-1)!\,(\nu-1)(\nu-2)\cdots(\nu-m+1)}\left(\frac{x}{2}\right)^{2(m-1)}\right] + \sum_{n=m}^{\infty}\frac{(-1)^n}{n!\,\Gamma(n-\nu+1)}\left(\frac{x}{2}\right)^{-\nu+2n}.$$

利用公式 $\Gamma(\nu)\Gamma(1-\nu)=\dfrac{\pi}{\sin\pi\nu}$ 以及 $\Gamma(\nu+1)=\nu\Gamma(\nu)$,

$$J_{-\nu}(x) = \frac{\sin\pi\nu}{\pi}\sum_{n=0}^{m-1}\frac{\Gamma(m-n)}{n!}\left(\frac{x}{2}\right)^{-\nu+2n} + \sum_{n=m}^{\infty}\frac{(-1)^n}{n!\,\Gamma(n-\nu+1)}\left(\frac{x}{2}\right)^{-\nu+2n}.$$

仿照上面对 ν 求导,

$$\frac{\partial J_{-\nu}}{\partial\nu}\bigg|_{\nu\to m} = \cos\pi m\sum_{n=0}^{m-1}\frac{\Gamma(m-n)}{n!}\left(\frac{x}{2}\right)^{-m+2n}$$

$$+ \sum_{n=m}^{\infty}\frac{(-1)^n}{n!\,\Gamma(n-m+1)}\left(\frac{x}{2}\right)^{-m+2n}\left[-\ln\frac{x}{2}+\frac{\Gamma'(n-m+1)}{\Gamma(n-m+1)}\right]$$

$$= (-1)^m\sum_{n=0}^{m-1}\frac{(m-n-1)!}{n!}\left(\frac{x}{2}\right)^{-m+2n} - \ln\frac{x}{2}\sum_{n=m}^{\infty}\frac{(-1)^n}{n!\,(n-m)!}\left(\frac{x}{2}\right)^{-m+2n}$$

$$+ \frac{(-1)^m}{m!}\frac{\Gamma'(1)}{\Gamma(1)}\left(\frac{x}{2}\right)^m + \sum_{n=m+1}^{\infty}\frac{(-1)^n}{n!\,(n-m)!}\left(1+\frac{1}{2}+\cdots+\frac{1}{n-m}-C\right)\left(\frac{x}{2}\right)^{-m+2n}.$$

其中利用了 Γ 函数的公式 $\Gamma(k+1)=k!\,(k=0,1,2,\cdots)$ 和附录十四中的公式(17). 再利用该附录的公式 $\Gamma'(1)/\Gamma(1)=-C$,有

$$\frac{\partial J_{-\nu}}{\partial \nu}\bigg|_{\nu\to m}=(-1)^m\sum_{n=0}^{m-1}\frac{(m-n-1)!}{n!}\left(\frac{x}{2}\right)^{-m+2n}-\left(\ln\frac{x}{2}+C\right)\sum_{n=m}^{\infty}\frac{(-1)^n}{n!\,(n-m)!}\left(\frac{x}{2}\right)^{-m+2n}$$
$$+\sum_{n=m+1}^{\infty}\frac{(-1)^n}{n!\,(n-m)!}\left(1+\frac{1}{2}+\cdots+\frac{1}{n-m}\right)\left(\frac{x}{2}\right)^{-m+2n}.$$

在后面两个求和式中作指标代换,记 $k=n-m$,由于

$$\sum_{n=m}^{\infty}\frac{(-1)^n}{n!\,(n-m)!}\left(\frac{x}{2}\right)^{-m+2n}=\sum_{k=0}^{\infty}\frac{(-1)^{m+k}}{k!\,(m+k)!}\left(\frac{x}{2}\right)^{m+2k}=(-1)^m J_m(x),$$

因此,

$$\frac{\partial J_{-\nu}}{\partial \nu}\bigg|_{\nu\to m}=(-1)^{m+1}J_m(x)\left(\ln\frac{x}{2}+C\right)+(-1)^m\sum_{n=0}^{m-1}\frac{(m-n-1)!}{n!}\left(\frac{x}{2}\right)^{-m+2n}$$
$$+\sum_{k=1}^{\infty}\frac{(-1)^{m+k}}{k!\,(m+k)!}\left(1+\frac{1}{2}+\cdots+\frac{1}{k}\right)\left(\frac{x}{2}\right)^{m+2k}.\tag{3}$$

以(2)和(3)代入(1),得

$$\lim_{\nu\to m}N_\nu(x)=\frac{2}{\pi}J_m(x)\left(\ln\frac{x}{2}+C\right)-\frac{1}{\pi}\sum_{n=0}^{m-1}\frac{(m-n-1)!}{n!}\left(\frac{x}{2}\right)^{-m+2n}$$

$$-\frac{1}{\pi}\sum_{k=0}^{\infty}\frac{(-1)^k}{k!\,(m+k)!}\left(1+\frac{1}{2}+\cdots+\frac{1}{m+k}\right)\left(\frac{x}{2}\right)^{m+2k}$$

$$-\frac{1}{\pi}\sum_{k=1}^{\infty}\frac{(-1)^k}{k!\,(m+k)!}\left(1+\frac{1}{2}+\cdots+\frac{1}{k}\right)\left(\frac{x}{2}\right)^{m+2k}$$

$$=\frac{2}{\pi}J_m(x)\ln\frac{x}{2}-\frac{1}{\pi}\sum_{n=0}^{m-1}\frac{(m-n-1)!}{n!}\left(\frac{x}{2}\right)^{-m+2n}$$

$$-\frac{1}{\pi}\sum_{k=0}^{\infty}\frac{(-1)^k}{k!\,(m+k)!}\left(1+\frac{1}{2}+\cdots+\frac{1}{m+k}-C\right)\left(\frac{x}{2}\right)^{m+2k}$$

$$-\frac{1}{\pi}\left[\frac{1}{m!}(-C)+\sum_{k=1}^{\infty}\frac{(-1)^k}{k!\,(m+k)!}\left(1+\frac{1}{2}+\cdots+\frac{1}{k}-C\right)\left(\frac{x}{2}\right)^{m+2k}\right].$$

在后两个求和式中将指标 k 仍记为 n,并利用附录十四中的(25)和(26)式,则

$$\lim_{\nu\to m}N_\nu(x)=\frac{2}{\pi}J_m(x)\ln\frac{x}{2}-\frac{1}{\pi}\sum_{n=0}^{m-1}\frac{(m-n-1)!}{n!}\left(\frac{x}{2}\right)^{-m+2n}$$

$$-\frac{1}{\pi}\sum_{n=0}^{\infty}\frac{(-1)^n}{n!\,(m+n)!}\psi(m+n+1)\left(\frac{x}{2}\right)^{m+2n}$$

$$-\frac{1}{\pi}\sum_{n=0}^{\infty}\frac{(-1)^n}{n!\,(m+n)!}\psi(n+1)\left(\frac{x}{2}\right)^{m+2n}.\tag{4}$$

(4)式的等式右边跟 §9.3 中(9.3.40)式的等式右边相同,因此, $\lim\limits_{\nu\to m}N_\nu(x)$ 就是整数 m 阶诺伊曼函数,即

$$\lim_{\nu\to m}N_\nu(x)=N_m(x).\tag{5}$$

对于 $m=0$ 的情况,第一个求和项 $\sum\limits_{n=0}^{m-1}$ 不存在,(4)式就是(9.3.41)式,即 $N_0(x)$.

$$J_0(x)N_0(kx)-N_0(x)J_0(kx)=0 \text{ 的前五个根}$$

k	x_1	x_2	x_3	x_4	x_5
1.2	15.701 4	31.412 6	47.121 7	62.830 4	78.538 5
1.5	6.270 2	12.559 8	18.845 1	25.129 4	31.413 3
2.0	3.123 0	6.273 4	9.418 2	12.561 4	15.704 0
2.5	2.073 2	4.177 3	6.275 4	8.371 7	10.467 2
3.0	1.548 5	3.129 1	4.703 8	6.276 7	7.848 7
3.5	1.233 9	2.500 2	3.760 8	5.019 6	6.277 6
4.0	1.024 4	2.080 9	3.132 2	4.181 6	5.230 1

九、虚宗量贝塞尔函数　虚宗量汉克尔函数

虚宗量贝塞尔函数表

x	$I_0(x)$	$I_1(x)$	x	$I_0(x)$	$I_1(x)$	x	$I_0(x)$	$I_1(x)$
0.0	1.000 0	0.000 0	3.1	5.294 5	4.326 2	6.1	73.663	67.319
0.1	1.002 5	0.050 1	3.2	5.747 2	4.734 3	6.2	80.718	73.886
0.2	1.010 0	0.100 5	3.3	6.242 6	5.181 0	6.3	88.462	81.100
0.3	1.022 6	0.151 7	3.4	6.784 8	5.670 1	6.4	96.962	89.026
0.4	1.040 4	0.204 0	3.5	7.378 2	6.205 8	6.5	106.29	97.735
0.5	1.063 5	0.257 9	3.6	8.027 7	6.792 7	6.6	116.54	107.30
0.6	1.092 0	0.313 7	3.7	8.738 6	7.435 7	6.7	127.79	117.82
0.7	1.126 3	0.371 9	3.8	9.516 9	8.140 4	6.8	140.14	129.38
0.8	1.166 5	0.432 9	3.9	10.369	8.912 8	6.9	153.70	142.08
0.9	1.213 0	0.497 1	4.0	11.302	9.759 5	7.0	168.59	156.04
1.0	1.266 1	0.565 2	4.1	12.324	10.688	7.1	184.95	171.38
1.1	1.326 2	0.637 5	4.2	13.442	11.706	7.2	202.92	188.25
1.2	1.393 7	0.714 7	4.3	14.668	12.822	7.3	222.66	206.79
1.3	1.469 3	0.797 3	4.4	16.010	14.046	7.4	244.34	227.17
1.4	1.553 4	0.886 1	4.5	17.481	15.389	7.5	268.16	249.58
1.5	1.646 7	0.981 7	4.6	19.093	16.863	7.6	294.33	274.22
1.6	1.750 0	1.084 8	4.7	20.859	18.479	7.7	323.088	301.31
1.7	1.864 0	1.196 3	4.8	22.794	20.253	7.8	354.68	331.10
1.8	1.989 6	1.317 2	4.9	24.915	22.199	7.9	389.41	363.85
1.9	2.127 7	1.448 2	5.0	27.240	24.336	8.0	427.56	399.87
2.0	2.279 6	1.590 6	5.1	29.789	26.680	8.1	469.50	439.48
2.1	2.446 3	1.745 5	5.2	32.584	29.254	8.2	515.58	483.05
2.2	2.629 1	1.914 1	5.3	35.648	32.080	8.3	566.26	530.96
2.3	2.829 6	2.097 8	5.4	39.009	35.182	8.4	621.94	583.66
2.4	3.049 3	2.298 1	5.5	42.695	38.588	8.5	683.16	641.62
2.5	3.289 8	2.516 7	5.6	46.738	42.328	8.6	750.46	705.38
2.6	3.553 3	2.755 4	5.7	51.173	46.436	8.7	824.45	775.51
2.7	3.841 7	3.016 1	5.8	56.038	50.946	8.8	905.80	852.66
2.8	4.157 3	3.301 1	5.9	61.377	55.900	8.9	995.24	937.54
2.9	4.502 7	3.612 6	6.0	67.234	61.342	9.0	1 093.6	1 030.9
3.0	4.880 8	3.953 4						

虚宗量汉克尔函数表

x	$K_0(x)$	$K_1(x)$	x	$K_0(x)$	$K_1(x)$	x	$K_0(x)$	$K_1(x)$
0.1	2.427 1	9.853 8	2.1	0.100 8	0.122 7	4.1	0.009 8	0.011 1
0.2	1.752 7	4.776 0	2.2	0.089 3	0.107 9	4.2	0.008 9	0.009 9
0.3	1.372 5	3.056 0	2.3	0.079 1	0.095 0	4.3	0.008 0	0.008 9
0.4	1.114 5	2.184 4	2.4	0.070 2	0.083 7	4.4	0.007 1	0.007 9
0.5	0.924 4	1.656 4	2.5	0.062 3	0.073 9	4.5	0.006 4	0.007 1
0.6	0.777 5	1.302 8	2.6	0.055 4	0.065 3	4.6	0.005 7	0.006 3
0.7	0.660 5	1.050 3	2.7	0.049 2	0.057 7	4.7	0.005 1	0.005 6
0.8	0.565 3	0.861 8	2.8	0.043 8	0.051 1	4.8	0.004 6	0.005 1
0.9	0.486 7	0.716 5	2.9	0.039 0	0.045 3	4.9	0.004 1	0.004 5
1.0	0.421 0	0.601 9	3.0	0.034 7	0.040 2	5.0	0.003 7	0.004 0
1.1	0.365 6	0.509 8	3.1	0.031 0	0.035 6	5.1	0.003 3	0.003 6
1.2	0.318 5	0.434 6	3.2	0.027 6	0.031 6	5.2	0.003 0	0.003 2
1.3	0.278 2	0.372 5	3.3	0.024 6	0.028 1	5.3	0.002 7	0.002 9
1.4	0.243 7	0.320 8	3.4	0.022 0	0.025 0	5.4	0.002 4	0.002 6
1.5	0.213 8	0.277 4	3.5	0.019 6	0.022 2	5.5	0.002 1	0.002 3
1.6	0.188 0	0.240 6	3.6	0.017 5	0.019 8	5.6	0.001 9	0.002 1
1.7	0.165 5	0.209 4	3.7	0.015 6	0.017 6	5.7	0.001 7	0.001 9
1.8	0.145 9	0.182 6	3.8	0.014 0	0.015 7	5.8	0.001 5	0.001 7
1.9	0.128 8	0.159 7	3.9	0.012 5	0.014 0	5.9	0.001 4	0.001 5
2.0	0.113 9	0.139 9	4.0	0.011 2	0.012 5	6.0	0.001 2	0.001 3

十、球贝塞尔函数

（一）球贝塞尔函数的模

在半径为 r_0 的球的内部求解亥姆霍兹方程的定解问题，求得本征函数 $j_l(k_n r)$，其中 k_n^2 是根据齐次边界条件确定的本征值.

计算 $j_l(k_n r)$ 的模 $N_n^{(l)}$，

$$[N_n^{(l)}]^2 = \int_0^{r_0} [j_l(k_n r)]^2 r^2 \mathrm{d}r = \int_0^{r_0} \frac{\pi}{2k_n} [J_{l+1/2}(k_n r)]^2 r \mathrm{d}r.$$

这就转化为计算 $J_{l+1/2}(k_n r)$ 的模. 引用(11.2.10)，

$$[N_n^{(l)}]^2 = \frac{\pi}{4k_n}\left\{\left[r_0^2 - \frac{(2l+1)^2}{4k_n^2}\right][J_{l+1/2}(k_n r_0)]^2 + r_0^2[J_{l+1/2}'(k_n r_0)]^2\right\}. \tag{1}$$

进一步的计算取决于边界条件.

第一类齐次边界条件 $j_l(k_n r_0) = 0$，即 $J_{l+1/2}(k_n r_0) = 0$. 式(1)成为

$$[N_n^{(l)}]^2 = \frac{\pi r_0^2}{4k_n}[J'_{l+1/2}(k_n r_0)]^2. \tag{2}$$

第二类齐次边界条件$[d\,j_l(k_n r)/dr]_{r=r_0}=0$，即$k_n J'_{l+1/2}(k_n r_0)-J_{l+1/2}(k_n r_0)/2r_0=0$. 利用此式消去式(1)中的$J'_{l+1/2}(k_n r_0)$，得

$$[N_n^{(l)}]^2 = \frac{\pi}{4k_n}\left[r_0^2-\frac{l(l+1)}{k_n^2}\right][J_{l+1/2}(k_n r_0)]^2. \tag{3}$$

第三类齐次边界条件$j_l(k_n r_0)+H[d\,j_l(k_n r)/dr]_{r=r_0}=0$，即

$$\frac{2r_0-H}{2r_0}J_{l+1/2}(k_n r_0)+Hk_n J'_{l+1/2}(k_n r_0)=0.$$

利用此式消去式(1)中的$J'_{l+1/2}(k_n r_0)$，得

$$[N_n^{(l)}]^2 = \frac{\pi}{4k_n}\left[r_0^2+\frac{(r_0/H)(r_0/H-1)-l(l+1)}{k_n^2}\right][J_{l+1/2}(k_n r_0)]^2. \tag{4}$$

（二）球贝塞尔函数表

x	$j_0(x)$	$j_1(x)$	x	$j_0(x)$	$j_1(x)$
0.0	1.000 00	0.000 00	2.0	0.454 65	0.435 40
0.1	0.998 33	0.033 30	2.1	0.411 05	0.436 14
0.2	0.993 35	0.066 40	2.2	0.367 50	0.434 55
0.3	0.985 07	0.099 10	2.3	0.324 22	0.430 65
0.4	0.973 55	0.131 21	2.4	0.281 44	0.424 52
0.5	0.958 85	0.162 54	2.5	0.239 39	0.416 21
0.6	0.941 07	0.192 89	2.6	0.198 27	0.405 83
0.7	0.920 31	0.222 10	2.7	0.158 29	0.393 47
0.8	0.896 70	0.249 99	2.8	0.119 64	0.379 24
0.9	0.870 36	0.276 39	2.9	0.082 50	0.363 26
1.0	0.841 47	0.301 17	3.0	0.047 04	0.345 68
1.1	0.810 19	0.324 17	3.1	+0.013 41	0.326 63
1.2	0.776 70	0.345 28	3.2	-0.018 24	0.306 27
1.3	0.741 20	0.364 38	3.3	-0.047 80	0.284 75
1.4	0.703 89	0.381 38	3.4	-0.075 16	0.262 25
1.5	0.665 00	0.396 17	3.5	-0.100 22	0.238 92
1.6	0.624 73	0.408 71	3.6	-0.122 92	0.214 95
1.7	0.583 33	0.418 93	3.7	-0.143 20	0.190 51
1.8	0.541 03	0.426 79	3.8	-0.161 02	0.165 78
1.9	0.498 05	0.432 29	3.9	-0.176 35	0.140 92

x	$j_0(x)$	$j_1(x)$	x	$j_0(x)$	$j_1(x)$
4.0	$-0.189\ 20$	$0.116\ 11$	7.0	$9.385\ 5(-2)$	$-9.429\ 2(-2)$
4.1	$-0.199\ 58$	$0.091\ 52$	7.1	$1.026\ 7(-1)$	$-8.195\ 4(-2)$
4.2	$-0.207\ 52$	$0.067\ 32$	7.2	$1.102\ 3(-1)$	$-6.918\ 3(-2)$
4.3	$-0.213\ 06$	$0.043\ 66$	7.3	$1.165\ 0(-1)$	$-5.610\ 7(-2)$
4.4	$-0.216\ 27$	$+0.020\ 70$	7.4	$1.214\ 5(-1)$	$-4.285\ 1(-2)$
4.5	$-0.217\ 23$	$-0.001\ 43$	7.5	$1.250\ 7(-1)$	$-2.954\ 2(-2)$
4.6	$-0.216\ 02$	$-0.022\ 58$	7.6	$1.273\ 6(-1)$	$-1.630\ 3(-2)$
4.7	$-0.212\ 75$	$-0.042\ 63$	7.7	$1.283\ 3(-1)$	$-3.252\ 0(-3)$
4.8	$-0.207\ 53$	$-0.061\ 46$	7.8	$1.280\ 2(-1)$	$+9.495\ 3(-3)$
4.9	$-0.200\ 50$	$-0.078\ 98$	7.9	$1.264\ 5(-1)$	$2.182\ 9(-2)$
5.0	$-0.191\ 78$	$-0.095\ 08$	8.0	$1.236\ 7(-1)$	$3.364\ 6(-2)$
5.0	$-1.917\ 8(-1)^{①}$	$-9.508\ 9(-2)$	8.1	$1.197\ 4(-1)$	$4.485\ 0(-2)$
5.1	$-1.815\ 3(-1)$	$-1.097\ 1(-1)$	8.2	$1.147\ 2(-1)$	$5.535\ 1(-2)$
5.2	$-1.699\ 0(-1)$	$-1.227\ 7(-1)$	8.3	$1.087\ 0(-1)$	$6.506\ 9(-2)$
5.3	$-1.570\ 3(-1)$	$-1.342\ 3(-1)$	8.4	$1.017\ 4(-1)$	$7.393\ 2(-2)$
5.4	$-1.431\ 0(-1)$	$-1.440\ 4(-1)$	8.5	$9.394\ 0(-2)$	$8.187\ 7(-2)$
5.5	$-1.282\ 8(-1)$	$-1.521\ 7(-1)$	8.6	$8.539\ 5(-2)$	$8.885\ 1(-2)$
5.6	$-1.127\ 3(-1)$	$-1.586\ 2(-1)$	8.7	$7.620\ 3(-2)$	$9.481\ 0(-2)$
5.7	$-9.661\ 1(-2)$	$-1.633\ 9(-1)$	8.8	$6.646\ 8(-2)$	$9.972\ 3(-2)$
5.8	$-8.010\ 4(-2)$	$-1.664\ 9(-1)$	8.9	$5.629\ 4(-2)$	$1.035\ 7(-1)$
5.9	$-6.336\ 9(-2)$	$-1.679\ 4(-1)$	9.0	$4.579\ 1(-2)$	$1.063\ 2(-1)$
6.0	$-4.656\ 9(-2)$	$-1.677\ 9(-1)$	9.1	$3.506\ 6(-2)$	$1.080\ 0(-1)$
6.1	$-2.986\ 3(-2)$	$-1.660\ 9(-1)$	9.2	$2.422\ 7(-2)$	$1.085\ 9(-1)$
6.2	$-1.340\ 2(-2)$	$-1.628\ 9(-1)$	9.3	$1.338\ 2(-2)$	$1.081\ 3(-1)$
6.3	$+2.668\ 9(-3)$	$-1.582\ 8(-1)$	9.4	$+2.635\ 7(-3)$	$1.066\ 3(-1)$
6.4	$1.821\ 1(-2)$	$-1.523\ 4(-1)$	9.5	$-7.910\ 6(-3)$	$1.041\ 3(-1)$
6.5	$3.309\ 5(-2)$	$-1.451\ 5(-1)$	9.6	$-1.815\ 9(-2)$	$1.006\ 8(-1)$
6.6	$4.720\ 3(-2)$	$-1.368\ 2(-1)$	9.7	$-2.801\ 7(-2)$	$9.632\ 5(-2)$
6.7	$6.042\ 5(-2)$	$-1.274\ 6(-1)$	9.8	$-3.739\ 6(-2)$	$9.112\ 6(-2)$
6.8	$7.266\ 4(-2)$	$-1.171\ 7(-1)$	9.9	$-4.621\ 6(-2)$	$8.514\ 9(-2)$
6.9	$8.383\ 2(-2)$	$-1.060\ 7(-1)$	10.0	$-5.440\ 2(-2)$	$7.846\ 7(-2)$

① $(-n)$ 表示 $\times 10^{-n}$，例如：$-1.917\ 8(-1)$ 即 $-1.917\ 8 \times 10^{-1}$.

（三）球贝塞尔函数的零点表

$j_0(x)$ 和 $j_1(x)$ 的前十个零点 $x_n^{(0)}$、$x_n^{(1)}$

n	$x_n^{(0)}$	$x_n^{(1)}$	n	$x_n^{(0)}$	$x_n^{(1)}$
1	3.141 593	4.493 409	6	18.849 556	20.271 303
2	6.283 185	7.725 252	7	21.991 149	23.519 452
3	9.424 778	10.904 122	8	25.132 741	26.666 054
4	12.566 371	14.066 194	9	28.274 334	29.811 599
5	15.707 963	17.220 755	10	31.415 927	32.956 389

（四）球贝塞尔函数的导数的零点表

$j_1'(x)$ 的前七个零点，即方程 $xj_0(x) = 2j_1(x)$ 的前七个根 $x_n^{(1,2)}$

n	$x_n^{(1,2)}$	n	$x_n^{(1,2)}$	n	$x_n^{(1,2)}$	n	$x_n^{(1,2)}$
1	−0.367 41	3	−0.240 62	5	−0.191 95	7	−0.164 37
2	+0.284 69	4	+0.212 21	6	+0.176 57		

说明，记 $x = kr$，球形区域半径为 $r_0 j_1(x)$ 满足球面上第二类齐次边界条件，有 $j_1'(x) = \dfrac{2}{x} j_1(x) - j_0(x) = 0$，其根记为 $x_n^{(1,2)}$.

十一、埃尔米特多项式

常微分方程

$$y'' - 2xy' + \lambda y = 0 \quad (-\infty < x < \infty) \tag{1}$$

叫作**埃尔米特方程**.

$x_0 = 0$ 是埃尔米特方程的常点. 在 $x_0 = 0$ 的邻域上的级数解是

$$y(x) = c_0 y_0(x) + c_1 y_1(x), \tag{2}$$

$$\begin{cases} y_0(x) = 1 + \dfrac{-\lambda}{2!} x^2 + \dfrac{-\lambda(4-\lambda)}{4!} x^4 + \cdots + \\[2mm] \dfrac{(-\lambda)(4-\lambda)\cdots(4n-4-\lambda)}{(2n)!} x^{2n} + \cdots, \\[2mm] y_1(x) = x + \dfrac{2-\lambda}{3!} x^3 + \dfrac{(2-\lambda)(6-\lambda)}{5!} x^5 + \cdots + \\[2mm] \dfrac{(2-\lambda)(6-\lambda)\cdots(4n-2-\lambda)}{(2n+1)!} x^{2n+1} + \cdots. \end{cases} \tag{3}$$

级数的收敛半径为无限大.

如 λ 为 4 的倍数，则 $y_0(x)$ 退化为 $\dfrac{1}{2}\lambda$ 次多项式. 如 λ 为偶数但不是 4 的倍数，则 $y_1(x)$ 退化为 $\dfrac{1}{2}\lambda$ 次多项式. 用适当的常数乘这些多项式使最高幂项成为 $(2x)^n$，就叫作**埃尔米特多项式**，记作 $H_n(x)$.

于 $\lambda = 0$，有 $H_0(x) = 1$，

$\lambda = 2$，　$H_1(x) = 2x$.

$\lambda = 4$，　$H_2(x) = 4x^2 - 2$.

$\lambda = 6$，　$H_3(x) = 8x^3 - 12x$.

$\lambda = 8$，　$H_4(x) = 16x^4 - 48x^2 + 12$.

$$\lambda = 10, \quad H_5(x) = 32x^5 - 160x^3 + 120x.$$

$$\lambda = 12, \quad H_6(x) = 64x^6 - 480x^4 + 720x - 120.$$

函数 $\psi(t, x) = e^{2tx - t^2}$ 在 $t_0 = 0$ 的邻域上是解析的, 可在 $t_0 = 0$ 的邻域上展开为泰勒级数

$$\psi(t, x) = \sum_{n=0}^{\infty} H_n(x) \frac{t^n}{n!}. \tag{4}$$

现在来证明 (4) 式里的 $H_n(x)$ 正是埃尔米特多项式. 事实上, 容易验证 $\psi(t, x)$ 满足

$$\frac{\partial \psi}{\partial x} = 2t\psi,$$

$$\frac{\partial \psi}{\partial t} + 2(t - x)\psi = 0.$$

以展开式 (4) 代入, 即成为

$$\sum_{n=0}^{\infty} H_n'(x) \frac{t^n}{n!} = \sum_{n=0}^{\infty} 2H_n(x) \frac{t^{n+1}}{n!},$$

$$\sum_{n=0}^{\infty} n H_n(x) \frac{t^{n-1}}{n!} + \sum_{n=0}^{\infty} 2H_n(x) \frac{t^{n+1}}{n!} - \sum_{n=0}^{\infty} 2x H_n(x) \frac{t^n}{n!} = 0.$$

比较两边的同幂项, 得

$$H_n'(x) = 2n H_{n-1}(x), \tag{5}$$

$$H_{n+1}(x) - 2x H_n(x) + 2n H_{n-1}(x) = 0. \tag{6}$$

把 (6) 式里的 n 全换为 $n-1$, 得

$$H_n(x) - 2x H_{n-1}(x) + 2(n-1) H_{n-2}(x) = 0.$$

利用 (5) 式把上式改写为

$$H_n(x) - 2x \frac{1}{2n} H_n'(x) + 2(n-1) \frac{1}{2(n-1)} H_{n-1}'(x) = 0.$$

再利用 (5) 式进一步改写,

$$H_n(x) - \frac{x}{n} H_n'(x) + \frac{1}{2n} H_n''(x) = 0,$$

这正是埃尔米特方程 (1). 埃尔米特方程的多项式解只能是埃尔米特多项式, 最多相差某个常数因子. 经具体验算, 得知并不差常数因子. (4) 式里的 $H_n(x)$ 确是埃尔米特多项式. 函数

$$\psi(t, x) = e^{2tx - t^2},$$

因而叫作埃尔米特多项式的**母函数**.

(6) 式是埃尔米特多项式的**递推公式**.

既然 $\frac{1}{n!} H_n(x)$ 是 $\psi(t, x)$ 的泰勒展开的系数, 那就有

$$H_n(x) = \frac{\partial^n \psi}{\partial t^n}\bigg|_{t=0} = (-1)^n e^{x^2} \frac{d^n}{dx^n} e^{-x^2}. \tag{7}$$

上式利用了 §2.4 习题 1. 这就是埃尔米特多项式的**微分表示式**.

埃尔米特方程 (1) 可改写为施图姆-刘维尔型

$$\frac{d}{dx}\left[e^{-x^2} \frac{dy}{dx}\right] + \lambda e^{-x^2} y = 0 \quad (-\infty < x < \infty). \tag{8}$$

作为施图姆-刘维尔本征值问题的正交关系 (9.4.12) 的特例, 埃尔米特多项式在区间 $-\infty < x < \infty$ 上**带权重 e^{-x^2} 正交**,

$$\int_{-\infty}^{\infty} H_m(x) H_n(x) e^{-x^2} dx = 0 \quad (m \neq n). \tag{9}$$

埃尔米特多项式 $H_n(x)$ 的模 N_n 可借助微分表示式(7)并累次分部积分而算得,

$$N_n^2 = \int_{-\infty}^{\infty} [H_n(x)]^2 e^{-x^2} dx = 2^n n! \sqrt{\pi}. \tag{10}$$

根据施图姆-刘维尔本征值问题的性质④[见 §9.4],在区间 $-\infty < x < \infty$ 上,以埃尔米特多项式为基本函数族,可把函数 $f(x)$ 展开为

$$\begin{cases} f(x) = \sum_{n=0}^{\infty} f_n H_n(x), \\ f_n = \dfrac{1}{2^n n! \sqrt{\pi}} \int_{-\infty}^{\infty} f(x) H_n(x) e^{-x^2} dx. \end{cases} \tag{11}$$

十二、拉盖尔多项式

常微分方程

$$xy'' + (1-x)y' + \lambda y = 0 \quad (0 < x < \infty) \tag{1}$$

叫作**拉盖尔方程**.

$x_0 = 0$ 是拉盖尔方程的正则奇点. 在 $x_0 = 0$ 及其邻域上为有限的级数解是

$$y(x) = a_0 \left[1 + \frac{-\lambda}{(1!)^2} x + \frac{(-\lambda)(1-\lambda)}{(2!)^2} x^2 + \cdots + \frac{(-\lambda)(1-\lambda)\cdots(k-1-\lambda)}{(k!)^2} x^k + \cdots \right]. \tag{2}$$

级数的收敛半径为无限大.

如 λ 为整数,解 $y(x)$ 退化为 λ 次多项式. 用适当的常数乘这些多项式使最高幂项成为 $(-x)^n$,就叫作**拉盖尔多项式**,记作 $L_n(x)$.

于 $\lambda = 0$,有 $L_0(x) = 1$.

$\lambda = 1$, $L_1(x) = -x + 1$.

$\lambda = 2$, $L_2(x) = x^2 - 4x + 2$.

$\lambda = 3$, $L_3(x) = -x^3 + 9x^2 - 18x + 6$.

$\lambda = 4$, $L_4(x) = x^4 - 16x^3 + 72x^2 - 96x + 24$.

$\lambda = 5$, $L_5(x) = -x^5 + 25x^4 - 200x^3 + 600x^2 - 600x + 120$.

函数 $\psi(t,x) = \dfrac{e^{-xt/(1-t)}}{1-t}$ 在 $t_0 = 0$ 的邻域上是解析的,可在 $t_0 = 0$ 的邻域上展开为泰勒级数

$$\psi(t,x) = \sum_{n=0}^{\infty} L_n(x) \frac{t^n}{n!}. \tag{3}$$

现在来证明(3)式里的 $L_n(x)$ 正是拉盖尔多项式. 既然(3)式里的 $\frac{1}{n!} L_n(x)$ 是 $\psi(t,x)$ 的泰勒展开的系数,那就有

$$L_n(x) = \frac{\partial^n \psi}{\partial t^n} \Big|_{t=0} = e^x \frac{d^n}{dx^n}(x^n e^{-x}). \tag{4}$$

上式利用了 §2.4 习题 2. 我们只需证明(4)式正是拉盖尔多项式就行了. 令

$$z = x^n e^{-x},$$

容易验证,z 满足

$$xz' + (x-n)z = 0.$$

记 z 对 x 的 n 次导数为 $z^{[n]}$,上式对 x 求导 $n+1$ 次,

$$xz^{[n+2]} + (x+1)z^{[n+1]} + (n+1)z^{[n]} = 0.$$

这是说,$u \equiv z^{[n]}$ 满足

$$xu'' + (x+1)u' + (n+1)u = 0.$$

参照(4)式,作函数变换 $u(x) = e^{-x}L(x)$,得 $L(x)$ 所满足的方程

$$xL''+(1-x)L'+nL=0,$$

这正是拉盖尔方程(1). 拉盖尔方程的多项式解只能是拉盖尔多项式, 最多相差某个常数因子. 经具体验算, 得知并不差常数因子. (3)式和(4)式里的 $L_n(x)$ 确是拉盖尔多项式. 函数

$$\psi(t,x)=\frac{e^{-xt/(1-t)}}{1-t},$$

因而叫作拉盖尔多项式的**母函数**.

(4)式是拉盖尔多项式的**微分表示式**.

拉盖尔方程(1)可改写为施图姆-刘维尔型

$$\frac{d}{dx}\left[xe^{-x}\frac{dy}{dx}\right]+\lambda e^{-x}y=0 \quad (0<x<\infty). \tag{5}$$

作为施图姆-刘维尔本征值问题的正交关系(9.4.12)的特例, 拉盖尔多项式在区间 $0<x<\infty$ 上**带权重** e^{-x} **正交**,

$$\int_0^\infty L_m(x)L_n(x)e^{-x}dx=0 \quad (m\neq n). \tag{6}$$

拉盖尔多项式的**模** N_n 可借助微分表示式(4)并累次分部积分而算得,

$$N_n^2=\int_0^\infty [L_n(x)]^2 e^{-x}dx=(n!)^2. \tag{7}$$

根据施图姆-刘维尔本征值问题的性质④[见 §9.4], 在区间 $0<x<\infty$ 上, 以拉盖尔多项式为基本函数族, 可把定义在同区间的函数 $f(x)$ 展开为

$$\begin{cases} f(x) = \displaystyle\sum_{n=0}^\infty f_n L_n(x), \\ f_n = \dfrac{1}{(n!)^2}\displaystyle\int_0^\infty f(x)L_n(x)e^{-x}dx. \end{cases} \tag{8}$$

十三、方程 $x+\eta\tan x=0$ 的前六个根

η	x_1	x_2	x_3	x_4	x_5	x_6
0	1.570 8	4.712 4	7.854 0	10.995 6	14.137 2	17.278 8
0.1	1.632 0	4.733 5	7.866 7	11.004 7	14.144 3	17.284 5
0.2	1.688 7	4.754 4	7.879 4	11.013 7	14.151 3	17.290 3
0.3	1.741 4	4.775 1	7.892 0	11.022 8	14.158 4	17.296 1
0.4	1.790 6	4.795 6	7.904 6	11.031 8	14.165 4	17.301 9
0.5	1.836 6	4.815 8	7.917 1	11.040 9	14.172 4	17.307 6
0.6	1.879 8	4.835 8	7.929 5	11.049 8	14.179 5	17.313 4
0.7	1.920 3	4.855 6	7.941 9	11.058 8	14.186 5	17.319 2
0.8	1.958 6	4.875 1	7.954 2	11.067 7	14.193 5	17.324 9
0.9	1.994 7	4.894 3	7.966 5	11.076 7	14.200 5	17.330 6
1.0	2.028 8	4.913 2	7.978 7	11.085 6	14.207 5	17.336 4
1.5	2.174 6	5.003 7	8.038 2	11.129 6	14.242 1	17.364 9
2.0	2.288 9	5.087 0	8.096 5	11.172 7	14.276 4	17.393 2
3.0	2.455 7	5.232 9	8.204 5	11.256 0	14.343 4	17.449 0
4.0	2.570 4	5.354 0	8.302 9	11.334 9	14.408 0	17.503 4
5.0	2.653 7	5.454 4	8.391 4	11.408 6	14.469 9	17.556 2

续表

η	x_1	x_2	x_3	x_4	x_5	x_6
6.0	2.716 5	5.537 8	8.470 3	11.477 3	14.528 8	17.607 2
7.0	2.765 4	5.607 8	8.540 6	11.540 8	14.584 7	17.656 2
8.0	2.804 4	5.666 9	8.603 1	11.599 4	14.637 4	17.703 2
9.0	2.836 3	5.717 2	8.658 7	11.653 2	14.686 0	17.748 1
10.0	2.862 8	5.760 6	8.708 3	11.702 7	14.733 5	17.790 8
15.0	2.947 6	5.908 0	8.889 8	11.895 9	14.925 1	17.974 2
20.0	2.993 0	5.992 1	9.001 9	12.025 0	15.062 5	18.113 6
30.0	3.040 6	6.083 1	9.129 4	12.180 7	15.238 0	18.301 8
40.0	3.065 1	6.131 1	9.198 6	12.268 8	15.341 7	18.418 0
50.0	3.080 1	6.160 6	9.242 0	12.324 7	15.409 0	18.495 3
60.0	3.090 1	6.180 5	9.271 5	12.363 2	15.455 9	18.549 7
80.0	3.102 8	6.205 8	9.308 9	12.412 4	15.516 4	18.620 9
100.0	3.110 5	6.221 1	9.331 7	12.442 6	15.553 7	18.665 0
∞	3.141 6	6.283 2	9.424 8	12.566 4	15.708 0	18.849 6

十四、Γ 函数(第二类欧拉积分)

(一) 实变数 x 的 Γ 函数 $\Gamma(x)$

一般的"高等数学"教材都讲到实变数 x 的 Γ 函数

$$\Gamma(x) = \int_0^\infty e^{-t} t^{x-1} dt \quad (x>0). \tag{1}$$

上式右边的积分收敛条件是 $x>0$,所以(1)式只定义了 $x>0$ 的 Γ 函数. 根据定义(1),

$$\begin{cases} \Gamma(1) = \int_0^\infty e^{-t} dt = -e^{-t} \Big|_0^\infty = 1, \\ \Gamma\left(\dfrac{1}{2}\right) = \int_0^\infty e^{-t} t^{-\frac{1}{2}} dt = \int_0^\infty e^{-t} 2d(\sqrt{t}) = 2\int_0^\infty e^{-(\sqrt{t})^2} d(\sqrt{t}) = \sqrt{\pi}. \end{cases} \tag{2}$$

对 $\Gamma(x+1) = \int_0^\infty e^{-t} t^x dt$ 进行分部积分,可得递推公式

$$\Gamma(x+1) = x\Gamma(x), \quad 即 \ \Gamma(x) = \frac{1}{x}\Gamma(x+1). \tag{3}$$

如 x 为正整数 n,则从(3)式得

$$\Gamma(n+1) = n\Gamma(n) = n(n-1)\Gamma(n-1) = \cdots = n! \ \Gamma(1) = n! \tag{4}$$

这样看来,Γ 函数是阶乘的推广.

递推公式本来是在 $x>0$ 的情况下推导出来的. 通常又用它把 Γ 函数向 $x<0$ 的区域延拓. 例如,对于区间 $(-1,0)$ 上的 x,定义

$$\Gamma(x) = \frac{1}{x}\Gamma(x+1),$$

$x+1$ 在区间 $(0,1)$ 上,上式右边的 $\Gamma(x+1)$ 按(1)式是有定义的. 再如,对于区间 $(-2,-1)$ 上的 x,定义

$$\Gamma(x) = \frac{1}{x}\Gamma(x+1) = \frac{1}{x(x+1)}\Gamma(x+2),$$

$x+2$ 在区间 $(0,1)$ 上,上式右边的 $\Gamma(x+2)$ 按(1)式是有定义的. 照此类推,对于区间 $(-n,-n+1)$ 上的 x,定义

$$\Gamma(x) = \frac{1}{x(x+1)\cdots(x+n-1)}\Gamma(x+n), \tag{5}$$

$x+n$ 在区间 $(0,1)$ 上，上式右边的 $\Gamma(x+n)$ 按 (1) 式是有定义的. 值得注意的是，按照 (3) 式，

$$\Gamma(0) = \frac{1}{0}\Gamma(1) = \infty.$$

由此递推，$\Gamma(-1)$，$\Gamma(-2)$，$\cdots$ 全都是 ∞. 总之，凡 $x=0$ 或负整数，$\Gamma(x)$ 就是 ∞.

（二）复变数 z 的 Γ 函数 $\Gamma(z)$

式 (1)、(3) 和 (5) 定义了实变数 x 的 Γ 函数，换句话说，在复数 z 平面的实轴上定义了 Γ 函数. 这**定义**可以延拓到整个复数平面.

（1）$\Gamma(z)$ 的定义

$$\Gamma(z) = \int_0^\infty e^{-t}t^{z-1}dt \quad (\mathrm{Re}z>0), \tag{6}$$

$$\Gamma(z+1) = z\Gamma(z), \tag{7}$$

$$\Gamma(z) = \frac{1}{z(z+1)\cdots(z+n-1)}\Gamma(z+n) \quad [\mathrm{Re}(z+n)>0]. \tag{8}$$

（2）$\Gamma(z)$ 的单极点

零和负整数是 $\Gamma(z)$ 的**单极点**. 事实上，

$$\Gamma(z)\big|_{z\to0} = \left[\frac{1}{z}\Gamma(z+1)\right]_{z\to0} \sim \frac{1}{z} = (-1)^0 \cdot \frac{1}{0!} \cdot \frac{1}{z},$$

$$\Gamma(z)\big|_{z\to-1} = \left[\frac{1}{z(z+1)}\Gamma(z+2)\right]_{z\to-1} \sim \frac{1}{(-1)(z+1)} = (-1)^1 \frac{1}{1!} \cdot \frac{1}{z+1},$$

$$\Gamma(z)\big|_{z\to-2} = \left[\frac{1}{z(z+1)(z+2)}\Gamma(z+3)\right]_{z\to-2} \sim \frac{1}{(-2)(-1)(z+2)} = (-1)^2 \frac{1}{2!} \cdot \frac{1}{z+2},$$

$$\cdots\cdots\cdots\cdots$$

$$\Gamma(z)\big|_{z\to-n} = \left[\frac{1}{z(z+1)\cdots(z+n)}\Gamma(z+n)\right]_{z\to-n} \sim \frac{1}{(-n)(-n+1)\cdots(-1)(z+n)}$$

$$= (-1)^n \frac{1}{n!} \cdot \frac{1}{z+n},$$

可见 $-n$（$n=0$ 或正整数）确是 $\Gamma(z)$ 的单极点，而且留数为 $(-1)^n \dfrac{1}{n!}$. 复数 z 平面上除去这些单极点之外，$\Gamma(z)$ 是处处解析的.

（3）$\Gamma(z)$ 的常用公式

关于 Γ 函数的常用公式有

$$\Gamma(z)\Gamma(1-z) = \frac{\pi}{\sin \pi z}, \tag{9}$$

$$\frac{\Gamma'(z)}{\Gamma(z)} = -C - \frac{1}{z} + \sum_{n=1}^\infty \left(\frac{1}{n} - \frac{1}{n+z}\right), \tag{10}$$

$$\frac{1}{\Gamma(z)} = ze^{Cz} \prod_{n=1}^\infty \left(1+\frac{z}{n}\right) e^{-\frac{z}{n}} \tag{11}$$

$$= \lim_{n\to\infty} \frac{z(z+1)\cdots(z+n)}{1 \cdot 2 \cdots n} n^{-z}, \tag{12}$$

$$\sqrt{\pi}\,\Gamma(2z) = 2^{2z-1}\Gamma(z)\Gamma\left(z+\frac{1}{2}\right), \tag{13}$$

其中 C 是欧拉常数. 下面是这些公式的推导.

在定义(6)之中, 令 $t=u^2$, 可把定义改写成

$$\Gamma(z)=2\int_0^\infty \mathrm{e}^{-u^2}u^{2z-1}\mathrm{d}u. \tag{14}$$

暂且设 z 是实数且 $0<z<1$, 则

$$\Gamma(z)\Gamma(1-z)=4\int_0^\infty\int_0^\infty \mathrm{e}^{-(x^2+y^2)}x^{2z-1}y^{-(2z-1)}\mathrm{d}x\mathrm{d}y.$$

把"直角坐标" x 和 y 换为"极坐标" ρ 和 φ, $x=\rho\cos\varphi$, $y=\rho\sin\varphi$,

$$\Gamma(z)\Gamma(1-z)=4\int_0^\infty(\cot\varphi)^{2z-1}\mathrm{d}\varphi\int_0^\infty \mathrm{e}^{-\rho^2}\frac{1}{2}\mathrm{d}\rho^2$$

$$=2\int_0^\infty(\cot\varphi)^{2z-1}\mathrm{d}\varphi.$$

在右边的积分中引用新的积分变数 $\xi=\cot^2\varphi$, 则

$$\Gamma(z)\Gamma(1-z)=\int_0^\infty\frac{\xi^{z-1}}{1+\xi}\mathrm{d}\xi=\frac{\pi}{\sin\pi z}.$$

上式最后一步引用了 §4.3 例 1. 这就是公式(9), 只不过它是在 $0<z<1$ 的条件下导出的. 根据 §3.4 关于解析延拓的唯一性, 可把公式(9)延拓到整个复数平面而取消 $0<z<1$ 的限制.

利用公式(9)可以证明 Γ 函数在全平面上无零点, 事实上, 假如某个 z_0 是 $\Gamma(z)$ 的零点, 则 $1-z_0$ 必是 $\Gamma(1-z)$ 的极点, 即 $1-z_0$ 必是零或负整数, 换句话说 z_0 必是正整数, 但(4)式已指出, 对于正整数 z_0, $\Gamma(z_0)=z_0!$, 并不是零. 由此可见 $\Gamma(z)$ 没有零点.

$\Gamma(z)$ 只有零和负整数这样的单极点. 当 z 逼近单极点 "$-n$" (n 是零或正整数)时,

$$\Gamma(z)\big|_{z\to-n}\sim(-1)^n\frac{1}{n!}\cdot\frac{1}{z+n},$$

$$\Gamma'(z)\big|_{z\to-n}\sim(-1)^{n+1}\frac{1}{n!}\cdot\frac{1}{(z+n)^2},$$

$$[\Gamma'(z)/\Gamma(z)]_{z\to-n}\sim-\frac{1}{z+n}.$$

因此可以设想

$$\frac{\Gamma'(z)}{\Gamma(z)}=\sum_{n=0}^\infty\left(-\frac{1}{z+n}\right)+\text{常数}. \tag{15}$$

(15)式的证明大致如下: 取圆 C_k, 使 $\Gamma(z)$ 的单极点 $z=0,-1,-2,\cdots,-k$ 在圆 C_k 的内部. 对圆 C_k 上的解析函数 $g_k(z)=\Gamma'(z)/\Gamma(z)-\sum_{n=0}^k[-1/(z+n)]$ 应用柯西公式(2.4.1)令 $k\to\infty$, 用刘维尔定理(见 §2.4)证明 $\lim_{k\to\infty}g_k(z)$ 是常数.

以 $z=1$ 代入(15)式以确定式中常数, 得到

$$\text{常数}=\frac{\Gamma'(1)}{\Gamma(1)}+\sum_{n=1}^\infty\frac{1}{n}=-C+\sum_{n=1}^\infty\frac{1}{n}.$$

其中

$$C=-\frac{\Gamma'(1)}{\Gamma(1)}, \tag{16}$$

称为欧拉常数. 于是(15)式成为

$$\frac{\Gamma'(z)}{\Gamma(z)}=-C-\frac{1}{z}+\sum_{n=1}^\infty\left(\frac{1}{n}-\frac{1}{z+n}\right).$$

这就是公式(10). 公式(10)的一个**特例**是 $z=$ 正整数 M 的情况

$$\frac{\Gamma'(M)}{\Gamma(M)}=\left(1+\frac{1}{2}+\frac{1}{3}+\cdots+\frac{1}{M-1}\right)-C \quad (M \text{ 为正整数}). \tag{17}$$

$M=1$ 时，上式右边括号中的项不存在．附录八用到过这个公式．

拿公式（10）从 1 到 z 积分（积分下限不取"零"而取 1，这是因为 $\Gamma(0)=\infty$），得

$$\ln\Gamma(z)=-C(z-1)-\ln z+\sum_{n=1}^{\infty}\left[\frac{z}{n}-\ln(z+n)\right]$$
$$-\sum_{n=1}^{\infty}\left[\frac{1}{n}-\ln(n+1)\right]. \tag{18}$$

这式显得相当累赘，现在想个变通办法．考虑函数 $\Gamma(z+1)$，$z=0$ 不是它的奇点，负整数是它的单极点．于是，代替（15）式的是

$$\frac{\Gamma'(z+1)}{\Gamma(z+1)}=\sum_{n=1}^{\infty}\left(-\frac{1}{z+n}\right)+\text{常数}.$$

以 $z=0$ 代入上式以确定式中常数，结果得到

$$\frac{\Gamma'(z+1)}{\Gamma(z+1)}=-C+\sum_{n=1}^{\infty}\left(\frac{1}{n}-\frac{1}{z+n}\right).$$

拿上式从 0 到 z 积分（这次积分下限可取"零"了），得

$$\ln\Gamma(z+1)=-Cz+\sum_{n=1}^{\infty}\left[\frac{z}{n}-\ln(z+n)\right]+\sum_{n=1}^{\infty}\ln n.$$

从递推公式 $\Gamma(z+1)=z\Gamma(z)$ 知

$$\ln\Gamma(z+1)=\ln z+\ln\Gamma(z). \tag{19}$$

因而

$$\ln\Gamma(z)=-Cz-\ln z+\sum_{n=1}^{\infty}\left[\frac{z}{n}-\ln(z+n)\right]+\sum_{n=1}^{\infty}\ln n. \tag{20}$$

（20）式比（18）式简洁得多．比较（18）式和（20）式还可得欧拉常数 C 的值

$$\begin{aligned}
C &= \sum_{n=1}^{\infty}\left[\frac{1}{n}-\ln(n+1)+\ln n\right] = \lim_{k\to\infty}\left[\sum_{n=1}^{k}\frac{1}{n}-\sum_{n=1}^{k}\ln\frac{n+1}{n}\right]\\
&= \lim_{k\to\infty}\left[\sum_{n=1}^{k}\frac{1}{n}-\ln\prod_{n=1}^{k}\frac{n+1}{n}\right] = \lim_{k\to\infty}\left[\sum_{n=1}^{k}\frac{1}{n}-\ln(k+1)\right]\\
&= \lim_{k\to\infty}\left(1+\frac{1}{2}+\frac{1}{3}+\cdots+\frac{1}{k}-\ln k\right)+\lim_{k\to\infty}\ln\frac{k}{k+1}\\
&= \lim_{k\to\infty}\left(1+\frac{1}{2}+\frac{1}{3}+\cdots+\frac{1}{k}-\ln k\right)=0.577\,216\cdots.
\end{aligned} \tag{21}$$

（20）式可以改写为

$$\Gamma(z)=\frac{1}{z}\,\mathrm{e}^{-Cz}\prod_{n=1}^{\infty}\left(\frac{n}{n+z}\right)\mathrm{e}^{z/n},$$

通常采用上式的倒数形式，即

$$\frac{1}{\Gamma(z)}=z\mathrm{e}^{Cz}\prod_{n=1}^{\infty}\left(1+\frac{z}{n}\right)\mathrm{e}^{-z/n}.$$

这就是公式（11）．上面这个式子即

$$\frac{1}{\Gamma(z)}=\lim_{k\to\infty}z\mathrm{e}^{Cz}\frac{z+1}{1}\cdot\frac{z+2}{2}\cdot\cdots\cdot\frac{z+k}{k}\mathrm{e}^{-z\left(1+\frac{1}{2}+\frac{1}{3}+\cdots+\frac{1}{k}\right)}.$$

把 C 的表示式（21）代入上式，得

$$\begin{aligned}
\frac{1}{\Gamma(z)} &= \lim_{k\to\infty}z\mathrm{e}^{-z\ln k}\frac{z+1}{1}\cdot\frac{z+2}{2}\cdot\cdots\cdot\frac{z+k}{k}\\
&= \lim_{k\to\infty}\frac{z(z+1)(z+2)\cdot\cdots\cdot(z+k)}{1\cdot2\cdot3\cdot\cdots\cdot k}k^{-z}.
\end{aligned}$$

这就是公式(12). 现在用公式(12)来证明公式(13). 把 $\Gamma(z)$ 和 $\Gamma\left(z+\dfrac{1}{2}\right)$ 按(12)式写出，又把 $\Gamma(2z)$ 也按(12)式写出，但其中的 k 改为 $2k$，于是

$$
\frac{2^{2z-1}\Gamma(z)\Gamma\left(z+\dfrac{1}{2}\right)}{\Gamma(2z)}
$$

$$
= \lim_{k\to\infty} \frac{2^{2z-1}(k!)^2 2z(2z+1)\cdots(2z+2k)}{(2k)!z\left(z+\dfrac{1}{2}\right)(z+1)\left(z+\dfrac{3}{2}\right)\cdots(z+k)\left(z+k+\dfrac{1}{2}\right)} \cdot \frac{k^{2z+\frac{1}{2}}}{(2k)^{2z}}
$$

$$
= \lim_{k\to\infty} \frac{2^{k-1}(k!)^2}{(2k)!\sqrt{k}} \cdot \lim_{k\to\infty} \frac{k}{2z+2k+1} = \lim_{k\to\infty} \frac{2^{k-2}(k!)^2}{(2k)!\sqrt{k}}.
$$

既然右边跟 z 无关，可见得左边实际上也跟 z 无关. 在左边置 $z=\dfrac{1}{2}$，得

$$
\frac{2^{2z-1}\Gamma(z)\Gamma\left(z+\dfrac{1}{2}\right)}{\Gamma(2z)} = \Gamma\left(\dfrac{1}{2}\right) = \sqrt{\pi}.
$$

这就是公式(13).

(4) $\Gamma(z)$ 的对数导数函数 $\psi(z)$

  定义
$$
\psi(z) = \frac{\mathrm{d}\ln\Gamma(z)}{\mathrm{d}z} = \frac{\Gamma'(z)}{\Gamma(z)}. \tag{22}
$$

将(19)式对 z 求导一次，得到

$$
\frac{\Gamma'(z+1)}{\Gamma(z+1)} = \frac{1}{z} + \frac{\Gamma'(z)}{\Gamma(z)},
$$

即
$$
\psi(z+1) = \frac{1}{z} + \psi(z). \tag{23}
$$

这就是函数 $\psi(z)$ 的递推公式. 为取有限值，注意上式中 $z\neq 0$. 将(9)式两边取自然对数再对 z 求导，可以得到

$$
\psi(1-z) = \psi(z) + \pi\cot\pi z. \tag{24}
$$

这是 $\psi(z)$ 的又一常用公式. 在(23)式中取 $z=n$（正整数），并连续递推，得到

$$
\psi(n+1) = \frac{1}{n} + \frac{1}{n-1} + \cdots + \frac{1}{2} + 1 + \psi(1)
$$

$$
= \frac{1}{n} + \frac{1}{n-1} + \cdots + \frac{1}{2} + 1 - C. \tag{25}
$$

  (25)式只适用于 $n=$ 正整数的情况，其中用到(16)式，即

$$
\psi(1) = \frac{\Gamma'(1)}{\Gamma(1)} = -C, \tag{26}
$$

式中 C 为欧拉常数. 正由于(26)式存在，在不写出 $\psi(n+1)$ 的表达式的情况下，不妨认为 $\psi(n+1)$ 中 n 可以取 "0"，这时 $\psi(n+1)|_{n=0} = \psi(1) = -C$，附录八和第9章讲述零阶诺伊曼函数 $N_0(x)$ 表达式时会用到.

  (5) 斯特令公式

  x 很大的 $\Gamma(x)$ 的渐近公式是

$$
\Gamma(x) \sim x^{x-\frac{1}{2}}\mathrm{e}^{-x}\sqrt{2\pi},
$$

$$
\ln\Gamma(x) \sim \left(x-\frac{1}{2}\right)\ln x - x + \frac{1}{2}\ln(2\pi). \tag{27}
$$

这叫做**斯特令公式**. 斯特令公式的一个较粗略的近似是

$$\Gamma(x) \sim (x/e)^x, \quad \ln \Gamma(x) \sim x(\ln x - 1).$$

（三）B 函数（第一类欧拉积分）

最后介绍 **B 函数（第一类欧拉积分）**，它的定义是

$$B(p,q) = \int_0^1 t^{p-1}(1-t)^{q-1} dt. \tag{28}$$

用 Γ 函数定义（14），有

$$\Gamma(p)\Gamma(q) = 4 \int_0^\infty \int_0^\infty e^{-(x^2+y^2)} x^{2p-1} y^{2q-1} dx dy.$$

把"直角坐标"x 和 y 换为"极坐标"ρ 和 φ，$x = \rho\cos\varphi$，$y = \rho\sin\varphi$，$dx dy = \rho d\rho d\varphi$，

$$\Gamma(p)\Gamma(q) = 4 \int_0^\infty e^{-\rho^2} \rho^{2p+2q-1} d\rho \int_0^{\pi/2} \cos^{2p-1}\varphi \sin^{2q-1}\varphi d\varphi$$

按照定义（14），上式即

$$\Gamma(p)\Gamma(q) = 2\Gamma(p+q) \int_0^{\pi/2} \cos^{2p-1}\varphi \sin^{2q-1}\varphi d\varphi.$$

在上式右边把积分变数改为 t，$t = \cos^2\varphi$，则

$$\Gamma(p)\Gamma(q) = \Gamma(p+q) \int_0^1 t^{p-1}(1-t)^{q-1} dt,$$

即

$$B(p,q) = \frac{\Gamma(p)\Gamma(q)}{\Gamma(p+q)}. \tag{29}$$

十五、辐 角 原 理

函数 $f(z)$ 的对数 $\ln f(z)$ 的导数 $f'(z)/f(z)$ 叫作函数 $f(z)$ 的对数导数，对数导数的留数叫作**对数留数**.

设点 z_0 是函数 $f(z)$ 的 m 阶极点，

$$f(z) = \frac{\varphi(z)}{(z-z_0)^m},$$

$\varphi(z)$ 在 z_0 的邻域上是解析函数，且 $\varphi(z_0) \neq 0$. 于是，

$$f'(z) = \frac{\varphi'(z)}{(z-z_0)^m} - \frac{m\varphi(z)}{(z-z_0)^{m+1}},$$

而对数导数

$$\frac{f'(z)}{f(z)} = -\frac{m}{z-z_0} + \frac{\varphi'(z)}{\varphi(z)} = -\frac{m}{z-z_0} + \text{解析部分},$$

以 z_0 为一阶极点，对数留数为 $-m$.

设 z_0 是 $f(z)$ 的 n 级零点，

$$f(z) = (z-z_0)^n \varphi(z),$$

$\varphi(z)$ 在 z_0 的邻域上是解析函数，且 $\varphi(z_0) \neq 0$. 于是，

$$f'(z) = n(z-z_0)^{n-1}\varphi(z) + (z-z_0)^n \varphi'(z),$$

而对数导数

$$\frac{f'(z)}{f(z)} = \frac{n}{z-z_0} + \frac{\varphi'(z)}{\varphi(z)}$$

$$= \frac{n}{z-z_0} + \text{解析部分},$$

以 z_0 为一阶极点，对数留数为 $+n$.

把留数定理应用于对数导数 $f'(z)/f(z)$（图 F15-1），

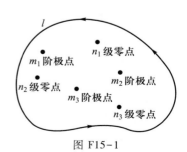

图 F15-1

$$\frac{1}{2\pi i}\oint_l \frac{f'(z)}{f(z)}dz = l\text{ 所围区域中的对数留数之和}$$

$$= \sum_j n_j - \sum_k m_k = l\text{ 所围零点个数 —— 极点个数,}$$

其中 n_j 级零点算作 n_j 个单零点,m_k 阶极点算作 m_k 个单极点.

上式左边的积分有很简单的几何意义. 事实上,$f'(z)/f(z)$ 的不定积分是 $\ln f(z)$,所以

$$\frac{1}{2\pi i}\oint_l \frac{f'(z)}{f(z)}dz = \frac{1}{2\pi i}\{z\text{ 沿 } l\text{ 绕一圈的过程中 }\ln f(z)\text{ 的改变量 }\Delta\ln f(z)\}$$

$$= \frac{1}{2\pi i}\Delta\{\ln|f(z)| + i\arg f(z)\} = \frac{1}{2\pi i}\Delta\{i\arg f(z)\} = \frac{1}{2\pi}\Delta\arg f(z).$$

因此,z 沿 l 绕一圈的过程中,$f(z)$ 的辐角改变量除以 2π 就等于 l 所围零点个数减去极点个数,这叫作**辐角原理**.

辐角原理可供研究有关零点个数问题,例如代数学基本定理(n 次代数方程在复数领域里必有 n 个根).

先说**儒歇定理** 如 $f(z)$ 与 $\varphi(z)$ 在闭区域 B 上是解析的,且在境界线 l 上满足 $|\varphi(z)| < |f(z)|$,则函数 $f(z)$ 与 $f(z)+\varphi(z)$ 在区域 B 中的零点个数相同.

证 按照辐角原理,我们只需比较 $\Delta\arg\{f(z)+\varphi(z)\}$ 与 $\Delta\arg\{f(z)\}$. 两者的差是

$$\Delta\arg\{f(z)+\varphi(z)\} - \Delta\arg f(z) = \Delta\arg\left\{\frac{f(z)+\varphi(z)}{f(z)}\right\}$$

$$= \Delta\arg\left\{1+\frac{\varphi(z)}{f(z)}\right\}.$$

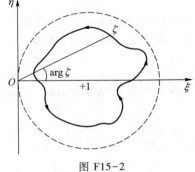

图 F15-2

既然在 l 上 $|\varphi(z)| < |f(z)|$,即 $|\varphi(z)/f(z)| < 1$,可见 $\zeta(z) \equiv 1+\varphi(z)/f(z)$ 不会越出以 $+1$ 为圆心而半径为 1 的圆(图 F15-2 的虚线圆),从而不会绕过原点. 这是说,ζ 运行一周的辐角改变量为零. 因此,

$$\Delta\arg\{f(z)+\varphi(z)\} - \Delta\arg\{f(z)\} = 0,$$

函数 $f(z)$ 与 $f(z)+\varphi(z)$ 在区域 B 中的零点个数相同.

现在再说**代数学基本定理** 任一 n 次多项式

$$a_n z^n + a_{n-1}z^{n-1} + \cdots + a_1 z + a_0$$

在复数 z 平面上必有 n 个零点.

证 令 $f(z) = a_n z^n$,它以 $z=0$ 为 n 级零点. 又令 $\varphi(z) = a_{n-1}z^{n-1} + a_{n-2}z^{n-2} + \cdots + a_1 z + a_0$,则 $f(z)+\varphi(z)$ 即定理中所说的 n 次多项式.

在复数 z 平面上,以原点为圆心作一个半径 R 很大的圆. 在圆周 l 上,$|\varphi(z)|$ 是 R^{n-1} 的数量级,$|f(z)|$ 是 R^n 的数量级,显然有 $|\varphi(z)| < |f(z)|$. 根据儒歇定理,$f(z)+\varphi(z)$ 跟 $f(z)$ 具有同样多零点即 n 个零点.

习 题 答 案

需参考解题思路及过程请扫描
上方二维码购买电子版习题解答

§1.1　1.（1）以原点为圆心而半径为 2 的圆及其内部，

（2）a 与 b 的连线的垂直平分线，

（3）$x>\dfrac{1}{2}$ 的半平面，

（4）抛物线 $y^2=1-2x$ 及其内部，

（5）射线 $\varphi=\alpha$ 与 $\varphi=\beta$，直线 $x=a$ 与 $x=b$ 所围成的梯形，

（6）左半平面 $x<0$，但除去圆 $(x+1)^2+y^2=2$ 及其内部，

（7）右半平面 $x\geqslant0$，

（8）圆 $(x-1/4)^2+y^2=1/16$，

（9）双曲线 $x^2-y^2=a^2$，

（10）平行四边形对角线平方和等于两邻边平方和的两倍.

2.（1）$e^{i\pi/2}$，$\cos(\pi/2)+i\sin(\pi/2)$，

（2）$e^{i\pi}$，$\cos\pi+i\sin\pi$，

（3）$2e^{i\pi/3}$，$2[\cos(\pi/3)+i\sin(\pi/3)]$，

（4）$[2\sin(\alpha/2)]e^{i\arctan[\cot(\alpha/2)]}$，

（5）$(x^3-3xy^2)+i(3x^2y-y^3)$，$\rho^3e^{i3\varphi}$，$\rho^3(\cos3\varphi+i\sin3\varphi)$，

（6）ee^i，$e(\cos1+i\sin1)$，

（7）$-i$，$e^{i3\pi/2}$，$\cos(3\pi/2)+i\sin(3\pi/2)$.

3.（1）$\left(\sqrt{\sqrt{a^2+b^2}+a}+i\sqrt{\sqrt{a^2+b^2}-a}\right)\sqrt{2}/2$，

（2）$e^{i(\pi/6+2\pi n/3)}$，$n=0,1,2$，

（3）$e^{-(2n\pi+\pi/2)}(\cos\ln2+i\sin\ln2)$，$n$ 为整数，

（4）$e^{2n\pi+\pi/2}(\cos\ln2-i\sin\ln2)$，$n$ 为整数，

（5）$\mathrm{ch}\,4\cos1-i\,\mathrm{sh}\,4\sin1$，

（6）$5\cos^4\varphi\sin\varphi-10\cos^2\varphi\sin^3\varphi+\sin^5\varphi$，

（7）$\left[\sin\left(n+\dfrac{1}{2}\right)\varphi-\sin\dfrac{\varphi}{2}\right]\Big/2\sin\dfrac{\varphi}{2}$，

（8）$\left[\cos\dfrac{\varphi}{2}-\cos\left(n+\dfrac{1}{2}\right)\varphi\right]\Big/2\sin\dfrac{\varphi}{2}$.

4.（1）极限存在，极限为 2，　（2）极限不存在.

§1.2　2.（1）$\dfrac{1}{2}(e^b+e^{-b})\sin a+i\dfrac{1}{2}(e^b-e^{-b})\cos a$，

（2）$\dfrac{1}{2}(e^{-b}+e^b)\cos a+i\dfrac{1}{2}(e^{-b}-e^b)\sin a$，

（3）$i(2n+1)\pi$，

（4）1，

（5）$\mathrm{ch}\,x$，

(6) $\mathrm{i}\operatorname{sh} x$,

(7) $\cos x$,

(8) $\mathrm{i}\sin x$,

(9) $\mathrm{e}^{-ay-\frac{1}{2}b(\mathrm{e}^{-y}-\mathrm{e}^{y})\cos x}$.

3. $z=2n\pi-\mathrm{i}\ln(2\pm\sqrt{3})$ ($n=0,1,2,\cdots$).

§1.4 2. (1) $-\mathrm{i}\mathrm{e}^{z}+\mathrm{i}C$,

(2) $z\mathrm{e}^{z}$,

(3) $\dfrac{2\sin 2x-\mathrm{i}(\mathrm{e}^{2y}-\mathrm{e}^{-2y})}{\mathrm{e}^{2y}+\mathrm{e}^{-2y}-2\cos 2x}$, 即 $\cot z$,

(4) $1/2-1/z$,

(5) $1/z^{2}$,

(6) $z^{2}(1-\mathrm{i}/2)$,

(7) z^{3},

(8) $z^{3}(1-2\mathrm{i})$,

(9) z^{4},

(10) $\ln z$,

(11) $-\mathrm{i}\ln z$.

3. (1) $f(z)$ 在复平面内 $\operatorname{Re} z=-1/2$ 的直线上可导，不解析，

(2) $f(z)$ 在直线 $y=\pm(\sqrt{6}x)/3$ 上可导，不解析，

(3) $f(z)$ 在 $z=0$ 处可导，不解析，

(4) $f(z)$ 在整个复平面上可导，解析.

§1.5 1. 在点 $(2,-1)$ 跟直线 $x=2$ 相切以及跟直线 $y=-1$ 相切的圆族.

2. $C_{1}\ln z+(C_{2}+\mathrm{i}C_{3})$.

3. $C_{1}\ln z+C_{2}+\mathrm{i}C_{3}$.

4. $-C_{1}/z+(C_{2}+\mathrm{i}C_{3})$.

5. $\sigma/2\pi R$（高斯制）.

6. 这两直线各交复数平面于一点，取两交点连线为实轴，取连线中点为原点，参照第 3 题复势 $2q\ln[(z+a)/(z-a)]$，电场线为圆族 $x^{2}+(y-C_{1}a)^{2}=a^{2}(1+C_{1}^{2})$，等势线为圆族 $[x-a(C_{2}+1)/(C_{2}-1)]^{2}+y^{2}=4C_{2}a^{2}/(C_{2}-1)^{2}$.

§1.6 1. (1) 一阶支点 $z=a$ 和 $z=\infty$，黎曼面同图 1-8b，但原点 $z=0$ 应代之以 $z=a$，

(2) 一阶支点 $z=a$ 和 $z=b$，黎曼面有两叶，在每一叶上从 $z=a$ 到 $z=b$ 作切割，切割下岸连接于第二叶的上岸，第二叶的下岸则连接于第一叶的上岸，

(3) 无限阶支点 $z=0$ 和 $z=\infty$，黎曼面有无限多叶，在每一叶上从 $z=0$ 到 $z=\infty$ 作切割，每一叶的切割下岸连接于下一叶的上岸，

(4) 同(3)，但以 $z=a$ 代替 $z=0$.

§3.2 3. (1) $1/\mathrm{e}$,

(2) $|z-2|=1$,

(3) $|z|<\infty$；只要 z 是有限的，这幂级数就收敛，

(4) $|z|=\mathrm{e}$,

(5) $|z-3|=0$；只要 $z\neq 3$，这幂级数就发散，

(6) $\sqrt{2}$.

4. （1）和（2）至少等于 R_1 和 R_2 中间较小的一个，

（3）R_1R_2，

（4）R_1/R_2.

§3.3　1.（1）主值为 $z-\dfrac{1}{3}z^3+\dfrac{1}{5}z^5-\dfrac{1}{7}z^7+\cdots$，

（2）$\sqrt[3]{i}\left\{1+\dfrac{1}{1!i}\cdot\dfrac{1}{3}(z-i)-\dfrac{1}{2!i^2}\cdot\dfrac{2}{3^2}(z-i)^2+\dfrac{1}{3!i^3}\cdot\dfrac{2\cdot5}{3^3}(z-i)^3\right.$

$\left.-\dfrac{1}{4!i^4}\cdot\dfrac{2\cdot5\cdot8}{3^4}(z-i)^4+\cdots\right\}$，

（3）$\ln i+\dfrac{z-i}{i}-\dfrac{(z-i)^2}{2i^2}+\dfrac{(z-i)^3}{3i^3}-\cdots$，

（4）$1+\dfrac{z-1}{m}+\dfrac{1-m}{2!m^2}(z-1)^2+\dfrac{(1-m)(1-2m)}{3!m^3}(z-1)^3+\cdots$（主值），

（5）$e\left(1+z+\dfrac{3}{2!}z^2+\dfrac{13}{3!}z^3+\cdots\right)$，

（6）$\ln 2+\dfrac{1}{2}z+\dfrac{1}{8}z^2-\dfrac{1}{192}z^4+\cdots$，

（7）$e\left(1-\dfrac{z}{2}+\dfrac{11}{24}z^2+\cdots\right)$，

（8）$\sin^2 z=\dfrac{1}{2}\displaystyle\sum_{k=1}^{\infty}(-1)^{k-1}\dfrac{2^{2k}}{(2k)!}z^{2k}$，　$\cos^2 z=1-\sin^2 z=1+\dfrac{1}{2}\displaystyle\sum_{k=1}^{\infty}(-1)^k\dfrac{2^{2k}}{(2k)!}z^{2k}$.

2.（1）收敛半径为 1，和函数为 $z(1+z)/(1-z)^3$，（2）收敛半径为 2，和函数为 $2z/(2-z)^2$.

§3.5　（1）$z^5+\dfrac{1}{1!}z^4+\dfrac{1}{2!}z^3+\cdots+\dfrac{1}{k!}z^{-(k-5)}+\cdots$，

（2）$\displaystyle\sum_{k=-1}^{\infty}(-1)^{k+1}(k+2)(z-1)^k$，

（3）$-\displaystyle\sum_{k=-1}^{\infty}z^k$；$1/(z-1)-1+(z-1)-(z-1)^2+(z-1)^3-\cdots$，

（4）注意圆环域 $|z|>1$ 的圆心即展开中心 $z=0$ 并不是奇点（奇点是 $z=1$）. 应用(3.2.7)时要注意 $|z|>$

1，而 $|1/z|<1$. $1-\dfrac{1}{z}-\dfrac{1}{2z^2}-\dfrac{1}{6z^3}+\dfrac{1}{24z^4}+\cdots$，

（5）$\displaystyle\sum_{k=-\infty}^{-1}(3^{-(k+1)}-2^{-(k+1)})z^k$，

（6）$1+\displaystyle\sum_{k=-\infty}^{-1}(6\cdot4^{-(k+1)}-2\cdot3^{-(k+1)})z^k$，

（7）$-\displaystyle\sum_{k=0}^{\infty}\dfrac{1}{2^{k+1}}z^k-\displaystyle\sum_{k=-1}^{-\infty}z^k$，

（8）$\displaystyle\sum_{k=-\infty}^{-1}2^{-(k+1)}z^k-\displaystyle\sum_{k=-1}^{-\infty}z^k$，

（9）奇点 $z=0$，$\dfrac{1}{z}+\displaystyle\sum_{k=1}^{\infty}\dfrac{1}{k!}z^{k-1}$，

（10）奇点 $z=0$，$\displaystyle\sum_{k=1}^{\infty}(-1)^{k+1}\dfrac{1}{(2k)!}z^{2k-1}$，

（11）奇点 $z=0$，$\displaystyle\sum_{k=0}^{\infty}(-1)^{k-1}\dfrac{1}{(2k+1)!\,z^{2k+1}}$，

（12）奇点 $z=0$，$\dfrac{1}{z}-\dfrac{1}{3}z-\dfrac{1}{45}z^3-\cdots$，

（13）$\displaystyle\sum_{k=0}^{\infty}\left[\left(\dfrac{1}{2}\right)^k\left(\dfrac{k}{2}+1\right)-1\right]z^k$；$\displaystyle\sum_{k=-\infty}^{-1}z^k+\sum_{k=0}^{\infty}\left[\left(\dfrac{1}{2}\right)^k\left(\dfrac{k}{2}+1\right)\right]z^k$；$\displaystyle\sum_{k=-\infty}^{-2}\left[1-\dfrac{k+2}{2^{k+1}}\right]z^k$，

（14）$\displaystyle\sum_{k=1}^{\infty}\left(1-\dfrac{1}{2^k}\right)z^k$；$-\displaystyle\sum_{k=-\infty}^{-1}z^k-\sum_{k=0}^{\infty}\dfrac{1}{2^k}z^k$；$-\displaystyle\sum_{k=-\infty}^{-1}z^k+\sum_{k=-\infty}^{-1}2^{-k}z^k$，

（15）$\dfrac{1}{z^2}+2+3z^2+4z^4+\cdots+kz^{2k-4}+\cdots$；$\dfrac{1}{z^6}+\dfrac{2}{z^8}+\dfrac{3}{z^{10}}+\cdots+\dfrac{k-2}{z^{2k}}+\cdots$.

§3.6　（1）$m+n$ 阶极点，

（2）$m-n$ 阶极点，但如 $m<n$ 则不是奇点，

（3）极点，阶数等于 m 和 n 中较大的一个，但如 $m=n$，则阶数可能小于 m.

§4.1　1.（1）单极点 $z=-1$，留数 $1/\mathrm{e}$；本性奇点 $z=\infty$，留数 $-1/\mathrm{e}$，

（2）单极点 $z=1$，留数 1；二阶极点 $z=2$，留数 -1，

（3）单极点 $z=\pm\mathrm{i}a$，留数 $\pm\mathrm{e}^{\pm\mathrm{i}a}/2\mathrm{i}a$；本性奇点 $z=\infty$，留数 $(\mathrm{e}^{-\mathrm{i}a}-\mathrm{e}^{\mathrm{i}a})/2\mathrm{i}a$，

（4）单极点 $z=\pm\mathrm{i}a$，留数 $\pm\mathrm{e}^{\mp a}/2\mathrm{i}a$；本性奇点 $z=\infty$，留数 $(\mathrm{e}^{a}-\mathrm{e}^{-a})/2\mathrm{i}a$，

（5）三阶极点 $z=a$，留数 $(1+a/2)\mathrm{e}^a$；本性奇点 $z=\infty$，留数 $-(1+a/2)\mathrm{e}^a$，

（6）单极点 $z=\pm1$，留数 $-1/2$；三阶极点 $z=0$，留数 1，

（7）二阶极点 $z=\pm\mathrm{i}$，留数 $\mp\mathrm{i}/4$，

（8）n 阶极点 $z=-1$，留数 $(-1)^{n+1}(2n)!/(n+1)!(n-1)!$，$n$ 阶极点 $z=\infty$，留数 $(-1)^n(2n)!/(n+1)!(n-1)!$，

（9）本性奇点 $z=1$，留数 -1，

（10）单极点 $\mathrm{e}^{\mathrm{i}(2k+1)\pi/2n}(k=0,1,2,\cdots,2n-1)$，留数 $-\mathrm{e}^{\mathrm{i}(2k+1)\pi/2n}/2n$.

2.（1）$-\pi\mathrm{i}/2$，

（2）$-\pi\mathrm{i}$，

（3）0，

（4）$-\pi^2\mathrm{i}$.

3.　$f(\alpha)$，这结果正是柯西公式（2.4.3）.

§4.2　1.（1）$2\pi/\sqrt{3}$，

（2）$2\pi/(1-\varepsilon^2)^{3/2}$，

（3）$\pi(1+\varepsilon^4)/(1-\varepsilon^2)$，

（4）$(a-\sqrt{a^2-b^2})2\pi/b^2$，

（5）$\pi/\sqrt{a^2+1}$，

（6）$\pi2\varepsilon/(1-\varepsilon^2)$，

（7）$\pi/2\sqrt{2}$，

（8）$2\pi[1\cdot3\cdot5\cdots(2n-1)]/[2\cdot4\cdot6\cdots(2n)]=2\pi(2n-1)!!/(2n)!!$.

2.（1）$\sqrt{2}\pi$，

（2）$\pi/200$，

（3）$\pi(2a+b)/2a^3b(a+b)^2$，

（4）$\pi/2\sqrt{2}a^3$，

（5）$\pi/2$，

（6）$\pi/4a$，

（7）$\pi/n\sin[\pi(2m+1)/2n]$.

3.（1）$[\cos(m/\sqrt{2})+\sin(m/\sqrt{2})]\sqrt{2}\pi e^{-m/\sqrt{2}}/4$,

（2）$(1-e^{-ma})\pi/2a^2$,

（3）π/e,

（4）$e^{-ma/\sqrt{2}}\pi/2$,

（5）$(1+ma)e^{-ma}\pi/4a^3$,

（6）$(e^{-b}/b-e^{-a}/a)\pi/2(a^2-b^2)$,

（7）$\pi/2$,

（8）$2\pi i e^{-ma}$;　0.

§5.1　1. $\dfrac{2}{\pi}E_0+\dfrac{4}{\pi}E_0\sum\limits_{n=1}^{\infty}\dfrac{1}{1-4n^2}\cos 2n\omega t$,　基波消失.

2. $\dfrac{\pi^2}{6}+\sum\limits_{k=1}^{\infty}\dfrac{1}{k^2}\cos 2kx$.

3. $\dfrac{1}{3}\pi^2+4\sum\limits_{k=1}^{\infty}\dfrac{(-1)^k}{k^2}\cos kx+2\sum\limits_{k=1}^{\infty}\dfrac{(-1)^{k+1}}{k}\sin kx$.

4.（1）$\dfrac{3}{4}\cos x+\dfrac{1}{4}\cos 3x$,　这个傅里叶级数只有两项,

（2）$1+2\sum\limits_{k=1}^{\infty}\alpha^k\cos kx$,

（3）$\dfrac{2\sin\pi\alpha}{\pi}\left[\dfrac{1}{2\alpha}+\sum\limits_{k=1}^{\infty}(-1)^{k-1}\dfrac{\alpha\cos kx}{k^2-\alpha^2}\right]$,

（4）$\dfrac{2\mathrm{sh}\alpha\pi}{\pi}\left[\dfrac{1}{2\alpha}+\alpha\sum\limits_{k=1}^{\infty}\dfrac{(-1)^k\cos kx}{k^2+\alpha^2}\right]$,

（5）$\dfrac{1}{\pi}+\dfrac{1}{2}\sin x-\dfrac{2}{\pi}\sum\limits_{k=1}^{\infty}\dfrac{1}{4k^2-1}\cos 2kx$.

5.（1）$\sum\limits_{k=1}^{\infty}b_k\sin kx$,　$b_k=\dfrac{2k}{\pi(k^2-\alpha^2)}[1+(-1)^{k+1}\cos\alpha\pi]$,

（2）$\sum\limits_{k=1}^{\infty}(-1)^k\left[\dfrac{12}{k^3}-\dfrac{2\pi^2}{k}\right]\sin kx$,

（3）$\dfrac{4}{\pi}\left(\sin x+\dfrac{1}{3}\sin 3x+\dfrac{1}{5}\sin 5x+\cdots\right)$.

6.（1）$\dfrac{1}{\pi}+\dfrac{1}{2}\cos\dfrac{\pi x}{l}+\dfrac{2}{\pi}\sum\limits_{n=1}^{\infty}\dfrac{(-1)^{n+1}}{4n^2-1}\cos\dfrac{2n\pi x}{l}$,

（2）$\dfrac{a}{2}+\dfrac{4a}{\pi^2}\sum\limits_{n=0}^{\infty}\dfrac{1}{(2n+1)^2}\cos\dfrac{(2n+1)\pi x}{l}$,

（3）$\dfrac{l}{4}-\dfrac{8l}{\pi^2}\sum\limits_{n=0}^{\infty}\dfrac{1}{(4n+2)^2}\cos\dfrac{(4n+2)\pi x}{l}$.

7. $\sum\limits_{n=0}^{\infty}\left[\dfrac{(-1)^n 4l}{(2n+1)\pi}-\dfrac{8l}{(2n+1)^2\pi^2}\right]\cos\dfrac{(2n+1)\pi x}{2l}$.

8. $\dfrac{H\tau}{T}+\left(\sum\limits_{k=-\infty}^{-1}+\sum\limits_{k=1}^{\infty}\right)\dfrac{H}{k\pi}\sin\dfrac{k\pi\tau}{T}e^{\frac{2k\pi x}{T}}$.

§5.2　1. 实数形式：$A(\omega)=[\cos\omega T+\omega T\sin\omega T-1]k/\pi\omega^2$,　$B(\omega)=[\sin\omega T-\omega T\cos\omega T]k/\pi\omega^2$,

复数形式：$\dfrac{k}{2\pi\omega}\left[\dfrac{1}{\omega}(e^{-i\omega T}-1)+iTe^{-i\omega T}\right]$.

2. $(1/\pi)\operatorname{rect}(\omega/2\pi)$.

3. $B(\omega)=\dfrac{2h}{\pi}\cdot\dfrac{1-\cos\omega T}{\omega}$.

4. （1）同例 1， 　　　　（2）同上题.

5. $f(t)=\dfrac{1}{\pi}\displaystyle\int_{-\infty}^{\infty}\dfrac{\beta}{\beta^2+\omega^2}e^{i\omega t}d\omega$.

6. $f(t)=\dfrac{H}{2}\operatorname{rect}\dfrac{t}{2}$.

§ 5.3　2. $\dfrac{1}{\pi}\displaystyle\int_{0}^{\infty}\cos\omega x\,d\omega$.

§ 6.1　（1）$\omega/(p^2-\omega^2)$；$p/(p^2-\omega^2)$，

（2）$\omega/[(p+\lambda)^2+\omega^2]$；$(p+\lambda)/[(p+\lambda)^2+\omega^2]$，

（3）$1/\sqrt{p}$，

（4）$e^{-\tau p}$.

§ 6.2 和 § 6.3　1.（1）t^3e^{-t}，　　　　　　　（2）$3\operatorname{ch}t$ 即 $3(e^t+e^{-t})/2$，

（3）$y(t)=e^{2t}$，$z(t)=3e^{2t}$，　（4）$2t^4e^t/4!$.

2. 如 $R^2-\dfrac{4L}{C}=0$，则 $j(t)=\dfrac{E}{L}te^{-(R/2L)t}$；

如 $R^2-\dfrac{4L}{C}>0$，则 $j(t)=\dfrac{2E}{\sqrt{R^2-4L/C}}e^{-(R/2L)t}\operatorname{sh}\dfrac{\sqrt{R^2-4L/C}}{2L}t$；

如 $R^2-\dfrac{4L}{C}<0$，则 $j(t)=\dfrac{2E}{\sqrt{4L/C-R^2}}e^{-(R/2L)t}\sin\dfrac{\sqrt{4L/C-R^2}}{2L}t$.

3. $N_4(t)=N_0+\dfrac{C_2C_3N_0}{(C_1-C_2)(C_3-C_1)}e^{-C_1t}+\dfrac{C_3C_1N_0}{(C_2-C_3)(C_1-C_2)}e^{-C_2t}+\dfrac{C_1C_2N_0}{(C_3-C_1)(C_2-C_3)}e^{-C_3t}$.

4. $y(t)=\dfrac{1}{2}\lambda\mu\left(t^2-\dfrac{1}{3}Ct^3\right)e^{-Ct}$.

5. $j(t)=\dfrac{E_0}{R^2+1/C^2\omega^2}\left[R\sin\omega t+\dfrac{1}{C\omega}\cos\omega t\right]-\dfrac{E_0/C\omega}{R^2+1/C^2\omega^2}e^{-t/RC}$，

第一项也可写成 $\dfrac{E_0}{\sqrt{R^2+1/C^2\omega^2}}\sin(\omega t+\theta)$，其中

$$\theta=\arccos\dfrac{R}{\sqrt{R^2+1/C^2\omega^2}}=\arcsin\dfrac{1/C\omega}{\sqrt{R^2+1/C^2\omega^2}}.$$

6. $T(t)=\dfrac{Al}{\pi a}\cdot\dfrac{1}{\omega^2-\pi^2a^2/l^2}\left(\omega\sin\dfrac{\pi at}{l}-\dfrac{\pi a}{l}\sin\omega t\right)$.

7. $T(t)=\dfrac{1}{\omega a}\cdot\dfrac{1}{2i}\displaystyle\int_{0}^{t}g(\tau)\left[e^{i\omega a(t-\tau)}-e^{-i\omega a(t-\tau)}\right]d\tau$.

8. $T(t)=\displaystyle\int_{0}^{t}e^{-\omega^2a^2(t-\tau)}g(\tau)d\tau$.

9. 用分部积分法可导出公式 $\displaystyle\int e^{p^2/4}p^k dp=2e^{p^2/4}p^{k-1}-2(k-1)\int e^{p^2/4}p^{k-2}dp$. 因此，如 $\dfrac{\lambda}{2}$ 为偶

数，可选 $C_2=0$，$C_1\neq 0$，一次又一次分部积分可得 $\bar{y}(p)$ 为 $1/p$ 的多项式，相应的原函数必亦为多项式；如 $\dfrac{\lambda}{2}$ 为奇数，可选 $C_1=0$，$C_2\neq 0$，亦得多项式. 但如 $\dfrac{\lambda}{2}$ 不是整数，则不可能得到多项式.

    10. λ 应为整数.

    11. $\omega^2=k/m$.

    12.（1）$\mathrm{e}^{-at}\pi/2a$,　　　　　（2）$\pi/2$,

    　　（3）$(1-\mathrm{e}^{-t})\pi/2$,　　　（4）$\pi t/2$.

§7.1　1. $u_{tt}-a^2u_{xx}=0$.

2. $u_{tt}=a^2\dfrac{1}{x^2}\dfrac{\partial}{\partial x}(x^2u_x)$，坐标 x 以锥顶为原点.

3. $u_{tt}-a^2u_{xx}+\dfrac{R}{\rho}u_t=0$.

5. $c\rho u_t-\left[\dfrac{\partial}{\partial x}(ku_x)+\dfrac{\partial}{\partial y}(ku_y)+\dfrac{\partial}{\partial z}(ku_z)\right]=Q_0\beta\mathrm{e}^{-\beta t}$，其中 Q_0 是开始时储存的水化热密度.

6. $c\rho u_t-k\Delta u=j^2r$.

7. $u_{tt}-\dfrac{1}{2}\omega^2\dfrac{\partial}{\partial x}\left[(l^2-x^2)\dfrac{\partial u}{\partial x}\right]=0$.

8. 取 x 轴向下，原点在固定端，则 $u_{tt}-g\dfrac{\partial}{\partial x}\left[(l-x)\dfrac{\partial u}{\partial x}\right]-\omega^2u=0$.

9. $\theta_{tt}=\dfrac{\pi R^4G}{2I}\theta_{xx}$，其中 I 是单位长杆对于纵轴的转动惯量.

10. 取 x 沿槽的长度方向，u 为水的质点的 x 方向位移，则 $u_{tt}=ghu_{xx}$.

§7.2　1. $u\big|_{t=0}=\begin{cases}F_0(l-h)x/F_{T0}l & (0\leqslant x\leqslant h),\\ F_0h(l-x)/F_{T0}l & (h\leqslant x\leqslant l).\end{cases}$

2. $ESu_x\big|_{x=0}=F_0$,　$ESu_x\big|_{x=l}=F_0$.

3. $-ku_x\big|_{x=0}=q_0$,　$ku_x\big|_{x=l}=q_0$.

4. 取极坐标的极轴垂直于阳光，则 $[k\,\partial u/\partial\rho+h(u-\theta)]\big|_{\rho=\rho_0}=\begin{cases}q_0\sin\varphi & (0\leqslant\varphi\leqslant\pi),\\ 0 & (\pi\leqslant\varphi\leqslant 2\pi).\end{cases}$

5. 否. 在振动过程中，点 $x=h$ 并不是折点.

6. 把连接处的坐标记作 $x=0$，则
$$u^{\mathrm{I}}\big|_{x=0}=u^{\mathrm{II}}\big|_{x=0},\ E^{\mathrm{I}}Su_x^{\mathrm{I}}\big|_{x=0}=E^{\mathrm{II}}Su_x^{\mathrm{II}}\big|_{x=0}.$$

7. 电势 u 连续，即 $u^{\mathrm{I}}\big|_{\Sigma}=u^{\mathrm{II}}\big|_{\Sigma}$，$\Sigma$ 表示电介质表面. 电位移法向分量连续，即
$$(\varepsilon^{\mathrm{I}}\,\partial u^{\mathrm{I}}/\partial n)\big|_{\Sigma}=(\varepsilon^{\mathrm{II}}\,\partial u^{\mathrm{II}}/\partial n)\big|_{\Sigma}.$$

8. 设两端分别在 $x=x_1$ 和 $x=x_3$，两段以 $x=x_2$ 点分界.
$$u_t^{\mathrm{I}}-(k^{\mathrm{I}}/c^{\mathrm{I}}\rho^{\mathrm{I}})u_{xx}^{\mathrm{I}}=0,\ u^{\mathrm{I}}\big|_{t=0}=u_0,\ u^{\mathrm{I}}\big|_{x=x_1}=0;\ u_t^{\mathrm{II}}-(k^{\mathrm{II}}/c^{\mathrm{II}}\rho^{\mathrm{II}})u_{xx}^{\mathrm{II}}=0,$$
$$u^{\mathrm{II}}\big|_{t=0}=u_0,\ u^{\mathrm{II}}\big|_{x=x_3}=0;\ u^{\mathrm{I}}\big|_{x=x_2}=u^{\mathrm{II}}\big|_{x=x_2},\ k^{\mathrm{I}}u_x^{\mathrm{I}}\big|_{x=x_2}=k^{\mathrm{II}}u_x^{\mathrm{II}}\big|_{x=x_2}.$$

§7.3　1.（1）令 $\xi=y-x$，$\eta=x$，则 $u_{\eta\eta}+\dfrac{c-b}{a}u_{\xi}+\dfrac{b}{a}u_{\eta}+\dfrac{1}{a}u=0$,

    （2）令 $\xi=x-y$，$\eta=3x+y$，则 $4u_{\xi\eta}-u_{\xi}+3u_{\eta}=0$,

    （3）令 $\xi=y-2x$，$\eta=x$，则 $u_{\xi\xi}+u_{\eta\eta}+u_{\eta}=0$,

    （4）对于 $y<0$，令 $\xi=x+2\sqrt{-y}$，$\eta=x-2\sqrt{-y}$，则 $(\xi-\eta)u_{\xi\eta}+\dfrac{1}{2}(u_{\xi}-u_{\eta})=0$,

对于 $y>0$，令 $\xi=x$，$\eta=2\sqrt{y}$，则 $u_{\xi\xi}+u_{\eta\eta}-\dfrac{1}{\eta}u_\eta=0$，

(5) 对于 $x<0$，令 $\xi=\dfrac{3}{2}y+(\sqrt{-x})^3$，$\eta=\dfrac{3}{2}y-(\sqrt{-x})^3$，则 $u_{\xi\eta}-\dfrac{1}{6(\xi-\eta)}(u_\xi-u_\eta)=0$，

对于 $x>0$，令 $\xi=\dfrac{3}{2}y$，$\eta=-\sqrt{x^3}$，则 $u_{\xi\xi}+u_{\eta\eta}+\dfrac{1}{3\eta}u_\eta=0$，

(6) 令 $\xi=y^2$，$\eta=x^2$，则 $u_{\xi\xi}+u_{\eta\eta}+\dfrac{1}{2\xi}u_\xi+\dfrac{1}{2\eta}u_\eta=0$，

(7) 令 $\xi=y^2+e^x$，$\eta=y^2-e^x$，则 $4(\xi+\eta)u_{\xi\eta}+u_\xi+u_\eta=0.$

2. (1) 令 $u=e^{-\frac{\alpha}{2}x-\frac{\beta}{2}y}v$，则 $v_{xx}+v_{yy}+\left(\gamma-\dfrac{1}{4}\alpha^2-\dfrac{1}{4}\beta^2\right)v=0$，

(2) 令 $u=e^{\frac{\beta}{2}x-a^2\left(\alpha+\frac{\beta^2}{4}\right)y}v$，则 $v_{xx}-\dfrac{1}{a^2}v_y=0$，

(3) 令 $u=e^{\frac{b^2-4a^2}{4a(c-b)}x-\frac{b}{2a}y}v$，则 $v_{yy}+\dfrac{c-b}{a}v_x=0$，

(4) 令 $u=e^{-4x-3y}$，则 $v_{xy}-10v=0$，

(5) 令 $\xi=y-x/2$，$\eta=x/2$，$u=e^{\frac{b-2c}{a}\xi-\frac{b}{a}\eta}v$，则 $v_{\xi\xi}+v_{\eta\eta}+\dfrac{2}{a}\left(\dfrac{2bc-b^2-2c^2}{a}+1\right)v=0.$

§7.4 1. $u=\varphi(x-at)$，只朝一个方向传播.

2. $v=A\cos k(x-at)$，$j=\sqrt{C/L}A\cos k(x-at)$.

3. $e^{-(R/L)t}\left\{\dfrac{1}{2}\left[\varphi(x+at)+\varphi(x-at)\right]+\dfrac{1}{2a}\displaystyle\int_{x-at}^{x+at}\psi(\xi)\,d\xi\right\}$.

4. $u=\{H[x-(x_0-at)]-H[x-(x_0+at)]\}\dfrac{I}{2a\rho}$.

5. $u=\dfrac{1}{x}\left[f_1(x-at)+f_2(x+at)\right]$.

6. 于 $t>x/a$，$u=\dfrac{1}{2}\left[\varphi(x+at)+\varphi(at-x)\right]+\dfrac{1}{2a}\displaystyle\int_0^{x+at}\psi(\xi)\,d\xi$

$\qquad\qquad +\dfrac{1}{2a}\displaystyle\int_0^{at-x}\psi(\xi)\,d\xi+\dfrac{aA}{ES\omega}\cos\omega\left(t-\dfrac{x}{a}\right)-\dfrac{aA}{ES\omega}$.

7. 匹配的条件是 $R_0=\sqrt{L/C}$，因此 $\sqrt{L/C}$ 叫作特征阻抗.

8. $u(x,t)=\begin{cases}0 & (t<x/a),\\ A\sin\omega(t-x/a) & (t>x/a).\end{cases}$

§8.1 1. 提示：$u\big|_{t=0}=\begin{cases}F_0(l-x_0)x/lF_T & (0<x<x_0),\\ F_0x_0(l-x)/lF_T & (x_0<x<l).\end{cases}$

$$u(x,t)=\dfrac{2F_0l}{F_T\pi^2}\sum_{n=1}^{\infty}\dfrac{1}{n^2}\sin\dfrac{n\pi x_0}{l}\sin\dfrac{n\pi x}{l}\cos\dfrac{n\pi at}{l}.$$

2. $\dfrac{8b}{\pi^3}\displaystyle\sum_{k=0}^{\infty}\dfrac{1}{(2k+1)^3}\sin\dfrac{(2k+1)\pi x}{l}e^{-\frac{(2k+1)^2\pi^2a^2}{l^2}t}$.

3. ① 初速 $=v_0$ $(x_0-\delta<x<x_0+\delta)$，

$$u(x,t)=\dfrac{4v_0l}{\pi^2a}\sum_{n=1}^{\infty}\dfrac{1}{n^2}\sin\dfrac{n\pi x_0}{l}\sin\dfrac{n\pi\delta}{l}\sin\dfrac{n\pi at}{l}\sin\dfrac{n\pi x}{l},$$

② 初速 $=v_0\cos\dfrac{x-x_0}{2\delta}\pi$ $(x_0-\delta<x<x_0+\delta)$，

$$u(x,t)=\frac{8v_0\delta}{\pi^2 a}\sum_{n=1}^{\infty}\frac{1}{n}\frac{1}{1-\left(\dfrac{2\delta n}{l}\right)^2}\sin\frac{n\pi x_0}{l}\cos\frac{n\pi\delta}{l}\sin\frac{n\pi at}{l}\sin\frac{n\pi x}{l}.$$

4. $\dfrac{l8\varepsilon}{\pi^2}\sum_{n=0}^{\infty}\dfrac{1}{(2n+1)^2}\cos\dfrac{(2n+1)\pi at}{l}\cos\dfrac{(2n+1)\pi x}{l}.$

5. $\dfrac{8F_0 l}{ES\pi^2}\sum_{n=0}^{\infty}(-1)^n\dfrac{1}{(2n+1)^2}\cos\dfrac{\left(n+\frac{1}{2}\right)\pi at}{l}\sin\dfrac{\left(n+\frac{1}{2}\right)\pi x}{l}.$

6. 定解条件是：$v\big|_{x=0}=0$，$v_x\big|_{x=l}=-L\dfrac{\mathrm{d}}{\mathrm{d}t}(j\big|_{x=l})=0$，$v\big|_{t=0}=v_0$，$v_t\big|_{t=0}=-\dfrac{1}{C}j_x\big|_{t=0}=0$，

$$v(x,t)=\frac{4v_0}{\pi}\sum_{n=0}^{\infty}\frac{1}{2n+1}\cos\frac{(2n+1)\pi at}{2l}\sin\frac{(2n+1)\pi x}{2l}.$$

7. 以重力作用下的平衡状态作为基准来计算位移 u，则泛定方程是齐次的，

$$u(x,t)=\frac{2v_0 l}{\pi^2 a}\sum_{n=0}^{\infty}\frac{1}{\left(n+\frac{1}{2}\right)^2}\sin\frac{\left(n+\frac{1}{2}\right)\pi x}{l}\sin\frac{\left(n+\frac{1}{2}\right)\pi at}{l}.$$

8. $a\pi/\sqrt{\beta}$；$a^2=D.$

9. $u(x,t)=N_0-\dfrac{4N_0}{\pi}\sum_{k=0}^{\infty}\dfrac{1}{2k+1}\mathrm{e}^{-\frac{(2k+1)^2\pi^2 a^2}{l^2}t}\sin\dfrac{(2k+1)\pi x}{l}$，

对于较大的 t，$u(x,t)=N_0-\dfrac{4N_0}{\pi}\mathrm{e}^{-\frac{\pi^2 a^2}{l^2}t}\sin\dfrac{\pi x}{l}.$

10. $u(x,t)=\dfrac{4\Phi_0}{l}\sum_{k=0}^{\infty}\dfrac{1}{\delta_k}\mathrm{e}^{-\frac{4k^2\pi^2 a^2}{l^2}t}\cos\dfrac{2k\pi x}{l}$，

对于较大的 t，$u(x,t)=\dfrac{2\Phi_0}{l}+\dfrac{4\Phi_0}{l}\mathrm{e}^{-\frac{4\pi^2 a^2}{l^2}t}\cos\dfrac{2\pi x}{l}.$

11. $u(x,y)=B\dfrac{\mathrm{sh}[\pi(b-y)/a]}{\mathrm{sh}(\pi b/a)}\sin\dfrac{\pi x}{a}+\dfrac{8Ab^2}{\pi^3}\sum_{n=0}^{\infty}\dfrac{\mathrm{sh}\dfrac{2n+1}{b}\pi(a-x)}{(2n+1)^3\,\mathrm{sh}\dfrac{2n+1}{b}\pi a}\times\sin\dfrac{(2n+1)\pi y}{b}.$

12. $u(x,y)=\dfrac{4u_0}{\pi}\sum_{n=0}^{\infty}\dfrac{1}{2n+1}\sin\dfrac{(2n+1)\pi x}{a}\mathrm{e}^{-(2n+1)\pi y/a}.$

13. $u(x,y)=\dfrac{2A}{\pi}\sum_{n=1}^{\infty}\dfrac{1}{n}\mathrm{e}^{-n\pi y/a}\sin\dfrac{n\pi x}{a}.$

14. $(A_{mn}\cos\omega_{mn}t+B_{mn}\sin\omega_{mn}t)\sin\dfrac{m\pi x}{l_1}\sin\dfrac{n\pi y}{l_2}$，其中

$$\omega_{mn}=\pi a\sqrt{\left(\frac{m}{l_1}\right)^2+\left(\frac{n}{l_2}\right)^2},$$

除边缘外，平行于 y 轴的节线有 $m-1$ 条，即 $x=\dfrac{l_1}{m}$ 的整倍数；平行于 x 轴的节线有 $n-1$ 条，即 $y=\dfrac{l_2}{n}$ 的整倍数. 节线保持不动，节线两方振动方向相反.

15. 提示：本题泛定方程为 $u_t-\dfrac{a^2}{\rho_0^2}u_{\varphi\varphi}=0$，$u(\varphi,t)=\sum_{n=0}^{\infty}(A_n\cos n\varphi+B_n\sin n\varphi)\mathrm{e}^{-n^2 a^2 t/\rho_0^2}$，其中 A_n 和 B_n 是

$f(\varphi)$ 的傅里叶系数.

16. （1）$\dfrac{2A}{\pi}-\dfrac{4A}{\pi}\displaystyle\sum_{n=1}^{\infty}\dfrac{1}{4n^2-1}\left(\dfrac{\rho}{\rho_0}\right)^{2n}\cos 2n\varphi$,　　　　　　　　（2）$u(\rho,\varphi)=A+\dfrac{B}{\rho_0}\rho\sin\varphi$.

17. $\dfrac{4u_0}{\pi}\displaystyle\sum_{k=0}^{\infty}\dfrac{1}{2k+1}\left(\dfrac{\rho}{\rho_0}\right)^{2k+1}\sin(2k+1)\varphi$.

18. $u_{内}(\rho,\varphi)=-\dfrac{2E_0}{1+\varepsilon}\rho\cos\varphi$,　$u_{外}(\rho,\varphi)=-\left(\rho-\dfrac{\varepsilon-1}{\varepsilon+1}\cdot\dfrac{a^2}{\rho}\right)E_0\cos\varphi$,

　　柱内为匀强电场，$E=\dfrac{2}{1+\varepsilon}E_0$，柱内极化强度 $P=(\varepsilon-1)\varepsilon_0E=2\varepsilon_0\dfrac{\varepsilon-1}{\varepsilon+1}E_0$,

　　柱面束缚电荷面密度 $=P$ 的法向分量 $=2\varepsilon_0\dfrac{\varepsilon-1}{\varepsilon+1}E_0\cos\varphi$.

19. $u(\rho,\varphi)=\dfrac{q_0}{h\pi}+\dfrac{1}{k+h\rho_0}\dfrac{q_0}{2}\rho\sin\varphi+\displaystyle\sum_{n=1}^{\infty}\dfrac{2q_0}{\pi\rho_0^{2n-1}(2nk+h\rho_0)(1-4n^2)}\rho^{2n}\cos 2n\varphi$.

20. $u(\rho,\varphi)=\dfrac{\beta_0^{(1)}\ln\rho_2-\beta_0^{(2)}\ln\rho_1}{2(\ln\rho_2-\ln\rho_1)}+\dfrac{\beta_0^{(2)}-\beta_0^{(1)}}{2(\ln\rho_2-\ln\rho_1)}\ln\rho+$

　　　　　　　$\displaystyle\sum_{n=1}^{\infty}\left[\dfrac{\beta_n^{(1)}\rho_2^{-n}-\beta_n^{(2)}\rho_1^{-n}}{\rho_1^n\rho_2^{-n}-\rho_1^{-n}\rho_2^n}\rho^n-\dfrac{\beta_n^{(1)}\rho_2^n-\beta_n^{(2)}\rho_1^n}{\rho_1^n\rho_2^{-n}-\rho_1^{-n}\rho_2^n}\rho^{-n}\right]\cos n\varphi+$

　　　　　　　$\displaystyle\sum_{n=1}^{\infty}\left[\dfrac{\alpha_n^{(1)}\rho_2^{-n}-\alpha_n^{(2)}\rho_1^{-n}}{\rho_1^n\rho_2^{-n}-\rho_1^{-n}\rho_2^n}\rho^n-\dfrac{\alpha_n^{(1)}\rho_2^n-\alpha_n^{(2)}\rho_1^n}{\rho_1^n\rho_2^{-n}-\rho_1^{-n}\rho_2^n}\rho^{-n}\right]\sin n\varphi$.

　　其中　　　$\beta_0^{(1)}=\dfrac{1}{\pi}\displaystyle\int_{-\pi}^{\pi}f_1(\varphi)\mathrm{d}\varphi$,　$\beta_0^{(2)}=\dfrac{1}{\pi}\displaystyle\int_{-\pi}^{\pi}f_2(\varphi)\mathrm{d}\varphi$,

　　　　　　$\beta_n^{(1)}=\dfrac{1}{\pi}\displaystyle\int_{-\pi}^{\pi}f_1(\varphi)\cos n\varphi\mathrm{d}\varphi$,　$\beta_n^{(2)}=\dfrac{1}{\pi}\displaystyle\int_{-\pi}^{\pi}f_2(\varphi)\cos n\varphi\mathrm{d}\varphi$,

　　　　　　$\alpha_n^{(1)}=\dfrac{1}{\pi}\displaystyle\int_{-\pi}^{\pi}f_1(\varphi)\sin n\varphi\mathrm{d}\varphi$,　$\alpha_n^{(2)}=\dfrac{1}{\pi}\displaystyle\int_{-\pi}^{\pi}f_2(\varphi)\sin n\varphi\mathrm{d}\varphi$.

21. $v_0\rho\cos\varphi+v_0\dfrac{a^2}{\rho}\cos\varphi+\dfrac{\Gamma}{2\pi}\varphi$，$\Gamma$ 任意.

22. $v(x,t)=v_0\sin[\omega(l-x)\sqrt{LC}]\sin\omega t/\sin(\omega l\sqrt{LC})$,

　　　$j(x,t)=-v_0\sqrt{\dfrac{C}{L}}\cos[\omega(l-x)\sqrt{LC}]\cos\omega t/\sin(\omega l\sqrt{LC})$,

　　　$Z_{输入}=v_{max}\big|_{x=0}:j_{max}\big|_{x=0}=\sqrt{\dfrac{L}{C}}\tan(\omega l\sqrt{LC})$. 如 $l=\dfrac{1}{4}$ 波长，则 $Z_{输入}=\infty$.

23. $v(x,t)=A\mathrm{e}^{\mathrm{i}(\omega t+\sqrt{(R+\mathrm{i}\omega L)(G+\mathrm{i}\omega C)}x)}+B\mathrm{e}^{\mathrm{i}(\omega t-\sqrt{(R+\mathrm{i}\omega L)(G+\mathrm{i}\omega C)}x)}$,

　　　$j(x,t)=-A\sqrt{\dfrac{G+\mathrm{i}\omega C}{R+\mathrm{i}\omega L}}\mathrm{e}^{\mathrm{i}(\omega t+\sqrt{(R+\mathrm{i}\omega L)(G+\mathrm{i}\omega C)}x)}+B\sqrt{\dfrac{G+\mathrm{i}\omega C}{R+\mathrm{i}\omega L}}\mathrm{e}^{\mathrm{i}(\omega t-\sqrt{(R+\mathrm{i}\omega L)(G+\mathrm{i}\omega C)}x)}$,

　　其中 $\mathrm{e}^{al}A=v_0\dfrac{(R_0+\mathrm{i}\omega L_0-\mathrm{i}/C_0\omega)-\sqrt{(R+\mathrm{i}\omega L)/(G+\mathrm{i}\omega C)}}{2(R_0+\mathrm{i}\omega L_0-\mathrm{i}/C_0\omega)\mathrm{ch}\,aL+2Z\mathrm{sh}\,aL}$,

　　　$\mathrm{e}^{-al}B=v_0\dfrac{(R_0+\mathrm{i}\omega L_0-\mathrm{i}/C_0\omega)+\sqrt{(R+\mathrm{i}\omega L)/(G+\mathrm{i}\omega C)}}{2(R_0+\mathrm{i}\omega L_0-\mathrm{i}/C_0\omega)\mathrm{ch}\,aL+2Z\mathrm{sh}\,aL}$.

　　　没有反射波即 $A=0$，这要求 $R_0+\mathrm{i}\omega L_0-\mathrm{i}/C_0\omega=\sqrt{\dfrac{R+\mathrm{i}\omega L}{G+\mathrm{i}\omega C}}$，等号右边叫作传输线的特征阻抗 Z_0，又，

　　　$a=\sqrt{(R+\mathrm{i}\omega L)(G+\mathrm{i}\omega C)}$.

24. $u(x,t) = \dfrac{aF_0}{ES\omega\cos(\omega l/a)}\sin\dfrac{\omega x}{a}\sin\omega t.$

25. $u(x,t) = \begin{cases} u_1(x,t) = \dfrac{Aa}{T\omega}\cdot\dfrac{\sin\dfrac{\omega}{a}(l-x_0)}{\sin\dfrac{\omega}{a}l}\sin\dfrac{\omega}{a}x\cos\omega t & (0\leqslant x\leqslant x_0), \\[4mm] u_2(x,t) = \dfrac{Aa}{T\omega}\cdot\dfrac{\sin\dfrac{\omega}{a}x_0}{\sin\dfrac{\omega}{a}l}\sin\dfrac{\omega}{a}(l-x)\cos\omega t & (x_0\leqslant x\leqslant l). \end{cases}$

26. $u(x,t) = \displaystyle\sum_{n=0}^{\infty}\dfrac{2u_0 l^2}{\left(n+\dfrac{1}{2}\right)^3\pi^3}\left[\left(n+\dfrac{1}{2}\right)\pi+2(-1)^{n+1}\right]\mathrm{e}^{\left[\beta-\dfrac{\left(n+\frac{1}{2}\right)^2\pi^2 a^2}{l^2}\right]t}\cos\dfrac{\left(n+\dfrac{1}{2}\right)\pi}{l}x.$

27. $u(\rho,\varphi) = \dfrac{u_1}{2}\cdot\dfrac{\ln\rho_2-\ln\rho}{\ln\rho_2-\ln\rho_1}+\dfrac{u_2\rho_2}{\rho_2^2-\rho_1^2}\left[\rho-\dfrac{\rho_1^2}{\rho}\right]\sin\varphi-\dfrac{u_1\rho_1^2}{2(\rho_2^4-\rho_1^4)}\left[\rho^2-\dfrac{\rho_2^4}{\rho^2}\right]\cos2\varphi.$

28. $u(x,t) = \displaystyle\sum_{n=1}^{\infty}\dfrac{2u_0(1-\cos x_n)}{x_n-\sin x_n\cos x_n}\mathrm{e}^{-\frac{x_n^2 a^2}{l^2}t}\sin\dfrac{x_n}{l}x.$

其中 x_n 为方程 $x+\eta\tan x=0$ 的根，此方程的前六个根见附录十三，常数 $\eta=hl/k$，h 为热交换系数，k 为热传导系数.

§8.2　1. $u(x,t) = \displaystyle\sum_{k=1}^{\infty}\dfrac{-8}{(2k-1)\left[(2k-1)^2-4\right]\pi}\cos\dfrac{(2k-1)\pi a}{l}t\sin\dfrac{(2k-1)\pi}{l}x +$

$\dfrac{f_0}{\rho S}\cdot\dfrac{1}{\omega^2-\dfrac{4\pi^2 a^2}{l^2}}\left(\cos\dfrac{2\pi a}{l}t-\cos\omega t\right)\sin\dfrac{2\pi}{l}x.$

2. $u(x,t) = \left[\dfrac{4Al^2}{9\pi^2 a^2-4\omega^2 l^2}\cos\omega t-\left(\dfrac{8u_0 l}{9\pi^2}+\dfrac{4Al^2}{9\pi^2 a^2-4\omega^2 l^2}\right)\cos\dfrac{3\pi a}{2l}t\right]\sin\dfrac{3\pi}{2l}x +$

$\displaystyle\sum_{n=0,2}^{\infty}(-1)^n\dfrac{8u_0 l}{(2n+1)^2\pi^2}\cos\dfrac{(2n+1)\pi a}{2l}t\sin\dfrac{(2n+1)\pi}{2l}x.$

3. $u(x,t) = \dfrac{2}{\pi a}\displaystyle\sum_{n=1}^{\infty}\dfrac{1}{n}\int_0^l\varPhi(\xi)\sin\dfrac{n\pi\xi}{l}\mathrm{d}\xi\left[\dfrac{\omega\sin\dfrac{n\pi a}{l}t-\dfrac{n\pi a}{l}\sin\omega t}{\omega^2-n^2\pi^2 a^2/l^2}\right]\sin\dfrac{n\pi x}{l}.$

如外力的频率等于基音或谐音的频率，则 [ ] 为 0/0，按洛必达法则其极限为 $\left[\dfrac{1}{2\omega}\sin\omega t-\dfrac{1}{2}t\cos\omega t\right]$，

其中第二部分的振幅为 $\dfrac{1}{2}t$，随时间而增长，这就是共振.

4. $u(x,t) = \dfrac{2f_0}{\pi a}\displaystyle\sum_{n=1}^{\infty}\dfrac{1}{n}\sin\dfrac{n\pi x_0}{l}\sin\dfrac{n\pi x}{l}\left[\dfrac{\omega\sin\dfrac{n\pi a}{l}t-\dfrac{n\pi a}{l}\sin\omega t}{\omega^2-n^2\pi^2 a^2/l^2}\right].$

5. $u(x,t) = \displaystyle\sum_{n=0}^{\infty}(-1)^n\dfrac{2Al^2}{\left(n+\dfrac{1}{2}\right)^3\pi^3 a}\left\{\dfrac{l}{\left(n+\dfrac{1}{2}\right)\pi a}\left[1-\cos\left(n+\dfrac{1}{2}\right)\dfrac{\pi a}{l}t\right]+B\sin\left(n+\dfrac{1}{2}\right)\dfrac{\pi a}{l}t\right\}\cdot$

$$\sin\left(n+\frac{1}{2}\right)\frac{\pi}{l}x.$$

6. 能用傅里叶级数法求解，

解 $u(x,t)=\displaystyle\sum_{n=1}^{\infty}\varphi_n\mathrm{e}^{-\left[\frac{n^2\pi^2a^2}{l^2}+\frac{b^2}{4a^2}\right]t}\cdot\mathrm{e}^{\frac{b}{2a^2}x}\sin\frac{n\pi}{l}x,$

其中 $\varphi_n=\dfrac{2}{l}\displaystyle\int_0^l\varphi(x)\left(\mathrm{e}^{\frac{b}{2a^2}x}\sin\frac{n\pi}{l}x\right)\mathrm{e}^{-\frac{b}{a^2}x}\mathrm{d}x.$

本题中出现的本征函数为 $X_n(x)=A\mathrm{e}^{\frac{b}{2a^2}x}\sin\frac{n\pi}{l}x$，彼此在区间 $[0,l]$ 上带权重函数 $\mathrm{e}^{-\frac{b}{a^2}x}$ 正交.

7. 把泛定方程记作 $u_t-a^2u_{xx}+\dfrac{h}{c\rho}u=\dfrac{1}{c\rho}l^2R$，则解

$$u(x,t)=\frac{4l^2R}{\pi c\rho}\sum_{n=0}^{\infty}\frac{1}{2n+1}\cdot\frac{1}{(2n+1)^2\pi^2a^2/l^2+h/c\rho}\times\sin\frac{(2n+1)\pi x}{l}\left[1-\mathrm{e}^{-\left(\frac{(2n+1)^2\pi^2a^2}{l^2}+\frac{h}{c\rho}\right)t}\right].$$

8. $u(x,t)=\displaystyle\sum_{n=0}^{\infty}\left[\left(\frac{2A}{\sqrt{\lambda_n}\,l}\frac{\omega}{\lambda_n^2a^4+\omega^2}+\frac{2B\sqrt{\lambda_n}}{\lambda_n l^2-\pi^2}\right)\mathrm{e}^{-\lambda_n a^2t}+\frac{2A}{\sqrt{\lambda_n}\,l}\frac{\lambda_n a^2\sin\omega t-\omega\cos\omega t}{\lambda_n^2a^4+\omega^2}\right]\sin\sqrt{\lambda_n}\,x.$

$\sqrt{\lambda_n}=\left(n+\dfrac{1}{2}\right)\dfrac{\pi}{l}\quad(n=0,1,2,\cdots).$

§8.3 1. $u(x,t)=u_1+\dfrac{u_2-u_1}{l}x+2\displaystyle\sum_{n=1}^{\infty}\left\{\dfrac{u_1-u_0}{n\pi}\left[(-1)^n-1\right]+\dfrac{u_2-u_1}{n\pi}(-1)^n\right\}\times\mathrm{e}^{-\frac{n^2\pi^2a^2}{l^2}t}\sin\dfrac{n\pi x}{l}.$

2. $u(x,t)=At\left(1-\dfrac{x}{l}\right)-\dfrac{l^2A}{6a^2}\left[\left(\dfrac{x}{l}\right)^3-3\left(\dfrac{x}{l}\right)^2+2\left(\dfrac{x}{l}\right)\right]+\dfrac{2Al^2}{\pi^3a^2}\displaystyle\sum_{n=1}^{\infty}\dfrac{1}{n^3}\mathrm{e}^{-\frac{n^2\pi^2a^2}{l^2}t}\sin\dfrac{n\pi x}{l}.$

3. $u(x,t)=\dfrac{Aa}{\omega\cos(\omega l/a)}\sin\dfrac{\omega x}{a}\sin\omega t+\displaystyle\sum_{n=0}^{\infty}(-1)^{n+1}\dfrac{2A}{\sqrt{\lambda_n}\,l}\dfrac{\omega/a}{\lambda_n-(\omega^2/a^2)}\sin\sqrt{\lambda_n}\,at\sin\sqrt{\lambda_n}\,x.$

$\sqrt{\lambda_n}=\left(n+\dfrac{1}{2}\right)\dfrac{\pi}{l}\quad(n=0,1,2,\cdots).$

4. $u(x,t)=\cos\dfrac{\pi x}{l}\cos\dfrac{\pi at}{l}+\displaystyle\sum_{n=0}^{\infty}(-1)^n\dfrac{16Al^2}{(2n+1)^3\pi^3a}\sin\dfrac{(2n+1)\pi at}{2l}\sin\dfrac{(2n+1)\pi x}{2l}.$

5. $u(x,t)=u_0-\dfrac{4u_0}{\pi}\displaystyle\sum_{n=0}^{\infty}\dfrac{1}{2n+1}\mathrm{e}^{-(2n+1)^2\pi^2a^2t/4l^2}\sin\dfrac{(2n+1)\pi x}{2l}.$

6. $u(x,t)=\dfrac{mg}{ES}x+\displaystyle\sum_{n=1}^{\infty}\dfrac{2}{l+\dfrac{\rho Sm}{\rho^2S^2+m^2\lambda_n}}\cdot$

$\left[\dfrac{mg}{ES\lambda_n}(\sqrt{\lambda_n}\,l\cos\sqrt{\lambda_n}\,l-\sin\sqrt{\lambda_n}\,l)-\dfrac{m^2g}{\rho ES^2}l\sin\sqrt{\lambda_n}\,l\right]\sin\sqrt{\lambda_n}\,x\cos a\sqrt{\lambda_n}\,t.$

其中 λ_n 是 $\sqrt{\lambda}\tan\sqrt{\lambda}\,l=\dfrac{S\rho}{m}$ 的第 n 个根. 注意，本题的本征函数 $\sin\sqrt{\lambda_n}\,x$ 并不彼此正交，即

$\displaystyle\int_0^l\sin\sqrt{\lambda_m}\,x\sin\sqrt{\lambda_n}\,x\mathrm{d}x\neq0$，而是 $\displaystyle\int_0^l\sin\sqrt{\lambda_m}\,x\sin\sqrt{\lambda_n}\,x\mathrm{d}x+\dfrac{m}{S\rho}\cdot$

$\sin\sqrt{\lambda_m}\,l\sin\sqrt{\lambda_n}\,l=0.$

§8.4 1. $u(\rho)=\rho_0^2-\rho^2.$

2. $u(\rho,\varphi)=\dfrac{1}{3}\rho(\rho^4-\rho_0^4)\sin\varphi+\dfrac{1}{2}\rho^3(\rho^2-\rho_0^2)\sin3\varphi.$

3. $u(x,y) = x(a-x) - \dfrac{8a^2}{\pi^3} \sum\limits_{n=0}^{\infty} \dfrac{\mathrm{ch}\left[\,(2n+1)\,\pi y/a\,\right] \sin\left[\,(2n+1)\,\pi x/a\,\right]}{(2n+1)^3 \mathrm{ch}\left[\left(n+\dfrac{1}{2}\right)\pi b/a\right]}.$

4. $u(x,y) = (a^2-x^2)xy + \sum\limits_{n=1}^{\infty} (-1)^n \dfrac{12a^3b}{n^3\pi^3} \dfrac{\sinh n\pi y/a}{\sinh n\pi b/a} \sin \dfrac{n\pi x}{a}.$

§ 9.1　1. $T(t) = A\cos kat + B\sin kat$, $\varPhi(\varphi) = C\cos m\varphi + D\sin m\varphi$　$(m=0,1,2,\cdots)$.

贝塞尔方程 $\dfrac{\mathrm{d}^2 R}{\mathrm{d}x^2} + \dfrac{1}{x}\dfrac{\mathrm{d}R}{\mathrm{d}x} + \left(1 - \dfrac{m^2}{x^2}\right)R = 0$, 其中 $x=k\rho$.

2. $T(t) = A\mathrm{e}^{-k^2a^2t}$, $\varPhi(\varphi)$ 和 $R(\rho)$ 同上题.

3. 令 $u(r,\theta,\varphi) = R(r)Y(\theta,\varphi)$, 则 $Y(\theta,\varphi)$ 满足球函数方程, $R(r)$ 满足

$$\frac{1}{r^2}\frac{\mathrm{d}}{\mathrm{d}r}\left(r^2\frac{\mathrm{d}R}{\mathrm{d}r}\right) + \left[\frac{8\pi^2\mu}{h^2}\left(E + \frac{Ze^2}{r}\right) - \frac{l(l+1)}{r^2}\right]R = 0.$$

§ 9.2　1. $y(x) = a_0\left[1 - \dfrac{1}{2!}(\omega x)^2 + \dfrac{1}{4!}(\omega x)^4 - \cdots + (-1)^k \dfrac{1}{(2k)!}(\omega x)^{2k} + \cdots\right] +$

$a_1\left[(\omega x) - \dfrac{1}{3!}(\omega x)^3 + \dfrac{1}{5!}(\omega x)^5 - \cdots + (-1)^k \dfrac{1}{(2k+1)!}(\omega x)^{2k+1} + \cdots\right]$

$= a_0\cos \omega x + a_1\sin \omega x.$

2. $y(x) = a_0 y_0(x) + a_1 y_1(x)$,

$$y_0(x) = 1 + \frac{x^3}{3!} + \frac{1\cdot 4}{6!}x^6 + \cdots + \frac{1\cdot 4\cdot 7\cdots(3k-2)}{(3k)!}x^{3k} + \cdots,$$

$$y_1(x) = x + \frac{2}{4!}x^4 + \frac{2\cdot 5}{7!}x^7 + \frac{2\cdot 5\cdot 8}{10!}x^{10} + \cdots + \frac{2\cdot 5\cdot 8\cdots(3k-1)}{(3k+1)!}x^{3k+1} + \cdots.$$

收敛半径无限大.

3. $y(x) = a_0 y_0(x) + a_1 y_1(x)$,

$$y_0(x) = 1 + \frac{1-\lambda}{2!}x^2 + \frac{(1-\lambda)(5-\lambda)}{4!}x^4 + \cdots + \frac{(1-\lambda)(5-\lambda)\cdots(4k-3-\lambda)}{(2k)!}x^{2k} + \cdots,$$

$$y_1(x) = x + \frac{3-\lambda}{3!}x^3 + \frac{(3-\lambda)(7-\lambda)}{5!}x^5 + \cdots + \frac{(3-\lambda)(7-\lambda)\cdots(4k-1-\lambda)}{(2k+1)!}x^{2k+1} + \cdots.$$

当 $\lambda = $ 奇数 $2k+1$, 其中 k 是偶数时, $y_0(x)$ 成为偶数 k 次多项式;

当 $\lambda = $ 奇数 $2k+1$, 其中 k 是奇数时, $y_1(x)$ 成为奇数 k 次多项式.

$\mathrm{H}_0(x) = 1$, $\mathrm{H}_1(x) = 2x$, $\mathrm{H}_2(x) = 4x^2-2$, $\mathrm{H}_3(x) = 8x^3-12x$,

$\mathrm{H}_4(x) = 16x^4-48x^2+12$, $\mathrm{H}_5(x) = 32x^5-160x^3+120x,\cdots$.

4. $y(x) = a_0 y_0(x) + a_1 y_1(x)$,

$$y_0(x) = 1 + \frac{(-1)\cdot 6}{2!}x^2 + \frac{(+1)(-1)\cdot 6\cdot 8}{4!}x^4 + \cdots + \frac{(2k-3)(2k-5)\cdots(-1)\cdot 6\cdot 8\cdots(2k+4)}{(2k)!}x^{2k} + \cdots,$$

$$y_1(x) = x.$$

在 $(9.2.7)$ 式中, 以 $l=3$ 代入, 并求二阶导数, 则正是本题的 $y_0(x)$ 乘以常数 $(-3)\cdot 4$. 在 $(9.2.8)$ 式中, 以 $l=3$ 代入, 并求二阶导数, 则正是本例的 $y_1(x)$ 乘以常数 $(-2)\cdot 5$. 因此, 可以说本题的解正是 3 阶勒让德方程的解的二阶导数.

5. $y(x) = \sum\limits_{k=0}^{\infty} a_k x^k$, 递推公式

$$a_{k+2} = \frac{(k-\lambda)(k+\alpha+\beta+\lambda+1)}{(k+2)(k+1)}a_k + \frac{\alpha-\beta}{k+2}a_{k+1},$$

可以写出前几个系数，但难以写出一般的系数公式.

§9.3　1. $y(x) = Cx^m + D\dfrac{1}{x^m}$.

2. $y(x) = a_0 x^l + a_1/x^{l+1}$.

3. $y(x) = a_0\left[1 + \dfrac{-\lambda}{(1!)^2}x + \dfrac{(-\lambda)(1-\lambda)}{(2!)^2}x^2 + \cdots + \dfrac{(-\lambda)(1-\lambda)\cdots(k-1-\lambda)}{(k!)^2}x^k + \cdots\right]$,

　　$\lambda = $ 整数 n，则退化为 n 次多项式.

　　$L_0(x) = 1$，$L_1(x) = -x+1$，$L_2(x) = x^2 - 4x + 2$,

　　$L_3(x) = -x^3 + 9x^2 - 18x + 6$，$L_4(x) = x^4 - 16x^3 + 72x^2 - 96x + 24$.

4. $y(x) = a_0 x^{l+1}\left[1 + \dfrac{(l+1-Z/\lambda)}{1!(2l+2)}(2\lambda x) + \dfrac{(l+1-Z/\lambda)(l+2-Z/\lambda)}{2!(2l+2)(2l+3)}(2\lambda x)^2 + \cdots\right]$.

　　如 $z/\lambda = $ 整数 n，则[ ]退化为 $n_r = n-l-1$ 次多项式，解成为

$$\xi^{l+1}\frac{\mathrm{d}^{2l+1}}{\mathrm{d}\xi^{2l+1}}L_{n+l}(\xi)，\quad \text{其中 } \xi = \frac{2Zx}{n}.$$

5. $y(x) = a_0\left[1 - \dfrac{\Gamma(l+2)}{\Gamma(l)}\cdot\dfrac{1}{(1!)^2}\left(\dfrac{1-x}{2}\right) + \dfrac{\Gamma(l+3)}{\Gamma(l-1)}\cdot\dfrac{1}{(2!)^2}\left(\dfrac{1-x}{2}\right)^2 - \right.$

$$\left. \dfrac{\Gamma(l+4)}{\Gamma(l-2)}\cdot\dfrac{1}{(3!)^2}\left(\dfrac{1-x}{2}\right)^3 + \cdots\right].$$

　　如 $l = $ 整数则退化为多项式.

6. $y(x) = a_0 x + a_1\left[x\ln x - 1 + \dfrac{0!}{1!2!}x^2 + \dfrac{1!}{2!3!}x^3 + \dfrac{2!}{3!4!}x^4 + \cdots\right]$.

7. $y_0(x) = a_0\left(x - \dfrac{1}{1!2!}x^2 + \dfrac{1}{2!3!}x^3 - \dfrac{1}{3!4!}x^4 + \cdots\right)$;

　　$y_1(x) = a_1 y_0 \ln x + a_1\left[-1 + \dfrac{1}{1!2!}\left(\dfrac{3}{1\cdot 2}\right)x^2 + \cdots + \right.$

$$\left. (-1)^k \dfrac{1}{(k-1)!k!}\left(\dfrac{3}{1\cdot 2} + \dfrac{5}{2\cdot 3} + \dfrac{7}{3\cdot 4} + \cdots + \dfrac{2k-1}{(k-1)k}\right)x^k + \cdots\right].$$

8. $y_1(x) = 1 + \dfrac{\alpha\beta}{1!\gamma}x + \dfrac{\alpha(\alpha+1)\beta(\beta+1)}{2!\gamma(\gamma+1)}x^2 + $

$$\dfrac{\alpha(\alpha+1)(\alpha+2)\beta(\beta+1)(\beta+2)}{3!\gamma(\gamma+1)(\gamma+2)}x^3 + \cdots \equiv F(\alpha,\beta,\gamma;x);$$

　　$y_2(x) = x^{1-\gamma}F(\alpha+1-\gamma, \beta+1-\gamma, 2-\gamma; x)$.

9. $y_1(x) = 1 + \dfrac{\alpha}{1!\gamma}x + \dfrac{\alpha(\alpha+1)}{2!\gamma(\gamma+1)}x^2 + \cdots + \dfrac{\alpha(\alpha+1)(\alpha+2)}{3!\gamma(\gamma+1)(\gamma+2)}x^3 + \cdots \equiv F(\alpha,\gamma;x)$;

　　$y_2(x) = x^{1-\gamma}F(\alpha+1-\gamma, 2-\gamma; x)$.

§9.4　1.（1）$\dfrac{\mathrm{d}}{\mathrm{d}x}\left[x^\gamma(x-1)^{1+\alpha+\beta-\gamma}\dfrac{\mathrm{d}y}{\mathrm{d}x}\right] + \alpha\beta x^{\gamma-1}(x-1)^{\alpha+\beta-\gamma}y = 0$,

　　（2）$\dfrac{\mathrm{d}}{\mathrm{d}x}\left[x^\gamma e^{-x}\dfrac{\mathrm{d}y}{\mathrm{d}x}\right] - \alpha x^{\gamma-1}e^{-x}y = 0$.

2. $u\big|_{x=0} = 0$，$x=l$ 端为自然边界条件，$u\big|_{x=l} = $ 有限值.

3.（1）本征函数　$X_n(x) = \sin\dfrac{n\pi}{b-a}(x-a)$　$(n=1,2,\cdots)$,

　　模 N_n: $N_n^2 = (b-a)/2$,

（2）本征函数　$X_n(x) = \cos \dfrac{x_n}{l} x$，$x_n$ 为方程 $x - \eta \cot x = 0$ 的根，$\eta = l/h\,(n = 1, 2, \cdots)$，

模 N_n：$N_n^2 = \dfrac{l}{2}\left(1 + \dfrac{1}{2x_n}\sin 2x_n\right)$.

4. 边界条件并非第一类、第二类或第三类齐次边界条件，也不是自然边界条件.

§ 10.1　1.（1）$\dfrac{1}{5}\mathrm{P}_0(x) + \dfrac{6}{5}\mathrm{P}_1(x) + \dfrac{4}{7}\mathrm{P}_2(x) + \dfrac{4}{5}\mathrm{P}_3(x) + \dfrac{8}{35}\mathrm{P}_4(x)$，

（2）$\dfrac{1}{6}\mathrm{P}_0(x) + \dfrac{3}{8}\mathrm{P}_1(x) + \dfrac{1}{3}\mathrm{P}_2(x) + \dfrac{7}{48}\mathrm{P}_3(x) +$

$$\sum_{n=2}^{\infty} \frac{(-1)^{n+1}(4n+3)(2n-3)!!}{(2n+4)!!}\mathrm{P}_{2n+1}(x)，$$

（3）$\displaystyle\sum_{k=0}^{[n/2]} \frac{(2n-4k+1)n!}{(2k)!!(2n-2k+1)!!}\mathrm{P}_{n-2k}(x)$.

2. 球内 $u(r,\theta) = \dfrac{v_1+v_2}{2} + \dfrac{v_1-v_2}{2}\displaystyle\sum_{k=0}^{\infty} (-1)^k \dfrac{(4k+3)(2k+1)!!}{(2k+1)(2k+2)!!}\left(\dfrac{r}{r_0}\right)^{2k+1} \cdot \mathrm{P}_{2k+1}(\cos\theta)$；

球外 $u(r,\theta) = \dfrac{v_1+v_2}{2}\dfrac{r_0}{r} + \dfrac{v_1-v_2}{2}\displaystyle\sum_{k=0}^{\infty} (-1)^k \dfrac{(4k+3)(2k+1)!!}{(2k+1)(2k+2)!!}\left(\dfrac{r_0}{r}\right)^{2k+2} \cdot \mathrm{P}_{2k+1}(\cos\theta)$.

3. $u(r,\theta) = \dfrac{u_1 r_2 - 3u_0 r_1}{3(r_2-r_1)} + \dfrac{(3u_0-u_1)u_1 r_2}{3(r_2-r_1)} \cdot \dfrac{1}{r} + \dfrac{2u_1 r_1^3}{3(r_2^5-r_1^5)}\left(r^2 - \dfrac{r_1^5}{r^3}\right)\mathrm{P}_2(\cos\theta)$.

4.（1）$u(r,\theta) = \dfrac{9u_0}{4r_0}r\mathrm{P}_1(x) + \displaystyle\sum_{n=1}^{\infty} (-1)^n u_0 \dfrac{(4n+3)(4n^2+6n-6)}{(2n-1)}\dfrac{(2n-1)!!}{(2n+4)!!}\left(\dfrac{r}{r_0}\right)^{2n+1}\mathrm{P}_{2n+1}(x)$，

（2）$u(r,\theta) = \dfrac{4}{3}u_0 + \dfrac{2u_0}{3r_0^2}r^2\mathrm{P}_2(x)$，其中 $x = \cos\theta$.

5. $u(r,\theta) = -E_0 r\cos\theta + E_0 \dfrac{r_0^3}{r^2}\cos\theta$.

6. 球内 $u_{内}(r,\theta) = q\displaystyle\sum_{l=0}^{\infty} \dfrac{2l+1}{[(\varepsilon+1)l+1]d^{l+1}}r^l\mathrm{P}_l(\cos\theta)$，

球外 $u_{外}(r,\theta) = \dfrac{q}{\sqrt{d^2-2rd\cos\theta+r^2}} - q(\varepsilon-1)\displaystyle\sum_{l=0}^{\infty} \dfrac{lr_0^{2l+1}}{[(\varepsilon+1)l+1]d^{l+1}} \cdot \dfrac{1}{r^{l+1}} \cdot$

$\mathrm{P}_l(\cos\theta)$.

7. $\Delta_3 u = 0$，$(r<r_0)$；$\left.\left(k\dfrac{\partial u}{\partial r} + hu\right)\right|_{r=r_0} = f(\theta) \equiv \begin{cases} q_0\cos\theta & (0<\theta<\pi/2)，\\ 0 & (\pi/2<\theta<\pi). \end{cases}$

$u(r,\theta) = \dfrac{q_0}{4h} + \dfrac{1}{hr_0+k} \cdot \dfrac{q_0}{2}r\mathrm{P}_1(\cos\theta) + \dfrac{1}{hr_0+2k} \cdot \dfrac{q_0}{r_0} \cdot \dfrac{5}{16}r^2\mathrm{P}_2(\cos\theta)$

$+ \displaystyle\sum_{n=2}^{\infty} (-1)^{n+1}\dfrac{1}{hr_0+2nk}\dfrac{q_0}{r_0^{2n-1}}\dfrac{4n+1}{2} \cdot \dfrac{(2n-3)!!}{(2n+2)!!}r^{2n}\mathrm{P}_{2n}(\cos\theta)$.

8. $u(x,t) = \dfrac{3}{2}u_0\mathrm{P}_0\left(\dfrac{x}{b}\right) + \dfrac{5}{8}u_0\mathrm{P}_2\left(\dfrac{x}{b}\right)\mathrm{e}^{-6a^2 t}$

$+ \displaystyle\sum_{n=2}^{\infty} (-1)^{n+1}(4n+1)\dfrac{(2n-3)!!}{(2n+2)!!}u_0\mathrm{P}_{2n}\left(\dfrac{x}{b}\right)\mathrm{e}^{-2n(2n+1)a^2 t}$.

9. $u(r,\theta) = \dfrac{q}{r_0} + \dfrac{q}{r_0}\displaystyle\sum_{k=0}^{\infty} (-1)^k \dfrac{(2k-1)!!}{2^k k!}\left(\dfrac{r}{r_0}\right)^{2k}\mathrm{P}_{2k}(\cos\theta)$　$(r<r_0)$；

$$u(r,\theta)=\frac{q}{r_0}+\frac{q}{r_0}\sum_{k=0}^{\infty}(-1)^k\frac{(2k-1)!!}{2^k k!}\left(\frac{r_0}{r}\right)^{2k+1}P_{2k}(\cos\theta)\quad(r>r_0).$$

11.

$$I=\begin{cases}1, & l=0,\\[2mm]0, & l=2n\quad(n=1,2\cdots),\\[2mm]\dfrac{1}{2}, & l=1,\\[2mm](-1)^n\dfrac{(2n-1)!!}{(2n+2)!!}, & l=2n+1\quad(n=1,2,\cdots).\end{cases}$$

§ 10.3 1. (1) $\left[\dfrac{8}{15}P_3^1(\cos\theta)-\dfrac{1}{5}P_l^1(\cos\theta)\right]\sin\varphi,$

(2) $\dfrac{1}{2}-\dfrac{5}{8}P_2(\cos\theta)+\sum_{n=2}^{\infty}(-1)^n(4n+1)\dfrac{(2n-3)!!}{(2n+2)!!}P_{2n}(\cos\theta)-$

$\sum_{n=1}^{\infty}(-1)^n(4n+1)\left[1+\dfrac{6}{(2n-1)(2n+2)}\right]\times$

$\dfrac{(2n-2)!(2n-1)!!}{(2n+2)!(2n)!!}P_{2n}^2(\cos\theta)\cos 2\varphi.$

2. (1) 球内：$u(r,\theta,\varphi)=\dfrac{4}{3}P_2^0(\cos\theta)-\dfrac{4}{3}\left(\dfrac{r}{r_0}\right)^2P_2^0(\cos\theta)+\dfrac{2}{3}\left(\dfrac{r}{r_0}\right)^2P_2^2(\cos\theta)\cdot\sin 2\varphi,$

(2) 球外：$u(r,\theta,\varphi)=\dfrac{4}{3}\cdot\dfrac{r_0}{r}P_2^0(\cos\theta)-\dfrac{4}{3}\left(\dfrac{r_0}{r}\right)^3P_2^0(\cos\theta)+\dfrac{2}{3}\left(\dfrac{r_0}{r}\right)^3P_2^2\cdot(\cos\theta)\sin 2\varphi.$

3. (1) 球内：$u(r,\theta,\varphi)=\dfrac{1}{6}\cdot\dfrac{r^2}{r_0}P_2^0(\cos\theta)-\dfrac{1}{12}\cdot\dfrac{r^2}{r_0}P_2^2(\cos\theta)\cos 2\varphi,$

(2) 球外：$u(r,\theta,\varphi)=-\dfrac{1}{9}\cdot\dfrac{r_0^4}{r^3}P_2^0(\cos\theta)+\dfrac{1}{18}\cdot\dfrac{r_0^4}{r^3}P_2^2(\cos\theta)\cos 2\varphi.$

4. $u(r,\theta,\varphi)=\dfrac{2}{3}u_0P_0^0(\cos\theta)-\dfrac{2u_0}{3r_0(r_0+2H)}r^2P_2^0(\cos\theta)+\dfrac{u_0}{3r_0(r_0+2H)}r^2P_2^1(\cos\theta)\sin\varphi.$

5. $u(r,\theta,\varphi)=\dfrac{u_1r_1^2}{r_2^3-r_1^3}\left(-r+r_2^3\cdot\dfrac{1}{r^2}\right)P_1^0(\cos\theta)+\dfrac{u_2r_2^3}{3(r_2^5-r_1^5)}\left(r^2-r_1^5\cdot\dfrac{1}{r^3}\right)P_2^1(\cos\theta)\cdot\sin\varphi.$

6. $u(r,\theta)=\dfrac{1}{21}r^4P_2(\cos\theta)+\dfrac{1}{60}r^4P_0(\cos\theta)-\dfrac{1}{60}r_0^4P_0(\cos\theta)-\dfrac{1}{21}r_0^2r^2P_2(\cos\theta).$

§ 11.2 2. $J_0(x)-4x^{-1}J_1(x)+C.$

3. $\sum_{n=1}^{\infty}\dfrac{2}{x_n^{(0)}J_1(x_n^{(0)})}J_0(x_n^{(0)}x)$. 其中 $x_n^{(0)}$ 为 $J_0(x)$ 的第 n 个零点.

4. $u(\rho,z)=2\rho_0^2\sum_{n=1}^{\infty}\dfrac{1}{x_n^{(0)}J_1(x_n^{(0)})}\left(1-\dfrac{4}{(x_n^{(0)})^2}\right)\left(\operatorname{sh}\dfrac{x_n^{(0)}z}{\rho_0}\Big/\operatorname{sh}\dfrac{x_n^{(0)}L}{\rho_0}\right)J_0\left(\dfrac{x_n^{(0)}}{\rho_0}\rho\right).$

5. $u(\rho,z)=\dfrac{u_0}{2}\rho_0^2+\dfrac{u_1-(u_0\rho_0^2/2)}{L}z+\sum_{n=1}^{\infty}\dfrac{4u_0\rho_0^2}{(x_n^{(1)})^2J_0(x_n^{(1)})\operatorname{sh}(x_n^{(1)}L/\rho_0)}\times\operatorname{sh}\dfrac{x_n^{(1)}}{\rho_0}(L-z)J_0\left(\dfrac{x_n^{(1)}}{\rho_0}\rho\right).$

其中 $x_n^{(1)}$ 为 $J_1(x)$ 的第 n 个零点.

6. $u(\rho,z)=\sum_{n=1}^{\infty}\dfrac{2q_0\rho_0}{k(x_n^{(0)})^2J_1(x_n^{(0)})\operatorname{sh}(x_n^{(0)}L/\rho_0)}\left[\operatorname{ch}\dfrac{x_n^{(0)}}{\rho_0}z-\operatorname{ch}\dfrac{x_n^{(0)}}{\rho_0}(L-z)\right]J_0\left(\dfrac{x_n^{(0)}}{\rho_0}\rho\right).$

其中 $x_n^{(0)}$ 为 $J_0(x)$ 的第 n 个零点.

7. $u(\rho,t)=8u_0\sum\limits_{n=1}^{\infty}\dfrac{1}{(x_n^{(0)})^3 J_1(x_n^{(0)})}J_0\left(\dfrac{x_n^{(0)}}{\rho_0}\rho\right)\cos\dfrac{x_n^{(0)}}{\rho_0}at.$ 其中 $x_n^{(0)}$ 为 $J_0(x)$ 的第 n 个零点.

8. 本征圆频率 $\omega_n^{(m)}=ax_n^{(m)}/\rho_0,$

　　本征圆振动 $u_n^{(m)}(\rho,\varphi,t)=J_m\left(\dfrac{x_n^{(m)}}{\rho_0}\rho\right)\sin m\varphi\left[A_n^{(m)}\cos\dfrac{x_n^{(m)}}{\rho_0}at+B_n^{(m)}\sin\dfrac{x_n^{(m)}}{\rho_0}at\right]$

　　(半圆区域:$0\le\rho\le\rho_0,0\le\varphi\le\pi$).

9. 临界半径 $2.405\dfrac{a}{\sqrt{\beta}}.$

10. $\dfrac{1}{a^2\left[(2.405/\rho_0)^2+(\pi/L)^2\right]}.$

11. $u(\rho,z,t)=\sum\limits_{n=0}^{\infty}\sum\limits_{p=1}^{\infty}\dfrac{(-1)^{p+1}8u_0L\rho_0^2}{ap\pi(x_n^{(1)})^2 J_0(x_n^{(1)})}\cdot\dfrac{1}{\sqrt{(x_n^{(1)}/\rho_0)^2+(p\pi/L)^2}}\times$

　　$\sin\sqrt{(x_n^{(1)}/\rho_0)^2+(p\pi/L)^2}at\cdot\sin\dfrac{p\pi}{L}z\cdot J_0\left(\dfrac{x_n^{(1)}}{\rho_0}\rho\right),$

　　$x_n^{(1)}$ 为 $J_1(x)$ 的 n 个零点.

12. $u(\rho,t)=\dfrac{A}{p\omega^2}\left[\dfrac{J_0\left(\dfrac{\omega}{a}\rho\right)}{J_0\left(\dfrac{\omega}{a}\rho_0\right)}-1\right]\sin\omega t.$ 　　　p 是膜每单位面积的质量.

13. $u(\rho,z,t)=u_1z^2+\sum\limits_{n=1}^{\infty}\sum\limits_{p=0}^{\infty}\dfrac{4}{\left(p+\dfrac{1}{2}\right)\pi x_n^{(0)}J_1(x_n^{(0)})}\times$

$$\left[u_0+(-1)^{p+1}\dfrac{2u_1L^2}{\left(p+\dfrac{1}{2}\right)\pi}+\dfrac{2u_1L^2}{\left(p+\dfrac{1}{2}\right)^2\pi^2}\right]\times$$

$$\exp\left\{-\left[\left(\dfrac{x_n^{(0)}}{\rho_0}\right)^2+\dfrac{\left(p+\dfrac{1}{2}\right)^2\pi^2}{L^2}\right]a^2t\right\}J_0\left(\dfrac{x_n^{(0)}}{\rho_0}\rho\right)\sin\dfrac{\left(p+\dfrac{1}{2}\right)\pi}{L}z+$$

$$\sum\limits_{n=1}^{\infty}\sum\limits_{p=0}^{\infty}\dfrac{8u_1}{\left(p+\dfrac{1}{2}\right)\pi x_n^{(0)}a^2 J_1(x_n^{(0)})}\cdot\dfrac{1}{\left(\dfrac{x_n^{(0)}}{\rho_0}\right)^2+\dfrac{\left(p+\dfrac{1}{2}\right)^2\pi^2}{L^2}}\times$$

$$\left\{1-e^{-\left[\left(\frac{x_n^{(0)}}{\rho_0}\right)^2\frac{\left(p+\frac{1}{2}\right)^2\pi^2}{L^2}\right]a^2t}\right\}J_0\left(\dfrac{x_n^{(0)}}{\rho_0}\rho\right)\sin\dfrac{\left(p+\dfrac{1}{2}\right)\pi}{L}z.$$

14. 本征圆频率 $\omega_n^{(m)}=ak_n^{(m)},$ 而 $k_n^{(m)}$ 是方程 $J_m(k\rho_1)N_m(k\rho_2)-J_m(k\rho_2)N_m(k\rho_1)=0$ 的第 n 个根;

　　本征振动 $u_n^{(m)}(\rho,\varphi,t)=\left[J_m(k_n^{(m)}\rho)-\dfrac{J_m(k_n^{(m)}\rho_1)}{N_m(k_n^{(m)}\rho_1)}N_m(k_n^{(m)}\rho)\right]\times$

　　$\left[A\cos m\varphi+B\sin m\varphi\right]\left[C\cos ak_n^{(m)}t+D\sin ak_n^{(m)}t\right].$

15. $\mathrm{Re}\left[-\mathrm{i}\,\dfrac{\pi v_0\omega\rho_0^2}{2a}\mathrm{H}_1^{(1)}\left(\dfrac{\omega}{a}\rho\right)\cos\varphi\mathrm{e}^{-\mathrm{i}\omega t}\right]$,

远场区 $v_0\rho_0^2\sqrt{\dfrac{\pi\omega}{2a\rho}}\cos\varphi\cos\left[\dfrac{\omega}{a}(\rho-at)+\dfrac{3}{4}\pi\right]$.

16. $\mathrm{Re}\left\{\left[\dfrac{v_0\rho_0}{4}\mathrm{H}_0^{(1)}(k\rho)+\sum_{m=1}^{\infty}\mathrm{H}_m^{(1)}(k\rho)\times\right.\right.$

$\left.\left.\dfrac{v_0 k^m\rho_0^{m+1}}{2^m m!}(\cos m\varphi_0\cos m\varphi+\sin m\varphi_0\sin m\varphi)\right]\mathrm{e}^{-\mathrm{i}(\omega t+\frac{\pi}{2})}\right\}$.

17. $u(\rho,t)=\sum_{n=1}^{\infty}\dfrac{2\displaystyle\int_0^{\rho_0}\xi\mathrm{J}_0\left(\dfrac{x_n^{(0)}}{\rho_0}\xi\right)\sin\dfrac{\pi}{\rho_0}\xi\mathrm{d}\xi}{\rho_0^2\mathrm{J}_1^2(x_n^{(0)})}\mathrm{J}_0\left(\dfrac{x_n^{(0)}}{\rho_0}\rho\right)\mathrm{e}^{-\frac{(x_n^{(0)})^2}{\rho_0^2}a^2 t}$,

其中 $x_n^{(0)}$ 为 $\mathrm{J}_0(x)=0$ 的根.

18. $u(\rho,\varphi,t)=\sum_{n=1}^{\infty}\dfrac{2A_0 x_n^{(1,2)}\rho_0\mathrm{J}_2(x_n^{(1,2)})}{[(x_n^{(1,2)})^2-1]\mathrm{J}_1^2(x_n^{(1,2)})}\mathrm{J}_2\left(\dfrac{x_n^{(1,2)}}{\rho_0}\rho\right)\cos\varphi\cos\dfrac{x_n^{(1,2)}}{\rho_0}at$,

其中 $x_n^{(1,2)}$ 为 $\mathrm{J}_1'(x)=0$ 的第 n 个根.

§ 11.4　3. $u(\rho,z)=u_1+\dfrac{u_2-u_1}{L}z-\sum_{k=0}^{\infty}\dfrac{16u_2}{(2k+1)^3\pi^3}\left[\left.\mathrm{I}_0\left(\dfrac{(2k+1)\pi}{L}\rho\right)\right/\mathrm{I}_0\left(\dfrac{(2k+1)\pi}{L}\rho_0\right)\right]\times\sin\dfrac{(2k+1)\pi}{L}z$.

4. $u(\rho,z)=u_0+\dfrac{q_0}{k}z+\sum_{p=0}^{\infty}\dfrac{1}{\mathrm{I}_0\left(\dfrac{\left(p+\frac{1}{2}\right)\pi}{L}\rho_0\right)}\times\left\{f_p-\dfrac{2u_0}{\left(p+\frac{1}{2}\right)\pi}+\dfrac{(-1)^{p+1}2q_0 L}{k\left(p+\frac{1}{2}\right)^2\pi^2}\right\}\mathrm{I}_0\left(\dfrac{\left(p+\frac{1}{2}\right)\pi}{L}\rho\right)\sin\dfrac{\left(p+\frac{1}{2}\right)\pi}{L}z$.

其中 f_p 为 $f(z)=\sum_{p=0}^{\infty}f_p\sin\dfrac{\left(p+\frac{1}{2}\right)\pi}{L}z$ 的傅里叶系数.

5. $u(\rho,z)=\dfrac{2v_0}{\pi}\sum_{p=1}^{\infty}\dfrac{1}{p}\left[(-1)^{p+1}+\dfrac{l^2}{l^2-4p^2\delta^2}\cos\dfrac{p\pi\delta}{l}\right]\dfrac{\mathrm{I}_0(p\pi\rho/l)}{\mathrm{I}_0(p\pi\rho_0/l)}\sin\dfrac{p\pi}{l}z+$

$2v_0\sum_{n=1}^{\infty}\dfrac{1}{x_n^{(0)}\mathrm{J}_1(x_n^{(0)})}\cdot\dfrac{\mathrm{sh}(x_n^{(0)}z/\rho_0)}{\mathrm{sh}(x_n^{(0)}l/\rho_0)}\mathrm{J}_0\left(\dfrac{x_n^{(0)}}{\rho_0}\rho\right)$.

6. $u(\rho,z)=\dfrac{q_0}{k}z-\dfrac{q_0 L}{2k}+\sum_{n=1}^{\infty}\dfrac{4q_0 L}{k(2n-1)^2\pi^2\mathrm{I}_0((2n-1)\pi\rho_0/L)}\times$

$\mathrm{I}_0\left(\dfrac{(2n-1)\pi}{L}\rho\right)\cos\dfrac{(2n-1)\pi}{L}z$.

7. $u(\rho,z)=\sum_{p=1}^{\infty}\dfrac{(-1)^{p+1}2u_0 L}{p\pi\mathrm{I}_0(p\pi\rho_0/L)}\mathrm{I}_0\left(\dfrac{p\pi}{L}\rho\right)\sin\dfrac{p\pi}{L}z+\sum_{n=1}^{\infty}\dfrac{2}{x_n^{(0)}\mathrm{J}_1(x_n^{(0)})\mathrm{sh}\dfrac{x_n^{(0)}}{\rho_0}L}\times$

$\left\{u_1\mathrm{sh}\dfrac{x_n^{(0)}}{\rho_0}(L-z)+u_2\rho_0^2\left[1-\dfrac{4}{(x_n^{(0)})^2}\right]\mathrm{sh}\dfrac{x_n^{(0)}}{\rho_0}z\right\}\mathrm{J}_0\left(\dfrac{x_n^{(0)}}{\rho_0}\rho\right)$.

8. $u(\rho,z)=u_0+\sum_{p=0}^{\infty}\dfrac{2q_0 L}{k\left(p+\frac{1}{2}\right)^2\pi^2\mathrm{K}_0'\left[\dfrac{\left(p+\frac{1}{2}\right)\pi}{L}\rho_0\right]}\times\mathrm{K}_0\left[\dfrac{\left(p+\frac{1}{2}\right)\pi}{L}\rho\right]\sin\dfrac{\left(p+\frac{1}{2}\right)\pi}{L}z$.

§ 11.5 4. 球形铀块临界半径 $\pi a/\sqrt{\beta}$.

5. $u(r,t)=\dfrac{2}{r_0}\cdot\dfrac{1}{r}\sum\limits_{n=1}^{\infty}\mathrm{e}^{-\frac{n^2\pi^2a^2}{r_0^2}t}\sin\dfrac{n\pi}{r_0}r\cdot\int_0^{r_0}rf(r)\sin\dfrac{n\pi}{r_0}r\mathrm{d}r.$

6. $u(r,\theta,t)=\dfrac{2}{r_0^3}\sum\limits_{n=1}^{\infty}\dfrac{\mathrm{j}_1(k_nr)}{\left[\mathrm{j}_0(k_nr_0)\right]^2}\mathrm{P}_1(\cos\theta)\mathrm{e}^{-a^2k_n^2t}\int_0^{r_0}\mathrm{j}_1(k_nr)f(r)r^2\mathrm{d}r.$

  其中 $k_n=x_n/r_0$，而 x_n 是 $x=\tan x$ 的第 n 个根.

7. $u(r,t)=\sum\limits_{n=1}^{\infty}A_n\dfrac{1}{r}\sin\dfrac{n\pi r}{2r_0}\mathrm{e}^{-(n^2\pi^2a^2/4r_0^2)t},$

  其中 $A_{2k}=(-1)^{k+1}u_0r_0/k\pi$，$A_{2k+1}=(-1)^k4u_0r_0/(2k+1)^2\pi^2$ （$k=1,2,\cdots$）.

8. $u(r,t)=u_0+\sum\limits_{n=1}^{\infty}\dfrac{2(U_0-u_0)r_0}{H}\cdot\dfrac{\sin k_nr_0}{k_nr_0-(\sin 2k_nr_0)/2}\cdot\dfrac{\sin k_nr}{k_nr}\mathrm{e}^{-k_n^2a^2t},$

  其中 $k_n=x_n/r_0$，而 x_n 是方程 $x+\eta\tan x=0$ 的第 n 个根，$\eta=(r_0-H)/H.$

9. $\mathrm{Re}\left\{-\mathrm{i}\dfrac{v_0k^3r_0^4}{9}\mathrm{h}_2^{(1)}(kr)\mathrm{P}_2(\cos\theta)\mathrm{e}^{-\mathrm{i}\omega t}\right\},$

  在远场区，$\dfrac{v_0k^2r_0^4}{9r}\mathrm{P}_2(\cos\theta)\cos k(r-at).$

10. $\mathrm{Re}\left\{-\mathrm{i}\dfrac{v_0k^3r_0^4}{9}\mathrm{h}_2^{(1)}(kr)\mathrm{P}_2^2(\cos\theta)\sin 2\varphi\mathrm{e}^{-\mathrm{i}\omega t}\right\},$

  在远场区，$\dfrac{v_0k^2r_0^4}{9r}\mathrm{P}_2^2(\cos\theta)\sin 2\varphi\cos k(r-at).$

§ 12.2 1. 见（12.2.22）式.

2. 见（12.2.23）式.

3. 本题如用（12.2.20）式，则积分可利用留数定理算出，参看 §4.2 例 2 和习题 1(6).

  答案①$u(\rho,\varphi)=\dfrac{A}{a}\rho\cos\varphi$， ②$u(\rho,\varphi)=A+\dfrac{B}{a}\rho\sin\varphi.$

  本题亦即 §8.1 习题 16，可对照.

4. $u(\rho,\varphi)=\dfrac{1}{\pi}\sum\limits_{n=0}^{\infty}\left[\dfrac{1}{\delta_n}\cos n\varphi\int_0^{2\pi}f(\varphi_0)\cos n\varphi_0\mathrm{d}\varphi_0+\sin n\varphi\int_0^{2\pi}f(\varphi_0)\sin n\varphi_0\mathrm{d}\varphi_0\right]\dfrac{1}{a^n}\rho^n.$

5. 平面 $z=0$ 和 $z=H$ 好比两面镜子反复反射，造成无限多电像. 对于 (x_0,y_0,z_0) 处的电荷，所有 $(x_0,$ $y_0,2nH+z_0)$ 处的电像带同号电荷，所有 $(x_0,y_0,2nH-z_0)$ 处的电像带异号电荷.

$$\mathrm{G}(\boldsymbol{r},\boldsymbol{r}_0)=-\dfrac{1}{4\pi}\sum\limits_{n=-\infty}^{\infty}\dfrac{1}{\sqrt{(x-x_0)^2+(y-y_0)^2+(z-2nH-z_0)^2}}+$$

$$\dfrac{1}{4\pi}\sum\limits_{n=-\infty}^{\infty}\dfrac{1}{\sqrt{(x-x_0)^2+(y-y_0)^2+(z-2nH+z_0)^2}}.$$

  虽然积分公式的形式是有限的，格林函数本身却是无穷级数.

§ 12.4 1. $u(x,t)=\dfrac{2}{\pi a}\sum\limits_{n=1}^{\infty}\dfrac{1}{n}\int_0^l\varPhi(\xi)\sin\dfrac{n\pi\xi}{l}\mathrm{d}\xi\left[\dfrac{\omega\sin\dfrac{n\pi a}{l}t-\dfrac{n\pi a}{l}\sin\omega t}{\omega^2-n^2\pi^2a^2/l^2}\right]\sin\dfrac{n\pi}{l}x.$

  如外力的频率等于基音或谐音的频率，则 $[\ ]$ 为 $0/0$，按洛必达法则其极限为

  $\left[\dfrac{1}{2\omega}\sin\omega t-\dfrac{1}{2}t\cos\omega t\right]$，其中第二部分的振幅为 $\dfrac{1}{2}t$，随时间而增长，这就是共振.

2. $u(x,t)=\dfrac{2f_0}{\pi a}\sum\limits_{n=1}^{\infty}\dfrac{1}{n}\sin\dfrac{n\pi x_0}{l}\sin\dfrac{n\pi x}{l}\left[\dfrac{\omega\sin\dfrac{n\pi a}{l}t-\dfrac{n\pi a}{l}\sin\omega t}{\omega^2-n^2\pi^2a^2/l^2}\right].$

3. 把泛定方程记作 $u_t-a^2u_{xx}+\dfrac{h}{c\rho}u=\dfrac{1}{c\rho}I^2R,$ 则解

$$u(x,t)=\dfrac{4I^2R}{\pi c\rho}\sum\limits_{n=0}^{\infty}\dfrac{1}{2n+1}\dfrac{1}{(2n+1)^2\pi^2a^2/l^2+h/c\rho}\times\sin\dfrac{(2n+1)\pi x}{l}\left[1-\mathrm{e}^{-\left(\frac{(2n+1)^2\pi^2a^2}{l^2}+\frac{h}{c\rho}\right)t}\right].$$

4. $u(x,t)=At-A\displaystyle\int_0^t\mathrm{erf}(x/2a\sqrt{t-\tau})\,\mathrm{d}\tau=A\int_0^t\mathrm{erfc}(x/2a\sqrt{t-\tau})\,\mathrm{d}\tau.$

5. $u(x,t)=f(0)\,\mathrm{erfc}\left(\dfrac{x}{2a\sqrt{t}}\right)+\displaystyle\int_0^t f'(\tau)\,\mathrm{erfc}\left(\dfrac{x}{2a\sqrt{t-\tau}}\right)\mathrm{d}\tau+$

$\displaystyle\int_{-x/2a\sqrt{t}}^{\infty}\varphi(x+z2a\sqrt{t})\dfrac{1}{\sqrt{\pi}}\mathrm{e}^{-z^2}\mathrm{d}z-\int_{x/2a\sqrt{t}}^{\infty}\varphi(z2a\sqrt{t}-x)\dfrac{1}{\sqrt{\pi}}\mathrm{e}^{z^2}\mathrm{d}z.$

6. $u(x,t)=-\mathrm{e}^{-x}q(t)+\dfrac{1}{2}q(0)\mathrm{e}^{a^2t}\left\{\mathrm{e}^x\mathrm{erfc}\left(\dfrac{2a^2t+x}{2a\sqrt{t}}\right)+\right.$

$\left.\mathrm{e}^{-x}\mathrm{erfc}\left(\dfrac{2a^2t-x}{2a\sqrt{t}}\right)\right\}\mathrm{e}^{a^2t}+\displaystyle\int_0^t\dfrac{1}{2}[q'(\tau)-a^2q(\tau)]\mathrm{e}^{a^2(t-\tau)}\times$

$\left\{\mathrm{e}^x\mathrm{erfc}\left(\dfrac{2a^2(t-\tau)+x}{2a\sqrt{t-\tau}}\right)+\mathrm{e}^{-x}\mathrm{erfc}\left(\dfrac{2a^2(t-\tau)-x}{2a\sqrt{t-\tau}}\right)\right\}\mathrm{d}\tau\quad(x>0).$

本节 1，2，3 题，即 §8.2 之 3，4，7 题，可对照.

§12.5　1. 里曼函数 $v\equiv1$，
$$u(x,t)=\dfrac{1}{2}[\varphi(x-at)+\varphi(x+at)]+\dfrac{1}{2a}\int_{x-at}^{x+at}\psi(\xi)\mathrm{d}\xi+\dfrac{1}{2a}\int_0^t\int_{x-a(t-\tau)}^{x+a(t-\tau)}f(\xi,\tau)\mathrm{d}\xi\mathrm{d}\tau.$$

2. $u(x,t)=\dfrac{1}{2}\varphi(xt)+\dfrac{1}{2}t\varphi\left(\dfrac{x}{t}\right)-\dfrac{1}{4}\sqrt{xt}\displaystyle\int_{xt}^{x/t}\varphi(\xi)\xi^{-3/2}\mathrm{d}\xi+\dfrac{1}{2}\sqrt{xt}\int_{xt}^{x/t}\psi(\xi)\xi^{-3/2}\mathrm{d}\xi.$

§13.1　1. $u(x,t)=\displaystyle\int X(x;k)T(t;k)\mathrm{d}k,\quad X(x;k)=\mathrm{e}^{\mathrm{i}kx},$

$T(t;k)=\exp\left[-\dfrac{R}{2L}t-\dfrac{G}{2C}t-\dfrac{1}{2}\sqrt{\left(\dfrac{R}{L}-\dfrac{G}{C}\right)^2-\dfrac{4k^2}{LC}}\,t\right].$

如 $|k|<\dfrac{\sqrt{LC}}{2}\left|\dfrac{R}{L}-\dfrac{G}{C}\right|$，则 $T(t;k)$ 单纯衰减而不振荡，故传输线相当于高通滤波器，只通过 $|k|>\dfrac{\sqrt{LC}}{2}$ $\left|\dfrac{R}{L}-\dfrac{G}{C}\right|$ 的振荡. 波速 $=\dfrac{1}{2}\sqrt{\dfrac{4}{LC}-\dfrac{1}{k^2}\left(\dfrac{R}{L}-\dfrac{G}{C}\right)^2}$，其随 k 的不同而不同，这叫色散现象. 如 $G:C=R:L$，则通过的频率无限制，并且无色散.

2. $u(x,t)=\dfrac{K}{2}\mathrm{e}^{a^2\lambda^2t}\left\{\mathrm{e}^{-\lambda x}\mathrm{erfc}\left(\dfrac{2a^2\lambda t-x}{2a\sqrt{t}}\right)-\mathrm{e}^{\lambda x}\mathrm{erfc}\left(\dfrac{2a^2\lambda t+x}{2a\sqrt{t}}\right)\right\}-K\mathrm{erf}\left(\dfrac{x}{2a\sqrt{t}}\right).$

3. $u(x,t)=\dfrac{aB}{k\sqrt{\omega}}\mathrm{e}^{-x\sqrt{\omega/2a^2}}\sin\left(\omega t-x\sqrt{\dfrac{\omega}{2a^2}}-\dfrac{\pi}{4}\right).$

4. 球内：$u(r,t)=1\quad\left(t<\dfrac{1-r}{a}\right),$

$u(r,t)=\dfrac{1}{2r}(r-at)\quad\left(\dfrac{1-r}{a}<t<\dfrac{1+r}{a}\right);\quad u(r,t)=0\quad\left(t>\dfrac{1+r}{a}\right).$

球外：$u(r,t)=0$ $\left(t<\dfrac{r-1}{a}\right)$,

$$u(r,t)=\frac{1}{2r}(r-at)\quad\left(\frac{r-1}{a}<t<\frac{r+1}{a}\right);\quad u(r,t)=0\quad\left(t>\frac{r+1}{a}\right).$$

5. 球内：$u(r,t)=\dfrac{A}{2r}\left[(r-at)\cos\dfrac{\pi(r-at)}{2r_0}+(r+at)\cos\dfrac{\pi(r+at)}{2r_0}\right]\quad\left(t<\dfrac{r_0-r}{a}\right)$,

$$u(r,t)=\frac{A}{2r}(r-at)\cos\frac{\pi(r-at)}{2r_0}\quad\left(\frac{r_0-r}{a}<t<\frac{r_0+r}{a}\right),$$

$$u(r,t)=0\quad\left(t>\frac{r_0+r}{a}\right).$$

球外：$u(r,t)=0$ $\left(t<\dfrac{r-r_0}{a}\right)$,

$$u(r,t)=\frac{A}{2r}(r-at)\cos\frac{\pi(r-at)}{2r_0}\quad\left(\frac{r-r_0}{a}<t<\frac{r+r_0}{a}\right),$$

$$u(r,t)=0\quad\left(t>\frac{r+r_0}{a}\right).$$

6. $u(\rho,t)\big|_{\rho=0}=1,(t<1/a)$; $u(\rho,t)\big|_{\rho=0}=1-\dfrac{at}{\sqrt{a^2t^2-1}}$ $(t>1/a)$.

7. $u(r,t)=\displaystyle\iiint\varphi(\boldsymbol{r}')\frac{1}{(2a\sqrt{\pi t})^3}\mathrm{e}^{\frac{|\boldsymbol{r-r'}|^2}{4a^2t}}\mathrm{d}x'\mathrm{d}y'\mathrm{d}z'.$

8. 同泊松公式，但球面 S'_{at} 改为 $S'_{a|t|}$.

9. $u(x,t)=At-A\displaystyle\int_0^t\mathrm{erf}(x/2a\sqrt{t-\tau})\,\mathrm{d}\tau=A\int_0^t\mathrm{erfc}(x/2a\sqrt{t-\tau})\,\mathrm{d}\tau.$

10. $u(x,t)=f(0)\,\mathrm{erfc}\left(\dfrac{x}{2a\sqrt{t}}\right)+\displaystyle\int_0^t f'(\tau)\,\mathrm{erfc}\left(\dfrac{x}{2a\sqrt{t-\tau}}\right)\mathrm{d}\tau+$

$$\int_{-x/2a\sqrt{t}}^{\infty}\varphi(x+z2a\sqrt{t})\frac{1}{\sqrt{\pi}}\mathrm{e}^{-z^2}\mathrm{d}z-\int_{x/2a\sqrt{t}}^{\infty}\varphi(z2a\sqrt{t}-x)\frac{1}{\sqrt{\pi}}\mathrm{e}^{-z^2}\mathrm{d}z.$$

11. $u(x,t)=-q(t)\mathrm{e}^{-x}+\dfrac{1}{2}q(0)\mathrm{e}^{a^2t}\left[\mathrm{e}^x\mathrm{erfc}\left(\dfrac{2a^2t+x}{2a\sqrt{t}}\right)-\mathrm{e}^{-x}\mathrm{erfc}\left(\dfrac{2a^2t-x}{2a\sqrt{t}}\right)\right]+$

$$\frac{1}{2}\int_0^t\left[a^2q(\tau)-q'(\tau)\right]\mathrm{e}^{a^2(t-\tau)}\left\{\mathrm{e}^x\mathrm{erfc}\left(\frac{2a^2(t-\tau)+x}{2a\sqrt{t-\tau}}\right)-\right.$$

$$\left.\mathrm{e}^{-x}\mathrm{erfc}\left(\frac{2a^2(t-\tau)-x}{2a\sqrt{t-\tau}}\right)\right\}\mathrm{d}\tau.$$

12. 超前势$\dfrac{1}{4\pi a^2}\displaystyle\iiint_{r_{a|t|}}\frac{f(\boldsymbol{r},t+R/a)}{R}\mathrm{d}x'\mathrm{d}y'\mathrm{d}z'.$

§13.2　1. $u(x,t)=\displaystyle\int_{-\infty}^{\infty}\varphi(\xi)\left[\frac{1}{2a\sqrt{\pi t}}\mathrm{e}^{\frac{(x-\xi)^2}{4a^2t}}\right]\mathrm{d}\xi.$

2. $u(x,t)=\dfrac{\varPhi_0}{a\sqrt{\pi t}}\mathrm{e}^{-\frac{x^2}{4a^2t}}.$

3. $u(x,t)=\displaystyle\int_{\varepsilon=-\infty}^{\infty}\int_{\tau=0}^{t}\frac{1}{2a\sqrt{\pi(t-\tau)}}\mathrm{e}^{-(x-\xi)^2/4a^2(t-\tau)}f(\xi,\tau)\,\mathrm{d}\xi\mathrm{d}\tau.$

4. $u(x,t) = \dfrac{\partial}{\partial t}\displaystyle\int_0^t f(t-\tau)\,\mathrm{erfc}\left(\dfrac{x}{2a\sqrt{\tau}}\right)\mathrm{d}\tau.$

5. $u(x,t) = \dfrac{1}{2}\big[\varphi(x+at)+\varphi(x-at)\big] + \dfrac{1}{2a}\displaystyle\int_{x-at}^{x+at}\psi(\xi)\mathrm{d}\xi + \dfrac{1}{2a}\displaystyle\int_{\tau=0}^{t}\int_{\xi=x-a(t-\tau)}^{x+a(t-\tau)} f(\xi,\tau)\mathrm{d}\xi\mathrm{d}\tau.$

§ 14.2　1. $\mathrm{Re}\left[-\dfrac{Q}{\varepsilon_0 2\pi}\ln\dfrac{z^3-\mathrm{i}a^3}{z^3+\mathrm{i}a^3}\right].$

2. $\mathrm{Re}\left[-\dfrac{Q}{\varepsilon_0 2\pi}\ln\left(\dfrac{a}{b}\cdot\dfrac{z-b}{z-a^2/b}\right)\right].$

3. $\varepsilon_0 2\pi\Big/\ln\left[\dfrac{b}{a}+\sqrt{\left(\dfrac{b}{a}\right)^2-1}\right]$，即 $\varepsilon_0 2\pi\big/\mathrm{arcch}\dfrac{b}{a}.$

4. $z_1 = z/(a-z)$，$z_2 = z_1\mathrm{e}^{-\mathrm{i}\pi/6}$，$z_3 = z_2^{6/5}$，$\zeta = az_3/(z_3+1)$，电势 $= C_1\mathrm{Im}\,\zeta + C_2.$

5. $z_1 = z/(a-z)$，$z_2 = z_1\mathrm{e}^{-\mathrm{i}\pi/6}$，$z_3 = z_2^{6/5}$，$z_4 = (z_3-1)/(z_3+1)$，

　　$z_4 = \dfrac{1}{2}(\zeta+1/\zeta)$，电势 $= C_1\ln|\zeta| + C_2.$

6. （1）$z_1 = [z+\sqrt{3}-\mathrm{i}]/[-z+\sqrt{3}+\mathrm{i}]$，$z_2 = z_1^3$，$\zeta = \dfrac{z_2-\mathrm{i}}{z_2+\mathrm{i}}$

　　（2）$z_1 = z\mathrm{e}^{-\mathrm{i}\pi/2}$，$z_2 = z_1^{2/3}$，$z_3 = \dfrac{1}{2}(z_2/2^{2/3}+2^{2/3}/z_2)$，

　　　　$\zeta = (z_3-\mathrm{i})/(z_3+\mathrm{i})$，

　　（3）$z_1 = \dfrac{1}{z-2}$，$z_2 = \mathrm{e}^{\mathrm{i}z_1}$，$z_3 = z_2\mathrm{e}^{\mathrm{i}/4}$，$z_4 = z_3^{4\pi/3}$，$\zeta = (z_4-\mathrm{i})/(z_4+\mathrm{i})$，

　　（4）$z_1 = (z-3)/(z+3)$，$z_2 = \mathrm{i}z_1$，$z_3 = \sqrt{z_2^2+1/49}$，$\zeta = (z-\mathrm{i})/(z+\mathrm{i})$，

　　（5）$z_1 = (z-1)/(z+1)$，$z_2 = -\mathrm{i}z_1$，$z_3 = \sqrt{z_2^2+1}$，$\zeta = (z_3-\mathrm{i})/(z_3+\mathrm{i})$，

　　（6）$\zeta = \sqrt{z}$，　（7）$\zeta = z^2.$

7. $z/a = (\zeta+1/\zeta)/2$，电势 $= C_1\ln|\zeta| + C_2.$

8. $z/\sqrt{a^2-b^2} = (\zeta+1/\zeta)/2$，电势 $= C_1\ln|\zeta| + C_2.$

9. $C = \varepsilon_0 2\pi/\ln[(a_2+b_2)/(a_1+b_1)].$

10. $z/a = (\zeta+1/\zeta)/2$，速度势 $= C_1\ln|\zeta| + C_2.$

11. $z^3 = (\zeta^3+1/\zeta^3)/2.$

12. 取图 14-20 标有×记号处为原点，x 轴向右，y 轴向上，$(0,0)$，$(\infty,0$ 或 $h)$，(H,h)，$(0$ 或 H，$\infty)$ 四 "点" 连成四角形，把这四点依次变为 ζ_1 平面实轴上的 $(0,0)$，$(1,0)$，$(a^2,0)$，$(\pm\infty,0)$ 四点，变换是

$$z = \dfrac{2\mathrm{i}}{\pi}\left[h\arctan\left(\dfrac{h}{H}\sqrt{\dfrac{\zeta_1}{\zeta_1-a^2}}+H\,\mathrm{arcth}\sqrt{\dfrac{\zeta_1}{\zeta_1-a^2}}\right)\right],$$

a^2 不能任意指定，$a^2 = 1+\dfrac{h^2}{H^2}$。再作变换 $\zeta = \dfrac{V}{\pi}\ln\dfrac{1+\sqrt{\zeta_1}}{1-\sqrt{\zeta_1}}$，把 ζ_1 平面的 $(0,0)$，$(1,0)$，$(\pm\infty$，

$0)$ 变为 ζ 平面的 $(0,0)$，$(\infty,0$ 或 $\mathrm{i}V)$，$(0,V)$。复势 $= \zeta$，磁场

$$B = H = \left|\dfrac{\mathrm{d}\zeta}{\mathrm{d}z}\right| = \left|\dfrac{\mathrm{d}\zeta}{\mathrm{d}\zeta_1}\Big/\dfrac{\mathrm{d}z}{\mathrm{d}\zeta_1}\right| = \left|\dfrac{V}{\pi\sqrt{\zeta_1}(1-\zeta_1)}\Big/\dfrac{\mathrm{i}H\sqrt{\zeta_1-a^2}}{\pi(\zeta_1-1)\sqrt{\zeta_1}}\right| = \left|\dfrac{V}{H\sqrt{\zeta_1-a^2}}\right|.$$

于 $\zeta_1 = 0$，$B = B_{\min}$；于 $\zeta_1 = 1$，$B = B_{\max}.$

$$B_{\max} : B_{\min} = \frac{a}{\sqrt{a^2-1}} = \frac{\sqrt{H^2+h^2}}{h}.$$

13. $\zeta = -\cos\dfrac{\pi z}{a}$ 把 $(0,0)$，$(a,0)$，$(0,或\,a,\infty)$ 变为 ζ 平面实轴上的 $(-1,0)$，$(1,0)$，$(\pm\infty,0)$. 利用 $(12.2.23)$ 式，在 ζ 平面解得

$$u = \frac{u_0}{\pi}\arctan\frac{2\eta}{\xi^2+\eta^2-1}.$$

回到原自变数，$u = \dfrac{v_0}{\pi}\arctan\dfrac{2\mathrm{sh}(\pi y/a)\sin(\pi x/a)}{\mathrm{sh}^2(\pi y/a)-\sin^2(\pi x/a)}.$

14. 取图 14-21 的动片右端点为原点，x 轴向右，y 轴向上.

$$z = \frac{h_2}{\pi}\ln(1-\zeta) + \frac{h_1}{\pi}\ln\left(1+\frac{h_2}{h_1}\zeta\right).$$

把 z 平面的 $(-\infty,0\,或\,-h_2)$，$(\infty,-h_2\,或\,+h_1)$，$(-\infty,+h_1\,或\,0)$，$(0,0)$ 变为 ζ 平面实轴的 $(1,0)$，$(\pm\infty,0)$，$(-h_1/h_2,0)$，$(0,0)$. 设定片和动片的电势分别为 v_0 和 0，利用 $(12.2.23)$ 式，在 ζ 平面解得

$$u = v_0 - \frac{v_0}{\pi}\arctan\frac{\eta(1+h_1/h_2)}{\xi^2+\eta^2+(h_1/h_2-1)\xi-h_1/h_2}.$$

回到原自变数即得解.

15. 取图 14-22D 形盒的中心点为原点，x 轴向右，y 轴向上.

$$z = \mathrm{i}H + \frac{4Ha}{\pi(a^2-1)^2}\left[\zeta_1 + \frac{a^2}{\zeta_1}\right] - \frac{2H}{\pi}\ln\frac{\zeta_1-a}{\zeta_1+a}.$$

把 $(\pm\infty,H)$，$(-h,H)$，$(-\infty,\pm H)$，$(-h,-H)$，$(\pm\infty,-H)$，$(h,-H)$，$(\infty,\pm H)$，(h,H) 变为 $(\pm\infty,0)$，$(-b,0)$，$(-a,0)$，$(-1,0)$，$(0,0)$，$(1,0)$，$(a,0)$，$(b,0)$，其中 $b=a^2$，a 应满足

$$\frac{4Ha}{\pi(a^2-1)^2}(a^2+1) - \frac{2H}{\pi}\ln\frac{a-1}{a+1} = h.$$

再作变换 $\zeta = \ln\zeta_1$，则电势 $v = v_1 + \dfrac{v_2-v_1}{\pi}\eta$，从而 $v = v_1 + \dfrac{v_2-v_1}{\pi}\arg\zeta_1$. 回到原自变数即得解.

需参考解题思路及过程请扫描
上方二维码购买电子版习题解答

参 考 书 目

1. В. И. 斯米尔诺夫. 高等数学教程. 三卷二分册. 叶彦谦译. 北京：高等教育出版社，1959.

2. М. А. 拉甫伦捷夫，Б. А. 沙巴特. 复变函数论方法. 施祥林，夏定中译. 北京：高等教育出版社，1958.

3. А. Н. 吉洪诺夫，А. А. 萨马尔斯基. 数学物理方程. 黄克欧等译. 北京：高等教育出版社，1957.

4. В. И. 斯米尔诺夫. 高等数学教程. 二卷三分册. 孙念增译. 三卷三分册. 叶彦谦译. 北京：高等教育出版社，1959.

5. R. 柯朗等. 数学物理方法. 钱敏，郭敦仁译. 北京：科学出版社，1958.

6. A. Sommerfeld. Theoretical Physics. Vol. 6. (Partial Differential Equation in Physics). 德文英译者 E. G. Straus. New York：Academic Press，1949.

7. P. M. Morse and H. Feshbach. Methods of Theoretical Physics. New York：Interscience Pub，1953.

8. H. Jeffreys and B. S. Jeffreys. Methods of Mathematical Physics. Third Edition. Cambridge：The Cambridge University Press，1972.

9. Д. 伊凡宁柯等. 经典场论. 黄祖洽译. 北京：科学出版社，1958.

10. E. Jahnke and F. Emde. Tables of Functions with Formulae and Curves (−4th ed.). New York：Dover Publications，1945.

11. Л. А. Люстерник，И. Я. Акушский и В. А. Диткин. Таблицы Бесселевых Функций. Москва；Ленинград：Государственное Издательство Технико-Теоретической Литературы，1949.

12. В. Н. Фаддеева и М. К. Гавурин. Таблицы Функций Бесселя $J_n(x)$ целых номеров от 0 до 120. М. —Л.：ГИТТЛ，1950.

13. Э. А. Чистова. Таблицы Функций Бесселя от Действителъного аргумента и интегралов от них. Москва：Издательство Академии Наук СССР，1958.

14. Л. Н. Камазина и Э. А. Чистова. Таблицы Функций Бесселя от мнимого аргумента и интегралов от них. М.：Изд. АН СССР，1958.

15. В. А. 季特金等. 运算微积手册. 张燮译. 北京：科学出版社，1958.

16. 王竹溪，郭敦仁. 特殊函数概论. 北京：北京大学出版社，2000.

17. G. N. Watson. A Treatise on the Theory of Bessel Functions. Second Edition. Cambridge：The Cambridge University Press，1952.

18. 李世雄，刘家琦. 小波变换和反演数学基础. 北京：地质出版社，1994.

19. 刘贵忠，邸双亮. 小波分析及其应用. 西安：西安电子科技大学出版社，1992.

20. 崔锦泰（美）. 小波分析导论. 程正兴译. 西安：西安交通大学出版社，1995.

21. 郝柏林. 从抛物线谈起——混沌动力学引论. 上海：上海科技教育出版社，1993.

22. 黄景宁. 孤子：概念、原理和应用. 北京：高等教育出版社，2004.

人名对照表

Bessel	贝塞尔	Laurant	洛朗
Cauchy	柯西	Leibnitz	莱布尼茨
Christoffel	克利斯多菲	Legendre	勒让德
d'Alembert	达朗贝尔	l'Hospital	洛必达
Dirichlet	狄利克雷	Liouville	刘维尔
Euler	欧拉	Mellin	梅林
Fourier	傅里叶	Neumann	诺伊曼
Fresnel	菲涅耳	Poisson	泊松
Gauss	高斯	Rayleigh	瑞利
Green	格林	Riemann	黎曼
Hankel	汉克尔	Ritz	里茨
Heaviside	赫维赛德	Rodrigues	罗德里格斯
Helmholtz	亥姆霍兹	Rogowski	洛果夫斯基
Hermite	埃尔米特	Rouchè	儒歇
Hilbert	希尔伯特	Schläfli	施列夫利
Jacobi	雅可比	Schwarz	施瓦兹
Jeffreys	杰弗莱斯	Sommerfeld	索末菲
Jordan	约当	Stirling	斯特令
Kirchhoff	基尔霍夫	Sturm	施图姆
Kronecker	克罗内克	Taylor	泰勒
Laguerre	拉盖尔	Wronski	朗斯基
Laplace	拉普拉斯	Жуковский	儒阔夫斯基

物理学基础理论课程经典教材

扫描查看教材详情

代表此书为国家级规划或获奖教材，

代表此书有电子教案，

代表此书有习题解答等教辅书，

代表此书配套 abook 等数字课程网站

郑重声明

高等教育出版社依法对本书享有专有出版权。任何未经许可的复制、销售行为均违反《中华人民共和国著作权法》，其行为人将承担相应的民事责任和行政责任；构成犯罪的，将被依法追究刑事责任。为了维护市场秩序，保护读者的合法权益，避免读者误用盗版书造成不良后果，我社将配合行政执法部门和司法机关对违法犯罪的单位和个人进行严厉打击。社会各界人士如发现上述侵权行为，希望及时举报，我社将奖励举报有功人员。

反盗版举报电话　　(010)58581999　58582371

反盗版举报邮箱　dd@hep.com.cn

通信地址　北京市西城区德外大街4号　高等教育出版社法律事务部

邮政编码　100120

读者意见反馈

为收集对教材的意见建议，进一步完善教材编写并做好服务工作，读者可将对本教材的意见建议通过如下渠道反馈至我社。

咨询电话　400-810-0598

反馈邮箱　hepsci@pub.hep.cn

通信地址　北京市朝阳区惠新东街4号富盛大厦1座

　　　　　高等教育出版社理科事业部

邮政编码　100029

防伪查询说明

用户购书后刮开封底防伪涂层，使用手机微信等软件扫描二维码，会跳转至防伪查询网页，获得所购图书详细信息。

防伪客服电话　　(010)58582300